猫跳河一级红枫水电站，木斜墙堆石坝，坝高 54.28m，于 1960 年建成

猫跳河四级窄巷口水电站，溢流式双拱坝，坝高 54.7m，于 1970 年建成

乌江东风水电站，拱坝，坝高 162.3m，于 1995 年建成

乌江洪家渡水电站，面板堆石坝，坝高 179.5m，于 2004 年建成

乌江索风营水电站，重力坝，坝高 115.8m，于 2006 年建成

清水河大花水水电站，碾压混凝土双曲拱坝，坝高 134.5m，于 2007 年建成

北盘江光照水电站，碾压混凝土重力坝，坝高 200.5m，于 2008 年建成

乌江思林水电站，重力坝，坝高 117.0m，于 2009 年建成

乌江沙沱水电站，重力坝，坝高101.0m，于2012年建成

南盘江天生桥二级水电站首部枢纽，3条引水隧洞9.8km×（8.7~9.8m），于1992年开始发电，
2002年年底全部建成

岩溶夷平面与峰丛地貌（贵州茂兰）

岩溶槽谷

峰丛、峰林与孤峰（贵州兴义万峰林）

岩溶峰丛、洼地和岩溶潭（贵安新区高峰山）

陡倾岩层岩溶峰丛

岩溶洼地和落水洞

岩溶嶂谷（贵州马岭河大峡谷）

岩溶嶂谷（贵州六广河峡谷）

岩溶天生桥（贵州大方）

岩溶天生桥（贵州织金）

甲茶伏流进口（贵州平塘）

洋皮洞暗河出口（贵州清镇）

岩溶天坑（广西乐业）

岩溶高原湖泊

地下溶洞

地下洞穴石笋

水利水电工程
岩溶勘察与处理

主　编　沈春勇
副主编　余　波　郭维祥

中国水利水电出版社
www.waterpub.com.cn

内 容 提 要

本书系统归纳总结了贵州及其他岩溶地区的水利水电勘察方面的成果,是一部全面、系统的水利水电工程地质专著和工具书。

本书共 10 章,内容包括岩溶发育的基本条件及形态,水利水电岩溶工程地质勘察方法,岩溶水文地质分析方法及应用,水库、坝址区岩溶防渗处理,洞室、基坑岩溶涌水处理,伏流及暗河封堵成库处理,岩溶地基评价与处理和工程岩溶环境地质问题等。第 1 章~第 3 章侧重于介绍岩溶的基础概念,岩溶地区水利水电工程建设可能面临的地质问题和勘察、分析方法;第 4 章~第 9 章分别针对具体的工程问题作了详细的论述,并结合工程实例介绍了各类工程问题的处理原则和技术;第 10 章对水利水电、矿山和城市建设中面临的工程岩溶环境地质问题进行了简要的介绍。

本书主要供从事一线工作的水利水电工程地质专业技术人员和有关院校相关专业的师生参考。

图书在版编目(CIP)数据

水利水电工程岩溶勘察与处理 / 沈春勇主编. -- 北京 : 中国水利水电出版社,2015.4
ISBN 978-7-5170-3371-4

Ⅰ.①水… Ⅱ.①沈… Ⅲ.①水利水电工程-岩溶-工程地质勘察②水利水电工程-岩溶-工程地质勘察
Ⅳ.①TV

中国版本图书馆CIP数据核字(2015)第155575号

审图号:GS(2015)672 号

书 名	**水利水电工程岩溶勘察与处理**
作 者	主编 沈春勇 副主编 余波 郭维祥
出版发行	中国水利水电出版社
	(北京市海淀区玉渊潭南路 1 号 D 座 100038)
	网址:www.waterpub.com.cn
	E-mail:sales@waterpub.com.cn
	电话:(010)68367658(发行部)
经 售	北京科水图书销售中心(零售)
	电话:(010)88383994、63202643、68545874
	全国各地新华书店和相关出版物销售网点
排 版	中国水利水电出版社微机排版中心
印 刷	北京嘉恒彩色印刷有限责任公司
规 格	184mm×260mm 16 开本 31.75 印张 762 千字 6 彩插
版 次	2015 年 4 月第 1 版 2015 年 4 月第 1 次印刷
印 数	0001—2000 册
定 价	**118.00** 元

水利水电工程岩溶勘察与处理

主　编　沈春勇

副主编　余　波　郭维祥

参　编　徐光祥　封云亚　肖万春　杨益才　吴述彧

　　　　郑克勋　朱代强　王　波　王仲龙　朱永清

　　　　钟国华　张国富　屈昌华　曾　创　刘祥刚

　　　　陈占恒　周林辉　张　毅　皮开荣

序一

近日看到中国电建集团贵阳勘测设计研究院有限公司（以下简称贵阳院）送审的《水利水电工程岩溶勘察与处理》这本专著，感到非常高兴，从中也学习到很多有益的知识。

中国岩溶地区分区广泛，特别是西南地区，在贵州、云南、重庆、四川、湖北西部、湖南西部、广东北部这个连片的地区，岩溶分布面积达 50 多万 km²，岩溶类型众多，为国内外所瞩目。而且，贵州省处在这片岩溶地区的核心部位，岩溶分布面积占全省面积的 74%。这片岩溶地区，岩溶与各项建设以及人民日常生活关系密切。因此，如何更好地开发这片岩溶地区的各种资源，特别是水资源、水电能源，就显得更为突出。这就需要很好地调查研究岩溶，并对岩溶可能带来的不良地质条件进行正确的治理。

贵阳院是我国岩溶地区进行水利水电建设方面的领军单位。早期的邹成杰、任钟魁等为猫跳河的梯级开发，乌江东风和南盘江二级水利枢纽，以及贵州省域内许多大、中、小型水利水电枢纽的建设作出了重要贡献。

沈春勇主编的这本专著，在继承原来已有的成果基础上，全面系统地总结了改革开放以来，主要在贵州水利水电建设的发展中，他们在地质勘测与研究方面所作出的重要贡献。此外，也归纳总结了其他岩溶地区的水利水电勘测方面的成果。

初读之后，感到这本专著有以下几个特点：

1. 岩溶区划方面的创新认识

以水利水电方面为出发点，分析了所涉及中国岩溶发育的基本规律与特征，将中国岩溶分为华北、华南和西部三大区，各区又分相应亚区。这方面，以水利水电上的建设为准，进行区划，可相应更好地归纳岩溶特点对水利水电建设方面的影响，也可有力地推动已取得的经验与认识。

2. 综合勘测技术上的提高与创新

以往在勘测岩溶地基方面，多是以钻机勘探为主，在岩溶山区只依靠钻探及相对试验而获得的资料是有限的。在这本专著中，除了一般论述水库、坝址等工程地质勘探之外，重点总结了地球物理勘探包括高密度电法、地质雷达、CT、连续电导率等方法在岩溶工程地质勘察方面的应用所取得的重要成果。虽然这些方法本身，不是他们发明的，但是创新应用这些方法在岩溶山区，能取得符合客观的勘测成果，本身就是一个重要创新，这创新更体现在综合勘探手段上的有效应用上。

3. 岩溶水文地质系统与有关"四场"的分析方法

研究岩溶水系统是非常重要的，是进行工程地质条件评价的基础。这本专著中，将遥感成果与有关调查结合，分析水文网演化及水文地质系统，取得很好的成效。并深入分析其"四场"，即：水文地质系统的渗流场、化学场、温度场和同位素场，这系统性的"四场"分析，在岩溶水研究中是不多见的，为正确区分与掌握岩溶水文地质系统特性，有着极为重要的作用。

4. 基础处理上的综合创新成就

本专著中分别论述了有关水库渗漏、坝基防渗、洞室渗水、基坑涌水等方面岩溶地基的处理方法，在改革开放后大量水利水电建设运行没有出现问题，就深刻说明了在诸多岩溶地基处理上的突出成就。特别要提及的是，20世纪60年代后期，在猫跳河6级开发中，4级窄巷口由于诸多因素影响，未能很好地进行防渗处理，结果建成后，左岸河湾最大渗漏量达$21m^3/s$。后来，又经详细勘测研究。近期通过处理后，渗漏量由$17m^3/s$减为$1.5m^3/s$，收到减少90％渗漏量的好功效，从这一例中，就可看到贵阳院工程地质专家们的重大成就。

从20世纪50年代后期，我就与贵阳院有过密切的合作，我从邹成杰、任钟魁以及费英烈、姜德甫等同志处也学习了很多，我也有些建议得以共同探讨。后来，在贵州一些大型工程上，也有较多的讨论。21世纪初，在中国工程院"中国可持续发展与水资源战略研究"这一重大咨询项目中，我负责西南地区水资源的开发利用课题研究，和贵阳院许多同志也有合作。当时的结论是强调要加快水利水电建设，西电东送。本专著充分反映了贵州的水电能源已经得到很好的快速的开发，贵阳院的地质同行们作出了重要的贡献。在岩溶地区水利水电建设中，这本专著在国内外来说都是一个非常好的创新成果。

当然，今后岩溶山区仍需更好地发展大、中、小型枢纽结合的水利水电工程网络，也需在防治综合灾害及建设良好生态环境上，再取得更多贡献。

中国岩溶地区水电建设在世界上是领先的。这本专著反映了岩溶地区大规模水利水电建设方面的地质综合成果，也是处于世界领先的水平。

2014 年 11 月 26 日

（卢耀如：中国工程院院士）

序二

作为曾经在贵阳院工作多年的老同志，获悉《水利水电工程岩溶勘察与处理》一书完成编撰即将出版，心情十分高兴。这是贵阳院的一项重要成果，也是参编人员不懈努力、辛勤耕耘的结果，在此表示衷心的祝贺！

贵州省是我国可溶岩分布范围广阔地区之一，可溶岩面积占全省国土面积的74％。在漫长的地质历史中，由于长期的溶蚀作用，形成了众多的峰林、洼地、伏流、暗河、瀑布、溶洞等独特的岩溶景观，真可谓贵州岩溶甲天下！但是，贵州自然风光的绚丽多姿、山清水秀难以掩饰地下的岩溶构造和暗流涌动，岩溶问题几乎成了工程地基不可逾越的门槛，尤其对于建设大型水利水电工程，更是面临着巨大挑战。

贵阳院自20世纪50年代末开始在贵州岩溶地区开发水力发电，先后在猫跳河、乌江、南盘江及北盘江流域等岩溶地区设计建成了数十座高坝大库，开展了系统的勘测设计和科技攻关，取得了丰硕的成果，岩溶理论、探测技术、分析方法、工程实践不断进步，积淀了丰富的岩溶勘测、设计与处理经验，历练出一批又一批岩溶勘测设计与处理技术的专家团队。进入世纪之交，借助国家实施"西电东送"工程建设的东风，贵阳院又在岩溶地区先后勘测设计并建成了洪家渡、引子渡、索风营、思林、光照、董箐、沙沱等一批大型水电站，成库条件极为复杂的洪家渡、索风营水电站建成蓄水，以及猫跳河4级岩溶堵漏顺利完成，使贵阳院的岩溶勘测设计与处理技术、岩溶科技攻关得到快速发展，岩溶勘察设计处理技术跃居于国内领先水平，荣获国家优秀勘察设计金奖、银奖和贵州省科技进步奖、水力发电科学技术奖、中国电力科学技术奖二等奖等40余项奖励及数十项专利技术。岩溶勘察设计与处理技术成为贵阳院的一大技术优势。

2006年，我还在主持贵阳院工作的时候，为加强岩溶勘察设计与处理技术总结与提炼，宣传贵阳院这一大技术优势，传播先进的技术和经验，促进岩溶地区工程建设，我提议由院立项启动编撰岩溶专著的计划。今天，当我看到书稿后颇感欣慰，现谈几点感想：

（1）本书系统归纳总结了贵州及其他岩溶地区的水利水电勘察成果，是一部全面、系统的水利水电工程地质专业著作，对常用、有效的岩溶地球物理勘探方法也进行了系统介绍，具有很高的实用价值，是水利水电工程师不可多得的专业工具书。

（2）侧重工程实例进行总结与提炼，是本书的鲜明特色。本书在岩溶防渗处理、基坑岩溶涌水处理、伏流及暗河封堵成库处理、岩溶地基评价与处理和工程岩溶环境地质问题等采用了大量成功的工程实例，可供水利水电工程师借鉴。

（3）本书的编撰者大部分是 20 世纪 80 年代、少部分是 90 年代参加工作的本科—博士研究生学历，具有学历高、创新性强的特点，同时也是国家"西电东送"工程的主力军，参加水电工程多、规模大，他们上承老一辈成功经验，下启科技创新先进手段，既具有较强的理论水平，也具有丰富的实践经验，因而本书的可读性、借鉴性很强。

（4）本书介绍了大量新设备、新技术、新方法，如物探连续电导率剖面成像法、电磁波 CT、地质"四场"分析法。新技术、新方法在岩溶探测方面具有经济、快捷、准确的特点，在贵州索风营和大花水、四川武都、安徽琅琊山等水电站工程上均取得了很好的效果，值得推广。

（5）与时俱进，开拓创新。第 8 章"伏流及暗河封堵成库处理"针对随着水利水电开发的深入和岩溶地区工程性缺水问题的日益突出，开展对暗河、伏流等强岩溶发育区工程地质问题及处理方法的研究；第 10 章"工程岩溶环境地质问题"主要是为了贯彻"在开发中保护、在保护中开发"的理念，对我国可持续健康发展具有重要的现实意义。

岩溶地质永远是复杂和神秘的。在本书出版发行之际，希望能够促进岩溶勘察与处理技术发展和岩溶地区工程建设，也希望广大工程技术人员加强科技创新和技术总结，在建设世界级工程的同时，也出一批世界级成果，造就一批世界级的人才！

2014 年 12 月 26 日

（兰春杰：中国能源建设集团公司副总经理）

序三

斗转星移，演绎着沧海桑田，曾经海相沉积的碳酸盐岩，经过亿万年岁月风雨，造化了甲天下的桂林山水、路南石林、兴义万峰林、织金洞这些迷人景点，也形成了无数地下水通道，让滔滔河水消失于无形，在工程意义上代表着溶蚀、漏水，关系到水电建设项目的成败，考验着水电勘察设计技术人员的智慧，也难倒不少地质精英，记得在20世纪80年代以前的教科书上，对岩溶地层还是以避让为主。

1958年贵阳院建院之时，我国对岩溶的研究还是空白，工作在贵州高原，贵阳院人面对的是占国土面积74%的岩溶地层这一严峻现实，狭路相逢，退无可退，避无处避，只能以大无畏的精神放手一搏，去探索、研究、勘察、治理。伴随企业发展的56个风雨岁月，贵阳院先后转战于猫跳河、清水江、南盘江、乌江、北盘江开展水电勘测设计，在岩溶地区复杂的水文、工程地质条件下，经历了强烈的岩溶渗漏、大流量地下洞室涌水、复杂岩溶地基处理等工程地质难题，汇聚了贵阳院几代技术人员的智慧和不懈努力，通过数十个工程不同地质问题处理的工程实践，在岩溶勘察技术、复杂岩溶工程问题的处理以及岩溶地质灾害治理等方面积累了丰富的工程经验，多年来一直保持国内同行业的领先优势。

1994年，由院副总工程师邹成杰先生主编出版的《水利水电岩溶工程地质》一书，对贵阳院猫跳河梯级、天生桥二级水电站、东风水电站、普定水电站以及同时期兄弟单位完成的乌江渡、水槽子、六郎洞等工程岩溶勘察及研究的经验进行了总结。介绍了当时的岩溶勘察技术，归纳了地貌、水文网、地下水渗流场等 15 种岩溶分析方法，代表了我国当时的岩溶工程地质研究水平，在水利水电岩溶勘察中有较高的应用价值，在行业内具有较大的影响。

《水利水电岩溶工程地质》出版 20 多年了，这一阶段正是我国水利水电工程建设最为辉煌的时期，随着综合国力的高速增长，一批大型、巨型水电站相继建成投产，贵州省境内大江大河上水电开发基本完成。对岩溶勘察处理的技术手段有了飞速发展，遥感、物探技术有了质的突破，新型防渗堵漏材料和施工工艺不断创新，使得在岩溶建坝成库的成功率大幅度提高，我国对岩溶地区水利水电建设的水文工程地质勘察研究处理达到了国际领先水平。

为总结经验，给国内国际岩溶地区工程建设提供指导，贵阳院决定由院岩溶研究中心组织技术力量编写《水利水电工程岩溶勘察与处理》专著，指定沈春勇副院长任本书主编。本书在《水利水电岩溶工程地质》基础上，结合西电东送战略一大批重点工程如乌江流域洪家渡、引子渡、索风营、思林、沙沱、北盘江流域光照、清水河大花水、格里桥以及省外有代表性的武都水电站、中梁水电站等工程经验，介绍了包括物探、遥感、钻探等勘察技术的发展和创新应用经验；将地理信息系统应用于地貌和水文网演化分析，利用先进物探技术完善了岩溶地下水场分析的方法，补充了岩溶地下水系统分析理论；针对水库岩溶防渗处理、坝区防渗处理、岩溶洞室涌水处理、基坑涌水处理、伏流及暗河封堵成库处理、岩溶地基评价与处理等补充了工程实例，为适应现代城市工业民用建设，增加了"工程岩溶环境地质问题"的内容。

本书代表了我院水利水电岩溶勘察与工程处理方面取得的新的经验，具有较高的参考价值。本书的出版，若能对水利水电工程勘测设计人员实际工作有所帮助，则是我院为国家水利水电建设贡献的一份微薄力量。

2014 年 12 月 26 日

（潘继录：中国电建集团贵阳勘测设计研究院有限公司总经理）

前言

中国岩溶地区分布广泛，特别是西南云、桂、渝、黔地区，岩溶分布面积达 50 多万 km²，岩溶类型众多。而且，贵州省处在这片岩溶地区的核心部位，岩溶分布面积占全省面积的 74%，无论何种工程建设活动，只要是开发利用这片岩溶地区的各种资源，特别是水能资源，都与岩溶息息相关。

根植于贵州省的中国电建集团贵阳勘测设计研究院有限公司（以下简称贵阳院）长期从事岩溶地区水利水电建设勘察设计，积累了丰富的科研、设计与工程经验，20 世纪八九十年代，原能源部、水利部水利水电规划设计总院组织贵阳院等单位，由贵阳院副总工程师邹成杰先生担任主编，编写了《水利水电岩溶工程地质》一书，该书系统地总结了我国在岩溶地区水利水电建设勘察设计研究的基本经验，将我国岩溶工程地质科学提高到新的水平，成为当时岩溶工程地质师的必备工具书。

从 20 世纪 90 年代中期至今已经 20 多年，这一阶段正是贵阳院在贵州岩溶山区开展水利水电工程建设最为辉煌的时期，随着"西电东送"拉开序幕，位于贵州境内的乌江、北盘江、南盘江三条干流及主要一级支流上，短短的 20 年间，贵州省境内岩溶地区 10 个大型、7 个中型水电站相继建成投产，标志着贵州的大、中型水电资源已基本开发完成。这得益于在岩溶勘察处理方面的技术手段有了飞速发展，遥感、物探技术有了质的突破，大大缩短了勘察周期，提高了勘察精度，为水电的快速发展奠定了基础。在工程处理上，新型防渗堵漏材料和施工工艺不断创新，使在岩溶地区建坝成库的成功率大幅度提高，我国对岩溶地区水利水电建设的水文工程地质勘察研究处理达到了国际领先水平。2008 年 8 月，原水电顾问集团贵阳勘测设计研究院决定编写《水利水电工程岩溶勘察与处理》专著，由贵阳院岩溶研究中心组织技术力量，沈春勇任本书主编，余波、郭维祥担任副主编，参加编写的共 22 人。

结合贵阳院在岩溶地区 50 多年来工作成果，由主编提出编写大纲和章节安排，全书共分 10 章，前面 3 章以岩溶基础理论和分析方法为主，后 7 章以岩溶工程地质问题分析和处理工程实例，根据作者专长，统一分工，负责编写、校审，会议集体讨论修改，最后由主编统稿。资料收集力求全面，以贵阳院承担的项目为主，并尽可能利用各兄弟单位的成功经验。

第 1 章"岩溶发育的基本条件及形态"，论述了岩溶发育的基本知识，是研究岩溶工程地质的基础。总结论述了我国岩溶区域特征，岩溶发育的基本条件、影响因素、发育规律和基本形态。

第 2 章"水利水电岩溶工程地质勘察方法"，论述了水利水电工程建设中可能遇到的主要岩溶工程地质问题，系统总结了岩溶工程地质勘察方法，分别对水库区、枢纽区、地下洞室、抽水蓄能和堵洞成库作了详细论述，重点突出了物探方法在水电勘察中的应用。

第 3 章"岩溶水文地质分析方法及应用"强调系统理论分析的应用，是传统理论和新卫星遥感技术应用的结合，从定性分析判断到定量分析及精确定位有了质的飞跃。

第 4～第 7 章是水利水电岩溶工程处理的主要章节，分工程部位对渗漏和涌水问题的危害处理作了论述，以工程实例介绍了新技术新工艺新方法的应用，将我国在岩溶地区建坝成库成功率提高到世界领先水平。

第 8 章"伏流及暗河封堵成库处理"，随着水利水电开发的深入和岩溶地区工程性缺水问题的日益突出，开展对暗河、伏流等强岩溶发育区工程地质问题及处理方法的研究十分必要，本书从成功的案例中总结了主要工程地质问题和处理方法，是一个新的突破。

第 9 章"岩溶地基评价与处理"，主要评价了岩溶化可溶岩体的强度特性和变形特性，以及产生的破坏对工程的影响，提出了系统的处理原则和方法，列举了近些年来成功的案例。

第 10 章"工程岩溶环境地质问题"，主要论述了工程建设中的典型环境地质问题。地表水与地下水的关系在岩溶区十分密切，交互迅速，岩溶地区生态环境脆弱，工程建设易改变岩溶地下水的补、径、排关系，从而引起水文地质、工程地质和环境地质问题。以实例介绍了可能产生的危害和勘察治理方法。

本书前言和绪论由封云亚编写；第1章由余波、王仲龙编写；第2章由余波、张国富、王波、陈占恒、周林辉、张毅和皮开荣编写；第3章由徐光祥、沈春勇、郑克勋和朱永清编写；第4章由杨益才、郭维祥编写；第5章由吴述彧编写；第6章由余波、朱代强、郭维祥和曾创编写；第7章由肖万春编写；第8章由沈春勇、郭维祥和屈昌华编写；第9章由郭维祥编写；第10章由余波、钟国华和刘祥刚编写。

本书校审责任人：绪论、第5章、第6章——沈春勇；第1章、第2章——沈春勇、欧阳孝忠、谢树庸、封云亚和袁景花；第3章——徐光祥、李月杰、欧阳孝忠和谢树庸；第4章——吴述彧和郭维祥；第6章、第8章——郭维祥；第9章——杨益才；第10章——沈春勇和肖万春。全书由沈春勇主持定稿。

本书在编写过程中得到了主编单位贵阳院原院长兰春杰、现任院长潘继录、总工程师范福平等领导的关心支持和指导；卢耀如院士十分关心本书的编写，从立项开始就给予指导，并为本书作"序"；贵阳院原副院长欧阳孝忠、原副总工谢树庸以其丰富的岩溶工程经验为本书的编著给予了悉心指导，并提供了大量的珍贵资料；院科技信息部主任李月杰力促本书立项，多次参与本书工作安排及校审会议；中国水利水电出版社王照瑜编审为本书的编撰、出版做了大量指导工作；贵州省水利电力学校秦刚老师为本书彩插提供了部分典型岩溶地貌照片；院岩溶中心郑克勋承担了大量事务管理，并对本书进行校对；本书的插图清样由高宁、周泽怀、任廷秀、叶小琴和林恩珍完成。在本书付梓之际，对为本书提供指导和帮助的各位领导、专家，表示衷心的感谢！

由于资料收集未能全面覆盖我国更多工程，加之作者水平所限，错漏之处，敬请读者指正！

编　者

2014 年 12 月 12 日

绪　　论

0.1　岩溶地区水利水电建设存在的主要问题

岩溶又称"喀斯特"（Karst），是可溶性岩石长期被水溶蚀以及由此引起各种地质现象和形态的总称。虽然可溶岩类包含硫酸盐和氯化物类的石膏岩盐等更易溶解的岩石，但由于分布有限，地质上对岩溶的研究还是以碳酸盐岩为主。我国碳酸盐岩系分布面积约为136 万 km^2，占全国总面积的 14%，遍及全国，尤以滇、黔、桂、渝为最。云南省碳酸盐岩出露面积占到全省土地面积的 52%，广西壮族自治区占到 43%，以贵州省比例最大，占到 74%。

自人类历史以来，生活、生产等活动不可避免地与岩溶相互作用影响，由于碳酸盐岩的可溶性，造就了许多鬼斧神工的地表地下景观，如众多著名的地下溶洞、暗河、峰林、峰丛供人们游览观赏，甚至居住。

在水利水电工程建设方面，碳酸盐岩一般属于硬岩或中硬岩，承载力和抗剪强度较高，具有良好的物理力学特征，完全可以满足建工业民用建筑和各类水工建筑物的强度要求；同时又是良好的天然建筑材料。但是，滇、黔、桂地区，气候温湿，降雨量充沛，岩溶强烈发育，要开发利用岩溶区域丰富的水利水电资源，就必须解决由于岩溶发育所带来的复杂的水文工程地质问题，如果选址不当，工程就会遭受巨大损失，甚至是毁灭性的。诸如：渗漏、基坑及地下洞室涌水，坝、厂基础和边坡稳定，以及因岩溶发育引发的水库诱发地震及塌陷，这些都是水利水电建设的关键问题。

在岩溶地区早期的开发建设中也曾出现不少教训，最为突出的是岩溶渗漏问题，区别于非可溶岩体的是：常表现为大规模的管道型渗漏，渗漏量大，不易处理，给工程建设造成工期、费用增加，甚至使工程不能充分利用，有相当数量的小水库成为废库。

基坑及地下洞室涌水问题：大坝、厂房地基均位于河水位以下，也正是岩溶管道发育位置。与地表水联系畅通，当管道在开挖时被揭露，可能发生涌水，使工程难于正常施工，造成延误工期，处理费用大额增加，甚至导致生命财产损失。

0.2 水利水电岩溶问题研究发展历史与现状

新中国成立之前，岩溶的研究几近空白，20世纪70年代乃至80年代的教科书，水电建设选址对于岩溶地层仍以避开为首选，但在西南岩溶地区的河流上，完全选择避开是不可能的，岩溶地层的勘察处理研究成为必然。

我国在岩溶地区进行水利水电建设始于20世纪40年代贵州小修文水电站，20世纪50—60年代主要有水槽子、六郎洞、官厅及猫跳河梯级水电站的开发，其中猫跳河梯级水电站是我国岩溶地区开发最充分的一条河流。

经过50多年的发展，尤其是近20年大型水电站的开发建设，岩溶地区的常规勘测技术和理论分析已日臻成熟；改革开放以来，国家"六五""七五"及之后的针对性科技攻关，新的勘测手段不断发展，其探测深度和精确程度已经令人满意，20世纪70年代以后至90年代初，乌江乌江渡水电站、东风水电站建成投产，获得国家勘察、设计双金奖；之后南盘江天生桥二级水电站建成，3条近10km的引水隧洞通过号称岩溶博物馆的地层，岩溶塌陷、涌水各种灾害均有发生，为此，精确探测的物探手段以及相应的处理技术得以引进应用。随着东风、隔河岩、天生桥二级等大型水电站成功地解决了岩溶问题建成投产，我国在岩溶地区水利水电建设方面的理论研究迅速提高，勘察、处理手段也日渐成熟有效。

进入21世纪，西电东送工程带动了水电大规模开发，短短十余年时间，仅在贵州省境内，分别位于乌江干流的洪家渡、引子渡、索风营、构皮滩、思林和沙沱水电站，北盘江干流的光照、董箐、马马崖一级9座大型水电站相继建成。更多其他支流的中小型电站建成投产，基本都位于岩溶地层之上。

先进物探手段的系统应用，始于20世纪90年代初思林水电站，得益于一批世界先进水平的物探设备引进应用，地质雷达、CT技术结合放射性同位素测试结合常规勘查，精确定位了枢纽区岩溶管道发育位置，在后期施工过程中得到了验证，避免了可能存在的风险。最典型的是索风营水电站，在水电规划阶段，因存在库区岩溶发育，有大规模管道渗漏的可能，未列入先期开发的序列，为此，项目业主投资方和设计院进行库区渗漏专题研究，不但使地质雷达、CT技术应用更加成熟，又首次将GDP32、EH4和卫星遥感技术在水电勘察中成功应用，为水库成库提供了有力的支撑材料。

经过50多年不懈努力，我国对岩溶地区水利水电建设的水文工程地质勘察研究处理达到了国际领先水平，贵阳院在岩溶勘察治理方面的研究也得到了业界的普遍肯定。贵阳院和中国水利水电科学研究院共同开展大流量高流速岩溶管道探测技术研究，以猫跳河4级水电站为依托，采用综合物探手段和高精度钻孔技术，终于将主渗漏通道精确定位，运用新的处理技术将这一影响电站30多年痼疾彻底解决，为猫跳河的水电开发画上圆满的句号。同时也标志着岩溶地区建坝、成库勘察处理技术已经不存在制约瓶颈。

0.2.1 岩溶勘察技术

1. 常规勘测技术

常规勘测技术也即传统的勘测技术，20世纪50年代起逐步发展，主要有专门的水文地质测绘、岩溶洞穴调查、钻探、洞探和连通试验、渗透试验、地下水动态监测等。该方法的使用要充分掌握从"宏观"到"微观"，再从"微观"至"宏观"的原则，具体就是，首先要通过测绘、调查分析对工程区的岩溶发育史、发育规律，结合地质构造进行宏观判断；然后结合建筑物对重点岩溶发育部位应用钻孔、平洞去求证所做的判断、推测，再由点及面去总结建筑物区的岩溶发育规律和特点。随着工程经验的不断积累和理论知识的不断深化，可以做到经济、有效地对建筑物进行合理的布置。和非岩溶地区相比，不同之处在于，因为岩溶发育的复杂性，勘测范围要适当扩大，不以地形分水岭为限，一般应包括水库两岸的低邻谷，甚至更广一些，通常情况下勘测工作量也要大得多。

2. 物探技术

岩溶含水管道、空管道、溶洞，与周围灰岩的电阻率、波速存在较大差异，利用这些差异，进行地表、地下物探实现对溶洞的高精度探测理论上是可行的，但在计算机技术普及之前，由于其设备精度和结果的多解性，发展应用受到限制。20 世纪 80 年代之后，得益于高精度物探仪器设备的引进，加之计算机数据采集、分析技术的普及发展，CT、EH4 和地质雷达等物探探测技术成为目前发展最迅速也是最有效的勘测技术。

0.2.2 岩溶处理技术

岩溶地区长期的水电建设，对其处理的方法是逐渐积累的过程，应用最普遍的主要有防渗帷幕、铺盖、封堵等，2000 年以来有关部门组织科研攻关，针对大漏量、高流速管道从施工技术、防渗材料进行治理措施研究，取得成功并应用于在建工程。

1. 岩溶地区的防渗帷幕

通过乌江渡水电站在岩溶地区首次灌浆破坏性试验，灌浆压力在 4～6MPa，取得了突破性成功之后，20 多年来在岩溶地区进行高压灌浆均采用此压力灌注。通过不断地总结，对防渗帷幕的孔距、排距，探索出了一套经济可靠的帷幕灌浆参数。乌江渡、隔河岩、观音阁、五里冲、东风、引子渡等岩溶地区水电站，为了避免蓄水后的岩溶渗漏问题，坝基（肩）下均布设了 20 万 m 以上的帷幕灌浆孔，工程投入大量的资金和直线工期，以预先在蓄水前解决岩溶渗漏问题，都取得了成功。

2. 集中岩溶管道的渗漏处理技术

在建筑物区精确探测岩溶管道的大小规模已经可能，对集中管道的处理模袋灌浆堵漏技术，采用特制的土工模布，按溶洞的大小、形状，加工成大致相等的"模袋"，通过钻机下至溶洞位置，并向其内灌注浆液，使其硬化形成集中堵头，即通常所称的"模袋灌浆"，该技术系 2000 年以后研发成功并迅速普及用于水利水电工程。

模袋灌浆材料具有耐高速水流的特点，在高速水流下，保证水泥不分散，不被冲走，水泥浆经模袋析水后，不但硬化速度加快，而且固化强度有着很大提高。模袋材料在压力下膨胀，适应不同形状，可以堵塞不同形状的漏洞。"模型灌浆"技术和传统灌浆技术相比，具有重大突破，是土工材料应用于大漏量、高流速溶洞堵漏的新发现。

此外，在易于施工的地方，也可采用人工混凝土堵头或集中引排的方法进行处理。

3. 裂隙性强渗流带的防渗处理技术

裂隙性强渗流带系指地下水运移具有连续流动，或岩溶渗流空间不大，但分布较广的地段，采用"双液"或间歇式的控制灌浆方法，向渗漏地段注入一定配比的具有水稳性、速凝性的混合浆液，使其不易被水溶解或稀释带走，并能迅速形成帷幕堵体的施工方法。如丙烯酸盐（AC-MS）材料动水堵漏技术应用于溶洞防渗堵漏，克服了传统的水泥水玻璃灌浆凝结时间慢，聚氨酯遇水膨胀易被冲走和价格高等材料的缺点，更适合于高流速下灌浆堵漏。该方法在岩溶地区取得了成功应用。

0.2.3 岩溶地区勘察治理技术总结

1994年，邹成杰先生历时5年主编的《水利水电岩溶工程地质》出版，利用新中国成立到1993年间我国水利水电建设的勘察设计成果，从理论探讨到总结实践经验，全面深入论述了在岩溶地区水利水电建设中遇到的各种岩溶问题及分析判断方法，以及一些防治处理措施。代表了当时国内水利水电岩溶工程地质研究的最高水平。

邹成杰先生著作出版至今已经20多年，这一阶段正是我国水利水电工程建设最为辉煌的时期，随着综合国力的高速增长，一批大型、巨型水电站相继建成投产，更多的水电站在筹建或正进行勘察设计。对岩溶勘察处理的技术手段有了飞速发展，遥感、物探技术有了质的突破，新型防渗堵漏材料和施工工艺不断创新，使在岩溶建坝成库的成功率大幅度提高，我国对岩溶地区水利水电建设的水文工程地质勘察研究处理达到了国际领先水平。

虽然水利水电工程建设中在岩溶勘察处理方面取得了令人瞩目的进步，但除针对单个工程作技术总结外，对岩溶勘察处理技术的系统总结明显滞后，仅《水力发电工程地质手册》一书有专门篇章，尚未见此类专著，工程技术人员缺乏用于实践的指导工具书。

0.3 本书主要研究内容

为有效地指导工程师开展岩溶勘察处理工作，在邹成杰先生1994年版《水利水电岩溶工程地质》和2011年版《水力发电工程地质手册》第9篇岩溶工程地质勘察与评价的基础上，本书分为岩溶发育的基本条件及形态、水利水电工程岩溶地质勘察方法、岩溶水文地质分析方法及应用、水库岩溶防渗处理、坝址区防渗处理、洞室岩溶涌水处理、基坑岩溶涌水处理，伏流及暗河封堵成库处理、岩溶地基评价与处理、工程岩溶环境地质问题10个篇章进行研究，主要内容如下。

0.3.1 岩溶发育的基本条件与形态

岩溶是指具有侵蚀性的流动着的水溶液对可溶岩的溶蚀，并伴有侵蚀、崩塌、堆积等地质作用的全过程及过程中产生的各种地质现象。本书对地表和地下岩溶个体形态组合形态进行了定义，通过大量实景照片描述给读者直观的印象。

岩溶发育的基本条件为：①岩石具有可溶性；②水具有溶蚀性和流动性；③具备水体渗流的通道。依岩石可溶性将可溶岩地层分为三类岩组，论述了岩溶的成因，岩性决定岩石的可溶性，碳酸盐岩地层中岩性越纯越易溶蚀，岩溶越发育。可溶岩地层厚度对岩溶发育的影响主要表现为岩溶作用的深度和规模。

气候是影响岩溶发育的因素之一，比较我国温带、亚热带和热带气候地带岩溶发育程度：热带最发育，降水多少不仅影响水的入渗条件和水交替运动，而且雨水通过空气和土壤层,带入游离 CO_2,能使岩溶作用得到进一步加强。

地质构造形成的破裂面是早期地下水运移的先决条件,新构造运动中尤以地壳间歇性抬升控制河谷地区水文网演变和地下水的关系运移,进而影响河谷型岩溶发育。地壳抬升间歇时间越长,地表水文网包括干流、支流与支沟形成系统越充分发育,越有利于岩溶发育,可形成规模大、延伸长的暗河等管道系统。

0.3.2 岩溶地区水库最主要的工程地质问题

岩溶地区水库最主要的工程地质问题涉及水库库水渗漏、岩溶空洞塌陷引起的库岸边坡稳定与水库岩溶诱发地震、岩溶浸没与淹没等。尤其是水库岩溶渗漏直接影响水库的正常功能及经济社会效益,还可能影响与水库相关的工程建筑物的安全及一系列环境问题、地质灾害。岩溶地区坝基主要存在的工程地质问题有绕坝渗漏、岩溶坝基的不均匀变形、岩溶洞穴的压缩变形与破坏、岩溶化坝基的承载力、坝基抗滑稳定、边坡稳定等问题。岩溶地区地下洞室主要存在的工程地质问题除一般地区的围岩稳定问题、岩爆等外,尚有岩溶稳定、岩溶涌水(涌泥)、外水压力等。

0.3.3 岩溶工程地质勘察与非岩溶地区工程勘察的不同之处

岩溶与非岩溶地区工程勘察在于它不仅要对各种基础地质条件(自然地理、地形地貌、地层岩性、地质构造及物理地质现象)进行勘察,更重要的是围绕岩溶发育和岩溶水文工程地质条件,以及可能存在的岩溶渗漏、岩溶涌水、水库地震、塌岸、内涝与浸没等问题进行针对性勘察。

由于岩溶工程地质条件的复杂性、研究内容的广泛性,必须采用多种勘察手段和方法进行研究。岩溶工程地质勘察的方法主要有基础资料分析研究、工程地质及岩溶水文地质测绘、钻探、水文地质与地下水化学试验、溶洞调查与洞探追索、地球物理勘探、岩溶地下水的动态观测等。

水利水电工程岩溶渗漏勘察中的钻孔布置于可疑渗漏带的地下分水岭位置或构造切口位置,以及防渗帷幕线上,应尽量结合物探剖面布置。相对于工程地质钻孔,钻孔应进入到最低地下水位以下不小于 10m;防渗线上的钻孔应进入到微透水层内或进入岩溶弱发育带顶板以下不小于 10m。孔数视勘察部位岩溶与水文地质条件的复杂程度而定,以查明可疑渗漏带地下分水岭或构造切口位置岩体的岩溶化程度、可能渗漏通道(岩溶管道)的最低高程、地下水位高程及变幅、渗漏范围为原则。孔深一般大于普通工程地质钻孔,施工难度较大,费用较高,应尽量一孔多用。

洞探追索是对特殊重要部位一种有效的岩溶勘察方法,由于岩溶多伴随岩溶塌陷与岩溶充填,或地表洞口较小而易被杂草树木及乱石遮盖,发育具一定的"隐蔽性",通过平洞开挖揭露可以直接观察到大小不同的各种岩溶现象,并追索其来龙去脉。洞探追索岩溶勘察一般随岩溶发育的主方向进行,对次发育方向可增加支洞探查,以查明岩溶的最优发育层位、方向、长度、岩溶形态、空间分布特征,分析岩溶发育的规律、强度,若遇较大的岩溶空腔或揭露岩溶管道水、暗河,可结合进行溶洞调查及地下水连通试验等。

大规模的管道型渗漏是岩溶地区水利水电工程建设成败的关键,溶洞调查是研究地下水位以上岩溶洞穴最有效的勘察方法,溶洞调查包括溶洞发育的层位、空间方位、规模、形态及溶洞沉积物调查等内容。溶洞规模和形态特征与岩性、构造和水动力条件有关，通过溶洞规模、形态调查，不仅可以了解岩溶发育与岩性、构造的关系，还可能分析其形成的水动力条件，判断溶洞的连通性，确定地下分水岭位置，了解地下河和岩溶水的补给源，调查地表水和地下水的转化关系以及岩溶区水库的渗漏通道等。

0.3.4 岩溶地球物理勘探方法

岩溶地球物理勘探方法是本书重点内容之一。20 多年来，随着新的仪器设备开发成功和计算机的普及，许多物探方法在实际工作中得到广泛应用，并取得了良好的探测效果和经济效益。如今，地球物理勘探在岩溶勘查中有着举足轻重的作用和地位。

岩溶地球物理勘探方法布置原则，为了使岩溶勘察工作更加快速、经济、全面，根据不同岩溶发育的物性差异，本书用较多的工程实例对高密度电法、EH4、探地雷达、CT 等常用地球物理方法的作用和适用范围进行了论述，选择与优化主要考虑以下因素：①必要性：为什么要采用物探方法，要解决哪些问题；②有效性：拟采用何种手段，可以达到目的期望值；③灵活性：针对问题的解决程度要求不同，采用恰当的方法，考虑不同方法的相互替代或补充；④经济性：勘察费用总是有限的，合理的经费开支是基础。如 EH4 的特点是仪器轻便，方法简单，适合地形复杂区工作，资料直观，以定性解释为主，适用于初勘工作。高密度电法兼具剖面、测深功能，分辨率相对较高，质量可靠，定量解释能力强。在外部电场干扰较小的条件下，探测深度较大时，适宜采用 EH4，探测深度较小时应当采用探地雷达。岩溶勘察弹性波 CT 钻孔应布置在被探测区域（或目的体）的两侧，孔距宜控制在 15~30m，孔距太小会增大系统观测的相对误差，太大会降低方法本身的垂向分辨率。电磁波 CT 钻孔孔距要求一般不宜大于 60m，且孔、洞段深度宜大于其孔、洞间距。钻探成孔时应尽可能保持钻孔的垂直度，终孔后宜进行测斜校正。为减小测试盲区，终孔深度应大于测试深度，且相邻钻孔孔底高差宜小于 5.0m，钻孔终孔后应进行清渣保证有效探测深度。

地球物理方法的合理综合应用十分复杂，它不仅取决于所要解决的地质问题，而且还必须考虑到高效与低耗两个因素。另外作为地质工程师，需要认识到物探方法只是间接的地质勘察方法，最终地下的岩溶地质情况还需要通过钻孔勘察来验证。

0.3.5 岩溶水文地质分析方法及应用

地貌及水文网分析：通过岩溶作用在宏观地貌、地表、地下水系格局以及岩溶形态特征等各种外部表现的分析，认识岩溶发育特征，是传统岩溶分析的方法之一，随着现代卫星图像精度的提高，遥感分析软件平台的不断升级，此项分析方法在基础资料及技术平台上均取得长足的进步。

地下水系统概念的出现，是系统理论在水文地质学中的渗透，也是水文地质学发展的必然结果，主要包括地下水含水系统和地下水流动系统。岩溶地下水流动系统分析是地下水流动系统为研究主体，根据有限的资料和信息，在假定基础上建立岩溶地下水流动系统的框架，演绎应该具有的现象和特征，再通过各种地质、水文的勘察和试验资料加以验证、核减误差，逐步完善系统边界和特征，分析系统岩溶发育规律，属于假设演绎法。本书结合贵州强岩溶区水电工程实例，系统地总结了岩溶地下水流动系统理论分析方法及在水电工程岩溶勘察及渗漏评价方面的运用，是水利水电工程建设数十年来工程建设实践中关于岩溶水文地质研究领域取得的重要成果之一。

岩溶地下水渗流场，即地下水在可溶岩介质中，由高势能向低势能方向运动，并具有一定的地下水动力学特性，从而构成渗流的三维空间，即岩溶地下水渗流场。利用渗流场来分析研究岩溶地下水的渗流特征及有关岩溶渗漏等问题的方法，谓之岩溶地下水渗流场分析方法。在贵州乌江流域水电勘察中，温度场、同位素场、化学场分析等得到了很好的应用。

地下水示踪是一种重要的研究地下水运动的现场试验方法，放射性同位素示踪测井是目前很重要的一种地下水人工示踪方法。它是利用人工放射性同位素标记处于天然流场或人工流场中的钻孔内地下水体，它们随地下水运动，根据示踪或者稀释原理，可以由此测定含水系统某些水文地质参数。另外一种重要的地下水人工示踪方法就是所谓的连通试验，在地下水系统的某个部位施放能随地下水运动的物源，在预期能到达的部位对其进行接收检测，根据检测结果，综合分析介质场和势场特征，来获取系统天然流场的水动力属性的探测方法。地下水连通示踪结论明确，能直观地反映地下水系统的运动状态。实际应用中，示踪剂须满足性质稳定，易溶于水，无毒，对人体、动植物无直接的损害，灵敏度高，试验现场易检测，检测方法简单方便，成本低，易获取。

0.3.6 岩溶渗漏处理

岩溶地区筑坝建水库，渗漏处理关系到能否成库，也是重点研究的工程问题。岩溶渗漏大致可归纳为以下 4 种类型：①邻谷渗漏；②河湾渗漏；③隐伏低邻谷渗漏；④库周或库底渗漏。地形、岩性、地质构造、岩溶化程度、河流水动力条件等 5 个方面，构成岩溶渗漏的基本地质条件。

对工程影响最大的是岩溶管道性渗漏，目前渗漏量计算一般按照下面几种模式：按岩溶管道或暗河天然最大流量作为渗漏量；依据已知坝肩岩溶管道过流断面、连通实测流速按水力学管道流计算；根据库区实际库水位与渗漏流量曲线推测最大渗漏量；利用河流或岩溶洼地、海子底部等天然消水流量曲线推测水库渗漏量。

枢纽区岩溶渗漏不仅会产生库水的损失，而且可能对大坝、地下厂房等其他重要建筑物产生危害，需要采取比水库岩溶渗漏处理要求更高的处理措施。

防渗方案的设计结合防渗处理方法，目前防渗处理型式的选择主要有垂直防渗和水平防渗两大类。垂直防渗一般应用于以水平渗漏通道为主的工程，水平防渗应用于以垂直渗漏通道为主的工程。在实际工程中，由于岩溶渗漏型式的多样性，选择何种型式为主的防渗方案及具体的防渗方案如何确定，是由其地质结构、岩溶水文地质条件及工程特点所决定的。一般是多种方法综合应用。

（1）垂直防渗。即防渗面垂直向展布形成防渗帷幕，是目前最常用的防渗型式。

有隔水层（相对隔水层）的平面布置坝址区一岸或两岸在一定范围内有隔水层（相对隔水层）时，要尽量利用作为防渗端头。防渗线要避开岸坡强透水区、强岩溶区，并尽量垂直隔水岩层走向，这样不仅可以大大提高防渗的可靠度，还可以减小防渗工程量和施工难度。

无隔水层（相对隔水层）或隔水层太远时，防渗端头的选择主要考虑接地下水位（代表岩溶管道地下水位）和岩溶相对微弱的岩体，在方向上一般还要结合岩溶管道和断层带的分布进行考虑。

灌浆压力的选择，较高的灌浆压力有利于浆液的扩散，并能使孔隙张开提高可灌性。但过高的压力也可能造成岩体上抬和结构的破坏。因此灌浆压力要结合岩体强度、裂隙张度、库水水头及灌浆次序、灌浆深度考虑，并通过灌浆试验确定。一般而言，岩体强度较高、埋深较大，裂隙张度较小、水头较大及后序孔，可使用较高压力；反之则用较低压力。岩溶发育地段，由于空缝较多，吸浆量大，在前序孔中压力一般较小甚至不加压，后序孔再提高灌浆压力。

岩溶防渗灌浆中水泥浆是主要灌浆材料，当与其他材料混合时可有水泥黏土浆、水泥粉煤灰浆、水泥水玻璃浆、水泥砂浆以及双液灌浆，而应用于不同的岩溶水文地质条件。

（2）水平防渗。即防渗面近于水平向展布形成铺盖，又可称铺盖防渗，设计原则：一般用于范围不大且属库底分散性岩溶渗漏的河段。若库底渗漏的范围较大时，可与垂直防渗进行比较。当有集中式管道时，需先采取堵、塞措施后再使用。水平防渗的范围，宜与库底岩溶渗漏的范围一致，形成全封闭防渗。防渗材料，要根据地形地貌、库盆大小及工程特点，从技术上、经济上进行比选。铺盖厚度要根据水头及材料特点进行确定。要注意水平防渗与大坝及两侧岸坡衔接。

（3）铺盖类型。根据材料类型的特点，主要有黏土铺盖、混凝土铺盖、塑料膜或土工膜铺盖等。

0.3.7　洞室与基坑岩溶涌水处理

水利水电工程由于大坝、厂房等水工建筑物基坑均位于河谷地下水的汇集排泄区，而引水隧洞多采用裁弯取直或旁河隧洞的方式布置，在穿越可溶地层区时，常会遇到多条岩溶管道水或丰富的岩溶裂隙水、岩溶层间水等，因为施工开挖揭露，往往导致围岩中的地下水体或岩溶管道水突然向隧洞、基坑内涌出。岩溶涌水是岩溶区水利水电工程建设中常遇的工程地质问题

岩溶涌水由于其发生过程突然、且具有不均一性、突发性、涌水量变幅大等特点，加之基坑、隧洞工程空间有限，往往给工程施工带来很多危害，包括围岩失稳、堵塞隧洞、基坑淹没，易造成人身伤亡等事故。有效地处理岩溶涌水，对保障基坑、隧道安全施工以及安全运营，均有非常重要的意义。

对于基坑岩溶涌水，首先应查明其岩溶水文地质条件、涌水来源、涌水类型、涌水特点、涌水量等，并分析其对工程施工期与运行期的危害性和危害程度，根据其岩溶水文地质条件与危害性有针对性地制定处理方案。对仅影响工程施工的涌水，若通过抽排能消除其影响，一般采用临时抽排措施进行处理；对既影响施工又影响运行安全的涌水必须采取永久或永临结合的处理方案进行处理。

随着岩溶水文地质勘察理论的进展及 EH4 等精确探测手段的应用，引水隧洞岩溶水文地质调查主要采用"地质调查＋精确物理勘探＋验证性钻孔及水文地质试验"的综合方法。但是对于长大隧洞而言，施工前期的勘察工作往往十分困难，难以查清隧洞沿线的全部岩溶、水文地质情况。因此，重视施工期超前预报及施工地质预报，是岩溶地区引水隧洞涌水分析评价的极为重要的方法。

洞室岩溶地下水的处理方法，岩溶洞室地下水涌水防治的优先考虑方向是"将动水变

为静水"，从而在静水环境下对岩溶通道进行灌浆封堵处理，减少灌浆处理的难度和工程量。但受前期勘察深度及超前预测预报水平的限制，不可能完全准确查明隧洞前方地下含水体的分布情况。因此，在实际地下工程开挖过程中，有时会同时面对已准确预测的隐伏岩溶涌水构造和直接揭露的岩溶涌水点。对于这两种不同水动力条件下的涌水类型，宜采用不同的涌水处理方案。

对于尚未揭露又超前预报预测掌子面正前方有高压、大流量地下水时，应采用超前帷幕灌浆封堵技术。洞室已揭露涌水可采用封堵灌浆与高压固结灌浆的方式进行处理，据以往的工程经验，由于被揭露的地下水呈动态形式出现，不利于浆液凝结。再加上地下水有高压、大流量的特征，封堵难度较高，需先通过灌浆封堵将动水变为静水后，再进行高压固结灌浆，确保衬砌结构的长期运行安全。

对于具有高压、大流量溶蚀裂隙、溶蚀宽缝、串珠状溶蚀孔洞、溶蚀管道以及溶洞群和厅堂式洞穴的涌水封堵，传统的充填方式已不能获得理想的封堵效果，为此，本章重点论述了特殊的模袋、索囊灌浆封堵技术。

模袋索囊材料由于具有强度高、整体性和析水固结性能好、柔软可变形等特性，适合于大流量、高流速情况下的堵水。模袋、索囊灌浆封堵技术在贵州引子渡、索风营、东风、沙沱水电站和四川锦屏、联补水电站及重庆明月山隧道等多个工程项目取得了较好的地下水封堵效果。

0.3.8 伏流及暗河封堵成库处理

伏流与暗河，大量文献上并未区分，本章将有明显地表进出口且主要流量为进口流量的称为伏流，是岩溶地区河流由地表转入地下、从地下又复出地表的独特形态，由进出口、伏流洞及上覆山体等部分组成；将有明显的出口但没有明显的集中入口的称为暗河，是由地下水汇集，或地表水沿地下岩石裂隙渗入地下，经过岩石溶蚀、坍塌以及水的搬运而形成的地下河道。

随着水电开发的深入，涉及伏流、暗河地区的水利水电开发项目的增加，开展对伏流、暗河水文地质、工程地质问题及处理方法研究具有十分重要的工程意义。

伏流封堵成库方案利用部分天然山体，节省大量工程量和建筑工程投资是岩溶地下空间利用的一个重要方向。已建成投产的铜仁天生桥和设计中的平塘甲茶水电站代表了两个不同类型的伏流堵洞成库实例。

受岩溶发育影响，降雨形成的地表径流多通过溶蚀裂隙、溶缝及落水洞等潜入地下，故多数岩溶地区存在工程性缺水问题，通过封堵岩溶管道或地下暗河成库，有效利用岩溶地区的地表岩溶洼地和地下岩溶空间，开发利用岩溶地下水成为当前解决岩溶地区缺水的紧迫任务。

暗河发育地段的岩溶特征、水文地质条件十分复杂，极可能存在严重的水库渗漏和水库诱发地震、内涝等环境地质问题，能否成库是最突出的关键地质问题。需要进行的大量勘探论证，查明暗河的主管道，从而进行工程治理。本书通过两个已经建成投产的水电站治理研究经验，介绍了重庆中梁水电站通过防渗帷幕封堵库区分散式和集中式岩溶管道，截断库水通过暗河系统向大坝下游渗漏的途径成功成库，和贞丰县七星水库通过暗河中堵洞＋地表整体式帷幕封堵，在利用地表岩溶洼地成库的同时，充分利用地下岩溶空间形成了地下水库两种处理方式。

0.3.9 岩溶地基处理

岩溶化可溶岩体的强度特性与变形特性，可溶岩体多是先沿结构面溶蚀，并进而不断扩展至大范围的岩体，从而形成包括溶孔、溶隙、溶蚀性结构面、溶蚀破碎区、岩溶洞穴或其他结构面组合的"岩溶结构岩体"，其岩溶形态极不规则，可以是宽大的溶洞，狭窄的溶槽，也可以是细小网状溶隙集合体，岩溶对坝基岩体质量的影响机理非常复杂。不同岩溶形态类型对坝基岩体强度及完整性、应力应变特性和渗透特性的影响程度不一样。

岩溶结构岩体受力后，其强度特性表现为明显的不均质性和各向异性。顺溶蚀结构面方向的岩体变形主要受结构面两侧完整可溶岩体强度控制，其变形特性与完整岩体差异不大，但垂直溶蚀结构面方向的岩体变形主要受溶蚀结构面强度控制，溶蚀破碎带多为黏土或其他软弱物质充填，强度较低，其抗变形能力极差，可能引起坝基抗压缩变形及抗渗透稳定等边界条件的较大变化。当溶蚀结构面与坝基（肩）组合时，常构成滑移或变形稳定的控制性结构面。岩溶洞穴对坝基岩体强度的影响与其形态特征、规模、上覆岩层顶板厚度、坝基应力水平等有很大关系，其强度破坏特征可表现为洞穴顶板整体破坏或以洞穴为临空面的整体滑移破坏等。

从已建成的岩溶地区工程处理情况看，地基处理措施主要分为4类：①改善坝体受力条件的结构性措施；②提高坝基岩体承载力和抗变形能力的补强措施；③提高坝基（肩）岩体溶蚀结构面或溶蚀体抗剪（断）强度的工程措施；④堵、排结合，增强坝基岩体抗渗漏（透）能力，合理疏导坝基范围内的岩溶地下水。本书通过武都水库、构皮滩、思林、沙沱、大花水、隘口等水电工程实例对不同岩溶地基处理方法作了图文介绍。

0.3.10 工程岩溶环境地质问题

地表和地下的双层水文结构使岩溶地区的降水通过落水洞等入渗补给地下水，地表水与地下水的关系在岩溶区十分密切，交互迅速，岩溶地区工程建设极易对环境产生重大影响，水电工程建设产生的主要环境地质问题包括：岩溶水库诱发地震，水库内涝及浸没，岩溶水库斜坡稳定，隧洞岩溶涌水导致地表井泉的干涸，以及隧洞区岩溶塌方冒顶问题。

目前世界上发生水库地震的100余座水库中，有半数以上属于岩溶型水库地震，与天然地震相比，水库诱发地震虽震级小，但埋深浅，烈度偏高，造成的局部性破坏较严重，这不仅对水库及枢纽建筑、附近城镇居民的安全构成威胁，而且会造成严重的社会影响；由于水库诱发地震在机制、理论上的不成熟性及预测方面的不确定性，以及岩溶水文地质条件的复杂性，前期勘测工作中，要想准确地进行水库地震预报，难度非常大；但若能设置监测台站（网）对水库蓄水后的地震活动情况进行监测，尤其是其所涉及流域的地震活动监测，了解其活动规律及强度，据此开展必要的防灾减灾分析评价及措施应对，对岩溶地区水库的安全运行来说更具有意义。目前，贵州已建立了乌江流域、北盘江流域水库地震监测台网，可及时了解两流域范围内岩溶水库地震的发震情况。

岩溶峰丛洼地或峰林谷地及岩溶盆地地区，发育众多的地下河系，每年汛期，地下河因当地暴雨而增大流量，由于岩溶管道断面所限使排泄受阻，通过天窗或消水洞涌出，淹没洼地或谷地中的耕地，一般称为"内涝"。如果在河流上兴建水库抬高水位，淹没了地下河出口，使地下河水水力坡降减小、地下水流速减缓、排泄能力降低，同时水库回水倒灌占用部分地下库容而降低了洞穴的蓄洪能力，还可能存在岩溶管道的局部淤塞而减小过流断面，从而壅高地下水位，导致本不产生内涝的洼地或谷地及岩溶盆地发生内涝或延长原有内涝时间，称为"岩溶浸没性内涝"。岩溶浸没性内涝是岩溶峰丛洼地、谷地及岩溶盆地发育地区修建水电工程常见的环境地质问题之一。

水库岩溶浸没性内涝工程地质勘察，与一般浸没区勘察不同之处在于，它不仅要查明各种基础地质条件，更重要的是对岩溶发育与岩溶水文地质条件进行勘察。由于岩溶发育在空间上的不均一性、岩溶水文地质条件的复杂性及岩溶浸没性内涝的特殊性，岩溶浸没性内涝勘察必须利用多种勘察手段和方法进行综合研究，综合分析判断发生的可能性与危害程度。

水电工程库区岩溶浸没性内涝的治理措施，应在综合分析研究其产生原因、范围大小以及对工农业影响程度等因素的前提下，采用补偿、移民搬迁、汛期限制水库蓄水位、工程排涝等措施。

在西南可溶地区，同时蕴藏有丰富的磷、铝等矿藏，开采加工后的废弃物堆放对环境的影响越来越引起重视，由于自然条件所限，岩溶洼地作为堆场是不可避免的选择，显露出的环境问题和潜在的环境影响，日益受到政府、企业和学术界的重视和关注。本著作以磷石膏堆场对地下水污染为重点提出了堆场选址原则和勘测方法。

岩溶地区的城市，多分布在水源较充沛的河谷地带、岩溶准平原或大型洼地内，岩溶普遍发育较强，地下水位较高，给居民生活提供了方便。随着我国经济的稳步、快速发展，城市化建设的进程也必然加快。而城市基础建设对环境的影响亦日见凸显，高层建筑地下室开挖、地下水的抽排、地下管线的铺设、尤其是地下交通工程的修建，大量地下岩溶管道被揭露，改变了岩溶地下水的补排径流关系，引起地面开裂、塌陷、水源污染等水文地质工程地质和环境地质问题，使人们生产生活受到影响。本章以实例介绍了可能产生的危害和勘察治理方法。

目前，我国在岩溶地区水利水电建设积累了丰富的经验，对岩溶地层的水文工程地质研究也日臻成熟，伴随着中国企业走向世界，将会在更大的范围内遇到岩溶问题，会给我们提出更高的要求，也势必再一次推动我们岩溶研究水平的提高，为造福全人类作出更大的贡献。

第1章 岩溶发育的基本条件及形态

岩溶又称"喀斯特"（Karst），后者因前南斯拉夫岩溶地区的岩溶地貌和水文现象而得名。岩溶是可溶性岩石长期被水溶蚀以及由此引起的各种地质现象和形态的总称。它既包含了地表和地下水流对可溶性岩石的化学溶蚀作用，也包含有机械侵蚀、溶解运移和再沉积等作用，并形成了各种地貌形态、溶洞、溶隙、堆积物、地下水文网，以及由此引起的重力塌陷、崩塌、地裂缝等次生现象。岩溶作用与其他地质作用的显著区别，在于以化学溶蚀为特征，并在岩体中发育了时代不同、规模不等、形态各异的洞隙和管道水系统。

1.1 中国岩溶区域特征概况

我国碳酸盐岩系分布面积约为 136 万 km^2，占全国总面积的 14%。其中尤以黔、滇、桂等地区分布最为集中，如云南碳酸盐岩出露面积占全省土地面积的 52%，广西碳酸盐岩出露面积占全区土地面积的 43%，贵州省碳酸盐岩出露面积最大，约占全省土地面积的 74%。全国碳酸盐岩分布情况见图 1.1-1。

根据气候、大地构造以及岩溶发育特点，可将我国划分为 3 个区：大致以六盘山、雅砻江、大理、贡山一线为界，以西为青藏高原西部岩溶区；以东分为两个区，以秦岭、淮河为界，北部为中温、暖温带亚干旱湿润气候型岩溶区，即华北岩溶区；南部为亚热带、热带湿润气候型岩溶区，即华南岩溶区（图 1.1-2）。根据岩性、地貌及岩溶发育特征等因素，又可细分为黔桂溶原—峰林山地亚区、滇东溶原—丘峰山原亚区、晋翼辽旱谷—山地亚区、横断山溶蚀侵蚀区等亚区（表 1.1-1）。

1.1.1 华南岩溶区

华南岩溶区区域包括长江中、下游与珠江流域地区，碳酸盐岩出露面积约为 60 万 km^2，占全国岩溶地区总面积的 44%。滇东、黔、桂、川东、湘西和鄂西，碳酸盐岩大面积出露，是我国岩溶最为发育的地区，此外，苏、浙、赣、粤等省亦有碳酸盐岩零星分布。

该区属中亚热带至暖亚热带湿润季风气候。大部分地区年平均气温 15～23℃，年平均降雨量 800～1300mm，部分地区达 2000mm 以上。

12

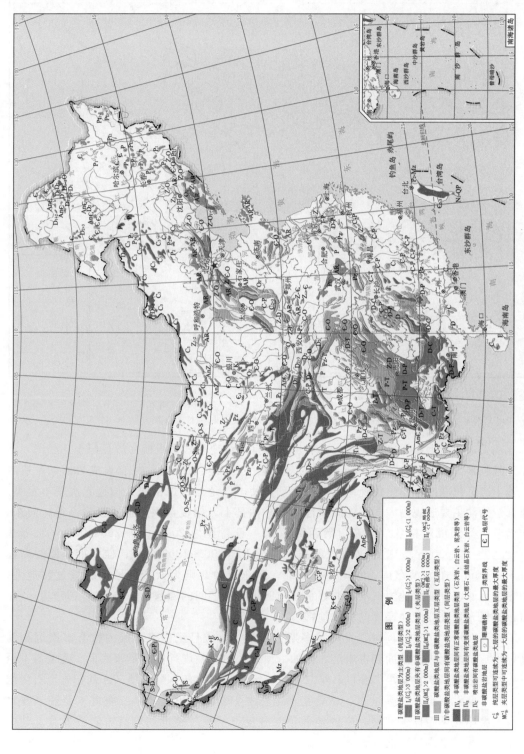

图 1.1-1　中国碳酸岩地层层组类型分布图（据卢耀如）

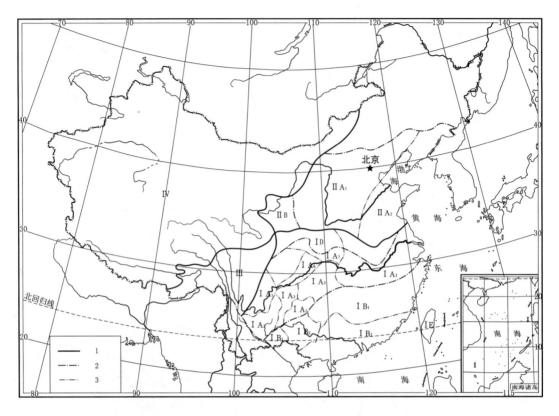

图 1.1-2　中国岩溶区划简图（据《中国岩溶研究》）
1—一级区划界线；2—二级区域界线；3—三级区划界线

在大地构造上属于华南地台，基底由前震旦系浅变质岩系组成。震旦纪至三叠纪，地壳升降频繁，沉积了厚达 5000m 以上的多层碳酸盐岩及屑碎岩，并有火成岩活动，造成了若干次沉积间断。中生代晚期的燕山运动，使本区地层普遍褶皱，构造轮廓基本定型。新构造运动主要表现为大面积的间歇性上升，西部上升幅度最大，形成云贵高原，向东，向南渐次降低成阶梯状。滇东—黔西高原面一般高程为 2000.00～2500.00m（北部达 2700.00～3000.00m）；黔中高原面的高程降至 1000.00～1200.00m；桂中准平原的高程仅 100.00m 左右。滇东南、黔南、桂西北，黔东及黔北则为云贵高原的斜坡过渡地带。川东、湘西、鄂西山地为江汉、洞庭平原与四川盆地之间的隆起区，高程在 1000.00m 左右，亦属云贵高原向北递降的斜坡地带。

该区在地质历史过程中，发育了多期古岩溶，自震旦纪以来，区内曾有多次沉积间断，形成了多层古溶蚀面和古岩溶。例如，滇东、黔西晚震旦世至早寒武世、晚泥盆世至早石炭世、晚石炭世至早二叠世、早二叠世末至晚二叠世初；黔中地区寒武纪末至石炭纪初、早二叠世末至晚二叠世初、三叠纪末至侏罗纪初；四川盆地早二叠世末至晚二叠世初、三叠纪晚期至侏罗纪初；广西地区早二叠世末至晚二叠世初均有古岩溶发育。其中早、晚二叠世之间发育的古岩溶最为普遍。

表 1.1－1　　　　　　　　　　　　　　　　　　　　　　　　　中国岩溶区域分区简表

岩溶大区	气候特征	岩溶亚区	范围	岩溶地貌特征	岩溶水文地质特征
Ⅰ．华南岩溶区	亚热带、热带湿润气候，年平均雨量>800mm，向南至年平均气温>14℃，向南至增至20~24℃，年平均相对湿度75%~80%	Ⅰ A1．川西南峡谷—山地亚区	大渡河下游及金沙江下游地区，西至宾川、盐津，东至盐津、昭通，南至云贵高原北麓	峡谷及中低山山地，具高程 2600.00～2700.00m，2100.00~2200.00m 剥夷面；地下岩溶以后者较为发育，目以前者剥夷面岩溶不发育	主要含水透水地层为震旦系夹硅质灰岩、寒武系白云质灰岩，泥质灰岩夹砂页岩互层，奥陶系白云岩及白云质灰岩夹砂页岩，二叠系矽卡结构灰岩。多隔槽或隔挡式褶皱发育，沟谷发育，河谷深切，泥盆断层仍时时有岩溶大泉发育，地下水排泄条件好，断裂发育，如金沙江西侧金沙江畔发育巨型岩溶，大渡河造成巨型溶洞，大泉等。新构造上升缓慢岩溶相对较发育，互状灰岩造多顺层面发育，水文地质槽谷问题较为特殊，应注意支流水库向下游邻谷的渗漏问题（如水溶槽问题）
		Ⅰ A2．滇东溶原—丘峰高原亚区	滇东及黔西，水城，即赫章，南罗平一线以西，元江以北，元谋以南地区	溶原与丘峰原地貌，具高程 2500.00～2600.00m（大娄山期），2100.00~2200.00m（山盆期）剥夷面，后者发育为具较厚古风化壳的溶原面，发育一系列断陷盆地，路南一带有著名的石林地形	主要岩溶含水地层为元古界白云岩、白云质灰岩、礁灰岩，泥质灰岩夹砂页岩、下寒武统块状灰岩，白云质灰岩，泥质灰岩及白云质灰岩，三叠系灰岩、白云岩，短轴状、鼻状及矽状褶皱发育，断层发育。水文地质构造主要发育在石炭系，二叠系灰岩水层中，前者如昆明一带成为相对独立的地下含水水层。由于深谷深切，周围为碎屑岩封闭成为相对独立含水层，核部的互层状碳酸盐岩构成含水层，干流水位较高，除统筑坝渗漏外，核部的互层状碳酸盐岩构成含水层
		Ⅰ A3．黔西溶洼—丘峰山原亚区	川南，黔西东部及滇东，赫章，包括盐津，章，南罗平以东，南盘江以北及兴义，黔西，桐梓以西，赤水以西以南的广大区域	大娄山期剥夷面从东向西逐渐抬升至1500m 向西逐渐抬升，2000m，构成分水岭。面上为规模较小的岩溶洼地（与丘溶下简称溶洼）高程1000.00～1500.00m 为由溶组连，溶洞，落水洞剥夷面，乌江期多级阶成的山盆期剥夷面，发育多级阶地与溶洞层	地表现出露的主要岩溶含水层为寒武系白云岩、石炭系灰岩，灰岩，以二叠系灰岩、三叠系灰岩，白云质灰岩、白云统灰岩、泥盆系碳酸盐岩成分水岭，向斜核多为谷地。黔西至南盘江一带，孤型构造宽缓，向斜核部上的岩溶洼地（以高程2000上的岩溶洼地）高程2000.00~1500.00m 为由溶槽谷地，隔水片岩结构，地下含水系及地下水流或背斜核部。震旦系至三叠系碳酸盐岩系由斜构造，黔西至滇东一带岩溶出露地区，隔水成为相对隔层。在大片碳酸盐岩出露地区，主要为平缓岩层，由于南盘江急剧下切，隔水岩层多出露于南盘江上游河谷地，由于南盘江急剧下切，以及众多海子，故岩溶型水文地质结构。黔西至分水岭地带多形成宽缓河流，在喑河带多形成相应的宽缓河以较明夷面，以及斜坡地带的水力比降明以较明显降的相应的水力比降明显降的斜坡地带，岩溶发育，地下水埋深大，但岩溶型水文地质结构，黔西分水岭地带多形成暗河急剧下切，以及众多海子，故岩溶坡地带相应下切，岩溶发育，地下水埋深大

岩溶大区	气候特征	岩溶亚区	范围	岩溶地貌特征	岩溶水文地质特征
I. 华南岩溶区	亚热带、热带湿润气候，年平均气温>14℃；向南增至20～24℃，年平均雨降量800mm，年平均相对湿度75%～80%	I_A4 黔中高原-丘峰山原亚区	黔中高原部分地区，黔东南至独山，北以乌江为界，西南至望谟、望水城，西至纳雍、晴隆、安龙，东至凯里一带	长江和珠江水系的分水岭地区，黔中高原为山盆期岩溶原，山盆期剥夷面在安顺、平坝一带为1200.00～1300.00m，贵阳一带约1000.00～1100.00m，大娄山基本保留较好。更新世以来，仅在黔西一带保留较好。盘江峰，进入峡谷形成峡江溶洞并发育多阶段的峡江溶洞及地貌特征	岩溶各含水透水地层从震旦系至三叠系均有分布，但以二叠系、三叠系碳酸盐岩出露最为广泛，主要强可溶岩地层为寒武系清虚系结构、二叠系栖霞组、茅口组、永宁镇组。该区大冶组、隔档式褶皱、嘉陵江碳酸盐岩组成的隔档式褶皱（朋脚向斜）和宽阔的向斜（茅口背斜）相间为其特点，六枝一带发育弓状褶皱及石灰岩向斜，背斜多构成岭谷状补给区，向斜则为汇水盆地、深度发育承压自流水。黔南一带则由泥盆及石灰岩形成成水构成箱状或长条状补给区，并背斜形成补水面、向斜地带成岩溶地貌景观、河溶地带地下水垂直入渗带平缓下穿河，由于河流多成岭谷地带出口大渗带厚达下切，出现代河水面约20m左右（相当一级阶地或略谷谷低于...），在干流河段建库需避开河谷裂隙，支流河段建库需避开河谷裂隙、渗漏问题突出；支流河段地下水适应地应基准面的变化，显示晚年期岩溶地貌景观、河溶地带地下水金期岩溶经历过程。乌江和北盘江为典型山金期深切河谷，平坝地带地下水力坡度经历一陡一般首河及高切，谷坡地带首坝地下水金期岩溶景观，河溶地带适应排泄基准面的变化、暗河多、两库首及坝区成略谷略低于地或略谷谷低于地、暗河或谷略谷低于地一般略谷谷低于地，两库多流区，但库首及坝区建库渗漏问题大
		I_A5 鄂黔湘丘峰山地亚区	湘西、鄂西、川东、重庆、黔北等由巫山山脉、武陵山脉、大娄山脉等平行山脉构成的江汉平原与四川盆地之间地带	川、渝、鄂、黔、湘西一带大娄山期剥夷面约1500.00m，山盆期剥夷面900.00～1200.00m，湘西一带为650.00～700.00m，约350.00～500.00m；进入峡谷期（三峡期、乌江期）后，多形成5级溶蚀对应的溶洞、溶峰，溶洼为主的下游及中下游峡深异常的峡谷地带，长江及其支流深切的峡谷或溶山，溶谷一直伸入人面山原中心，致使云贵高原上岩溶崎岖岩溶，形成云贵高原、山原岩溶貌迥然不同的地貌特征	除震旦纪早期，志留及泥盆纪为碎屑岩岩外，震旦系至三叠系中期普遍发育以碳酸盐岩为主的海相硅质白云岩沉积。震旦系含各硅质白云岩为主的各个硅质白云岩，分布广泛；奥陶系灰岩、泥灰一带，寒武系白云岩为主，分布在鄂西、黔北地区；二叠系栖江组白云岩，茅口组灰岩地层主要为下统嘉陵江组白云岩，白云岩区内出露，三叠系可溶岩地主要为大娄山—八面山面山褶束延展平渝、大山东逐渐向北转向东向。水系大都沿构造地质结构走向，以较纯白云状溶山碳酸盐岩向延伸向北转向东向。支流水系多构造地质造线方向发育，以箱状褶束为核心的各个背斜与早期碳酸盐岩为核为主，背斜核心的留因志留早期构成分隔水岩体的环境，向斜中间的二叠纪、三叠纪、灰岩及地层古生代早期碳酸盐岩束状展布于渝、黔、鄂湘等地，北北东向延伸向北朝束向展开东向。将早古生代早期碳酸盐岩一八面山褶皱束有成谷地质影响较大，以较纯状向互状大娄山—八面山褶皱束为核心发展平渝，大，长江三峡、清江水系等主，乌江下游、清江三峡、大娄碳酸盐岩向延伸向北朝束向延展平渝，黔、斜分离向斜核与核心的向的斜核中生代早期碳酸盐岩构造线方向成多个地下水系统，三叠纪可溶岩有成岩成多个地下水系统，黔、化岩溶化方向决定了各主要可溶岩向循着可溶岩层走向发育有若干段碳酸盐岩成岩溶体阻隔，一般相邻各溶岩体阻隔，否则首及渗漏问题突出、但需充分利用隔水岩或溶体阻隔，此类水文地质构造方向交付成岩溶代替白云岩系统，平行于构造线方向有成岩向斜溶体阻隔，坝选择建坝址；否则首及渗漏问题突出，但需充分利用隔水岩或溶体阻隔，否则首及渗漏育有若干段岩溶育有若干段岩溶坝或溶体阻隔，否则首及渗漏库段渗漏较轻，处理难度非常大

16

岩溶大区	气候特征	岩溶亚区	范围	岩溶地貌特征	岩溶水文地质特征
Ⅰ. 华南岩溶区	亚热带、热带湿润气候，年平均雨量＞800mm，年平均气温＞14℃，向南增至24℃，向南增至20～相对湿度75%～80%	Ⅰ_A6. 川东渝西溶桂-丘峰山地亚区	川东、渝西地区，西至荣昌县，广安至江津一线，南至云阳、忠县，治至开州，北至达州一带	北东—南西向的一系列平行褶皱山带像蜈蚣一样断续排列在区内，狭窄的背斜山岭因核部碳酸盐岩受到溶蚀作用而呈浅丘起伏状的负地形，冀部侏罗纪砂岩形成山脊。华蓥山高程1000.00～1150.00m，500.00～600.00m高程剥夷面，最广泛发育的长江、嘉陵江等干流河谷发育至320m一级，长江、嘉陵江等各级阶地，相应岩溶级与谷级发育幅对变幅大，相应岩溶级与谷级发育幅对并不明显	为川东弧形褶皱群区，背斜多发育走向逆掩层，岩层状多呈西陡东缓，为典型的隔档式褶皱，切割导致寒武系二叠系。此外，其余背斜均有出露，华蓥山背斜轴线导致寒武系二叠系可溶水层均为出露，南部的中梁山等背斜轴核部亦见二叠系可溶岩出露；其余背斜的一系列以溶准为主的负地形地貌形态是川东特殊的构造条件控制岩溶分布的一系列特点之一，其呈背斜与隔水准罗系山脊各处的河流这一排准基准面控制况多受切割罗系的构造条件控制岩溶分布，多形成规模较大的溶丘洼地，受构造复合并制而呈浅丘起伏状的河谷一般较东侧深，岩溶化程度相对较弱，少常年地表侏罗纪砂岩出露溶化程度一般较东侧深，多形成规模较大的溶丘洼地，受岩溶分布的各个具补水流。寒武系、奥陶纪灰岩出露面积大，岩溶化程度较小，出露者岩溶多较发有地表常年水流；而东侧多为海拔较西侧低地形，少常年地表发育；制灰岩出露的上部，奥陶系中寒罗纪灰岩为中统嘉陵系为水透水地所出露均成独立的含水层。二叠系发纪灰岩的岩溶发育及富水程度与其是否含水透水性层有关。出露者岩溶多较发江组及下统飞仙关组的上部，该地层均依罗纪灰岩所环绕，每个背斜出露均成独立的岩层。长上述盐岩水层均的地下飞仙关组，并撤过切割岩溶发育；连地深陷目下伏深岩埋河，可溶岩出露径、排地段的出口岭谷段，难以防渗处理的岩溶槽谷地江及嘉陵江两侧岩溶地质结构可充分利罗纪灰层所围限江、嘉陵江等干流的出口岭谷段，连地深陷目于其自成体系，可溶岩作用，于两侧的出口岭谷段，但应避免在其自成体系，可溶岩广泛分布，难以防渗处理的岩溶槽谷区建筑
		Ⅰ_A7. 渝鄂溶桂-丘峰山地地亚区	重庆、鄂西，包括米仓山和大巴山脉，东南界至巫溪、南至兴山及房县一带	总的地貌特点是地形起伏大，沟谷深，山高谷深，坡岭陡流急。主要发育2000.00m，1500.00m，1200.00～1300.00m，1000.00m，800.00m各级剥夷面，尤以后两者较发育	下古生界至三叠系可溶岩分布均有分布，其中古生界地层分布在背斜核部，出露岩溶面积在70%以上。主要可溶岩层出露在背斜地层上及寒武统中厚层硅质灰岩、下奥陶统灰岩、白奥陶统灰岩及页岩，中奥陶统白云岩、下二叠统栖霞、茅口组灰岩、上二叠统灰岩上部、下三叠系白云质灰岩、白云质灰岩、镇坪、白云质岩、房县深断裂、构造深断层灰岩、下三叠系白云岩呈北部发育城口、日背、向斜口险角，并受近东方状部分可分可溶自西向南呈白云岩的孤形河系束，并受近东向状部分可分部灰岩北部与二叠系灰岩呈城口、日背、房断紧相间并受东向岩溶顺东隔水性的接触制约，可溶岩条带状展布，其出口暗河向谷隔水层均多期出露，受构造控制岩溶大出露较大，由于暗河管道有规的规模较大的接触制约，可溶岩条带状出露成束。部分泉口横向河谷发，可溶岩较发育的横向河谷，尚可能存在顺河底部岩溶，并注意上述强烈的同侧的长大暗河系统，其出口暗河并受东向岩溶顺层向河谷切的长大暗河系统，并沿深切断部位顺河向并受东河与岩溶较宽出露，部分泉口横向河谷发育，如双通水库及坝下游发有岩溶大泉，水库蓄水后存在严沿河谷岩溶大泉及岩溶裂隙发育，下游尚发有岩溶渗河谷裂隙漏问题，水库选址即选择注意重存在的岩溶渗漏问题

续表

岩溶大区	气候特征	岩溶亚区	范围	岩溶地貌特征	岩溶水文地质特征
I. 华南岩溶区	亚热带、热带湿润气候，年降雨量>800mm，年平均气温≥14℃，向南增至20~24℃，年平均相对湿度75%~80%	I A8. 长江中游溶原-丘陵与低山丘陵亚区	鄂东南、鄂西北、赣西南、皖南、苏南	该区碳酸盐岩多呈小面积斑点状或呈条带状分布，绝大部分属三级剥夷面，溶蚀一丘陵及低山丘陵区，也有溶蚀平原分布，浙西一带发育较广泛的溶洼。暗河，溶洞，普遍发育封闭的溶洼。部分层段受物质组成及层间互特征影响，不具溶地貌特征	碳酸盐岩总厚度较大，但多零星呈斑点状、条带状分布，碳酸盐岩在浙西厚度最小，鄂东南及皖南一带厚度最大，钟祥、板仓、江苏源县一带震旦系碳酸盐岩为碎屑岩类；中震旦上震旦上一带震旦系多为硅质岩，浙西自统白云岩至中奥陶纪普遍发育逐到奥陶系的灰色灰岩，鄂中与三峡地区碳酸盐岩夹页岩为主，赣西、浙西、皖南、常夹苏南至皖西北相似。从泥质白云岩逐渐过渡到震旦系灯影组为白云岩，赣西北、鄂北等地中寒武为深灰色灰岩，常夹页岩，中下奥陶纪多含白的自的地，上统为泥质灰岩，浙西南为主。中下奥陶统灰岩或泥质条带灰岩，鄂东南为较厚层白云岩，安徽长江北岸零星分布的白云岩亦广泛，浙西沿青江均以深灰岩为主，中石苏两省沿青江地带的中上寒武统以薄层灰岩发育，灰岩常富白云质，下统中寒组灰岩或泥质灰岩，黄龙组下部富白云质，浙西南、鄂东、鄂中、皖苏境系灰岩，茅口、长兴组灰岩及太湖以西为白云岩，向南三叠系分布，零星的是向斜或单斜武岩夹自的成各自的地有限。中石、赣西南部富白云质，较多的岩溶发育程度较弱，三叠系岩溶普遍较发育。奥陶系一般岩溶发育较弱，三叠系岩溶发育普遍较发育且含水丰富
		I B1. 滇东南溶原-峰林高原亚区	罗平、广南、富宁以西，元阳、建水、元江，金平以东的滇东南地区	为南盘江与元江的分水岭地区，山势雄高，剥夷面高程2000.00~2400.00m，个旧-蒙自第三纪时势发育的剥夷面上保留藏石芽、溶丘、溶洼、溶洞等，剥蚀面较开阔，中有文山等地发育峰林地貌，受断块运动影响，沿断层形成较多断陷盆地	下古生界可溶岩主要分布在麻栗坡地区，寒武系为变质碳酸盐岩；上古生界石炭系至二叠系可溶岩分布开远，个旧以东灰岩分布最广。广南一带，断裂构造发育，以北及二叠系个旧白云质灰岩，白云岩相互剥切削割的地区，多见溶大泉及台溶湖，是地下水排泄区，个旧、蒙自、草坝一带发育断陷断块构造，断陷溶原为聚元江与南盘江共同构成此东同构造界，斜坡山区直立入渗带地质结构，草坝一带为由个旧组一带地下水深部径流补是块状纯碳酸盐岩火成岩隔开围围山区的间互发育裂隙型水文地质的边缘，平远一带为个旧组碳酸盐岩及碎屑岩夹火成岩属个旧组碳酸盐岩的鸣鹫街，1450~1500m剥夷面上发育溶原，溶洞，溶峰及台溶湖，中和营一带地下水广泛补从东、西、南3个方向向六郎洞方向排向南盘江，岩溶管道水具可溶给区，径流途径长且埋深大，流量大。斜坡地带地下水深部径流强烈的渗漏问题，水力坡度大。修建水库可能存在强烈的渗漏作用

岩溶大区	气候特征	岩溶亚区	范围	岩溶地貌特征	岩溶水文地质特征
I. 华南岩溶区	亚热带、热带湿润气候，年降雨量＞800mm，年平均气温＞14℃，向南增至 20～24℃，年平均相对湿度 75%～80%	I_{B2}：黔桂溶洼-峰林山地亚区	黔南及广西中西部，北独山、望谟、册亨、兴义、广南、西畴、屏边、大新，与桂东界线在融安、隆安、龙州一线	总的地貌景观由峰丛-溶洼向峰盆岩溶形态逐渐演化。桂西地区岩溶形态是密集的峰丛、溶洼、落水洞、天生桥、盲谷利伏流，红水河上游河床纵剖面较陡。桂西南地区主要岩溶形态为峰林-溶盆或溶洼、暗河及落水洞，伏流少时出现，具垂直性的岩溶形态有发育。桂东及右江中游地势降低，水平溶洞及干溶盆地发育暗河水系	主要发育上古生界碳酸盐岩，岩性纯，厚度大且分布广，结峰岩地貌的发育奠定了物质基础。较纯的灰岩主要为中石炭统黄龙、马平组灰岩，以及二叠统栖霞、茅口组灰岩。下石炭统上司组中厚层白云岩及灰岩，中石炭统黄龙组、马平组白云质灰岩，平口段中厚层白云岩多发状紧密稍敏，局部发育线状或渡型稍敏，向斜倾角缓，为附近的向斜区，埋藏浅，区内各类背斜核部承压水自由流。深部含水层，各类岩溶形态相对较发育，但地表水埋藏相对较浅，河谷地带发育完善，地下河深切的凤凰山背斜的伏东溶原形式径流，红水河深切为峡谷地貌，埋深 30～50m。但总体上地形起伏强烈。红水河及暗河形态均具，伏流区落水洞、暗河增多，水平溶洞较发育，应是深部岩溶研究的重点
		I_{B3}：粤桂溶洼-峰林平原亚区	广西中东部及粤北大面积分布碳酸盐岩区，闽赣、粤等碳酸盐岩呈零星分布	该区从新生代以来具有歇同歇性缓慢隆起为特征的地壳活动，属干上升幅度稳定区，因而溶蚀作用完善，发育丁典型的溶原、溶洞地貌。广西发育 220.00～250.00m，150.00m，110.00～100.00m 剥夷面，除高层外均有溶洞层，在相对高度 60～80m，30～40m 及以下尚有溶洞层，以 30～40m 这一层发育最普遍，相应的红土台地是原溶面的主要台面	广泛分布晚古生代均匀状纯碳酸盐岩，发育最完善，石炭、二叠系分布最广，桂东以中泥盆统一下石炭统二叠系为主。晚泥盆世、早石炭世，桂中以灰岩等均可的非碳酸盐岩地区除后者的碳酸盐岩中儿乎没有隔水层相隔，桂中厚约 3000m 的碳酸盐岩纯度高，多以平缓分布发育为主。在平缓褶皱构造条件下，大面积连续出露发育多以水平为主，地下地壳相对稳定每年以上升水平径流为主，更增强了岩溶发育，因岩溶发育强烈，地下水丰富且埋藏浅，地表、地下水网均发育，水库渗漏问题突出，应主要以修建低水头径流式电站为主，不宜建高坝大库

续表

岩溶大区	气候特征	岩溶亚区	范围	岩溶地貌特征	岩溶水文地质特征
Ⅰ. 华南岩溶区	亚热带、热带湿润气候，年降雨量>800mm，年平均气温>14℃，向南增至20～24℃，年平均相对湿度75%～80%	ⅠB₁. 湘赣山地溶盆-丘陵地与丘陵亚区	湘赣中南部及闽中北的南岭、雪峰山、罗霄山、武夷山等地区	溶盆-丘峰山地与丘陵地貌，各山系之间碳酸盐岩分布区构成丘峰与溶盆，溶盆规模十数平方千米至数十平方千米。湘南具有高程750.00～950.00m，500.00～650.00m，其中250.00～400.00m剥夷面，更新世以来的溶盆分布在海拔50～200m之间，溶洼及溶盆继承上各岩溶形态发育，更新世以来扩大；发育四级河流阶地及相应溶洞	湘南境内主要碳酸盐岩发育在上泥盆统、石炭统、二叠统、上二叠统及下三叠统，石炭统及下二叠统、下二叠统主要星散为零星分布的中上石炭统过渡型褶皱及零星发育者，也有块断构造组成的复式向斜。湘中及闽东南碳酸盐岩组成深部承压含水的上层潜水含水层，中上石炭统及下三叠统灰岩向延伸，承压水头、水量丰富，面积大，承压区居中，受二叠统强度居补给区最弱，受承压强度水深影响，如三叠地质结构，二叠系灰岩埋深30～50m，上覆白云型灰岩发育深度可达强型水文地质深发育，深部岩溶可发育至150～240m，钻孔承压高出地面
		ⅠC. 滇西褶皱系古生代碳酸盐岩区	沿元江及大理、贡山一线以南地区	地貌为中山及高山山地，怒江及澜沧江深切为1500m以上的河谷，两河之间的分水岭地块上保留着带状分布的平缓山地。第三纪末期以来，该区块断强烈的不等速对称抬升，并有河流袭夺现象，发育拗陷盆地，同一级高原面在不同地区高度也有差异，抬升量北部大于南部。酉部大于东部，如保山一带有高原面高程1700.00～2000.00m，临沧一带高程1400.00～1600.00m，勐海一带高程1300.00～1500.00m	均为状灰岩主要有下石炭统含磷石条带厚层灰岩，下二叠系灰岩及白云岩，中三叠系灰岩，中上泥盆统碳酸盐岩主要有上寒武统碳酸盐岩互层，同石炭统灰岩互层，中志留统灰岩，石英砂岩与生物碎屑灰岩之间，中上石炭系砂泥岩与生云岩，怒江深断裂之间，为区内主要含水层。镇康地区一般向斜开阔，核部有动堆两个向斜，核部为下三叠统，镇康及保山一般向斜构造线东向，北部有动向，地下岩溶层面自北东向南排列向斜构造，总体为一向斜构造，地下水向北中径流为中上石炭碳酸盐岩，孟连山地区有上石炭系灰岩，中上奥陶统的大理岩，石英砂岩与保山一般碳酸盐岩之内，在西盟一带有下古生界富有下石炭系含水层，南部的龙陵一瑞丽一带向斜深部开阔，核部有三叠统，镇康地区内主要含水层。保山地区一般碳酸盐岩分布，在中央大理岩中有下古生界灰岩含水层，泥盆系产同云岩及灰岩含水层。福贡一陇川地区云变质灰岩主要有大理岩志留，泥盆系产同云岩及灰岩含水层，二叠系内双西及灰岩发育强烈的斜的下，由于双西地区强烈排泄基准面下降，近代岩溶发育微弱，主要表为岩溶裂隙水，仅在保山、施甸、耿马、南定河一带见有暗河或溶洼及溶洼大泉发育

续表

岩溶大区	气候特征	岩溶亚区	范围	岩溶地貌特征	岩溶水文地质特征
I. 华南岩溶区	亚热带、热带湿润气候，年平均雨量>800mm，年平均气温>14℃，向南增至20~24℃，年平均相对湿度75%~80%	I_D. 秦岭褶皱系晚古生代变质碳酸盐岩岩溶区	秦岭以南至大巴山、米仓山以北	位于侵蚀-溶蚀地区北缘。北坡陡峻的秦岭主脉居于北侧，构成黄河与长江流域的分水岭。本区属长江流域嘉陵江及汉水流域，普属黄河切割，汉水谷地中见有中等切割（500~1000m）的中山山地，汉水谷地中见有低山与丘陵分布	上震旦统、寒武统、奥陶统、志留统、石炭统、二叠统，泥盆统、碳酸盐地层中均见有碎屑夹层或互层，但碳酸盐岩分布狭窄，常具有向邻区过渡的特征，厚度及岩相变化均较显著。岩溶水相的北部边界，是现代石岩溶封闭负地形分布的北部边界，又有西秦岭的溶沟、溶斗、溶洼现象，也有东秦岭及大巴山北麓的溶蚀、霜冻、泥石流作用共同塑状的山北麓地貌。石炭、二叠碳酸盐岩中岩溶较发育，以岩溶管道水为主。二叠系碳酸盐岩山区中岩溶较发育，近秦岭北坡现也有岩溶地表岩溶呈串珠状发育，以象较西部丰富，沿条带状分布并受断层切割规模较大。东秦岭溶洞状分布并受断层切割规模较大，地表岩溶呈条形形成，沿条带及条形形成，地下岩溶不甚发育
II. 华北岩溶区	中温、暖温带亚干旱半湿润气候，年降雨量400~800mm，年平均气温8~14℃，年平均相对湿度55%~70%	II_A1. 晋豫一山地辽宁亚区	山西、河北为主，辽宁、内蒙古的南部，河南西部，陕西有零星分布，所辖范围包括燕山、太行山及山西高原	燕山、太行山、吕梁山属块状中山山地地形，多呈悬崖陡壁。地表岩溶发育较弱，岩溶形态单一，也不普遍，以旱谷、落水洞、溶沟等为主，其次为溶洞、溶沟等，多见。局部残留的古落水斗，封闭负地形少见。在山西高原充填的古溶斗。在山西高原及晋冀交界的太行山麓过渡地带，旱谷是常见的形态	均匀较纯的碳酸盐岩主要为中寒武统厚层鲕粒灰岩，下奥陶统含灰岩及白云质灰岩，中奥陶统厚层灰岩及白云质灰岩，白云质灰岩，竹叶状灰岩、硅质灰岩，硅质条带较多或均为纯碳酸盐岩至中寒武统灰岩至中上震旦统上部为断续分布在山西一带为雁行式褶皱和逆断层，在燕山运动过程中构造形成褶皱状及弯状褶皱，大面积内构造主要由燕山运动形成。喜山期则主要为正地垒盆地。地垒盆地形成上升和下陷地边缘受构造影响，岩溶期起和地垒盆地，地垒部分由地垒型灰岩平或构造边缘受构造影响。主要水文地质条带分布在太行山中南段东南麓的中寒武统灰岩至中缓褶皱型、块断型及单斜型，岩溶发育，但单个岩溶形态总体规模较南方小，发育有娘子关泉、神头泉、司马泊泉等岩溶大泉，太行山两翼岩溶发育均匀，岩溶水文地质条统灰岩中，岩溶主要分布在太行山原岩质统灰岩原型，主要水文地质条带均匀，岩溶裂隙构造均匀，底部岩溶水及水库渗漏型，岩溶裂隙水均匀，岩溶发育同题为地下古岩溶水及断裂带缓但广泛分布在奥陶系白垩地质岩溶同题，应重点关注断水及水库渗漏成岩祠泉等岩溶大泉。主要水涌室涌至洞涌室洞涌至断裂带问题；在研究岩溶水及水库渗漏问题时，应重点关注断水及水库渗漏的影响

续表

岩溶大区	气候特征	岩溶亚区	范围	岩溶地貌特征	岩溶水文地质特征
Ⅱ. 华北岩溶大区	中温、暖温带亚干旱湿润气候，年降雨量400～800mm，年平均气温8～14℃，年平均相对湿度55%～70%	ⅡA2. 胶辽旱谷—山地亚区	山东、辽宁及淮河以北地区，北至开原，长白山、辽河平原及黄淮河平原以西，西以黄东濒渤海与黄海，包括辽东半岛及鲁中南低山和丘陵区	为浅切割的低山与丘陵，仅在较高的剥蚀面上残留有浅平封闭的负地形及残留溶沟、溶洼、落水洞、溶洞等现象，但不太普遍，它们多是地貌发育历史过程中的产物，并逐渐被现代常态地貌所改造。山东地区具海拔700～800、500～600、300～400、250m等剥蚀面有时发育相应溶洞	徐淮地区震旦系上部为较厚的灰岩、白云质灰岩夹页岩、辽北震旦系为巨厚灰岩。寒武系、奥陶纪碳酸盐岩区内较为稳定，辽宁、吉林一带为中上寒武统镁质灰岩和、下奥陶统灰岩、白云岩。山东地区寒武纪张夏组含海绿石镁质灰岩分布范围较广且厚度稳定。奥陶系下统含燧石结晶白云岩分布较广；中统由灰岩至泥质灰岩，白云质灰岩夹角砾状灰岩为巨厚的硅质岩白云岩、灰岩、旅大，吉林浑江一带震旦系为巨厚灰岩。徐淮地区碳酸盐岩多构成产状平缓的背斜部，且受断裂切割而形成单斜构造。地表早期剥蚀面残留有溶沟、石芽、溶洼及溶洞等现象发育，且尚有一定规模。徐淮地区零星分布的丘陵碳酸盐岩零星分布，石芽、溶洼及落水洞，溶洞等高程均在200m以下，鲁中南一带有小型溶洞发育。旅大滨海地区碳酸盐岩海岸平海水作用形成的溶沟及石芽、海平面80m以下溶洞不太发育，多为溶孔及溶隙，武、奥陶系在泰山、沂蒙山以北被近东西向断裂切割，以鲁西向北地区。岩溶潜水向发育时，地表水多明着单斜，近东西向河流顺层走向发育的补给，地表河流向地下分水岭；地表水分水岭不一致的现象。岩层顺倾向一侧补给地下水时，寒武、奥陶系在泰山，部分受地下水岭阻挡，使含水层较低的地段，多形成承压岩溶泉，如济南诸泉；沿着裂隙溶蚀扩大组成的地下含水层系统，统一地下水面向的地下水系统，并形成本区丰富的地下水资源
		ⅡB. 祁连褶皱系元古代至古生代变质碳酸盐岩岩溶区	宁夏南部、甘肃东部	中山山地及黄土高原，主要表现为侵蚀地貌特征，局部残留的零星古岩溶现象外，总体上岩溶地貌不明显	零星分布有极少量的元古代至古生代变质碳酸盐岩，在早石炭世以后皆为碎屑岩。碳酸盐岩分布区多居褶皱紧闭的狭窄背斜部分，产状陡倾或近直立，并伴随走向逆断层。受岩性组成、气候，降水及地下水的补径、排条件影响，总体上岩溶弱发育或水层发育，沿断层线带地下水可能较丰富，但岩溶现象仍不甚明显

续表

岩溶大区	气候特征	岩溶亚区	范围	岩溶地貌特征	岩溶水文地质特征
Ⅲ. 西部岩溶区	绝大部分地区属亚湿润气候，年降水量在500～1000mm左右，年平均气温低于2～12℃，南部为2～20℃	Ⅲ₁. 大横断山区溶蚀剥蚀型侵蚀溶地区	沿西藏东部的昌都至四川的红原一线为其北界、东邻甘孜，亚热带气候国境线及云南贡山、大理以北的川、滇、藏交界的大横断山区	主要是深切割的高山及极高山，既有冰川、霜冻、霜雪等外营力的作用，也有一定的溶蚀作用盛行，流水侵蚀作用强烈。新构造运动强烈。在剥蚀面上有各种岩溶封闭负地形残留，尤其在较旱的金沙江中游的德钦、中甸、丽江一带保存不甚完好；金沙江面上继承早期岩溶现象进一步发育现代岩溶。在金沙江、丽江一带为深邃的峡谷，大理等地，如剑川、大理等地再以下为深遂残留三级夷平面，高程分别为4200.00、3700.00～3000.00、2700.00～2400.00m左右，在前二级夷面剥蚀发育，2700～3000m左右的高原面以下是宽广的峡谷、大理等地，天生桥发育，地表见有溶洼、溶沟，溶谷，石芽发育，沿断裂带局部发育岩溶大泉	主要可溶地层结构构造特征为褶皱紧内的上古生界及中生界碳酸盐岩夹碎屑岩，且上古生界及二叠系均遭受了变质作用。金沙江以东的川西地区，水里地区发育泥盆系碳酸盐、以及泥盆系一二叠系厚逾千米；邛崃山及康定地区的石炭系火山岩与二叠纪火山岩；丹巴一带白云岩类厚逾千米，二叠纪片岩与中略夹大理岩，结晶灰晶质岩；理县、厚度大，丹巴一带白云岩类厚度大，普遍变质；甘孜、雅江等地以三叠系康群岩夹碎屑岩复杂，厚度大、结晶岩及少量硅质岩，褶皱形态复杂山一带中古生界约3000m的大理岩。藏东左贡一昌都、理塘、巴塘等地大理岩、灰岩为灰岩、千枚岩为大理岩，灰岩互层；昌都地区三叠纪以碳酸盐岩组为主夹碎屑岩，怒江一带多系灰岩，结晶灰岩及三叠纪以碳酸盐岩组为主夹碎屑岩，大理一带自奥陶至二叠系均以碳酸盐岩组为主夹碎屑岩，滇西北丽江，大理一带少量硅质岩。该区新构造运动影响下，碳酸盐岩遭受强烈褶皱及变质，在不同期的新构造运动的新构造运动影响下，碳酸盐岩多呈立在分水岭地带，但仍以流水侵蚀新生作用以来的上，该区由于强烈的新构造运动导致深切，碳酸盐岩多呈立在分水岭地带，地势陡峻，山高谷深，大部分降水迅速汇集成理风化作用强烈，但仍以流水分向深切的双重作用，岩溶较发育，岩溶水及其支流发主，地下水的基础上，尽管具溶蚀作用仅在一些过度地带，常呈状态，暗岩溶发育的基础上，地下水分布集中在各一定程度的上，地下岩溶获得，丽江，盆地中在继承新生代以来的发育强烈，尽管具溶蚀作用仅在一些过度地带，主要沿大断裂发育岩溶系列岩中等发育，二叠、三叠统碳酸盐集中分布深水区，岩溶较发育，常见状流，暗河发育，大理地区高原面东部的大雪山区之上的岩溶变质碳酸盐岩中，岩溶中等发育，多分布高差于深切河谷之上的岩溶被隔碳酸盐岩水组包围，除少数者外，多再以下高差于深切河谷之上的岩溶系统被隔碳酸盐岩水组包围，锦屏山复向斜区。排泄于深切碳酸盐裂隙水，岩溶较北部的平坦山一带广泛残留三级夷平面，排泄于深切碳酸盐裂隙水及岩溶层同水深循环为主。流量弱较大，主要沿大断裂碳酸盐泉较北部的过度地带，地下水沿层走向复向径流、一级支沟内。地下岩溶水流丰富，但向深部水及岩溶层同水深循环为主。流量大。锦屏山走向复向径流，其下与岩溶层同水深循环为主，大渡河以东尽天全，宝兴一带碳酸盐岩段已居于向溶地带，岩溶较北部流量丰富，大渡河以东尽天全，宝兴一带碳酸盐岩段已居于向溶地带，岩溶较北部流量略大。本区南部边缘山、岩溶湖沿及岩溶泉等发育的过度地带，如金沙江、澜沧江所创略大。本区南部边缘山、岩溶湖沿及岩溶泉等发育的过度地带，仅在盆地和高原面上保存着断裂面上红色风壳所掩覆，多散地烈分割而破碎的分水地带，仅在盆地和高原面上大部分为红色风壳所掩覆，零散地面。高程2800.00～2900.00m高原面上大部分为红色风壳所掩覆，岩溶相对发育，地下水丰富，仅在盆地边缘多为碳酸盐岩，如香格里拉分布溶斗、溶洼，其下的溶岩，发育有盲谷，其下则成常年性积水，岩溶相对发育，地下水丰富，多形成常年性湖泊或季节性积水，如香格里拉一带的纳帕海

续表

岩溶大区	气候特征	岩溶亚区	范围	岩溶地貌特征	岩溶水文地质特征
Ⅲ. 西部岩溶区	气候寒冷干燥，绝大部分地区年降水量多在500mm以下，在可溶岩分布的高原及山地的高原及山地，年平均气温多低于2℃	Ⅲ₂. 新、藏干旱岩剥蚀溶蚀区	其东、南界线沿宁、银川县、岷原、德格、昌都、工布、措美一线分布，包括中国西部新疆、西藏、青海、内蒙古、甘肃、四川、宁夏等省（自治区）的全部或部分	新疆等地为山盆地貌，青藏高原多为海拔4000m以上的高原与山地，泥石流作用及干燥川、霜冻、现代岩溶作用为冰，要地位。早期岩溶现象时有发现，溶洞等时有发现但逐渐受到破坏	碳酸盐岩多分布于加里东、海西、印支及燕山、喜山等期形成的祁连山、天山与昆仑山、松潘、甘孜与唐古拉、拉萨、喜马拉雅等褶皱系中，且多以变质碳酸盐岩为主，仅喜里木地台包括古生界在内的寒武系、下石炭系质碳酸盐岩未受变质。褶皱剧烈，几乎没有地表水流动与溶蚀作用。喜马拉雅南坡岩溶强发育的蒸发使本区气候较为干旱，与其坡地向有关，北坡处于冰缘区，岩溶变化及气候变化制约，岩溶化程度不充分，并在古拉纳木错一带，泥石流作用影响下的霜冻，气候强烈影响着岩溶现象。青藏高原北缘喜马拉雅及天山一带虽有丰富的碳酸盐岩，但岩溶现象普遍见有规模不大的残留溶洞，偶见碳酸盐岩强烈岩溶化的残留溶洞。祁连山及天山岩强烈岩溶化现象。该区岩溶总体上中等发育或弱发育，除早期残留的溶洞外，现代岩溶多为溶蚀物矿床，亦未致岩强烈岩溶化现象，现代岩溶多为溶蚀沟裂隙，或沿裂隙、断层发育规模不大的溶洞，但除深大断裂区，一般均为岩溶裂隙水，流量不大；沿断层深部环境区溶蚀发育深度一般不大且稳定；部分渗流通道补给区处于融雪水补给区时，亦可导致泉水流量较大

近代岩溶的发育可分 3 期：白垩纪末至第三纪初为第一期，地壳经历了燕山运动之后，处于相对稳定时期，夷平作用居主导地位，形成了云贵高原面及黔中（如大娄山期）、桂西北、川东、湘西、鄂西等地现存的峰顶面，当时碳酸盐岩暴露于地表，岩溶有所发育，但因后期地壳上升，岩溶现象大多遭受破坏，仅在高原面上残留。第三纪至第四纪初为第二期，地壳相对稳定的时间较长，气候比较炎热潮湿，岩溶充分发育，形成宽阔的山盆期剥夷面、断陷岩溶湖、盆地、大型洼地、谷地及峰林、石林等岩溶景观。第四纪以来为第三期，地壳强烈上升，形成水系干流的深切峡谷，进入峡谷期（如乌江期），岩溶作用进入全盛时期，垂直、水平形态的岩溶都很发育，发育多级河流阶地，以及与之对应的溶洞层、岩溶泉。

1.1.2　华北岩溶区

华北岩溶区主要属黄河流域及辽西等区域，碳酸盐岩出露面积约 23 万 km^2，占全国岩溶地区总面积的 17%。集中分布在晋、渭北（陕西渭河以北）、冀北、冀西、鲁中及辽中太子河、浑江、辽西大凌河流域等地区。

该区属中温带至暖温带半干旱、半湿润气候。大部分地区年平均气温 5～15℃，年平均降雨量 330～900mm，部分地区达 1000mm 以上。

华北岩溶区在大地构造上处于华北地台。从震旦纪至中奥陶世沉积了厚达 1000～2000 余米的碳酸盐岩。加里东运动后，地壳抬升成陆，沉积间断，大陆长时间遭受剥蚀，缺失上奥陶统至下石炭统地层。印支运动后，大陆再次抬升遭受剥蚀，但这次沉积间断的时间较短。燕山运动后，整个华北地区上升成陆。新构造运动有明显的差异性，表现为太行山、吕梁山、燕山、泰山等山区强烈上升（辽东上升较缓慢），而华北平原、东北平原和汾渭地堑则相对沉降。

该区在震旦纪晚期、晚奥陶世至早石炭世及三叠纪晚期均有古岩溶发育，其中奥陶纪、石炭纪之间发育的古岩溶最典型。近代岩溶的发育，可以大致分 3 期。白垩纪末至第三纪初为第一期（北台期或吕梁期），地壳经历了燕山运动后隆起，岩溶有所发育。但由于后期地壳的升降，该期岩溶保留不多。太行山南段及雁北山区，一些大型溶洞残留于高程 1500.00～1900.00m 的山顶面附近。第三纪至第四纪初为第二期（唐县期），上新世，华北地区气候温湿，地壳相对稳定，近代水系开始发育，地表水、地下水循环条件较好，岩溶作用较强烈，是华北近代岩溶发育的主要时期，其岩溶形态多被保留至今。第四纪以来，岩溶发育进入第三期，当时气温较低，降水较少，不利于地表岩溶的发育，但因山地与平原间新构造运动的差异、排泄基准面的下切，岩溶有向深处发育的趋势。地表以干谷和岩溶泉为特征，大型溶洞罕见。在深切河谷岸坡，可见一些裂隙式溶洞，但规模一般较小。地下发育的岩溶，多数以溶隙和溶孔为主。上述岩溶形态，一般均沿结构面（包括层面裂隙、可溶岩与非可溶岩的接触带）、断裂及其交汇带发育。

该区主要的岩溶层组有：中奥陶组马家沟组和中寒武统张夏组厚层灰岩、鲕状灰岩，下奥陶统白云质灰岩、白云岩，上寒武统灰岩及震旦系硅质灰岩、白云岩。其中马家沟组和张夏组岩溶最发育，是该区主要岩溶含水层，地下水丰富。

1.1.3 西部岩溶区

西部岩溶区主要包括雅砻江、金沙江上游、澜沧江、怒江等所在的大横断山区及宁夏、川北、昌都、工布、措美以北的西北干旱地区两大区域。

该区碳酸盐岩出露面积约 53 万 km^2，占全国岩溶地区总面积的 39%。该区的范围以新疆、宁甘、青藏高原为主，平均高程在 4500.00～5000.00m 以上，气候严寒干燥，年平均气温低于 0℃，年平均降雨量 200～500mm，并以降雪为主。

青藏高原在大地构造上处于喜马拉雅地槽区。古生代至早新生代，沉积了多层碳酸盐岩和碎屑岩，碳酸盐岩层大致呈东西走向条带状分布，尤以高原南部较广泛。中新世晚期发生的强烈构造运动，使中新统及更老的地层遭受到剧烈的褶皱与断裂。上新世，地壳相对稳定，气候温湿，是青藏高原岩溶发育的主要时期，发育了峰林等亚热带岩溶形态，并保留至今。第四纪以来，强烈而持续的整体性抬升运动，使地壳大幅度上升，气候转为干冷，坚硬或中等坚硬的碳酸盐岩多高屹在分水岭地区或单薄的山脊地带，成为"神山"，特殊的气候及地形条件非常不利于地表岩溶的发育，早期岩溶形态亦多逐渐被后期的物理风化作用破坏，"残留"现象明显。现代岩溶作用主要在地下进行，但受干旱的气候条件影响，除少数沿深大断裂发育的岩溶大泉外，岩溶一般发育深度不大，且发育程度差，主要为溶蚀裂隙或沿层面、结构面发育的小型溶洞；发育少量溶蚀裂隙及岩溶泉，地下水流一般仍以岩溶裂隙性渗流为主，当径流通道沟通融雪补给区时，泉水流量较大。

1.2 岩溶发育的基本条件

岩溶发育的基本条件为：①岩石具有可溶性；②水具有溶蚀性和流动性；③具备水体渗流的通道。

岩石具有可溶性才会产生岩溶现象，同时岩石还须具有透水性，使水能够渗入其中并流动，从而在岩石内部产生溶蚀作用。水具有一定的溶蚀力才能对岩石产生溶蚀，当水中含有 CO_2 或其他酸性成分时，其溶蚀力较强。产生溶蚀作用的水还需要有流动性，使其保持不饱和溶液状态和溶蚀能力，岩溶作用才会持续不断。

1.2.1 岩石的可溶性

1.2.1.1 可溶岩的分类

可溶岩按矿物成分为 4 类：

①碳酸盐类岩石，如灰岩、白云岩、大理岩等；②硫酸盐类岩石，如石膏等；③卤素类岩石，如岩盐、钾盐等；④其他，如钙质胶结碎屑岩中的钙质砾岩、钙质砂岩等。

1.2.1.2 岩石的可溶性

按可溶性排序，依次为：卤素岩—硫酸盐岩—碳酸盐岩—钙质胶结碎屑岩。在同类碳酸盐岩中，因矿物成分、结构等不同，岩石的可溶性存在明显的差异。

碳酸盐岩一般以钙、镁为其主要成分，通常由方解石和白云石两种矿物组成。试验研究表明，在纯碳酸盐岩中随着白云石成分的增多其溶解速度降低，相比方解石为易溶成分，白云石则相对较难溶解。碳酸盐岩中夹有不同成分、不同数量的不溶物质（如泥质与

硅质），对岩石的可溶性影响较大，使溶蚀度明显降低。一般石灰岩的可溶性较白云岩强，
也强于硅质灰岩、泥灰岩等。

岩石结构对溶蚀率的影响主要体现在岩石结晶颗粒的大小、结构类型及原生孔隙度
3个方面。一般岩石结晶颗粒越小，相对溶解速度越大，隐晶结构一般具有较高的溶蚀
率；鲕状结构与隐晶—细晶质结构的石灰岩有较大的溶解速度；不等粒结构石灰岩比
等粒结构石灰岩的相对溶解度要大。但岩石的原生孔隙度对岩溶的影响更显著，通常
孔隙度越高，越有利于岩溶的发育，因此结晶灰岩可溶性较隐晶质灰岩强，粗晶灰岩
较细晶灰岩强。

岩石因变质重结晶对岩石的溶解速度也有明显的影响，其中大理岩的溶解速度较非变
质灰岩低50%左右，白云岩的差异没这样显著。

1.2.1.3　可溶性分类

卤素类及硫酸盐类岩石在地表分布有限，石灰岩分布很广，水利水电工程中通常遇
到碳酸盐类岩石，故本篇中的可溶岩均指碳酸盐类岩石。碳酸盐岩的可溶性分以下
3类。

（1）强可溶岩。主要为纯碳酸盐岩类的均匀石灰岩，如泥晶灰岩、亮晶灰岩、鲕状灰
岩、生物碎屑灰岩等，通常循层面或断层带发育规模较大的洞穴管道系统及溶隙。

（2）中等可溶岩．主要为次纯碳酸盐岩、变质重结晶的碳酸盐岩，如灰质白云岩、
白云质灰岩、泥质灰岩、硅质灰岩、大理岩等。通常循层面或断层带发育单个溶洞及
溶隙。

（3）弱可溶岩。主要为纯碳酸盐岩类的均匀白云岩、次纯碳酸盐岩夹碎屑岩、不纯碳
酸盐岩类的碎屑岩与酸盐互层，主要有白云岩、泥灰岩、硅质白云岩、石灰岩夹碎屑岩、
石灰岩与碎屑岩互层等。岩溶发育微弱、极微弱或不发育。

根据岩性组合划分，常见碳酸盐岩成分分类三角图和岩组类型划分见图1.2-1和表
1.2-1。

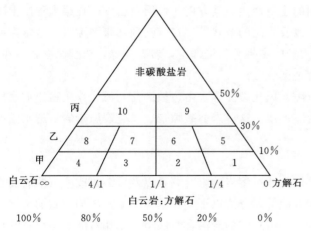

甲：纯碳酸盐岩
　1—灰岩；2—白云质灰岩；3—灰质白云
　岩；4—白云岩。
乙：较纯碳酸盐岩
　5—（较纯）质灰岩；6—（较纯）白云质灰
　岩；7—（较纯）灰质白云岩；8—（较纯）
　质白云岩。
丙：不纯碳酸盐岩
　9—不纯灰岩；10—不纯白云岩。
岩石中全部碳酸盐岩的白云石含量超过
50%称白云岩类，不及50%者称灰岩类。

图1.2-1　碳酸盐岩成分分类三角图（摘自《中国岩溶研究》）

碳酸盐岩岩组类型划分表

分　类	亚　类	分　类　指　标		
		厚度百分比／%		岩性组合特征
		碳酸盐岩	碎屑岩	
纯碳酸盐岩类	均匀石灰岩层组	>90	<10	连续沉积的单层灰岩，无明显碎屑岩夹层（<5m），岩石化学成分中酸不溶物含量小于10%
	均匀白云岩层组	>90	<10	连续型单层白云岩，无明显碎屑岩夹层（<5m），酸不溶物含量小于10%
	均匀白云岩石灰岩层组	>90	<10	石灰岩、白云岩互层或夹层沉积，无明显碎屑岩夹层，碳酸盐岩酸不溶物含量小于10%
次纯碳酸盐岩类	碳酸盐岩夹碎屑岩层组	70～90	30～10	夹层型沉积，碳酸盐岩连续厚度大，碎屑岩夹层明显，连续厚度大于10%，酸不溶物含量大于10%，小于30%
不纯碳酸盐岩类	碎屑岩、碳酸盐岩间互层层组	30～70	70～30	碳酸盐岩、碎屑岩互层、夹层沉积或碳酸盐岩较高的泥质、硅质、酸不溶物含量大于30%，小于50%

注 变质碳酸盐类岩石可参照本表进行分类。

1.2.2 岩石的透水性

1.2.2.1 透水性

岩石的透水性是指岩石允许水透过本身的能力。对灰岩、白云岩及之间的过渡灰岩石，在构造不发育、岩溶不发育的情况下，其本身不透水；其透水性的强弱主要取决于岩石中裂隙的发育程度及溶蚀化程度，当可溶岩岩体不完整、岩溶发育强烈时岩石透水性强，反之微弱。因此，对碳酸盐岩来说，其透水性主要指岩体的透水性。

（1）原生结构面。如层面或层理裂隙等，是在岩石形成过程中产生的。在构造变动微弱的地台区，层面或层理裂隙对岩石透水性起着决定性作用。

（2）构造结构面。如构造裂隙，是岩石受构造应力作用而产生的裂隙。其特点是延伸远，成组分布，是水对碳酸盐岩作用的主要通道。其方向、性质及密度，在很大程度上决定于该区的褶皱与断裂错动的关系，以及岩层的产状等。在背斜顶部张裂隙带（常常宽而深）、向斜轴部下方张裂隙带，以及大型断裂带与交汇部位，岩石破碎，或裂隙密集分布，岩石透水性均较好，是岩溶强烈发育地区。

（3）次生结构面。如边坡剪切裂隙、风化裂隙等，由边坡卸荷与风化作用在边坡表层或岩石圈上层构造裂隙或层理裂隙变宽形成。这些岸剪裂隙带、风化裂隙带岩石透水性亦较强，岩溶较为发育。

1.2.2.2 透水性分类

（1）岩溶含水层组。按岩石可溶性与非可溶岩的组合关系以及可溶或非可溶岩能否构成独立的含水层或具有可靠的隔水性能等划分为以下5种基本类型：①均匀状的岩层组合的强岩溶含水层组；②中等岩溶含水层组；③弱岩溶含水层组；④相对隔水层组；⑤可溶岩与非可溶岩为间互状岩层组合的多层次含水层组。岩溶含水层组类型划分见表1.2－2。

表 1.2 - 2　　　　　　　　　　　岩 溶 含 水 层 组 类 型

岩 层 组 合		岩溶含水层组类型
均匀状	强可溶岩	①强岩溶含水
	中等可溶岩	②中等岩溶含水
	弱可溶岩	③弱岩溶含水
	非可溶岩	④相对隔水层
互层状	可溶岩夹非可溶岩	①、②、③
		⑤多层次岩溶含水
	可溶岩与非可溶岩互层	②、③
		⑤
	非可溶岩夹可溶岩	⑤
		③、④

注　引自欧阳孝忠《岩溶地质》。

可溶岩夹非可溶岩、可溶岩与非可溶岩互层、非可溶岩夹可溶岩等 3 种间互状岩层组合，当非可溶岩被构造、侵蚀、岩溶塌陷等破坏不起隔水层的作用情况下，可单独构成强、中等、弱岩溶含水层组，其类型需视非可溶岩的连续性与百分含量，以及可溶岩的可溶性强弱来确定。如可溶岩为强可溶岩，非可溶岩不连续、厚度百分含量小于 5%，可定为强岩溶含水层。

（2）岩溶透水层组。岩溶透水层组类型与岩溶含水层组类型基本对应，一般情况下强岩溶含水层组即为强岩溶透水层组，弱岩溶含水层组即为弱岩溶透水层组。但其差别在于某些岩溶含水层组的透水性具有方向性，即垂直与平行岩层层面方向的透水性能不同，甚至相差悬殊。通常建于水平状岩溶层组的水库很有可能发生渗漏，而且难于治理，而建于岩溶层组倾角陡倾的横向谷水库发生渗漏的可能性相对较小。

1.2.3　溶蚀作用

1.2.3.1　溶蚀作用类型

（1）碳酸盐溶蚀。侵蚀性二氧化碳对碳酸盐岩的溶蚀，取决于其中碳酸含量，即水中游离 CO_2 的含量。它与碳酸盐作用，转化为重碳酸，水的溶蚀力就可大大增加。

研究表明，水中 CO_2 主要来自大气降水及土壤层的微生物所创造，对浅表部岩溶发育作用较大。可溶岩溶蚀过程也是水中 CO_2 的平衡过程，即水中 CO_2 含量减少，平衡受到破坏，必须吸收外界 CO_2，使水中的 CO_2 重新达到新的平衡。碳酸盐岩的继续不断的溶解，首先决定于扩散进入水中的 CO_2 的速度，这个速度一般是很慢的。若温度增高，扩散加速，水中 CO_2 可在较短时间内恢复平衡，溶蚀速度加快。

以典型的石灰岩化学溶蚀作用过程为例，水流对可溶岩的化学作用过程实际上包括溶解和沉淀两个方面。研究结果表明，水的溶解作用是 CO_2、水和碳酸钙（$CaCO_3$）的化学反应过程，其反应过程原理如下：

CO_2 进入水中转化为溶解的 CO_2

大气、土层 $CO_2 \Rightarrow$ 溶解 CO_2

溶解的 CO_2 与水作用形成碳酸：$CO_2 + H_2O \Rightarrow H_2CO_3$

碳酸的离解：$H_2CO_3 \Rightarrow H^+ + HCO_3^-$

碳酸钙的溶解：$CaCO_3 \Rightarrow Ca^{2+} + CO_3^{2-}$

碳酸离解的 H^+ 与碳酸钙溶解的 CO_3^{2-} 化合：$H^+ + CO_3^{2-} \Rightarrow HCO_3^-$

因此，含碳酸的水溶蚀碳酸钙的化学反应式为：$CaCO_3 + H_2O + CO_2 = Ca^{2+} + 2HCO_3^-$

南斯拉夫学者 A. 包格利（Bögli，1960）把石灰岩溶蚀过程分为以下 4 个化学阶段。

第一阶段：石灰岩中碳酸钙溶解于水生成钙离子和碳酸根离子，但水中所含碳酸还没参与其作用。在达到化学平衡时，1L 水在 8.7℃ 时可溶解灰岩 10mg，16℃ 时可溶解 13.1mg，25℃ 时可溶解 14.3mg。

第二阶段：原溶解于水中的 CO_2 起反应。水中所含的 CO_2 可分为物理态和化学态两种，即物理溶解及与水化合成碳酸的化学溶解。当水温为 4℃ 时，水中所含 CO_2 只有 0.7％ 与水化合，其余为物理溶解状态。所谓侵蚀性 CO_2，即指化学态 CO_2 而言。溶解 CO_2 生成碳酸离解氢离子与第一阶段碳酸根离子化合成重碳酸根离子，从而打破第一阶段离子平衡，引起灰岩新的溶解。

第三阶段：是因水中溶解的物理态和化学态的 CO_2 也有一个平衡关系。由于第二阶段的作用其平衡被破坏，水中物理态的 CO_2 的一部分转入化学态，与水化合，成为新的碳酸。构成一个链反应，其结果使灰岩不断溶解。

第四阶段：是水中 CO_2 含量和外界 CO_2 含量也有一个平衡关系，水中 CO_2 含量减少，必须吸收外界 CO_2 补给，使水中 CO_2 含量重新达到平衡，使石灰岩能继续不断溶解。

可见，石灰岩的溶解过程受一系列化学平衡的限制。石灰岩的继续不断溶解，首先决定于扩散进入水中 CO_2 的速度。

（2）硫酸盐溶蚀。侵蚀性水对硫酸盐岩的溶蚀。

（3）氯化物溶蚀。侵蚀性水对氯化物岩的溶蚀。

（4）混合溶蚀。两种或两种以上不同水温、不同水质的水混合后溶蚀作用加强。河流岸坡地带往往岩溶相对发育，存在一个地下水低平带，很可能就是由于河水与岸坡地下水混合溶蚀所致。贵州二叠系上统吴家坪组灰岩多夹砂质、炭质页岩及煤层，岩溶相对发育，很可能就是由于煤层的硫化物遇水，加剧溶蚀作用所致。

（5）接触溶蚀。可溶岩与非可溶岩接触带，往往溶蚀作用加强，形成串珠状洼地及岩溶管道。

（6）交代溶蚀。李景阳等人在前人研究的基础上，根据可溶岩溶滤残留物红黏土的厚度与可溶岩中非可溶成分百分含量的不匹配；残积红黏土的层纹与裂隙构造与母岩层纹及裂隙构造的相似性；白云岩残积红黏土与基岩之间分布的白云岩风化砂、灰岩残积红黏土与基岩之间分布的灰白色多孔状强风化过渡层；残积红黏土风化壳稀土元素的分布特征、微观结构特征等，提出溶蚀作用的本质是一种交代溶蚀。现大量的工程开挖证实，残积红黏土下普遍分布有溶沟溶槽和石芽石柱，当其上的红黏土被侵蚀殆尽，再经流水的进一步塑造，便形成婀娜多姿的石柱、石林。这比用纯侵蚀及溶蚀作用解释石柱、石林的形成，似乎更加符合客观实际。雅砻江锦屏二级水电站辅助交通洞埋深逾 1000m，隧洞涌水中含砂多，含黏土少，重金属含量高，可能是因为交代条件差，因此溶洞规模不是很大。

1.2.3.2　溶蚀作用与侵蚀作用

如果说，在岩溶发育的初期（岩溶裂隙发育阶段），侵蚀作用只是起辅助作用，到了岩溶发育后期（地下河发育阶段），就很难说是以溶蚀作用为主还是以侵蚀作用为主。表现在，规模较大的地下河洞底、洞壁及洞顶随处可见光面、流痕、冲坑等。从残留冲坑的砂卵砾石不难看出，砂卵砾石在侵蚀过程中起着重要的磨蚀作用；从洞顶分布的锅背状冲坑光滑面不难看出，有压漩涡流在侵蚀过程中也起着重要作用。在广西漓江桂林至阳朔河段两岸，平枯河水位高程断续分布的某些凹槽，显然也是侵蚀作用的结果。

河流的侵蚀作用，横向上以排泄基准面控制着两岸地下水径流特点和分带；纵向上控制着地貌的发育特点和分布面积。对贵州而言，Ⅰ级、Ⅱ级河流分水岭地带地形开阔，河流切割浅。如长江与珠江的地形分水岭水城—六枝—安顺—平坝—贵阳一线、南盘江与北盘江的地形分水岭盘县—兴仁—安龙（贞丰）一线、长江与乌江的地形分水岭毕节—金沙（黔西）—遵义—绥阳—湄潭—德江一线、舞阳河与清水江的地形分水岭黄平—三穗一线等。在这些地区，因地形相对开阔平坦，不仅是贵州的农业发达区，而且还是重要城市所在地。而Ⅰ级、Ⅱ级河流的中下游多河谷深切、岸坡陡峻，相对高差达 $300\sim500\mathrm{m}$，甚至更大。只有河谷相对开阔的局部河段才临水兴建城镇，如思南、沿河。岩溶地区的Ⅲ级、Ⅳ级河流则多呈反均衡剖面，即上游河床比降平缓，下游河床比降陡峻。如猫跳河的上游清镇、平坝一线，河流浅切、地形开阔。下游河谷则多为峡谷、嶂谷和隘谷，出口以跌水注入乌江。猫跳河的支流入注干流或在入注前数千米潜伏地下形成断头河，如麦架河、暗流河等。麦架河、暗流河的支流又有不少在入注前数百米至数千米潜伏地下，形成规模较小的盲谷。

1.2.3.3　溶蚀作用与崩塌作用

当溶洞发育达到一定规模后，重力引起的崩塌作用不仅存在，甚至占据主导地位。表现在：大型溶洞底部无不分布有孤石、块石及碎石；天生桥塌陷不仅形成堰塞湖，而且还改变溶蚀作用的环境条件；岩溶塌陷导致上覆非可溶岩塌陷，形成天窗。

1.2.3.4　溶蚀作用与堆积作用

岩溶塌陷与堆积作用的因果关系是不可分割的，有塌陷便有堆积；地下河中不仅有冲洪积形成的松散堆积物，而且还可以形成漫滩、台地，如同地表河；溶洞中的化学堆积物则更是塑造了溶洞的别有洞天。

岩溶地区最普遍、最典型的堆积物当数红黏土。它可以是溶滤残积形成，也可以是交代溶蚀形成，还可以是红黏土经搬运（坡积、冲积、洪积）形成。

总之，溶蚀与侵蚀、崩塌、堆积作用是很难分开的，只是在某一时期谁占主导地位，谁处次要地位。例如南盘江的天生桥峡谷（俗称，下同）、坝索峡谷，北盘江的板江峡谷、六冲河的重阳峡谷、两扇门峡谷，猫跳河的窄巷口峡谷等，这些峡谷不仅两岸壁立，而且河谷深邃、水流暗涌，当出现崩塌后，又转而成为险滩急流。

1.2.4　岩溶地下水动力特征

产生溶蚀作用的水不仅具有溶蚀性，还需具有流动性。岩溶水的流动即岩溶水的运动，其动力特征因类型、循环条件不同而存在明显差异。

1.2.4.1 河谷岩溶水类型

河谷岩溶水类型一般可按下列方法划分。

（1）按循环系统特征分为分散流和管道流，包括隙流、脉流、网流及管道流；裂隙水、溶洞水及地下暗河等。

（2）按水的运动带分为包气带水、季节变动带水、饱水带水及深循环带水。

（3）按水流性质分为潜水和承压水。

（4）按渗流介质及规模，工程上岩溶地下水常分为溶蚀裂隙水、岩溶管道水、地下暗河。其中，暗河与岩溶管道水区别在于：暗河枯季流量大于 $0.1 m^3/s$，且有规模较大的明显出口的大型地下水渗流通道。而岩溶管道水流量小于 $0.1 m^3/s$，出口规模小而分散。例如广西都安地区的地苏地下河系总长 50 多千米，集水面积达 $900 km^2$，有支流 13 条，洪水期最大流量达 $390 m^3/s$。

1.2.4.2 岩溶水动力类型

岩溶水动力类型分补给型、补排型、补排交替型、排泄型及悬托型 5 类。

（1）补给型。河谷两岸地下水位高于河水位，河水受两岸地下水补给。其形成条件有：①河谷为当地的最低排泄基准面；②河谷的可溶岩层不延伸到邻谷；③两岸有地下分水岭。

（2）补排型。河谷的一侧地下水补给河水，另一侧为河水补给地下水，向邻谷或下游排泄。形成条件为河谷一侧有地下分水岭，另一侧的可溶岩延伸至邻谷，且无地下分水岭。

（3）补排交替型。洪水期地下水补给河水，枯水期河水从一侧或两侧补给地下水。形成条件为河谷两岸和河床岩溶发育，地下水位变动幅度大，洪水期为补给型河谷，枯水期为排泄型河谷。

（4）排泄型。河水向邻谷或下游排泄，河水补给地下水。形成条件有：①河谷两侧有低邻谷，并有可溶岩层延伸分布，且无地下分水岭；②河谷两岸有强岩溶发育带或管道顺河通向下游，地下水位低于河水位。

（5）悬托型。河水被渗透性弱的冲积层衬托，地下水深埋于河床之下，与河水无直接水力联系。形成条件为河床表层透水性弱，基岩岩溶发育，透水性强。

河谷岩溶水动力类型见表 1.2-3。

表 1.2-3　　　　　　　　　　　　河谷岩溶水动力类型

河谷水动力类型	典型剖面	水动力特征	形成条件	工程实例
补给型		两岸地下水补给河水	较为常见。河谷是当地的区域或最低排泄基础次面；两岸有地下分水岭	乌江干流乌江渡、索风营等主要梯级，北盘江干流光照、马马崖等主要梯级、清水河大花水、格里桥等电站
补排型		一岸地下水补给河谷，另一岸河水补给地下水并向下游或邻谷排泄	一岸有地下分水岭，另一岸无地下分水岭且岩溶含水层延伸至邻谷或下游	黄河万家寨河段，云南以礼河披戛河段，重庆中梁水库右岸

河谷水动力类型	典 型 剖 面	水动力特征	形成条件	工程实例
补排交替型		洪水期地下水补给河水，枯季河水补给地下水	两岸及河床岩溶发育，且有挽近期发育的岩溶管道通往比本河段更低的排泄基础面； 本河段地下水位变幅大，一岸或两岸岸存在地下水位低槽带，汛期地下水补给河水，枯季则河水补给地下水	篆长河高桥河段，前南斯拉夫特列比什尼察河中下游河段，四川广安龙滩水库部分河段，重庆双通水库
排泄型		河水补给地下水，河水从两岸向外或下游排泄	两岸有强可溶岩沟通邻谷或下游，无地下分水岭，两岸地下水位低于河谷	怒江明子山水库，贵州六硐河部分河段，猫跳河四级库首
悬托型		受相对隔水层影响，地下水位埋藏在河床以下深处，地下水与河谷为两套独立的并行体系	河床深部岩溶发育且地下水排泄基准面低，河床表层透性差	泾河东庄河段、以礼河水槽子河段、罗平大于河湾子河段

注　摘自邹成杰《水利水电岩溶工程地质》。

1.2.4.3　河谷岩溶水动力分带

河谷区岩溶水动力类型因岩溶水的运动形式和循环强度、深度的不同而变化。由单一岩性组构成的河谷，在向地下深处的垂直方向上，按地下水循环条件，可划分为 4 个水动力带（见图 1.2-2）。

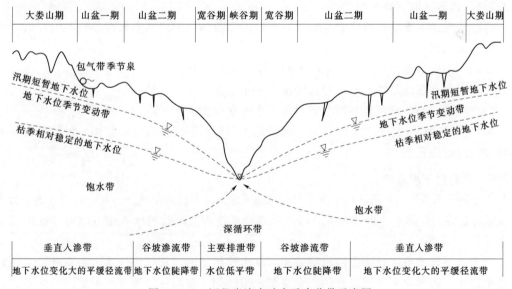

图 1.2-2　河谷岩溶水动力垂直分带示意图

（1）包气带。从地表到最高地下水位面之间的部分。此带中，地下水自上向下渗透，主要在垂直形态岩溶中活动，并促使垂直形态岩溶发展。

（2）地下水位季节变动带。位于最高、最低地下水面之间。此带地下水在高水位时期作水平运动，在低水位是作垂直运动，故水平形态和垂直形态岩溶均易发育。

（3）饱水带。范围从最低地下水面至深部地下水向河流运动区。此带地下水在两岸作大致水平的运动，河床以下自下向上运动，向河流排泄地下水运动可用流网表示。岩溶发育主要在上部，以发育水平状岩溶形态为主，下部岩溶发育微弱。大量实际资料表明，此带分水岭地区钻孔地下水位随深度的增加而下降；河床钻孔地下水位随深度的增加而升高。

（4）深循环带。本带岩溶发育和地下水运动都十分微弱，并且地下水不向邻近的河床排泄，而是向下游或远处缓慢运动，是深部岩溶发育的基础条件。

水平方向上，岩溶河谷地下水位与一般岩石河谷不同，总体区别是岩溶区地下水位埋深大，坡降平缓，河床岸边受强溶蚀影响而出现水位低平带，地下水位坡降更加平缓。岩溶地下水水位动态，在不同的地貌部位，各有其特征。

（1）近岸地段。为岩溶水排泄区，地下水位变化几乎与河水位的年变化曲线同步，幅度也接近。地下水位低平，两岸常存在地下水位低平带或地下水位低槽带，地下水位动态受河流水文因素变化控制。

（2）谷坡地段。属地下径流区，地下水位陡降且动态变化复杂，可分为缓变与剧变两种类型。缓变型与分水岭地段相似，但变幅大。剧变型，是在集中降雨期水位急剧上升，形成局部的暂时性水位高峰，而在雨后不长时间内，水位又迅速下降，水位趋于平缓，其动态曲线呈尖峰型。谷坡地段地下水位动态主要受气象因素变化控制。

（3）分水岭地段。为地下水补给区，水位变幅一般比近岸地带大，但总体较为平缓，一年中的高、低水位过程，分别出现在雨季和枯季的后期，其地下水位动态亦属气象因素变化控制。

1.2.4.4 岩溶区地下分水岭

岩溶地区地下水分水岭位置与地形分水岭，多数条件下仍基本保持一致，但在以下条件下则易出现偏离。

（1）一侧岩溶发育，地下分水岭偏向岩溶不发育一侧。

（2）一侧存在低邻谷，地下分水岭偏向补给一侧。

（3）可溶岩与非可溶岩共同组成，地下水分水岭偏向非可溶岩一侧。

（4）河湾地形，地下水分水岭则受内部地质结构和岩溶发育特点控制，可能平行河谷也可能与河谷垂直。

1.2.5 岩溶地下水系统

岩溶地下水系统包括岩溶地下含水系统和地下水流动系统两个概念。其中，岩溶地下含水系统即为之前的岩溶水文地质单元，地下水流动系统与岩溶管道水系统或暗河系统的意义相当。

岩溶地下含水系统是指由隔水层或相对隔水层封闭的，具有统一水力联系的可溶性含水透水岩体。控制含水系统发育的，主要是地质结构。在同一岩溶含水系统内，地下水具有统一的水力联系，是一个独立而统一的水均衡单元，且通常以隔水层或相对隔水层作为系统边界，它的边界属地质零通量面（或准零通量面），系统的边界是不变的。

地下水流动系统是赋存于含水系统中的，由源到汇的流面群构成的，具有统一时空演变过程的地下水体。地下水的补给区及为源，排泄区即为汇，地下水从补给区向排泄区运动，并可由连接源与汇的流面反映出来。控制地下水流动系统的主要是水势场，在天然条件下，自然地理因素（地表、水文、气候）控制着势场，因而是控制流动系统的主要因素。

岩溶含水系统和流动系统从不同角度出发，分别表征了岩溶地下水赋存与运动的两种特性。一个地下水流动系统具有统一的水流，沿着水流方向，水量、水质、水温等发生规律的演变，呈现统一的时空有序结构；其以流面为边界，属于水力零通量面边界，边界是可变的。在同一个结构复杂的岩溶地下含水系统中，可能存在由不同流面群外包面圈闭的局部地下水流动子系统或区域流整体地下水流动系统，区域流动系统中亦可嵌套局域流动系统。图

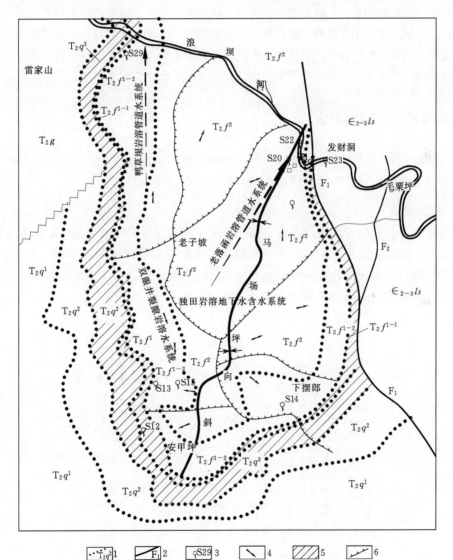

图 1.2-3　岩溶地下水含水系统与地下水流动力系统

1—地层及代号；2—断层及代号；3—泉水及编号；4—地下水流向；

5—相对隔水层（弱透水层）；6—地下水含水系统界线

1.2－3中，相对独立的独田岩溶地下含水系统中即包含了7个地下水流动系统及一些零星的小地下水流动系统。同一含水系统内地下水流动系统所占据范围的大小取决于势能梯级度和介质渗透性，势能梯级越大或渗透特性越好，则该流动系统所包括的范围就越大。

同一岩溶含水系统中的地下水之间存在水力联系，但地下水一般仅在其流动系统内运移，只是其流动系统的边界会随着外部条件的变化而变化，但一般不会超过岩溶含水系统的边界。

岩溶含水系统一般表示该系统由可溶性含水透水岩体组成，地下水可能较丰富；但一个岩溶含水系统内什么地方岩溶发育、地下水活跃，则取决于地下水径流条件，即地下水流动系统。一般来说，分水岭部位多为补给区，地下水循环以垂直运动为主，但势场小，流线稀，地下水交替快但存留时间短，一般岩溶不甚发育，故在岩溶地区，地下水分水岭有时低于水库正常蓄水位，但水库依然不会渗漏。而在靠近河谷岸坡部位，地下水势场大，流线密集，地下水活跃、富集，故岩溶较为发育。根据地下水流动系统的源汇理论，可较好地解释在岩溶地下水上升水流部位，地下水亦具承压性质，河床钻孔出现承压水现象即是揭穿上升水流的结果。

1.3 影响岩溶发育的因素

影响岩溶发育的因素主要有地层岩性、地形地貌、构造特征、新构造运动、气候、水的侵蚀性等，其中以地层岩性、构造、地形地貌及气候影响最为突出。

1.3.1 地层岩性

地层岩性是岩溶发育的物质条件。同一地区不同地层时代和地层组合岩溶发育程度也会出现差异。岩性决定岩石的可溶性，碳酸盐岩地层中岩性越纯越易溶蚀，岩溶越发育。根据试验资料，作为碳酸盐可溶程度主要标志的比溶解度随岩石中方解石含量的增加而增高，随着白云岩含量的增加而减小，见图1.3－1。

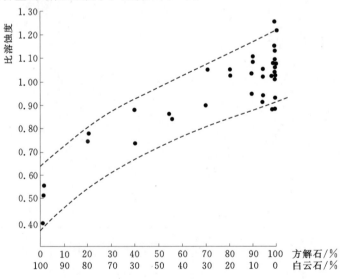

图1.3－1 比溶蚀度与矿物成分相关图

（据翁金桃，见任美锷等编写的《岩溶学概论》，虚线下端有改动）

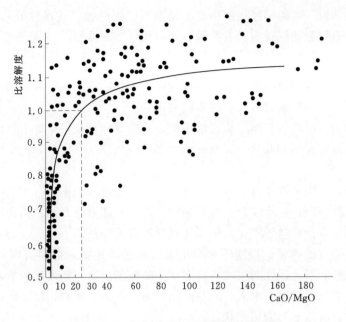

图 1.3 - 2　CaO/MgO 与比溶解度相关图
（据普定试验场）

据图 1.3 - 1，当方解石含量大于 20％时，点线呈线性相关。

贵州普定地区的碳酸盐岩溶蚀试验结果见图 1.3 - 2。CaO/MgO 与岩石比溶解度之间为非线性关系。图 1.3 - 2 可分为 3 段：在方解石含量小于 25％、CaO/MgO 小于 2 的白云岩段，比溶解度一般小于 0.8，此时，CaO 的增加对溶解度的提高很敏感。在方解石含量 25％～65％，CaO/MgO 为 2～22 的灰质白云岩和白云质灰岩段，随 CaO 含量的增加，比溶解度从 0.8 上升到 1.0，不过，它们之间的相应变化关系比较缓和。当方解石含量大于 65％，CaO/MgO 大于 22 时，比溶解度的变化在 1～1.2 之间，略呈平缓的直线型。根据上述比溶解度所反映的岩石的可溶性鉴别，试验区的碳酸盐岩可相应划分为可溶性弱、中等和强 3 类。

上述试验说明，方解石含量愈多，CaO/MgO 比值愈大，岩石愈易溶解，因此，岩溶也最易发育。

万家寨水库区 410 个薄片鉴定成果统计，马家沟组灰岩中上部的 CaO 含量高达 50％，方解石占 95％～100％，且以隐晶、泥晶、微粒结构为主；而下伏上寒武统灰岩中酸不溶物含量较高多系碎屑结构，岩溶发育程度亦在马家沟组灰岩中最为强烈。

地层厚度对岩溶发育的影响主要表现为岩溶作用的深度和规模。碳酸盐岩地层厚度大，不受非可溶性岩层的阻隔，地下水运移和岩溶发育就可以进行得很深，发育岩溶的规模也较大，较深长。若碳酸盐岩地层厚度较小，则只能形成一些小规模的浅层岩溶或层间岩溶。因此从地层层组来看，厚层岩层的岩溶较薄层岩层发育，单一地层结构较互层或夹层状结构岩体溶蚀强烈。

可溶岩的上部，若无其他岩层或松散堆积物覆盖，可溶岩直接裸露于地表，岩溶就比较发育。因此可溶岩居上时岩溶强烈发育，反之则发育弱。

从地层时代来讲，老地层经历的构造运动多，完整性差，透水性好，易于岩溶发育。如贵州的寒武系石灰岩地层普遍较三叠系石灰岩地层溶蚀强烈。

1.3.2 地质构造

褶皱、断层、节理裂隙等主要地质构造对地下水的入渗和循环运动的途径、方向起着明显的诱导作用，从而控制岩溶发育的方向和格局。

（1）层面构造是可溶岩的基本构造结构面，一般延伸较长，是地下水渗流的主要结构面，其倾角对岩溶发育影响较大，陡倾岩层较缓倾岩层溶蚀强烈，而水平岩层溶蚀相对较弱。

（2）褶皱构造影响岩溶发育的方向和部位，岩溶发育方向多平行于褶皱轴向，发育部位向斜核部较两翼强烈，倾伏端较扬起端强烈，背斜核部受张开结构面的影响表层溶蚀强烈，深部及两翼发育相对较强烈；向斜总体较背斜溶蚀强烈。

（3）断层或构造破碎带，是地下水集中渗入和循环地带，是岩溶现象密集分布的地带。总体上，张性断层比压性断层的岩溶发育，陡倾断层比缓倾断层的岩溶发育。

（4）节理、裂隙，是地下水入渗的基本结构面，与断层构造相似，倾角越陡溶蚀越强烈。常见的溶沟、溶槽多为陡倾产状。

1.3.3 地形地貌

地形坡度影响到地表水的下渗流量。在地形平缓的地方，地表径流流速缓慢，下渗量就大，有利岩溶发育，反之不利岩溶发育。

平原地区，地下水位较浅，垂直渗漏带较薄，易发育埋深较浅的地下廊道和暗河。深切的山地、高原地区，垂直渗漏带深厚，地下水埋藏较深，垂直型岩溶形态发育，只有在潜水面附近才发育水平向岩溶管道。

1.3.4 新构造运动和水文网演变

新构造运动中尤以地壳间歇性抬升控制河谷地区水文网演变，进而影响河谷型岩溶发育。地壳抬升间歇时间越长，地表水文网包括干流、支流与支沟形成系统越充分发育，越有利于岩溶发育，可形成规模大、延伸长的暗河等管道系统。而地壳抬升间歇时间越短，抬升幅度越大，越不利于岩溶发育，岩溶发育速度慢于河流下切速度，在河谷两岸陡壁不同高程常见有溶洞或暗河出现。导致地下深处岩溶弱发育或微发育。

1.3.5 地下水活动

地下水的运移方式和集中程度会影响到岩溶发育。在垂直渗流带，地下水以垂直运动为主，有利于垂直岩溶洞隙的生成；在地下水季节变动带内，地下水垂直运动与水平运动不断呈交替变化，垂直和水平向岩溶洞隙形态都有发育；在地下水饱水带内，地下水以水平运动为主，易发育水平状岩溶管道、暗河等。

若存在地下水深部渗流循环，则会导致深岩溶的发育。

1.3.6 气候

气候是影响岩溶发育的因素之一。在低温条件下，无论水的溶蚀力、流动交替和岩溶作用反应速度都比较慢，岩溶发育的过程缓慢，相反则溶蚀作用较强。

降水多少不仅影响水和入渗条件和水交替运动，而且雨水通过空气和土壤层，带入游离 CO_2，还能使岩溶作用得到加强。

比较我国温带、亚热带和热带气候地带岩溶发育程度：热带最发育，而且地表、地下都很发育；亚热带地表、地下岩溶也发育，但发育程度和规模比热带差；温带只发育地下岩溶，地表岩溶不发育。

1.3.7　植被和土壤

植被对岩溶发育影响主要表现为：①植物根部的游离 CO_2 有利于溶蚀作用和潜蚀作用；②植被覆盖能增加空气湿度和降水量，增加水的下渗，促使地下岩溶发育；③植被覆盖有利于阻碍地表水冲刷破坏，使得已形成的漏斗、洼地、溶隙和洞穴得以发育加大。

土壤能够影响地表水下渗和水中游离 CO_2 含量，进而影响岩溶发育，疏松的土壤有利于地表水下渗，并产生大量游离 CO_2。

1.4　岩溶发育的一般规律

1.4.1　选择性

选择性表现在岩性和地层两方面。对岩性的选择，总体说是碳酸钙含量越高，岩溶越发育。对地层的选择，在贵州强岩溶地层主要有：震旦系上统灯影组（$Zbdn$），寒武系下统清虚洞组（$\in_1 q$），奥陶系下统红花园组（$O_1 h$）、中统宝塔组（$O_2 b$），石炭系下统摆佐组上段（$C_1 b^2$）、中统黄龙群（$C_2 hn$）、上统马平群（$C_3 mp$），二叠系下统栖霞组（$P_1 q$）、茅口组（$P_1 m$），三叠系下统夜郎组第二段（$T_1 y^2$）、永宁镇组第一、第三段（$T_1 yn^1$、$T_1 yn^3$）、茅草铺组第一、第三、第四段（$T_1 m^1$、$T_1 m^3$、$T_1 m^4$）、中统凉水井组（$T_2 lj$）、坡段组（$T_2 p$）、垄头组（$T_2 l$）等。

1.4.2　受控性

1.4.2.1　受隔水岩组控制

当隔水岩组或相对隔水岩组具有一定厚度，且呈缓倾状态分布时，可以阻止岩溶向深发育，隔水岩组成为溶蚀基准面，多有悬挂泉、飞泉形成［图 1.4-1 (a)］。当隔水岩组具有一定厚度，且与可溶岩陡倾接触时，一方面可以阻止岩溶水平方向向前发育；另一方面由于接触溶蚀，又可以加剧岩溶的发育，多形成接触泉［图 1.4-1 (b)］。当可溶岩为隔水岩组所覆盖时，河流接近切穿非隔水岩组或切割下伏可溶岩不深时，多形成承压泉［图 1.4-1 (c)］。当有多组隔水岩组与可溶性透水岩组相间分布时，岩溶发育多具成层性，且多发育在接触带附近，但总体上岩溶发育程度不会太强。

1.4.2.2　受褶曲构造控制

在贵州向斜多形成盆地，有利地表水的汇集；同时向斜属汇水构造，有利地下水的汇集。丰富的地表水和地下水有利岩溶发育。间互状可溶岩形成的向斜，还可促使岩溶向深发育［图 1.4-2 (a)］，形成承压岩溶含水层。背斜多形成地形分水岭，不利地表水的汇集；同时背斜，特别是间互状可溶岩形成的背斜不利于地下水的汇集，因而岩溶发育相对弱。但是，当非可溶岩被剥蚀，背斜轴部的可溶岩出露后，则形成四周为非可溶岩包围的

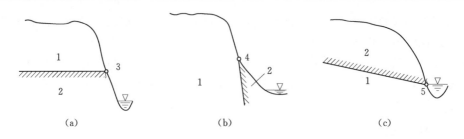

图 1.4-1　岩溶发育受隔水岩组控制

1—可溶岩；2—非可溶岩；3—悬挂泉 ；4—接触泉；5—承压泉

储水构造，也有利于岩溶的发育，在可溶岩与非可溶岩接触带多有泉水出露［图 1.4-2 (b)］。当可溶岩出露面积及接触泉与当地排泄基准面高差足够大时，接触泉还往往为温泉。

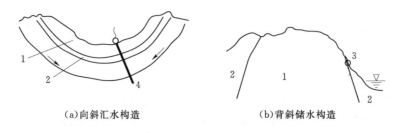

图 1.4-2　岩溶发育受褶皱构造控制

1—可溶岩；2—非可溶岩；3—岩溶泉；4—断层或裂隙

1.4.2.3　受断裂构造控制

导水断层、裂隙密集带有利于岩溶的发育，人们的认识几乎一致；阻水断层对岩溶发育的影响，人们的认识就大相径庭了。作者认为，阻水断层一方面可以阻止岩溶的发育；另一方面由于侧支断裂力学性质的改变及接触溶蚀作用的加强，又可加剧岩溶的发育。因此，阻水断层不是岩溶不发育，只是岩溶发育的部位不同而已，岩溶发主要发能在两侧（尤其是上盘）影响带内，断层带内一般岩不甚发育；在现场看到阻水断层也发育得有较多串珠状溶洞，多为两侧岩溶发育塌空后侵蚀的结果，且断层多分布在溶洞下方。

另外，断裂构造不仅控制岩溶发育的强弱，还控制岩溶发育的方向性。

1.4.2.4　受新构造运动及地壳上升速度变化控制

地壳上升速度快时，岩溶发育以垂直形态为主；地壳运动相对稳定时，岩溶发育则以水平形态为主。因此，随着地壳上升运动间歇性变化，岩溶分布具有成层性，且这种成层性与新构造运动形成的剥夷面、阶地面具有较好的对应性。

1.4.2.5　受气候控制

表现在我国北方的地表岩溶形态（如峰林、洼地等）不如南方发育；贵州峰林的相对高度不如广西。有人认为贵州峰林的高度不如广西是贵州峰林遭蚀余的结果。贵州地壳上升幅度比广西大，为何这种蚀余作用反而比广西强？是与岩性、岩层组合有关还是蚀余作用有关，值得商榷。

1.4.3　继承性

对应地壳上升运动的每一个轮回，都有垂直、季节变动、水平及深部渗流带岩溶的发育；同时，先一轮回发育的 4 个岩溶带，又为后一轮回岩溶发育提供了条件，或者说后一轮回岩溶往往是追踪先一轮回岩溶发育。这种追踪可以是叠加，也可以是改造，或两者兼而有之（图 1.4-3）。

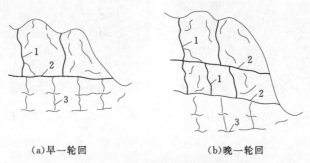

（a）早一轮回　　　　　　　　（b）晚一轮回

图 1.4-3　岩溶发育的继承性

1—垂直管道岩溶（入渗补给）；2—水平管道岩溶（水平循环）；

3—网格状裂隙岩溶（深循环）

1.4.4　不均匀性

岩溶发育的选择性、受控性和继承性的结果是岩溶发育的不均匀性。因此可以说，不均匀性是岩溶发育的最大特点，是造成岩溶地下水系统性、孤立性、变迁性、悬托性、穿跨性等的前提条件。

另外，在河谷地带，岩溶发育常见有向岸边退移现象。当河谷两侧有明显的地下水位低槽带，或岩溶大泉分布时，两岸地下水的循环多受岩溶大泉或岸坡地下水位低槽带的控制，而河床部分地下水主要表现为与地表河水联系紧密的浅部循环，此种情况下，河床部位的岩溶发育呈现停滞现象，现有的岩溶现象主要为早期岩溶发育的结果，且除表层岩溶外，河床深部的溶洞多呈充填状态，地下水的渗流条件较浅部差。

1.4.5　深岩溶

现代地下水循环带以下存在的岩溶现象为深岩溶。其形成原因包括古岩溶、深循环构造型岩溶，或受区域排泄基准面控制发育的深部岩溶。

1.5　岩溶基本形态及类型

1.5.1　岩溶地貌

（1）岩溶槽谷。是指长条形岩溶洼地或连续分布的洼地群，沟谷底部较平坦，其发育受构造控制（图 1.5-1～图 1.5-2）。

（2）岩溶盆地。是大型溶蚀洼地，俗称"坝"、"坝子"。是在一定构造条件下，如断层、断陷以及岩溶与非岩溶化岩石的接触带，经长期溶蚀、侵蚀而成。其底部或边缘常有泉和暗河出没。如贵州安顺、云南罗平都是较大的岩溶盆地（图 1.5-3～图 1.5-4）。

图 1.5-1　贵州福泉市坪上岩溶槽谷

图 1.5-2　贵州毛家河水电站右岸岩溶槽谷

图 1.5-3　贵州安顺岩溶盆地

图 1.5-4　云南罗平岩溶盆地

（3）岩溶平原。岩溶地区近乎水平的地面。大型的岩溶平原常出现在可溶岩与非可溶岩接触带附近。由于长期岩溶作用，使岩溶盆地面积不断扩大，可达数百平方千米，地表为溶蚀残余的红土覆盖，呈现出平缓起伏的平原地形，局部散布着岩溶残丘和孤峰。广西的黎塘、贵港等地区的岩溶平原最为典型（图 1.5-5）。

（4）岩溶准平原。因岩溶发育，造成地面起伏很小，称为岩溶准平原。与岩溶平原的区别在于岩溶循环演变，其方式是：由最初稀疏的圆洼地不断扩大，地面崎岖，至洼地合并，底部不断扩大成平原，且有孤立残丘的溶蚀过程。

（5）岩溶夷平面。岩溶准平面经过抬升而成的地貌现象，它反映夷平面形成时期，岩溶是以水平溶蚀、河流侧蚀的方式为主进行的，属流水岩溶，后期的地壳上升运动将这个较平坦的地面置于不同的高度上，常见于山顶，呈波状起伏峰顶齐一的形态（图 1.5 - 6）。

图 1.5 - 5　广西贵港岩溶平原

图 1.5 - 6　贵州晴隆—关岭地区的夷平面

（6）盲谷。岩溶地区没有出口的地表河谷。地表的常流河或间歇河，其水流消失在河谷末端的落水洞而转化为暗河，多见于封闭的岩溶洼地或岩溶盆地里（图 1.5 - 7～图 1.5 - 8）。

图 1.5 - 7　贵州平塘坝王河播团盲谷

图 1.5 - 8　贵州平塘坝王河雅安寨盲谷

（7）干谷。岩溶地区干涸的河谷。以前的地表河，因地壳上升，侵蚀基准面下降而转为地下河，使地表河谷成为干谷，一些地区由于近期上升运动强烈，使干谷高悬于近代峡谷之上，称为岩溶悬谷。当地表曲流段被地下河流袭夺裁弯取直后，可使地表留下弯曲的干谷。

（8）岩溶嶂谷。在岩溶地区，由于地壳急剧抬升，使已形成的地下河迅速下切，顶部塌落，造成两壁直立的河谷，也称为岩溶箱状谷（图 1.5 - 9）。

（9）岩溶湖。由于漏斗、落水洞淤塞聚水或与地下含水层有联系的低洼地区，后者常年有水（图1.5-10）。

图1.5-9　某工程坝址嶂谷　　　　　　　　　　　图1.5-10　岩溶湖

（10）峰丛与峰林。高耸林立的石灰岩石峰，分散或成群出现在地平上，远望如林，称为峰林。水流沿节理、裂隙溶蚀、侵蚀，形成由无数挺拔陡峭的峰柱构成的地貌；底部相连者称峰丛，散开者为峰林（图1.5-11、图1.5-12）。

图1.5-11　典型峰丛——贵州兴义万峰林　　　　　图1.5-12　典型峰林

（11）孤峰。兀立在岩溶平原上的孤立石峰。一般基岩裸露，石峰低矮，相对高度由数十米至百余米不等，如桂林的独秀峰（图1.5-13）。

（12）残丘。孤峰进一步发展，岩块不断崩解成为溶蚀残丘，又称石丘，相对高度只有十余米或数十米。

（13）岩溶丘陵。它与溶蚀洼地组合成亚热带岩溶区的主要类型。丘陵起伏不大，相对高度通常在$100\sim150m$左右，坡度不如峰林陡，一般小于$45°$，已不具峰林形态，以黔北、鄂西高原为典型（图1.5-14）。

（14）岩溶高原。四周被深谷陡崖所包围的岩溶高原，海拔在$500m$以上，顶面为波状起伏的峰林或岩溶丘陵。高原内有明暗相间的河流、盲谷、漏斗、封闭的溶蚀洼地、岩溶盆地等发育，地下水往往从高原边缘的陡崖下流出。以贵州中部高原为代表（图1.5-15）。

图 1.5 - 13　岩溶孤峰——桂林独秀峰

图 1.5 - 14　岩溶丘陵——贵阳观山湖

（15）钙华。碳酸盐地区，在岩溶大泉出口或部分河谷两岸，富含 Ca 离子的地下水或地表水在排出过程中，与空气中的 CO_2 混合后形成大量的钙华胶结物，覆盖在地表，或悬挂于河谷两岸。著名者如贵州马岭峡谷两岸的壮观的"牛肝马肺"（图1.5 - 16）。

图 1.5 - 15　雄伟壮丽的岩溶高原——花江峡谷

图 1.5 - 16　贵州马岭河谷两岸的飞瀑与钙华

1.5.2　岩溶个体形态

1.5.2.1　石芽与溶沟

地表水沿可溶性岩石的节理裂隙流动，不断溶蚀和冲蚀形成沟槽，称为溶沟（图 1.5 - 17）。溶沟间突起者为石芽。溶沟底部往往被红色黏土及碎石充填，宽十余厘米至 2m 不等，深数十厘米至 3m 不等。石芽高度一般 1～2m，形态受地形、节理控制，多呈尖脊状、尖刀山状、车轨状、棋盘状、石柱状。

石芽与溶沟是岩溶发育的初级形态，一般在较平坦的纯石灰岩表面上较为典型，相反则发育较差。石芽进一步发展则演变为石林。石林是高大石芽伴随深陡溶沟的地表岩溶组合形态，见图 1.5 - 18 和图 1.5 - 19。

图 1.5－17　石芽与溶沟

图 1.5－18　典型石林

图 1.5－19　云南路南石林

1.5.2.2　溶隙、溶缝、溶蚀空缝

地表水沿可溶岩的节理裂隙进行垂直运动，不断对裂隙四壁进行溶蚀和冲蚀，从而不断扩大成数厘米至 1～2m 宽的岩溶裂隙。宽度为 1～2m 的溶隙，称为溶缝。按其是否充填还可分为充填、半充填或无充填三类，其中无充填的溶缝，习惯称溶蚀空缝（图 1.5－20，图 1.5－21）。

1.5.2.3　落水洞

落水洞是地表水流入地下河（暗河）的主要通道，是地壳反响或相对快速时期的产物。它是地表水携带岩屑等对溶隙磨蚀，不断扩大顶板发生崩塌进而形成落水洞，通常分布于洼地和岩溶沟谷底部，也有分布在斜坡上。其形态不一，多为圆形或近圆形，直径 10m 以内，深度 100 余米。如乌江思林水电站右岸地下厂房地表发育的 K29 号落水洞（图 1.5－22 和图 1.5－23）。洞口高程 500.00m，直径 5～6m，可见深约 7m，地下厂房开挖揭示已延伸至主变洞顶，垂直深 100m。

图 1.5-20　某工程坝肩缓倾角溶缝

图 1.5-21　某工程危岩体中发育的陡倾角溶缝

图 1.5-22　思林水电站厂房顶 K29 落水洞

图 1.5-23　溶蚀洼地底部的落水洞

1.5.2.4　天坑

由于地壳上升和河流下切的影响，落水洞进一步扩宽、加深，向下发育而成。如著名的广西乐业县大石围天坑，长 600m，宽 420m，深 613m（图 1.5-24 和图 1.5-25），又如贵州水城县（花戛乡）"仰天麻窝"天坑，长 660m，宽 500m，深 251m，发育于石炭系上统马平组灰岩中。天坑通常分布在分水岭地带。

图 1.5-24　广西乐业县大石围天坑一

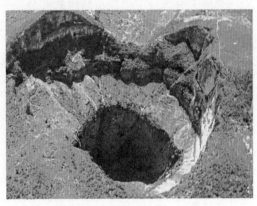

图 1.5-25　广西乐业县大石围天坑二

1.5.2.5　漏斗

为漏斗形或碟状的封闭洼地,底部直径在100m以内。底部常套有落水洞直通地下,起消水作用。它是形状特殊的小型溶蚀洼地。

1.5.2.6　岩溶洼地

岩溶洼地又称溶蚀洼地,是岩溶区一种常见的封闭状负地形。一般说来,岩溶洼地较平坦,覆盖着松散沉积物,可利于耕种。洼地可以由漏斗扩大而成,而几个洼地又可进一步扩大合并成为合成洼地,保留底部不规则的形态。岩溶洼地底部除了有落水洞外,也可有小河小溪,它们是周边泉水汇集而成,可在一端没于落水洞中。洼地常沿构造带发育为串珠状的圆洼地,以后合并成长条状的合成洼地。岩溶盆地则是超大型的溶蚀洼地(图1.5-26)。

1.5.2.7　岩洞

岩洞主要由地表水冲蚀成的近似水平的洞穴,宽度大于高度3~5倍,深度不超过10m,通常分布在河谷两侧。岩洞洞顶常有钟乳石等沉积物。岩洞连通性差,沉积物为外源(河流)的砂卵砾石等(图1.5-27)。

图1.5-26　小型岩溶洼地　　　　　　　　图1.5-27　宜宾兴文天景洞天窗

1.5.2.8　岩溶天窗

岩溶天窗为地下河顶板的塌陷部分。开始塌陷时,范围不大,称为岩溶天窗。通过岩溶天窗可见地下河或溶洞大厅。

1.5.2.9　天生桥

天生桥又称天然桥。暗河的顶板崩塌后留下的部分顶板,两端与地面连接而中间悬空的桥状地形,称为天生桥。天生桥下暗河通过的部分称为穿洞(图1.5-28、图1.5-29)。

1.5.3　地下岩溶形态

1.5.3.1　溶洞

地下水沿着可溶岩的层面、节理或裂隙、落水洞和竖井下渗的水,在地下水包气带内沿着各种构造不断向下流动,同时扩大空间,形成大小不一,形态各样的洞穴。最初形成的溶洞,规模较小,连通性差,洞内充填物多为石灰岩溶蚀后残留的红色或黄色黏土夹崩

图 1.5-28　天生桥（有水）

图 1.5-29　天生桥（干洞）

塌的碎块石（内源）。随着岩溶作用不断进行，很多溶洞逐渐沟通，很多小溶洞就合并成大的溶洞系统。这时静水压力就可以在较大范围内起作用，形成一个统一的地下水面。位于地下水面附近的洞穴，往往形成水平溶洞，在邻近河谷处有出口。当地壳上升，河流下切，地下水面下降，洞穴脱离地下水，就成为干溶洞。这些溶洞一般规模较大，延伸长度大于 200m，甚至数千米，洞内充填物多为外源的砂卵砾石或冲积黏土等，洞内石灰华、钟乳石、石笋、石柱、石幔等洞穴沉积物种类繁多，琳琅满目，造型各异（图 1.5-30、图 1.5-31）。

图 1.5-30　厅状溶洞

图 1.5-31　某工程调压井壁发育的溶洞

1.5.3.2　暗河及岩溶管道水

暗河又称地下河，系地面以下的河流，在岩溶地区常发育于地下水面附近，是近于水平的洞穴系统，常年有水向邻近的地表河排泄。在贵州南部岩溶地区常见暗河发育。规模较小者称之为岩溶管道水。

1.5.3.3　伏流

有明确进、出口的地下暗河，即地表河流入地下后，再从地下流出地表；在地下潜行的河段称之为伏流。

1.5.3.4 溶孔与晶孔

溶孔与晶孔系指碳酸盐类矿物颗粒间的原生孔隙、解理等被渗流水溶蚀后，形成直径小于数厘米的小孔。晶孔则指被碳酸钙重结晶的晶簇所充填或半充填的溶孔。

1.5.3.5 洞穴堆积物

洞穴堆积物分化学沉积、角砾堆积、流水堆积三类。主要的化学沉积类洞穴堆积物如下。

（1）石钟乳。由洞顶向下发展的碳酸钙沉积。当水流渗进洞穴，在洞顶成悬挂的水珠时，因蒸发散失 CO_2，便开始碳酸钙的沉积。随着水流不断渗入，碳酸钙不断向下加长、加粗成为钟乳石，它连续向下发展并与向上生长的石笋相连为石柱（图 1.5-32）。

（2）石管与石枝。空心的棒状石钟乳为石管。当生长的方向发生改变时，出现了不规则的分叉和向上弯曲，分枝的称为石枝，向上弯曲的称为卷曲石。

（3）石幔。饱含碳酸钙的水流以薄膜状水流，沿着洞壁或洞顶裂缝缓慢地流出，便结晶出连续成片的沉积，晶体平行生长，不断地加宽和增长，形成布幔或帷幕状的洞壁沉积（图 1.5-33）。

图 1.5-32 石钟乳、石笋及石柱

图 1.5-33 石幔

（4）石笋。饱和碳酸钙的水流不断地滴落到洞穴底部，迅速地铺开，蒸发溢出 CO_2 进行碳酸钙沉积，可以盘状石饼，成层地累叠起来，以饼的中心部位最厚。如果滴流连续地以适当速率落在同一地点，这种沉积逐渐向上发展，成为锥状或柱形，即成石笋。

（5）石柱。溶洞中钟乳石向下伸长、与对应的石笋相连接所形成的碳酸钙柱体（图 1.5-34）。

（6）石珍珠。在洞穴底小水洼或滴水坑里形成许多小的碳酸钙球珠，其核心通常为岩屑碎片、沙或黏土粒，外面包以碳酸钙，并且有同心状构造（图 1.5-35）。

（7）石灰华层。指分布于洞底，或夹在其他类型的碎屑沉积层中，具有比较坚硬的钙质层。这是地下水渗入洞内，沿着洞穴或溶隙壁成薄层水流动时的结晶沉积。

角砾堆积是一种就地的崩塌堆积物，没有分选和磨损，角砾形状不规则而十分尖棱。其大小决定于洞壁和洞顶石灰岩层的构造、岩性及产生角砾的崩解方式。角砾直径可从几厘米到数米，甚至为 $10\sim20m$ 的大岩块。常夹杂溶蚀残余的细粒黏土物质，但数量不多。

图 1.5 - 34　石柱

图 1.5 - 35　石珍珠

流水堆积类洞穴堆积物主要来源于洞外，也有产自洞穴系统内。主要为砂、砾石和细粒黏土等。

1.5.4　岩溶地貌形态组合

1.5.4.1　地表岩溶形态组合

（1）峰丛-洼地或峰丛-漏斗。峰林基部相连成为无数峰丛，其间为岩溶洼地或漏斗，组成峰丛洼地或峰丛漏斗组合。

（2）峰林-洼地。峰林与其间的岩溶洼地组合而成，洼地从封闭的圆洼地至合成洼地、岩溶盆地都有。

（3）孤峰残丘与岩溶平原。峰林分散，孤立在岩溶平原之上，峰林已被蚀低成为孤峰或零星的残丘，相对高度在 100m 以下。

（4）岩溶丘陵洼地。石灰岩丘陵和岩溶洼地及干谷组成的一种地形。丘陵之间为岩溶洼地和干谷所分割，沟谷及洼地的底部一般较平坦，发育着漏斗与落水洞，并大部分为松散堆积物所覆盖。

（5）岩溶垄谷-槽谷。碳酸盐地层（有时还夹有非碳酸盐地层）由于受紧密褶皱的影响，后期岩溶化作用出现分异，在槽状谷地两侧出现岩溶化垄岗的山中有槽组合。

1.5.4.2　地表岩溶形态与地下岩溶形态组合

（1）溶洞与地下廊道组合。溶洞与地下廊道相连通，组成复杂的洞穴系统，溶洞则为地下廊道在地表的表现，是地下通道的进出口。

（2）落水洞、竖井-地下通道组合。落水洞通过竖井把地表岩溶与地下岩溶联结起来。落水洞往往出现在溶蚀洼地底部，并且常和盲谷相沟通，在盲谷的末端可见到成群的落水洞。

（3）岩溶干谷与暗河组合。在有干谷出现的地方，常说明地下有暗河存在，这是由于原来在干谷里流动的水，为适应岩溶基准面而渗入地下，在地下发育成暗河。

1.5.4.3　岩溶与非岩溶地貌组合

（1）溶洞与阶地组合。溶洞在较稳定的地块中有成层分布的规律，这种溶洞是指由于地下河发育而成的岩溶廊道,即使在倾斜以至垂直的岩层组成的岩溶区中,规律也十分明显。这种溶洞层可与附近相同高度的河流阶地进行对比。由于在当地的侵蚀基面相当稳定的时候,在岩溶区发育了与地面河床相适应的地下河与地下通道,待地壳上升、河流下切时,岩溶地块中的地下河通道则上升溶洞,在非岩溶区相应地发育了阶地。若地壳间歇性上升,则可发育多层溶洞和与它相当的多级阶地。

(2)分水岭地带的风口与溶洞组合。分水岭地带的风口具有与溶洞同一高程的规律,这说明当时地面的剥蚀作用和岩溶作用,都在同一个稳定时期发育的。

1.5.5 岩溶类型

按气候、发育时代、出露条件、岩性、深度、气候、河谷发育部位、水动力特征、地台区类型可划分为以下类型。

(1)按气候条件分为:热带型、亚热带型、温带型、高寒地区型、干旱地区型。

(2)按发育时代分为:古岩溶与近代岩溶。其中古岩溶指中生代及中生代以前发育的岩溶现象;近代岩溶指新生代以来发育的岩溶现象。

(3)按出露条件分为:裸露型、半裸露型、覆盖型、埋藏型。

(4)按岩性分为:碳酸盐岩溶、硫酸盐岩溶、氯化物岩岩溶等。前者分布最广,形成速度慢,后两者形成速度快。

(5)按深度分:浅岩溶、深岩溶。前者指垂直及水平循环带的岩溶,后者指水平循环带以下的岩溶。

(6)按气候带分:北方岩溶、南方岩溶。前者地表岩溶形态欠发育,后者地表、地下岩溶形态均较发育。

(7)按河谷发育部位分为:阶地型、斜坡型、分水岭型。

(8)按水动力特征分为:近河谷排泄基准面岩溶、远离河谷排泄基准面岩溶、构造带岩溶。

(9)按地台区类型分为:河谷侵蚀岩溶、沿裂隙发育岩溶、构造破碎带岩溶、埋藏古岩溶。

第 2 章 水利水电岩溶工程地质勘察方法

千百年来，人民群众在与各项目的土木工程建设中，为了处理岩溶问题而开展了各种调查与研究工作，并取得了一定的经验。而在岩溶地区兴建水利水电工程，则是新中国成立以来方有序开展。岩溶地区水利水电工程的勘察理论与方法也得以逐步完善。随着贵州等岩溶地区水利水电工程的大规模建设，岩溶水文地质工程地质的勘察设计过程也由原来的定性评价转向半定量、定量研究，研究理论及思路也在不断经历实践—认识—再实践—再认识—升华至理论的发展过程，岩溶勘察的方法和手段也在不断演化、提高。邹成杰先生编著的《水利水电岩溶工程地质》，将我国至 20 世纪 90 年代初期的相关岩溶勘察成果、方法、理论等进行了系统的总结、提炼，基本形成了我国岩溶工程地质勘察的方法及理论。勘察工作亦从常规的地质测绘、溶洞调查、钻探、水文地质试验、岩土试验等，逐渐过渡到以岩溶地下水流动系统为指导思路，宏观物探探测与验证性钻探、示踪试验为主要手段的岩溶水文地质分析评价，以及以先进的物探手段为主的精确探测。在岩溶处理方面，控制灌浆、膜袋灌浆等概念与方法得到了广泛应用，岩溶地区的防渗处理、隧洞涌水处理等理论与技术日臻成熟。

运用成熟的岩溶勘察与处理理论，以及高精度的探测手段，21 世纪初期，处于岩溶地区的西电东送第一、第二批洪家渡、引子渡、索风营、光照、思林、沙沱、构皮滩等电站陆续建成发电，锦屏二级水电站引水发电隧洞开挖贯通，贵州地区成功建成了当时世界最高的光照水电站碾压混凝土重力坝（200.5m），当时世界最高的大花水水电站碾压混凝土双曲拱坝（134.5m）。原先遗留的诸多岩溶工程地质问题亦得到了较好地处理，如猫跳河 4 级岩溶渗漏处理问题，限于当时的勘察理论、手段，水电站从建成伊始即发生渗漏，渗漏量最大超过 20m³/s。经过多年多期的勘察，运用了系列场探测方法、物探 CT、水文地质测试等综合手段，查明了左岸河湾地块岩溶水文地质件及主要渗漏通道，并采用混凝土塞、控制灌浆等方法，于 2012 年成功完成了左岸高流速大流量岩溶渗漏封堵的处理，效果较好。经过近半个世纪的探索，水电工程岩溶水文地质工程地质勘察与治理理论、方法已较为完善，并已得到了广泛验证，积累了丰富的岩溶勘察、处理经验，为今后在岩溶地区兴建水电工程奠定了坚实的基础。

2.1 主要岩溶工程地质问题

2.1.1 水库岩溶工程地质问题

岩溶工程地质问题是岩溶地区水库工程最主要的工程地质问题之一，涉及水库岩溶渗漏、岩溶塌陷、库岸边坡稳定、水库岩溶诱发地震、岩溶浸没与淹没等。

2.1.1.1 水库岩溶渗漏

水库岩溶渗漏是指水库蓄水后库水沿强岩溶化透水地层中的岩溶管道、溶蚀空缝、溶缝等向水库两岸分水岭外低邻谷漏失或通过水库库首一带河间地块向下游支流、干流的漏失。水库岩溶渗漏直接影响水库的正常功能及经济社会效益，还可能影响与水库相关的工程建筑物的安全及一系列环境问题、地质灾害等。

可能产生水库岩溶渗漏的基本条件分别有以下几种情况。

（1）水库两岸河谷及分水岭地区岩溶发育强烈，尤其是分水岭地区岩溶发育强烈。

（2）有与低邻谷相贯通的岩溶管道系统，或透水性较好的大型断裂破碎带。

（3）河间（湾）地带无地下分水岭存在或虽存在地下分水岭但低于水库正常蓄水位。

（4）可溶岩透水性强或存在强透水带（溶缝溶隙、岩溶管道等）。

（5）库岸及分水岭地区无隔水层或相对隔水层分布，或虽有隔水层分布，但已受构造或岩溶破坏失去隔水层作用。

国内水库岩溶渗漏典型者如以礼河水槽子水库邻谷渗漏、猫跳河 4 级岩溶渗漏等。

猫跳河 4 级窄巷口水电站位于乌江右岸一级支流猫跳河下游，处于深山峡谷及岩溶强烈发育区。该水电站水库库容 $7.08 \times 10^6 m^3$，多年平均流量 $44.9 m^3/s$，引用流量 $96.9 m^3/s$。该电站在勘测阶段，由于受勘探技术手段和勘探时间的限制，对发育复杂的岩溶问题未能完全查明。在施工阶段，由于各种原因未能完成设计的防渗面貌，且大部分是在蓄水后甚至在蓄水情况下以会战的形式完成，以及当时的施工技术、建筑材料和施工时间的限制等，造成电站建成后水库岩溶渗漏严重，初期渗漏量约 $20 m^3/s$，约占多年平均径流量的 45%，经 1972 年和 1980 年两次库内堵洞渗漏处理取得一定效果，但渗漏量仍为 $17 m^3/s$ 左右。

电站运行以来，贵阳院为了查明深岩溶渗漏问题，于 1980 年起至 2009 年，历时近 30 年，多次补充进行了大量的地质勘探工作，并随着勘探技术、手段的不断进步，基本查清了该电站左坝肩渗漏特征及主要渗漏通道，提出了集中堵漏与分散灌浆方式相结合的处理方案。2009 年，业主按贵阳院提出的处理方案，对主要渗漏带及渗漏通道进行了分期治理，至 2012 年 5 月，根据下游渗漏量的监测数据表明，水库高水位时（1091.5m）其渗漏量仅为 $1.54 m^3/s$，且主要来水以左岸山体天然地下水补给为主。总体上，防渗处理效果较好。

2.1.1.2 水库岩溶塌陷

水库岩溶塌陷是指在水库蓄水后，库岸可溶岩中溶洞、岩溶管道、溶隙上方的岩土体新发生的变形破坏，并在地表形成塌陷坑的岩溶动力作用（库水与岸坡地下水压力、渗透力、岩土软化、潜蚀冲刷、负压吸蚀、气水冲爆等作用）现象。按塌陷体物质组成可分为土层（覆盖层）塌陷、基岩塌陷、土石混合塌陷 3 类。岩溶塌陷是岩溶水库主要的环境地质灾害之一，水库岩溶塌陷后改变了库岸原边坡稳定条件及地下水径流通道，可能连锁引起库岸边坡稳定问题、水库渗漏问题、诱发地震等。大部分发生塌陷的工程都伴随有渗漏发生，水库塌陷可以导致水库产生严重渗漏，使水库成为干库。如果岩溶塌陷发生在坝基或建筑物部位，则直接威胁建筑物稳定安全，有的还造成建筑物的失事。水库岩溶塌陷是地质因素与库水和地下水作用的综合结果，库水及地下水流活动、岩溶洞隙、一定厚度的盖层是水库岩溶塌陷的 3 个基本条件，其中地表及地下水流活动是水库岩溶塌陷的主要动力，岩溶空隙是塌陷产生的基础地质条件（产生塌陷的岩溶形成主要有落水洞、竖井、漏斗和溶洞暗河等），较松散破碎的盖层（抗压、抗渗、抗冲击强度低）是塌陷体的主要组成部分。国内发生水库岩溶塌陷典型者如山东尼山水库、河北徐水县岩溶水库渗漏塌陷、湖南益阳松塘水库岩溶塌陷等。

2.1.1.3　水库岩溶诱发地震

水库诱发地震是人类开发水力资源工程活动中出现的地震现象，多伴随水库的蓄水过程发生。岩溶地区水库诱发地震的成因类型大致可以分为构造型、重力型和岩溶型三类。根据已建发生诱发地震的水库地质条件综合分析、研究与总结，岩溶地区水库发生诱发地震的频率较高、震中大多与岩溶分布有关、震级较小、多属震群型系列、无明显主震、衰减慢、发震强度与坝高及库容关系不明显等特点。水库诱发地震可能直接损坏枢纽区及临近区建筑物，造成经济损失，改变水库库岸边坡稳定条件而引起库岸边坡稳定问题。

国内外已有若干水电水利工程诱发过水库地震。1945 年美国 D. S Carder 首先提出诱发地震问题，20 世纪 50 年代末与 60 代初，世界上发生了赞比亚—津巴布韦边界卡巴（Kariba）、中国新丰江、印度柯依那（Kayna）和希腊的克里马（Kremasta）4 次 6 级以上水库诱发地震，造成严重的破坏，人们才开始系统研究水库地震。2000 年以后，处于岩溶地区的贵州乌江、北盘江干流先后建成了乌江渡、洪家渡、索风营、光照、董菁等一大批高坝大库；其中乌江渡、光照、董箐等在水库蓄水后不同程度发生过水库地震，震级高者如乌江渡、光照等已超过 4 级。

光照水库从 2007 年 7 月下闸蓄水前即开始观测，至 2012 年 9 月，历时 5 年时间（现仍在观测）内，水库区及邻近区域共监测到地震约 7584 次，大于 3 级者约 26 次，最高震级 4 级，发震高峰期为 2008 年 7 月至 2008 年 11 月间，即蓄水后的第一个汛期内之后至 2010 年 10 月仍有较高的发震频率，2010 年 11 月后发震频率开始衰减；2012 年汛期，受区域降雨影响较大，水库地震在汛期略有增加。另外，水库地震的深度主要集中在 25km 范围内，深部地震主要为区域地震，与我国同期国内地震（汶川等）活跃期基本一致。

2.1.1.4　岩溶水库浸没

岩溶水库浸没是指水库蓄水后库水沿岩溶空隙（溶洞、溶管、溶隙）渗漏至库岸低于水库正常蓄水位的低矮洼地形成的淹没与浸没，或邻近水库岩溶洼地虽高于水库正常蓄水位，但水库蓄水后抬高了岸坡地下水位，极大地改变了岩溶地下水的原始水动力条件，导致原通道排泄不畅或堵塞原排泄通道，从而引起洼地地下水与地表水雍高致产生淹没与浸没现象。水库岩溶淹没与浸没将淹没农田、房屋及产生内涝，造成岩溶洼地内淹没与浸没区居民财产损失及生活困难，对低于水库正常蓄水位洼地淹没与浸没需移民搬迁，而对于高于水库正常蓄水位排泄不畅或堵塞型岩溶洼地淹没与浸没，则视疏排难度可进行疏排处理。

国内典型的岩溶水库浸没问题当数岩滩水库。1992年蓄水后，库水抬升，板文地下暗河地下水排泄受阻。右岸巴纳、拉平一带的岩溶槽谷在雨季发生较严重的内涝问题，淹没了部分农田，造成了一定的经济损失，给当地农民生活带来了困难。最终采用设排洪洞的方法解决了该内涝问题。

2.1.2 坝区岩溶工程地质问题

岩溶地区坝区主要存在的工程地质问题有坝基及绕坝渗漏、岩溶坝基稳定、边坡稳定问题等。

2.1.2.1 岩溶地区坝基及绕坝渗漏问题

岩溶地区坝基渗漏是指水库蓄水后，库水沿坝基以下至饱水带上部的岩溶化透水岩体发生向下游的渗漏，绕坝渗漏是指水库蓄水后，库水由坝肩岩溶化透水岩体向下游渗漏。产生坝基与绕坝渗漏的结果导致损失水量和渗透变形，甚至影响相邻建筑物边坡的变形失稳。因此，坝基及绕坝渗漏是岩溶地区建坝普遍存在的问题。

广西拔贡电站，位于龙江中上游河池县境，是修建在岩溶地区一座小型水电站，1972年建成。电站装机8MW，坝高26.2m，为支墩平板坝。坝基坐落在石炭系中统黄龙组（C_2h）灰黑色薄层含硅质条带的灰岩夹灰色中厚层灰岩和白云质灰岩上，岩溶十分发育，河床及岸坡均有溶洞、漏斗及落水洞分布。由于未作防渗处理，水库蓄水一开始在主河槽的坝下就出现浑水，接着发展到涌沙，同时坝前出现漩涡，导致覆盖层多处被击穿而露出漏水洞。左、右两岸也渗入多处漏水洞并顺坝基下部断层溶蚀带与层间溶蚀带渗至坝下游。整个坝区普遍发生严重渗漏，几年来坝前库底发生漏水洞22个，坝下的出水点11个。由于勘测阶段未进行详细勘探研究工作，也未作防渗处理，水库蓄水后发生坝基严重渗漏，最大漏水量达23m³/s，是该坝址处最小流量的1.8倍。

2.1.2.2 岩溶坝基稳定问题

岩溶化坝基岩体内发育的岩溶洞隙，可能为空洞、空隙或充填黏土与碎块石等，结构松散，强度软弱，是一种不均质的、各向异性的岩体，这些岩溶洞隙对坝基稳定和变形存在严重的影响：①由于岩溶洞隙的发育，影响坝基岩体的整体稳定性；②由于在洞穴、溶蚀裂隙或溶蚀夹层中充填黏土夹碎块石，构成地下临空空间或软弱结构面，影响坝基的变形和抗滑稳定。具体表现为以下方面：

（1）降低坝基岩体承载力。坝基岩体中存在洞隙时，会导致岩体承载力降低。其承载力大小取决于充填物的性质和密实度等。如重庆隘口水电站河床坝基存在顺河向长228m、宽8~64m、最大深度达16.5m的深蚀深槽，其充填物结构松散，性状差，承载力低，不能作为坝基持力层。又如广东北江白石窑水电站的低水头闸坝，泄水闸地基有4个深大溶槽，开口总宽近百米，最深处高程为−8m。溶洞充填物自上而下为砂卵砾石、黏土夹灰岩碎块、且有石芽、石柱、石墙出露。基坑内泉眼多、涌水大，坝基岩体多为泥包石、石包泥结构，承载力极低。

当存在隐伏溶洞时，由顶板厚度决定岩体承载力大小。如重庆芙蓉江江口水电站大坝为双曲拱坝，最大坝高141m，该工程在大坝6号坝段帷幕灌浆时，在孔深60m左右遇到特大溶洞,溶洞最大高度 63m,包括 4.8m 空腔、砂层 42.4m、泥层 10.8m。溶洞顶板岩体厚 60m。

(2) 产生不均匀变形。坝基岩体的岩溶洞隙发育,由于无充填或充填物软弱,变形模量低,引起建筑物地基的不均匀变形。如美国的奥斯汀坝,坝高 20.7m,坝基石灰岩受构造破坏,岩溶发育十分强烈,由于坝基岩体承受不了坝的压应力,导致不均匀沉降,1892年建成后,1893 年坝体就产生裂缝,当时未引起重视,1920 年一场洪水致使大坝被完全破坏。又如我国湖南澧水三江口水电站,最大坝高 31m,河水位高程 54m,坝基为嘉陵江组灰岩,岩溶十分发育,强溶蚀带下限高程至 -114.73m,低于现今河水面 168.73m。左岸有 6 个坝段完全建在岩溶"石夹泥"或"泥包石"之类的块屑型地基上,使坝基压应力控制在不大于 0.4MPa 的范围内。

(3) 产生洞穴临空滑移与压缩变形。坝基或坝肩附近存在的岩溶洞隙,形成临空空间,对坝基(肩)抗滑稳定带来一定影响。如贵州格里桥水电站右岸帷幕线底层廊道施工中发现一大型早期空洞,距坝肩距离 30m 左右,经有限元计算对重力坝变形稳定仍有一定影响。

(4) 产生岩溶溶隙或管道型集中渗漏与高扬压力。洞隙的发育程度、规模、充填与否直接影响渗漏量的大小。集中渗漏水头损失小,一旦在坝基帷幕后发生,其产生的扬压力亦高。

(5) 产生渗透破坏。坝基的洞穴、溶隙充填物和各种溶蚀夹泥带等,多为红黏土或红黏土夹碎块石,结构松散,架空多,有时还含有易溶盐等,抗渗比降小,在库水压力作用下,会产生管涌、流土和接触冲刷等机械渗透变形;易溶盐被溶解会产生化学渗透变形。渗透变形进一步发展成渗漏冲刷破坏。大坝建于岩溶主管道上,建成后地下水通道被封堵壅高,产生岩溶管道水顶托导致地基抬升或变形等。如湖南澧水支流溇水江垭水电站,大坝为混凝土重力坝,坝高 131m,库坝区均建于灰岩地区,大坝建成蓄水后即出现大坝及近坝山体抬升,坝基最大抬升 32.4mm,近坝山体最大抬升 12.1mm。

(6) 对坝基施工影响。坝基建基面上的岩溶洞穴、强岩溶层(带)及溶隙等充填不密实或下方隐伏空洞,开挖后受震动和基坑浸泡而塌陷;另外,沿层面、断层、裂隙等溶蚀发育纵向或斜向管道出现大量集中涌水、涌泥,给施工带来困难。

2.1.2.3　边坡稳定问题

岩溶地区边坡因缓倾角溶蚀带、层面溶蚀带存在,大大降低了顺向坡结构的边坡稳定性。如贵州松桃盐井水库工程,左坝肩下游侧开挖边坡为顺向坡,岩层倾角 37°,开挖揭露顺层面的溶蚀夹泥层发育,多呈软塑状,强度低,开挖后出现以溶蚀夹泥层面为底滑面的滑动破坏。

2.1.3　地下洞室岩溶工程地质问题

岩溶地区地下洞室以围岩稳定问题、涌水与突泥、高外水压力等问题更为突出。这些均与岩溶洞穴的发育及岩溶地下水的补给、径流和排泄条件密切相关。因此,研究隧洞区地形地貌、岩性结构、构造及岩溶水文网的演化,以及岩溶洞穴的分布、规模、充填物性状、地下水活动情况等,是评价岩溶地区地下洞室成洞条件、围岩稳定及涌水问题与外水压力的关键。

2.1.3.1 围岩稳定问题

岩溶地区，岩溶洞穴引起的隧洞围岩稳定问题，即岩溶稳定问题。取决于岩溶发育程度及溶洞规模、充填物性状、溶洞发育方向及其与隧洞的关系、地下水活动状态。溶洞对隧洞围岩稳定性的影响存在以下几种情况：

（1）隧洞开挖中遇到大溶洞，但无充填物及地下水活动，对隧洞的稳定性影响相对较小，其影响程度取决于溶洞的规模，周围岩体工程特性及其在隧洞内所处的位置。如图2.1-1为贵州某工程引水隧洞穿过无充填厅堂状溶洞，有半边隧洞处在溶洞壁岩石上，且溶洞壁岩石均较稳定。图2.1-2为广西天生桥二级水电站2号隧洞穿过无水半充填溶洞，由于隧洞位于溶洞顶部，下部仍有岩石，对隧洞围岩稳定影响不大。

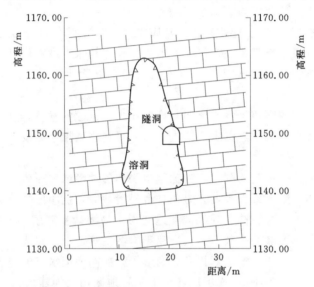

图 2.1-1　贵州某工程隧洞穿过的无充填物溶洞

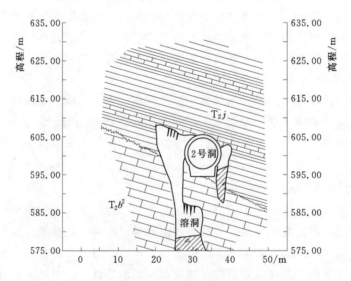

图 2.1-2　广西天生桥二级水电站 2 号隧洞穿过无水的半充填溶洞

（2）隧洞开挖揭露有充填物的溶洞，且有地下水涌出时，对隧洞施工开挖及围岩稳定性均有极大影响，其影响程度取决于溶洞规模、充填物的性质及涌水量的大小，若地下水涌水量很大时，易造成泥石流，甚至引起地面塌陷。

如天生桥水电站 2 号引水隧洞 0＋877～0＋910m 桩号溶洞（图 2.1-3），位于隧洞顶部，基本垂直隧洞轴线发育，跨度 28～30m，全充填黏土夹灰岩大块石及孤石，下游段地下水活动强烈。

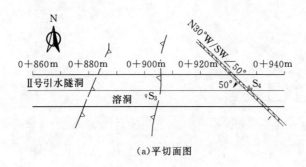

(a)平切面图

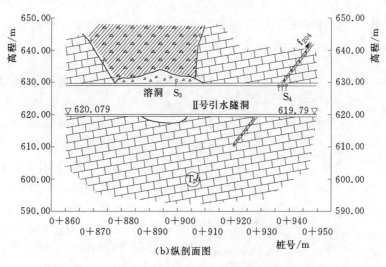

(b)纵剖面图

图 2.1-3　2 号隧洞 0＋877m～0＋910m 桩号溶洞简图

隧洞至 0＋877m 桩号开始揭露溶洞充填物，顶部充填物数次发生大规模塌方，施工采用回填混凝土封堵塌方口，并采用短进尺开挖与钢支撑支护处理至 0＋898m 桩号。与此同时该溶洞段下游 0＋906m 桩号掌子面也遇溶洞充填物，由于地下水对充填物的软化，塌方严重，工作面充满稀泥，不能采用钢支撑处理，最后确定采用顶管法打通（图 2.1-4）。

（3）在隧洞周围存在隐伏溶洞，对施工可能不产生影响。但对有压隧洞的围岩稳定会有不同程度的影响。图 2.1-5 为某工程排水隧洞外侧永宁镇组（T_1yn^{2-2}）发育隐伏溶洞，溶洞为一狭缝状溶洞，宽 0.8～2m，可见溶洞高 5～6m，隧洞壁围岩厚 2.5～3m，围岩较完整。排水隧洞为无压洞，溶洞对隧洞围岩稳定基本无影响。

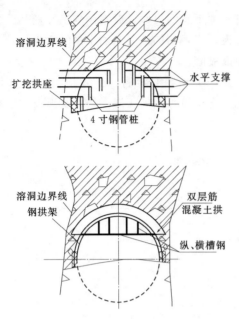

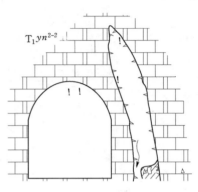

图 2.1-4　溶洞施工处理示意图　　　图 2.1-5　某工程隧洞外侧隐伏溶洞

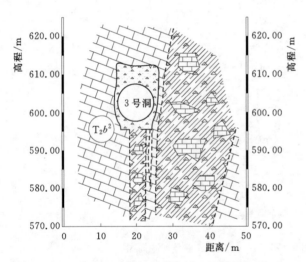

图 2.1-6　广西天生桥二级水电站 3 号隧洞桩号 8＋340m
右侧隐伏溶洞

图 2.1-6 为广西天生桥二级水电站 3 号引水隧洞 8＋300～8＋360m 桩号洞段右侧于三叠系中统边阳组（T_2b^2）灰岩中发育一全充填型大溶洞，该溶洞自 2 号隧洞延伸至 3 号隧洞右壁，据钻孔揭露 3 号隧洞洞壁厚约 1～1.5m，岩石较破碎。开挖期基本自稳，但作为有压隧洞围岩弹性抗力较低，设计采用双层钢筋混凝土衬砌处理。

2.1.3.2　涌水与突泥问题

隧洞开挖遇到暗河或岩溶管道水，不仅会影响隧洞的围岩稳定，而且由于大量涌水并挟带泥沙，给工程施工造成危害。雅砻江锦屏辅助洞施工期间涌水、突泥严重，如西端 B 线 K2＋637m 桩号大理岩中顺断层带发生的大涌水。2005 年 4 月 25 日，该处于 K2＋582m 桩号揭露 F_6 断层，K2＋590～K2＋635m 断层影响带涌水由小逐渐增大，K2＋637m 桩号掌子面靠右侧距洞底约 1m 高岩石破碎范围在高压水作用下瞬间涌水，涌水量达 15.6m³/s，19d 后涌水降至 0.22m³/s 并趋于稳定，此期间总涌水量达百万立方米，泥沙量约 5 万 m³。2006 年 10 月 5 日雨季后期又有间歇性流水，涌水变为棕褐色，含大量泥沙和部分半胶结溶蚀残留体，水势更迅猛。

2.1.3.3　高外水压力问题

外水压力为隧洞涌水作用在隧洞衬砌结构上的水压力。在采用经验公式确定其值时，外水压力的大小取决于隧洞涌水介质形式、涌水水头。如果涌水介质为管道、洞穴，水头折减系数就大，外水压力值就大；若为破碎带或裂隙岩体，其水头折减系数小，外水压力值就小。如雅砻江锦屏辅助洞西端 A 线 K1＋083～K1＋117 桩号涌水。2004 年 7 月 21 日，A 洞在 K1＋083～K1＋117m 桩号为裂隙线状流水，至 24 日 K1＋117 桩号初遇大涌水，沿炮孔喷出的高压地下水喷距达到 17m，流量达 240L/s，测得外水压力值 4～5MPa。在之后约 20 天时间内，流量一直较为稳定，且在 8 月 6 日拟对主出水孔进行外孔口管安装时，在进行孔口小炮平整时，爆破后地下水喷距由 17m 增至 21m。

另外，广西天生桥二级 I 号引水隧洞 2＋256 桩号右壁沿白云质灰岩中发育的岩溶管道发生大涌水。隧洞开挖至 2＋256 桩号时，隧洞切断岩溶管道，小管道坡度 45°～50°，延伸至隧洞底板以下。管道断面直径 1～1.5m，局部扩大为 5～7m 溶洞，暴雨时沿管道涌水，流量最大达 $1m^3/s$。封堵管道出口后从旁边另冲出一涌水口，喷距达 5m。本段推测外水压力约 2.8MPa，隧洞采用加厚衬砌处理。

2.1.4　岩溶地区抽水蓄能电站主要工程地质问题

岩溶地区抽水蓄能电站主要工程地质问题为上水库的岩溶渗漏问题，库盆局部岩溶洞穴稳定问题亦较为突出。如贵州乌江大树子抽水蓄能电站，其上库位于猫跳河与乌江六广河河间地块右岸分水岭地带，水库正常蓄水位高于乌江水位 278～355m，水库北、东、南三面均存在低邻的洼地，水库存在岩溶渗漏的地形条件。上水库水库区岩溶洼地地处车家寨背斜核部，西侧 T_1y^1、P_2l 隔水层在库盆的出露面积仅占总面积的 14%，其他均为可溶岩透水层，约占 86%。库盆岩溶洞穴发育。水库在地形、岩性、构造上存在渗漏的条件。上水库地下水位埋深 100m 左右，为岩溶管道水的补给区，库盆中部及东侧可溶岩大面积分布，F_3 断层横穿上水库，沿 F_3 断层发育串珠状落水洞，断层西侧为 T_1y^2 灰岩岩溶强透水层，落水洞及溶沟、溶槽极为发育，东侧为寒武系白云岩中等透水层，库水沿众多落水洞、溶蚀沟槽发生垂直向岩溶集中渗漏的可能性极大，需采用全防渗。

西龙池抽水蓄能电站，位于山西省五台县滹沱河畔，已于 2011 年 9 月全部建成投产发电，电站装机 1200MW。上水库位于白家庄镇龙池村峰顶夷平面上，是工程区最高点。库盆出露的地层为奥陶系中统上马家沟组上段（O_2s^2）灰岩。库盆位于宽缓倾伏背斜轴部，岩层均倾向库外，倾角为 6°～9°。断层多沿 NE 向发育，均属张扭性高倾角断层。裂隙发育主要以 NE 组为主，沿裂隙方向常有溶蚀宽缝形成。上水库岩体内断层、裂隙、岩溶发育，岩体透水性较强，开挖后进行了全面防渗处理。开挖后揭露了溶洞 28 个，溶蚀宽缝 36 条，均进行了相应处理。

2.1.5　岩溶地区堵洞成库工程地质问题

岩溶洞穴的发育离不开集中流水的溶解和搬运作用，因此，岩溶洞穴发育的地方，在地形条件上往往也是能够汇集地表水流的低洼地方，如岩溶槽谷、岩溶盆地、漏斗、消水洞、河流伏流或暗河进口段等低洼地段。这类低洼地形又多呈封闭或半封闭状态，在地形上对建库蓄水极为有利，由此，便有了对其进行堵洞成库的设想。如广西福六浪洼地堵洞成库、贵州铜仁天生桥封堵建库等工程。与此同时，也带来了一系列的岩溶水文地质、工程地质问题，从而，对岩溶堵洞成库条件的专门勘察又成为了我们必须要面对的新课题。

堵洞成库工程最突出的工程地质问题为库首渗漏。如贵州铜仁天生桥水电站，水库由封堵天生桥暗河而成，其中天生桥暗河发育于寒武系上统毛田组（$\in_3 m$）灰色中厚层至厚层白云岩、白云质灰岩，暗河长 246m、宽 60 余米、高 $60\sim70m$。

库首地区主要出露地层为毛田组（$\in_3 m$）白云岩，岩溶中等发育为主。天生桥暗河下游发育有 F_1 断层，其上盘为清虚洞组（$\in_1 q$）薄层泥灰岩、泥质条带灰岩夹白云质灰岩，岩溶化程度低，构成本区相对隔水层。两岸河湾地带由于地形单薄，溶蚀较强烈，在近岸一定范围内地下水位低于水库正常蓄水位，会产生库水渗漏，已进行防渗帷幕处理。两岸帷幕均穿过 F_1 断层带，防渗总面积约 19 万 m^2。该工程于 2008 年已竣工，防渗处理效果较好。

2.2　岩溶工程地质勘察方法与技术

岩溶地区水利水电工程地质勘察的目的是了解或查明水库及建筑物区的岩溶水文地质条件，为水电工程可能出现的岩溶渗漏、围岩稳定、岩溶涌水及外水压力、岩溶环境地质问题、坝基抗滑稳定等问题的论证、评价和处理提供相应的岩溶及水文地质资料。

主要采用的勘察方法有地质调查与测绘、钻探、物探、水文地质测试与观测、水化学试验、示踪试验等。

2.2.1　地质调查

地质调查工作是水文地质、工程地质勘察中最基本的一项现场地质资料收集复核工作，它贯穿于勘察的全过程。

2.2.1.1　岩溶发育的标志识别

岩溶发育的影响因素较多，最主要的有地形地貌、地层岩性、地质构造、水文气象、水文地质条件等，在这些因素共同作用下，促进了岩溶地质作用的形成，它是一个以碳酸盐岩的化学溶解作用和物理破坏作用为主的缓慢溶蚀过程，在这一漫长的地质作用过程中，也必将不断对原有地形地貌、水文地质条件发生影响和改变，并形成了一整套特殊的岩溶化地形地貌标志性影响，也是我们宏观上判断岩溶发育程度的直接识别标志。

（1）岩溶槽谷、岩溶盆地、岩溶洼地、岩溶漏斗等岩溶地形地貌形态的发育程度与其下部的岩溶洞穴发育成正比。岩溶槽谷、盆地、洼地、漏斗等在地表的发育分布，其实质是促进了地表水的集中下渗，促进岩溶系统向下部的竖直发育，常形成竖管状深落水洞、地下暗河天窗等地表水入渗通道，是岩溶地下水的补给区，并在其下部一定溶蚀基准面附近汇流成地下暗河系统排泄出地表。

（2）地表水系形成盲谷或部分伏流。在地表水系的径流过程中，在流经了岩溶发育区地段后，当地表水系流量明显减小甚至变成盲谷后，说明该区段内地下水岩溶暗河系统极为发育，有地表水入渗通道，是岩溶地下水的补给区，且水流顺畅，排泄能力强。

（3）岩溶洞穴、地下暗河出口及岩溶泉水的分布出现，也是表明岩溶发育的直接标志。并且，根据对岩溶洞穴的进一步调查，如洞内水流情况，动植物分布情况，洞穴内充填物情况等，可分析洞穴的发育历史，确定岩溶所处的发育阶段。

地下暗河出口及岩溶泉水的发育和分布情况，不仅可分析该地表河段的河谷地下水动力条件类型，分析地下水分水岭高程，还可根据水量、水温、水质的变化情况，分析判明地下水的补给源情况，如补给源水质，径流途径及埋藏基本情况，为判断水库渗漏及防渗处理提供依据。

2.2.1.2　地质测绘工作确定原则

地质测绘工作确定的原则主要包括有：测绘的范围和比例尺、测绘的精度要求、测绘填图单位及测绘野外记录要求几个部分。

1. 测绘的范围和比例尺确定

(1) 水库区。测绘和调查的范围应包括拟建水库河床、河岸、水库至低岭谷（含地下水位低于水库正常蓄水位的相邻低谷、低地）、水库至坝下游河段的地段，库首或可疑渗漏地段以及可能发生岩溶浸没、内涝的岩溶盆地、洼地、槽谷地区。

综合性勘察测绘工作，应结合水库区的工程地质测绘进行，测绘比例尺可选用1：50000～1：10000，通过测绘，确定可能产生渗漏地段和可能产生浸没性内涝地段。库首地段和专门性勘察的测绘比例尺可选用1：10000～1：2000。

(2) 坝址区。测绘与调查范围应根据研究渗漏、渗透稳定及工程处理方案的需要确定。包括可能用作防渗的相对隔水层分布地段或两岸地下水位相当于正常蓄水位的地段。调查范围应大于测绘范围，包括坝址区附近的岩溶泉出露地段以及河谷岸坡至分水岭间的岩溶发育地段。

综合性测绘的比例尺可选用1：5000～1：2000，专门性测绘的比例尺可选用1：2000～1：1000。

(3) 隧洞区。地下引水线路的测绘和调查的范围应包括各比较线路及其两侧各500～1000m宽的地带。当岩溶水文地质条件对隧洞或地下厂房工程地质问题的判断较为关键时，需要查明补给区或排泄区、深部岩溶发育情况时，测绘和调查的范围应适当扩大。建筑物区的测绘和调查范围应包括各比较方案及其配套建筑物布置地段。

隧洞线路的测绘比例尺一般选用1：25000～1：10000，地下厂房和建筑物区的测绘比例尺可选用1：5000～1：2000。隧洞进出口地段、傍山浅埋段、支沟段以及地质条件复杂、岩溶发育的地段均应进行专门性工程地质测绘，比例尺可选用1：2000～1：1000。

2. 测绘的精度要求

(1) 岩溶水文地质测绘使用的地形图必须是符合精度要求的同等或大于地质测绘比例尺的地形图。当采用大于地质测绘比例尺的地形图时，需在图上注明实际的地质测绘比例尺。

(2) 在地质测绘过程中，对相当于测绘比例尺图上宽度大于2mm的地质现象，均应进行测绘并标绘在地质图上。对于评价工程地质条件或水文地质条件有重要意义的地质现象，即使图上宽度不足2mm，也应在图上扩大比例标示，并注明实际数据。

(3) 为了保证地质测绘中对地质现象观察描述的详细程度，通常也采用单位面积上地质点的数量和观察线的长度来控制测绘精度。一般要求图上每4cm²范围内有一个地质点，地质点间距为相应比例尺图上2～3cm。地质点的分布不一定是均匀的，工程地质条件复杂的部位应多一些，而简单的地段可相对稀疏一些。

为了保证精度，在任何比例尺地质图上，界线误差不得超过 2mm，因此，在地质测绘过程中，应注意对地质点及地质现象的精确定位。

3. 野外测绘记录要求

（1）野外测绘记录包括地质点描述、照片或素描及原始图件，要求资料真实、准确、完整、相互印证、配套。

（2）凡图上表示的地质现象，都应有记录可查，对溶洞、暗河、泉水等重点岩溶水文地质现象的记录更应全面，有量化记录。

（3）地质点的描述应在现场进行，并注意点间描述和分析，内容全面，重点突出，对重要地质现象辅以照片、素描进行说明。

（4）地质点应统一编号，采用专用卡片或电子记录，并妥善保存。

2.2.1.3 地质测绘应注意的岩溶水文地质问题

在岩溶地区进行工程地质测绘工作中，除了重视对地层岩性、地质构造、物理地质现象等进行观察描述和准确定位外，对遇到的一些岩溶水文地质现象的观测和量化描述以及由此所涉及的岩溶水文地质问题更应引起重视。

（1）重视对岩溶水文地质岩组的划分。在可溶岩分布区，由于岩石化学组分的差异，便形成了不同岩溶化程度的岩组，划分出了强岩溶化透水层、中等岩溶化透水层、弱岩溶化透水层和相对隔水层或隔水层岩组。并进一步追踪调查研究隔水层或相对隔水层岩组的厚度以及对水库或坝基的封闭完整可靠性。在此基础上便可宏观地判断出水库区、坝址区的岩溶发育和渗漏的可能性。

（2）重视对地形地貌的研究。在岩溶发育的地区，往往会在地表形成一些特殊的地形地貌形态。如调查有无低邻谷，是否为河湾地形，有无单薄分水岭、低垭口和坝址是否位于河谷地貌裂点上。地表岩溶盆地、洼地、落水洞、漏斗、暗河天窗、典型溶洞及溶蚀裂缝等的发育分布情况，一般情况下，低邻谷地形、河湾地形在无地下水分水岭和相对隔水层封闭的情况下，可形成排泄型河谷水动力条件，水库建成后，将可能产生向低邻谷或河湾下游的渗漏；在河谷纵向上形成急滩、裂点的河段，往往在裂点以上一定距离的范围内，河谷为排泄型水动力类型，则往往有通向裂点、河湾下游的岩溶管道、岩溶裂隙发育，使库水补给地下水，地下水又向下游排泄，产生水库渗漏；在地质测绘中，对岩溶洼地、落水洞、漏斗、暗河天窗、典型溶洞、溶蚀裂缝等微地貌的分析研究，可以寻找地下岩溶洞穴和暗河的大致发育位置和地下水的排泄方向。此种分析方法即洼地分析法，此方法适合于没有地表水系与盲谷的地区。即：在一般情况下，多个串联的洼地底部有岩溶洞穴或暗河发育，可在地形图上绘出洼地底部等高线，V 字形等高线敞开的方向，一般是地下水的排泄方向；多条 V 字形脊线的连线通常就是地下水系流经的路线。

（3）重视对地表水系、地下水泉井、暗河及岩溶洞穴、洼地消水积水痕迹的调查研究。在岩溶地区，地表水系的发育与径流有时也会受到岩溶发育程度的不同而改变。如在地表水系的干流段，河谷下切深，地区岩溶地下水的排泄基准面低，河谷水动力条件多属补给型，分水岭也相当雄厚，一般不存在大范围向邻谷的渗漏问题。要注意两岸是否有过境水流潜入可溶岩体，岩溶地层中地下水渗流集中的部位往往岩溶最发育，贯通性最长，易成为渗漏的通道。因此，在进行地质测绘时，应注意有无地表水集中潜入的地区，甚至可使地表水系全部潜入地下而形成盲谷。在地质测绘中，应注意两岸有无可靠的岩溶泉水出露，若两岸存在可靠的岩溶泉水出露，表明河谷水动力类型为补给型，河床及两岸岩溶化程度较低，不会出现大范围的岩溶渗漏。反之，则可能属于排泄型河谷水动力类型，预示着两岸或某一岸岩溶化程度较高。

对于地下泉井、暗河出水点应进行仔细描述和长期观测，如出露位置、流量大小、水温、水质随季度的变化情况等，以便进一步研究其补给源及渗透途径提供分析依据。在遇到大型岩溶洞穴时，还应作专门的岩溶洞穴测绘调查工作。主要应包括出露位置、各断面形态、规模及发育方向，所在层位、岩性和构造情况。水流特征，包括最高、最低水位、水深、流速、流量、流向、水温、水质以及跌水情况。洞穴内洞温、湿度及空气流通情况以及洞内填充物情况等重要内容。在对岩溶洼地、消水洞等的入渗通道调查时，应重点调查汇水面积，补充源情况，最大跌水深度及排泄通畅情况。

2.2.2　岩溶洞穴调查

岩溶洞穴是地下岩溶地貌的主要形态，是地下水沿可溶性岩层的各种构造面（如层面、断层面、节理裂隙面）进行溶蚀及侵蚀作用形成的地下溶穴。在形成初期，岩溶作用以溶蚀为主，随着孔洞的扩大，水流作用的加强，机械侵蚀作用也起很大作用，沿洞壁时常可见石窝、水痕的侵蚀痕迹。在构造裂隙交叉点，溶蚀及侵蚀作用更易于进行，并时常产生崩塌作用，因此在这里往往形成高大的厅堂。洞穴中存在着溶蚀残余堆积，石钟乳、石笋冲积物及崩塌物等多种类型等沉积是上述各种作用存在的证据。洞穴形成后，由于地壳上升运动，可以被抬至不同的高度，而脱离地下水面。

岩溶洞穴的大小形态多种多样，在地下水垂直循环带上可形成裂隙状溶洞。但大部分溶洞形成于地下水流的季节变化带及全饱和带，由其在地下水潜水面上下十分发育，形态又受岩性构造控制，有袋状、扁平状、穹状、锥状、倾斜状及阶梯状等。在平面上岩溶洞穴形态受岩性构造控制而十分曲折。

2.2.2.1　岩溶洞穴调查方法

水利水电工程中，在测区内有重要意义的大、中型洞穴和有重要意义的小型洞穴，应进行专门性调查，包括用仪器或半仪器法测制比例尺 1：200～1：500 洞穴图（长度超过1000m 者，可酌情测制 1：1000～1：2000 洞穴图），附相应的纵剖面图与典型地段横剖面图。

2.2.2.2　岩溶洞穴调查内容

岩溶洞穴调查内容包括：洞口位置、标高，洞穴形态规模、化学沉积、洞穴堆积、水流特性（水位、流速、流量、水深、水温、水质）、洞内气候（温度、湿度）及生物活动，洞穴发育的岩溶地质条件，分析岩溶洞穴的成因及与区域岩溶水的关系。必要时，应采取岩、土样，进行化学分析、测定物理力学性质，或作同位素测定。有古脊椎动物与古人类化石时，应妥善采集，以作鉴定。

2.2.2.3　岩溶洞穴调查组织与所需设施

岩溶洞穴调查组的编制，一般以 5～10 人为宜。对大型地下河调查，可根据情况增加人员。洞穴调查需要配备专用设备，如：尼龙绳、软梯、矿灯、长手电筒、汽灯、钢钎、六磅铁锤、测绳、皮尺、钢卷尺、花杆、视距尺、洞穴测绘仪、电光测高仪、长竹竿、氢气球、救生衣、救生圈、橡皮船、竹排、电话机及洞内摄影设备、地质罗盘、地质锤等。有条件时，应增加潜水设备。

对洞穴调查的安全作业要高度重视。洞穴调查时，必须注意劳动保护。除配备先进的探洞专门设备外，还要注意如下事项：洞穴探测前应学习和熟练掌握单绳技术，并进行安全保险。要3人以上为一组开展探洞活动，并有专门的车辆在旁边等候。开展落水洞和竖井的探险时，洞外应有人把守。对洞穴照明、供氧、洪水和落石等情况要有充分的准备或防备。对于叉洞较多（2个以上）的洞穴，为防止迷失方向，还应在叉洞处做好标记。

对洞穴竖井和有潜水的洞穴，要尽可能组织力量利用专门的洞穴探险设备进行探测，查明洞穴系统的连通性和形态特征。

2.2.2.4　充填型岩溶洞穴及地下暗河调查

对于全充填型洞穴，其调查方式主要有物探测试（如地震勘探、电法勘探、孔间CT穿透及EH4测试等）及钻孔勘探等，主要查明洞穴深度，充填物成分等，根据其资料绘制溶洞断面图。

对于地下暗河洞穴调查，常用的方法有：化学示踪法，染色示踪法，漂浮示踪法，同位素示踪法以及堵水抬高水位法等，主要查明洞穴通道系统和岩溶水系统及其流速、流向，确定地下分水岭位置，了解地下河和岩溶水的补给源，调查地表水和地下水的转化关系以及岩溶区水库的渗漏通道等，常需进行岩溶水的示踪试验。

2.2.3　勘探及试验

2.2.3.1　钻探

钻孔是获取地面以下一定深度范围内地层岩性、地质构造及岩溶水文地质资料的重要手段。钻孔不但可以进行岩性分层、划分出隔水层与含水层的埋藏情况，探查岩溶洞穴的分布高程和边界形态、规模及充填物性状，进行各种水文地质试验、钻孔物探测试工作及地下水位长期观测工作等，达到一孔多用之目的。

钻孔布置原则：岩溶地区的钻孔布置除应满足一般地区现有规程规范对不同勘察阶段勘察深度要求外，着重应根据解决岩溶工程地质问题的需要而进行专门布置。在预可阶段，应以工程地质条件的定性评价为目的，可研（或初设）阶段则以工程地质条件和工程地质问题的定量评价为主要目的。因此，从预可阶段到可研阶段，勘探钻孔总体布置由线状到网状，勘察范围由大到小，钻孔间距由稀到密。在基本地质资料较少的情况下，一般可作面状布孔，以控制面向的岩溶发育情况；对为查明主要建筑物基础下的岩溶，则应有目的地布置一些专门性钻孔。

1. 分水岭钻孔

在可溶岩区进行水库渗漏勘察论证时，除了重视对可溶岩层中所夹的隔水或相对隔水岩组的勘察研究外，对两岸岸坡特别是分水岭地段的地下水位高程的勘察研究也是不可或缺的主要研究内容。因此，在无可靠隔水层或相对隔水层封闭的低邻谷河段建库时，一般均应布置分水岭钻孔，以查明岩溶发育程度，岩体透水性状及地下水位分布高程等重要地质基础资料。

（1）应根据可疑渗漏库段的范围和条件的复杂程度，每段布置1～3条勘探剖面。勘探剖面应大致与地下水补给、排泄方向一致，并结合可能的防渗处理方案布置。

（2）钻孔宜布置在分水岭勘探剖面线上，每条勘探剖面上不宜少于 2 个钻孔。

（3）以查明地下水位为主要目的的钻孔应进入最低地下水位以下不小于 10m，其中部分钻孔应进入岩溶弱发育带顶板以下不小于 10m。以查明岩层界限或断层切割情况为主要目的的钻孔应穿过目标层（带）不小于 10m。以查明岩溶垂向发育深度为主要目的的钻孔，应穿过水库区最低侵蚀基准面以下不小于 10m。

2. 坝址钻孔

岩溶河段大坝坝址区钻孔的布置原则主要应以满足现有规程规范要求的前提下，根据勘探揭露出的岩溶水文地质条件和存在的工程地质问题作专门性的钻孔布置查明。

（1）勘探控制范围应能满足渗漏、渗透稳定及工程处理方案的需要。选定的工程处理方案上要有足够的勘探资料查明其水文地质、工程地质条件。

（2）勘探剖面应根据地质条件、建筑物特点和防渗要求布置。对选定的坝址，横剖面不得少于 3 条，并布置在选定的坝轴线及其上、下游；平行河流的纵剖面上，勘探剖面应视河床宽窄而定，一般不小于 3 条，岸坡和河床都应有勘探剖面控制；剖面间距可根据勘察阶段深度不同选择在 50～200m 之间，各剖面上钻孔间距以 20～100m 为宜，其中，核心区域钻孔较外围区域密。

（3）除应在各勘探剖面上布置钻孔外，在为查明水文地质条件所需的低地下水位地段、高地下水位地段、断层错断相对隔水层的地段上，以及重要的岩溶现象分布地段上也应布置钻孔。

（4）为查明水文地质条件而布置的钻孔应进入到河床底高程以下不小于 10m。防渗线上的钻孔应进入到微透水层内或进入岩溶弱发育带顶板以下不小于 10m。悬托河及排泄型河谷根据实际情况确定钻孔深度。

3. 隧洞钻孔

岩溶地区隧洞线上的勘探钻孔较一般非可溶岩区隧洞线上的钻孔承担着更多的水文地质、工程地质勘察目的。除了对地层岩性、地质构造、风化分带及围岩类别等基本地质条件进行查明外，对相对隔水层的分布情况、岩溶发育程度及分带性、围岩体透水性、地下水位等均应进行初步查明。特别是对于深埋长大隧洞的前期勘察中，受勘测技术条件的限制，对岩溶现象不能全部查明，有些问题还需随着施工期所揭露出的岩溶水文地质问题作进一步的专门性勘察布置。

（1）隧洞进出口、地下厂房和建筑物应沿轴线布置钻孔勘探剖面。

（2）隧洞线路的钻孔应沿线布置，宜布置在进出口、地形低洼地、岩溶可能发育地段、水文地质条件复杂的地段，地表调查及物探测试分析可能存在大洞穴、大断层、低水位带、高水位带及暗河系统等部位应布置专门性钻孔。

（3）钻孔深度应进入洞室底板以下 10～30m，或达到地下水位以下，或大洞穴底板以下，建筑物区的钻孔深度应进入设计建基面高程以下 20～30m。

（4）根据施工期揭露出的岩溶水文地质条件和建筑物所遇到的工程地质问题，还应作施工期专门的钻孔勘察工作，以解决岩溶洞段围岩稳定问题、洞穴软弱充填物地基沉降及管涌问题、隧洞高外水压力问题等主要工程地质问题，钻孔深度应视具体情况而定。

2.2.3.2 钻孔水文地质试验

1. 钻孔地下水位观测

钻孔地下水位观测是水利水电工程岩溶勘察的常用方法，分简易观测和长期观测（动态观测）。常用工具有测钟、测绳，电阻式双线钻孔水位计，ZS-1000A 型钻孔水文地质综合测试仪，半导体灯显示式水位仪。其中以测钟、测绳操作最简单，适用于任何孔深水位观测，但精度稍低。而后三者精度较高，适用钻杆内测量，操作均方便。

简易观测一般包括钻孔初见水位、终孔水位和稳定水位的观测。在无冲洗液钻孔时发现水位后，应立即进行初见水位的测量。钻探过程中的地下水位，应在钻探交接班时提钻后、下钻前各观测 1 次。终孔水位应在封孔前提出孔内残存水后进行观测，每 30min 观测 1 次，直到两次连续观测的水位差值不大于 2cm，方可停止观测，最后一次的观测水位即为终孔水位。稳定水位观测也按每隔 30min 观测 1 次，连续观测应达到 4 次以上，直到后 4 次连续观测的水位变幅均不大于 2cm 时才可认为稳定。

分层水位观测也是一种简易观测，主要观测多层含水透水层中各含水层的地下水位。往往通过栓塞将不同含水层隔断，观测各层地下水位。

长期观测是根据地质要求和具体情况布设长观孔，利用长观孔观测地下水位动态观测地区的地下水位、水质、水温等的变化情况。长期观测每次观测应重复两次，两次观测值之差不行大于 2cm。通过长期观测可实现查找地下水分水岭，分析构造切口处的渗漏问题。长期观测的资料整理是通过降水量、蒸发量、河水位、钻孔地下水位（高程）随时间变化曲线对比分析，查找地下水位变化原因。

在解决"东风水电站库首右岸河湾渗漏地带中十七屯向箐箕湾河间渗漏问题"时，查找推测河间地块存在地下分水岭，布置新 9、新 12 两个钻孔，经过两个水文年的连续观测，两孔玉龙山灰岩水位最低高程分别为 992.8m 及 1032.49m。而且钻孔地下水位随时间季节变化不大，与降水与河水位变化相关性不大。判断建库后不存在自十七屯向箐箕湾方向渗漏，其理由之一为化龙一带玉龙山灰岩中存在有高于水库设计蓄水位的地下分水岭。

2. 钻孔压水试验

钻孔压水试验是用栓塞将钻孔隔出一定长度的孔段，并向该孔段压水，根据一定时间内压入水量和施加压力大小的关系来确定岩体透水性的一种原位渗透试验。一般分常规钻孔压水试验（压力不大于 1.0MPa）、高压压水试验（压力大于 1.0MPa）两种。

常规钻孔压水试验是水利水电工程岩溶勘察中常用试验方法，一般随钻孔深度加深自上而下地用单栓塞分段隔离进行。对于岩体完整、孔壁稳定的孔段可连续钻进一定深度（不宜超过 40m）后，用双栓塞分段进行压水试验。试段长度一般为 5m，同一试段不得跨越透水性相差悬殊的两种岩层。压水试验的钻孔孔径一般采用 75～130mm。钻孔压水试验宜按三级压力五个阶段进行，三级压力宜分别为 0.3MPa、0.6MPa、1.0MPa。

试验资料整理包括校核原始记录，绘制 $P-Q$ 曲线，确定 $P-Q$ 曲线类型和计算试段透水率等内容。$P-Q$ 曲线类型分为 A 型（层流）、B 型（紊流）、C 型（扩张）、D 型（冲蚀）、E 型（充填）。

A 型、B 型曲线说明在试验期间裂隙状态没有发生变化。C 型曲线说明在试验期间裂隙发生可逆的弹性扩张变化（压力增大原有裂隙加宽，隐裂隙劈裂，压力下降裂隙又恢复到原来的状态）。D 型曲线说明试验期间裂隙发生永久性的、不可逆的变化（裂隙中的充填物被冲蚀、移动造成）。E 型曲线说明在试验期间裂隙被移动的固体充填或半封闭的裂隙被水充填。

受岩溶发育的不均一性及管道规模影响，岩溶地区水文地质钻孔采用振荡测试方式进行钻孔压水的效果较差，一般不宜使用。

3. 钻孔示踪试验

通过钻孔将某种能指示地下水运动途径的示剂注入含水层中，并借助下游井、孔、泉或坑道进行监测和取样分析，来研究地下水和其溶质成分运移过程的一种试验方法，一般适用于孔隙含水层和渗透性比较均匀的裂隙和岩溶含水层。也适用岩溶管道流或非均质性极强裂隙含水层。

水利水电工程岩溶勘察中常用手段，通过钻孔示踪试验确定地下水的流向、流速和运动途径。利用投源孔到监测孔（泉点、井、坑道）的时间（一般选取监测井中示踪剂出现初值与峰值出现时间的中间值），近似地计算出地下水的流速。由此可判断出地下水流向与运动途径（管道或裂隙）。

钻孔示踪试验成败的关键，在于示踪剂的选择，理想的示踪剂应是无毒、价廉、能随水流动，且容易检出，在一定时间内稳定和不易被岩石吸附和滤掉。目前我国常用的示踪剂主要有：①化学试剂，如 $NaCl$、$CaCl_2$、NH_4Cl、$NaNO_2$、$NaNO_3$ 等；②染料，如酸性大红。

国外用的指示剂较多，有微生物、同位素、氟碳化物（氟利昂）等。微生物中值得提出的是酵母菌，它无毒、便宜、易检出，既可用于孔隙，又可用于较大的岩溶通道。稳定同位素有 ^2H、^{13}C、^{15}N 等，但以 ^2H 为优。放射性同位素有 ^3H、^{60}Co、^{198}Au 等，但毒性问题未解决，其中 ^3H 组成水分子，与水一起运动，则较理想，这种方法需专门仪器检出，较费时费钱（尤其是稳定同位素），其优点在于用量小，能在较长的距离内示踪。

目前，较为常用的示踪剂，简单且无环境控制要求的主要采用酸性大红或荧光素钠。当环境控制要求较严时，通常使用食盐作为示踪剂。

4. 钻孔抽水试验

钻孔抽水试验是通过从钻孔抽水来定量评价含水层富水性，测定含水层水文地质参数的一种野外试验工作。抽水试验是以地下水井流理论为基础，测定包括含水层的富水程度和评价孔的出水能力在内的多目的的在实际井孔中抽水和观测的一种野外试验。钻孔抽水试验耗时耗财，在已有水利水电工程的岩溶勘察中较少使用。

钻孔抽水试验根据孔的数目可分为多孔、单孔、干扰孔抽水试验；根据地下水流的特点可分为稳定流抽水试验、非稳定流抽水试验两种。稳定流抽水试验过程中，应同步观测、记录抽水孔的涌水量的抽水孔及观测孔的动水位。涌水量和动水位的观测时间宜在抽水开始后的第 1、2、3、4、5、10、15、20、30、40、50、60min 各测 1 次，出现稳定趋势以后每隔 30min 观测 1 次，直至结束。而非稳定流抽水过程中，抽水孔的涌水量应保持常量，抽水试验每个阶段（每种流量状况），涌水量和动水位的观测时间宜在抽水试验后的第 1、2、3、4、6、8、10、15、20、30、40、50、60、80、100、120min 各观测 1 次，直至结束。

5. 钻孔注水试验

当钻孔中地下水位埋藏很深或试验层为透水不含水时，可用注水试验代替抽水试验，近似地测定该岩土层的渗透系数。注水试验形成的流场图，正好和抽水试验相反。抽水试验是在含水层天然水位以下形成上大、下小的正向疏干漏斗。而注水试验则是在地下水天然水位以上形成反向的充水漏斗。对于常用的稳定流注水试验，其渗透系数 K 的计算公式与抽水井的裘布衣（Dupuit）K 值计算公式相似。其不同点仅是注入水的运动方向和抽水井中地下水运动方向相反，故水力坡度为负值。这种主要用于求第四系松散层渗透系数的钻孔注水试验，在水利水电工程岩溶勘察中也较少使用。

钻孔注水试验可分为常水头注水试验、饱和带钻孔降水头注水试验、包气带内钻孔降水状注水试验。常水头钻孔注水试验在试验过程中水头保持不变，一般适用于渗透性比较大的粉土、砂土和砂卵砾石层。钻孔注水试验的造孔与试段隔离，用钻机造孔，钻到预定深度后采用栓塞和套管进行试验隔离。向试管内注清水，使水位高出地下水位一定高度（或至孔口）并保持固定，测定试验水头值。保持试验水头不变，观测注入量。开始按1min 间隔观测 5 次，5min 间隔观测 5 次，以后每 30min 观测 1 次，并绘制 Q—t 曲线，直到最终流量与最后两小时的平均流量之差不大于 10％时，即可结束试验。

6. 钻孔水位敏感性测试

受岩溶发育不均一性的影响，岩溶地区水文地质钻孔中的水位不一定是真正的地下水位。当岩溶不发育，岩体完整性较好时，钻孔无地下不补给，钻孔中的水主要为施工残留水，不一定是真正的地下水位，此时测得的地下水位为假水位。因此，岩溶地区，当钻孔施工结束后，对钻孔中稳定地下水位的测试成果须慎重，对非常重要的水文地质钻孔，应采用提水或注水等方式，测试地下水位的敏感性，验证其是否真正代表该地带的地下水位特征。

2.2.3.3 山地勘探

1. 平洞勘探

（1）前期勘察。水利水电工程前期地质勘探，常采用平洞勘探以调查溶洞、暗河或岩溶管道的发育情况，这是因为通过平洞勘探能直接观察到大小不同的各种岩溶现象，并追索其来龙去脉。在光照、索风营、大花水、天生桥二级、洪家渡、东风、构皮滩、思林、沙沱、格里桥、善泥坡等水电站都曾采用平洞勘探查明了一些洞穴发育情况，均收到良好的效果。以下列举几个勘探平洞实例。

1）光照水电站坝址以三叠系永宁镇组（T_1yn）灰岩为主，两岸不同高程布置了垂直河向或顺河向的平洞，平洞中所见的溶洞一般为圆锥型竖向发育的小溶洞，充填红褐色黏土，大雨或暴雨后出水涌泥。通过两岸平洞的开挖揭露，基本摸清了两岸岩溶的发育规律，坝址区溶洞与岩溶管道主要集中发育在 3 个带上，即 F_1 断层带、F_2 断层带和 T_1yn^4/T_1yn^3 分界处，两岸岩溶发育程度属中等。

2）索风营水电站坝址区分布有 T_1m、T_1y^2 可溶岩地层，测区岩溶发育形态主要有岩溶泉、溶洞、顺层风化溶滤带、溶缝、溶沟、溶槽等。为了解坝址区岩溶发育情况，在两岸布置了 7 个平洞进行岩溶专门勘察。据平洞揭示，左岸岩溶发育强度及规模比右岸强烈，左岸发育的 S_{63} 管道系统，其主要沿层间错动（fj_1）、断层 f_3 及 N60°W 裂隙发育，相互切错，连成同一岩溶系统。出口为 S_{63} 号泉，高程为 760m，洞口沿层面发育，呈一窄缝形态。地表所见的 K_{12}、K_{13} 均为 fj_1 层面所限，为 S_{63} 早期出口，平洞所揭示的 K_{10} 溶洞为 S_{63} 随乌江河谷下切所形成的岩溶形态，受 f_3 及 fj_1（产状 N80°W，SW∠30°～40°）控制（图 2.2-1）。

3）大花水水电站坝址区主要为二叠系栖霞组、茅口组（P_1q+m）灰岩地层，岩溶较发育，坝址区两岸平洞勘探揭露大小溶洞共 32 个，溶洞绝大部分发育在左岸，右岸较少，左岸平洞揭露溶洞多为沿断层发育的溶缝或宽缝状溶洞，直径一般在 0.5～2m，大者约 3m，多全充填或半充填

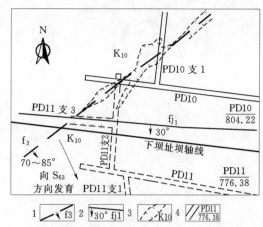

图 2.2-1　索风营水电站 K10 溶洞与平洞关系示意图
1—断层；2—层间错动；3—溶洞；4—平洞

黄色可塑或软塑状黏土，部分溶洞潮湿、滴水；右岸平洞仅揭露 3 个小溶洞，溶洞规模最大 1～2m，另两个为直径在 1m 以下的小溶洞。大花水水电站左岸为古河床，为了解古河床岩溶发育情况，在左岸不同高程布置了平洞进行查勘，经对平洞揭露的岩溶发育情况进行统计计算，按沿河向上所占长度比例计算，顺河向支洞线岩溶率为 14.7%～12.64%，考虑尚有少量溶蚀裂隙及较窄的溶缝未统计在内，平均值为 14% 左右。垂直河床方向，古河床下强烈溶蚀带上部宽约 60m，下部宽约 20m，呈一倒梯形，根据钻孔资料及物探 EH4 探测成果，结合坝址区钻孔长观资料，左岸古河床下岩溶发育的下限深度已至高程 700.00m 左右。另外，根据左岸平洞揭露情况，以及物探 EH4 资料，左岸古河床下，垂直河流方向，岸坡由外及里，岩溶发育强度具有强—弱—强—弱的特征，即依次经历了表层溶蚀带—岩溶相对弱发育带—岩溶发育强烈带—岩溶弱发育带。

4）天生桥二级水电站坝址下游右岸有一岩溶泉水，高出河水面 20m，流量 0.34L/s，由于洞很小，人不能进入，为了追索其发育方向和长度，曾开挖平洞进行追索，发现溶洞断面时大时小，洞向曲折变化，并见有 3 个台阶，在距平洞口 30 多米处溶洞断面仅 0.5m²，证明其间无大型溶洞，而是一支孤立的岩溶管道水。

（2）施工开挖期。地下工程中，若开挖揭露了岩溶管道等大型涌水点，一般会给地下工程带来较高的外水压力，并影响施工。通常在有条件的情况下，一般在地下洞室顶部适当位置布置平洞，对地下水进行追踪及引排。

如光照水电站右岸Ⅱ号引水隧洞，施工开挖时于 0+310m 桩号揭露了 3 号岩溶管道（图 2.2-2）。出现 2 处大涌水点：第一个出水口为 3 号岩溶管道主管道，溶管呈窄缝状，基本沿层面方向发育，宽 1～3m，涌水量 0.5～1L/s；第二个出水口沿溶隙出水，流量为 2L/s 左右。两处最大达 25L/s 左右，约滞后降雨 3～5h。为降低引水隧洞外水压力，于右岸Ⅳ号冲沟一带地表开挖一平洞作为排水洞，平洞开挖至引水隧洞洞顶采用追踪法最终于 125m 处揭露 3 号岩溶管道水，将管道水从平洞引出，降低了雨季引水隧洞外水压力以及管道水对隧洞施工的干扰，保证了引水隧洞的顺利浇筑及后期运行的安全。

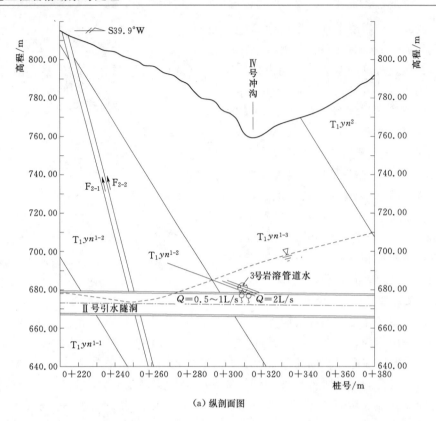

（a）纵剖面图

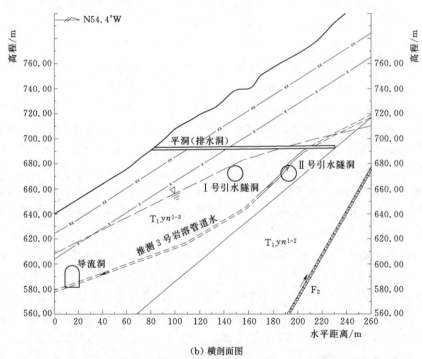

（b）横剖面图

图 2.2-2　光照水电站Ⅱ号洞 3 号岩溶管道纵、横地质剖面图

1—地层代号；2—地层分界线；3—断层及编号；4—弱风化下限；5—涌水点；6—地下水位线

2. 竖井和坑槽探

岩溶地区，竖井主要用来揭露开挖后揭露的溶洞发育深度、充填物性状，以及料场的剥离层厚度等。坑槽探主要用来揭露地表岩溶发育特征，尤其是溶沟溶槽的发育情况。在岩溶地区公路开挖揭露的断面可用来进行地表岩溶发育特征的调查，尤其是溶沟溶槽的发育深度、起伏特征、充填物情况及石芽风化特征等。

2.3　常用岩溶地球物理勘探方法

由于岩溶发育的不均一性，采用传统的钻探方法进行岩溶调查，费时、费力，且控制点稀少、信息量小。为了使岩溶勘察工作更加快速、经济、全面，根据不同岩溶发育的物性差异，许多物探方法在实际工作中得到广泛应用，并取得了良好的探测效果和经济效益。如今，地球物理勘探在岩溶勘察中有着举足轻重的作用和不可替代的地位。

2.3.1　物理勘察方法选择及布置

工程地球物理勘探的基础是被探测体的物性差异，常表现为岩体的电、磁、弹性波速等物性参数。由于岩溶是由原来的围岩经过漫长的地质过程形成的"空洞"，虽然洞中有可能被一定的充填物充填，但是一般该区域与周围的完整岩体有很多、很大的物性差异（如电阻率，介电常数，地震波速，电磁波吸收系数等）。而每种物探方法都是基于其中的一种物性差异，因此，可用于岩溶勘察的地球物理方法门类繁多。但是，每种方法的适用条件不同、要达到的目的不同、预算的经费不同，而生产不同于研究，不能所有方法都做一遍。因此如何选择勘察方法显得尤为重要。

一般的，地球物理方法的选择与优化主要考虑以下因素：

（1）必要性。勘察工作不同于研究工作，目的性、实用性很强，因此，必要性是首要考虑的因素。

（2）有效性。方法的有效性和解决问题的能力是方法选择的基本条件。

（3）经济性。不同勘察阶段，对问题的解决程度要求不同，投入的勘探经费不同，合理的经费开支是基础。

（4）多样性。考虑不同方法的相互替代或补充。

（5）灵活性。根据目的、任务、经费可以选择合适方法组合。

地球物理方法的合理综合应用十分复杂，它不仅取决于所要解决的地质问题，而且还必须考虑到高效与低耗两个因素。目前，地球物理勘察方法有几十种。在地质任务和总经费确定之后，究竟选用哪几种地球物理方法，哪些方法为主要方法，哪些方法为配合方法，这就是地球物理测量工作设计的主要内容。总的说来，地球物理方法的选择应遵循"地质效果、工作效率、经济效益"三统一的原则。物探方法的种类和数量尽可能少一些。物探方法不是越多越好，也不是越少越好，而应以能取得较好地质效果所必需的物探方法种类和数量为宜。常用物探方法的应用条件与技术特点见表 2.3-1。

水电工程中物探方法的选择及布置原则如下：

（1）以能得到明显地质效果为目标。不同的地球物理条件应该选择不同的地球物理方法。不同的方法具有不同的特点。如高密度电法适用于地形起伏不大的条件下。为保证数

表 2.3－1 常用岩溶勘查物探方法的应用条件与技术特点

方　法	应　用　条　件	技　术　特　点
高密度电法	1. 地形无剧烈变化，要求有一定场地条件。 2. 勘探深度一般较小，小于60m	兼具剖面、测深功能，装置型式多样，分辨率相对较高，质量可靠，资料为二维结果，信息丰富，便于整体分析。定量解释能力强
连续电导率剖面成像法（EH4）	1. 受地形、场地限制小； 2. 天然场变影响较大时不宜工作； 3. 输电线、变压器附近不宜工作	仪器轻便，方法简单，适合地形复杂区工作，资料直观，以定性解释为主，适用于初勘工作
探地雷达	1. 受场地、地形限制较小； 2. 勘探深度较小，一般为20m以内	具有较高的分辨率，适用范围广
CT层析成像	1. 钻孔的激发、接收条件要尽可能一致； 2. 剖面宽度与孔深比一般要求小于1	适合对重点地质要素的了解，资料准确、直观。成本较高

据采集质量，高密度电法需要电极与大地良好接触，因此，在地表基岩出露较多时就不便使用高密度电法，可以改用EH4、探地雷达等方法。

EH4、探地雷达对地形的要求较低，在探测深度较大时，适宜采用EH4，而在探测深度较小时应当采用探地雷达。但是这两种方法容易受到外界电流的影响。如当勘察区高压电线比较多时，就会严重影响勘察效果。

（2）岩溶区勘察技术的综合应用。岩溶区勘察技术现有的研究都局限于某个或者某几个物探勘察方法的研究，其综合地质勘察方法很少涉及。但是，应该充分认识到在岩溶地区运用地质测绘、综合物探及地质钻探等综合勘察手段，能够较为准确地查明可溶岩的分布、岩溶发育形态及岩溶水的储存规律，取得良好的效果。

（3）对于岩溶区综合勘察的方法，首先必须意识到由于岩溶地区的复杂性，必须采取各种勘察手段相结合的方式，才能取得与实际相符的资料。而这些方法中，物探方法只是间接的地质勘察方法，最终地下的岩溶地质情况还需要通过钻孔勘察来验证。而若只采取钻探的方法，不仅花费大，而且不一定能满足勘察的要求。根据勘察性质、地质条件、技术经济等综合因素，合理制定勘探方案是岩溶地质勘探的关键。利用地质测绘，同时在场地范围内布置高密度电法、探地雷达等地面物探方法，初步查明场地范围内岩溶发育和分布情况，进行岩溶场地的划分，判定"无岩溶区"和"岩溶不发育区"。在前期工作判定为岩溶区的场地上，按一定的要求与比例布置钻探孔。在钻探孔完工后，在钻探揭示为完整基岩段的范围内进行弹性波探测，以判断该段范围内是否存在岩溶、裂隙等不良地质现象；当场地岩溶发育强烈，需要进行处理时，利用孔间CT层析成像等探测手段，直观揭示场地范围内岩溶分布形态，确定处理范围及处理工作量。对于复杂的岩溶场地要适当的利用多种物探方法进行勘察，物探方法能补充传统钻探的不足。从某种意义上讲，它们可以看成是这些方法的延展。

物探方法的合理应用，可以大大减少这些直接方法的工程量。但是，需要再次强调的是，物探方法只是个间接的勘察结果，只有与钻探紧密结合，方法的投入才有依据，成果的解释才会有明确的地质内容。通过多种勘察手段相互补充和印证，从而全面准确地反映岩溶场地的地质情况，使设计、施工建立在一个坚实可靠的基础上，确保工程设计、施工和使用达到经济合理，以避免由于单一的勘察手段所提供的不确切的甚至错误的勘察结果，给设计和施工带来不良后果。

2.3.2　高密度电法

2.3.2.1　高密度电法特点

电法勘探是以地壳中岩石、矿物的电学性质为基础，研究天然的或人工形成的电场分布规律和岩土体电性差异，查明地层结构和地质构造，解决某些地质问题的物探方法。电法勘探根据其电场性质的不同分为电阻率法、充电法、自然电场法和激发极化法等。

不同地层或介质具有不同的电阻率，通过接地电极将直流电供入地下，建立稳定的人工电场，在地表观测某点垂直方向或某剖面水平方向的电阻率变化，从而了解地层结构、岩土介质性质或地质构造特点。

高密度电法的基本原理与电阻率法相同，实际上是一种阵列式电阻率测量方法，集电剖面和电测深于一体，采用高密度布极，利用程控电极转换开关实现数据的快速和自动采集。高密度电法采集的数据量大，信息量多，实现二维地电断面测量，不仅可揭示地下某一深度范围内水平横向地电特性的变化，又能提供垂向电性的变化情况。高密度电法主要用于浅部详细探测不均匀地质体的空间分布，如洞穴、裂隙、墓穴、堤坝隐患等。

2.3.2.2　应用实例

乌江索风营水电站位于贵州省修文县与黔西县交界的乌江干流六广河段，是东风水电站与乌江渡水电站之间的衔接梯级，挡水建筑物为碾压混凝土重力坝，最大坝高 115.8m，水库正常蓄水位 837m，相应库容 1.686 亿 m^3，总装机容量为 600MW。

该电站坝区多为碳酸盐岩地层，可溶性极强，加之降雨量充沛，岩溶中等发育或极其发育，构成复杂的水文工程地质条件，且岩溶和地下水分布具有明显的随机性和复杂性。

坝区厚层、中厚层可溶性灰岩的电阻率为 500～数千欧姆米，而以水或黏土充填的溶洞，电阻率为 $N \times 10^{1 \sim 2} \Omega \cdot m$。

在右坝肩至地下厂房的 PD2 勘探平洞内底板布置了 1 条高密度电法测线，探测装置为温纳装置，电极点距为 5m，探测 16 层。成果如图 2.3-1 所示，其探测结果与地质推断吻合：除洞底安装间平台高程位置揭示一规模约 25m×10m 的低阻异常外，其他部位岩体完整性较好。通过地质分析推断，该异常与小流量的 K_{11} 溶洞管道相连。

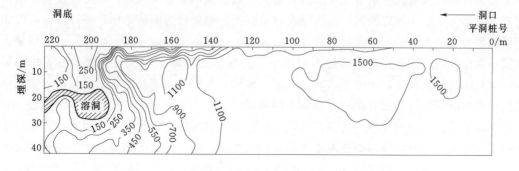

图 2.3-1　右坝肩至地下厂房高密度电法勘探剖面图

2.3.3　地质雷达

2.3.3.1　地质雷达简介

地质雷达也叫探地雷达（ground penetrating radar，GPR），它是一种用于确定地下介质分布光谱（1MHz～1GHz）的电磁技术，地质雷达利用发射天线发射高频宽带电磁波脉冲，接收天线接收来自地下介质界面的反射波。电磁波在介质中传播时，其路径、电磁场强度与波形将随所通过介质的电性性质及几何形态而变化。因此，根据接收到的波的旅行时间（双程走时）、幅度与波形资料，可推断介质的结构和形态大小。岩溶与其周围的介质存在着较明显的物性差异，尤其是溶洞内的充填物与可溶性岩层之间存在的物性差异更明显，这些充填物一般是碎石土、水和空气等，这些介质与可溶性岩层本身由于介电常数不同形成电性界面，因此探测出这个界面的情况，也就知道了岩溶的位置、范围、深度等内容。当有岩溶发育时，反射波波幅和反射波组将随溶洞形态的变化横向上呈现出一定的变化，一般溶洞的反射波为低幅、高频、细密波型，但当溶洞中充填风化碎石或有水时，局部雷达反射波可变强，溶蚀程度弱的石灰岩的雷达反射波组为高频、低幅细密波。

通过工程勘察实践，地质雷达对于探测隐伏性浅层灰岩地区中的溶洞、溶蚀裂隙等有良好的效果，尤其是对溶洞的勘探。地质雷达的探测深度一般为 20m 左右，溶洞的地质雷达影像特征都为向顶部弯曲的、多重的强弱信号条纹相间的异常区。地质雷达发射的电磁波频段常为 10^7 Hz 以上，在地层介质中雷达波波长一般为 1～2m，在探测浅部地层介质时，由于灰岩对雷达波的吸收相对其他地层介质有较低的衰减系数，因而，地质雷达在灰岩区有较理想的探测深度。当选用 1m 的点距勘测，对发现直径大于 1m 的溶洞是有效的，但对连接上下岩溶的通道的特征就很难反映，但当测点加密后，可使更小些的岩溶不易漏掉。

与常规的钻探工作相比，地质雷达在探测岩溶方面有其他物探方法无法比拟的优点，它是一种高效、直观、连续无破坏性、分辨率高的物探方法，提供的资料图件为连续的、平面和剖面形态，对溶洞的分布范围、埋深、大小及连通情况一目了然，尤其是对微小目标的探测。地质雷达定性预测溶洞或空洞的存在较准确，但对溶洞或空洞大小的预测比实际尺寸偏大，且存在线性相关关系。由于岩溶本身的空间形态发育非常复杂，大量溶蚀溶沟形态发育时，反射波电信号相互干扰、重叠、造成探测结果扩大化。当溶洞发育呈层状分布，对于上下层溶洞之间的岩石溶蚀发育或破碎，地质雷达的雷达图像难以区分，探测结果易判为一个大溶洞。如岩石存在破碎带，由于岩性的差异显著，地质雷达探测结果也会显示存在空洞。此外，地质雷达在岩溶地区的探测还受到上覆土层厚度和地下水的影响，而且探测深度较小，地形要求相对平坦，操作人员的经验和技术水平及仪器参数选择的是否得当也都是取得良好探测效果的关键因素。

探地雷达作为一种先进的无损检测技术，在众多检测技术中具有其优越性。它很好地解决了以钻探为主的传统检测技术效率低、代表性差、偶然性大的缺点。由于它具有无损伤、速度快、效率高、精度可靠、代表性强、成本低等优点，在工程勘察和质量检测中得到了广泛应用。传统钻探方法和地质雷达方法对比见表 2.3-2。

表 2.3－2　　　　　　　　　　传统钻探方法和地质雷达方法对比

对比内容	传统钻探	地质雷达
方法	直接	间接
效率	低	高
损伤	有损	无损
连续性	不连续	连续
代表性	片面	全面
偶然性	大	小
费用	高	低

2.3.3.2　应用实例

乌江索风营水电站场区多为碳酸盐岩地层，可溶性极强，加之降雨量充沛，岩溶中等发育或极其发育，构成复杂的水文工程地质条件，且岩溶和地下水分布具有明显的随机性和复杂性。区内溶洞多以水或黏土充填的为主。施工筹建期，在右岸进场公路Ⅰ号交通洞内布置了一条地质雷达测线，主要目的是查明岩溶分布位置、形态及规模。

探测成果见图 2.3－2。桩号 2＋940～2＋955：深 20m 以上，电磁波有一强反射界面，解释为一平行岩层发育的溶蚀裂隙密集带；桩号 2＋945～2＋965：电磁波为强吸收，无反射界面，解释为充填黏土夹块石的溶洞，受溶洞充填物的影响（对电磁波能量衰减较大），无法探测到溶洞底界面；桩号 2＋960～2＋975：电磁波有一强反射界面，解释为一倾向大桩号的溶蚀裂隙；桩号 2＋980～3＋015：电磁波有一强反射界面，界面以下电磁波被吸收强烈，解释为溶洞顶界面。

2.3.4　CT 技术

层析成像技术（CT）是借鉴医学 CT，根据射线扫描，对所得到的信息进行反演计算，重建被测范围内岩体弹性波和电磁波参数分布规律的图像，从而达到圈定地质异常体的一种物探反演解释方法。根据所使用的地球物理场的不同，层析成像（CT）又分为弹性波层析成像和电磁波层析成像。

2.3.4.1　弹性波 CT

弹性波层析成像 CT 就是用弹性波数据来反演地下结构的物质属性，并逐层剖析绘制其图像的技术。其主要目的是确定地球内部的精细结构和局部不均匀性。相对来说，弹性波层析成像 CT 较电磁波层析成像 CT 和电阻率层析成像 CT 两种方法应用更加广泛，这是因为弹性波的速度与岩石性质有比较稳定的相关性，弹性波衰减程度比电磁波小，且电磁波速度快，不易测量。

弹性波 CT 成像物理量包括波速、能量衰减、泊松比等各种类型，成像方法可以利用直达波、反射波、折射波、面波等各种组合，可利用钻孔、隧道、边坡、山体、地面等各种观测条件，进行二维、三维地质成像。

弹性波 CT 的传统方式是跨孔层析成像，它是 CT 中最简单的观测方式，射线追踪容易，成像精度高。通常用于孔间地震波 CT 的地震波频率约为 100 Hz，当工程施工、工程地质勘察中需要探测的异常体规模小时，孔间地震波 CT 难以满足勘探精度要求。而声

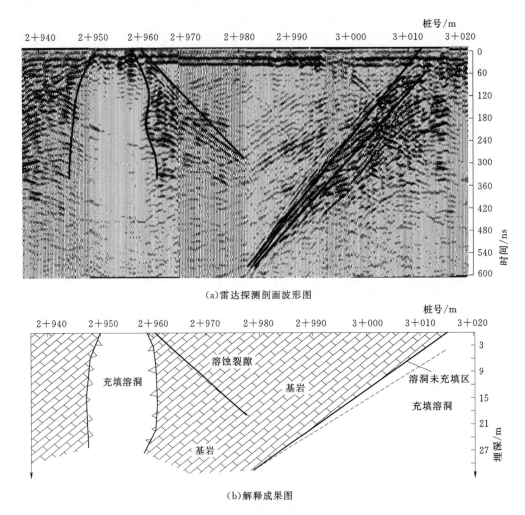

(a)雷达探测剖面波形图

(b)解释成果图

图 2.3-2　右岸进场公路 1 号交通洞雷达探测成果图

波（频率超过 20 kHz）的波长短，分辨率高，更便于区分小规模异常体。

　　岩溶勘察弹性波 CT 钻孔应布置在被探测区域（或目的体）的两侧，孔距宜控制在15~30m，孔距太小会增大系统观测的相对误差，太大会降低方法本身的垂向分辨率。成孔要求：钻探成孔时应尽可能保持钻孔的垂直度，终孔后宜进行测斜校正。为减小测试盲区，终孔深度应大于测试深度，且相邻钻孔孔底高差宜小于 5.0 m，钻孔终孔后应进行清渣保证有效探测深度；最后应将钢套管替换成 PVC 胶管，保证震源激振时为点状震源而非线状震源，同时可避免因钢套管而改变振动波的传播路径。

　　弹性波 CT 扫描法具有使用仪器占地小、应用范围广、精细程度高、勘测深度大、可靠性强、成图直观、受外界干扰小的特点，能够较准确反映和区分溶洞大小、溶蚀发育等。但是资料采集和计算工作量大，对勘察人员的技术要求比较高。因此，在进行弹性波 CT 扫描时应注意以下问题：

　　（1）在进行预处理时，必须检查并保证拾取的初至走时准确可靠，因原始观测数据的精度直接影响成像效果。

（2）对于岩溶勘察，宜采用基于惠更斯原理的网络追踪算法（最短路径射线追踪法）进行射线追踪，用 LSQR 算法进行递归迭代反演。

（3）速度离散单元尺度不应大于所需分辨的目的体的线性尺度，也不宜小于激发、接收点距。

（4）宜根据单孔声波测试结果及钻孔资料建立反演初始模型及边界约束条件。

（5）以最小的速度及走时迭代误差对应的迭代反演结果作为重构的速度分布。

2.3.4.2　电磁波 CT

电磁波 CT 技术是将电磁波传播理论应用于地质勘察的一种探测方法，是利用电磁波在有耗介质中传播时，能量被介质吸收、走时发生变化，重建电磁波吸收系数或速度而达到探测地质异常体的目的的。

1. 应用范围

（1）适用于岩土体电磁波吸收系数或速度成像，圈定构造破碎带、风化带、岩溶等具有一定电性或电磁波速度差异的目的体。

（2）电磁波 CT 的探测距离取决于使用的电磁波频率和所穿透介质对电磁波的吸收能力，一般而言，频率越高或介质的电磁波吸收系数越高，穿透距离越短；反之，穿透距离越长。对于碳酸盐岩、火成岩以及混凝土等高阻介质，最大探测距离可达 60～80m，但此种情况下使用的电磁波频率较低，会影响到对较小地质异常体的分辨能力；而对于覆盖层、大量含泥质或饱水的溶蚀破碎带等低阻介质，其探测距离仅为几米。

2. 应用条件

（1）电磁波吸收 CT 要求被探测目的体与周边介质存在电性差异，电磁波走时 CT 要求被探测目的体与周边介质存在电磁波速度差异。

（2）成像区域周边至少两侧应具备钻孔、探洞及临空面等探测条件。

（3）被探测目的体相对位于扫描断面的中部，其规模大小与扫描范围具有可比性。

（4）异常体轮廓可由成像单元组合构成。

（5）外界电磁波噪声干扰较小，不足以影响观测质量。

3. 工作布置

（1）为了避免射线在断面外绕射而导致降低对高吸收系数异常的分辨率，剖面宜垂直于地层或地质构造的走向。

（2）为了保证解释结果不失真实，扫描断面的钻孔、探洞等应相对规则且共面。

（3）孔、洞间距应根据任务要求、物性条件、仪器设备性能和方法特点合理布置，一般不宜大于 60m，成像的孔、洞段深度宜大于其孔、洞间距。地质条件较为复杂、探测精度要求较高的部位，孔距或洞距应相应减小。

（4）为了获得高质量的图像，最好进行完整观测，即发射点距和接收点距相同。但有时为了节省工作量，缩短现场观测时间，作定点测量时，在不影响图像质量前提下，也可适当加大发射点距进行优化测量，通常发射点距为接收点距的 5～10 倍。观测完毕后互换发射与接收孔，重复观测一次。

（5）接收点距通常选用 0.5、1、2m。过密的采样密度只会增加观测量，对图像质量的提高和异常的划分作用并不明显。因此在需探测的异常规模较大时，可适当加大收发点距。但点距过大也会导致漏查较小的异常体。

2.3.4.3　应用实例

以光照水电站防渗线岩溶探测为例。该电站位于北盘江中游，是一个以发电为主，航运其次，兼顾灌溉、供水等综合效益的水利枢纽，水库具有多年调节性能。坝址控制流域面积 13548km²，水库正常蓄水位 745m，总库容 32.45 亿 m³。装机容量 1040MW，保证出力 180.2MW。大坝为碾压混凝土重力坝，为世界同类坝型最高坝之一。坝顶全长 412m，坝顶高程 750.50m，最大坝高 200.50m。

防渗线电磁波 CT 探测目的：探测防渗帷幕岩溶、裂隙破碎带及断层的发育情况和岩体的完整性等，为灌浆设计与施工提供指导。

根据地质资料，防渗帷幕左右坝肩廊道地层为 T_1yn^{1-2}、T_1yn^{1-1}、T_1^{2-3}、T_1^{2-2}。断层有 F_1 和 F_2 两条，其中，F_1 主要发育于 T_1yn^1 厚层灰岩中，断层产状 N70°～83°W/SW ∠68°～74°，破碎带宽 2～5m，局部 3～5m，断距不明显，长 2km，为逆断层。F_2 断层，在 F_1 断层下游 130m，发育于 T_1yn^1～T_1yn^3 地层中，总体产状走向 EW、倾向 S、倾角 72°，长度小于 1.5km，为逆断层，沿主裂面局部见断层泥、角砾岩，一般胶结良好。T_1yn^1 地层岩溶发育，河心钻孔均未遇到溶洞，电站前期综合勘探显示，河床基岩面以下局部见溶蚀带及裂隙密集带，但河床最低基岩面以上至河流枯水位之间的地带岩溶较为发育，这一带为大的岩溶管道及地下水的出口；沿 F_1 断层带岩溶管道甚为发育，左岸沿 F_1 断层发育有 1 号岩溶管道，右岸沿 F_1 断层发育有 2 号岩溶管道、3 号岩溶管道，3 条管道可见总出水量大于 40L/s，根据地质调查及平硐揭露资料，推测在河流枯水面以下还有出水点。

该项目布置防渗帷幕 5 层，分别为 560 廊道、612 廊道、658 廊道、702 廊道和 750 廊道，防渗线高程 450～750m，单层防渗帷幕高为 48～110m，采用物探电磁波 CT 进行探测，计划布置 CT 探测总工作量为 117 对。

电磁波 CT 钻孔间距在 8～32m 之间，孔深 53～110m，采用定点法互换观测系统，采用多次覆盖技术，定发点距为 3～5m，接收点距一般为 1m，其中，岩体破碎带和强风化带接收点距采用 0.5m。根据地质条件，本项 CT 探测在围岩吸收系数 β 大的部位采用小孔距、在围岩吸收系数 β 小的部位采用大孔距进行测试。选用最佳工作频率为 8～16MHz。

高程 560.00m 灌浆廊道防渗帷幕岩溶电磁波 CT 探测洞段为桩号：F 左 0+226.6～F 右 0+162.4m，CT 检测剖面长 389m，高程 450.00～569.50m 之间，完成电磁波 CT 探测 18 对。该廊道分为：坝右 1YZ117～1YZ037 孔共计 7 对电磁波 CT 探测、坝中 1YZ037～1ZZ045 孔共计 6 对电磁波 CT 探测、坝左 1YZ117～1YZ037 孔共计 5 对电磁波 CT 探测，下面以坝左电磁波 CT 探测成果进行解释说明。

坝左电磁波 CT 探测为 1ZZ035 - 1ZZ045、1ZZ045 - 1ZZ047、1ZZ047 - 1ZZ057、1ZZ057 - 1ZZ067 和 1ZZ067 - 1ZZ077 计 5 对剖面，钻孔间距 20m，孔深 105～110m，剖面长度为 100m。钻孔布置见示意图 2.3-3，电磁波 CT 探测成果见图 2.3-4。

在电磁波 CT 探测成果图中，电磁波视吸收系数以色谱（db/m）的形式表示，岩体

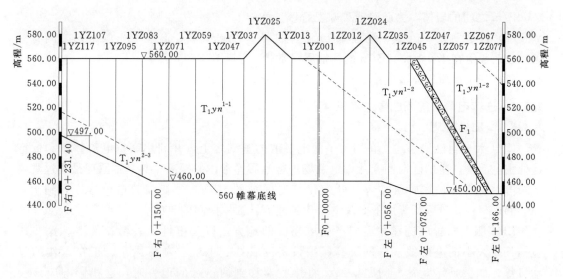

图 2.3-3　高程 560.00m 廊道防渗帷幕灌浆电磁波 CT 探测钻孔布置示意图

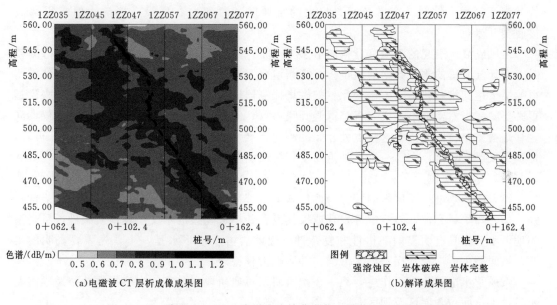

图 2.3-4　高程 560.00m 廊道防渗帷幕灌浆电磁波 CT 探测成果图

的吸收系数值低，表示岩体完整；岩体的吸收系数值高，表示岩体不完整、破碎。根据测区的地质与钻孔资料，CT 成果解释以岩体吸收系数值在 0～0.8dB/m 之间为正常值，岩体完整；吸收系数在 0.8～1.0dB/m 之间为岩体破碎或裂隙发育区；吸收系数在 1.0～1.3dB/m 之间为强溶蚀区。

该段岩体吸收系数值在 0.4～1.3dB/m 之间，从电磁波 CT 成果图中可以得出：

（1）高程 532.00～557.00m、桩号 F 左 0＋062.4～0＋077m；高程 476.00～560.00m、桩号 F 左 0＋075～0＋102.4m；高程 478.00～535.00m、桩号 F 左 0＋102.4～0＋162.4m 和高程 450.00～478.00m、桩号 F 左 0＋122.4～0＋162.4m 范围内，吸收系数值在 0.8～

1.0dB/m 之间的岩体，为破碎或裂隙发育区。

（2）桩号 F 左 0+095、高程 550m 点至桩号 F 左 0+153、高程 450.00m 点之间有一条吸收系数值在 1.0～1.3dB/m 的强地质异常带，推断为 F1 断层带。

（3）其余部位岩体吸收系数值小于 0.8dB/m，岩体较完整。

2.3.5 连续电导率剖面成像法（EH4）

2.3.5.1 EH4 原理

EH4 大地电磁法是建立在均匀平面电磁波的基础之上，并利用高空电流体系和低空远处雷电活动产生的随时间变化的电磁场进行地质异常体的探测。其基本原理是通过观测记录电磁场信号，然后通过傅立叶变化将时间域的电磁信号变成频谱信号，得到 Ex、Ey、Hx、Hy，最后计算地下电阻率，达到地下异常体探测的目的。

EH4 测点布置应选择在远离产生电场源的地方，以及电性比较活跃的点。这些源包括任意大小的电源线、电网、有保护设备的管线、电台、金属风车、正在运作的发动机等。如果是环境噪声问题，那么将接收器移到两倍远的地方时，这些影响应该会消除或是大大地降低。好的接收点及发射点应该避免靠近有大量金属的地方，如钻探管、灌溉管道、铁路、金属挡板、粗大的金属防护栏等。石栏没有影响，但它得远离接收器几米远。

由风或流水引起的感应变化会在传感器里产生噪声，尤其是在低频情况下进行测量时，会降低所得的测点数据的质量。在高频情况下测量时，磁感应器的剧烈震动会使得所得的结果达到饱和状态，不再变化。把磁场探测器埋到地底，这对于减少风的影响来说是很必要的。当然，也不是说一直都得避开噪声点，但是这对于辨明是测点问题还是仪器问题却是很重要。因此，在这些点处开始勘测时，要考虑到这些地方容易产生噪声。再者，怀疑是仪器问题时，在第一个点处重新进行一次测量来进行仪器检查。

2.3.5.2 应用实例

以索风营水电站库区岩溶探测为例。该电站坝区及库区多为碳酸盐岩地层，可溶性极强，加之降雨量充沛，岩溶中等发育或极其发育，构成复杂的水文工程地质条件，且岩溶和地下水分布具有明显的随机性和复杂性，因此岩溶及地下水是一个首先需要查明的难题，该问题主要涉及水库及坝基渗漏，并影响大坝稳定。

索风营水电站物探工作主要集中在预可研及可研阶段，其工作内容根据地质勘察需要布设，工作面包含库区及坝区。

库区完整灰岩的视电阻率较高，一般在 500～数千欧姆米以上，当岩层中存在断裂、溶蚀并充填泥、水等情况下，视电阻率在数十欧姆米至数百欧姆米之间变化。地下水激发极化曲线背景值：衰减度 28%、综合参数曲线 50%、半衰时 750ms、激化率 55%。

岩溶地区地下水分布极其复杂，综合起来可分为岩溶水、裂隙水和断层水。顾名思义，岩溶水是以岩溶为流通管道进行运移的地下水，岩溶地区地下水以此类型为主。因此，岩溶地区地下水位主要受岩溶控制，陡升陡降，在原始状态下没有"面"的概念。由此可见，调查地下水首先需要查找具有低阻、低速、高电磁波吸收系数等物理特性的地质体，再通过物探其他手段及地质分析，排除其他异常，确定地下水岩溶管道。

在库区 4 个可疑渗漏带地下水可能流经的部位布置了 30 条共计 34.6km 的 EH4 剖面

进行岩溶调查，其中左岸 13 条，右岸 17 条，剖面方向与地下水流方向垂直。

在岩溶调查剖面上选取低阻异常点使用激发极化法进行探查，以确认地下水岩溶管道及其高程，了解水库蓄水后，地下水与库水的补排关系。

通过对库区 30 条剖面进行 EH4 连续电导率成像系统探查，共发现大小异常 39 处，结合激发极化法结果，通过分析与总结，这 39 处异常可归为以下几种类型：

（1）非充填型高阻异常。此类异常有 6 处，均发育于右岸，规模大小不一，底部高程高于 1050.00m，其电阻率大于 2000Ω·m。通过与地质人员共同分析推断，该类异常分布于地下水位以上，属非充填型溶洞。图 2.3-5 为右岸二叠系可疑渗漏带 EH4 探查断面图，其中桩号 180～260、高程 1060～1100m 处的高阻异常即为厅堂式大型龙潭麻窝溶洞。

（2）地下水管道型低阻异常。此类异常有 16 处，其中左岸 10 处，右岸 6 处，高程位于 850.00～1050.00m（均高于水库正常蓄水位）。异常电阻率小于 50Ω·m，激发极化反映：视电阻率曲线基本呈明显的 K 形，综合半衰时、综合参数、衰减度和极化率等曲线在 EH4 异常深度附近均有极大值，且极值大于背景值，之后呈明显下降趋势。图 2.3-6 中桩号 140～200、高程 850.00～900.00m 处的低阻异常即为右岸二叠系可疑渗漏带 S_{58} 地下水流动系统，由于溶洞边缘溶蚀破碎带潮湿含水，故异常范围较实际管道规模大。

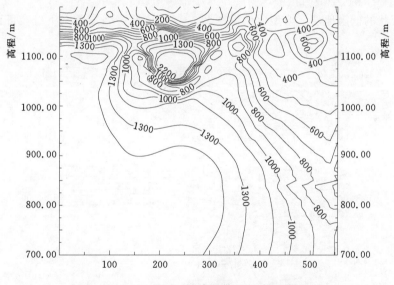

图 2.3-5　二叠系可疑渗漏带 EH4 探查断面 1

（3）非管道型低阻异常。此类异常有 17 处，其中左岸 9 处，右岸 8 处，异常形状各异，高程位于 950.00～1100.00m，电阻率小于 100Ω·m。根据其形状和异常物质可分为两类：

1）呈封闭状、充填松散物质的溶洞。该类异常激发极化反映：视电阻率曲线基本呈明显的 K 形，综合半衰时、综合参数、衰减度和极化率等曲线在 EH4 异常深度附近均有极大值，但极值小于背景值，之后呈明显下降趋势。图 2.3-7 为左岸库首可疑渗漏带 EH4 探查断面图，其中桩号 0～300、高程 1050.00～1100.00m 处的低阻异常为溶蚀发育

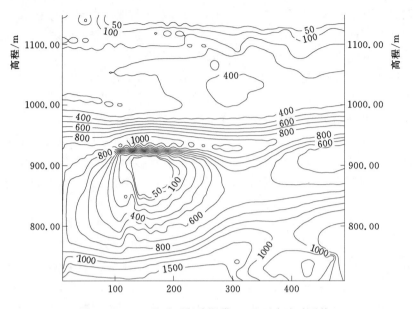

图 2.3-6　二叠系可疑渗漏带 S_{58} 地下水流动系统

区，局部发育串珠状小溶洞，溶蚀破碎带及小溶洞由黏土充填。

2) 呈层状的低阻地层。典型实例见图 2.3-8，该地层为三叠系下统夜郎组沙堡湾段碳质页岩。

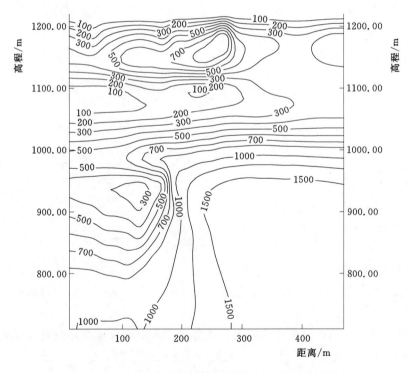

图 2.3-7　左岸库首可疑渗漏带 EH4 探查断面图

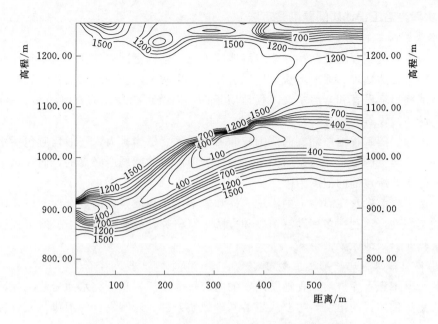

图 2.3-8　左岸假角山向斜可疑渗漏带 EH4 探查断面

2.4　主要岩溶地质问题勘察方法

2.4.1　区域岩溶水文地质问题勘察方法

1. 勘察目的与任务

为论证岩溶水文地质问题，需掌握区域岩溶水文地质条件，故应进行一般性或专门性的岩溶水文地质勘察

2. 勘察内容

（1）区域地形地貌特征，包括新构造运动的特点、剥夷面和阶地面的发育情况、区域地貌及河谷发育史，以及水文网变迁与岩溶的关系。

（2）对地层应进行可溶性和透水性的调查与研究，并进行岩溶层组类型的划分。

（3）区域地质构造格局及其与岩溶水文地条件的关系。

（4）区域岩溶发育特征，包括地表、地下岩溶现象及其空间分布规律。

（5）区域水文地质条件，主要是岩溶水文地质单元、岩溶含水系统及流动系统的划分。

3. 勘察方法

（1）收集区域岩溶水文地质资料，并对工程区域岩溶水文地质条件进行复核。

（2）当缺乏区域岩溶水文地质资料时，应进行专门的岩溶水文地质调查与测绘，其范围应包括与水库、坝址可能出现的岩溶水文地质问题有关的地区，如河间、河湾地块、岩溶地下水的补给区等。测绘比例尺一般选用 1∶50000。

2.4.2 水库岩溶工程地质问题勘察方法

1. 水库岩溶工程地质勘察特点

（1）水库岩溶工程地质勘察与非岩溶地区工程勘察的不同之处在于它不仅要对各种基础地质条件（自然地理、地形地貌、地层岩性、地质构造及物理地质现象）进行勘察，更重要的是围绕岩溶发育和岩溶水文工程地质条件，以及可能存在的岩溶渗漏、水库地震、塌岸、内涝与浸没等问题进行针对性勘察。

（2）水库岩溶工程地质勘察的范围较非岩溶地区要适当扩大，一般均应包括水库两岸的低邻谷，甚至范围更广，这是研究水库两岸岩溶渗漏的问题所必需的，而非岩溶地区一般至地形分水岭所包围的范围为限。

（3）由于岩溶发育在时空上的不均一性和岩溶水文地质条件的复杂性，以及研究内容与范围的宽广性，须利用多种勘察手段和方法进行研究，故通常情况下岩溶工程地质勘察的工作量较非岩溶地区要大得多。

2. 水库岩溶工程地质勘察主要内容

水利水电工程水库岩溶工程地质勘察的内容较为广泛，从研究水库岩溶工程地质问题及解决成库条件的目的出发，主要从岩溶基础地质条件、岩溶发育的规律与发育程度、岩溶水文地质条件等三个方面进行研究。

（1）岩溶基础地质条件的研究。岩溶基础地质条件的研究主要包括三个方面的内容：首先研究与岩溶有关的基本地质结构，含水库区地形地貌、地层岩性及其展布特征、主要断裂面或结构面的规模、性状及展布特征，以及碳酸盐岩矿物化学成分的分析与溶蚀性试验等；其次为岩溶层组类型的划分，主要根据研究区地层岩性与分布特征、岩溶发育强度、透水程度划分为强岩溶化含水透水层、中等岩溶化含水透水层、弱岩溶化含水层、相对隔水层及隔水层等水文地质岩组；最后为区域构造应力场与河谷地貌及岩溶发育史的研究，通过对区域构造应力场的分析以判断不同结构面的导水性，从寻找地下水运动和岩溶发育的优势方向，通过对河谷地貌及岩溶水文网的演化等研究，可以为岩溶发育的继承性和发育规律的研究打下基础。

（2）岩溶发育规律与发育程度的研究。岩溶发育规律主要通过详细调查研究区各种单体岩溶形态和组合特征、平面及空间分布特征、发育层位及与结构面的关系、古岩溶发育情况等统计分析。对岩溶发育的程度主要靠岩溶洼地、岩溶管道、溶洞及岩溶泉调查和钻孔平硐揭露岩溶发育情况资料收集分析，结合室内可溶岩岩溶发育强度的研究，用线岩溶率、面岩溶率、岩溶体积率、钻孔遇溶洞率等定量指标综合评价岩溶的发育程度。

（3）岩溶水文地质条件的研究。岩溶水文地质条件研究分以下几个方面进行：

1）根据岩性和构造条件划分岩溶水文地质结构类型并确定岩溶含水层和隔水层的分布位置与性能，详细研究论证隔水层可靠性；

2）分析论证每一个岩溶含水层（岩溶含水系统）补给、径流和排泄条件，特别查明河水与地下水的关系并确定河谷地下水动类型；

3）通过岩溶地下水连通试验获取岩溶水渗流速度、比降、流态及流向等，为岩溶含水层的汇流研究和水文地质计算提供可靠的参数；

4）进行岩体渗透试验，获取岩体渗透系数和单位吸水量或吕容值资料，并注重钻孔分段测压水位的研究，以便编制各种渗流网图和进行渗漏计算；

5）分析研究岩溶水水化学、水温和同位素并建立研究区的水化学场、水温场和同位素场；

6）建立地下水动态长期监测网，监测水库、坝区以及地下分水岭地区在蓄水前后岩溶水文地质条件的变化规律，为进行岩溶渗漏分析、计算及处理提供重要资料。

3. 水库岩溶工程地质勘察方法

由于水库岩溶工程地质条件的复杂性、研究内容的广泛性，必须采用多种勘察手段和方法进行研究。根据多年岩溶地区勘察工作经验总结，并结合先进的遥感技术与物探测试技术的应用，水库岩溶工程地质勘察的方法主要有基础资料分析研究、工程地质及岩溶水文地质测绘、钻探、水文地质与地下水化学试验、溶洞调查与洞探追索、地球物理勘探、岩溶地下水的动态观测等。

（1）基础资料的收集与分析研究。主要收集分析研究区的区域（1/20 万～1/5 万）地形地质资料、岩溶水文地质资料、遥感解译资料等，室内宏观初步把握研究区地形地貌、地质结构（地层岩性与地质构造）等基础地质条件与岩溶水文地质条件，分析研究岩溶发育的优势部位、方向及层位，以及勘察区现代地貌与水文网及古地貌与水文网的关系，初步确定现场岩溶水文地质调查的重点与方向。

（2）工程地质与水文地质测绘。在室内资料的分析研究的基础上，工程地质与水文地质测绘主要是实地调查研究区的基础地质及岩溶地质条件，包含地形地貌调查与研究、地质结构调查与研究、岩溶及水文地质条件调查研究等。通过现场调查，初步分析评价可能产生岩溶渗漏、岩溶塌陷、岩溶诱发地震及岩溶淹没与浸没的部位，明确实物勘探工作布置重点、原则、方案与相关水文地质与水化学试验内容。

1）地形地貌调查与研究。地形地貌调查与研究的主要内容包括河谷阶地与剥夷面发育情况、库盆外围有无低邻谷、分水岭是否单薄、有无低矮垭口及是否为河湾地形等，分析判断是否存在库区渗漏的地形条件、岩溶发育更与各高程岩溶发育特点。若邻谷水位高于水库正常蓄水位则不存在水库邻谷渗漏问题，而邻谷水位低于水库正常蓄水位的河间地块、河湾地段可能发生岩溶渗漏问题。

2）地质构造调查与研究。地质构造调查与研究主要包括两方面的内容：一是可溶岩的可溶性、可溶岩与非可溶岩（隔水层或相对隔水层）的岩性、厚度、接触与组合关系、产状与空间分布情况等；二是调查断层性质、规模、产状及分布特征，断层是否错断隔水层或相对隔水层形成构造切口及构造切口的规模等。分析隔水层或相对隔水层的隔水性能、连续性及库盆范围内封闭情况、有无岩溶渗漏的地质结构条件。若河间或河湾地块有连续稳定的隔水层（或相对隔水层）分布则不存在岩溶渗漏问题，而可溶岩连通库外低邻谷（或河间地块上下游），或受断层切割错断致库内外可溶岩组成同一含水系统时，则可能产生水库岩溶渗漏问题。

3）岩溶发育程度与发育规律调查研究。岩溶发育程度与发育规律调查的主要内容包括岩溶形态类型、规模、空间组合分布情况、岩溶发育特征等，统计岩溶发育率、分析岩溶发育与岩性、地质构造、地表与地下水（补、径、排）、排泄基准面、河谷发育史与地下水文网演变等的关系，研究水库正常蓄水位以下是否存在连通库内外的岩溶管道及其规模、发育高程，以及水库渗漏的位置、形式等。

4）水文地质条件调查研究。水文地质条件调查的主要内容为库区岩溶水文地质结构类型、泉水点与岩溶管道水及地下暗河的出露层位、位置、分布特征与岩溶水的补给、径流、排泄条件等，分析河水与地下的关系并确定岩溶水动力类型、地下分水岭的位置与高程及岩溶水文地质参数，研究水库可能产生岩溶渗漏的位置、途径、范围、渗漏量及渗漏影响。

（3）钻探。库区岩溶勘察中，钻探是获取地面以下浅部及深部地层、构造及岩溶水文地质资料的重要手段，通过钻探不但可以进行水库区地质结构探查、岩性分层、探查岩溶发育强度、岩溶形态与分布高程、岩溶规模及充填物性状，还可以利用它进行地下水长期观测，获取研究部位地下水位动态资料，以及进行压水试验、抽水试验、注水试验、示踪剂试验等水文地质试验与相关物探测试、地下水流速、流向、水温等各种测试工作，达到一孔多用、综合勘察之目的。水库岩溶渗漏勘察中的钻孔一般布置于可疑渗漏带的地下分岭位置或构造切口位置，多为深孔，孔数视勘察部位岩溶与水文地质条件的复杂程度而定，以查明可疑渗漏带地下分水岭或构造切口位置岩体的岩溶化程度、可能渗漏通道（岩溶管道）的最低高程、地下水位高程及变幅、渗漏范围为原则。

（4）水文地质试验。水文地质试验是为测定水文地质参数和了解地下水的运动规律而进行的试验工作，在水库岩溶工程地质勘察中，水文地质试验主要包括钻孔压水试验、注水试验、抽水试验、地下水示踪试验、地下水位长观等。其中重点是地下位长观及示踪试验，对判断库区地下水的补给、径流、排泄特征及地下分水岭位置与高程等至关重要。

示踪试验的主要目的是确定地下水流向、流速、各含水层之间的水力联系、地下水补排关系等。在水库岩溶工程地质勘察中示踪剂一般选用酸性大红、荧光素、食用色素等，由库区分水岭地带钻孔或有水的落水洞与岩溶洼地中注入，并于可能排泄口观测，根据示踪剂随地下水的流程、时间、注入浓度与排出口浓度对比，判断地下水流向、补给范围、补给量及相邻地区地下水与地表水关系，并估算岩溶地下水流速及地下岩溶管道等通畅程度。

（5）溶洞调查与洞探追索。通过溶洞规模、形态调查，不仅可以了解岩溶发育与岩性、构造的关系，还可能分析其形成的水动力条件，判断溶洞的连通性。

洞探追索是对特殊重要部位岩溶勘察的一种有效勘察方法，洞探追索岩溶勘察一般随岩溶发育的主方向进行，对次发育方向可增加支洞探查，以查明岩溶的最优发育层位、方向、长度、岩溶形态、空间分布等特征，分析岩溶发育的规律、强度，若遇较大的岩溶空腔或揭露岩溶管道水、岩溶暗河，可结合进行溶洞调查及地下水连通试验等，查明岸坡地下水流速、流向及水力坡降。对近坝可能存在岩溶塌库岸。

（6）地球物理勘探。水库岩溶工程地质勘察中常用的物探方法主要有电磁法勘探（EH4、瞬变电磁法）、探地雷达、钻孔 CT 等。

连续电导率剖面成像法（EH4）是目前库区岩溶勘测中最常用的一种物探方法，其勘探原理是基于岩体与异常体之间存在视电阻率差异，在应用电磁学理论的基础上，通过采集天然电磁场和人工建立的可探电磁场，在一定距离的远场区观测电场与磁场的变化，绘制测区视电阻率等值线图，根据视电阻率变化情况来确定地下地质异常体。EH4 电法勘探深度可达上千米，适合库区分水岭地带、河间或河湾地块分水岭地势开阔地带地下岩溶及水文地质勘察，通过索风营、大花水、格里桥等项目库区岩溶探测成果及验证情况，效果较好。

钻孔 CT 主要应用于岩溶管道或溶蚀异常区的精确探测，其探测岩溶异常体精度较高，但需钻孔配合使用，且孔间最佳探测距离为 30m，库区探测主要应用于构造缺口及可能产生岩溶塌陷的关键部位。

探地雷达探测地下岩溶最佳深度为 50m 以内，库区岩溶勘察主要应用于可能发生岩溶塌陷的库首一带。

（7）岩溶地下水的观测。岩溶地下水观测一般是指水位观测、流量观测，在岩溶水文地质条件复杂地区结合进行水温观测。

岩溶地下水水位是水库产生渗漏与否的直接判别证据之一，通过水位观测可以分析岩溶地下水的水动力特性，以及邻谷、河间或河湾地块是否存在地下分水岭及其地下分水岭的位置与高程，评价水库岩溶渗漏、淹没及浸没等工程地质问题。

流量观测是通过观测大气降雨量、地表水、自流孔、岩溶管道水（泉水）、地下暗河等流量，通过观测大气降雨及地表水与岩溶地下水变化的对应关系、地下水流量等确定地下水补给区（汇水面积）、径流、排泄特征，划分岩溶含水及径流排泄系统、岩溶发育程度，确定地下分水岭位置，综合钻孔水位、岩溶发育程度评价水库岩溶渗漏等工程地质问题。

地下水受地温场的影响水温一般随着深度的增加而增加，在深部与地温接近一致，地下水在迁移运过程中受流经介质的影响或岩溶管水的混合，其水温常出现一定的突变现象，通过对地下水水温的观测，分析水温与气温、深度的变化关系、水温异常情况及规律，可判别岩溶含水与透水介质类型、地下水动力特性及岩溶管道与渗漏通道的位置。

（8）岩溶地下水的水化学试验。研究岩溶含水层地下水的化学特性，可以确定岩溶水流性质、岩溶含水介质类型，划分不同的岩溶含水系统，综合确定各岩溶含水系统间或分岭地带地下水分岭位置，分析可能产生岩溶渗漏的部位。在水库岩溶地质勘察中，一般以取钻孔水样、泉水样、溶洞水样等进行水质简分析试验，根据 CO_3^{2-}、SO_4^{2-}、Ca^{2+}、Mg^{2+}、Cl^- 等离子含量及矿化度、硬度、pH 值指标确定地下水类型，分析含水层类型及地下水流经地层，结合测绘地质资料综合确定各岩溶含水系统、岩溶管道与地下水分水岭位置，评价水库岩溶相关工程地质问题。

2.4.3 坝区岩溶工程地质问题勘察方法

2.4.3.1 一般勘察工作

1. 勘察内容

（1）地形地貌：

1）调查坝址区地形地貌特征，河谷地貌类型，研究不同地形地貌条件对岩溶发育的影响。

2）调查坝址区及其上、下游的河流流向，古河槽及阶地的分布，河湾、单薄分水岭、盆地及大冲沟的地形特点，研究岩性分布与河流发育的关系。

3）调查河谷阶地的地质结构，分析其成因类型，剥夷面发育情况及分布高程，根据岩溶形态或洞穴的成层性，与阶地和剥夷面对比，研究岩溶发育史及与水文网演化的关系，岩溶发育与地文期的关系。

（2）地层岩性：

1）查明坝址区分布的地层岩性。

2）查明坝址区碳酸盐岩矿物成分和化学成分、类型、分布、厚度。

3）查明碳酸盐类岩层中的非碳酸盐类岩层、夹层的分布、连续性，以及两类岩层的组合关系。根据岩层的可溶性和渗透性，进行分层并划分层组。

（3）地质构造：

1）查明坝址区的褶皱分布、形态、性质等，研究不同构造部位对岩溶发育和形态的影响。

2）查明坝址区主要断层的位置、方向、规模、延伸、性质，主要结构面的特征，研究构造与岩溶发育的关系，断层对岩溶岩组的切割错位情况，各含水岩体之间的水动力关系，岩溶发育系统和地下水渗流途径等。

（4）岩溶现象：

1）查明坝址区地表和地下岩溶现象的位置、规模、填充情况、相互间的连通关系，以及地下岩溶发育随深度变化的规律。

2）查明沿主要断层带、层面等主要结构面的溶蚀程度。

3）查明是否存在贯通坝址上、下游的岩溶地下管道系统。

（5）水文地质条件：

1）查明各层组岩层中地下水赋存条件，划分岩溶含水层和相对隔水层及其层位、厚度、空间分布、向坝下游延伸情况、与大坝位置的相互关系。

2）查明岩溶泉的出露位置、高程、泉水动态、成因类型。

3）查明岩溶含水层和相对隔水层遭受断层切割情况，相对隔水层的封闭条件是否遭到破坏。

4）查明坝基岩层的透水率，并进行岩体渗透性分级。

5）查明坝址区各岩溶含水层的地下水位及其在洪枯季变化规律。

6）查明坝址区岩溶含水层与河水的补排关系，确定河谷岩溶水动力条件类型。

7）查明岩溶含水层水质、水温及其与岩溶发育程度的关系。

在实际工作中尚需对坝址区有影响岩溶物理地质现象作必要勘察。

2. 勘察方法

（1）工程地质测绘及岩溶调查。

1）测绘与调查的范围：应根据研究渗漏、稳定及工程处理方案的需要确定，测绘的范围应包括可能被利用作防渗的相对隔水层分布地段或两岸地下水位相当于正常蓄水位的地段。调查范围应大于测绘范围，包括坝址区附近的岩溶泉出露地段以及河谷岸坡至分水岭间的岩溶发育地段。

2）综合性勘察的比例尺可选用 1：5000～1：2000，专门性勘探的比例尺可选用

$1:2000\sim1:1000$。

（2）物探：

1）在坝基范围内，可布置地震折射剖面、地震测井及沿平洞壁的地震波速测试。

2）在坝基范围内的钻孔中，可进行孔内彩色录像，孔间电磁波、声波 CT 探测。

3）可进行孔间或洞间电磁波、声波 CT。

4）可利用可控源音频大地电磁测深法、探地雷达、瞬变电磁法等探测坝址区岩溶发育程度、洞穴与管道位置、规模及相互连通情况。

5）防渗帷幕探测，先导孔岩溶洞隙或岩溶岩体中防渗帷幕质量，可采用孔间电磁波、声波 CT 探测。

（3）勘探：

1）勘探工作控制范围应能满足渗漏、稳定及工程处理方案的需要；选定的工程处理方案线上要有足够的勘探资料表明其水文地质、工程地质条件。

2）勘探剖面应根据地质条件，建筑物特点和防渗要求布置。在选定的坝址横剖面不得少于 3 条，可布置在选定的坝轴线及其上、下游；纵剖面布置 3 条，布置在河床和两岸。

3）除应在各勘探剖面上布置钻孔外，在为查明水文地质条件所需的低地下水位地段、高地下水位地段、断层错断相对隔水层的地段上，以及重要的岩溶现象分布地段上也应布置钻孔。

4）为查明水文地质条件的钻孔应进入到最低地下水位以下不小于 10m；防渗线上的钻孔应进入到微透水层内，或进入岩溶弱发育带顶板以下不小于 10m。

5）对坝址的重要建筑物和防渗地段，以及岩溶洞穴网，应布置平洞进行探查。

（4）水文地质试验和专门性试验：

1）坝基范围内和防渗帷幕线上的钻孔，均应进行钻孔压水试验；根据需要，河床钻孔应分层和分段测定套管内外稳定水位。

2）大降深竖井或钻孔群孔抽水试验。

3）示踪试验（连通试验）。

4）水质分析。

以及要求地下水动态观测和提出施工地质工作尚应注意的事项。

2.4.3.2　岩溶坝基渗漏、绕坝渗漏及防渗帷幕勘察方法

对可溶岩坝基，渗漏问题除可能发生在邻谷、库首外，因岩溶管道、溶缝、溶隙等的存在，尚可能存在绕坝渗漏问题，需设置相应的防渗帷幕予以解决。实际上，对岩溶水库，在选址得当、论证充分的情况下，一般不会发生向邻谷、河湾、河间地块等的渗漏问题，主要渗漏问题往往存在于左、右坝肩及坝基部分。因此，绕坝渗漏与防渗帷幕的勘察与评价是坝区岩溶工程地质勘察的主要内容。

对于绕坝渗漏，其勘察的重点是库首与坝基可溶岩的分布、岩溶化程度、可能的岩溶管道的空间展布与连通特性、水文地质条件等，其勘察范围应根据库首及坝区地层岩性、构造与地下水的补给、径流、排泄特征确定；勘察方法主要为地质测绘、物探、钻探、水文地质测试与试验等。

1. 勘察重点

（1）地形地貌特征，如左、右岸有无古河床存在，下游是否存在地形裂点，以及其他有利于岩溶发育与地下水排泄的地形特征。

（2）地层岩性，对可溶岩与隔水岩组的岩性、厚度、组合关系等应作详细调查。

（3）构造，重点是其对地层的切割特征、对岩溶发育与地下水径流条件的影响等。

（4）岩溶，包括可溶性地层的岩溶化程度、岩溶发育类型与规模，以及岩溶发育与地形、岩性、构造的关系，分析岩溶发育规律。

（5）水文地质，重点调查两岸地下水的补、排关系，岸坡地下水位及水力坡降，岩溶泉水与河谷地貌的关系，有无地下水位低槽带存在，坝基岩体的透水性特征等。

2. 勘察范围

坝区渗漏及防渗帷幕的勘察应结合库首岩溶水文地质调查进行，其范围应能充分分析坝基地下水的补排关系、可能的防渗帷幕接头、可能造成绕坝渗漏的构造切口等部位，以及下游可能影响坝基渗漏的河谷裂点以下一定范围。

3. 勘察方法

（1）地质测绘与调查。地质测绘与调查的精度根据调查的重点与内容，可分层次进行。针对岩溶地下水的补排关系调查，可采用小比例尺地形图进行测绘。针对岩性特征与地层组合、岩性与岩溶发育关系的调查，需采用大比例尺地形图进行。

地质测绘前的关键工作是坝区地层剖面测制与岩性统计与定名；摸清坝基岩性及其组合特征，对坝区岩溶水文地质工程地质问题的评价、防渗帷幕的走向、下限与端头的选择等至关重要。

（2）物探。物探方法的选择在前期及施工期差别较大。

前期工作中，物探主要用以调查岩溶管道、洞穴或溶蚀破碎带、构造带可能发育位置、规模等，并根据物探测试情况，分析坝区岩溶发育规律，并为后期验证性钻孔的布置提供充分依据。因此，前期勘察工作中，有效的物探方法应以能测绘大范围剖面的 EH4 等为主。

施工期物探方法主要用以揭示坝基及防渗帷幕线上的岩溶洞穴的分布位置、规模、形态等，为防渗处理提供"准确"的资料，因此，施工期的物探方法应以能精确探测的声波或电磁波 CT 为主。

（3）钻探。针对绕坝渗漏勘察的钻孔应主要布置在可能的构造切口部位以及防渗帷幕线上，并尽量结合物探剖面布置。其主要目的是进一步明确坝区地层岩性的组合关系，可溶岩地层的岩溶发育程度，隔水层（或相对隔水层）的位置、厚度、连续情况，岩体透水性特征及地下水位高程，验证物探异常区的性质等。该类钻孔孔数少、孔深大，交通不便，施工难度非常大，应尽量一孔多用，在孔内开展相关的压水试验、水位长观、连通试验、物探 CT 穿透（必要时）等。

针对绕坝渗漏勘察的钻孔一般需作长观孔使用，应尽量保护好孔身及孔口不被破坏，以作长观之用。

（4）水文地质试验。主要包括水文地质长观、连通试验、压水试验、水分学分析、电导率及温度场测试等。

1）水文地质长期观测工作主要包括钻孔水位长观、坝区泉水流量长观等，观测工作一般最少一个水文年。钻孔水位长观主要了解坝区尤其是防渗线上地下水水位的动变化特征，以确定可能的防渗帷幕接法。泉水长观主要了解坝基地下水的补给、径流及排泄特征，分析地下水的补排关系。

2）连通试验需根据坝基岩溶发育特征、可能存在的岩溶管道等进行，主要了解岩溶管道或洞穴的连通特性、地下水的补排关系与径流方法、渗透性等。除可在地表溶洞、落水洞等进行连通试验外，连通试验也可根据钻孔揭露的岩溶发育情况，在分析孔内溶洞与地表泉水补排关系的基础上，于钻孔内开展相应的连通试验。

3）水质分析。于枯期、汛期同时采集坝址区河水、冲沟地表水、泉水、钻孔水样进行水质分析，了解坝区地表水、地下水的水质成分，分析各取水点水分学成分的相关关系，可了解地下水的补排关系、循环条件等。

4）电导率及温度场测试。电导率及温度测试可了解坝区尤其是防渗帷幕线上地下水的径流条件，以及岩溶管道或洞穴内地下水与库水等的关系。贵阳院在猫跳河 4 级水电站左岸渗漏处理岩溶专题勘察时，在勘探钻孔同时开展了电导率及温度场的测试工作，根据测试成果，较好地锁定主要岩溶渗漏通道，为左岸防渗帷幕的灌浆处理提供了翔实的勘察资料。

2.4.3.3　岩溶坝基勘察方法

坝址区工程地质勘察应遵循相关规范规程及勘测设计程序，分阶段逐步深入进行。

（1）岩溶坝基勘察内容重点为：

1）坝基地层岩性，尤其是可溶岩的分布、厚度、岩溶化程度，以及隔水层的层厚、性状等。

2）构造方面，除断层、裂隙本身的空间展布、几何特征与物理力学特性外，尚应调查其与地层的切割关系、溶蚀泥化条件、对岩溶发育与地下水径流条件的控制等。

3）对可溶岩坝基，重点应调查可溶岩的溶蚀程度，岩溶发育特征、类型、规模、连通特性、充填情况及充填物性状等，在此基础上，分析其对工程建筑物的影响，以及坝基渗漏的影响。

4）水文地质方面重点调查坝基岩体的透水性特征。

5）可溶岩地层的风化特征除常规的风化现象外，主要以化学风化为主，主要表现为表层溶蚀带、局部沿构造或接触带发育的溶蚀破碎、溶洞区及洞周溶蚀带等，其风化程度的划分实际上主要按岩体的完整性及溶蚀夹泥程度进行。因此，坝基岩体溶蚀风化特征亦应是其勘察重点之一。

6）溶蚀岩体的物理力学特性。

（2）主要勘察方法有：

1）坝基勘探剖面的布置应能满足渗漏、稳定及工程处理方案的需要，除主勘探线外，上、下游应有相应的辅助勘探线，以控制岩溶发育规律；主勘探线上需有足够的勘探资料用以评价坝基水文地质工程地质条件。

2）各条勘探剖面应有物探、钻孔等勘探工作的控制。

3）钻孔间距应以能控制坝基岩溶发育的规模为宜，若需与物探综合使用时，一般间距不宜超过 30m；主勘探线上的钻孔深度一般按 1 倍坝高控制，上、下游钻孔深度可略浅；但当岩溶发育较深且岩体透水率较高时，防渗线上的钻孔深度应进入到微透水地层内；两岸钻孔的布置及深度需满足绕坝渗漏评价及防渗帷幕设计的要求；上、下游围堰钻孔进入弱风化带即可。

4）坝区平洞布置，在预可阶段以能宏观控制坝区岩溶发育规律、岩体风化特征、结构面发育特征等为主；可研阶段则应结合水工建筑物的布置，详细调查坝肩边坡、隧洞进出口等区域的结构面发育特征、风化特征、岩溶发育程度、岩体质量等为主。

5）坝区物探勘测根据勘探的目的不同，需采用不同的方法；以调查河床覆盖层及基岩起伏特征为主时，以地震反射或折射法为主；岸坡部分除地震剖面外，地形条件适宜时，建议采用高密度电法进行勘探，可同时了解岸坡区覆盖层厚度及浅部岩溶发育特征；河床坝基范围内，应结合河床钻孔，开展跨孔 CT 测试，了解孔间岩溶发育规律及岩体的完整性；可布置纵、横钻孔剖面并进行孔内录像，了解坝基范围内可能影响大坝抗滑稳定的结构面的发育情况、岩体完整性；于大坝可能的建基面附近，宜布置必要的变模测试，了解建基面岩体的变形特性；坝基（含岸坡坝基）范围内的钻孔、平洞，均应测试钻孔声波或平洞地震波，以了解坝基岩体质量。

6）坝基范围及防渗线上的钻孔均要求进行钻孔压水试验。当遇规模较大的溶洞时，应开展必要的注水、连通等试验，并取水样、充填物样进行水质分析或测龄。

7）为有效选择大坝建基面，对坝基不同溶蚀风化程度的岩体，均应取样进行物理力学及强度试验。

2.4.3.4 岩溶坝基检测

1. 检测目的

大坝建基面检测的目的是复核原设计工况，并对可能存在的大坝建基面的调整提供充分地质资料，并提前做好施工组织与准备。具体检测目的为：

（1）通过对坝基岩溶化岩体进行各方法的综合检测，对原建基面进行必要的复核；并根据检测资料及实际开挖揭露的地质情况，在满足原设计条件的基础上，综合判断是否对建基面进行适当的调整。

（2）查明坝基可能抬高部分岩体力学强度是否达到原设计所采用的地质参数值，若不能达到，现为多少，尚差多少方能达到设计要求，并为地基灌浆处理提供设计参数。

（3）检测可能抬高部位及坝基是否存在影响坝基变形、沉降与否的隐伏溶洞存在。

（4）进一步查明断层带的破裂面、充填物、性状、影响带及产状的变化情况，沿断层的岩溶发育特征。

2. 检测范围及控制标准

坝基检测的深度及范围应根据坝基覆盖层厚度、岩溶发育特征、可能影响坝基抗滑稳定的夹层的分布情况，以及水工建筑物对坝基岩体质量的要求等，综合确定。

检测控制标准主要根据考虑坝基岩体力学与强度参数是否达到原设计工况值，以及在坝基可能优化的情况下，拟调整建基面承载岩体的物理力学及强度指标能否达到原设计工况值，或需如何对坝基岩体进行加强处理，使其达到原设计工况值。因此，可以以原地质报告建议的力学强度参数值，考虑设计在坝基应力与抗滑稳定计算过程中所用参数的取值情况，提出适当的力学与强度参数，作为大坝建基面检测的标准。

　　3. 检测方法及勘察工作

　　检测工作应根据场地面积、地质条件及可能存在的岩溶水文地质工程地质问题布置。为满足检测精度，达到优化的目的，勘察工作的布置应按纵横勘探线布置，一般勘探线、点间距 5～20m，岩溶较发育或有断层等发育时勘探线、点间距应适当加密。

　　（1）地质测绘。主要是测绘编制开挖后的建基面工程地质图。测绘工作主要内容为：

　　1）岩性变化情况。

　　2）软弱夹层的厚度、延伸长度、泥化情况、泥化层厚度；断层带的出露位置、产状、破碎带宽度、影响带宽度、断层延伸情况、破碎特征、胶结程度、透水性、沿断层溶蚀程度，其与建筑物轴线的关系；裂隙的产状、延伸长度、充填或胶结情况、泥化情况、裂隙面起伏特征及粗糙度、交错切割情况，对可能影响坝基抗滑稳定的缓倾裂隙应详细编录，必要时，统计其连通率大小。

　　3）建基面岩体的风化程度，详细编录断层、软弱夹层及裂隙密集带的岩体风化深度与性状。

　　4）岩溶洞穴的位置、大小、形态、充填情况及充填物性状，对地基稳定有影响的大中型岩溶洞穴，应进行追索及专门调查。

　　5）地下水活动情况，主要是岩溶泉水的出露位置、高程、形态（涌水或渗水、线状流水等）、流量大小、与地层及构造的关系、水温、化学沉积物等，必要时，进行水质简分析试验，判定其对水工建筑物的影响。

　　6）收集施工开挖引起的卸荷回弹、张开及可能发生的地基变形失稳等现象。

　　（2）钻探。钻探目的主要是检测坝基岩体质量、结构面发育情况、岩体风化特征、岩溶发育程度。钻孔深度一般应至原设计建基面以下 10m 左右，最终钻孔深度根据物探检测情况、钻进过程中揭露的地质情况，经综合地质分析后，进行适当调整。

　　为与物探声波 CT 测试手段相适应，并取样进行岩体质量统计，要求钻孔终孔直径不小于 75mm。为能真实反映岩体质量，要求取芯钻孔的岩芯采取率达 90％以上。地质人员需根据坝基岩体检测标准，对钻探所取岩芯进行详细记录与分析、统计。

　　要求河床中心纵剖面（一排）检测孔采用地质钻机进行取芯钻进施工，以获取代表性岩样；另外，取芯钻孔的岩芯也是最终取样进行室内试验的样品所在。其余钻孔施工可采用其他办法进行施工，以加快检测工作的进度，但要求终孔直径不得小于 75mm，并不至于影响物探正常的测试工作。

　　（3）物探。主要采用地质雷达、钻孔声波 CT 透视、单孔声波、钻孔录像、钻孔变模等方法。

　　1）地质雷达。地质雷达用于开挖建基面的检测，已在索风营、构皮滩及三峡、光照等工程中应用，效果较好，尤其是在宏观上对隐伏溶洞的空间位置及规模的探测方面，是其他手段所无法比拟的。

　　地质雷达资料须与钻孔相结合，互相印证，可大大提高其解译精度及钻孔的利用率。

　　地质雷达测线宜沿基坑纵向布置，主要调查坝基下伏岩溶发育特征及可能存在的其他溶蚀现象，主要是岩溶发育的位置、规模。

另外，当基坑范围内发育有岩溶管道水时，为查明管道的位置及规模，在坝基检测过程中，结合建基面的检测，亦可对这些岩溶管道水在建基面上是否还有出口进行调查。

2）钻孔声波CT。一般孔间距25m（声波CT最佳测试距离）以内，主要调查河床坝基横向岩溶发育情况，主要是岩溶发育位置与规模，与地质雷达相互印证。更重要的是，通过钻孔声波CT测试，获取坝基岩体声波波速值，用以确定坝基岩体动力学参数，并最终获取岩体强度及变形指标。

3）钻孔单孔声波。所有检测孔均布置钻孔单孔声波测试，主要获取坝基岩体的纵波波速值，分析岩体的变形特征值。另外，由于最终开挖至最终建基面后，受时间及工作场地影响，已无法进行孔间声波CT穿透试验，为调查爆破对建基面以下岩石的影响，在开挖的建基面上找残孔重新测定岩体声波波速值特征，根据声波衰变情况，确定建基面爆破松动层；此部分工作只有通过单孔声波测试进行。

部分钻孔声波测试孔最好亦是岩芯取样试验孔，以在钻孔声波与岩体物理力学指标间建立相关公式，利于用声波值评估岩体力学强度。

开挖至最终建基面后，在残留的中心轴线钻孔中，重新测定钻孔单孔声波波速，确定爆破开挖对建基面岩体完整性的影响，其中主要是声波衰减值大小。

4）孔内变模测试。视情况对河床中间纵向勘探线上的钻孔作孔内变模测量，与该排孔的单孔声波及室内成果相对比，建立岩体声波、物探变模、室内岩块变模之间的相关关系，推广至大坝建基面上的其他相关声波测试孔上，借以分析整个大坝坝基持载岩体的变形参数空间分布特征。

变模测试点与取样试验相对应一致。

5）孔内录像。全部检测钻孔均宜开展钻孔录像测试，以直观地了解孔内岩性、结构面、岩溶发育特征等真实映像地质特征。

（4）试验。坝基岩体质量检测工作中，试验部分主要进行常规岩体物理力学试验，测试指标须包括岩体容重、变形模量、泊松比、饱和抗压强度及抗剪断强度值。

另外，由于一般坝基检测工作主要针对河床部分，对于河床以上的两坝肩的坝基未作专门要求。但为了获取两坝肩坝基岩体开挖爆破松动层厚度、岩体质量及下伏隐伏溶洞发育的可能性、规模等，为坝肩最终验收及坝基处理提供基础资料，建议在作坝基检测工作的同时，或在坝基最终开挖到位后，及时进行坝肩的检测工作。

2.4.4　地下洞室岩溶工程地质问题勘察方法

1. 勘察内容

（1）地下洞室岩溶工程地质勘察应在调查区域岩溶发育特征和水文地质条件的基础上进行。

（2）调查洞室内的地形地貌特征，剥夷面和阶地的发育情况及分布高程，研究不同地形地貌条件对岩溶发育的影响。

（3）查明地下洞室区碳酸盐岩的类别、分布、产状、厚度及其与非碳酸盐岩层的组合情况。

（4）查明地下洞室区的褶皱形态、性质、特征等，研究不同构造部位对岩溶发育和形态的影响。

（5）查明地下洞室区主要断层的结构面的产状、性质、规模、延伸情况，及其位置与洞室的关系，研究断层对岩溶岩层切割错位情况，断层与岩溶发育关系。

（6）调查地下洞室区的重要岩溶现象，特别是溶洞、溶隙、落水洞、管道、地下暗河等的分布、位置、形态、规模、填充情况，以及它们与洞室的关系。

（7）查明洞室区各岩溶含水层的地下水位、动态规律及最高、最低水位，划分岩溶含水和相对隔水层，查明岩溶泉的出露位置、泉水动态，查明含水层和相对隔水层遭受断层切割的情况，收集历史暴雨强度资料。

（8）根据地下水与河水的补排关系，确定洞室区水动力条件；按地下循环条件，划分岩溶水动力带，并判断隧洞所处的地下水循环带位置。

2. 勘察方法

（1）工程地质测绘及岩溶调查。

1）引水线路区的测绘和调查范围应包括各比较线路及其两侧各 500～1000m 的地带；当岩溶管道水系统的规模较大，对隧洞影响较大时，地质测绘及调查的范围应不限于要求，而应适当扩大至补给区，以对该岩溶管道系统的补给、径流、排泄条件进行宏观分析判断，有利于评价岩溶及地下水对地下洞室的影响。为了对隧洞区的岩溶水文地质条件有全面的了解，为隧洞选线及可能存在的岩溶水文地质问题分析提供翔实的地质资料，天生桥二级水电站前期地质调查的范围除隧洞沿线，向北一直调查至南盘江河谷，向南调查至南相区的安然背斜区；调查的范围近 600km^2。

2）岩溶地区隧洞线路的测绘比例尺一般选用 1:10000，当岩溶水文地质条件极为复杂时，测绘比例尺可选用 1:5000。

（2）物探。

1）岩溶地区，引水隧洞通过地段，多山高坡陡、沟谷纵横，除局部浅埋过沟段外，不宜采用重型勘探工作，而多采用综合物探手段，控制岩溶发育强度、大洞穴位置及地下水位。

天生桥二级水电站早期隧洞区物探调查一般采用地震勘探或电法勘探。前期调查深度较浅，对深部岩溶调查基本无能为力。后者主要用于调查岩溶管道的位置若地下水集中渗流带的位置；但由于其多解性，且隧洞区不可能采用大规模的钻探进行验证，故电法勘探的精度比较低。随着物探技术的发展，至后期一般采用四通道电导率连续成像系统（EH4）、可控源音频大地电磁测深法（GDP32、V6、V8）等方法，探测洞室附近的洞穴和岩溶发育带位置和规模。

2）对过沟浅埋段或地下厂房区，当地质测绘或 EH4 等调查可能存在影响工程建设的岩溶洞穴时，应结合勘探钻孔，采用钻孔层析成像方法，探测钻孔及孔间的岩溶发育情况。

（3）勘探。

1）隧洞线路的钻孔宜布置在地形低洼、岩溶发育、水文地质条件复杂的地段，可能存在大洞穴、大断层、低水位带部位应布置专门性钻孔。

2）钻孔深度应进入洞室底板以下 10～30m，或达到地下水位，或大洞穴底板以下，建筑物区的钻孔深度应视具体要求而定。

（4）水文地质试验与测试：

1）根据隧洞区岩溶水文地质条件，可采用连通试验，对隧洞区岩溶管道水系统的补给、径流、排泄条件进行分析论证。

2）隧洞区钻孔受供水条件、钻孔深度等影响，可不进行压水试验。但所有钻孔均应进行地下水位观测。对可能影响并导致隧洞发生岩溶涌水等问题的大泉水，应进行泉水长期观测。

3）隧洞区应取钻孔水位（必要时分层取水样）、泉水水样进行水质分析，据其水化学成分，分析其渗流条件。

（5）施工期地质工作。前期勘察工作中，受交通条件、作业环境等影响，隧洞区主要勘察工作以地质测绘、岩溶水文地质分析及少量物探为主，开展大规模的重型勘探工作不现实，且控制范围也较为有限。因此，应特别重视施工期的地质工作。通过施工地质编录与分析，验证前期分析资料，尤其是岩溶发育规律及规模、突水等岩溶地质问题，并及时提出地质预报，为设计优化提供详细的地质资料。

施工期地质工作要点如下：

1）随洞室开挖，编录和测绘揭露的断层带、破碎带、岩溶现象和水文地质情况。

2）对前期资料进行验证、分析，并及时进行地质预报，预测可能出现的岩溶地质问题，特别是岩溶突水、突泥问题，为隧洞施工提供相关资料。

3）采用地质雷达对已开挖的洞室围岩进行检测，了解近洞壁一带可能发育的溶洞的位置及规模。

4）利用揭露的管道进行地下水连通试验，利用揭露的涌水点，追索管道位置，选择抽排水位置。

5）根据隧洞开挖揭露的岩溶水文地质特征，以及地质雷达检测发现有异常现区，当分析认为上述岩溶现象或异常区对隧洞工程结构影响较大时，应及时提出补充勘察工作方案，布置钻探、物探等方法，进行补充调查。针对溶洞进行的补充勘察工作应采用钻探及物探相结合的方式进行，方能有效查明溶洞的分布范围、边界特征及深度、充填特征及充填物性状。

6）根据隧洞开挖揭露的岩溶水文地质特征，以及补充勘察工作得到的资料，应及时提出堵、排岩溶地下水和加固处理岩溶地基等措施的建议。

2.4.5 岩溶地区抽水蓄能电站勘察方法

抽水蓄能电站的勘察主要包括区域构造稳定、上库、下库，以及引水发电系统。对岩溶地区来说，区域构造稳定勘察与非岩溶地区无本质差别，下库、引水发电系统的勘察与岩溶地区常规水电水利工程的勘察也基本一样。但受岩溶水文地质条件及可能存在的工程地质问题的影响，岩溶地区抽水蓄能电站的站点选择及上库库盆的勘察与非岩溶地区差别较大，尤其是后者，上库库盆除可能存在岸坡稳定等常规问题外，尚可能存在岩溶地基稳定问题、地下水的顶托等水文地质问题。因此，本节主要就岩溶地区抽水蓄能电站的站址选择、上库库盆勘察进行阐述。

2.4.5.1 岩溶地区抽水蓄能电站站址选择

岩溶地区抽水蓄能电站选点规划需遵循站址资源普查、站址初选、终点站址规划与近期工程选址分步骤由面到点逐步深入的原则，在地区站址资源普查的基础上，进行重点站址规划和推荐近期开发工程。

1. 站址资源的普查

（1）通常是在指定区域内的 1：50000～1：25000（或 1：10000 等）地形图上，查找具备修建上、下两个水库地形条件的站址资源点，并且下水库要有满足电站所需的补水水源条件。

（2）在区域地质图和中国地震动峰值加速度区划图上标出普查站址，了解站址及其附近区域的地层和构造等地质条件，一般排除地震烈度大于Ⅸ度，或有大型区域性断裂通过的站址，同时站址应避开活动性断层及不良物理地质现象发育地段，应配合规划专业进行综合分析比较，选出基本符合抽水蓄能电站建设条件的站址开展下一步工作。

2. 站址的初选

站址初选是在站址资源点普查的基础上，通过筛选后，确定基本满足抽水蓄能电站规划要求的站址作为初选站址，开展现场查勘。初选站址现场查勘主要内容及方法：

（1）了解电站站址及其附近区域有无区域性断裂通过，有无大型滑坡、泥石流等大型地质现象，并分析其对工程的影响。当同一站址有不同库址进行比较时，需查勘各个库址及其相应的输水发电的工程地质条件。

（2）了解上、下水库库坝区的地形地貌、地层岩性分布、地质构造发育程度及规律，岩体风化卸荷情况，地表水及地下水出露情况，岩溶发育情况等。了解坝址沟谷地貌形态，初步确定坝址位置。了解水库周边分水岭的地貌特征、分水岭厚度等，初步分析水库渗漏问题及其防渗形式。对于需要进行人工开挖的水库，需注意调查分析开挖地层性质、地下水情况等，初步分析开挖边坡的稳定性及开挖料用于筑坝的可行性。当岩溶发育程度高时，库盆防渗处理难度大，故上库库盆不宜选在岩溶发育强烈地层中，以及大型岩溶管道或暗河的径流带上，岩溶洼地或天坑等亦不宜选为上库库盆。

（3）了解水库库坝区的地质条件，多泥沙河流水库了解布置拦沙坝、排沙洞的地形地质条件。了解库区泥石流发育情况，库区耕地及居民点分布与水库蓄水的关系，初步分析水库淤积及浸没问题。

（4）了解上、下水库之间山体的地形地质条件，地形完整情况、沟谷切割深度及其发育方向；岩溶地区重点了解站址区的岩溶发育规律，地下岩溶管道水的出露及分布特征。了解输水系统上、下水库进出水口的地形边坡、基岩完整性等工程地质条件。初步确定输水发电系统线路位置。

（5）对于利用已建水库作为上、下水库的站址，了解利用已建水库进行扩建（或改建）的地形地质条件，收集水库及大坝的地质资料。

（6）了解天然建筑材料料场的分布和开采条件。重点是了解库区内有无可用于筑坝的石料场。

通过现场查勘，排除掉不具备修建蓄能电站的站址，选出若干建设条件较好站址，开展站址规划工作。

3. 站址规划与推荐近期开发的站址

在对初选站址进行现场查勘和工程地质条件初步比选的基础上，配合规划确定若干站址作为规划站址，开展进一步的工程地质测绘和勘探工作，并在此基础上推荐近期开发站址。编制站址规划工程地质报告。

站址规划的工程地质勘察需满足水力发电工程地质勘察规范的要求。在此基础上，勘查内容与方法尚需注意下面的问题。

（1）工程地质勘测以地质测绘为主，并配合必要的物探和勘探，布置适量的钻孔机探洞、探坑等。工程地质测绘比例尺不应小于1∶5000；坝址区工程地质测绘图比例为1∶2000，坝址横剖面可进行实测。

（2）收集区域地质资料，根据已掌握的区域构造断裂发育规律，了解区域性构造及其与工程关系，初步判别有无活动性断裂发育，并评价其对工程的影响。初步确定地震基本烈度和地震动参数。

（3）了解站址区可供选择的库址、坝址及其相应的输水发电隧洞线路的地形地质条件，配合规划设计，选择代表性枢纽布置方案重点开展地质勘察工作。水库勘察的重点是单薄分水岭垭口、断裂或岩溶发育部位等，可适当布置钻孔，了解地下水埋深情况，对上、下水库的渗漏可能性做出初步评价，初步建议防渗措施。

（4）在初选坝轴线上布置钻孔，了解坝址区建坝条件。当坝肩山体单薄时，也应布置钻孔，了解坝肩稳定及岩溶渗漏条件。对坝址的工程地质问题初步评价。

（5）了解疏水系统工程地质条件，沿线的地形地貌、地质构造、断层分布及规律；进出水口地段覆盖层厚度、岩体的风化卸荷情况和边坡的稳定情况等，初步评价疏水发电系统工程地质条件，对地下厂房等洞室进行初步围岩分类。

（6）对站址附近天然建筑材料进行普查，为坝型拟定和施工规划提供依据。对料场分布、储量、质量及开采运输条件提出初步地质意见。重点关注上、下水库库区或坝址附近的堆石坝填筑石料料场及混凝土骨料料场，并初步评价工程开挖石料作为天然建筑材料的可行性。

（7）对推荐的近期开发站址提出工程地质意见。相对其他规划站址，近期开发工程应作更为详细的勘察与评价。

2.4.5.2 上库地质勘察

岩溶地区抽水蓄能电站上库库盆大多位于地形高陡的临江峰顶地带。该带大多为早期残留的峰丛洼地或台地地貌，地下水循环主要以垂直入渗为主，并向邻近的干流河道就近排泄。因此，该地区常处于局域分水岭部位。

岩溶地区抽水蓄能电站上库库盆区岩溶多较发育，且水平溶洞（早期残留）和垂直排水的落水洞（后期继承发育）往往同时存在。岩溶发育随地壳的升降，与河流阶地一样具成层性特征。所在地区地表汇水面积不大，但岩溶管道较为通畅，地下水排泄条件好，因而库盆所在区域多无地表水活动，雨季也较少积水。特殊的岩性结构及岩溶水文地质特征，决定了岩溶地区抽水蓄能电站上库库盆存在先天性的渗漏问题（岩溶管道渗漏）。而且此类渗漏问题随强可溶岩地层的分布而无所不在。因此，上库的地质勘察工作重点是查明水库区的岩溶水文地质特征及岩溶发育规律，为水库的防渗处理提供地质依据。

1. 上库岩溶渗漏勘察

岩溶地区抽水蓄能电站上库的勘察除满足水力发电工程地质勘察规范的一般要求外，

在预可行性研究阶段主要采用下列勘察方法：

（1）进行库址区 1：10000 岩溶水文地质测绘，初步查明库址区地形地貌、地层岩性、地质构造，以及岩溶泉水（岩溶管道水系统）的分布情况。

（2）初步查明库址区岩溶发育规律，通过地质测绘及调查，初步查明上库库盆岩溶漏斗、落水洞的分布情况及库盆周边区域水平溶洞的发育情况，分析库址区岩溶发育规律。

（3）根据岩溶水文地质测绘资料及上库区岩溶发育情况，在库盆及附坝位置适当布置物探 EH4 侧线，初步查明库盆深部岩溶（岩溶管道）的发育程度及规模。

（4）在库盆内布置适量的高密度电法测线，初步查明库盆底部覆盖层厚度及浅表层岩溶（溶沟、溶槽）的发育深度及规模。

（5）根据物探测试成果，在附坝区域及库盆内布置一定数量的钻孔，初步查明（验证）地下岩溶管道的规模及充填性质；并在库盆内、单薄山脊、垭口、附坝区域布置一定数量的水文地质钻孔，进行水文地质试验及地下水位长观，初步查明上库库盆区域岩体的水文地质特征。

（6）在库区范围内取岩样、土样进行室内物理力学性质试验，初步了解岩、土体的物理力学性质；并取水样做水质分析试验。

根据上述勘察成果，综合分析上库区的水文地质结构、岩溶发育程度及规模、岩溶管道的分布特征，初步分析水库的渗漏方式及渗漏量，提出上库库盆防渗的初步方案。

在预可行性阶段勘察工作的基础上，可行性研究阶段：主要利用地质测绘（调查）、物探、钻探、水文地质试验的方法，查明水库周边及库盆的岩溶发育程度及规模、岩（土）体的物理力学性质，分析水库的渗漏方式及渗漏量，提出上库库盆的防渗处理方案。

2. 上库岩溶稳定问题勘察

在库盆底板及库周发育有较多岩溶空洞（溶洞、落水洞等），以及地形因岩溶而发育溶沟、溶槽、石芽等岩溶现象的情况下，强岩溶地层上水库库盆可能遇到的工程地质问题主要有地基不均匀沉降、岩溶塌陷、岩溶气爆等。而由于库盆岩体本身排水性较好，外水压力问题一般不突出。

岩溶稳定问题的勘察结合水库的岩溶渗漏问题一并进行，深部岩溶（深度大于 40m）主要采用物探 EH4 进行查明，浅、表层岩溶（深度小于 40m）采用高密度电发效果较好，对于物探测试发现的有一定规模的地下岩溶洞穴需用钻孔进行验证，对于规模较大的岩溶管道，应布置钻孔 CT 予以查明。

3. 水库库岸边坡稳定性勘察

上库边坡分内、外边坡，包括自然边坡和工程开挖边坡。根据岩土特征及成分，工程边坡分为岩质边坡和土质边坡。岩溶地区上库边坡一般以岩质边坡为主，边坡勘察主要包括边坡工程地质测绘，钻探、平洞、竖井等勘探及边坡动态监测、岩土试验。用根据边坡的类型及特征确定勘察方法，获得边坡岩体及其结构面的物理力学参数，进行边坡稳定性分析，对边坡进行稳定性评价。

（1）库内边坡。水库库区内工程边坡多包括防渗面板地基开挖边坡，库内料场开挖边坡、进/出水口段高陡开挖边坡以及自然边坡等。

在基岩内人工开挖的库盆，在有缓倾角软弱结构面发育时，容易造成边坡失稳。

（2）库外边坡。水库外边坡不稳定问题多发生在上水库。外边坡多数情况下为自然稳定边坡但应考虑水库工程对其稳定性的影响和作为天然挡水坝体的安全度要求。

对于岩质边坡，应查明地质构造、岩体结构、风化带、卸荷带发育宽度、地下水形态等，只要存在后缘切割面，在地下水的长期浸润作用下，会导致软弱结构面物理力学指标进一步降低，易产生边坡失稳。

2.4.6 岩溶地区堵洞成库工程地质勘察方法

岩溶堵洞成库勘察，其核心任务是岩溶成库条件的勘察，在查明岩溶发育规律及在工程区的分布情况，特别是对水库渗漏起着关键作用的岩溶暗河或管道系统的详细勘察清楚后，在此基础上，通过适当的工程处理，以达到成库蓄水的目的。因此，岩溶勘察工作应是此类工程建设成败的关键所在，应引起我们的高度重视，从以下几方面进行详细的专门勘察。

2.4.6.1 区域资料收集分析

这里所述的区域资料包括了水文气象、地层岩性、地质构造、岩溶水文地质等综合资料的收集与分析，从中可大致了解工程枢纽区附近区域的水文工程地质条件，如主要断裂构造切割延伸方向，断层性质，沿线水文地质条件，区域地下水的径流排泄方向，各大暗河及泉水的分布和水文动态特征；区域内非可溶岩与可溶岩的分布，以及各可溶岩地层的岩性组合特征、可溶蚀性及赋水性特征等，为初步掌握区域内岩溶发育的主要层位，与区域构造的关系，岩溶洞穴总体发育方向和最低发育底界以及影响岩溶洞穴发育的主要因素等提供基础资料。

2.4.6.2 岩溶水文地质调查与分析

对水库及枢纽区的岩溶水文地质调查工作一般是与工程地质测绘同时进行或者是在工程地质测绘资料的基础上进行专门性岩溶水文地质调查，其内容主要包括河谷地形地貌、地层岩性、地质构造、河谷阶地的地质结构、剥夷面发育情况及分布高程，研究岩溶发育史和水文网演化的关系，岩溶洞穴发育与地文期的关系。

地表岩溶现象调查统计，特别应注意对溶洞、落水洞、漏斗、岩溶管道、地表泉水、暗河、伏流等关系到库坝区可能形成集中渗漏的所有岩溶水文地质现象力争全部统计，并准确标注在相应的地质图上，为进一步分析岩溶发育分布规律提供基础地质资料。对于大型的岩溶洞穴或管道系统还应组织专门的洞内地质调查测绘（展示图）工作，查明岩溶地下洞穴的发育进出口及各段的高程、发育规模、延伸方向、穿越地层、洞内充填情况和洞壁围岩完整性及洞内外水文地质情况等。在此基础上进行室内资料统计分析，统计时，可按不同高程段、不同部位对各类岩溶现象进行分别统计，由此可获知，该工程区域内不同地层岩性、不同构造部位、不同高程段岩溶的发育频度、发育类型、发育方向、规模和连通情况，为初步选择封堵洞穴或暗河洞段、初步选择拟建水库蓄水位和防渗帷幕线走向提供参考。

2.4.6.3 岩溶水文地质勘探

1. 物探

对于以岩溶堵洞成库为目的的岩溶系统勘察对象主要为岩溶洞穴的探测，即根据岩溶水文地质调查分析结果，对可疑渗漏段的隐伏岩溶洞穴和人员不能直接进入实地调查的小规模洞穴或岩溶暗河系统的详细调查，可采用如下方法：

（1）当基岩裸露时，可选用探地雷达、瞬变电磁法、浅层反射波法。

（2）当覆盖层较薄时，可选用电剖面法、瞬变电磁法、高密度电法、浅层折射波法、浅层反射波法、瑞雷波法。

（3）当覆盖层较厚时，可选用可控源音频大地电磁波测试法。

（4）探测隧洞及钻孔周围较近的洞穴系统可采用探地雷达。

（5）详细探测洞穴的位置、规模、延伸、充填情况可采用 CT 探测。

（6）探测孔壁地层溶蚀情况、暗河或泉水在钻孔中的位置、岩溶地下水位等可采用综合测井。

（7）探测泉水和暗河在地表以下的出口位置可选用地温法或红热外成像。

而在岩溶成库勘察及防渗工程处理中，防渗帷幕的实施往往是不可或缺的主要工程处理措施。因此，对防渗帷幕线的剖面探测也必然地成为堵漏成库勘察的重点和关键部位所在，利用物探勘察方法也可获得较理想的效果。可选择层析成像、高密度电法、瞬变电磁法、探地雷达、可控源音频大地电磁测深法、综合测井、同位素示踪等方法，探测防渗帷幕线上的洞穴、断层破碎带、裂隙透水带等渗漏隐患和透水地层、相对隔水地层的分布情况以及测试防渗线（区）分布地层的水文地质参数。在具体探测中，可根据现场的实际勘探工作深度和施工处理情况分段实施，即在勘察的初级阶段，主要进行沿线地面探测：

（1）当基岩裸露时，宜选用探地雷达、瞬变电磁法。

（2）当覆盖层较薄时，宜选用高密度电法、瞬变电磁法。

（3）当覆盖层较厚时，宜选用可控源音频大地电磁波测试法。

在勘察的高级阶段和施工阶段，由于有更多的勘探钻孔、灌浆先导孔及灌浆廊道等作为物探探测的布置基准点利用，使其布置更方便、探测的效果也更好，即：

（1）可利用防渗线上的勘探排孔、灌浆先导孔进行层析成像分析。

（2）当有多层平行的灌浆廊道时，可在相邻灌浆廊道间进行层析分析成像分析。

此外，测试防渗线上地层的水文地质参数可选择综合测井和同位素示踪。

2. 钻探

对堵洞成库的关键部位如堵洞体及其周围，水库区的严重可疑渗漏段等部位应在地质测绘调查和物探探测分析基础上布置适量的钻孔进行核查，如，可直接查明岩溶洞穴或破碎带的位置、规模；查明地层岩性结构、岩溶最低溶蚀基准面和岩体完整性，同时还可利用钻孔的注水试验、抽水试验评价岩体的透水性，利用钻孔声波测试评价岩体质量或 CT 层析成像勘察方法分析岩溶洞穴、破碎带的位置、规模等较详细准确的探测工作，利用钻孔芯样还可以进行岩块室内物理力学试验，利用钻孔孔壁进行现场岩体变形模量试验等以获取溶洞堵洞体周边围岩的物理力学参数。由此可见，钻探方法在堵洞成库勘察中的重要作用，它既是一种直接的勘察手段，同时也为其他勘察方法提供了工作条件，是一种可综合利用的勘察手段。在进行钻孔布置时，应注意钻孔的深度需满足进入隔水层或最低溶蚀基准面以下适当部位，以防止对溶洞之下深层隐伏洞穴的遗漏。

3. 洞探

洞探也是水电工程地质勘察中较常用的一种重要勘察手段，一般较常见的是勘探平洞或斜洞。因其属于重型勘探方法,投入的费用多,施工难度较大,耗时较长,故而,勘探平洞或斜洞的布置多是在其他勘察方法基础上尽量做到少而精。如人能直接进入的水平状大型溶洞或大型暗河,在实施堵洞截水之前,为进一步查明溶洞侧壁岩体的质量即需在堵洞截水墙两端分别布置勘探平洞,并利用平洞进行物探和其他综合性测试工作,以便确定对堵洞截水墙四周围岩体的开挖和工程处理范围,以及对堵洞体周围一定范围内其它隐伏岩溶的进一步探测。这类勘探平洞是在已查明的大型洞穴(如天生桥)两侧的布置,类似于混凝土拱坝或重力坝两坝肩的平洞布置方法。还可以利用平洞进行现场岩体物理力学试验,以获取洞穴堵洞体周边围岩的物理力学参数。而对于隐伏于地下一定深度的大型岩溶洞穴或暗河系统来说,因人员不能直接进入洞穴内进行勘查,对洞穴周围的工程地质条件不能完全查明,不利于堵洞处理方案的正确选择和现场施工,堵洞效果即难以保证,因而,采用探洞追索或(多为斜洞)将地下洞穴与地表某部位贯通,让人员能进入直观查明洞穴内地质条件是十分必要的,而这类探洞的布置方向、倾伏角度、洞长等的考量都必须在地质调查、物探探测和钻孔等勘察基础上进行全面分析,准确计算的基础上进行,其布置和施工开挖难度都较勘探平洞要大得多。在揭露隐伏洞穴之后,视洞内情况决定是否还需要在洞内布置其他勘探工作。

2.4.6.4　现场水文地质试验

岩溶堵洞成库勘察中的现场水文地质试验与一般岩溶地区水电站勘察中的现场水文地质试验相同,其目的是查明岩溶管道或暗河系统的发育方向、高程、规模,分析判断水库建成后,库水的渗漏通道、渗漏能力等。其试验方法也较多,较常见的有地表泉水、暗河流量长期观测,以获取泉井、暗河水质、水温、水量随季节、降雨、融雪等的变化规律;对岩溶漏斗、消水洞、暗河或暗河天窗口可进行抽水或注水试验,以获得漏斗、消水洞的排泄能力参数和暗河的补给能力参数资料;岩溶连通(示踪)试验,以获取岩溶洞穴网络的补排、径流途径资料;对于渗漏条件复杂地段的地下水库勘测,还可在岩溶管道或地下暗河出口段筑坝,抬高地下水位,并对地下水位、各出水点进行观测和对比研究,以查明该岩溶系统的空间分布、补给排泄等规律,为岩溶洞穴封堵处理提供基础地质资料。

此外,还可利用钻孔进行水位观测,压水试验、注水试验、抽水试验或孔间示踪试验,以获取岩体的水文地质参数和地下水流向等资料。

第 3 章　岩溶水文地质分析方法及应用

3.1　地貌及水文网演化分析

3.1.1　地貌及水文网演化分析方法概述

地貌及水文网是地壳表层在各种地质因素的综合作用下，在漫长的地质时期演变的产物。影响其形态和格局的因素较为复杂：内在因素有岩性、地质构造、新构造运动等；外因有风化、剥蚀、侵蚀、重力地质作用、火山、地震及溶蚀等。岩溶地区、特别是西南岩溶区，岩溶作用不仅形成了各种独特岩溶形态，塑造了特别的岩溶地貌景观，甚至对地表及地下水系的发育与演化起到重要的控制作用。因此，可以从地貌形态和水文网的发育与演化过程的研究中，寻找岩溶发育及其演化过程的诸多地质信息，从而分析岩溶发育规律和特点。

随着国内经济建设的发展，各行业根据解决问题的不同目的，对岩溶地貌投入了大量的研究，取得了丰富的成果，并得到广泛的实践运用。

水利水电工程岩溶研究，侧重于对水库成库条件、建筑物安全、施工安全等对工程投资效益有重要影响的岩溶渗漏、岩溶涌水、边坡及地下洞室稳定等岩溶工程地质问题的研究。数十年的工程实践中，通过不断总结，在对各种岩溶工程地质问题研究方面积累了丰富的经验，其中地貌及水文网分析是一种重要的分析方法。

根据岩溶地貌及其形态，地表、地下水系的发育特点及其演化特征分析，可以逆向推理形成这些特征的岩溶地质作用，从而得出重要的岩溶发育规律及特征要素。如大型岩溶洼地、落水洞、岩溶谷地等溶蚀形态的分布，往往代表地下岩溶管道的走向，而大量钙华等析出物的堆积，则代表岩溶地下水的排泄区域；以上形态在平面及空间的分布特征结合河谷及地貌演化过程的分析，可以寻找有关岩溶系统发育及其演化过程中的规律，从而评价对相应工程地质具有重要意义的关键岩溶特征（如主要岩溶管道的空间分布、地下水位、水量等）。总结水利水电岩溶分析和研究的成果，岩溶地貌及水文网演化分析方法可概括为地貌遥感分析法、岩溶形态及其组合特征分析法、水文网演化分析法等。

3.1.2 地貌遥感分析

由于可溶性碳酸盐岩类和非可溶的碎屑岩类，具有不同的波谱特征，利用早期的卫星图像资料和相应的解译软件，可进行可溶岩分布范围的遥感分析。该方法是选取代表性的现场岩性样点，利用 GPS 读取当地坐标，将相应的波谱特性参数定义后，由计算机自动匹配，得到初步的解译成果，再到野外进行复核和修正（图 3.1-1）。

图 3.1-1 索风营水电站库区 TM 影像图（据贵州师大资环系 GIS 遥感中心）

其解译标志如下：①碳酸盐岩类，在图像上地形呈现带状或环状图形，表现为"花生壳"特征，单色图片色调呈深灰色；②碎屑岩类，呈栅状或鳞片状特征，单色图片呈现浅灰色。

　　早期遥感资料有航空照片、卫星图片等，航空照片清晰度高，可解读性强；卫星资料主要有美国地球资源卫星 MSS、TM 和法国的 SPOT 等图像资料，可用于区域水文地质分区，区域构造的解译。

　　近期由于卫星图像分辨率的大幅提高，而且获取较为便利，可以根据清晰的地貌特征，进行可溶岩分布情况的划分，结合区域地质资料，甚至可以进行区域岩溶水文地质单元的划分。此项技术对岩溶水文地质工作具有重大意义，在对一个新的地区开展现场工作之前，地质人员通过高清晰的卫星图像资料，仔细研究目的地及其周围的地形地貌及地表水系特征，可对岩溶发育情况作出初步的认识和判断。可以说，当代遥感分析已经成为岩溶水文地质工程地质勘察及研究工作的重要环节（图 3.1－2）。

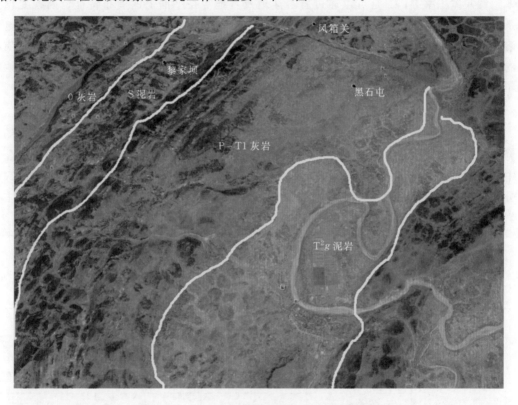

图 3.1－2　乌江中游某河段岩性与卫星影像特征

　　可溶岩地貌是侵蚀作用和溶蚀作用的综合体现，地形一般陡峻而起伏较大，遥感图片中地貌呈密集而复杂的岛状；非可溶岩以侵蚀用为主，地形相对浑圆而舒缓。对比区域地质资料，结合小比例尺地形图（国内一般有 1：1 万或 1：5 万的，偏远地区有 1：10 万的）可圈定可溶岩出露范围。目前利用卫星图像，可以实现区域水文地质单元划分甚至具体岩溶地下水系统划分。特别是在中小型水利工程勘察中，可以根据水库区卫星影像资料，初步划分水库区可溶岩与非可溶岩分布情况，判断水库区地质结构，列出岩溶发育的重点区域，可能存在的岩溶大泉及其补给范围，作为现场工作的重点，开展相应的现场岩溶水文地质测绘及勘探试验工作。指导勘察工作、提高勘察工作效率。

3.1.3 岩溶形态及其组合特征分析

岩溶地貌是各种岩溶形态及其组织在地形外部特征的表现。岩溶形态，可分为两大类：一类是溶蚀形态，有洼地、溶水洞、溶蚀洞穴、溶沟、溶槽等，此类形态既是溶蚀作用的产物，也具有增加地下水汇流入渗、促进岩溶进一步发展的功能；另一类是岩溶地下水的析出物堆积形态，有石钟乳、石幔、钙华椎等。由以上各种岩溶形态组合在地貌上表现为：孤峰、残丘、峰丛洼地、峰林谷地、坡立谷、岩溶盆地。

利用岩溶形态及其组合地貌特征分析岩溶发育规律的方法，宏观上：一是可以通过形态发育频率和规模的统计，分析地形岩溶发育程度，如面积岩溶率、洼地发育频率、洞穴率、洞穴体积率等；二是可以通过岩溶洼地及谷地等在平面上的展布特征、高程变化关系，判断下部主要岩溶管道系统的发育方向，如洼地分析法（邹成杰主编，《水利水电岩溶工程地质》）。微观上：可通过溶蚀面特征判断可溶岩岩性（白云岩、白云质灰岩及质纯的灰岩具有不同的表现）；通过洞穴堆积物进行测年分析，得到相应溶蚀作用产生的地质年代、古气候特征等信息。

1. 岩溶形态特征的统计分析

为表征岩溶发育程度，在岩溶水文综合性地质测绘过程中，往往对各种岩溶形态的发育地层、类型、规划、空间分布情况等进行统计分析。如按地层层位统计各种可溶岩介质中形态发育频率、体积和面积率等特征参数，划分岩溶含水层组；按高程统计地下洞穴的分布特征，评价地壳运动各时期岩溶发育特点及后期演化特征、岩溶发育下限、现代主要岩溶管道系统的规模及分布等。

以下是某工程利用岩溶形态统计资料评价岩溶发育程度、划分岩溶含水层组的实例（见表 3.1 - 1，图 3.1 - 3）。

表 3.1 - 1　　　　　　　　某水库区岩溶形态分层统计表

地　层	形　态	频数/个	频率/%	单位频数/(个·km^{-2})
狮子山组 (T$_2$sh)	溶洞			
	洼地	23	2.5	1.73
	落水洞	12	3.4	0.90
	岩溶泉	1	3.1	0.07
茅草铺组 (T$_1$m)	溶洞	77	47	0.28
	洼地	422	45.8	1.51
	落水洞	196	54.7	0.7
	岩溶泉	13	40.6	0.05
玉龙山段 (T$_1$y^2)	溶洞	55	33	0.30
	洼地	264	28.7	1.43
	落水洞	79	22.1	0.43
	岩溶泉	8	25	0.04

续表

地　层	形态	频数/个	频率/%	单位频数/(个·km⁻²)
长兴组 (P₂c)	溶洞	1	0.6	0.10
	洼地	6	0.6	0.58
	落水洞	6	1.7	0.58
	岩溶泉			
栖霞、茅口组 (P₁m+q)	溶洞	29	17.6	0.44
	洼地	178	19.3	2.7
	落水洞	44	12.3	0.67
	岩溶泉	5	12.5	0.07
娄山关群 (∈₂₋₃ls)	溶洞	2	1.2	0.16
	洼地	28	2.1	1.48
	落水洞	16	1.6	1.25
	岩溶泉	2	3.1	0.16
高台、石冷水组 (∈₂g+s)	溶洞	1	0.6	0.09
	洼地	9	1	1.02
	落水洞	10	2.7	1.14
	岩溶泉	1	3.1	0.11

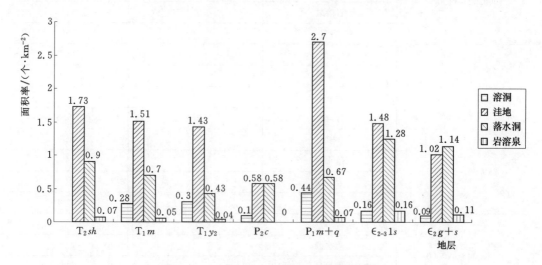

图 3.1-3　某水库区岩溶形态分层统计图

　　根据上述地层岩溶发育程度的统计，可以划分工作区岩溶含水岩组，确定岩溶水文地质单元。

　　利用岩溶形态统计资料作为评价岩溶发育程度时，应注意以下两个方面：一是岩溶形态数量和规模受岩溶含水层厚度及在地表出露面积的影响，如二叠系长兴组在贵州地区层厚一般仅数十米，该岩溶含水层可溶性极强，但出露范围小、补给条件有限，岩溶形态相对少、规模一般较小；二是岩溶发育程度高的层位，岩溶形态规模巨大，数量相对少，如二叠系下统茅口组,在贵州地区为岩溶发育程度最为强烈的地层,其形态规模一般较为巨大,大型岩溶洼地及谷地延伸范围可达上千米甚至十余千米,统计分析时应对资料进行说明。

上述统计资料中未考虑规模因素,有条件的可增加岩溶面积率(单位面积形态所占比率)、地下水径流模数等作为岩溶发育程度的评价因子。

表3.1-2和图3.1-4是某工程按高程进行岩溶形态统计的实例。

表 3.1-2 某水库区岩溶形态高程统计表

高程/m	形态	频数/个	频率/%
1200.00 以上	洼地	651	66
	落水洞	245	68.8
	岩溶泉		
	溶洞	55	30
1100.00～1200.00	洼地	253	25.6
	落水洞	79	22.1
	岩溶泉	1	3.1
	溶洞	36	20
1000.00～1100.00	洼地	68	7
	落水洞	31	8.7
	岩溶泉	4	12.5
	溶洞	36	20
900.00～1000.00	洼地	7	0.7
	落水洞	2	0.6
	岩溶泉	3	9.4
	溶洞	15	8.2
840.00～900.00	洼地	7	0.7
	落水洞		
	岩溶泉	7	21.9
	溶洞	8	4.4
780.00～840.00	洼地		
	落水洞		
	岩溶泉	8	25
	溶洞	17	9.3
780.00 以下	洼地		
	落水洞		
	岩溶泉	9	28.1
	溶洞	15	8.2

统计资料表明，地壳运动过程中，岩溶发育表现出相应的成层性规律（图 3.1 - 4），掌握此规律，对正确评价其对各项工程地质条件的影响有重要意义。如根据统计资料分析侵蚀基准面、岩溶发育深度，进而确定坝基岩溶防渗处理下限，根据岩溶发育规律，合理选择地下工程的布置、尽量避免或减轻可能遇到的岩溶涌水等工程地质问题。

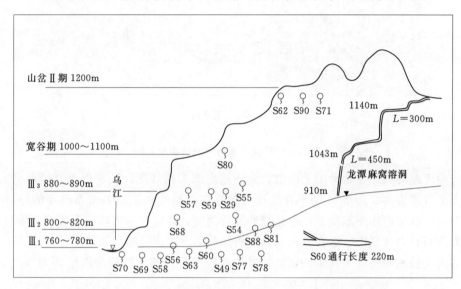

图 3.1 - 4　某库区主要泉水、溶洞与剥夷面及阶地关系示意图

2. 岩溶地貌综合分析

岩溶地下水系统及地貌地质模型见图 3.1 - 5。由于补给区、径流区及排泄区地下水活动具有不同的特点，反映在岩溶地貌形态上有所差异。补给区地下水以分散的垂向运动为主，地貌上以峰丛洼地、溶丘洼地为主，溶蚀形态以规模较小的溶蚀沟槽、竖井及小型溶蚀洼地。径流区逐步形成了地下水汇集通道，地貌上表现为峰丛谷地、或溶丘谷地，岩溶形态以大型洼地、落水洞、天坑等并沿主要岩溶管道呈带定向排列。排泄区往往是本地区地表水及地下水的最低排泄基准，两岸有早期岩溶地下水排泄出口残留的溶洞，并与当地河谷阶地呈一定的对应关系成层分布，在没有隔水层限制的情况下，现代岩溶管道主要出口一般位于河水面以下。

因此，根据地表岩溶地貌特征，可以宏观划分岩溶水文地质单元，判断主要岩溶管道分布情况。根据地表岩溶洼地、落水洞、岩溶谷地等地貌形态在平面上展布特点，结合大型岩溶泉水的分布以及断层、向斜等导水或汇水构造，初步分析主要岩溶管道系统的分布。一般沿可溶岩构面的向斜核部，是地下水汇集区域，地下水活动强烈，是岩溶系统主要管道分布地带，在地貌上表现为岩溶洼地、落水洞呈带状或片状分布，构成岩溶峰丛谷地，谷地的走向指示主要岩溶管道的分布。需要注意的是，当两侧有隔水边界限制时，狭长的紧闭背斜也具有岩溶管道系统的发育条件。

邹成杰等贵阳院上一代地质工作者对陈治平提出的洼地分析法进行总结和发展。该方法是建立在地表洼地等岩溶形态的展布方向、分布高程等与地表、地下水系统具有一定的相关性的基础上。一般情况下，洼地高程随着地表岩溶和岩溶地下水系的发展，从分水岭

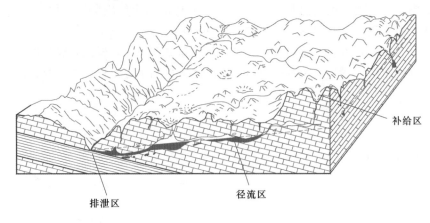

图 3.1-5　岩溶地下水系统及地貌示意图

向排泄方向逐渐降低。在地形图上绘制岩溶洼地底部等值线图，V 字形等高线敞开方向，指示地下水排泄方向，多条 V 字形脊线顶点的连线，通常就是地下水系流经的路线。根据这一原理，在室内作图基础上，进行野外地质调查，详细标示出暗河天窗、岩溶泉出露点的位置和高程，经制图、综合分析，以解析暗河地下水流的运动轨迹。

通过天生桥水电站等工程实例，总结出洼地底等高线的 3 种典型图形形式（图 3.1-6）：

（1）封闭型。等值线图呈封闭形式，代表各自独立的岩溶水文地质条件。

（2）V 字形（开敞形）。等高线呈开敞形，岩溶地下水流向为等高线开敞方向。

（3）马鞍形。两个 V 字形的底等高线相背展开，表明此处为早期分水岭位置，若无暗河袭夺，地下分水岭位置可就此确定。

初步划分岩溶管道系统后，结合排泄区泉点流量、相应补给区岩溶洼地等分布特征，划分系统的汇流面积，按降雨资料及入渗条件做初步的均衡计算，复核相应管道系统的地下水量与汇流范围是否匹配。有条件情况下往往开展洞穴测绘与编录、地下水示踪试验等对相应的岩溶地下水系统进行复核，必要时通过测年资料，对管道系统发育与演化进行更深入的研究。

3.1.4　水文网演化分析

基于岩溶发育条件与水的作用关系，岩溶研究的另一重要途径是通过水文网进行岩溶发育背景分析。根据区域地形、地层分布、地质构造等基本地质条件，研究地表、地下水系发育条件、变迁过程，分析区域地下水排泄基准面的变迁、水文网演化过程，对控制本地区岩溶发育和发展的关键条件进行评价，从而判断关键岩溶特征要素（图 3.1-7）。

水文网演化分析主要研究新生代特别是第四纪新构造运动条件下水文网的发育、发展、演化过程。在贵州中部乌江流域，第三纪以来地壳运动以间歇性隆升为主，在地貌上普遍存在 3 级剥夷面和 4～5 级阶地。关于贵州存在的 3 级剥夷面，大家认识都一致，但划分和定名有所不同，有的分为大娄山期、山盆期、宽谷期 3 级；贵阳院习惯划分为大娄山期、山盆Ⅰ期、山盆Ⅱ期、乌江期，乌江期发育 4～5 级阶地。根据《贵州省地质志》及有关工程测年研究资料，大娄山期形成于早第三纪末、晚第三纪初；山盆Ⅰ期形成于晚

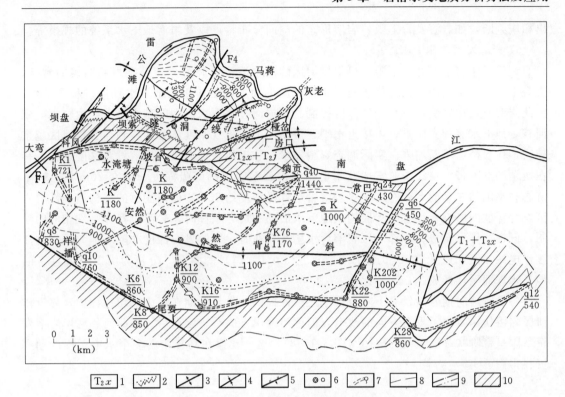

图 3.1-6　天生桥电站岩溶洼地底高等值线图

1—地层代号；2—地层界线及相变线；3—背斜；4—向斜；5—逆断层；6—岩溶洼地；7—暗河及泉水；8—洼地底
高等值线（间距100m）；9—地表及地下分水岭；10—砂页岩；q—暗河、泉水号；K—岩溶洼地号

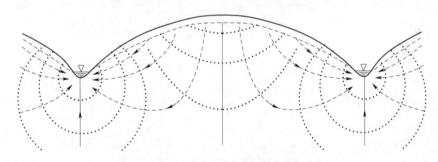

图 3.1-7　岸坡至河谷地下水流网示意图

第三纪中新世末、上新世初；山盆Ⅱ期形成于第三纪末、第四纪初，Ⅱ～Ⅴ级阶地形成于更新世；Ⅰ级阶地及漫滩形成于全新世（欧阳孝忠，《岩溶地质》中国水利水电出版社）。

　　新构造运动对岩溶作用的影响主要体现在对地表地下水排泄基准面的变化方面，即对岩溶侵蚀基准面产生影响。地壳隆升，地表地下水系获得势能，从而产生垂直方向上的岩溶作用；相对稳定期，排泄基准面相对稳定，水文网以横向发展为主，岩溶作用也以横向发展为主。因此在河谷两岸，对应各级阶地，溶洞具有成层分布的特点，这些形态往往是早期岩溶地下水系统的排泄通道。

　　通过水文网及其演化研究，分析区域地壳运动规律，可对以下岩溶发育的重要特征作出相应判断，如岩溶发育下限、岩溶形态的空间分布特点以及岩溶地下水系统的规模等。

1. 岩溶发育下限分析

现代河床岩溶发育的下限，可根据河床两岸岩溶泉及暗河分布情况得到明确的判断，宏观上现代岩溶泉的出口即代表地下水排泄基准面，岩溶作用随地下水径流过程而产生，因此岩溶发育深度受地下水循环深度控制。根据河谷地下水流网的基本特点，由分水岭到河谷，地下水流和先向下、再接近水平、最后向上，流线密度从分水岭到河谷排泄区越来越密，代表径流不断加强。实际调查资料显示，靠近河谷排泄区，岩溶发育深度加大，存在所谓的虹吸带。乌江中游索风营水电站河段岩溶管道的虹吸深度一般在 20m 左右，下游思林水电站左岸的 K30、K31 等岩溶管道虹吸深度约 35m。值得注意的是构造条件对岩溶发育深度的影响，当有隔水层构成地下水活动的边界条件时，岩溶发育亦受到相应的限制，同样，导水构造、深部承压岩溶含水构造存在时，岩溶发育深度亦随之加大；如乌江渡水电站在河床以下 220m 仍发育有规模达 9m（洞高）的溶洞，分析为沿 F20 断层带的地下水深部循环形成。

各级阶地时期岩溶发育下限也受上述条件控制，虽然后期在河床下切过程中，靠近排泄区岩溶作用发生了垂直方向的改造，但远离河岸方向有一定滞后。因此河谷两岸岩溶发育下限呈台阶状逐渐上升的规律（图 3.1-8）。这一规律在乌江中游多个水电工程的勘察资料得到证实。

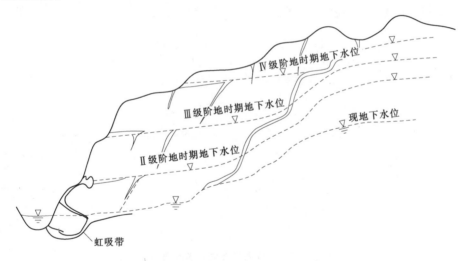

图 3.1-8　岩溶发育下限示意图

2. 地下水补给、径流、排泄区岩溶发育的差异性

分水岭地区为地下水补给区。地表地下径流分散，地下水以垂直运动为主，形成溶沟溶槽及竖井等岩溶形态，规模较小，但发育频数较高。径流区地下水逐渐汇集，有一定规模，同时接受途经范围上部的入渗补给，上部分布有落水洞、岩溶洼地等岩溶形态，下部发育岩溶管道。排泄区地下水集中，形态以溶洞、管道为主，相对集中、规模大。

3. 岩溶形态的空间成层性分布特征

受地壳运动、地下水排泄基准变迁的影响，不同时期形成的岩溶形态在空间分布上表现有成层分布的特点。

4. 岩溶地下水系统类型与规模判断

受地质条件、河流侵蚀作用强弱、汇流面积等因素影响，地表地下水系的发育和演化，可分为悬托型、袭夺型、衰减型等。

（1）悬托型。如图 3.1-9 所示，受下部隔水地层构造的封闭构造条件限制，水系未能在形成后的地壳抬升运动中随侵蚀基准面向下转移，汇流面积变化不大。这种条件下的水文网控制范围内，岩溶发育基准面未产生大的变化，岩溶发育特点主要是向水平方向的拓展，在垂直方向上受限、岩溶发育的层数有限，发育深度边界条件明确，相应流域控制范围内所有岩溶地下水系统的排泄仍在该水系内。由于在长期侵蚀作用下，其汇流面积不断减小，后期岩溶作用逐渐减弱。该类岩溶地下水系统的岩溶发育特点是有明确的发育下限，形态分布范围有限，但局部发育程度可能很高。

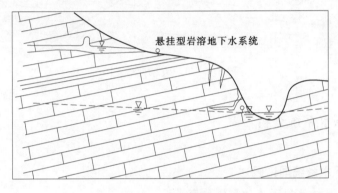

图 3.1-9　悬挂型示意图

（2）袭夺型。如图 3.1-10 所示，随着地壳隆升、侵蚀基准面向下转移，岩溶作用在水平方向上和垂直方向上均相应发展，形成的地表、地下水系统规模不断扩大，其边界不断扩展，袭夺甚至完全兼并了附近早期形成的水系。此类岩溶地下水系统的岩溶发育特点较为复杂，岩溶形态空间分布具有多层性，地壳运动过程中不同时期形成的岩溶形态与各级剥夷面或阶地具有对应关系。地表、地下水系的排泄出口一般位于侵蚀基准面附近。

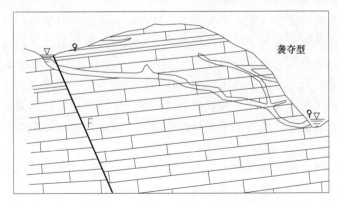

图 3.1-10　袭夺型示意图

（3）衰减型。如图 3.1-11 所示，早期形成的地表、地下水系，在后期发展过程中，受汇水面积、地质构造条件等限制，侵蚀、溶蚀作用较弱，受周围系统的不断袭夺，其规模逐渐减小。此类岩溶地下水系统岩溶发育强度相对较弱，岩溶形态空间分布范围有限，往往处于分水岭地带或河谷岸坡部位受地质条件限制的孤岛效应区域。

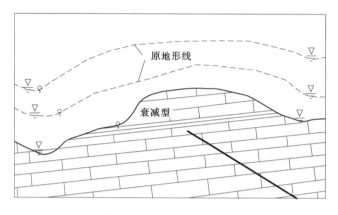

图 3.1-11　衰减型示意图

3.2　岩溶地下水系统分析

3.2.1　岩溶地下水系统理论概述

1. 地下含水系统及地下流动系统的概念

地下水系统概念的出现，是系统理论在水文地质学中的渗透，也是水文地质学发展的必然结果。关于地下水系统的提法，主要包括地下水含水系统和地下水流动系统。

根据《水文地质学基础》（王大纯，张人权，等．地质出版社出版，2006 年）：地下水含水系统指由隔水层或相对隔水层圈闭的、具有统一水力联系的含水岩系。一个含水系统往往由若干含水层和相对隔水层（弱透水层）组成。然而其中的相对隔水层并不影响含水系统中的地下水呈现统一水力联系。

地下水流动系统是指由源到汇的流面群构成的，具有统一时空演变过程的地下水体。

含水系统与流动系统是内涵不同的两类地下水系统，但也有其共同之处。两者都摆脱了长期统治水文地质界的"含水层思维"，不再以含水层作为基本功能单元。前者超越单个而将包含若干含水层与相对隔水层的整体作为研究的系统。后者摆脱了传统地质边界的制约，而以地下水流为研究实体。两者共同之处在于：力求用系统观点去考察、分析、处理地下水问题。由此可见，地下水系统概念的提出，意味着水文地质学的发展进入了一个新的阶段。

我们之所以认为含水系统与流动系统都属于地下水系统，是因为两者虽然从不同角度出发，但却都揭示了地下水赋存与运动的系统性（整体性）。

含水系统的整体性体现于它具有统一的水力联系：存在于同一含水系统中的水是个统一的整体，在含水系统的任一部分加入（接受补给）或排出（排泄）水量，其影响均将波及整体含水系统。也就是说，含水系统作为一个整体对外界的激励做出响应。因此含水系统是一个独立而统一的均衡单元，可用于研究水量及至盐量与热量的均衡。含水系统的圈划，主要是着眼于包含水的容器（柴崎达雄，1982），通常以隔水或相对隔水的岩层作为系统边界，它的边界属地质零通量面（或准零通量面），系统的边界是不变的。

地下水流动系统的整体性体现于它具有统一的水流，沿着水流方向，盐量、热量与水量发生有规律的演变，呈现统一的时空有序结构。因此，流动系统是研究水质（水温、水量）时空演变的理想框架工具。流动系统以流面为界，属于水力零通量边界，边界是可变的。从这个意义上说，与三维的含水系统不同，流动系统是时空四维系统。

将以上概念很容易地应用到岩溶水文地质的研究，对应的含水系统和流动系统分别称为岩溶含水系统和岩溶地下水流系统。岩溶含水系统着眼于介质空间的归纳和描述，岩溶地下水流动系统着眼于地下水体的研究。

2. 地下水系统的级次性

含水系统与流动系统都具有级次性，任一含水系统或流动系统都包含不同级次的子系统。图 3.2-1 为由隔水基底所限制的盆地，构成一个含水系统，由于其中存在一个连续分布的相对隔水层，因此含水系统上下两个子含水系统（Ⅰ、Ⅱ）。盆地中发育了两个流动系统（A、B），A 为简单的流动系统，B 为复杂的流动系统。

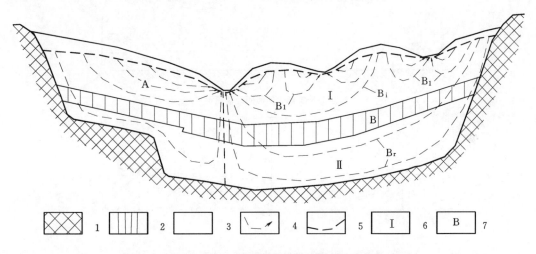

图 3.2-1　含水各系流及流动系流示意图

1—隔水基底；2—相对隔水层（弱透水层）；3—透水层；4—流线；5—流动系统边界；6—子系统代号；
7—子流动系统代号，B_r、B_i、B_1—B 流动系流的区域的中间的与局部的子流动系流

B 流动系统可进一步划分为区域流动系统 B_r，中间流动系统 B_i 及局部流动系统 B_1。

同一空间中含水系统和流动系统的边界是相互交叠的两个流动系统。A 和 B 均穿越了两个子含水系统Ⅰ和Ⅱ。同时，由于子含水系统的边界是相对隔水的，或多或少限制了流线的穿越。在流动系统 B 中，除了区域流动系统的流线穿越了两个子含水系统外，局部流动系统和中间流动系统的发育均限于上部子含水系统Ⅰ中。

从图 3.2-1 中可以看出，控制含水系统发育的，主要是地质构造，而控制流动系统发育的，主要是地下水势场（地形、水文、气候）。

3. 地下水系统特征

（1）含水系统特征。含水系统总是发育于一定的地质构造之中，对于岩溶含水系统，总是发育于可溶性岩石介质中，有时一个独立的可溶岩含水层就构成一个含水系统。受相变、断层的影响，导致隔水层尖灭或断开联系时，多个可溶岩含水层则构成统一的含水系统。受褶皱构造影响，同一可溶岩含水层也可以形成两个以上含水系统。因此只有查明含水层之间的水力联系状况后，才能正确地圈划岩溶含水系统。

（2）流动系统特征。驱动地下水运动的主要能量是重力势能。重力势能来源于地下水补给。大气降水或地表水转入地下水时，便将相应的重力势能加诸于地下水。即使地面入渗条件相同，不同地形部位重力势能的积累仍有不同。地形低洼处地下水达到或接近地表，地下水位抬升增加地下水排泄，从而阻止地下水位抬高。因此，地形低洼处通常是低势区——势汇。地形高处，地下水位持续抬升，重力势能积累，构成势源（图 3.2-2）。

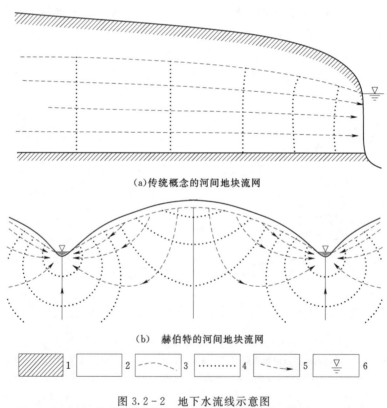

(a)传统概念的河间地块流网

(b) 赫伯特的河间地块流网

图 3.2-2 地下水流线示意图
1—隔水层；2—透水层；3—地下水位；4—等水头线；5—流线；6—地表水

在实际工作中，往往出现非承压地质结构的河床附近地下水有承压特征。对此，英格伦作了很好的解释（Engelen，1986）。势能包括位能与变形能（压能）两部分。地下水在向下流动时，除了释放势能以克服黏滞性摩擦外，还将一部分势能以压能形式储存起来。而在作上升运动时，则又通过水体的膨胀，将压能释放做功。

同一可溶岩介质场中可以发育多个地下水流动系统，其规模（所占空间）取决于以下两个因素：①势能梯度（*I*），等于源汇的势差除以源汇的水平距离，势能梯度越大的流动系统规模越大；②介质渗透性（*K*），透水性愈好，发育于其中的流动系统所占居空间愈大。当可溶岩介质空间足够（隔水底板足够深）时，除局部系统外还发育有区域流动系统。在地壳运动抬升、河谷下切过程中，形成更低的排泄（汇）条件时，也会形成新的区域流动系统（图 3.2 - 3）。

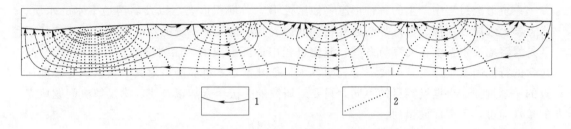

图 3.2 - 3　层状非均质介质中地下水流动系统示意图
1—流线；2—等水头线

　　因岩溶地下水在流动过程中，不断与周围介质相互作用，地下水水质、水温、电阻率等随流动过程而呈现时空有序的变化。

　　4. 岩溶地下水系统分析方法

　　将地下水系统理论应用到岩溶水文地质研究，即岩溶地下水系统分析方法。根据目的不同灵活应用：可以利用含水系统的概念，分析可溶岩介质空间分布条件及边界特征。利用流动系统概念，分析岩溶地下水流动系统特征。

　　岩溶地下水系统分析方法的基本原理，是以岩溶暗河及大泉等地下水系统为主线，通过对介质场（地质背景）、势场、渗流场、化学场、温度场等资料所包含的大量岩溶及水文地质信息的综合分析，逐渐丰富和完善我们对研究对象的认识。岩溶地下水系统分析方法是假设演绎法。首先根据已有资料和信息，如区域地形地貌、地质构造特点、相应岩溶含水层中岩溶形态发育基本特征及岩溶泉的分布，假设岩溶含水系统及其中发育的岩溶地下水流动系统，再通过专门的勘察工作从各方面加以验证。实际工作中能够收集的资料往往不够完善，根据已知的资料勾划地下水流动系统的轮廓，再根据取得的勘察资料，演绎出应有的规律和现象，是复杂岩溶地区水文地质工作的有效方法。

　　岩溶地下水系统往往十分复杂，要完全查明系统的各项条件，难度和工作量都是巨大的，实际工作中可根据需要解决的具体工程问题，围绕关键的岩溶水文地质特征展开勘察和研究。另一方面，系统包涵庞大的各种信息，有些信息具有多解性，需要通过另外的信息加以甄别。

　　以上介绍可知，借助于地下水流动系统理论，在研究一个岩溶地区水文地质条件时，首先应分析可溶岩介质场（取决于岩溶含水地层的空间分布，地质构造）与势场（取决于地形地貌、水文、气象等因素），从而对研究区渗流场（地下水流动系统）建立模型框架。根据渗流场、温度场、化学场、电阻率场之间的内在联系，对比区域地壳运动及地貌特征，结合区域水文网演化，分析岩溶发育与发展的时空变化，通过不同通道取得的资料相互核对，逐步确认有关演绎和判断。

3.2.2　不同勘察任务系统特征要素选取

一个岩溶地下水系统包含了众多层次的子系统及大量的信息，这些信息分别映射了系统形成的条件及产物，通过各种信息的分析，逐步实现对岩溶地下水系统的有关特征的认识，分析形成系统的内外条件（如介质条件、气候条件、水文条件）。

系统形成过程中产生的各种形态（如溶蚀形态、堆积形态）以及岩溶地下水的水质、水化学、水温、水位、流量等与系统相关的因素共同构成了系统的特征因素。系统特征因素是岩溶地下水系统在发育与发展、演化过程中逐渐形成的，因岩溶地质作用的复杂性，包含的特征因素十分复杂，要完全查明各项特征基本是不可能的，对其勘察认识是逐渐逼近的一个过程。根据勘察目的不同，只要对研究的关键因素加以查明、满足解决问题所需的条件即可，不需面面俱到。

1. 水库渗漏研究的关键特征要素

重点研究岩溶地下水系统边界特征，发育、演化特点，地下岩溶形态分布特征、岩溶地下水水位及其变化特征、水化学特征等与水库成库条件有关的要素。通过对水库成库条件有重要影响的各岩溶地下水系统边界条件及地下水位、主要岩溶形态（特别是主要过水岩溶管道）空间分布特征的分析，评价水库渗漏条件、确定防渗处理的边界和关键位置。

水库是否构成岩溶渗漏的关键因素主要有以下方面：

（1）水库区是否具有由非可溶岩构成的隔水边界。有完整的边界且在水库正常蓄水位高程范围内形成封闭的构造条件时，不会产生水库岩溶渗漏；没有边界或边界不封闭，需要进一步研究库内外岩溶地下水流动系统之间的水力联系及岩溶形态（溶洞、管道等）在正常蓄水位高程范围内的关系。

（2）库区范围内岩溶含水系统发育的地下水流动系统是否排向库内，其高程是否高于水库正常蓄水位。若库区范围所有岩溶含水系统发育的地下水流动系统出露高程均高于水库正常蓄水位，不会产生水库渗漏；流动系统出露高程低于库水位，需要分析库内外系统间边界条件（地下分水岭），有明确边界，且边界高于水库正常蓄水位的，不会产生水库岩溶渗漏。如猫跳河6级水电站，坝址下游右岸发育有一岩溶地下水流动系统，勘察分析认为该系统与水库没有水力联系，未作专门的防渗处理，水库于1974年2月建成蓄水，运行至今未产生岩溶渗漏。

（3）正常蓄水位范围内库内外流动系统是否具有可能连通的岩溶形态。若库内外岩溶地下水流动系统在发育和发展过程中，形成的岩溶形态没有构成连通或联系的可能，则不会形成岩溶型渗漏；库内外流动系统在发育过程中形成的早期管道等岩溶形态在正常蓄水位范围有联系，或通过构造裂隙等构成可能的联系时，则有可能形成岩溶型水库渗漏，需要进行防渗处理。如猫跳河4级水库蓄水后，库水通过左岸局部岩溶地下水流动系统管道，与小坝暗河管道沟通，形成岩溶渗漏，在处理过程中，通过对下部管道和上部管道逐步封堵，完成了大流量岩溶渗漏的处理。东风水电站右岸河湾地块上游发育有鱼洞系统，下游发育有凉风洞暗河系统，两系统间在边界附近均发育有规模较大的溶洞、竖井等岩溶形态，水库蓄水后，可能沿上下游系统间的岩溶形态产生岩溶渗漏，因此用防渗帷幕实施拦截。水库运行至今，未出现岩溶渗漏。

2. 地下洞室稳定与涌水涌泥研究的关键特征要素

重点研究岩溶地下水系统边界特征，发育与演化特点，在演化过程中形成的汇流范围变化，各时期地下岩溶形态分布特征，洞穴堆积物充填特征，岩溶地下水流量及动态特征等。对可能产生岩溶涌水、涌泥的部位、规模等进行预测和判断。

影响地下洞室稳定的主要是岩溶洞穴规模和充填特征。岩溶洞穴及充填特征与其在地下水流动系统中的位置有关，早期形成的洞穴形态，由于地下水活动已经向下转移，除降水入渗以外，地下水活动减少，未充填的溶洞稳定性一般较好，不会产生涌水涌泥的地质问题；反之，处于地下水活动范围的洞穴形态，容易产生涌水涌泥，若地下洞室顶部及边墙位于地下水位及充填物以下，围岩稳定性较差，涌水涌泥问题突出，若地下洞室基础位于地下水位附近的，充填物构成的地基稳定性差、变形强烈，往往需要专门处理。如天生桥水电站引水隧洞，穿越多个地下水流动系统，施工过程中遇到大流量岩溶涌水及深厚的充填物地基稳定问题。

勘察工作中，通过分析地下洞室与地下水流动系统间的空间关系，预测可能出现的岩溶水文地质问题，有利于设计人员在设计过程中充分考虑加以避让。施工期施工单位根据地质预测采取必要的防范措施。乌江思林水电站左岸坝址附近垂直河谷发育有大型岩溶管道 K_{31}，施工前期通过详细的勘察，导流洞布置于两个岩溶大厅之间，避免了大规模涌水，围岩也很完整，见图 3.2-4。

3. 岩溶塌陷研究的关键特征要素

岩溶地下水系统边界特征、地下岩溶形态分布特征、岩溶地下水位及其变化特征等。关键要素是查明评价区域岩溶地下水系统分布情况、上覆岩、土体结构特征及厚度、岩溶地下水枯、汛期变化幅度，通过计算、分析产生塌陷的可能性，划定危险程度分区。

3.2.3　岩溶地下水系统分析在水利水电工程勘察中的应用

应用岩溶地下水系统理论对研究区域岩溶发育特点进行分析的核心内容，是划分岩溶地下水流动系统，因此技术要点是围绕构成系统的基本地质条件、补给区地形地貌、汇水的岩溶形态（洼地、岩溶槽谷、落水洞等）、排泄区岩溶暗河及泉点等进行普查，分析相应的岩溶含水介质空间分布情况、划分岩溶地下水流动系统；随着工作的不断深入，再将陆续取得的地下水位、水质分析成果、流量观测资料、示踪试验成果、物探测试成果等进行对比，逐步丰富和完善有关岩溶地下水系统的地质信息和特征参数。

1. 确定岩溶含水介质空间及边界条件

根据地质测绘成果，按岩溶含水岩组及其构造组合，确定岩溶含水介质空间及边界条件。该项工作可利用收集的区域地质资料、地质测绘资料对研究区岩溶含水介质的空间分布情况进行分析。工作中应注意地质构造的分析，由于断裂构造的切割，不同地层单位的岩溶含水岩体在空间上可能相互联系构成统一的岩溶含水介质（图 3.2-5）。

受物质组成、结构构造特性、空间分布规模、地质构造等影响，岩溶含水介质的溶蚀特性有较大差异，不同程度对地下水流动系统规模及其形态特征有相应影响。贵州地区岩溶作用极为强烈的有三叠系下统夜郎组、二叠系上统长兴组、下统茅口组、栖霞组以及石炭系等石灰岩组；其次为三叠系下统茅草铺（永宁镇）组、奥陶系下统、寒武系等白云

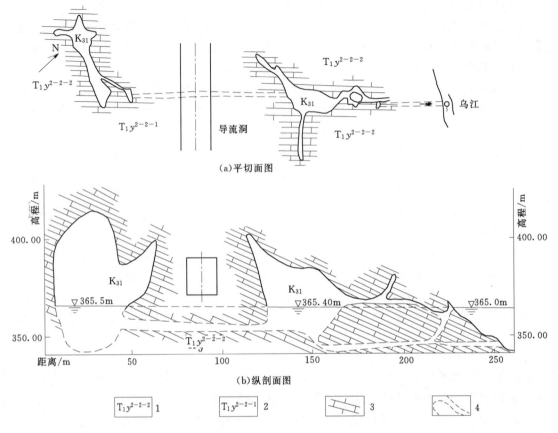

图 3.3-4　乌江思林水电站坝址区 K_{31} 岩溶系统剖面图

说明：1. 该溶洞地面进口高程 381.54m，PD-23 平洞揭露溶洞系统；2. 溶洞内见钟乳、石笋等；

3. 溶洞型式厅堂型；4. 溶洞内常年有水，与乌江的水位连通较好

1—灰色厚层块状灰岩；2—灰色厚层、中厚层灰岩；3—灰岩；4—实测及推测岩溶管道

岩、白云质灰岩岩组。在评价过程中，一般结合岩石化学分析资料、岩石结构构造、出露厚度等进行岩溶层组的划分。

确定可溶岩介质空间分布特征、划分边界条件，宏观上确定了地下水流动系统发育的空间条件，为进一步的分析评价提供了基础，具有指导作用。

2. 划分岩溶地下水流动系统

在划定可溶岩介质空间边界条件基础上，根据代表性的岩溶泉、暗河等岩溶地下水排泄系统为单元，划分岩溶地下水流动系统。一般每个岩溶泉具有独立的补给、排泄区域，构成独立的岩溶地下水流动系统，应注意同一岩溶地下水流动系统有多个排泄点（泉群），或枯、汛期有不同排泄出口的情况。

根据排泄区岩溶泉水出露的地层层位、高程，初步判断其系统发育的介质空间（注意：同一岩溶含水岩组构成的介质空间内，可能发育多个岩溶地下水流动系统），再根据流量观测资料、示踪试验、水质分析、水温测试成果等，初步进行计算分析，划分其补给区范围，判断系统规模。

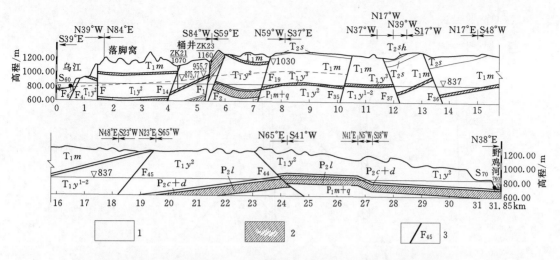

图 3.2-5　受构造切割，不同地质单位构成统一岩溶含水介质示意图
1—岩溶含水介质；2—隔水岩组；3—断层及编号

　　根据以上流动系统的划分情况，可以确定勘察方案，针对需要验证的岩溶水文地质条件，布置相应的勘探试验工作以及地质工作。

　　3. 岩溶地下水系统关键特征的确定

　　岩溶地下水系统的勘察，应在详细分析系统发育边界条件、深部地质结构的基础上，拟出可能产生水库渗漏的重要地段，如构造上可溶岩介质贯穿水库内外连续分布地带、沟通水库上、下游的透水性断裂带及断层破坏隔水边界而形成的构造切口等。

　　外业工作应先进行现场地质测绘，复核地质构造、关键地带岩溶泉水出露情况，必要时进行地下水动态观测及示踪试验，并对关键溶洞进行调查，收集系统岩溶形态发育资料，统计分析其发育规律。

　　在地质复核的基础上，针对可能产生渗漏的关键部位布置物探、钻探等勘探工作，查明岩溶发育情况、岩溶地下水位等关键特征。

　　岩溶水文地质勘探工作布置原则如下：

　　(1) 先用物探方法进行一定范围的搜索，针对可疑的异常带再布置钻探。

　　(2) 因岩溶发育的不均匀性，为保证钻探资料的代表性，重要部位的岩溶水位一般要2 个以上钻孔观测资料进行验证。

　　(3) 具体钻孔孔位的布置，应尽量靠近分析的主要岩溶管道，一般选择代表性的岩溶洼地或有明显补给的落水洞附近。

　　(4) 为充分发挥勘探工作效率，孔内进行物探综合测试，发现大型溶洞或岩溶地下水的，在孔内进行示踪试验，确定地下水排泄方向。

　　(5) 注意钻探过程中各种地质信息的收集，坚持钻进过程中起下钻地下水位或冲洗液水位变化情况的观测，根据其变化情况结合岩心溶蚀现象、溶洞充填物、返水特征等综合分析孔内岩溶发育情况（图 3.2-6）。

　　岩溶地下水系统关键特征分析，应注意各项地质信息及勘探试验资料的综合运用，有

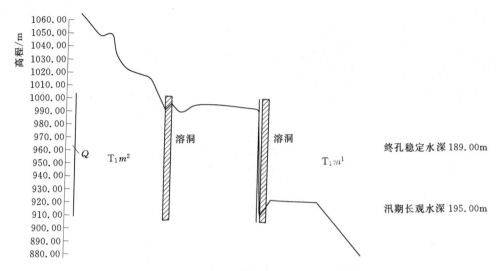

图 3.2-6　孔内地下水位随钻进深度变化与地质条件对比

多种可能时，利用资料以排除法相互验证。分析内容一般包括空间水文地质边界、系统各时期岩溶形态及主要岩溶管道分布特点、各系统间水力联系、系统规模等。

（1）水文地质边界及其空间分布特征。详细分析地质构造条件及其深部可溶岩、非可溶岩组合关系，研究系统发育的介质空间构成，判断岩溶地下水流动系统的发育层位，控制的流域范围；根据研究区地形地貌特点、河流阶地发育特征，分析区域地壳在新构造时期的运动规律，对应的岩溶地下水系统发展变化情况，最终评价系统平面及空间边界条件、主要岩溶形态在空间的分布特征。有了以上分析工作为基础，勘察工作的重点自然明确，形成的勘察方案更具有针对性和有效性。布置勘察工作时，应注意物探和钻探点面结合综合方案的应用，物探技术发展较快，目前对深部有明显物性参数差异的地质结构探测深度已达 400m 左右，在有钻探工作验证的条件下，其解译精度足以满足宏观地质结构的分析。

（2）岩溶形态及岩溶地下水系统主要岩溶管道勘察。该项工作是岩溶勘察的重点，目的是对重要部位岩溶发育特征的勘探，查明研究深部范围岩溶发育的规模和分布高程、岩溶地下水位等。岩溶地下水系统是经过较长地质时期形成的复杂产物，形态众多且分布范围大，应根据研究目的有重点选择勘探对象。水利水电工程中也有不同的重点：水库渗漏勘察，对岩溶形态及主要管道的勘察，重点是排泄出口低于水库正常蓄水位的地下水系统主要管道、与下游可能构成渗漏途径的系统间边界（地下分水岭）附近岩溶发育深度、岩溶水埋藏深度等，排泄出口高于水库正常蓄水位的系统，不必要进行勘探工作。枢纽区，针对建筑物布置特点，只对建筑物有影响的溶洞、岩溶管道进行勘察，以满足相应建筑物工程地质评价要求为原则。

（3）验证岩溶地下水系统间水力联系。对可能产生水库渗漏的上、下游地下水系统，须分析其发育与演化条件，验证系统间在水库蓄水条件下，是否沿早期管道产生水库岩溶型渗漏。可采用场分析的方法，利用化学分析、示踪试验、溶洞堆积物测年等资料所代表的地质信息，综合分析其演化过程中的相互关系，预测水库蓄水条件下其边界条件变化，从而评价水库渗漏条件。

（4）确定岩溶地下水系统规模。根据岩溶含水系统的分布情况、地形上具备补给条件的范围、地下水流量观测资料与降水资料等采用地下水均衡理论综合分析，确定岩溶地下水系统补给区范围、主要管道分布趋势、对应排泄区河谷发育各时期的溶洞等岩溶形态的分布高程等。根据对工程建筑物有关工程地质问题的影响不同，分别对岩溶地下水流量、溶洞规模、洞穴充填物和堆积物性质、规模等进行勘察，以满足有关工程地质评价的要求。可综合钻探、物探、洞探等多种技术方法。

综合以上过程，岩溶地下水系统分析的原则是先利用有限的资料构建岩溶地下水系统边界条件，再随着勘察研究工作的深入不断丰富资料和内容，是一个由宏观到微观、由浅入深、不断完善的认识过程。根据解决工程地质问题的不同，有所侧重。

3.2.4　其他岩溶勘察要点

岩溶地下水系统分析，主要技术思路是围绕岩溶地下水系统介质空间、边界、岩溶形态及地下水等特征进行定性及定量分析，根据研究目的不同、各有侧重。对地下工程、地质灾害、地下水资源等岩溶勘察及分析要点作如下分析。

1. 岩溶地区地下工程勘察

岩溶对地下工程的影响，一般情况下主要是溶洞及溶蚀破碎带对围岩稳定性的影响和岩溶地下水造成的施工期地下泥石流及岩溶涌水影响。

（1）岩溶区地下洞室成洞条件勘察。分析研究要点是地下工程范围内岩溶形态分布情况及规模、溶蚀带影响范围以及溶洞充填物、堆积物特性等，对于岩溶地下水系统的其他特征和要素则不需要深入勘察。对于地下厂房等分布位置相对集中的地下工程，勘探工作布置相对明确，可利用钻探结合孔间电磁波或声波 CT、洞探结合洞间 CT、地质雷达等技术方法进行勘察。对于分布范围大的隧洞工程，查明沿线岩溶发育情况在技术和经济上均不具备条件的，可在宏观分析沿线岩溶地下水系统发育条件的基础上，概略地评价相应的岩溶工程地质问题，提出施工期预测和超前预报工作方案，做好有关应急预案，可以有效控制工程风险。

（2）地下工程岩溶涌水及地下泥石流预测评价。岩溶地区地下工程，可能遭遇岩溶管道、施工过程中出现岩溶涌水、饱水的溶蚀破碎带或溶洞充填物（堆积物）形成地下泥石流等工程地质问题以及岩溶地下水对地下工程正常运行的不利影响等。

研究工作重点是岩溶地下水系统的规模、涌水段主要岩溶管道的空间分布及走向，系统规模可通过排泄区流量观测、系统汇流范围等进行综合分析。在判断主要岩溶管道分布情况的基础上，有条件的可布置合适的勘探工作进行勘察，不具备勘探工作布置条件的，进行预测评估，制定相应的监测预报方案，提出相应的封堵、疏导、避让措施建议，要求施工过程中做好相应的应急预案。

2. 岩溶塌陷地质灾害评估及勘察

岩溶地区道路施工、工业与民用设施建设等工程活动中，经常出现岩溶塌陷地质灾害，逐渐成为常遇的岩溶工程地质问题之一。产生岩溶塌陷的基本条件，是浅埋溶洞，诱发的原因一般是地下水位变化、人工活动导致溶洞顶板失稳（含顶板自然失稳）。因地下岩溶形态分布的复杂性，溶洞围岩的结构特征难以查明，因此给塌陷灾害的定量评价带来较大困难，目前没有详细的技术标准，一般以定性评估为主。在宏观查明评估区域岩溶地下水系统发育条件基础上，划分岩溶塌陷地质灾害危险性分区，对重要建筑物及其影响范围内，详细查明下部岩溶形态分布情况及规模、地下水活动特征等，根据溶洞上覆岩土体厚度及跨度，进行稳定分析和评价。

重点是查明评估区域地下岩溶地下水系统发育情况、主要管道的走向、溶洞的空间分布特征。查明评估区以上岩溶水文地质条件基础上，根据可能产生岩溶塌陷危险性程度，分区评价，提出相应的防范及避让建议，为有关建设、开发规划提供依据。

勘察工作要求平面上覆盖足够的范围，深度需达到影响上部岩土体稳定的要求，工作精度要求较高。

勘察技术方案应根据工作区实际情况及工作条件，采用地质测绘、物探、钻探、水文地质试验等多种技术手段综合制定，达到相互验证和补充的目的。

3. 岩溶地下水资源勘察

评价岩溶地下水资源，主要特征为岩溶地下水水量、水质及其季节动态变化特征。因此勘察工作任务是查明岩溶地下水系统规模（系统控制流域面积）、岩溶地下水水位、主要储水管道的位置及埋藏条件，评价岩溶地下水水量、水质及其动态变化特征。

工作方法是用地质测绘及遥感资料分析主要含水介质分布特点、系统的汇流范围，根据岩溶地下水出露泉点的测流资料或岩溶水文地质参数计算地下水量，取水样进行化学分析，进行水质评价；取水位置可根据天然露头或主要岩溶管道合适的位置，后者需采用物探、钻探等勘探手段。饮用水源尚应评价拟采用岩溶地下水系统范围内污染源及其性质，提出相应的处理要求与建议。

3.3 岩溶地下水作用基准面分析

3.3.1 岩溶地下水作用基准面的概念

3.3.1.1 岩溶地下水作用基准面的概念及研究意义

关于岩溶地下水作用基准面，国内外均有一些论述，指岩溶作用向地下深部所能达到的下限，是岩溶作用垂向宏观边界。与河流侵蚀基准面有一定的区别和联系：河流侵蚀基准面指河流垂向侵蚀的下限，某一河段或河流的侵蚀基准面为其相应的地表、地下水排泄区自由水面高程，即下一河段或河流水面高程。而溶蚀是在可溶岩介质中地下水活动产生的特殊地质作用，因此其范围包括整个地下水渗流场，理论上较排泄区河面高程低，受构造影响，岩溶作用深度往往远大于河流排泄基准面。但正是河流侵蚀基准面控制了相应河段地下水渗流场，因此宏观上可将河流侵蚀基准面作为分析岩溶作用下限的参考基准，在分析地下水流网格局的基础上确定岩溶作用的下限。

由于地下水活动随着深度的增加，其水动力作用有逐渐减弱的趋势，水中侵蚀性 CO_2 含量也在不断减少，因此理论上存在岩溶地下水作用的一个临界深度，因此，每个岩溶含水系统，均存在一个岩溶地下水作用的基准面，可以视为均质岩溶含水系统，岩溶作用的下限边界取决于岩溶发育的四要素。当然，在发育深部岩溶承压水及深大断裂构造情况下，存在岩溶作用深度要远大于岩溶地下水作用基准的深岩溶发育现象。

以上关于岩溶地下水作用基准面的定义和描述，表明其具有宏观性和相对性；这是关于特定区域的岩溶作用的宏观界限，在没有隔水地质边界的均质岩溶含水介质条件下，是岩溶作用由量变到质变的相对下限。相对于局部和区域，对应的岩溶地下水作用基准面不同，对于支流，干流是基准面；对于干流，湖泊和海洋是基准面（图3.3-1）。

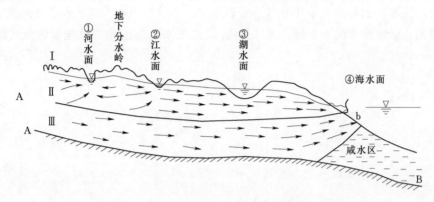

图3.3-1　岩溶基准面关系示意图（邹成杰，1992）
①～④—河、江、湖、海为上级河流的岩溶地下水作用基准面；
A-B—区域地下水岩溶含水介质边界

研究岩溶地下水作用基准面的意义在于宏观判断岩溶作用的空间范围，把握主要规律，满足解决实际问题的需要。

3.3.1.2　影响岩溶地下水作用基准面的因素

由于岩溶是可溶介质在地下水作用下产生的特殊地质作用，影响其基准面的因素显然有两大方面：

（1）构成可溶岩介质空间分布的地质构造。具有下伏隔水岩组的，隔水层即构成相应区域的岩溶地下水作用基准面；形成深部承压岩溶含水层的，岩溶含水层下限即为岩溶地下水作用基准面；岩层产状也对岩溶作用的深度有重要影响，一般平缓岩层构成的介质空间有较为均一的基准面，陡倾岩层岩溶作用差异性明显，其基准面相对复杂；新构造运动特点也是影响基准面的重要因素，地壳强烈抬升，造成地下水强烈的下切势能，岩溶垂向作用加强，相对稳定期，岩溶垂向作用减弱，体现水平向发展为主，地壳间歇性抬升的结果，使岩溶具成层性特点，代表岩溶地下水作用基准面随新构造运动不断变迁。

（2）区域地貌特征，包括地形陡缓、是否有利于地表水集中入渗的岩溶洼地、谷地等地貌形态以及补给区到排泄区的落差等。补给区分布有大量的岩溶洼地、谷地等利于地表水入渗的地形地貌条件下，地下水活动强烈，为岩溶发育提供了条件，岩溶作用深度相对较深；补给区到排泄区水力坡降大，地下水下切势能大，垂向作用突出，相应的岩溶地下水作用基准面就低；补给区为入渗条件差的斜坡地形，地下水来源有限，岩溶作用深度及发育规模有限。

3.3.1.3　岩溶地下水作用基准面的类型及岩溶发育下限初判方法

1. 岩溶地下水作用基准面的类型

岩溶地下水作用基准面可根据岩性组合、可溶岩厚度、新构造运动等影响因素分为以下几种主要类型。

（1）侧限型。当可溶岩一侧或两侧有非可溶岩时，水流受非可溶岩阻隔，隔水边界两侧的地下水无水力联系，可溶岩中的地下水则向下、向深部发育，主管道沿可溶岩展布的方向发育，直到以岩溶泉或暗河的方式排出地表。此类型的岩溶多见于横向、陡倾岩层河谷。

（2）底限型。当可溶岩下伏非可溶岩形成完整的隔水边界，地下水活动向下、向深作用受到限制，岩溶发育向下变迁出现"停滞"，地下水的排汇多以悬挂泉的形式出现（图3.3-2）。

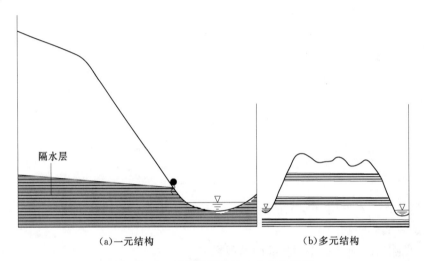

隔水层

(a)一元结构　　　　　　　　　　(b)多元结构

图 3.3-2　平缓岩层岩溶含水层示意图

（3）均质无限型。当岩溶地层在平面和剖面上分布广，岩溶作用基准面因构造地质作用，造成多期河谷的上升或下降而不同；水系支流或地下河系统不断形成，并在发展中相互袭夺，岩溶作用基准面不断发生变化；岩溶发育的继承性、差异性、发展性得以充分体现，此类型岩溶在平面和空间上最为发育。

（4）深部岩溶含水构造型。深部岩溶含水构造指由于断层或褶皱形成的地下水深循环构造，包括埋藏型的古岩溶；深部含水构造岩溶作用基准面受岩性或构造边界条件控制，其规模和连通性与一般地下水渗流活动规律有显著差别。

2. 岩溶地下水作用基准面的初判方法

基于以上影响岩溶作用基准面因素和岩溶地下水作用基准面分类的分析可以从地形地貌及水文网、地质构造、地下水力比降等基本条件初步判断岩溶地下水作用基准面。

（1）地貌及水文网分析法。此类方法一般作为判断古地质历史时期的岩溶作用基准面。通过地貌及水文网的研究，可以判断新构造运动特点及岩溶地下水作用基准面变迁规律，从而分析岩溶发育下限。

河谷的形成，与构造运动具间歇性隆升是相适应的，所以岩溶形态分布具有成层性特点，且与各级河流阶地有较好的对应关系，反映了不同地质时期岩溶地下水作用基准面在河谷发育过程中相应变迁规律。在河谷宽谷期及高原面，以水平岩溶管道为主，只是在进入峡谷期后，河流急剧下切，地下水以垂直入渗为主，才形成竖直状管道为主。峡谷期的岩溶形态，对应河流阶地呈台阶状，是成层性特点。某一阶地对应的，是构造运动相对稳定的时期，以水平管道发育为主；而阶地之间则为构造隆升较快时期，此时以竖直状管道发育为主。各阶地发育的水平管道在垂向上又相互联系，是后期继承和发展的表现。现代河床作为当地排泄基准面，也是当地岩溶地下水作用基准面。

（2）岩性、构造分析法。隔水岩组在平面上和剖面上的分布是岩溶发育的重要边界，所以，在可溶岩和非可溶岩相间分布的地质条件下，对隔水岩组在平面上的连续分布进行研究是十分重要的。断层对岩溶发育的影响主要有两种类型：一种是断层切割并错断了可溶岩介质间的隔水边界，导致不同可岩溶介质形成统一的岩溶含水系统；另一类是断层本身形成了地下水渗流通道，值得说明的是，一般认为压扭性断层导水性差，但其影响带岩体破碎，在两侧会形成强烈的透水通道，甚至成为规模较大的岩溶管道，其岩溶发育下限按地下水渗流场特征判断。

当排泄基准面以上可溶岩下伏有非可溶岩形成隔水边界时，显然岩溶发育的下限即为隔水边界 [图 3.3-2（a）]。当排泄基准面以上有多层可溶岩介质形成多元结构时 [图 3.3-2（b）]，岩溶发育下限对应各层的下部隔水边界；但岩溶发育程度结合各层地下水补给条件、岩溶水排泄情况具体分析：接受地表补给充分的层位，岩溶发育程度高，接受补给条件差的层位，岩溶发育有限；当上部层位控制了区域地表水补给时，下部层位岩溶发育条件受限，岩溶发育深度可以上部岩溶介质的隔水底板确定。

在有区域性导水性断裂构造构成深部地下水循环条件时，岩溶发育深部受地下水循环条件控制，此类情况岩溶发育条件较为复杂，但仍可根据地下水渗流场特征加以判断。

在褶皱形成深部承压岩溶含水构造条件时，岩溶发育深度为承压含水层底板。埋藏型古岩溶的发育深度，为古岩溶含水构造的底限。

（3）地下水水力比降方法。岩溶含水系统从分水岭至河谷地下水排汇基准面，其水力比降大致分 3 段：即平缓段、陡降段、河谷低平段；一般情况下，重点研究河谷低平段。如研究的乌江梯级电站河谷低平段有以下特点：①河谷低平段一般宽度在 200~400m 之间，水力比降在 4% 以内；②低平段越长，岩溶愈发育；水力比降愈平缓，岩溶愈发育；③在低平段中部靠河一侧，一般发育地下水虹吸地段，此为岩溶作用相对发育下限，一般深度在当地河水面以下 60~100m，与汇水面积、区域地下水水动力条件、岩溶发育强度有关。

3.3.2 工程实例

3.3.2.1 侧限型——陡倾横向谷带状岩溶系统

岩层走向与河流垂直，且岩层倾角较陡的情况下，河谷两岸可溶岩与非可溶岩相间分布，形成的岩溶管道系统呈带状，平行排列并排向河谷。该类型岩溶地下水作用基准面符合侧限型，侧向由非可溶岩构成岩溶发育边界，岩溶发育下限受排泄基准面控制，在河谷发育各期形成不洞高程成层分布的岩溶形态。现代河床为最终排泄基准，但在近河床地带普遍发育有低于河床的虹吸带岩溶管道。

位于乌江中下游的思林水电站坝址区由二叠系、三叠系可溶岩构成陡倾的横向谷地质结构，两岸二叠系栖霞组、茅口组、长兴组、夜郎组可溶岩地层中顺层发育有相应的岩溶系统（图 3.3-3）。

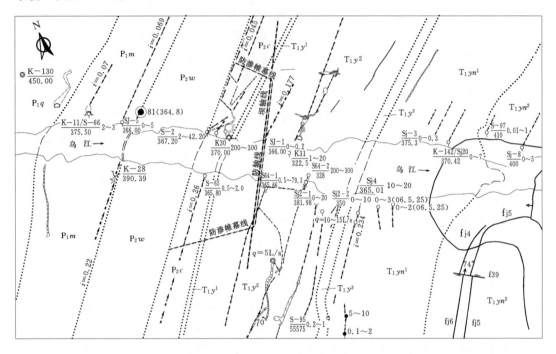

图 3.3-3　乌江思林水电站坝址岩溶水文地质结构图

对应河谷阶地，岸坡分布有主要岩溶管道的早期出口，洪水期一级阶地高程的出口仍有地下水排泄，一般情况地下水排泄出口位于河水面以下。左岸夜郎组灰岩中发育的 K_{31} 岩溶管道系统，近岸地段发育的地下水位低平带宽约 200m，其中虹吸带宽约 100m，枯期河面高程 365.00m，最低排泄出口高程 328.00m，虹吸带主要岩溶管道低于河水面约 40m（图 3.2-4）。

3.3.2.2　均质无限型——水平层状强岩溶发育系统

均质水平层状岩溶系统，指相对于研究区域或岩溶地下水系统而言，可溶岩介质空间在平面和垂直方向均不具完整的岩溶水文地质边界。这种地质构造条件下，一定范围内岩溶发育不受空间约束，岩溶极为复杂。认识研究区岩溶发育特征与规律的一般工作程序：根据渗流场理论，从地下水的输入与排泄条件，判断系统发育的宏观特征，判断排泄条件、初步确定岩溶地下水作用基准面；在以上工作基础上，进一步研究关键地段微观地质特征，如可能形成地下水活动通道的断层、长大构造裂隙，可能影响岩溶发育的岩性组合等，分析岩溶发育的各项条件；最后根据需要，布置相应的勘探、试验、观测和检测工作支持和验证有关分析和判断。

图 3.3-4 为猫跳河四级水电站左岸库首地质结构图，图 3.3-5 为对应的防渗剖面地质图。由于一系列北东向断裂的切割，二叠系、石炭系、寒武系的岩溶含水介质构成了连续分布的地质结构，众多断层带、层面、裂隙等结构面构成了地下水活动条件，在水库左岸至下游方家山冲沟之间的河湾地块范围内形成了由可溶岩介质构成的均质空间结构。

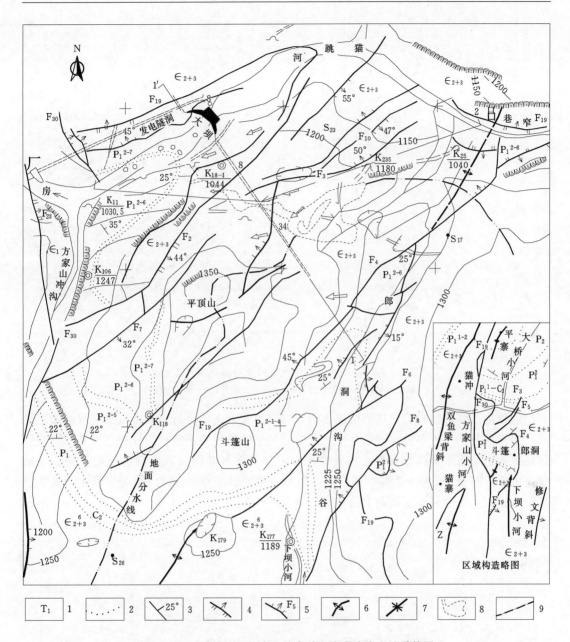

图 3.3－4　猫跳河四级水电站库首左岸岩溶水文地质简图

1—地层代号；2—地层分界线；3—岩层产状；4—逆掩断层；5—正断层；6—背斜轴；
7—向斜轴；8—溶洞；9—地形分水岭

该电站库首岩溶发育背景十分复杂，因坝址区位于河流裂点附近，河谷发育时期左岸
下坝岩溶系统在不同高程发育了复杂的岩溶形态，水库蓄水后，这些岩溶形态构成了沟通
水库与下游暗河的渗漏通道。

3.3.2.3　底限型——北盘江善泥坡水电站

可溶岩下部受隔水岩组的限制，导致河流在下切过程中，地下水排出口的变迁沿隔水

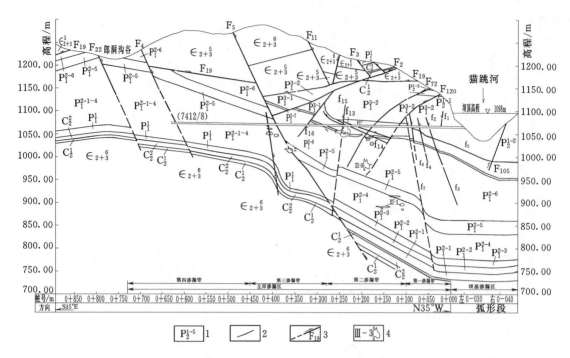

图 3.3-5　猫跳河四级水电站库首左岸横剖面示意图
1—地层代号；2—地层分界线；3—断层及代号；4—溶洞及编号

岩组的顶部迁移，当岩层产状平缓产出时，以隔水层为底限，岩溶泉多以悬挂泉的形式出露；当以倾斜岩层产出时，岩溶井泉的变迁以岩层的分界为出露点。如善泥坡水电站坝址区地下岩溶管道水系统较发育，主要有坝址左岸上泥坡暗河、右岸石米格岩溶管道水系统。由于下部受 P_1l 隔水岩组的限制，各阶地时期的岩溶泉水出露点均位于隔水岩层的顶部，在平面上沿顶板自下游向上游迁移（图 3.3-6）。

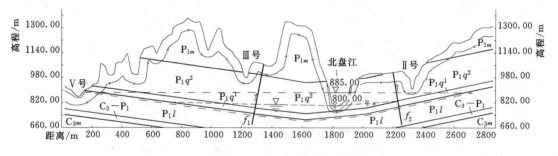

图 3.3-6　善泥坡水电站防渗剖面示意图

3.4　地下水均衡法

3.4.1　地下水均衡法的基本原理

自然界中水的循环是通过降雨、入渗、蒸发，形成地表与地下径流来实现的。地下水均衡是指在一个特定的时间段与一个特定地下水流动系统，地下水水量在输入与输出过程中动态的数量平衡关系，而"定时间段"又称为均衡期，在进行计算时的"地下水流动系统"所属的地下水补给范围称为均衡区（也可称汇水区）。天然状态下，地下水一般多处于均衡状态，地下水水量均衡称为水均衡。

对于一个岩溶地下水流动系统，当全面研究该系统均衡区内在一定时间内的（一般为一年）地下水补给量、储存量、地下径流总量等之间的数量转换关系的平衡计算，其水循环均衡关系可用下式表达：

$$N = Y + V + Q \pm D$$

式中：N 为总降雨量；Y 为地表径流总量；V 为总蒸发量；Q 为地下径流总量；D 为地下水储量变化值。

对于一个流动系统，一定时期（可为一个洪水过程或为一个洪、枯期）降水补给量，与地下水排泄总量是相等的，其解析式可用下式表示：

$$NA\lambda = \int_0^t q_i t_i$$

式中：λ 为入渗系数；A 为均衡区；q_i 为某一时段流量；t_i 为地下水储量变化足够小的时段；t 为均衡期对应的时段。

地下水的均衡状况是通过建立地下水均衡方程实现的，其基本原理就是水量平衡原理，即建立水量变化量与地下水补充量、地下水消耗量平衡方程。

3.4.2　地下水均衡法计算步骤
3.4.2.1　确定均衡区及均衡期

对水利水电工程中的地下水均衡研究，主要是研究水量的变化，首先要确定研究对象均衡区和均衡期。

（1）研究对象指一个或多个地下水流的系统，或条件比较明确的一个均衡单元（区）。

（2）地下水均衡区的确定。每一个岩溶泉点，均对应一个地下水流动系统，它是由补给区、径流区和排泄区组成，其所对应的地表面积，称为均衡区。岩溶地区，在确定流动系统边界时，常常存在地表分水岭与地下分水岭不一致的现象，通常地表通过构造、地质测绘、地表地下水观测等方法进行调查，并通过地下水均衡法进行确定。

（3）地下水均衡期的确定。一般为一个"水文年"，也可根据选取的地下水均衡的时段不同，采用一旱季或雨季作为一个均衡期。

3.4.2.2　均衡区特征指标的确定

均衡要素主要包括降水量、汇水面积、入渗系数、地下水径流模数、地表及地下水径流总量等。为了取得较准确的数据，在区内选取特征地段作测试工作，取得计算所需的参数。

（1）地下水径流模数（μ），又称"地下径流率"。是指 $1km^2$ 含水层分布面积上地下水的产水率，即表示一个地区以地下径流形式存在的地下水量的大小。一般情况下，强岩溶地层地下水径流模数取值为 $2\sim10L/(s \cdot km^2)$。

（2）入渗系数（λ）。是指降水入渗补给量与相应降水量的比值，其变化范围在 $0\sim1$

之间，受某一时段内总雨量、雨日、雨强、包气带的岩性及降水前该带的含水量、地下水埋深及气候等因素影响。一般情况下，强岩溶地层及地貌入渗系取值在 0.6～0.9。

（3）地表径流总量。在特定区域一定时段内降水形成的通过地表形成的径流量，主要表现沟口过水断面流量或河川径流总量，其影响因素重要包括气候、地形地貌与地质条件、植被及人类活动等。

（4）地下水径流总量。是单位时间内从一个较为完整的水文地质单元，或一个均衡区的含水层（组）中流出的地下水，排泄入江河的总流量或泉的总流量。

3.4.3 工程实例

1．重庆双通水库

如图 3.4-1 所示，重庆双通水库坝址位于强岩溶河段上，水库蓄水后，库水沿下游右岸青龙潭岩溶暗河渗漏。由于青龙潭流量大，地下河管道复杂，在同一岩溶含水地层发育三个流动系统，且存在地表与地下分水岭不一致的现象，因此，如何正确判断青龙潭的汇水面积（即均衡区），对下一步判断水库渗漏和指导勘察是至关重要的。

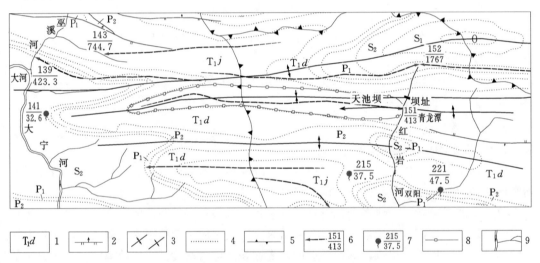

图 3.4-1　青龙潭流动系统分布示意图

1—地层代号；2—断层；3—左：背斜，右：向斜；4—地层界线；5—地形分水岭；6—暗河；
7—泉水点；8—流动系统边界；9—河流

根据地下水径流模数（μ）与汇水面积（A）和泉水流量（Q）之间的关系（$A = Q/\mu$），可大致确定均衡区的面积，并指导和验证地质测绘成果。工程区嘉陵江组（T_1j）枯期径流模数 10～20L/（s·km²）。2014 年 1 月实测青龙潭流量 250L/s，扣除库水渗漏补给的 150L/s 外，青龙潭径流量在 100L/s 左右，推测青龙潭补给面积应在 10km² 左右。青龙潭右岸补给面积为 13.7km²，略大于计算面积，青龙潭右岸径流略大于青龙潭流量，据此可判定青龙潭岩溶管道主要发育于右岸。

2．思林水电站地下厂房涌水量的判断

思林水电站是乌江干流上的梯级电站，电站装机 1040MW，地下厂房位于右岸，岩层为三叠系玉龙山组灰岩强岩溶发育地层，厂房正上方发育 K_{29} 落水洞（图 3.4-2）。通

过地下水入渗系数和降雨量（P）建立关系，来判断地下厂房的天然条件下的最大涌水量。

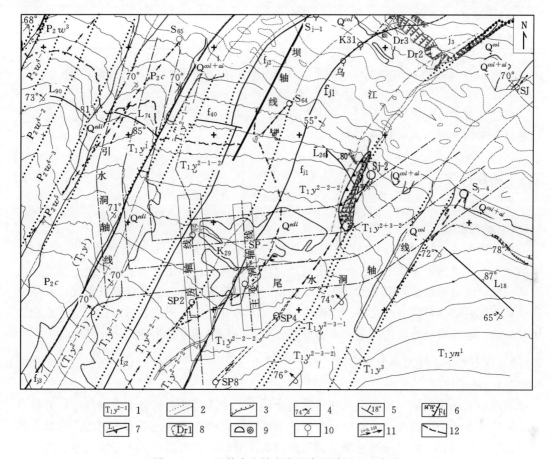

图 3.4-2 思林水电站右岸厂房地质平面示意图

1—地层代号；2—地层分界线；3—覆盖层界线；4—倒转地层产状；5—正常地层产状；6—断层及产状；
7—裂隙；8—危岩体；9—溶洞及落水洞；10—泉水；11—岩溶管道水水力梯度；12—正常蓄水位

天然状况下最大涌水量的计算公式如下

$$Q_{\max} = P\lambda A/T - D$$

通过现场实测，暴雨时厂区 $T_1 y^2$ 灰岩的溶洞洪水发生在 1993 年 5 月 1 日。该次暴雨最大 1h 降雨量 49mm，持续了 3h，降雨量为 68.80mm，在 PD-20 平洞口测量得洪水最大流量为 1.20m^3/s。这也是工程勘察期间观察到的厂区高程 390.00m 以上可能发生的最大涌水量参数。

全断面汛期洪峰流量按降雨入渗（入渗系数 0.7）的补给量推测，岩溶管道 6h 平均可能达到的最大洪峰流量见表 3.4-1。其中一部分为地表降雨经由 K_{90}、K_{29} 落水洞及其附近的强岩溶裂隙带入渗造成的。K_{29} 落水洞地表集水面积 0.075km^2，以最大一小时降雨量 49mm 计算，该面积发生的地表水量为 3675m^3，按入渗系数为 1 考虑，入渗量为 1.02m^3/s。该涌水量也为后来工程期间的涌水量所证实。

表 3.4-1　　　　　　　　　$T_1 y^2$ 岩溶管道水各设计频率洪峰流量表

频率/%	1	2	5	10	20
最大 6h 雨量/mm	224	196	159	132	103
洪峰流量/(m³/s)	3.8	3.3	2.7	2.2	1.7

考虑对 K29 进行封闭处理后，地下厂房常年平均的涌水量可按下式进行计算：

$$Q = A\mu$$

通过对右岸地下水补给面积（A）的确定，和地下水径流模数（μ）的确定，可得出厂房排水洞枯水期条件下的涌水量。

3.5　场分析法

3.5.1　场的概念

场指物体在空间中的分布情况，是用空间位置函数来表征的一种特殊物质存在形式。岩溶地下水在可溶岩介质空间经历一定地质时期的特殊地质作用，地下水渗流、温度、电导率、化学成分等特征参数及其变化，反映了岩溶系统客观存在的某些特征和规律。场分析也是研究岩溶的常用方法之一。工程中应用较多的有地下水渗流场分析法、地下水化学场分析法、电导率场分析法、地下水温度场分析法同位素场分析法等。

3.5.2　岩溶地下水渗流场分析方法

3.5.2.1　基本原理

岩溶地下水渗流场，即地下水在可溶岩介质中，由高势能向低势能方向运动，并具有一定的地下水动力学特性，从而构成渗流的三维空间，谓之岩溶地下水渗流场。它是自然界地壳表层客观存在的一种物理场。利用渗流场来分析研究岩溶地下水的渗流特征及有关岩溶渗漏等问题的方法，谓之岩溶地下水渗流场分析方法。

3.5.2.2　岩溶地下水渗流场的介质特性

1. 岩溶地下水渗流场的构成条件

（1）岩溶化岩体作为渗流介质是构成岩溶渗流场的基础。

（2）岩溶地下水在接受大气降雨和邻近区域地下水补给之后，具有由高势能向低势能运动、径流、排泄的能力，即在地形地貌及水系分布特征上，地下水须具备自流的势能。

（3）在水库蓄水后，上述天然条件受到改变，破坏了原始的天然渗流状态，构成了新条件下的人工渗流场。

2. 岩溶地下水渗流介质的基本特性

岩溶化岩体作为岩溶地下水渗流介质，具有以下基本特性：

（1）当岩溶化岩体与含有侵蚀性 CO_2 并且具有一定水动力条件的地下水相接触之后，具有被溶蚀或冲蚀（机械侵蚀）的性能。

（2）在岩溶化岩体中，发育各种裂隙、溶洞和复杂的管道系统，具有显著的非均匀性。因此，其渗透性能也具有显著的非均匀性。

（3）基于以上条件，地下水在岩溶化岩体渗流介质中的运动是复杂多变的，既有稳定流，又有非稳定流；既存在层流，又存在紊流及混合流；既有孤立水流，又有统一地下水流。

（4）岩溶地下水渗流循环的深度与强度，比非岩溶地区深得多，也强得多。既有垂直的和水平方向的循环，又有虹吸式的循环。其循环深度，可达数百米乃至数千米，直至可溶岩的底面。

（5）在岩溶地下水人工渗流场中进行抽水、注水，对自然渗流场的影响，其广度和深度远比非岩溶地区大得多。由于水库蓄水导致天然渗流场的改变，引起环境地质的改变，既可造成良性循环，即向有利于人类生存的方向发展，又可能造成恶性循环，向不利于人类生存方向发展。如修建水库蓄水发电、通航、灌溉，这是有利的一面。而水库蓄水，可能引起水库渗漏、诱发地震和地面塌陷等，则会对人类造成危害。

综上所述，岩溶地下水渗流场的五大基本特性，充分反映了他们固有的本质。掌握这些特性，将为岩溶地下水渗流场的研究打下基础。

3. 渗流网的建立和应用

渗流网又称水动力网，最早应用渗流网来解决水工建筑物下无压和承压水渗透问题的是苏联学者巴甫洛夫斯基。

渗流网的绘制方法，主要用"等角法"。首先沿建筑物轮廓线画一根流线，最下面一根流线沿下伏隔水层顶面绘制。期间应用等角法绘制整个流网。

后来又创造了电网络模拟法，又称爱格达法。1918 年巴甫洛夫斯基首先应用了此方法来解决水工建筑物地区的地下水渗流问题。

电网络模拟的原理在于液体渗透与导电介质中的电流现象之间，在物理上和数学上存在着类似的关系。因此，很多复杂的渗流网，可以通过电网络模拟来绘制。

在我国，渗流网已较多地应用于水工建筑物地区的岩溶发育程度划分、地下水渗流特点的分析以及岩体的透水性判断等问题。

3.5.2.3　岩溶地下水渗流场的基本类型

岩溶地下水渗流场，依其成因可分为两大类。

1. 岩溶地下水自然渗流场

按成因和形成条件对岩溶地下水自然渗流场进行如下分类。

（1）根据地质构造与岩溶地下水的关系分类。岩溶发育首先受可溶岩岩性的影响。碳酸盐岩层在沉积过程中，由于沉积环境的改变，往往与非碳酸岩岩层相互交替出现，构成多种层组组合类型，如：碳酸盐岩夹碎屑岩层组；均匀碳酸盐岩层组；碎屑岩碳酸盐岩互层岩组。

岩溶发育不仅受控于可溶岩岩性，而且受控于地质构造。各类岩溶层组组合类型经受一系列的地质构造运动的作用。岩溶通常从构造破碎带或构造弱面开始，洞穴及管道的发展方向往往受构造线方向制约。依此，将渗流场划分为 4 种基本类型：①单斜构造型；②背斜构造型；③向斜构造型；④断裂构造型。

（2）河谷区岩溶地下水渗流场分类。岩溶河谷区具有岩溶发育强烈、地下水动力条件复杂多变的特点。根据岩溶在河谷与岸坡发育的强度不同以及受到河谷或远距河谷的排水基准面影响程度的不同，通常构成5种地下水渗流场：①补给型；②补排型；③排泄型；④悬托型；⑤补排交替型。它们对应着特定的渗流场（表3.5-1）。

表3.5-1 河谷岩溶水动力条件类型表

类型	形成条件	流场特征	钻孔水位曲线
补给型	1. 河谷为当地的最低排泄基准面； 2. 河谷的可溶岩层不延伸到邻谷； 3. 两岸有地下水分水岭	河谷两岸地下水高于河水位，河水受两岸地下水补给	上升直线或曲线型
补排型	河谷一侧有地下水分水岭，另一侧的可溶岩层延伸至邻谷，且无地下水分水岭	河谷的一侧地下水补给河水，另一侧为河水补给地下水，向邻谷或下游排泄	下段呈直线上升，上段为缓慢上升或呈近水平状
排泄型	1. 河谷两侧有低邻谷，并有可溶岩层延伸分布，且无地下水分水岭； 2. 河谷两岸有强岩溶发育带或管道顺河通向下游，地下水位低于河水位	河水向邻谷或下游排泄，河水补给地下水	下降直线型或曲线型（抛物线等）
悬托型	河床表层透水性弱，基岩岩溶发育，透水性强	河水被渗透性弱的冲积层衬托，地下水深埋于河床之下，与河水无直接水力联系	断续下降
补排交替型	河谷两岸和河床岩溶发育，地下水位变动幅度大，洪水期为补给型河谷，枯水期为排泄型河谷	洪水期地下水补给河水，枯水期河水从一侧或两侧补给地下水	

不同渗流场，其渗流网形式差异是很大的。若按钻孔测压水位随孔深变化曲线，亦可划分为6种类型，其中主要类型是：①平缓型；②突降型；③下降型；④上升型；⑤断续型（地下水位曲线多呈下降型）；⑥组合型（由上升型和平缓型曲线组合而成）。详见表3.5-2。

表3.5-2 岩溶地区钻孔测压水位变化曲线主要类型表

类型	形成图式	曲线类型	形成条件	水文地质意义
平缓型		$l_上(l_下)<0$	宽谷或峡谷河床，地下水比降很缓等压线近于垂直	1. 一般出现在岩溶发育较弱，岩层透水性较均一的地区，或者岩溶化较强烈，而水力比降较平缓的地区； 2. 在河谷出现此类曲线，一般说明岩溶发育比较均一
突降型		$l_下>1.0$	河谷岸坡或河床遇岩溶管道，等压线曲折	1. 一般说明岩溶分层发育，水地质条件复杂、易渗漏； 2. 在一定深度，测压水位突然下降，说明此处岩溶发育增强

续表

类型	形成图式	曲线类型	形成条件	水文地质意义
下降型		$l_下 = 0.01 \sim 1.0$	河水补给地下水，流线向下呈放射状	1. 常出现在河流裂点上游，"天然堆石坝"上游，形成反漏斗形流网； 2. 一般说明岩溶较发育，渗漏及防渗处理均复杂
上升型		$l_上 > 0.01$	河谷两岸地下水比降陡，补给河水流线呈收敛状	1. 常出现在峡谷地区，两岸地下水比降陡的河谷； 2. 一般岩溶发育较弱，渗漏问题简单
断续型			河谷岸坡上遇悬挂暗河，下部又遇地下水，水位不连续	1. 暗河下部有隔水层，或岩溶发育弱的下垫层，造成暗河悬挂在包气带内。如系河床钻孔，则表明河水悬托； 2. 暗河在出口段往往有新的出口。若暗河分布较低，岸边渗漏较复杂
组合型		$0.01 < l < 1.0$	岸坡或河谷，遇纵向岩溶管道或强透水带，等压线呈封闭形或曲折形	1. 此种情况，说明常有深部岩溶存在，下游可能有较低的排水基准面； 2. 渗漏及防渗处理均较复杂

（3）河谷区岩溶地下水渗流网组合类型。前述多种类型的地下水渗流场，各代表一种特定的岩溶水文地质条件和渗流特性。实际上，在复杂的岩溶结构体中，各种渗流场大多不是孤立存在的，而是多种渗流场的集合体。

将垂直方向的4个渗流带及被抬升后的虹吸循环带集为一体，便组成了一种复杂的渗流场，见表3.5-3。

表3.5-3　　　　　　　　河谷区岩溶地下水渗流网组合类型

水动力分带	渗流网分带图式	渗流特征
大气圈		大气降雨，季节性入渗，封闭洼地愈多愈大，入渗量也愈大
垂直渗流带（包气带）		1. 地下水在岩溶裂隙或垂直管道中，连续或不连续的向下渗流，但不形成地下水位面，由于河谷上升速度快，原虹吸循环带岩溶被抬升至河水面以上，形成虹吸式"多潮泉"
水平渗流带		2. 为浅饱水带，流线近于水平，等压线近于垂直。水平溶洞、暗河、泉流集中发育
浅虹吸渗流带		3. 为深饱水带，流线呈虹吸式向河床收敛。发育虹吸岩溶管道及深岩溶，河床出现承压泉
深部渗流带		4. 为深饱水带，地下水适应远距离岩溶排水基准面，流线近于水平，等压线近于垂直，发育超深岩溶

2. 岩溶地下水人工渗流场

（1）岩溶区钻孔地下水渗流场。当钻孔穿过一条以上的等势线和流线，沟通了渗流场不同部位的水流，扰乱了自然存在的等势线，钻孔综合水位在水平循环带的渗流网中，往往比初见水位低；而在虹吸渗流带的渗流网中，则比初见水位高。

（2）岩溶区钻孔抽水降落漏斗渗流场。令降落漏斗等水位线的长轴为 X，短轴为 Y，其比值为 $\alpha=/X/Y$，可反映渗流场的不均匀度。根据不均匀系数的大小，可将渗流场划分为 5 种：①均匀型；②相对均匀型；③不均匀型；④极不均匀单一型；⑤极不均匀复杂型，见表 3.5-4。

表 3.5-4　　　　　　　　岩溶区钻孔抽水降落漏斗的不同形态特性表

类型	渗流网图式	不均匀系数 $\alpha=X/Y$	渗流特性
均匀型		1.0～1.5	1. 降落漏斗渗流场等水位线呈近似圆形，流线呈汇流型； 2. 显示岩溶发育比较均匀，溶隙型
相对均匀		1.5～3.0	1. 降落漏斗呈椭圆形，在 x 方向比降小，在 y 方向比降大； 2. 显示岩溶相对均匀，溶隙型，具有方向性
不均匀型		3.0～5.0	1. 降落漏斗呈长圆形，流网不均匀； 2. 岩溶在 x 方向发育强烈，管道型。y 方向发育微弱
极不均匀单一型		>5.0	1. 降落漏斗呈长条形，流网极不均匀； 2. 岩溶在 x 方向极为发育，具方向性；y 方向岩溶发育微弱
极不均匀复杂型		>5.0	1. 降落漏斗呈多角形，流网异常特殊； 2. 由于构造裂隙或断层控制，岩溶发育有多个方向，极不均匀

（3）岩溶区水库坝址地下水渗流场。水库蓄水后，极大地改变着天然地下水渗流场，其影响范围可达几公里甚至几十公里以上。若将其归类简化，可划分为 4 种类型：①一岸向邻谷渗漏渗流场；②两岸同时向邻谷渗漏渗流场；③绕坝渗漏渗流场；④坝基渗漏渗流场。其渗流特征见表 3.5-5。

表 3.5-5　　　　　　　　岩溶区水库坝址地下水渗流场类型表

类型	渗流场图式	渗流特性
一岸向邻谷渗漏渗流场		水库蓄水后，由于岩溶强烈发育，产生一岸向低邻谷或向河湾下游渗漏。 流网比较典型，当遇岩溶管道时，才出现异常。在邻谷一侧出现岩溶出水点

类型	渗流场图式	渗流特性
两岸同时向邻谷渗漏渗流场		水库蓄水后，由于岩溶强烈发育，两岸均产生向低邻谷或向河流下游渗漏，也有穿越河床深部向下游渗漏的情形；有些水库，蓄水前即属此种渗流场。 流网复杂，等压线在河床下部曲折多变
绕坝渗漏渗流场		水库蓄水迫使地下水渗流场迅速改变，等水头线以坝肩为中心，在平面上呈放射形，流线呈椭圆形。 一般而论，流网越规则，表明岩溶发育越弱或越均匀，反之表明岩溶发育不均匀
坝基渗漏渗流场		水库蓄水后，在库水水头压力作用下，产生坝基渗流，等压线在竖向上呈放射形，流线呈半椭圆形。 椭圆形流网影响越深，反映坝基渗流越深；流网越不规则，说明岩溶发育越不均匀

3.5.3　岩溶地下水化学场分析方法

地下水化学成分受其渗流介质、径流条件及运移时间等影响，其物理化学性质在岩溶含水系统中随介质、径流条件及时间不断地发生变化。通过研究地下水本身及其携带物质的物理化学特征，根据其化学成分变化情况，可以在不同程度上了解地下水的径流条件、循环深度和运移速度，以及相邻地下水系统之间的相互作用或水力联系。

1. 基本原理

岩溶水化学场是一种复杂的水文化学多维空间。利用水化学场来分析岩溶水化学变化规律，岩溶含水层的补给排泄规律以及岩溶渗漏等问题的方法，谓之水化学场分析方法。

水化学的研究对象，主要是水溶液及其运动途程中的可溶岩与土壤。大气层及有关的地表水，也是相关的研究对象。测试内容应包括水的主要化学成分及 P_{CO_2}（二氧化碳的分压）、水温度等以及与环境有关的诸因素。

2. 地下水主要的溶解成分和相关参数

（1）氯离子（Cl^-）。它在地下水中分布广泛，不为植物及细菌摄取，不被土颗粒表面吸附，也不会与其他任何成分结合形成难溶化合物析出地下水，因而具有很强的水迁移能力。在径流方向上含量只会增加不会减少，随地下水矿化度的提高，Cl^- 含量由几毫克每升到几克每升，甚至可达几十克每升，当地层中如有岩盐或其他含 Cl^- 矿物，或者在海水入侵地带以及遭受工业、生活污染时，地下水中的 Cl^- 将大幅增加。

（2）硫酸根离子（SO_4^{2-}）。其在地下水中也广泛分布，具有较强的水迁移能力，但次于 Cl^-。天然水中 SO_4^{2-} 的含量由于 Ca^{2+} 的存在而受到限制，因为它们能形成溶解度小的 $CaSO_4$ 而沉淀。当水中 Ca^{2+} 较少时，SO_4^{2-} 含量可达几十克每升。在低矿化度水中，一般含量由几毫克每升到几百毫克每升。在中等矿化水中，为含量最多的阴离子。在缺氧条件并有脱硫菌的作用下，才会被还原而含量降低。否则，SO_4^{2-} 含量的提高意味着地下水径流缓慢，矿化度增大。地下水中 SO_4^{2-} 还来源于含石膏或其他硫酸盐的沉积岩的溶解。

（3）重碳酸根离子（HCO_3^-）。地下水中 HCO_3^- 的来源：一是含碳酸盐的沉积岩与变质岩的溶解；二是含硅酸盐矿物的风化溶解。它们的反应式如下：

$$CaCO_3 + H_2O + CO_2 \Longleftrightarrow 2HCO_3^- + Ca^{2+}$$

$$MgCO_3 + H_2O + CO_2 \Longleftrightarrow 2HCO_3^- + Mg^{2+}$$

$$Na_2Al_2Si_6O_{16} + 3H_2O + 2CO_2 \Longleftrightarrow 2HCO_3^- + 2Na^+ + H_4Al_2Si_2O_9 + 4SiO_2$$

（4）钙离子（Ca^{2+}）。是低矿化水中的主要阳离子，其含量一般不超过几百毫克每升。随着矿化度的增加，Ca^{2+} 相对含量迅速减少。地下水中的 Ca^{2+} 主要来源于碳酸盐类沉积物及含石膏沉积物的溶解，以及岩浆岩、变质岩的风化溶解。另外，水渗过土壤时，土壤吸附的 Ca 将进入水中，阳离子交换也是地下水中 Ca 的来源。

（5）镁离子（Mg^{2+}）。主要来源于含 Mg 的碳酸盐类沉积物（灰岩和白云岩）以及含 Mg 岩浆岩、变质岩的风化溶解。

（6）钠和钾离子（Na^+、K^+）。两者的化学活性很相似，但 K 易被土壤及植物吸收，故地下水中 K^+ 含量更少，在分析时常常两者合二为一。Na 的所有盐类都具有较高的溶解度，因此 Na^+ 的水迁移能力很强，仅次于 Cl^-，但在水的矿化度增长过程中，因与土壤、岩石吸附综合体进行离子交换反应，其增长有时会落后于 Cl^- 的增长。水中 Na^+ 来源于含 Na 硅酸盐的风化水解、岩盐沉积层、分散在岩石、土壤中的化合物（岩盐、芒硝等）的溶解，另外，岩石、土壤中吸附综合体的 Na^+ 被水的 Ca^{2+}、Mg^{2+} 所置换也是地下水中 Ca 的来源之一。

（7）硝酸根离子（NO_3^-）。地下水中的含氮化合物有 NH_4^+、NO_2^-、NO_3^-，它们之间有成因联系并能相互转化。NH_4^+、NO_2^- 一般条件下相当不稳定，在有氧的浅部地下水中存在硝化细菌（自养型菌，无机碳源）时即发生硝化作用而形成 NO_3^-，在距地表不深的地下水中，发生如下反应：

$$NH_4^+ + 2O_2 \Longleftrightarrow NO_2^- + 2H_2O$$

$$NO_2^- + O_2 \Longleftrightarrow 2NO_3^-$$

NO_3^- 的含量可达几毫克每升。在水交替缓慢地带，硝化作用很快停止，并在反硝化细菌（异养型菌，有机碳源）作用下放出自由氮。

（8）二氧化硅（SiO_2）。地壳中的硅酸盐矿物溶解度很低，但分布却十分广泛，因此地下水中硅酸的含量一般是几毫克每升到几十毫克每升，在碱性热水中可达几百毫克每升。大气降水中 SiO_2 含量很小，一般不超过 0.5mg/L，有的只有零点几毫克每升，只有当河流流经白云岩及燧石地层时，水中硅的含量才有所增高。地下水中硅酸的含量大于大气降水和河水是缘于水岩间的相互作用，在地下水的流动方向上随着矿化度的提高，地下水中硅酸含量将增大，特别当地下水经深部循环后，水中硅酸含量明显增大。

（9）总溶解固体（TDS，矿化度）。总溶解固体是指地下水中的各种离子、分子和络合物的总量。在同一地下水流动系统中，矿化度在径流方向上将逐渐增大。矿化度的大小也与径流强度有关，水交替缓慢将导致矿化度的提高。

3.5.4　电导率场分析方法

酸、碱、盐类电解质在水中解离成带正、负电荷的离子，从而使电解质溶液具有导电的能力。导电能力的大小称为电导，它在数值上与溶液的电阻呈倒数关系，单位名称为西门子，符号为 S，1S 等于 $1\Omega^{-1}$。比较溶液的导电能力的强弱，需要测定其电导率（σ），通常是用面积为 $1cm^2$，极间距离为 $1cm$ 的两平行金属片，插入溶液中测量两极间电阻率大小，电导率是电阻率的倒数。电导率的单位名称是西门子/厘米（符号为 S/cm），在水质电导率测定中，常用的单位是它的百万分之一即微西/厘米（符号为 $\mu S/cm$）。

天然地下水的电导率反映了地下水中溶解的离子和其他带电微粒的电荷总量。研究发现，地下水的电导率与其离子电荷总量存在明显的线性关系，在淡水环境下，电导率与总溶解固体也有较好的线性关系。试验测得 25℃ 时蒸馏水的电导率低于 $10\mu S/cm$，正常雨水的电导率约 $30\mu S/cm$，一般地下水的电导率在 $102\mu S/cm$ 这个量级。不同地下水因为溶质成分和含量的不同电导率有所变化，而由于地下水的流动性，以及与周围介质的相互作用。随时间变化，对于同一个位置的地下水的电导率也是动态变化的。另外，地下水电导率与水体温度也有关，温度越高，电导率越大，实际工程应用应将各实测质换算为 25℃ 时的标准温度下的电导率。

通过测量工程区地表水和不同位置、不同深度地下水的电导率，可以宏观掌握区域地下水的总溶解固体变化，区分不同的地下水流系统，为分析地下水的补径排条件增加研究手段。

坝址区的地下水和库水一般均来源于大气降水。大气降水的总溶解固体很低，水的电导率也非常低，库水和其他地表水流主要是大气降水，因而其电导率相对较低。地下水的形成是降水通过垂向渗透缓慢渗入到含水层中，在运移的过程中地下水与岩石发生相互作用（如溶滤作用、氧化还原作用等），地下水的总溶解固体一般大于库水的值。地下水径流越短越快，其电导率值也越低，越接近大气降水或者水源的电导率。

3.5.5　岩溶地下水温度场分析方法

热源是造成地层中温度分布的原因，而根据导热微分方程和定解条件，可以确定地层中的相应温度分布。反之，对于地层中一定的温度分布，也必定有与之相对应的热源，它可以是实际存在的，也可以是虚拟的。这种把一定温度分布视为一定类型热源所造成的后果，通过分析水温场研究地下水渗流场的方法称为热源法。

1. 基本原理

岩溶水温度场又称水温场。利用这种温度场，分析研究岩溶地下水形成条件、水温分布规律，并用以寻找岩溶管道和渗漏通道的方法，谓之岩溶水温度场分析法。

热源是造成地层中温度分布的原因，而根据导热微分方程和定解条件，可以确定地层中的相应温度分布。地球内部的热量，通过对流、传到与辐射等多种形式，传导至地壳层内而形成不同性质的水温场。水温场与地温场的温度，在地壳浅部一般相差 1~3℃，在深部，两种温度接近一致。

地下水在温度场中通过对流和运移而得到升温，从而加强了对碳酸盐岩的溶解性。不同温度地下水混合，或因高温水的冷却，或因低温水温的升高，产生温度混合溶蚀作用，有利于岩溶的发育。由于岩溶洞穴的存在，反过来又对水温场产生影响，以致产生各种温度差异。

2. 岩溶地区水温场的基本类型及热水温度场对岩溶作用的影响

水温场通过地下水温度来体现。依据水温，将地下水分为冷水（水温在 20℃以下）、热水（水温在 37℃以上）两大类。期间为过度类型，即温水（水温在 20～37℃之间）。其中热水温度场对岩溶作用的影响更为明显。

（1）热水温度场的基本类型。按热水的成因分为火山型热水温度场和非火山型热水温度场。后者又可进一步分为：

1）盆地型热水温度场。热储在向斜盆地中，埋藏深度一般在 1000～5000m，盆地中有良好的热储和保温条件。其水源主要来自大气降水，通过深部循环加温，然后在地表出露，形成温泉。

2）断裂构造型热水温度场。在较大的断裂构造区或晚近期构造活动区，由大气降水补给的地下水，沿断裂带向深部循环并加温，后在适当的地质条件下返回地表，形成温泉。

（2）热水温度场对岩溶作用的影响。热水对碳酸盐岩石的溶解能力远比冷水的溶解能力强烈得多，其主要原因在于热水变冷后平衡 CO_2 转为游离 CO_2 而使溶蚀能力加强。当不同温度的地下水混合，则具有温度混合溶蚀作用，另外还有卤水参与下的混合溶蚀作用等。

1）温度混合溶蚀作用。当两种饱和度相同而温度不同的地下水相混合，其中一种水必然从高温变为低温。此时，分离出一部分 CO_2，加强对碳酸盐岩石的溶蚀，此种作用，成为"温度混合溶蚀作用"。由实验得知，当热水中原有 $CaCO_3$ 含量为 280mg/L，温度有 50℃冷却到 20℃时，补充溶解量为原溶解量的 29%。

2）含碳酸盐的地下水同盐热水（卤水）的混合溶蚀作用。岩溶地下水，一般为碳酸钙型水。当其与盐热水相混合后，即产生新的混合溶蚀作用。主要是由于加入 NaCl 后的异离子效应，加强了水对 $CaCO_3$ 的溶解能力。如在浓度低于 300mg/L 的方解石饱和溶液中加入 1% 的 NaCl 溶液，其溶解度可增加 15‰以上。

3. 水温曲线、水温梯度类型及形成机理

（1）水温曲线类型。地下水温度随深度变化曲线，可以分为 5 种类型（表 3.5－6）。以 A 型最为常见。当下部遇冷水时，出现 B 型；当有热水出现时，则表现为 C 型；而 D 型和 E 型，大部分是由于岩溶管道存在而出现地下水的温度异常。

（2）水温梯度。即由地表向地壳深部的单位深度内水温的增加值。由于我们能研究的温度场较浅，为便于应用，取水温梯度的单位为 $t℃/10m$，并分为正梯度和负梯度两种：①正梯度，即水温随深度增加而升高，用 $+i_t$ 表示；②负梯度，即水温随深度增加而降低，用 $-i_t$ 表示。

当地下水沿着表层的渗漏路径运动时，通过与空气进行热交换，水降低或增加的温度只占库水、泉水或钻孔中水温变幅的极小部分（库水、泉水或钻孔中水温变幅常达几摄氏度）。换句话说，水传输的热量要比损失或获得的热量要多，显然，水的温度出现重大改变主要来自于库水与不同来源的地下水的混合。

表 3.5 - 6 水温曲线类型及形成机理表

序号	A	B	C	D	E
曲线名称	直线形	抛物线形	对数曲线形	正异常形	负异常形
曲线图形					
形成机理	冷水地温场多见，符合一般地温增温率曲线	上部曲线符合一般增温率曲线，下部遇冷水，温度降低且稳定	上部曲线符合一般增温率曲线，下部遇热水，增温快	在正常型曲线中出现正异常，说明有岩溶管道，地下水对流快，补给水温度高	在正常曲线中出现负异常，说明有岩溶管道，地下水对流快，补给水温度低

大多数水库，水的平均温度常按季节呈近似正弦曲线的变化。因此，如果从水库中渗漏的途径较短，钻孔和泉水将有与库水相似的温度波形曲线，但较库水的温度波形曲线有些光滑，产生这种光滑的原因是由于库水在不同时间的渗入地层中，而且水还与岩层之间产生热交换，温度曲线不会忽然出现尖点或低谷。

地下水的温度受补给水源温度、地温和循环交替条件控制，浅层地下水的温度还会受气温影响。由气温引起的地下水温度日变化影响深度大约 1m，年温度变化影响深度不超过 30m。因此，在对 30m 以内的温度资料进行解读时必须考虑气温变化。在 30m 以上的岩体原始温度一般受岩石的热导率和大地热流的控制，按增温梯度有规律的提高，当有地下水活动时，岩体温度将发生变化，见图 3.5 - 1。

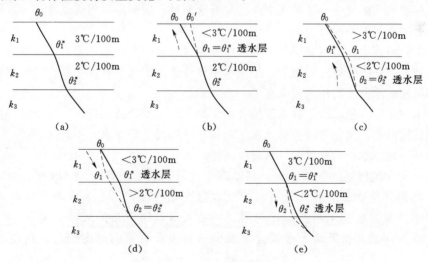

图 3.5 - 1　岩体中的地下水温度

(a) 未受扰动的热状态；(b) 顶部层有向上流动的地下水时的情形；(c) 较深层有向上流动的地下水时的情形；
(d) 顶部层有向下流动的地下水时的情形；(e) 较深层有向下流动的地下水时的情形；
θ_0—地表年平均温度；θ_1^*—第一层底部未经扰动的岩体温度；
θ_2^*—第二层底部未经扰动的岩体温度

补给水源的温度和地下水强烈的循环交替条件将严重影响地下水温度的变化幅度和速度，这也是利用热源法分析水库渗漏的主要依据。

温度不同的水源的混合使得水的温度波形曲线不再是一条光滑的曲线。水与岩层之间的热交换对曲线的光滑影响是很难确定的，因为这时所涉及的参数常常是未知的。只能利用估计数据，由于以下这些原因，光滑影响是不能忽略的：

1）与水相比，岩层的比热是不能忽略的，岩层大约为 $0.2cal/(g \cdot ℃)$，水为 $1cal/(g \cdot ℃)$。

2）与水相接触的岩层与水体相比起来往往要大很多。

因此，岩层充当储热器的作用，依据岩层与水之间的温度梯度，它会吸收或散发热量，这会造成在所观察到的孔水或泉水的温度与库水产生滞后效应，滞后的时间可达几个星期或几个月。但是整个水岩系统中所损失或获得的热量极小（与空气的热交换可忽略）。

3.5.6 同位素场分析法

1. 基本原理

自 1961 年以来，根据国际原子能机构（IAEA）和世界气象组织（WMO）的研究计划，在世界 100 多个台站进行了降水中氚浓度及稳定同位素组成的监测，并定期发表这方面的数据。从数据中可以发现降水中氚浓度分布总趋势为：任何地区的氚浓度都具季节性变化，最大值出现在晚春至夏初，最小值则在冬季；北半球的氚浓度较高，有纬度越高浓度也越高的趋势；而且氚浓度也具有大陆效应，即越向内陆浓度越高。河水中氚含量主要取决于它的补给来源，一般来说，由大气降水补给的河水氚含量较高，由地下水补给的河水氚含量较低。

发源于近海山地丘陵区的河流，水中氚含量有两个特点：①自南向北氚含量逐渐增高，这是纬度效应的反应；②河水中氚含量低于流域内同期降水中的氚含量，这可能与径流的滞后和地下水的补给有关。

发源于青藏高原的黄河和长江，河水中氚含量也有两个特点：①自东向西河水中氚含量逐渐增加，这是大陆效应引起的；②河水中氚含量大于当地降水中氚含量，这可能与从大陆内部流来的水所占的比例较大有关。

地下水中的氚含量取决于含水层的补给来源、埋藏及径流条件。一般潜水和浅层承压水属于现代循环水，其氚含量较高，深层承压水一般属于停滞水，不含氚。

现代循环地下水中的氚含量，具有以下特点：

（1）氚含量比同期大气降水低，其动态变化与补给来源有关。当地下水由大气降水补给时，其氚含量动态反映大气降水的氚含量变化特征；当地下水由河水补给时，其动态与河水的氚含量变化相类似。利用这些关系可以研究泉的成因、地下水与地表水的水力联系等问题。如果地下水氚含量很少而且没有明显的动态变化，则说明其循环条件差。

（2）在较均质的含水层（包括弱含水层）地下水的氚含量随着深度的增加而减少，呈现出明显的垂直分带性。

（3）地下水中的氚含量不仅取决于含水层的埋藏条件，而且也取决于它的径流条件。在径流条件好的含水层中，地下水的氚含量往往高于径流条件差的含水层。

解释地下水中氚含量的先决条件是：必须知道降水中的氚含量以确定该地区的氚输入函数。利用 IAEA - WMO 研究计划的数据，建立各站之间的相关关系，从而可估算未作实际测量的地区的降水中的氚含量。

2. 氚在水文地质中的应用

氚在大气中形成氚水后遍布整个大气圈，对现代环境水起着标记作用。因此利用氚可以：计算 50 年以内地下水的年龄；研究地下水的补给，排泄，径流条件；探索地下水的成因；确定地表水与地下水之间的水力联系；测定水文地质参数等。在研究地下水的运动和弥散机制时，氚又是非常理想的天然示踪剂。

(1) 计算地下水的年龄。氚是氢的放射性同位素。若大气降水输入含水层后，氚含量只按放射性衰变定律而减少时，原则上可根据含水层输出的氚含量计算地下水年龄：

$$t = \frac{1}{\lambda} \ln \frac{A_0}{A} = 40.75 \lg \frac{A_0}{A}$$

式中：A_0 为补给区降水输入的氚含量，TU，$1TU = T/H \times 10^{-18} dpm/L$，dpm 为每分钟的衰变数；$A$ 为排泄点地下水输出的氚含量，TU；t 为地下水的年龄，a；λ 为氚的衰变常数，$\lambda = 0.0565$。

但是由于人工核试验破坏了氚的自然平衡，再加上含水层的埋藏条件十分复杂，致使降水输入含水层的氚含量在时间和空间上有很大变化，要想正确地确定原始氚输入量 (A_0) 是比较困难的。尤其在我国缺乏 1952 年以来降水中氚含量的长期观测记录的情况下，更难以得到原始氚输入量的直接数据。此外，含水层中的地下水在径流过程中还可能发生弥散和混合作用，使地下水的氚含量与地下水贮留时间之间的关系也发生了改变。由此可见，该公式的实际应用范围是很有限的，或者说仅可近似地应用于活塞式水流的年龄计算，否则必须加以修正。

(2) 确定地下水的流向和渗透速度。根据地下水中氚含量资料可作出氚含量的等值线图，确定地下水的流向，分析地下水的径流条件。在某些情况下，若能计算出不同取样点处地下水的年龄，那么还可以计算出地下水的渗透速度。

(3) 确定地下水与地表水之间的水力联系。根据地下水中的氚含量及其动态，与地表水（或大气降水）的资料相对比，可判断它们相互间补给关系、研究水的来源及充水途径，在某些情况下还可进行补给量（混合量）的计算。由于氚的半衰期较短（12.43a），同时自 1952 年以来大气层热核试验使得大气层中的氚含量大大增高。因此，氚在测定近代补给中具有特殊的作用。水样中存在氚是掺杂有近代补给水的有力证据。在有些系统中，出露的地下水是近期补给水与氚含量低而年龄较老的水不同比例的混合。定期取氚样，有可能计算这两个组分的比例。

(4) 研究包气带水的运动状况。包气带中同位素剖面有助于评价入渗水。在大范围内评价补给时仅作少数几个氚剖面可能有争议。然而，事实上同位素剖面最重要的目的是了解水向饱水带运移的机制，以便于对整个研究区设定一个平均条件后，使评价其补给量成为可能。包气带内水运动机理的研究包括水流运动形式、运动速度和入渗补给量。要解决这些问题应有 3 方面资料：①包气带内和潜水面以下一定深度上水的年龄；②多孔介质中

147

水的弥散机理；③总的有效孔隙度。

另外，当包气带水的氚含量的脉冲变化（月或年的）与降水的氚含量变化相近似时，可应用与大气降水长期观测资料的同步对比法，根据重叠值来确定包气带水的年龄、入渗速度及补给量（或混合量）。该方法也可用于饱水带地下水平面渗流的研究。

（5）解决工程地质中的渗漏问题。在工程地质勘测中，氚可作为寻找渗漏通道的最有效的天然示踪剂。贵阳地球化学研究所曾经研究了贵州乌江渡水电站深部岩溶渗漏问题。该水电站位于岩溶发育的灰岩区，坝高165m。在蓄水前和蓄水后分别在灌浆廊道的6个钻孔内、深150～290m处取样测氚。资料表明，以钻孔JZ15为中心的宽150m、深350～400m范围内岩溶发育，渗透性强（氚含量20～40TU）。这一结论与连通试验、物探、钻孔流量和水位动态观察以及帷幕灌浆施工资料相吻合。

3. 窄巷口水电站的氚分布场研究实例

20世纪80年代在窄巷口水电站库首坝址区的库水、K_{11}溶洞和防渗线上的一系列钻孔中取水样进行氚含量分析，取样位置和分析结果见表3.5-7。根据这些数据对该电站的氚分布场进行了很有意义的研究。

表3.5-7　　　　　　　　窄巷口水电站氚含量分析结果

序号	孔号	桩号	高程/m	氚含量/TU	序号	孔号	桩号	高程/m	氚含量/TU
1	61	0+18.5	984.00	25.20	15	37	0+283	980.00	34.20
2	41	0+100	1010.00	6.82	16	37	0+283	925.00	40.60
3	41	0+100	944.00	2.63	17	51	0+319.5	1030.00	37.60
4	41	0+100	850.00	2.90	18	51	0+319.5	980.00	41.40
5	45	0+182.5	1020.00	28.90	19	51	0+319.5	935.00	31.30
6	45	0+182.5	985.00	23.80	20	44	0+361.4	1010.00	43.00
7	45	0+182.5	885.00	14.50	21	44	0+361.4	965.00	18.30
8	43	0+197.2	1020.00	31.50	22	42	0+494.9	1040.00	10.30
9	43	0+197.2	985.00	36.30	23	新42	2号基础拱桥右端	950.00	36.80
10	43	0+197.2	885.00	0.47	24	新6	窄巷口出口左岸	1000.00	26.50
11	46	0+216.2	1020.00	54.90	25	新6	窄巷口出口左岸	950.00	25.20
12	46	0+216.2	970.00	44.40	26	K_{11}	花鱼洞		28.60
13	46	0+216.2	911.00	34.40	27	库水			30.80
14	37	0+283	1040.00	38.40					

（1）氚含量随钻孔深度变化的规律。地下水氚含量随孔深增加而变化的规律基本一致，具有3种曲线类型，分别以41号、45号、43号、46号、51号、37号孔的曲线为代表，见图3.5-2。

1）氚含量随孔深降低而降低的曲线类型。以41号及45号孔为代表。45号孔平均每下降10m，氚含量降低1.02TU，在140m深度内，降低49.8%

2）氚含量随孔深增加而升高，再随孔深增加而降低的曲线类型。以43号、46号及

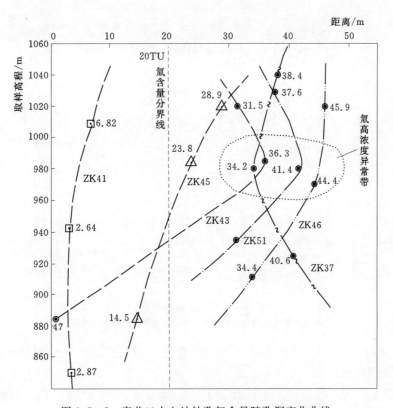

图 3.5－2　窄巷口水电站钻孔氚含量随孔深变化曲线

51 号孔为代表。在图 3.5－2 中由点线包围的封闭圈内，为氚浓度高异常带，反映了地下水十分活跃，岩溶强烈发育，为坝址左岸的重要渗漏部位，高程为 960.00～1000.00m。

3）氚含量先随孔深增加而降低，再随孔深增加而升高的曲线类型。以 37 号孔为代表，反映了中部（曲线转折部位）岩溶发育较强，上、下部发育较弱的特点，也反映了不同高程岩溶发育的不均一性。

（2）氚含量等值线图的分析。在左岸防渗线剖面上，根据不同钻孔不同深度地下水的氚含量，编制了氚含量等值线图，如图 3.5－3 所示。从图中可以总结出以下几点规律：

1）氚含量由浅部向深部逐渐减少，最高含量 45TU，最低含量 0.47TU。但各孔的变化幅度并不一致：如 46 号孔，孔深下降 110m，氚含量由 45.9TU 减少到 34.4TU，平均每下降 10m 减少 1.04TU；对 43 号孔，孔深平均下降 10m，氚含量减少 4.13TU。

2）氚含量大于 20TU 的地下水，一般认为是最近生成的地下水。20TU 等值线所包含的氚含量高浓度带（20～45TU）在等值线图上明显地呈现两个 U 形凹槽。

第一凹槽，位于左岸 0＋450～0＋150m 地带。上部宽约 300m，下部宽约 100m，下限高程 890.00～925.00m，在 F_5 断层下盘，20TU 的等值线与 P_1^1 页岩隔水层相交。

由 40TU 等值线组成的 U 形封闭图形（斜线部分），叠加在这个 U 形凹槽的上面。45TU 组成的封闭圈，位于 46 号孔上部地带。由 37TU 等值线组成的封闭圈，在 37 号孔一带。

第二凹槽，位于河床下部及岸边地带，桩号在 0＋50～0－250m 之间，上部宽约

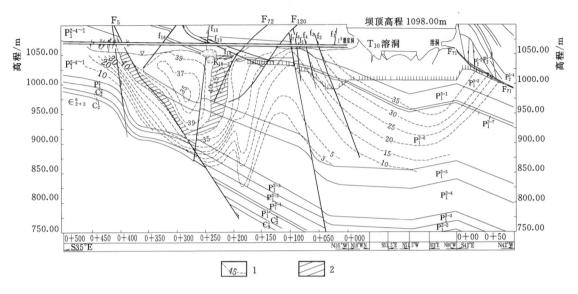

图 3.5-3　窄巷口水电站防渗线的氚含量等值线图
1—氚含量等值线，单位 TU；2—2～40TU 的氚含量区域

300m，下部宽约 100m，下限高程在 900.00m 附近。因右岸缺少氚分析资料，向右抬升的等值线系推测绘出。

在两凹槽之间为一凸槽带，上部范围在 0+50～0+150m 之间，宽约 100m，下部宽度大于 350m。此凸槽为一氚含量低浓度带，以 41 号孔为中心。氚含量由上部（高程 1010.00m）的 6.82TU 向深部（高程 850.00m）减少到 2.97TU。

3）在两个凹槽带中，包含氚含量高浓度带，说明地下水比较年轻，与库水联系密切，应为渗漏的主要地带。据勘探及其他测试资料证明，在凹槽带中，深岩溶甚为发育，岩层透水性大，地下水位低，与氚分析反映的情况基本吻合。

第一凹槽，正位于 K_{18-2} 溶洞的下部，后期的深岩溶，以陡倾的裂缝状溶洞为特点，取代了早期庞大的溶洞系统。如在 47 号孔中（桩号 0+191.8m）于高程 995.29～973.99m 段，遇大小溶洞 6 个，累计高度达 13.97m，充填沙砾石及黏土，其宽度不过 3～5m。此溶洞在钻孔无线电波透视剖面中，也有清晰的显示。由于深岩溶的发育，地下水流速快，已被地下水染色示踪试验证实。由水库中的 FK_5 溶洞至 K_{11}，地下水实际流速 $u=0.25$m/s。地下水位在此带出现 3 个小洼槽。

第二凹槽带中深孔较少，在新 24 号孔中，于高程 1010.00～1029.00m 间，遇到一些溶缝及溶孔，充填黏土。在新 26 号孔中，于高程 945.00m 及 885.00m 附近，当库水位 1086.00m 时，出现钻孔测压水位最低值 1040.00m 低于库水位 46.00m，尚待进一步证实。

基于上述分析，在这个凹槽中，深岩溶也是比较发育的。

在氚等值线的凸槽带中，岩溶发育微弱，岩层透水性小。突出的表现是钻孔中的综合地下水位高，如 41 号孔。当库水位 1086.00m 时，41 号孔地下水位 1063.00m，较第一凹槽带 43 号孔的地下水位高出 23m。较第二凹槽新 24 号孔的地下水位高出 18m。

（3）深岩溶渗漏问题。据前述分析，对本区深岩溶渗漏问题，提出了以下几点认识。

1）根据氚等值线划分凹槽。深岩溶渗漏主要发生在氚等值线第一凹槽带，其次是第二凹槽带。其间的凸起带，渗漏是微弱的。以 20TU 等值线作为渗漏的下限高程，第一凹槽带为高程 900.00m，向左至 F_5 断层下盘，与 P_1^1 页岩隔水顶板相接，抬高至高程 925.00m，渗漏主要发生在 P_1^2 灰岩中。较集中的渗漏部位出现在 35TU 等值线以上的地带，特别是 40TU 等值线所包含的范围内。渗漏的中心部位，一是在 46 号孔一带，向右扩大至 47 号孔及 45 号孔附近，下限高程 920.00～950.00m。另一中心部位，在 F_5 断层带两侧，即 44 号孔两侧地带。

在第二凹槽中，20TU 等值线所显示的渗漏下限高程 900.00m。较集中的渗漏可能出现在由 35TU 等值线所包含的范围内，下限高程 950.00m，主要发生在 P_1^{2-7} 相对隔水层以上的 P_1^3 灰岩的顶部。

2）渗漏带的重新划分。在以往的地质报告中，将左岸 $0+000～0+700$m 范围内划分 4 个渗漏带，划分的原则主要是依据地下水位的高低及岩溶发育程度。此种分带，与上述氚等值线凹槽带与凸槽带不够吻合，依据氚等值线由左岸向河床，可以作如下渗漏带的划分。

①第一渗漏带。第一渗漏带与氚等值线第二凹槽带相吻合，范围在 $0-250～0+50$m。渗漏较集中的部位，可能出现在新 24 号孔和新 26 号孔之间的河床地带，主要是深层的小溶岩管道和溶蚀裂隙的渗漏。

②第二渗漏带。第二渗漏带即氚等值线的凸槽带，凸槽中心部位在 41 号孔地带，而可能出现少量渗漏的部位是在 f_1、f_6 断层地带。主要是溶蚀扩大的岩溶裂隙渗漏。

③第三渗漏带。第三渗漏带即氚等值线第一凹槽带，范围在 $0+150～0+450$m。渗漏较集中，较强烈的地带在 45 号孔（$0+182.5$m）与 46 号孔（$0+216.2$m）之间及 F_5 断层带两侧，主要是深岩溶管道集中渗漏。$0+450～0+700$m 的氚分析资料缺少，但地下水位高，岩层透水性小，且 P_1^1 页岩隔水层逐渐向分水岭抬高的事实分析，渗漏问题较小。

3）关于各带渗漏量的分配问题。经过 1980 年以前的部分帷幕灌浆和堵洞处理后，渗漏量由 20m³/s 减少到 17m³/s。而这些渗漏水流，在各渗漏带中作过定性的分析，也作过分带的粗略计算。由于这种计算存在一定缺陷（如对渗透系数选取不够准确等），加之未考虑河床下部的渗漏，因此，有必要在已知渗漏量的条件下，对各渗漏带进行渗漏量的概略分配。

①计算步骤。首先计算出 20TU 等值线所包含的渗漏面积 A（在高程 1060.00m 以下）：

第一渗漏带：$A_1=22500$m²，占总面积的 47.7%。

第二渗漏带：$A_2=600$m²（20TU 等值线以下可能的渗漏面积暂不考虑），占总面积的 1.3%。

第三渗漏带：$A_3=24000$m²，占总面积的 51.0%。

总渗漏面积：$A=A_1+A_2+A_3=47，100$m²。

②各带地下水单位水头流速比较。按地下水示踪试验取得的具有代表性的单位水头流

速 U_i（即示踪试验实际流速除以进出口水位差）近似地进行比较，以判别各带岩溶渗漏的强弱。

第一渗漏带：$U_{i-1}=0.0017\mathrm{m/(s \cdot m)}$（坝前右岸—$K_{11}$）。

第二渗漏带：$U_{i-2}=0.001\mathrm{m/(s \cdot m)}$（估计）。

第三渗漏带：$U_{i-3}=0.0086\mathrm{m/(s \cdot m)}$（新 19 号孔—$K_{11}$）。

设第一、第三渗漏带的单位水头流速之和为 1，则 U_{i-1} 占 16.5%，U_{i-3} 占 83.5%。说明第三渗漏带的渗漏强度，远大于第一渗漏带。

③计算平均渗漏量。计算断面每 $100\mathrm{m}^2$ 面积内，包括裂隙的及岩溶的平均渗漏量 Q_{cp}：

$$Q_{cp}=\frac{Q_1+Q_2+Q_3}{A_1+A_2+A_3}\times100=0.036\mathrm{m}^3/(\mathrm{s \cdot 100m}^2)$$

在第二渗漏带，按 $Q_{cp}=0.036\mathrm{m}^3/(\mathrm{s \cdot 100m}^2)$（偏大考虑）计算，乘以 A_2 面积，则该带渗漏量 $Q_2=0.22\mathrm{m}^3/\mathrm{s}$，占总渗漏量的 1.3%。剩余的渗漏量为第一、第三渗漏带的合计渗漏量，即 $Q_1+Q_3=16.78\mathrm{m}^3/\mathrm{s}$。

因第一、第三渗漏带面积相似，按地下水单位水头流速的百分比，分配渗漏量：

第一渗漏带的渗漏量 $Q_3=16.78\times16.5\%=2.77\mathrm{m}^3/\mathrm{s}$，占总渗漏量（$Q_1+Q_2+Q_3$）的 16.3%。

第三渗漏带的渗漏量 $Q_1=16.78\times83.5\%=14.01\mathrm{m}^3/\mathrm{s}$，占总渗漏量的 82.4%。

通过对各带渗漏量的分配，可以看到，第三渗漏带是最重要的渗漏带，渗漏量约占总渗漏量的 82.4%。其次是第一渗漏带，约占总渗漏量的 16.3%。由渗漏量的计算分配可知，第二渗漏带只占总渗漏量的 1.3%，实际上是岩溶化程度微弱、渗漏量很小的地带。

3.5.7　场分析法在猫跳河四级水电站渗漏勘察中的应用

3.5.7.1　地质概况

猫跳河干流从窄巷口峡谷河段至坝址下游 K_{11} 花鱼洞（洞口高程 1034.00m）之间，形成一向北凸出的弧形河湾，河道长 1.7km，弦长 1.2km。库首坝址区主要地层有寒武系下统清虚洞组（$\in_1$）页岩夹灰岩、中上统娄山关群（$\in_{2+3}$）白云岩、石炭系中统黄龙组（C_2）、下二叠统栖霞组（P_1^2）和茅口组（P_1^3）灰岩夹数层页岩和上二叠统龙潭组（P_2）砂页岩夹灰岩等。地质构造复杂，地层总体产状 $N50 \sim 70°W/NE\angle20 \sim 30°$，倾上游偏右岸。NNE 向的 F_{19} 逆掩断层将库区广泛出露的寒武系白云岩推覆于坝址及下游二叠系灰岩及砂页岩之上；另一条 NNE 走向的 F_{30} 正断层位于坝线下游 400m，横切河床通过，倾角较陡，地层断距 $500 \sim 700m$，上盘为 P_1 灰岩，是水库渗漏的主要区域，下盘为 $\in_1$ 泥灰岩及页岩，属相对隔水层，故 F_{30} 为电站的下游渗漏边界；其余 NEE 向断层数量较多，但规模较 F_{19} 和 F_{30} 相对较小。

3.5.7.2　岩溶渗漏特征

电站水库岩溶渗漏为多进口汇流，库首入渗范围为从上游窄巷口进口开始，经窄巷口库段，直到坝前，库段全长 1250m。其中窄巷口库段为以多个岩溶管道进口并存的集中渗漏，往下游逐渐减弱为脉管性渗漏和分散的溶隙渗漏。在大坝下游，渗漏水流的出露范围，最远达到坝线下游 400m 处的 F_{30} 断层。而渗漏水流集中出水口主要在 K_{11} 花鱼洞，

K_{11}位于左岸坝线下游约 360m 的河边，发育于 F_{30} 断层上盘 P_1^{2-6} 灰岩中，最初水位 1030.50m，电站建成后，由于开挖的废渣堵塞洞口，水位上升至 1034.13m。

渗漏水流从分散汇入到集中流出，其过程相当复杂。在电站防渗线剖面上，渗漏边界较为明朗。左岸 0+730m 桩号以外因 $P_1^1-C_1^1$ 泥页岩相对隔水层阻隔，且其地下水位也高于水库正常蓄水位，不存在渗漏问题；右岸 0+120m 桩号以外 P_2 砂页岩广布，厚度大，阻止库水向库外渗漏，主要的渗漏范围为左岸 0+730m 至右岸 0+120m，总宽度达 940 余米。水库渗漏的高程为从水库正常蓄水位 1092.00m 至防渗线上高程 865.00m。根据已有的勘探研究成果，按照水工建筑物的布置和岩溶水文地质条件将防渗线渗漏范围分为 3 个区域，分别为：左岸渗漏区、坝基渗漏区和右岸绕坝渗漏区。其中坝基和右岸以脉管流和溶隙流为主，主要的集中岩溶管道渗漏发生在左岸渗漏区 0+000～0+450m 桩号间，左岸渗漏区的基本地质概况如图 3.5-4 所示。

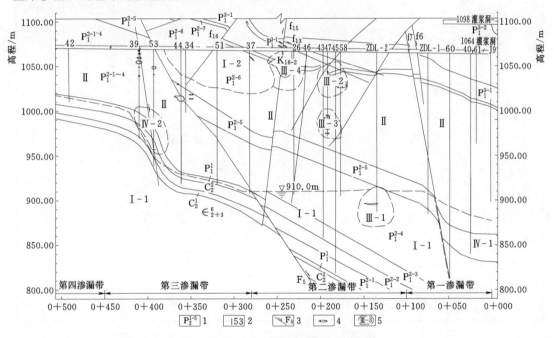

图 3.5-4　左岸渗漏区防渗线地质简图
1—地质代号；2—钻孔及代号；3—断层及代号；4—溶洞；5—渗漏分区

3.5.7.3　左岸防渗线场分析

1. 渗流场分析

通过钻孔等地下水位观测，查明地下水埋深，水头按空间方位的变化规律，分析地下水补、排关系，以及地下水与库水的相关性等，建立渗流场模型，对渗漏带进行分区，从而宏观掌握库水渗漏管道的方位。根据钻孔综合水位及溶洞水位，编制库首坝址区地下水的平面等水位线图，如图 3.5-5 所示。

从图 3.5-5 中可以看出：渗漏水出口主要在 K_{11}，出水主要由窄巷口库段渗漏库水、下坝小河伏流和天然地下水组成，而又以渗漏库水占大部分。水库低水位运行时（库水位 1060.00m），地下水等水位线在左岸防渗帷幕一线存在七个洼槽。在桩号左 0+450m 以外，地下水位已经高于1060.00m，补给水源为下坝小河伏流，其由SE向NW汇入 K_{11} 。水库高水位运行时（库水位1086.00m），原有的局部地下分水岭被淹没，形成大面积渗漏，在左岸防渗帷幕线上，低水位槽主要在桩号左 $0+100 \sim 0+280$ m 一线，包括了1060.00m库水位时的第三至第六洼槽。

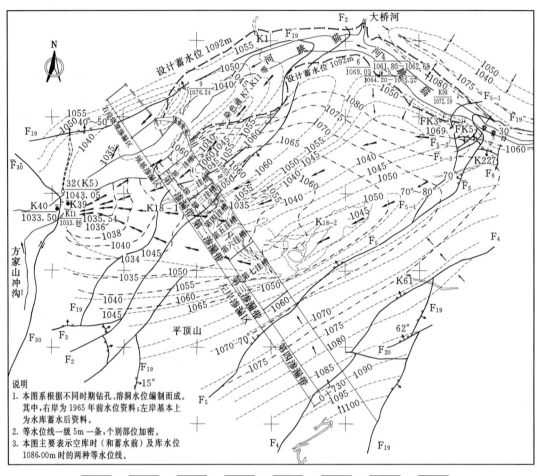

图 3.5-5　库首坝址区等水位线和渗漏分区图

1—正断层产状及编号；2—逆断层产状及编号；3—地下溶洞投影；4—蓄水前洼槽中心地下水流向一般地下流向；5—设计蓄水位1092.00m；6—库水位1060.00m、1086.00m时地下水等水位线；7—漏水点编号及高程；8—涌水洞、岩溶泉

根据以上渗流场特征，并考虑岩溶发育程度，将左岸渗漏区划分为4个渗漏带：第1渗漏带位于左岸防渗线 $0+000 \sim 0+100$ m 桩号间；第2渗漏带位于 $0+100 \sim 0+280$ m 桩号间，为最严重的水库深岩溶渗漏带；第3渗漏带位于 $0+280 \sim 0+450$ m 桩号间；第4渗漏带位于防渗线 $0+450 \sim 0+730$ m 桩号间，目前该带渗漏不突出，$0+450$m 桩号以内渗漏封堵完成后，渗漏重点可能向本带偏移。

前期在左岸高程1064.00m灌浆平洞中完成了18个钻孔，最大孔深达270m，对每个钻孔分段进行了内管水位的测量。2008 年完成了 ZDL1 和 ZDL2 新勘探孔，加深 39 号孔到 100m，也都进行了内管水位的测量。选择库水位为 1080.00～1090.00m 时的内管水位编制左岸防渗线剖面上的水头等势线图（图 3.5－6）。由于岩溶强烈发育，且极不均一，各钻孔内管水位变化大，等势线也十分复杂，在开敞型的等势线中，包含着封闭型的等势线，把各临近的低水头区域合并编号。

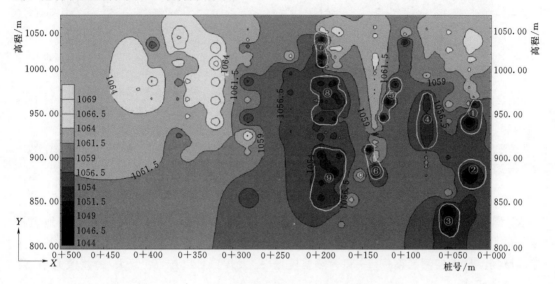

图 3.5－6　左岸防渗线地下水水头等势线图

2. 地下水温度场测试

短周期的气候变化对地表水的温度影响既快又明显，而地下水的温度受地温、补给水源温度和循环交替条件控制，浅层地下水的温度还会受气温影响。由气温引起的地下水温度日变化深度大约 1m，年温度变化影响深度不超过 30m。在 30m 深度以下的岩体原始温度一般受岩石的热导率和大地热流的控制，按增温梯度有规律的提高。当地下水活动剧烈时，岩体温度将发生变化。补给水源的温度和地下水强烈的循环交替条件将严重影响地下水温度的变化幅度和速度，这也是利用地下水温度分析渗漏的最主要依据。

研究过程中对库首坝址区，特别是左岸渗漏区的水温进行了系统的观测。观测时间为 2008 年 9 月 24—25 日，之前数日，白天的最高气温均超过 30℃，受气候影响，库水温度较地下水来说，为高温热源。其中库水表面下 2m 为 22.8～23.3℃，库水中下部的水温在 21.7～22.2℃ 之间变化，当天库水温度变幅达 1.6℃。与测量库水温度同步，对左岸防渗线上 9 个钻孔的地下水温度进行观测，根据钻探的进度和气候的变化，每个孔测量 2～4 次，每个钻孔竖向上测量点间隔为 0.25～0.5m，通过这些数据可以获得左岸高程 1064.00m 灌浆平洞以下超过 210m 深度（即高程 850.00m 左右）范围内的温度场，见图 3.5－7，该图对应的库水位为 1088.00～1092.00m。

灌浆平洞埋深超过 30m，平洞以下的岩体如果不受渗漏库水影响，全年将维持常温。因为渗漏水流为高温热源，而研究测得的钻孔水温最低为 13.1℃，位于 0＋282m 的 37 号钻孔高程 1050.00～1059.00m，所以把它视为高程 1059.00m 不受库水影响的天然地下水

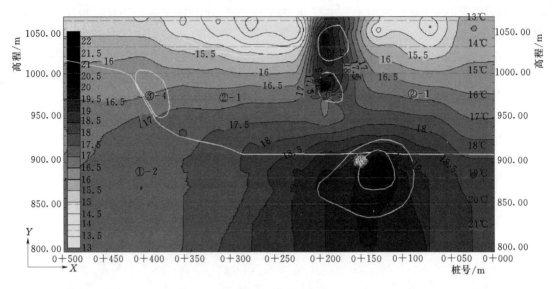

图 3.5-7　左岸防渗线地下水温度等值线图

温度。各钻孔底部的高程和温度各不相同,计算各钻孔高程 1059.00m 到孔底的地温梯度,最小为 3.4℃/100m,把它作为测区的天然地温梯度 k_0,由此可恢复无库水影响的天然温度场。比较实测温度场 T_s 和天然温度场 T_0 发现,可以按 T_s 与 T_0 的差值大小 ΔT 分为 3 类区域:

(1) $\Delta T \leqslant 0.5℃$,即为相对低温区①,可以认为地下水不受库水影响。

(2) $0.5℃ < \Delta T \leqslant 2.0℃$,即为相对高温区②,可以认为地下水受库水影响,但是影响较弱。水温受库水的影响有两种可能:一种可能是管道渗漏的周边,虽然为非渗漏区,但由于热量交换,原天然地下水温度也有所升高;另一种可能是,库水渗漏到达此区域,由于库水运移时间较长,与地下冷水发生混合,使得水温介于地下水温度和库水温度之间。后一种情形对应于裂隙或溶隙渗漏。

(3) $\Delta T > 2.0℃$,即为高温异常区③,可以认为地下水受库水直接影响,即对应于强渗漏区或管道渗漏区。

③-1 亚区:位于 ZDL2 孔的高程 916.00m 以下,该钻孔在高程 896.63~895.83m 遇见一直径 0.8m 的溶洞,且内管水位在高程 898.83m 时由 1064.23m 迅速降至 1052m 以下。电磁波 CT 测试在 ZDL2 内侧相应高程存在异常区。综合以上因素可判定本区存在集中渗漏管道。

③-2 亚区:该区在 0+197.2m 桩号的 43 号孔高程 1047.00m 以下有直接的表现,该钻孔高程 1044.26m 为 F_{72} 断层面位置。43 号孔在高程 1048.00~1037.00m 的内管水位为 1047.12m,与上下孔段的内管水位相比,均明显偏低。地下水温的明显异常说明本区沿 F_{72} 断层在形成了一个溶蚀带,是库水渗漏的一个重要的通道。然而 46 号钻孔和 26 号钻孔都打到了 F_{72} 断层的破碎带,但是它们的内管水位未见明显的异常,26 号钻孔的温度在断层相应深度也无显著异常,均无管道渗漏特征。说明 F_{72} 断层形成的导水通道只局限于本温度异常区内。

③-3 亚区：该区异常也由 43 号孔所揭示，该孔在高程 989.50～988.50m 温度急剧上升，从 19.7℃ 升高到 22.0℃，达到当天深部库水的温度，该深度的天然地温为 15.5℃ 左右，温差达 6.5℃，库水经过较长距离的流动（700～800m），温度没有变化，这说明了三点：一是库水未与其他地下水混合或者只有少量的其他地下水掺入；二是流动速度非常快；三是流量大。21.5℃ 的高温一直维持到高程 981.50m，总共达 7m，往下温度迅速降低，到高程 973.50m 迅速降到 16.5℃，再往下，温度按天然地温梯度升高。从以上数据可以发现，高温地下水的热辐射可以影响到周边岩体最远距离可达 10m。过去的勘探和研究成果与本异常区相互印证。43 号孔高程 1001.00～978.00m 的岩芯破碎，岩芯获得率低，为 52%。库水位为高程 1088.64m 时钻孔在该段深度内的内管水位为 1049.57m。0+191.8m 桩号的 47 号孔在高程 995.16～973.86m 遇多个溶洞，溶洞总高 13.97m。库水位为 1060m 时，该段钻孔内管水位为 1029.06m。电磁波 CT 透视可明显见到该区的岩溶空洞。综上所述，③-3 亚区存在一个明显的集中渗漏管道，其范围包含了 0+176.78m 的 58 号钻孔和 0+203.2m 的 57 号钻孔之间的区域，高程在 969.00～1001.00m 之间。

③-4 亚区：该区在 1980 年的温度测量中表现为明显的高温异常，此异常由 53 号孔揭示，从构造上看，该区域有一条小断层通过，推测为溶洞或构造破碎区。

3. 电导率场分析

地下水的电导率是地下水总溶解固体（TDS）的反映，在一定的水文地质条件下与总溶解固体存在着近线性关系。通过对工程区各水体和勘探孔中相同时段不同深度的地下水电导率进行测量，可以宏观掌握区域地下水流状况，划分不同的地下水流系统，为分析地下水的补径条件增加了研究手段。

研究中，测量库水和地下水温度时，同步对电导率进行测量。库水电导率为 370～401.1μS/cm，平均 387.3μS/cm。本次同时测量了 K_{11} 的电导率，为 416μS/cm，较库水略微增大，这是渗漏库水沿途溶解了某些矿物成分的缘故。根据左岸防渗线上 9 个钻孔的地下水电导率制作电导率等值线图，见图 3.5-8。在图上圈出 A～E 五个存在异常的区域：A 区，位于 40 号孔底部 895.00m 高程以下，电导率大于 350μS/cm，最大 380.5μS/cm。该异常区和地下水水头等势线图第②低势圈重合，但是，温度场未见明显异常，所以该区不会存在快速的管道性渗漏。B 区，位于 ZDL-2 孔下部 931.00～896.00m 高程之间，电导率大于 350μS/cm，最大 362.9μS/cm，其中 911.83～903.83m 对应于温度场的 ③-1 高温区的核心部位，其电导率值为 360.4～355.3μS/cm。C 区，位于 43 号孔的中上部，底部达 972.00m 高程。电导率大于 355μS/cm，最大 406.9μS/cm。其上部的高程 1043.50～1037.50m 对应于温度场的 ③-2 高温区的核心部位，电导率值为 400.1～394.6μS/cm。下部的高程 988.50～983.50m 对应于温度场的 ③-3 高温区的核心部位，电导率值为 366.7～356.4μS/cm。高程 983.00m 以下为电导率剧烈变动区，高程在 979.50m 为 297.7μS/cm，电导率梯度为 14.7μS/(cm·m)，这说明管道渗漏的底界在高程 979.50m 以上。C 区也对应于地下水水头等势线图第⑦和第⑧低势圈。D 区和 E 区地下水位高，温度场未见明显异常，不存在管道性渗漏。

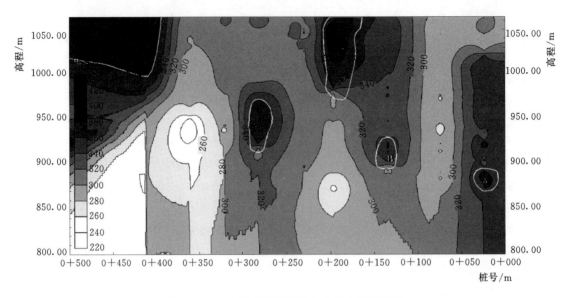

图 3.5-8　左岸防渗线地下水电导率等值线图

4. 渗漏管道验证

地下水渗流场、地下水温度场和地下水电导率场等异常区域互相重叠印证,并结合过去进行的同位素场分析,可以准确地对左岸防渗线剖面进行渗漏分区,按渗漏的强弱和研究的可靠程度把左岸渗漏区分成 4 类:一类(Ⅰ)为相对不渗漏区;二类(Ⅱ)为裂隙渗漏区;三类(Ⅲ)为管道渗漏区;四类(Ⅳ)为可能存在的管道或裂隙渗漏区,见图 3.5-4。其中的Ⅲ-3 区,为最大的集中渗漏岩溶管道。

根据 0+182.5~0+197.5m 桩号的 45 号孔至 43 号孔间不同频率电磁波 CT 测试结果,Ⅲ-3 区主要的溶洞位于高程 988.51~978.11m 之间,高 10.4m,宽 7.9m。洞内水流速最大 0.69m/s,平均 0.42m/s,最大流速在高程 981.51m,溶洞内渗漏量为 6~10m^3/s。

2010 年底启动了Ⅲ-3 溶洞封堵试验施工,之后的进一步勘察完全验证了上述研究成果,至 2011 年 8 月底,封堵试验取得阶段性成功,Ⅲ-3 溶洞封堵体初步形成,经现场观测,封堵体切断了水库经Ⅲ-3 溶洞与 K_{11} 的水力联系,在库水位 1086.00m 以上时,K_{11} 渗漏量与Ⅲ-3 溶洞封堵前相比减少约 9m^3/s。

在进行Ⅲ-3 溶洞封堵后,左岸地下水位及渗漏通道发生明显变化,最突出的就是 K_{18-2} 溶洞和 F_5 断层带开始出现大量涌水。为此,针对 K_{18-2} 溶洞采用局部回填、混凝土截水墙、深孔固结灌浆处理,对 F_5 断层带进行了全断面钢筋混凝土衬砌及加强帷幕灌浆处理。

左岸Ⅲ-3 溶洞、K_{18-2} 溶洞两处岩溶管道封堵成功后,左岸水文地质条件发生了显著变化,其中最直观的表现为花鱼洞暗河的出流量大幅度减小。根据不同时段水位观测和下游流量监测成果,堵漏效果显著,处理后水库高水位时(1091.50m)花鱼洞 K_{11} 的出流量约 1.54m^3/s,仅相当于原长期观测流量的 10% 左右。该部分流量还包含了大坝下游左岸分水岭地带下坝小河潜入地下后从花鱼洞排出的基流。

3.6　示踪剂分析方法

地下水示踪是一种重要的研究地下水运动的现场试验方法。地下水示踪又可分为天然示踪与人工示踪两类。各种溶解于地下水中的离子、分子、胶体及气体成分，地下水分子的同位素组成、水溶物质的同位素组成以及那些能反映地下水形成背景、赋存环境和流动过程的水化学参数均可作为所谓"天然示踪剂"，实际上是相应参数的场分析法。

放射性同位素示踪测井是目前很重要的一种地下水人工示踪方法。它是利用人工放射性同位素如^{131}I、^{82}Br 等标记处于天然流场或人工流场中的钻孔内地下水体，它们随地下水运动，根据示踪或者稀释原理，可以由此测定含水系统某些水文地质参数。

另外一种重要的地下水人工示踪方法就是所谓的连通试验，确切地说应该叫做地下水连通示踪方法。即在地下水系统的某个部位施放能随地下水运动的物源，在预期能到达的部位对其进行接收检测，根据检测结果，综合分析介质场和势场特征，来获取系统天然流场的水动力属性的探测方法。地下水连通示踪结论明确，能直观地反映地下水系统的运动状态。

3.6.1　常用的示踪剂及试验方法

理想的示踪剂应该满足如下条件：

（1）性质稳定，在地下水环境中不易与其他溶质和岩土介质发生化学反应，不分解变质。

（2）易溶于水，且能与地下水一起同步运动，在较小浓度时不显著改变地下水体的密度。

（3）示踪剂无毒，对人体、动植物无直接的损害，无长期的隐性不良作用，不明显改变自然界外观。

（4）能在试验现场检测，检测方法简单方便，检出限低，灵敏度高。

（5）岩土介质对示踪剂的吸附能力小。

（6）地下水中该示踪剂背景值低，波动小。

（7）示踪剂成本低，易获取。

按示踪剂的类型相应总结出了一些连通示踪试验方法。

放水试验、抬水试验、抽水试验等简易地下水连通试验方法；水声法示踪、水文地质炸弹示踪等物理方法示踪；以乒乓球、聚乙烯小球（直径 0.2～3mm）、塑料粒子等漂浮物，石松孢子、酵母菌和噬菌体等生物微粒为示踪剂的颗粒连通示踪试验；以^{131}I 为代表的人工放射性同位素连通示踪方法；应用得最多的是化学试剂连通示踪试验，它包括以下 3 类示踪剂：①利用化学试剂溶液的导电性质示踪的电解质示踪剂，使用的化学试剂为食盐、KCl 等常见的盐类离子化合物；②利用化学试剂的染色功能的染料示踪剂，包括普通色素和荧光色素；③取样直接化验检测试剂的浓度的离子或者分子示踪剂。

国外较少使用离子（分子）示踪剂，但国内却使用得比较多。这类示踪剂的特点是在试验接收点取水样直接化验检测示踪剂的浓度，该浓度减去地下水中本身的背景值就得到示踪剂的到达浓度。此类示踪剂主要有两小类：一是选用稀有元素或者含有稀有元素的化合物，以无机物居多；二是具有易检测的特殊原子团的化合物，以有机化合物为主。常使用的离子（分子）示踪剂如表 3.6－1 所列。

表 3.6－1 常使用的离子或分子示踪剂及其性质

示踪剂	示踪剂源	检测方法	检测限/ppb	背景值/ppb	标记能力/($\times 10^3 m^3 \cdot kg^{-1}$)
He	氦气	选择性透气膜	28000	5300	约 0.03
Br^-	溴化钠	色谱法	—	<300	>4
Cl^-	食盐	沉淀滴定分析	200	1000～20000	约 0.05
NO_3^-	硝酸钠	紫外分光光度法	50	1000～20000	约 0.05
NO_2^-	亚硝酸钠	还原比色法	1	10～100	约 10
NH_4^-	各种铵盐	气敏氨电极	18	<100	>10
I^-	碘化钠、碘化钾	极谱法	2	2～10	约 100
乙醇	乙醇	气相色谱法	1	痕量	—
Mo^{6+}	钼酸铵（七钼）	催化极谱法	0.1	<5	>200

过去使用的大多数离子（分子）示踪剂的背景值都比较高，示踪剂用量比较大，有记录的最大示踪剂（食盐）用量达 13130kg。离子示踪剂化验检测一般比较繁琐，工作量巨大。

其中钼酸铵以其背景值和检测限小、标记能力极强、检测方法成熟、且相对简单，是一种较理想的离子示踪剂，它适合于千米级的，甚至数十千米距离的连通示踪试验。由于钼酸铵不能直接观察，它的检测需要专门的成套仪器设备，相对来说分析比较费时费力，而且钼酸铵价格较贵，它不适合于简单的或者小范围内的连通示踪。

3.6.2 典型地质模型下示踪试验数值模拟

当示踪剂被注入地下水流后，产生对流和水动力弥散作用，示踪剂不是按地下水的实际流速向前推进，而是随着地下水的流动不断地传播（蔓延）开来，示踪剂的浓度随着时间的增加趋于均匀化。满足 Darcy 定律的渗流场，溶质（示踪剂）运移满足多孔介质的对流-弥散方程：

$$\frac{\partial C}{\partial t} = \text{div}(\boldsymbol{D} \cdot \text{grad}C) - \text{div}(C\boldsymbol{u}) + I$$

式中：C 为地下水的示踪剂浓度；t 为时间；$\boldsymbol{D}$ 为水动力弥散系数张量；$\boldsymbol{u}$ 为地下水实际速度矢量；I 表示单位液相体积中示踪剂产生或者消失的速率。

可以将地下介质归纳为 4 类理想的地质模型：均匀场模型、集中渗漏通道模型、并联双通道模型、地下水池模型等。并联双通道模型又分成 2 组，一是 2 个通道的导水能力相同但路径不同，记为并联通道 A 型；二是 2 个通道具有相同的长度但导水能力不同，记为并联通道 B 型。每组模型按照渗透系数和水动力弥散系数的大小不同组合，概化为 4 个计算模型，总共 20 各计算模型，用数值模拟软件模拟示踪剂运移的全过程，绘制出各模型中相同位置的示踪剂云图和示踪曲线，示踪剂以 10kg 钼酸铵为代表。

1. 示踪剂云图

从图 3.6－1 可以看出，受地下水对流的控制，示踪剂总是优先在强导水带中运移，而由于水动力弥散，邻近强导水带的弱导水区域发现有示踪剂的踪迹，但是，当地下水的渗流速度足够大时，在远离强导水带的区域是检测不到示踪剂的。所以说，连通示踪试验总是直接体现地层中强导水带（区）的介质和水动力特征。

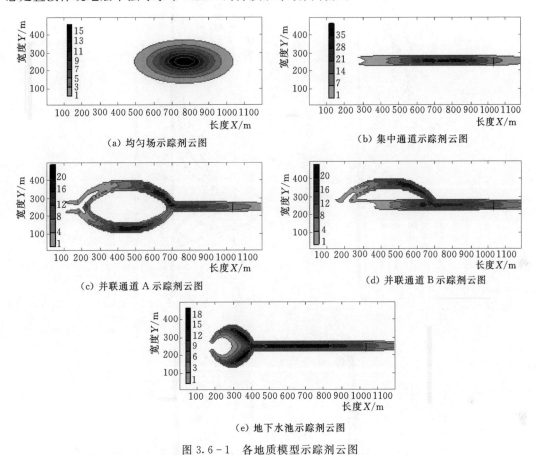

图 3.6-1　各地质模型示踪剂云图

（图中标尺和云图表示示踪剂浓度 C，单位：$\mu g/L$）

2. 各代表模型的示踪曲线

从模拟数据和示踪曲线可以获得连通示踪试验的一般规律（图 3.6-2）。

（1）示踪曲线的峰值到达时间。当 α_L 较小时，单一强渗漏通道的 $C—t$ 曲线的峰值时间 T_p 由地下水的实际平均速度 u 决定，很明显 T_p 与 u 成反比关系，因为此时对流是示踪剂运移的决定因素。多通道的 $C—t$ 曲线由于存在分流和汇流的叠加效应，T_p 是各通道流速的综合反映，一般介于各通道单独存在时的最大 T_p 和最小 T_p 之间。随着 α_L 的增加，水动力弥散作用会使 T_p 延迟到来。所以，在 α_L 较大时，直接利用 T_p 计算获得的 u 值偏小。对于一般的连通示踪试验，平均视速度应该大于 $10^{-3}m/s$，示踪距离在数百米时，此速度应该大于 $10^{-4}m/s$。如果根据已知条件推断地下水流速小于以上数值，示踪剂不能在合理的接收时间内通过观测点，就没有做连通示踪试验的必要了。

（2）示踪曲线的波高特征。在计算的 20 个模型组合中，距离投源孔 1km 监测孔的波高（即示踪剂的峰值浓度 C_p）都大于 $8\mu g/L$，远大于一般自然环境的背景值和检测限。

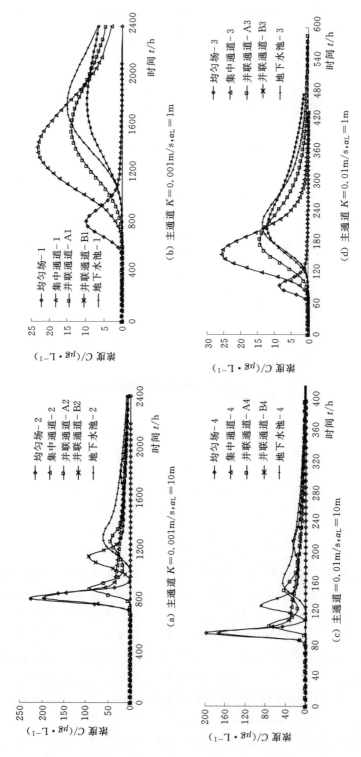

图 3.6-2　各计算模型在不同渗透系数 K 和水动力弥散系数 α_L 下的 $C—t$ 曲线

所以，通常情况下，10kg 钼酸铵在 1km 的这个示踪距离范围内是很有效的，对于存在管道或暗河等集中通道的岩溶地区场地，1kg 钼酸铵就可以满足 1km 的示踪要求。

对于其他示踪剂，可以根据上述结果估计其示踪距离在 1km 时的用量 M。假设某示踪剂的有效异常浓度（即能有效区别于背景值的示踪剂浓度）为 C_E，M 值可以根据下式计算

$$M = C_E/8 \times 10 = 1.25 C_E$$

式中：M 的单位为 kg，C_E 的单位为 $\mu g/L$。

当示踪剂的运移距离一定时，C_p 主要受介质 α_L 的影响，它与 α_L 近似于成反比关系。C_p 与 u 的相关性却不显著，所以，示踪距离确定后，只要示踪剂能够到达，不管到达时间的早晚，其示踪曲线的 C_p 值始终不会有太大的区别。按常理来说，示踪剂运移时间越短，C_p 值应该越大，实际上，运移时间短，u 就越大，机械弥散系数就越大，这使得弥散加快。其效果就是 C_p 与时间不存在明显的相关性。

（3）示踪曲线的波峰宽度特征。理论的均匀场示踪曲线服从正态分布密度函数的形式，根据正态分布密度函数的定义，取 C—t 曲线上示踪剂浓度达到 0.135 倍 C_p 时的时间 $T_{0.135}$ 作为示踪剂的初至时间。定义波峰宽度 T_w 为

$$T_w = 2(T_p - T_{0.135})$$

T_w 越大，示踪剂越分散，会减小峰值浓度 C_p，而且可能掩盖掉一些较弱的波峰信息。但是，当 T_w 太小时，取样时间间隔要足够地小，不然可能得不到完整的波形特征，甚至完全观测不到波峰，最终获得完全与事实相反的结论。计算结果显示，当 u 接近 0.003m/s 时，最快的初至时间 $T_{0.135}$ 为 71h，最小的 T_w 只有 16.26h，所以，为了保证试验的正确，在裂隙介质或松散沉积层中，千米级别连通示踪试验在试验初期（投源后 10d 内）的取样时间间隔不能大于 16h，而取样间隔在 5h 可以获得较为完整的曲线。其后的取样时间间隔可以适当放宽，但是一般说来，取样间隔不要超过 12h，即 1d 的取样频率不要小于 2 次。在岩溶地区的连通示踪试验，由于其地下水流速可能很快，取样时间间隔需要相当的短，有时可能只有数分钟。

由均匀场和集中通道两组模型可以看出，C—t 曲线波峰的宽度同时受 α_L 和 u 的影响。为了去除 u 的影响，定义一个无量纲参数示踪剂历时系数 η：

$$\eta = T_w / 2T_p$$

它表示 C—t 曲线的示踪剂通过观测点的历时与试验经过时间的比值，其在（0，1）之间变化，η 值越大，相应的弥散度越大，机械弥散的作用越强。另外，它也受到强导水带宽度的影响，强导水通道越集中，η 与 α_L 的相关性越显著。一般很难确定天然地质体的弥散度值，可以通过 η 估计 α_L 的范围。根据计算结果，如果 η 小于 0.1，相应的通道的 α_L 应该小于 1m。

（4）示踪曲线的拖尾现象。均匀场的 C—t 曲线具有较好的对称性，由于均匀场的横向弥散不受限制，在弥散度较大时，水动力弥散作用使得曲线的峰值浓度 C_p 较其他模型偏小。随着弥散度的减小，C—t 曲线的波形变得特别尖锐，并且迅速降到背景值，这是均匀场的标志。

集中通道模型有一定的拖尾现象，在弥散度较小时，波形突降，然后突然转折变得近乎水平，凭借这一点可以区分它和其他模型。集中通道模型的拖尾现象是因为示踪剂的横

向弥散，示踪剂进入了邻近强导水通道的弱透水区，它滞后于强导水通道的示踪剂，当强导水带中的示踪剂的峰值迅速通过后，弱透水区的示踪剂再通过横向弥散，缓慢进入强导水通道，形成曲线的细长尾部。

地下水池模型的拖尾最明显。它在达到峰值后就开始极为缓慢的下降，形成一个丰满的尾部。这是因为"水池"区域对示踪剂具有一定储蓄作用，示踪剂进入"水池"，对流和弥散的共同作用使得其在整个水池中的分布较为均匀，而由于出口的狭窄，被示踪剂标记了的大量地下水只能缓慢地排出，就形成了曲线的丰满尾部。

（5）并联通道示踪曲线的多峰叠加效应。并联通道模型中，示踪剂在各分支通道的首部分流，沿各自通道独立运移。然后分别再进入主通道，如果弥散度较小，主通道中的观察点能够清晰地表现出两个波峰，凭借这一点可以分析各分支通道的导水特征；如果弥散度太大，前锋的尾部和后峰的首部叠加在一起，形成单一的波峰，但是这个波峰会比集中通道模型中波峰扁平，形成类似于地下水池的拖尾现象。

过去做过很多暗河或者管流系统的连通示踪试验，其各个通道的波形通常都能单独表现出来，这说明在暗河或者管流系统中弥散度很小，一般其 α_L 可能小于 1m。

（6）示踪剂的横向弥散和竖向弥散。计算结果表明，横向弥散对连通示踪的 C—t 曲线影响显著，但是，由于弱透水区的对流很慢，它更多地担当了示踪剂的存贮角色。在距离强导水带数十米的弱透水区的观察点中都难明显地观察到示踪剂的踪迹。所以，选择连通示踪的观察位置很重要，必须在强导水带内有观察点才能保证试验的成功。

3. 小结

本节归纳了地下介质中 5 组 20 个代表性连通示踪试验的地质模型，并模拟了它们的示踪剂运移过程及结果。通过对模拟结果的分析，总结了地下水连通示踪试验的一般规律：

（1）连通示踪试验适用的地下水流系统的最大平均视速度范围：示踪距离在数千米时，应该大于 10^{-3}m/s，示踪距离在数百米时，应该大于 10^{-4}m/s。对于岩溶地区、许多裂隙岩体和松散地层的渗漏问题，其地下水运动速度一般都满足这个要求，所以，连通示踪试验有很广的适用范围。

（2）10kg 钼酸铵在 1km 的这个示踪距离范围内是很有效的（对于存在管道或者暗河等集中通道的岩溶地区场地，1kg 钼酸铵就可以满足 1km 的示踪要求）。当示踪剂的运移距离一定时，C_p 主要受介质 α_L 的影响，它与 α_L 近似于成反比关系。C_p 与 u 的相关性却不显著。

（3）在裂隙岩体和松散地层中，千米级别连通示踪试验在试验初期（投源后 10d 内）的取样时间间隔不能大于 16h，而取样间隔在 5h 可以获得较为完整的曲线。其后的取样时间间隔可以适当放宽，但是一般说来，取样时间间隔不要超过 12h，即一天的取样频率不要小于 2 次。

（4）当 α_L 较小时，单一强导水通道的示踪曲线的峰值时间 T_p 与地下水的实际平均速度 u 成反比关系。随着 α_L 的增加，水动力弥散作用会延迟 T_p 的到来。

（5）均匀场的 C—t 曲线具有较好的对称性；集中通道模型有一定的拖尾现象，在弥散度较小时，波形突降，然后突然转折变得近乎水平；地下水池模型的拖尾最明显，它在达到峰值后就开始极为缓慢的下降，形成一个丰满的尾部。

（6）弥散度较小的情况下，不同的分支通道可以形成单独的波峰，分析各分支通道对应的波峰可以得到相应地下水系统的构造特征和导水特征；如果弥散度太大，前锋的尾部和后峰的首部叠加在一起，则会形成单一的扁平状波峰，产生类似于地下水池模型的拖尾现象。

（7）弥散度的大小能够反映强导水通道的特征，而 α_L 可以通过示踪剂历时系数 η 来估计，如果 η 小于 0.1，α_L 应该小于 1m，则相应通道很有可能是暗河或者集中管道等。

（8）选择连通示踪的观察位置很重要，必须在强导水带内有观察点才能保证试验的成功。

3.6.3　工程实例

为了查清贵州某重化工基地（以下简称基地，包括水泥厂、电石厂、灰厂、氯碱厂等）的岩溶地下水流场，2006 年 4—5 月，同时使用氯化钠、碱性荧光红 8B 和钼酸铵 3 种不同性质的示踪剂实施了 4 次连通示踪试验，通过试验结合其他水文地质试验方法，较为成功地查清了该基地场区的岩溶水文地质情况（图 3.6 - 3）。

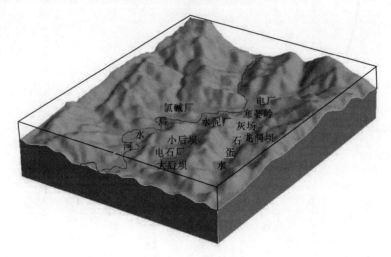

图 3.6 - 3　贵州某重化工基地地区地形地貌三维示意图

3.6.3.1　水泥厂氯化钠连通示踪试验

（1）试验目的：了解水泥厂 SK10 号孔与其他各孔及泉之间的连通关系，分析水泥厂厂址岩溶发育状况。

（2）试验依据：水泥厂出露有龙潭组砂页岩、茅口组灰岩和长兴组、夜郎组灰岩，SK10 号孔布置在龙潭组地层上，但孔底 16.2m 以下为茅口组灰岩，溶蚀裂隙发育。SK10 号孔位于地势较高的在半山坡上，旁边有水沟便于投源。

（3）示踪剂及用量：食盐 500kg 投源历时 110min。

（4）监测方法：对水泥厂厂址内的 SK1、SK5、SK14、SK20、SK22 号孔及梁家桥泉、堰塘坎泉进行全面监测。使用 SY - 2 型电导仪在现场直接测定钻孔和泉水的温度和电导率值，监测周期为 0.5~1h，监测从 10：00 开始直到 22：00 所有峰值结束，历时共 12h。

（5）监测结果：通过监测，把监测结果换算成 25℃时的标准电导率，发现除 SK22 号孔和堰塘坎泉以外的其他接收点都出现明显的电导率峰值，如图 3.6 - 4 和表 3.6 - 2 所示。

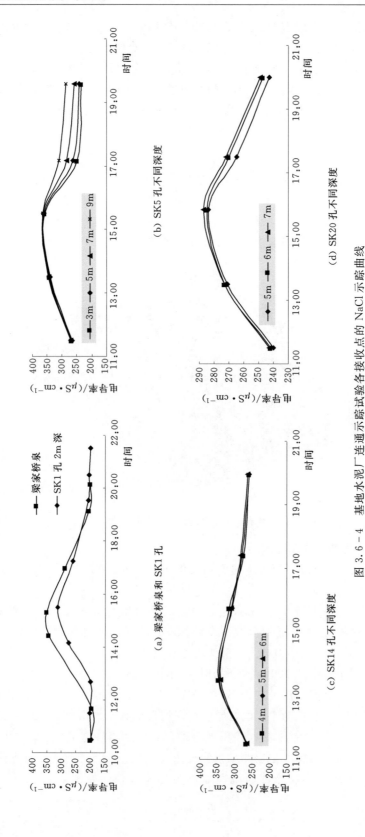

（a）梁家桥泉和 SK1 孔

（b）SK5 孔不同深度

（c）SK14 孔不同深度

（d）SK20 孔不同深度

图 3.6-4　基地水泥厂连通示踪试验各接收点的 NaCl 示踪曲线

表 3.6 - 2   基地水泥厂 NaCl 连通示踪试验各接收点的示踪参数

观测点	高差/m	距离/m	峰值时间 t_p/h	平均速度 /(m·h⁻¹)	平均渗透系数 /(m·s⁻¹)
SK1	26.21	227	3.42	66.37	0.056
SK5	25.71	144	3.92	36.73	0.020
梁家桥泉	28.28	143	3.75	38.13	0.019
SK14	26.28	314	2.08	150.96	0.175
SK20	25.00	460	4.42	104.07	0.186

注 计算平均渗透系数时孔隙度取 0.35。

由于投源时间长，示踪剂晕会比较大，加之地下水的运行速度又比较快，所以成功接收到 NaCl 信号的各接收点的示踪曲线都为单峰，且除了泉水以外曲线都有不同程度的拖尾现象。

SK10 号孔位于山脊正中，它附近的地下水向西呈扇形分散而均匀地渗流。一部分通过地表覆盖层的孔隙到达坡底，各钻孔表层的电导率的增加就是这部分地下水补给所致；相对更多的另一部分地下水通过茅口组灰岩的裂隙进入后水河中。各钻孔中，越靠近钻孔底部电导率曲线拖尾越明显，说明有更多的 NaCl 进入了石灰岩地层中。从表 3.6 - 2 也可以看出来，根据试验求得的平均渗透系数均比较大，而水泥厂厂址南部的值远大于北部，可见，其南部的岩溶发育比北部强烈，南部有 2 条断层交汇，这与连通示踪试验结果是完全吻合的。

3.6.3.2 电石厂碱性荧光红 8B 连通示踪试验

（1）试验目的：了解电石厂厂址中 DSK27 号孔与其他各孔及泉之间的连通关系，分析厂址区即大后坝的岩溶发育状况。

（2）试验依据：大后坝电石厂主要出露茅口组灰岩，DSK27 号孔渗水条件好，位置相对较高，附近有水源易于投源。

（3）示踪剂及用量：25kg 工业用碱性荧光红 8B，投源历时 2h 20min。

（4）监测方法：从 5 月 7 日上午开始对电石厂厂址内 DSK5、DSK7、DSK17、DSK18 等钻孔以及韩称湾 2 号泉水点进行全面取样，取样频率为 2～3 次/d，取样工作到 5 月 13 日结束，共计观测 7d。采用荧光光度计进行检测。

试验结果见图 3.6 - 5 和表 3.6 - 3。DSK27 与 DSK17、DSK18 号孔及韩称湾 2 号泉之间存在显著的连通关系，但与 DSK5、DSK7 号孔不连通。

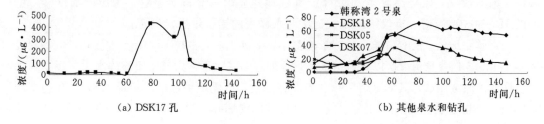

图 3.6 - 5 基地电石厂厂址碱性荧光红 8B 连通示踪试验各接收点示踪曲线

表 3.6 - 3　　　　　　基地电石厂碱性荧光红 8B 连通示踪试验示踪参数

项　目	观　测　点		
	韩称湾 2 号泉	DSK17	DSK18
高差/m	27.96	26.29	22.17
距离/m	402.20	311.00	221.00
背景浓度/(μg·L^{-1})	1.47	13.97	11.43
均方差	0.17	4.35	2.85
峰值时间 t_p/h	81	81　　　　102	57
平均速度/(m·h^{-1})	4.97	3.84　　　　3.05	3.88
平均渗透系数/(10^{-3}m·s^{-1})	6.94	4.42　　　　3.51	3.76

注　计算平均渗透系数时孔隙度取 0.35。

从连通示踪试验可以看出，电石厂厂址的茅口灰岩岩溶发育比较强烈，厂址区存在 2 组集中渗漏通道。通道主要有 2 个方向，一组从北向南沿 F$_3$ 断层发育，即 F$_3$ 断层是 1 条导水和透水的断层，DSK27 中的大部分地下水沿此断层流向韩称湾 2 号泉，韩称湾 2 号泉是由于其下方的梁山组砂页岩地层的阻水而形成的，大后坝的部分地下水在此转化为地表水流向后水河。本区的另一组集中渗漏通道东西向沿 F$_6$ 这条小断层发育，DSK27 号孔中的一部分地下水沿这一组通道到达 DSK17 和 DSK18 号孔，然后向南经过附近的垭口流出厂区，最终向西补给后水河。

3.6.3.3　灰场大型钼酸铵连通示踪试验

（1）试验目的。了解灰场与其他各厂厂址之间的连通关系，尤其是与电厂、水泥厂和氯碱厂之间的连通关系，分析茅口灰岩、栖霞灰岩中的岩溶管道存在状况。

（2）试验依据。由于灰场的环评要求很高，通过粉煤灰下渗的地下水是一个比较严重的污染源，所以要求查明灰场地下水的排泄通道，特别是集中渗流通道。灰场底部高程普遍要比电厂、水泥厂、氯碱厂和电石厂地面高，存在灰场地下水向其他各场地渗漏的地形条件，同时灰场东、西两侧出露灰岩地层，在构造上灰场与水泥厂、氯碱厂和大后坝电石厂位于向斜构造的两翼，灰水可能顺层流向后水河一侧。灰场内 HK2 号孔在栖霞组灰岩上，适合投源。

（3）示踪剂及用量。分析纯钼酸铵 40kg，投源时间约 15min。

（4）监测方法。从 4 月 26 日早晨开始对基地区电厂、水泥厂以及氯碱厂的钻孔和区内外泉水进行了取样观测，电石厂钻孔成孔稍晚，成孔后也随即进行了取样观测，取样工作至 5 月 9 日结束，持续共 14d。前后共对 29 个钻孔、22 个泉水进行了取样分析，取样频率一般 3 次/d，水样总数共 2142 个。在驻地建立简易分析实验室，采用成都仪器厂生产的 JP - 303 型极谱分析仪按催化极谱法对水样中的钼含量进行测定。

（5）监测结果。所有取样点的背景值都小于 5μg/L，大多在 1μg/L 上下波动，波动幅度大多小于 0.5 倍背景值，所以分析结果还是很理想的。对于含大量杂质的浑水也可以不经处理直接加入底液测试，其测试结果基本上没有偏差。试验结果显示，灰场 HK2 号孔与水泥厂 SK20 号孔之间存在显著的连通关系，但与其他观测孔、泉之间不连通。灰场 HK2 号孔至水泥厂钼酸铵连通试验各接收点示踪曲线如图 3.6 - 6 所示。灰场 HK2 号孔处于基地区向斜东翼的栖霞组灰岩地层内，水泥厂的 SK20 号孔处于向斜西翼的栖霞组灰岩与茅口组灰岩的结合处。在栖霞灰岩、茅口灰岩之上为龙潭组黏土岩和砂页岩等隔水层，灰场内灰岩地层中的地下水由此成为承压水穿过地表分水岭顺层向西流动，排入后水河（图 3.6 - 6）。

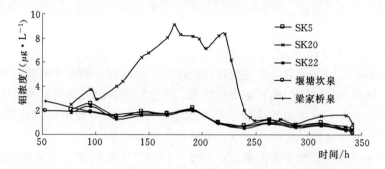

图 3.6 - 6　基地灰场至水泥厂钼酸铵连通试验各接收点示踪曲线

HK2 号孔高程 985.00m，SK20 号孔高程 864.45m，相对高差 120.55m。两孔直线距离 L 为 1308.19m。图 3.6 - 6 中的示踪曲线为双峰，第 1 个峰值 t_{p1} 为 173h，第 2 个峰值 t_{p2} 为 221h。计算得到它们的平均视速度为 7.56m/h 和 5.92m/h，假定它们的孔隙度都为 0.35，则相应的平均渗透系数为 0.0080m/s 和 0.0062m/s。实际上，由于地层的弯曲其渗透路径并不是 L，而是较之稍大，所以，真实的渗透系数应该略大于上述计算值，这与电石厂碱性荧光红 8B 连通示踪试验计算得到的茅口灰岩、栖霞灰岩的渗透系数基本上一致。而水泥厂使用 NaCl 连通示踪试验求得的渗透系数比它们大得多，这有可能是 NaCl 作为示踪剂一直在地下水体中处于高浓度，因而改变了地下水的密度，不能直接反映真实的地下水渗流状态。

另外，根据文献介绍的直线图解法可以求得地下水的流速和地层的弥散度，则分别计算了 SK20 号孔的示踪曲线上面 2 个峰的参数。对于峰 1，在前半峰上面选取 2 个点作为辅助点；对于峰 2，则在后半峰上面选取 2 个点作为辅助点，选取参数和计算结果见表 3.6 - 4。

表 3.6 - 4　根据灰场至水泥厂（SK20）连通示踪曲线计算的渗流速度和弥散度

参数 波峰	峰值时间 /h	峰值浓度 /($\mu g \cdot L^{-1}$)	辅助点 时间/h	辅助点浓度/ ($\mu g \cdot L^{-1}$)	弥散系数 D_L /($m \cdot h^{-2}$)	平均速度 u/($m \cdot h^{-1}$)	弥散度 α_L/m
峰 1	173	9.09	143	6.40	458.42	6.44	71.20
			119	3.99			
峰 2	221	8.33	227	6.16	8.54	5.63	1.52
			239	2.02			

3.7　岩溶洞穴及堆积物分析方法

3.7.1　岩溶洞穴及洞穴堆积物分类
3.7.1.1　岩溶洞穴分类

1. 溶洞

溶洞是岩溶作用所形成的地下岩洞的通称，它是地下水沿可溶性岩体的各种构造面

（层面、节理面或断裂面）特别是沿着各种构造面互相交叉的地方，逐渐溶蚀、崩塌和侵蚀而开拓出来的洞穴。形成初期，岩溶作用以溶蚀为主，随着空洞的扩大，地下水动动加快，侵蚀和崩塌也随之加强，洞穴迅速扩大，从而形成高大的地下溶洞，溶洞大小不一，形态各异。

2. 地下河、伏流与地下湖

地下河俗称暗河，是具有河流主要特性的位于岩溶区地下的有水通道，它是由地下溶洞、地下湖、溶隙和连接它们的管道系统组成。由于溶洞、溶隙的形状和高度不同，因地下河和段形态变化大，纵剖面坡度陡，水流落差较大，有一定地下储水范围，地下水之间地下分水岭有时与地形分水岭不一致，也会发生袭夺现象。

伏流系地表河流经过地下的潜伏段，与地下河的主要区别在于伏流有明显的进出口，具进口水量为出口水量的主要来源，而地下河无明显的进口。

地下湖是指天然洞穴中具有开阔自由水面的比较平静的地下水体，它往往和地下河相连通，或在地下河的基础上，局部扩大而成，起着储存和调节地下水的作用。

3.7.1.2 洞穴堆积物分类

洞穴是岩溶堆积的重要场所，堆积物的种类多种多样，主要类型有：化学沉积、重力堆积、地下河湖沉积、生物化石与人类文化遗存堆积。

1. 洞穴化学沉积物

洞穴化学沉积物指洞穴中地下水沉淀的多种次生矿物沉积，主要类型有滴石、流石、凝结水或雾水沉积，各种次生碳酸钙洞穴沉积中有时具微气泡，其中封存有古地下水和气体，是研究古气候的重要样品。

（1）滴石。由洞中滴水形成的方解石及其他矿物沉积，其形态多样，最具有代表性的是石钟乳、石笋、石柱等。

（2）流石。是洞内流水所形成的方解石及其他矿物沉积，因基底形态、流水状态不同，流石形态各异，具代表性的有边石、石幔、石旗、钙板等。

（3）凝结水沉积。呈丛花状散布在洞壁或其他洞穴堆积物表面的石花状方解石沉积物。

（4）毛细管水沉积。石珊瑚、石葡萄、卷曲石就是这种沉积作用的产物。

2. 洞穴崩塌堆积

洞穴崩塌堆积是洞内伴随岩溶作用过程从洞顶、洞壁、洞口崩塌的块石、碎石的角砾堆积物的通称，该堆积物常与洞底的钙板、钟乳石碎块和蚀余黏土混杂胶结成洞穴角砾岩。

（1）地下河湖堆积。溶洞中的河湖沉积有地表河湖沉积类似的特点，主要是具有层理的沙、砾石，成分单一，而伏流沉积的砂砾多由洞外带入，磨圆度一般较好，成分较复杂。

（2）动物化石堆积。岩溶洞穴堆积物中常含有大型和小型动物化石，部分化石为水流冲入洞内，骨碎片常有磨圆痕迹。原地埋藏的化石，动物骨骼各部分均可保存下来，骨化石一般多为钙质胶结成化石角砾岩。

（3）古人类化石及文化遗存。在有利于古人类居住的洞穴中，有时有古人类化石埋藏，与人类化石伴生的还有石器等古文化遗存。

3.7.2　岩溶洞穴调查及分析

3.7.2.1　岩溶洞穴调查

随着我国岩溶学科的发展和岩溶地区各类工程技术项目的开展，我国岩溶洞穴调查已从单纯的洞穴勘查测量等基础地质调查，逐渐扩展到旅游开发、工程建设、生态环境保护等领域，涉及地质、水文、环境、工程、技术方法等多个学科和不同行业，由于工作目的、工作任务的不同，洞穴调查内容和技术方法也各不相同，目前没有形成统一的技术规范。

不同岩溶洞穴调查类别工作内容及侧重点不同，简述如下：

（1）洞穴探测：

1）基础测量：包括测量洞穴的几何参数，获得长度、宽度洞穴探测。

2）图件绘制：根据测量数据绘制洞穴图件，包括洞穴平面图、剖面图和横截面图等。

3）洞穴探险：对未知洞穴进行空间探索。

（2）地质专项调查：

1）水文地质调查：通过洞穴这一重要水文介质，研究地下水的形成、理化性质、埋藏分布、补径排条件、运动规律、区域地下水资源评价和开发利用保护等。

2）地质遗迹调查：查明一定区域内洞穴的类型、分布、规模、形态、数量、成因演化、保存现状和保护利用条件等，评价其科学和经济开发价值。

（3）科学研究：

1）洞穴发育演化研究：洞穴形成作用过程和岩溶水文学研究，探究洞穴发育理论及成因模式。

2）洞穴沉积物研究：机械沉积、化学沉积和生物文化层研究，为洞穴矿产、洞穴考古等提供依据。

3）古环境记录研究：以次生化学沉积物为载体，重建第四纪以来气候与生态环境变化。

4）洞穴环境研究：利用仪器设备，对洞穴现代环境系统进行气象观测和磁场分析等。

5）洞穴生物研究：研究洞穴动物、植物和微生物，探索洞穴物种进化模式和对洞穴环境的适应性。

6）洞穴考古：以穴居的古人类和洞穴古迹为研究对象，分析其发展演化和文化价值。

（4）工程建设：

1）洞穴工程勘察：应用现代地球物理勘探等技术手段，查明包含洞穴在内的工程建设场地的地质地理环境特征，研究各种对工程建设有直接影响的工程地质问题。

2）洞穴稳定性评价：分析洞穴岩体的力学性质以及地震、山洪等外来因素对其稳定性的影响。

（5）开发与保护：

1）洞穴旅游开发设计：以钟乳石类景观和幽深的环境为旅游资源，吸引游人参观并进行科普教育。

2）洞穴医疗：分析洞穴特殊环境存在的放射性和清洁空气的性质，开发医疗和保健功能。

3）洞穴景观保护：探讨各种因素对洞穴本体和环境的影响，保护洞穴的各种不可再生资源。

（6）源数据库建设：洞穴资源登录统计收集洞穴各方资料成果，进行洞穴数据的整理、数字化和建库工作。

3.7.2.2 岩溶洞穴形态及类型

岩溶洞穴洞分类方法较大，主要有以下几种：

（1）溶洞按长度（可通行）分为：小型（＜20m）、中型（20～50m）、大型（50～200m）、巨型（＞200m）。

（2）按成因分为：包气带洞、饱水带洞和深部承压带洞。包气带洞是从裂隙、落水洞种竖井下渗的水，在包气带内，沿着各种构造裂隙而不断向下流动和溶蚀，同时扩大空间，形成大小不一、形态多样的洞穴。饱水带洞是在地下水面附近发育的水平溶洞，此类溶洞系统具迷宫式特点和较平的洞底，受间歇性新构造上升运动影响，则有多层溶洞发育，上下彼此有溶隙相通。深部承压带溶洞则以分布较局限，并受裂隙、节理、层理等构造形迹控制为特征。

（3）按剖面形态分为：管道状、阶梯状、袋状、多层洞穴、水平盲洞、地下长廊、地下厅、通天洞、通山洞等。

（4）其他分类：表3.7-1列出几位学者所提出的岩溶洞穴分类方案。

表3.7-1　　　　　　　　　　　　岩溶洞穴分类表

Ford and Ewers（1978）	Warwick（1976）	Sweeting（1972）	Waltham（1981）	桂林地区的洞穴类型
1. 渗流带洞穴 2. 潜流带洞穴 3. 地下水位洞穴 4. 孤立的洞穴 5. 自流洞穴	1. 简单的进水洞穴 2. 复杂的进水洞穴 3. 与地表有极少的或没有直接联系的洞穴系统 4. 简单的出水洞穴 5. 复杂的出水洞穴 6. 贯通洞穴 7. 充水的洞穴系统	1. 潜水带洞穴 2. 渗流带和地下水位洞穴 3. 垂直洞穴可分为 ①入水（吞没）型洞穴 ②出水（吐出）型洞穴	1. 渗流带洞穴 2. 深潜流带洞穴 3. 浅潜流带洞穴 4. 地下水位洞穴 5. 迷宫洞穴	1. 潜流带洞穴 2. 渗流带洞穴 ①典型的渗流带洞穴； ②复杂的渗流带洞穴； 3. 地下水位洞穴 ①峰丛洼地区的地下河洞穴； ②峰林平原区的地下河洞穴； ③脚洞

3.7.2.3 岩溶洞穴成因研究

洞穴成因的研究是指对影响天然洞穴的生长和演化的所有过程的研究，它包括对溶蚀、侵蚀、崩坍等作用过程的研究，还应研究岩性、构造和气候等因素对洞穴的影响。

形成洞穴的几种作用过程如下。

（1）溶蚀作用。从地貌意义上讲，溶蚀就是对岩石的溶解。自然界中有3种溶蚀，其中碳酸盐岩的溶蚀作用，是可逆的化学反应，发生在较纯的石灰岩和白云岩中，对石灰岩进行溶蚀所必须具备的首要条件是富有侵蚀性的二氧化碳的存在，所以Bog（1980）按二氧化碳的不同来源分出 3 种溶蚀类型：一是由地表大气中二氧化碳所进行的常态溶蚀，包含着若干个物理的和化学的过程；二是因有机质在地下的氧化作用而产生的二氧化碳所进行的溶蚀；三是由于水的混合所造成的混合溶蚀。以上这三种溶蚀作用对形成洞穴最为重要。

（2）侵蚀作用。主要是流动的地下水所进行。它可以以 4 种形式出现：①作为下渗的水流；②具有自由水面的重力流；③充满整个通道的压力流；④作为包括整个潜水带在内的岩溶水体的运动。但总的看来，水流的侵蚀作用主要是由具有自由水面的重力流的水流所进行。在伏流和地下河中可以清楚地见到这种情况。

（3）崩塌作用。洞穴的崩塌是指岩块从洞顶或洞壁塌落，崩塌块体通常具梭角状。产生崩塌的作用过程是多种多样的，当溶蚀、侵蚀作用使地下空间变大以至于超过洞顶或洞壁岩层的力学强度时，便发生崩塌。我们可以将崩塌作用的发生看作洞穴发育已达到成熟的重要标志之一。一般说来，崩塌是随着洞穴年龄的增加而相应增加，并最终导致洞穴的消亡，原有的洞穴空间分隔成无数个小的部分（即岩块之间的大小不等的空隙）。因此应当说是只有当崩塌作用和溶蚀、侵蚀共同起作用时，崩塌才起有扩大空间的作用，此时崩塌的岩块被水所溶蚀和冲击而带走。当洞穴处于地下水位之下而全部充水时，崩塌并不多见，而一旦当水从洞穴中消退从而失去对洞顶的支撑时，往往导致崩塌发生。当崩塌达到稳定之后，洞穴将继续存在很长一段时期。洞穴中有许多现象可说明这一点，如在巨大的崩塌体上生长有大量的次生洞穴化学堆积物，如阳朔罗田大岩中位于崩塌岩块之上的石柱高达四十余米，桂林芦笛岩中许多绚丽多彩的石笋、石柱就是生长在崩塌岩块之上。此外，岩溶洞穴的应力主要是在长时期中逐步调整的，所以现今进入洞穴的人遇到崩塌是非常之罕见的。

3.7.3　岩溶洞穴堆积物研究方法

3.7.3.1　岩溶洞穴堆积物沉积环境研究

1. 黏土化学分析

松散沉积物沉积过程或沉积后，受外界环境的影响，趋向于与环境相适应的地球化学变化。因此，可借鉴沉积物尤其是成土过程中最敏感的胶体部分的化学特征来指示当时的环境，在不同的水分、热量条件下，沉积物经受风化、淋滤程度的差异，造成某些元素的富集，而另一些元素淋失。在沉积物风化过程中，各元素间的这种变化有其一定的相关规律，形成各风化阶段一定元素配比。洞空堆积物中的黏粒成分来自附近风化壳，它的生成环境可以代表岩溶发展时的环境。

在黏粒化学成分分析中，黏粒的 SiO_2/Al_2O_3 （即硅铝比）是个重要标志，硅铝比大代表干冷环境，硅铝比低代表温暖潮湿环境。

2. 沉积物黏土矿物分析

黏土矿物为层状硅酸盐，可分为 3 大类：即高岭石类，伊利石、蛭石、蒙脱石类和绿泥石类。一般而言，当环境由冷变热，由于变湿，其所造就的次生黏土矿物，亦相应由伊利石蒙脱石类或绿泥石类转变成为高岭石类，甚至水化氧化物。换言之，沉积物中黏土矿物依环境的水热条件，相应地形成伊利石类黏土矿物占优势含盐风化壳、碳酸盐风化壳、以伊利石类矿物为主并有高岭石类矿物的硅铝风化壳、以高岭石类矿物为主并且水化氧化物明显增加的富铝风化壳，分别构成各自特定的黏土矿物组合。反之，古沉积物中的黏土矿物遂成为古气候环境的标志。对黏土矿物的分析方法有：x 射线分析，透射电镜分析，差热分析，红外光谱分析等。

3. 沉积物重矿物分析

沉积物重矿物的特征与沉积环境有一定的成因联系，洞穴沉积物亦是如此。重矿物沉积韵律性和岩性韵律、粒度韵律结合，组成沉积韵律。它除与蚀源母岩外，很重要的反映搬运方式、搬运距离、介质性质、沉积速度和古气候等环境节奏性的动态变化。从碎屑矿物角度分析环境，提出碎屑矿物成熟度，判断标志为长石、石英比率等。在此基础上，又提出重矿物成熟度，标志着沉积物风化过程中化学作用强度的环境能量。其判断标志由重矿物含量百分比等综合反映，其中尤以不稳定矿物含量百分数和重矿物稳定系数为最重要。重矿稳定系数可由极稳定矿物锆石、电气石与金红石含量构成的 ZTP 指数为代表。从环境分析考虑，重矿物沉积韵律主要表现在重矿物百分含量、重矿物组合的稳定与不稳定成分含量，以及重矿物稳定系数等三方面。在洞穴碎屑沉积中，一般环境愈湿热，不稳定矿物愈易风化解体，使沉积物中重矿物含量愈亏损，稳定重矿物含量却相对富集，从而稳定系数愈大，必须指出，钙华层与碎屑层的重矿物不宜直接的简单对比，而要具体的综合分析，这是洞穴沉积物的重矿物分析的特殊性一面。

4. 孢粉分析

由于石灰岩洞的环境特殊，地表植物的孢粉部分随地下水或随气流进入洞内，沉积物中孢粉的种类和数量都不太多，但洞内环境较稳定，花粉保存都较好，大致能反映沉积时期洞外植被的概貌。

3.7.3.2　岩溶洞穴堆积物水动力环境研究

1. 石英砂表面电镜扫描分析

扫描电子显微镜对来自不同沉积环境的石英砂的观察结果显示，不同的石英砂表面结构特征组合对应着不同的沉积过程。石英砂表面结构反映了石英砂及其同生物的来源、形成环境和运动过程。反之，我们可以用石英砂的表面结构及表面结构序列来确定其沉积历史。如 V 字形撞击坑和擦痕、小贝壳状断口等就代表水下机械作用形成的特征（高能水质转移）。

2. 洞穴沉积物粒度分析

在外界营力作用下，洞穴碎屑沉积物的搬运和沉积与其颗粒大小呈函数关系。因而可以通过粒度分析来重建沉积时的作用营力和沉积环境，从而揭示洞穴形成过程中溶蚀侵蚀的水动力。

洞穴沉积物粒度参数项目和地表相似，主要有众数平均值、中值以及分选系数、偏态、峰态等，前三者反映粒度分布的中心趋势，受沉积介质平均动能和物源颗粒原始大小的控制。

沉积物的层理和定向排列能够反映古水流方向。

3. 洞穴沉积物磁学研究

洞穴堆积物中均含有一定程度的铁磁性矿物，分析这些磁性载体的剩余磁化强度和磁化率特征，有可能对岩溶洞穴的形成环境提出定量化判断。古地磁学理论指出，沉积物在水中沉积时，磁性载体颗粒的极性会沿着当时的古地磁场方向进行磁极定向排列，形成反映古地磁场方向的剩余磁化强度。由于水的动力作用，沉积物磁性载体颗粒同时还会沿古水流方向呈线状定向排列，形成的磁化率椭球长轴反映了古水流的方向，且磁化率的大小大与沉积时气温高低呈正相关关系。

3.7.3.3　岩溶洞穴堆积物年代学研究

洞穴发育过程及其环境营力变化研究都需要时间尺度，没有年代学的环境研究是没有意义的。洞穴堆积物年代鉴定和对比是研究岩溶发育史、古地理气候环境及其与新构造运动相互间关系的重要依据。

目前采用的绝对年龄测定手段有碳同位素法、铀系法、热释光法、裂变径迹法、电子自旋共振法、古地磁法及应用氨基酸测定化石地质年龄等方法。此外，用地质类比分析法研究洞穴堆积物的形成时代是一种简易有效的途径。

1. 放射性碳同位素法

在真空形成 ^{14}C 同位素进入地球大气圈、生物圈和水圈，经过长期的变换循环达到平衡，^{14}C 的含量达到了一个恒定值。当生物体和其他含碳物质一旦埋入地下或进入封闭体系，其中的碳就停止与自然界中的碳进行交换，样品中的 ^{14}C 同位素就按照放射性蜕变规律进行衰变。根据测定样品中残留 ^{14}C 的放射性强度及 ^{14}C 的半衰期，即可计算出样品被埋藏（或形成）的年代。

2. 铀系放射性同位素法

铀系法是对 $^{234}U/^{238}U$ 法、$^{230}Th/^{234}U$ 法、^{231}Pa 法、^{230}Th 法、^{236}Ra 法 ^{230}Pb 法的总称，这类方法是利用沉积物中所含有少量放射性元素衰变系列中母核与子核放射性比的不平衡性来计算样品的年龄。实践证明：$^{230}Th/^{234}U$ 法和 $^{234}U/^{238}U$ 法测定钙质沉积年代比较可信，在洞穴沉积物率比测定中应用较多。

3. 电子自旋共振法

含有铁、铝、锰等杂质的有缺陷的石英晶体，在放射线作用下可以形成两个顺磁中心：不配对电子和自由电子中心。这两个顺磁中心在样品中的密度都与其吸收的放射性剂量成正比。从样品所测 ERS 信号强度可求得样品的总吸收量。通过样品的率剂量和初始剂量可以求得样品的年龄。

4. 裂变径迹法

矿物中含有微量的天然重同位素铀（U^{238}）自行裂变，它的一个原子核分裂成两个中等质量的原子核碎片（中子碎片），这种高能碎片在通过绝缘物质（云母、玻璃等）时，产生一条损伤径迹，即留下一条裂变径迹，这种裂变径迹可以用化学蚀剂处理后显露出来，并可用光学显微镜观察，矿物中裂径密度与矿物形成以来的时间呈函数关系，故通过测量矿物中的裂变径迹量是可以计算出地质体和部分考古材料的年龄。

5. 地质类比法

用地质类比分析法研究洞穴沉积物的形成时代是一种比较常规的方法，研究途径有以下两个方面：①岩溶洞穴成层性和地貌发育阶段性的相关分析，即利用岩溶洞穴的分层和当地河流阶地的级数对应关系判定洞穴的形成时代，因为阶地和层状溶洞均是间歇性新构造运动的产物，是与一定的构造旋回相适应的，在区域上是可对比的；②洞穴堆积层与洞外沉积层的对比分析，当洞穴堆积物同洞外沉积作用有一定关系时，一般可以利用岩性地层剖面分析法对某些标志性特征进行对比分析，以推断洞穴堆积物的形成时代。

3.7.4 岩溶洞穴及堆积物研究的工程应用实践

溪落渡水电站拟建在金沙江上游四川雷波县，该地山高谷陡，穿越条件极差，现场勘察工作难度极大，因此重点对发育于河谷两岸溶洞中的洞穴沉积物进行了研究，对该区洞穴沉积物取样分析，经热释光测年，测定何家高洞等洞穴堆积物的年龄为（17.4±1.03）万 a 至（36.0±2.26）万 a，确定为中更新世堆积物；而何家下洞等洞穴堆积物的年龄为（5.7±0.34）万 a 至（14.6±0.87）万 a，确定为上更新世堆积物。

通过黏土化学分析，中更新统堆积物 SiO_2/Al_2O_3 为 3.03～3.59，表明期间有过干冷阶段；上更新统堆积物 SiO_2/Al_2O_3 为 2.95～3.74，反映其间有温湿波动，属温带富硅铝风化阶段，这与黏土矿物分析结果吻合。红外光谱分析表明，中更新统堆积物主要黏土矿物组成为伊利石—蒙脱石—高岭石，说明形成在暖温带气候环境，其间有干湿波动，上更新统堆积物主要黏土矿物组成为伊利石—蒙脱石，反映其形成于温带干凉气候环境。同时，在粒度分析中，上更新统堆积物中砾石扁平面产状分析显示其形成时的水流为 NW→SE 和 NE→SW 方向，结合新构造运动阶段性上升的特点推断在中上更新统期间，由于气候冷暖干湿变化强烈，地壳阶段性上升，不具备发育大规模岩溶的条件。

第4章 水库岩溶防渗处理

4.1 水库岩溶渗漏的基本类型

水库岩溶渗漏的型式和类型与一般岩性地区渗漏基本相同，不同点在于多伴有沿岩溶管道的集中渗漏型式和增加了可向地下暗河（管道）等隐伏低邻谷渗漏、库底渗漏、库周渗漏等类型。根据已有岩溶地区建坝成库工程实践，一般按发生渗漏的部位、渗漏的通道、低邻水系展布与大坝空间位置关系等对水库岩溶渗漏进行分类。按渗漏的水库部位可分为库区渗漏、库首渗漏，库周渗漏、库底渗漏等类型；按渗漏通道型式分为管道型渗漏、脉管型渗漏和溶隙型渗漏；按低邻水系展布与大坝空间位置关系可分为邻谷渗漏、河湾渗漏、隐伏低邻谷渗漏等类型。以下主要对邻谷渗漏、河湾渗漏、隐伏低邻谷渗漏等水库岩溶渗漏类型的概念内涵进行阐述。

4.1.1 低邻谷岩溶渗漏

所谓低邻谷岩溶渗漏，是以建坝河流为基准，库水通过库岸的岩溶地层或其中发育的岩溶管道、低矮槽谷、构造破碎带等向远距离的外流域或同流域内的支（干）流产生渗漏。按具体低邻谷位置关系可进一步细分为跨流域渗漏、支流向干流渗漏、干流向支流渗漏、平行支流间渗漏等多种类型，平面上的相互关系参见图 4.1-1。

（1）跨流域低邻谷岩溶渗漏。即由水库所在的河流向相邻的外流域河流水系（另一干流）产生渗漏，一般渗漏距离远。如，云南以礼河水槽子水库渗漏即属于远距离跨流域低邻谷岩溶渗漏。

水槽子水库是我国在岩溶地区最早修建的水利水电工程之一，1958 年建成。水库所在的以礼河是金沙江的一条支流高原小河，东邻牛栏江，水平距离 60km，比水库低约 1000m；西侧金沙江，水平距离 13~15km，比水库低 1300m；西南侧跨 2.5~3.0km 的分水岭，有小江流域的那姑盆地，比水库低 90~150m。

与水库渗漏有关的是库尾坡戛河段的灯影组白云岩和库中水槽子河段的石炭、二叠系灰岩和白云岩（图 4.1-2）。

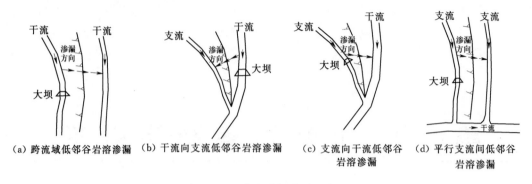

（a）跨流域低邻谷岩溶渗漏　（b）干流向支流低邻谷岩溶渗漏　（c）支流向干流低邻谷　（d）平行支流间低邻谷
　　　　　　　　　　　　　　　　　　　　　　　　　　　　　　　岩溶渗漏　　　　　　　岩溶渗漏

图 4.1-1　邻谷渗漏类型示意图

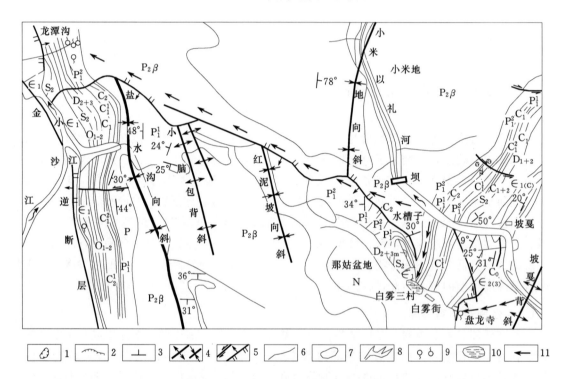

图 4.1-2　水槽子水库平面地质图

1—较大的溶洞、漏斗；2—岩溶、塌陷；3—岩层产状；4—向斜轴及背斜轴；5—平堆断层、逆掩断层；
6—岩层界限；7—水库；8—河流；9—水库漏渗补给的泉水；10—水库渗漏产生的浸没区；11—渗流流向

　　库尾坡戛河段左岸西南面，白云岩延伸至左岸分水岭和邻谷那姑盆地，地下水亦顺岩层走向西南方渗流，在那姑盆地东缘山脚的盘龙寺一带排泄，形成岩溶泉群，流量约 50L/s。左岸地下水位低于河水位 1～2m，属典型的补排型河谷，水库蓄水后左岸边出现了 9 个漏水洞，库水渗漏使盘龙寺一带的泉水流量增加到 63L/s。

　　同样，水槽子河段位于小米地向斜东翼。石炭、二叠系碳酸盐岩层横跨河床，倾向下游；顺走向往南延伸到左岸低邻谷那姑盆地；沿倾向向下游方向，插到 900m 厚的峨眉山玄武岩组之下，穿过小米地向斜轴，在金沙江右岸龙潭沟一带的向斜西翼出露，

高程比水槽子河床低 1000m，也成为这一岩溶含水层最低的排水口（图 4.1 - 3）。左岸
地下水位比河床低十余米至二十余米，右岸地下水位虽然比河水位高 8～18m（最高时
和设计库水位 2100m 相当），但与河水无水力联系，而是在深部汇入河床下的地下水洼
槽，向金沙江排泄。可见，整个石炭、二叠系碳酸盐岩分布的 800m 河段都属于悬托型
河谷，河水补给地下水，沿地下岩溶管道穿过小米地向斜底层，排向龙潭沟，形成岩
溶泉，流量 716L/s。

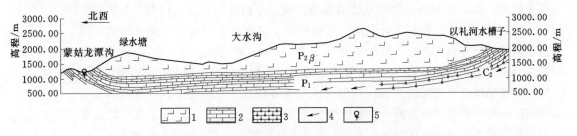

图 4.1 - 3   水槽子—龙潭沟水文地质剖面图

1—二叠系玄武岩；2—二叠系阳新灰岩；3—中石炭统燧石灰岩；4—地下水运动方向；5—泉水

水库蓄水后，随着库水位的逐渐壅高，河床下地下水洼槽中也逐渐全部充水（图 4.1
- 4）。左岸边地下水位随库水位涨落变化，并与库水产生了直接的水力联系。右岸情况则
很特殊：蓄水前已查明水库右岸和低邻谷牛栏江之间有地下水分水岭，德红附近的地下水
位为 2400m，比设计库水位高 300m，但因河水悬托与地下水无水力联系；水库蓄水后，
地下水位虽也随之上升，但库岸 221 号孔地段的地下水位仅上升 4.00m 就不再上升，始
终低于库水位 10m 左右，且随库水位涨落变化，多年长期观测一直如此。库岸地下水面

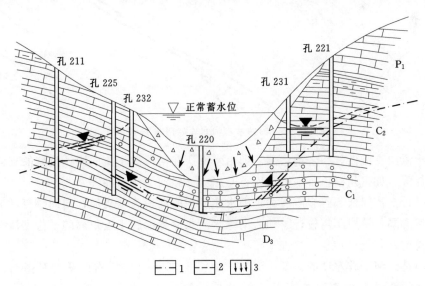

图 4.1 - 4   水槽子河段悬托型河谷水动力剖面

1—水库正常蓄水前的地下水面线；2—水库蓄水后的地下水面线；3—水库蓄水前河水渗漏补给方向

只能形成凹槽状，这种地下壅水形式称为地下水的"不完全壅水"。地下壅水面的凹槽状说明右岸虽有高于库水位的地下分水岭，但在悬托型水动力条件下，库岸仍然产生永久性渗漏。水库漏水后，龙潭沟泉水流量增大，且出现新泉水，其承压水头高出沟水面0.7m。那姑盆地东缘的白务三村一带也出现新泉水。盘龙寺一带泉水也有增大。库内冲积层和坡积层中出现了漏水洞。估计水库发生的低邻谷岩溶渗漏最大总漏水量为1.8m³/s。

（2）支流向干流低邻谷岩溶渗漏。即由同一流域的支流（水库所在河段）向低邻干流产生渗漏。如，贵州黔西沙坝水库渗漏属支流向干流低邻谷岩溶渗漏。

黔西沙坝河水库修建在野鸡河（骂腮河段）支流皮家河的中下游河段上（图4.1-5），由于河流转弯导致支流与干流形成宽11~12km的河间地块，落差逾100m。河间地块分布的三叠系下统茅草铺组第二段相对隔水层因构造及侵蚀破坏，局部失去隔水作用，在库首上游右岸林家垭口至坝址约6.3km河段形成河水补给地下水的悬托河。水库蓄水后，产生了严重的干流低邻谷岩溶渗漏，渗漏流量约2.81m³/s，大于坝址河流多年平均流量2.4m³/s。后经地质调查论证和对林家垭口集中渗漏带堵漏处理后，水库恢复正常蓄水。

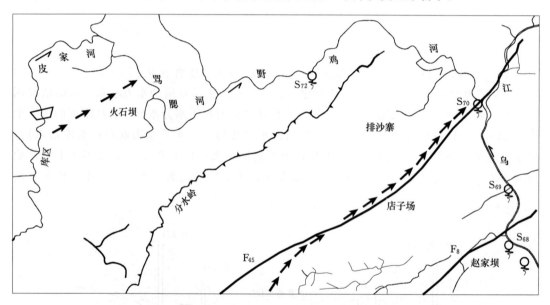

图4.1-5 黔西沙坝河水库岩溶渗漏示意图

（3）干流向支流低邻谷岩溶渗漏。即由水库所在河段的干流向同一流域的支流产生低邻谷岩溶渗漏。如贵州格里桥水电站库首左岸向马路河支流渗漏等。

（4）平行支流间低邻谷岩溶渗漏。即水库所在的河段为一支流，向同一流域的相邻支流产生岩溶渗漏，一般距离较近。如云南绿水河水库渗漏属于近距离的平行支流间低邻谷岩溶渗漏类型。

绿水河是红河下游左岸的一条小支流，全长33.6km。左、右两侧均有多条大体平行的注入红河的低邻谷发育。左侧由近而远有：齐齐河，水平距离3.8km，较绿水河低147m；鸡马河，水平距离7.7km，较绿水河低210m；五道河，水平距离9.9km，较绿水河低211m。右侧有小干河，水平距离14.5km，较绿水河低30m（图4.1-6）。

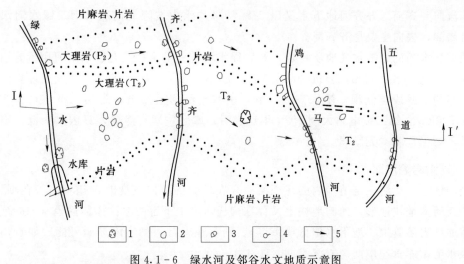

图4.1-6 绿水河及邻谷水文地质示意图

1—溶洞；2—漏斗及竖井；3—落水洞；4—岩溶泉；5—地下水运动方向

出露在库区中游的中三叠统（T_2）大理岩，厚度250～500m，走向NW，大体平行于干流红河河谷，横穿上述各支流的河段，是贯穿绿水河电站水库区与邻谷支流的岩溶含水层。其地表基岩裸露，岩溶发育，地形分水岭上有很多岩溶漏斗、竖井和洼地，谷坡上有落水洞发育。绿水河右岸，高出河水面50m的谷坡上有一条暗河"第三九股泉"流出，流量5～29m³/s；河边又有落水洞。左侧支流齐齐河的右岸也有泉水流出补给河水，左岸边有落水洞。鸡马河和五道河则两岸河边均有泉水流出。

红河是本区最低河流，也是区域性的最低排水基准面，但中三叠统的大理岩层和红河之间有片麻岩和片岩带相隔，岩溶地下水不能直接排入红河，总趋势只能顺岩层走向向红河下游南东方向流动。同时，绿水河和齐齐河河谷又正好下切到地下水径流面附近，于是形成了右岸出水、左岸排水的补排型水动力条件。鸡马河和五道河谷的下切深度已低于地下水面，因此两岸都有地下水补给（图4.1-7）。

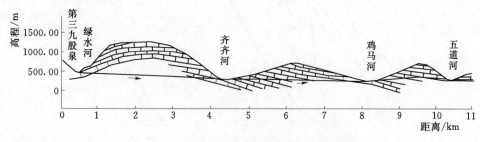

图4.1-7 绿水河—五道河岩溶水文地质剖面

绿水河右岸的第三九股泉是早期形成的一条岩溶暗河，高出河水面50m，其在出口附近，地下水饱水带水位与河水位相近，但暗河内部往西延伸一定距离后，下伏饱水带地下水位很快升高，绿水河右岸与小干河之间有地下分水岭存在，水位至少比绿水河高出70m以上。如在绿水河建库，只要库水位不超过这一高度，右岸不会有漏水问题。

绿水河左岸则相反，与邻谷齐齐河之间不存在地下分水岭，地下水以38‰的平均水力坡降流向齐齐河。齐齐河地下水又以 27‰的平均水力坡降流向鸡马河。绿水河水库左岸若有渗漏，去向主要是齐齐河。

根据绿水河的岩溶水文地质特点，开发绿水河首先是将第三九股水暗河用钢管引水到绿水河边发电，水头 70m，装机 8000kW，形成第一级。然后，在中三叠统大理岩南西侧片岩分布的下游段建低坝，壅水高 24.5m，引水至红河边发电，为第二级，水头 320m，装机 57500kW。第二级电站大坝 1974 年建成后，库区左岸有渗漏，只因水头低，渗漏损失很少，对工程基本无影响。

4.1.2 河湾岩溶渗漏

当坝址上、下游一定范围内的建坝河段存在较大的流向改变时，建坝河段在坝址上、下游构成河湾地块地形，河湾地块上又存在沟通水库上下游的溶蚀渗漏途径（如断层破碎带、贯通性岩溶管道、地下水位低槽带等），则存在库首河湾岩溶渗漏可能。如贵州猫跳河三级水电站库首左岸河湾岩溶渗漏（图 4.1-8）。

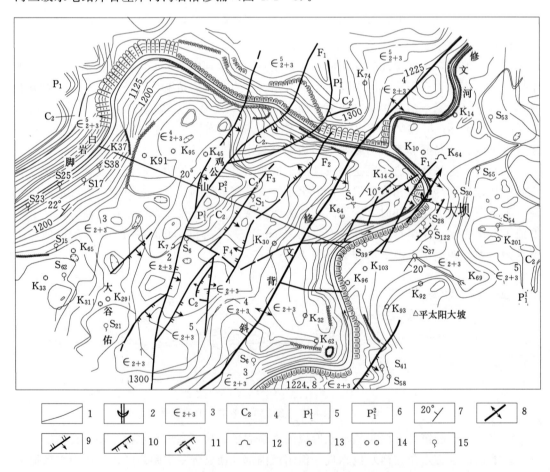

图 4.1-8 猫跳河三级（修文）水电站库首左岸河湾地质图

1—地层界线；2—坝址；3—层状白云岩；4—灰岩底部为铝土矿；5—页岩；6—厚层灰岩；7—岩层产状；8—背斜；9—逆断层；10—正断层；11—平移正断层；12—水平溶洞编号及高程（m）；13—落水洞；14—漏斗及洼地；15—下降泉编号及高程

4.1.3　隐伏低邻谷岩溶渗漏

当近坝库段一定范围内存在隐伏地下暗河时，同样可构成近坝库段低邻谷，存在库水通过库首可溶岩地层或导水构造向近坝库岸隐伏低邻谷渗漏的可能，而且此类渗漏问题往往比较复杂，渗漏边界和集中渗漏通道不易查明。

重庆中梁水电站水库右岸沿星溪沟→白马穴暗河渗漏即属此类型。中梁水电站坝址位于碎屑岩河段上，坝高 118.50m。水库区内两岸岸坡陡立，河谷深切，为纵向谷。右支流龙潭河岩溶极为发育，河水断续断流（图 4.1 - 9），在枯水季节甚至干涸，河水全部潜入地下，形成悬托河。右岸支沟星溪沟段二叠系灰岩出露高程低于正常蓄水位，汛期沟水通过沟内消水洞全部潜入地下，经连通试验证实，地下河（白马穴暗河）长约 17km，基本顺右岸二叠系灰岩地层发育，与河道近平行，其出口白马穴泉位于坝址下游。为此渗漏问题，设计单位专门开展了勘察论证，并在水库中段星溪沟设置防渗帷幕封堵防渗处理。

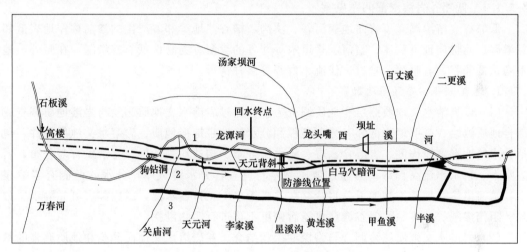

图 4.1 - 9　中梁水库顺层岩溶渗漏示意图

4.2　水库岩溶渗漏问题勘察评价

4.2.1　水库岩溶渗漏问题勘察要点

当在成果资料收集或完成库坝区大范围岩溶水文地质调查与测绘基础上，根据水库设计正常蓄水位和功能初步地质分析认为存在水库岩溶渗漏可疑或已知道发生明显水库岩溶渗漏时，就需要结合勘察阶段和设计要求对有关水库岩溶渗漏问题做进一步的勘察论证，排除渗漏可疑或明确渗漏问题存在，进而采用有效的勘探与试验手段查明渗漏区（段）的岩溶水文地质条件、河流水动力类型、渗漏边界条件、渗漏性质、入渗与渗出地点等，尤其要着重查明集中渗漏的岩溶通道空间部位、形态、性状、渗漏进出口与临近建（构）筑物分布等。

水库岩溶渗漏问题，一般按所处水库部位分库区渗漏和库首渗漏，往往由于库首地形复杂、临空面多、抬高水头最高，以库首部位存在的岩溶渗漏问题较常见。在库区遇到的多是低邻谷渗漏或隐伏低邻谷渗漏、单薄分水岭或低矮垭口渗漏问题，库首则以河间地块、河湾地块、构造切口或组合类型的渗漏问题较多见；抽水蓄能水库或回水长度短小水库容易出现库盆或库周渗漏问题；伏流水库和由排泄型河流所建水库则易出现深岩溶渗漏。

针对具体的岩溶渗漏问题勘察，首先要了解岩溶渗漏问题的性质，以及水库功能、河水补给流量大小等情况，再结合渗漏库段地形地质条件、隔水层分布、岩溶泉水出露与流量、早期岩溶洞穴分布与性状、库水入渗与渗出条件、防渗线路选择布置条件、防渗处理施工布置等，围绕查明库水渗漏条件、防渗端头、防渗下限、集中通道位置与规模等目标，分析选择适宜的勘察方法，进行合理组合与勘探布置，编制专项或专题岩溶渗漏勘测大纲、勘探布置图及估算相应费用。连通试验开展试验前，应进行渗漏涉及区域岩溶水文地质测绘和岩溶洞穴调查，分析、观测可能的连通点范围，防止连通点观测遗漏。

4.2.1.1 低邻谷岩溶渗漏问题勘察

低邻谷岩溶渗漏又可将向地表河谷、溪沟、槽谷洼地等邻谷产生的渗漏称作地表低邻谷渗漏，而将向地下伏流、暗河、管道水等邻谷的渗漏称为隐伏低邻谷渗漏。在野外，地下隐伏低邻谷，有暗河、管道、伏流、盲谷等多种情形。

1. 地表低邻谷渗漏问题勘察

（1）以岩溶水文地质测绘和地质调查为主。通过岩溶水文地质测绘与岩溶地质调查或综合地质测绘，查明地表低邻谷分布高程和分水岭地带地形地质、岩溶水文地质条件，包括分水岭地形宽厚程度、岩溶含水层、隔水层分布、构造切割条件、岩溶发育与分布、岩溶水系、泉水出流高程等。当通过地质测绘与调查，分水岭宽厚，分水岭两侧有岩溶泉水、暗河出露，用其推测地下分水岭存在并高于水库正常蓄水位，或内部有可靠隔水层分隔、阻挡渗漏等，排除了邻谷渗漏可能后则可不再进行实物勘探。

（2）岩溶水文地质测绘调查与物探勘探相结合。在岩溶水文地质测绘和地质调查的基础上，无法分析判断地下水分水岭水位高低，则可用物探对地下水位或地下水分水岭高程进行探测，判断有无渗漏可能。物探方法主要是对地下水和洞穴敏感的电法、电磁测深（EH4）法等。物探勘探具有快速、简便的特点，但要求场地具备无电磁波干扰、有通行条件和适宜的测线地形等作业条件。

（3）岩溶水文地质测绘调查与钻探结合。除岩溶水文地质测绘而外，直接采用钻孔揭示分水岭水文地质结构、地下水位及岩溶发育程度，判别是否存在邻谷渗漏及渗漏范围和渗漏性质，是岩溶渗漏问题勘察的常用方法。

（4）综合勘探。对岩溶水文地质条件复杂的低邻谷岩溶渗漏问题，采用岩溶水文地质测绘、洞穴调查、物探、钻探、洞探等相结合进行勘察。

2. 地下隐伏低邻谷渗漏问题勘察

（1）以岩溶水文地质测绘与洞穴管道地质调查为主。通过测绘查明水库与地下隐伏低邻谷之间岩溶水文地质条件等，当存在明显隔水地质边界，能判断与水库之间没有水力联系或水力联系甚弱，限制了库水的入渗不存在渗漏问题后可不再做进一步实物勘探。

（2）综合勘探。当隐伏低邻谷渗漏岩溶水文地质条件复杂，应采用多种勘探方法查明其渗漏边界条件、集中渗漏通道的位置与规模等，同时布置的主勘探线尽可能与防渗线路基本一致。

4.2.1.2　河湾、河间地块岩溶渗漏问题勘察

1. 河湾地块岩溶渗漏

走向谷坝址河湾地块地形，可能渗漏主要途径是沿层面或顺河向溶蚀性构造的渗漏。常见为单斜层河湾、背斜型河湾、向斜型河湾。按其内部水文地质结构又细分单一含水层和多层含水层结构类型。横向谷坝址则主要沿顺河向断层等渗漏，渗漏地质条件相对复杂，一般需要综合勘探。

（1）以岩溶水文地质测绘和调查为主。当为单斜层并有可靠隔水边界的岩溶水文地质条件河湾地块时，主要查明隔水层顶、底板空间分布，以此作为隔水边界和防渗依托，不再考虑对可溶岩地层做进一步实物勘探。

（2）岩溶水文地质测绘、调查和钻探结合。对于无明显隔水层分布的走向谷坝址河湾，尤其当发育平行河谷的富水构造（褶皱、断层等）时，渗漏勘察需用钻孔加以勘探，查明渗漏地质条件。

（3）综合勘探。即采用多种勘探手段相结合进行横、斜向谷坝址河湾岩溶渗漏问题勘察。

2. 河间地块岩溶渗漏

从多年工程实践看，河间地块岩溶渗漏主要发生于横向谷或斜向谷坝址河谷中，而走向谷坝址河谷工程渗漏较少。

（1）横向谷坝址河谷条件下：

1）地质测绘、调查与钻探相结合。库水沿层面向外渗漏，渗漏条件比较复杂，除地质测绘调查外需有钻孔勘探。

2）地质测绘、调查及多种勘探手段结合综合勘察。河间地块受构造组合切割，两侧地下水均有出流，地形比较单薄，地下水分岭位置和高程需要综合勘察查明、确定。

（2）走向谷坝址河谷条件下。库水主要沿构造带向外渗漏，渗漏地质条件普遍复杂，尤其在有区域性构造切割时更为复杂，需要岩溶水文地质测绘、调查与多种勘探手段综合勘察。

3. 河间河湾地块岩溶渗漏

河间河湾地块在地形上具有平行水库和下游的三侧临空渗漏条件，渗漏范围大，渗漏途径既可沿层面和多个构造切割方向，勘察难度比一般河湾地块或河间地块要大。

（1）走向谷坝址河谷条件下。走向谷坝址河间河湾地块，渗漏途径既有沿岩层走向层面、褶皱、断层，也可沿垂直岩层地质构造，地下水分水岭形态复杂，需要岩溶水文地质测绘、调查与钻探结合或多种勘探相结合进行综合勘察。

（2）横（斜）向谷坝址河谷条件下。横向谷坝址河湾河间地块对沿层面渗漏有利，但若分水岭存在平行河谷断层等导水构造，则易发生沿层面与断层组合性渗漏，渗漏与否关键在于其间地下分水岭高低，需要进行岩溶水文地质测绘、调查及钻孔勘探或综合勘探。

4.2.1.3　构造切口岩溶渗漏问题勘察

（1）单一构造切口渗漏。库区或库首库主要沿可溶岩中构造破碎带渗漏，渗漏途径主要沿溶蚀断层带、破碎带及其内管道渗漏，勘察需要查明溶蚀破碎带的空间展布形态、宽

度与管道发育、分布等，岩溶水文地质条件复杂，多采用岩溶水文地质测绘、调查与物探、钻探、洞探等相结合的综合勘探技术。

（2）河湾、河间地块上的构造切口渗漏。河湾或河间地块中存在断层切割时，渗漏途径除了一般河湾、河间地块渗漏形式外，构造切口对渗漏起主导作用。除需查明河湾、河间渗漏条件外，还应重点查明其内构造切口的渗漏条件，包括可溶岩层、隔水层的搭接关系、渗漏途径、渗漏性质等。由于构造切口内岩溶洞穴、管道、暗河等的发育与边界变化复杂，要求防渗处理中的先导勘察也是必要的。

4.2.1.4 库底与库周岩溶渗漏问题勘察

（1）局部库底渗漏。库盆局部出露可溶岩和发育落水洞、消水坑等成为集中渗漏点，附近还会存在溶隙性渗漏，渗漏地质条件复杂，查明集中渗漏通道和渗漏范围需要采用岩溶水文地质测绘、调查和多种勘探手段综合勘探。

（2）全库盆渗漏。全库盆分布可溶岩或直接采用悬托型洼地等盆地地形作为库盆。其渗漏途径包括集中岩溶管道和裂隙性，范围大，且以铅直向渗漏为主，需查明库盆下地下水位埋深与渗漏排泄点、库底岩溶洞穴、漏斗等分布，以及覆盖层厚度、隐伏溶洞等，应用多种勘探手段综合勘探。

（3）库周渗漏。部分库周或全库周渗漏，渗漏途径主要是沿层面或溶蚀破碎地质构造向库外渗漏，渗漏勘察除岩溶水文地质测绘而外，需采用钻孔、物探等综合勘探手段，并针对单薄地形垭口、构造溶蚀破碎带等渗漏薄弱部位加密勘探。

4.2.1.5 深岩溶渗漏问题勘察

（1）顺河向倒虹吸管道性渗漏。是指河床河底部或平行河床方向的深岩溶渗漏。渗漏途径主要沿深部岩溶管道及附近的溶隙。深岩溶渗漏在前期勘察阶段不易发现，多是在施工或水库蓄水初期才暴露出来。常发生的深岩溶渗漏，其集中渗漏管道多呈倒虹吸状。此类渗漏问题勘察，要求前期勘察除地表岩溶地质测绘和调查外，主要采用：

1）利用钻孔与连通试验结合进行勘察。对于河床下或岸坡地下水位以下深部岩溶渗漏勘察，首先要通过岩溶水文地质测绘和调查，分析深岩溶发育的地质条件和主要控制因素；二是通过加深钻孔勘探深度与测定孔内地下水位，确定河水与地下水补给的水动力关系，或岸边是否存在地下水位深槽谷；三是通过孔内揭示深岩溶洞穴充填性质；四是进行孔内连通试验确定与下游河水或出露岩溶管道水、暗河水力联系和地下水流动性，连通即说明存在深渗漏通道。

2）综合勘探。即对严重深部岩溶虹吸管道渗漏需采用多种综合手段进行勘察。

（2）横河向倒虹吸管道渗漏。横河向深岩溶渗漏是指沿垂直河流的倒虹吸管的向库外渗漏或跨河流的渗漏，其渗漏途径主要为管道性，主要通过钻孔、物探孔间透视、孔内连通试验等查明渗漏途径。

4.2.2 水库岩溶渗漏问题评价

几十年来可溶岩地区建库工程经验表明，水库区岩溶渗漏评价地质方法主要从地形、岩性、构造、岩溶化程度、水动力条件等 5 个方面进行判别，也是构成岩溶渗漏的基本地质条件。而定量评价方法，仍然比较困难，多采用分解叠加法进行估算。

1. 水库岩溶渗漏基本条件

（1）地形条件。有低于水库正常蓄水位高程的地表或地下隐伏低邻地形。包括地表河谷、沟槽、洼地等以及地下岩溶管道、暗河、人工巷道等。它是水库渗漏的先决条件。

（2）岩性条件。可溶岩是岩溶发育的物质基础，因此要渗漏库内就要有可溶岩地层分布并延伸到库外溢出点。

（3）构造条件。可溶岩内地质构造是岩溶发育和形成主要渗漏管道的前提条件，当存在大的节理带、长大溶隙及破碎带延向库外时，容易出现集中岩溶渗漏问题。

（4）岩溶化程度条件。可溶岩中溶蚀程度直接控制着岩体的渗透性，岩溶化程度高，渗透性好，地下水位也低，容易产生渗漏问题，反之岩溶化程度低则不易渗漏。

（5）河流（谷）水动力条件。河流或河谷水动力条件直接决定了水库岩溶渗漏是否发生和性质。在排泄型或补排型河段普遍存在岩溶渗漏问题，而且多为深岩溶渗漏问题和倒虹吸式渗漏。

2. 水库岩溶渗漏判别方法

判断水库岩溶渗漏条件及其严重程度，应依地形地貌、地质构造、岩溶水与岩溶化程度逐次分析、综合判定。

（1）地形地貌条件。邻谷河水位（非悬托河）高于水库正常蓄水位者，不存在水库渗漏；为低邻谷与河湾者则可能出现渗漏。

（2）地层岩性、地质构造条件。河间或河湾地块在水库正常蓄水位之下有连续、稳定可靠的隔水层或相对隔水层封闭阻隔者，不存在水库渗漏；反之，或因可溶岩直接沟通库内外，或构造切割使库内外可溶岩组成为有水力联系的统一岩溶含水系统时，则有可能出现渗漏。

（3）岩溶水条件。河间或河湾地块为一个岩溶含水系统时，若河间地块两侧或河湾地块上、下游有稳定可靠的岩溶泉，则表明地块存在地下水分水岭。当地下水分水岭高于水库正常蓄水位时，则不存在渗漏。若地下水分水岭低于水库正常蓄水位；或是库内不出现岩溶泉，而受下游或远方排泄基准面控制，仅库外出现岩溶泉，则河谷水动力类型为河水补给地下水，将出现水库渗漏，且后者多为严重性的渗漏。

（4）岩溶化程度条件。河间或河湾地块地下水分水岭虽低于水库正常蓄水位，甚至下游侧有地下水洼槽，若分水岭地带岩溶不发育，特别是无贯穿性的岩溶管道时也不会发生大量水库渗漏，其严重程度取决于地下水分水岭以上岩体的岩溶化程度。

3. 水库岩溶渗漏量估算

岩溶渗漏按渗漏途径和形式不同分为溶隙型渗漏和管道型渗漏，渗漏量估算通常采取分别计算的方法，叠加后即为总渗漏量。

研究表明，早期有超过半数的工程在前期勘察阶段或专门性渗漏勘察中进行过岩溶渗漏量估算，但所采用的估算公式不尽一致，参见表 4.2-1。

由表 4.2-1 可见：

（1）库区局部单薄分水岭岩溶渗漏，早期如猫跳河 1、2 级按卡明斯基公式估算或采用均一岩体分水岭渗漏公式估算

$$Q = qB = KB[(H_1 - H_2)/L][(H_1 + H_2)/2]$$

表 4.2－1　　　　　　乌江流域水库区渗漏量估算公式与实际渗漏一览表

渗漏部位及渗漏类型		渗漏估算公式	估算渗漏量 /(m³·s⁻¹)	实际渗漏量 /(m³·s⁻¹)
猫跳河一级蚂蚁坟 单薄分水岭		卡明斯基	0.012～0.212	无
猫跳河二级黄家山 单薄分水岭		卡明斯基	0.0026	1～2
东风库首右岸 及绕坝渗漏	裂隙性	$Q_L = KB \dfrac{y_1^2 - h_1^2}{2L}$	0.0184～4.61	仅库首左岸坝址下游桥头暗河渗漏 0.6～0.8
	管道流	$Q_g = VS \Delta H$	15.33	
	坝基	$Q = KBH \dfrac{T}{L+T}$	1.3816	
	坝肩	$Q = 0.366 KH(h_1 + H_1) \lg \dfrac{B}{r_0}$	0.0265～0.86	
洪家渡右岸 构造切口	裂隙性		1.8	未发现渗漏
	管道性		0.2～4.0	
沙沱左岸沿河 断层渗漏		$\dfrac{(h_1 - h_2)\omega K}{L}$	0.05～5.2 （不同 K 值下）	防渗处理
猫跳河六级	坝基	$Q = 0.8 KM_1 L_1 \sqrt{I}$	0.0051	左岸实际渗漏单股最大 0.033
	坝肩		0.005～0.012	
猫跳河四级坝肩渗漏		$Q = 0.36 KH(H_1 + h_1) \lg \dfrac{B}{r_0}$	0.116～0.055	实际左岸暗河渗漏 20

（2）各估算渗漏量与实际渗漏量偏差大。

1）猫跳河 2 级水电站黄家山单薄垭口下游侧沿 K_{58} 溶洞渗漏量估算：水库蓄水后 1968 年 1 月库水位达 1191.00m 时，库水翻过库周垭口进入黄家山洼地内，在数小时内，随即在分水岭下游的 K_{58} 溶洞出流，估计渗漏量 1～2m³/s 以上，为估算量的 375 倍以上。原计算渗漏量尽管采用的综合性渗透系数偏大，但较之岩溶管道的渗透系数还是小得多。

2）猫跳河 6 级水电站左岸库首河间河湾地块红岩沟渗漏：1974 年 2 月在两岸防渗帷幕工程进行很少情况下进行水库试蓄水。随库水位抬高，在左、右坝肩两岸顺层面及裂隙也出现了单股流量为 0.01～0.4L/s 的漏水点 9 处，左岸渗水点共 4 处。位于坝脚下游 35m 范围内，高程 840.00～850.00m 之间，另在坝下游 100m 左右的陡壁中下部也有一片渗水。当库水位达 854.00m 时，在左岸红岩沟右侧出现 1 号集中漏水点，出口为一水平岩溶小管道，高程 854.00m，直径 0.5m 左右，分析与上游坝前的 S_{56} 泉水相连通，进、出口距离 280m，且渗漏量随库水位上升而增加，当库水位达高程 857.00m 时漏水量 2.5L/s；当库水位达 871.00m 时漏水量增至 33L/s，渗流水力比降 5.4%，按此预测到正常蓄水位 884.00m 时最大渗漏量可能达 95L/s。蓄水后实际渗漏量与估计渗漏量差异大。在库水位达到 871.00m 时总渗漏量已达 35L/s，为原估算渗漏量的 3 倍。究其原因，是未曾估计到 1 号集中漏渗水点渗漏量。

3）猫跳河 4 级坝肩与库首左岸河湾河间地块渗漏：1970 年 9 月，水库进行试验性蓄水：在库水位达 1065.00m 时，渗漏量为 0.9m³/s；库水位 1075.00m 时，渗漏量

$13.1\mathrm{m^3/s}$；库水位 1085.00m 时，渗漏量 $19.1\mathrm{m^3/s}$，渗漏量随库水位上升呈非线性增大（图 4.2-1）。可见，前期勘察估算渗漏量小，而实际渗漏量大，以岩溶管道性渗漏为主。

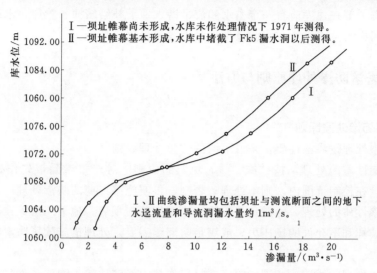

图 4.2-1　猫跳河 4 级水电站库首渗漏与库水位关系图

4）东风水电站坝肩及库首右岸河湾地块。库首右岸河湾地带，由于鱼洞与凉风洞暗河相背发育，其末端相距仅 200m 左右，分布高程又低于库水位 40～50m，暗河两侧 500～600m 范围内岩溶化程度较高，透水性大，地下水分水岭在鱼洞北东岔地区低于蓄水位 70 余米。因此，当时预测库水位超过 900m 时，将有以两暗河为中心的集中倒灌过分水岭，经凉风洞漏出库外。

其计算方法为：设实际流速为直线变化，则

$$Q_g = VS\Delta H$$

式中：V 为单位水头流速，取实测值平均值 0.0088m/(s·m)；S 为管道断面面积，鱼洞末端北东岔为 $13\mathrm{m^2}$，凉风洞出口断面 $12\mathrm{m^2}$，假定全部贯通，全长 2700m，占总长 53％，故以 $13\mathrm{m^2}$ 计算断面；ΔH 为设计蓄水位与下游暗河出口水位 836.00m 的差，为 134m。

计算得管道性渗漏量为 $15.33\mathrm{m^3/s}$。

总渗漏量则为 $19.94\mathrm{m^3/s}$，为调节流量的 18.05％，其中管道性渗漏占 76.88％。

4. 关于岩溶管道性渗漏模型的建立

（1）按天然条件下岩溶管道水或暗河最大流量作为可能渗漏量。如洪家渡库首右岸构造切口直接采用 K_{40} 暗河出口流量 $0.2～4\mathrm{m^3/s}$ 作为可能渗漏量。其基于在天然状态下暗河的上游部位达到承压过流状态，从而引起地下水位的壅高。

（2）用已知岩溶管道过流断面、连通实测流速按水力学管道流公式估算渗漏量。如东风水电站库首右岸河湾岩溶管道性渗漏计算，其中单位水头流速取实测值的平均值。其表面上比较客观，但主要在于所选取的过流断面是否代表实际控制断面。

（3）根据库区实际渗漏流量曲线推测最大渗漏量。利用库水位—渗漏量观测曲线，按曲线的发展变化趋势推求在高水位和达到正常蓄水位后岩溶管道性渗漏量，是比较准确的。猫跳河 6 级、4 级、沙坝河水库等工程，出现渗漏后都用此项观测成果，做出了比较准确的最大渗漏量预测。

（4）利用河流或岩溶洼地、海子底部等天然消水量曲线推测水库渗漏量。河流、沟谷、洼地、海子等在建库前有一定壅水和流量潜入地下补给暗河、管道，水库建成后库水位提高，采用原天然消水量或渗漏量推求最大渗漏量比较准确。

4.3 水库岩溶防渗处理原则与方法

4.3.1 岩溶防渗处理原则

岩溶防渗处理按渗漏性质，采取不同的防渗处理原则。

（1）防漏性质的处理，按"减、缓、免"的原则。对严重渗漏带先作处理后进行观测。若渗漏量在控制范围内，则不处理；否则，再实施第二期的防渗处理。

（2）防渗性质的处理，为避免建筑物（大坝坝基、坝肩，地下厂房等）附近的岩体产生岩溶冲蚀破坏和不允许的扬压力，或满足防潮湿需要。处理措施除了防渗帷幕之外，常设有排水工程。

（3）防渗处理的线路、范围和深度选择应作技术经济比较。渗漏条件复杂或为处理优化设计需要，宜利用先导孔与其物探孔间透视找出防渗线上的主要岩溶洞隙等集中渗漏通道。防渗帷幕灌浆应先封堵洞隙等渗漏通道，使岩体由岩溶管道介质变成裂隙性介质再灌浆，有效地形成防渗帷幕。

4.3.2 岩溶防渗处理基本方法

1. 渗漏观测法

当经分析或观测确定水库渗漏地段地下水位与水库正常蓄水位接近时，或对地质分析渗漏可能性不大、估算渗漏量少的地段，可先蓄水观测后，视岩溶渗漏情况确定是否需要采取防渗措施。

如猫跳河 1 级水电站库首左岸蚂蚁坟单薄分水岭渗漏问题。采用两侧泉点高程推测地下分水岭仅低于水库正常蓄水位 15m 以内，岩性为白云质灰岩，有延向库外断层切割，地表有砾岩隔水层覆盖，岩体总体透水性弱，估计的渗漏量仅为 12L/s，未作防渗处理，蓄水后观测无渗漏发生，也不再处理。

又如贵州普定水电站库首右岸 PK380 岩溶管道水系统渗漏可疑，其在灌浆廊道内较水库正常蓄水位低 13m，估算的周边岩体裂隙性渗漏量 $0.0145 m^3/s$，管道性渗漏量 $0.04 m^3/s$。蓄水后，经附近观测孔（Zg-1）地下水位证实，库水变动与之无联系，无渗漏问题，不需增加防渗帷幕处理。

2. 围坝法

对库岸附近通过岩溶洼地、伏流等使水库外延、扩大水域面积而产生新的岩溶渗漏问题，可通过修建低坝、副坝等设施拦截，将渗漏拒之库外。

如猫跳河 2 级黄家山垭口渗漏问题处理。该水库蓄水后，于 1968 年 1 月库水位达高程 1193.00m 时（设计正常蓄水位 1195.0m），库水漫入黄家山岩溶洼地内，并在库外分水岭下游的 K_{58} 溶洞出现集中渗漏，流量 $1\sim 2 m^3/s$ 以上。对其处理，当时曾比较了 3 个方案。方案一：封堵 K_{58} 溶洞的窄口堵住渗漏出口；方案二：填塞在黄家山洼地内渗漏出现的塌陷和漏斗落水洞，堵住渗漏入口；方案三：在黄家山洼地与水库连接垭口处筑副坝拦截水库，将渗漏洼地与水库隔开。最后选择方案三。副坝垭口高程 1192.50m，利用此垭口岩溶发育弱的有利条件，修筑 8～9m 高的浆砌块石坝，坝长 37.5m，坝基也未做防渗处理。1974 年水库建成后，下游再未发现漏水，处理成功。

3. 铺盖法

对处于岩溶沟槽、缓坡、洼地等缓坡地形地带的渗漏，表层红黏土层厚而紧密，可结合采用黏土铺盖处理。

如安徽琅琊山抽水蓄能水电站上水库副坝坝前岩溶渗漏处理。其坝前溶隙、漏斗、落水洞发育，集中渗漏入口较多，表层溶蚀风化覆盖层也较厚，采取了洞口清挖回填和黏土铺盖相结合的处理措施，取得良好效果。

4. 混凝土塞封堵法

对集中岩溶渗漏通道采取混凝土塞等封堵处理，减少集中渗漏量和防渗灌浆处理的渗透压力。

如贵州黔西沙坝河水库渗漏首先考虑的是对集中渗漏通道的封堵处理：

(1) 对库首主要入渗点的混凝土塞封堵，第一步利用导管让其继续排水，封堵不截流；第二步待封堵结束后，再封堵导管。为防止封堵产生气爆，利用个别导管改作通气管。

(2) 对林家垭口及其下游冲沟库段、猴子岩库段发现的所有入渗点进行封堵，其封堵方法采用扩洞清渣，浇灌混凝土后再黏土或土工膜铺盖后黏土覆盖。

5. 截水墙法

对大型溶洞或溶洞密集地段采用混凝土截水墙拦截渗漏。一般与防渗帷幕相结合。

如猫跳河 4 级水库，对左岸初步查明的库区 $FK_5 - K_{11}$ 集中渗漏管道入口采用了截水墙封堵 Fk_5 溶洞口，混凝土防渗墙厚度 4.7～7.3m，墙高 25m，混凝土方量 200m³。经过此次补充处理后，堵漏有一定效果。

截水墙与防渗帷幕结合的例子较多，其作用是使截水墙与防渗帷幕连成一体，减少绕堵体周边的渗漏。

6. 帷幕灌浆法

对坝基和对各种岩溶渗漏缺口防渗处理措施，常用于库区、库首大范围渗漏及大坝岩溶绕渗处理。如洪家渡水电站库首右岸构造切口、东风水电库首右岸防渗处理等。

7. 溶洞清挖置换处理

通过对防渗帷幕设计范围内岩溶洞隙的清挖、混凝土回填置换，将"岩溶化"岩体转换为一般的"裂隙性"岩体进行分步防渗处理。如四川武都水库大坝防渗处理，由于防渗帷幕线上发育较多有充填岩溶洞穴，为保证防渗效果和渗透稳定，要求先将坝基应力扩散角范围下岩溶洞穴、管道充填物清挖和回填混凝土，再进行帷幕灌浆处理。

8. 全封闭法

对防渗处理要求高的抽水蓄能电站上、下库或储油库等库盆，采取沥青或混凝土等材料进行全封闭防渗处理。如拟建的贵州大树子抽水蓄能电站上库灰岩段库盆，沿断层发育串珠状落水洞，地下水位深埋，需采用沥青混凝土全封闭防渗进行处理才能保证防渗效果。

4.4　水库岩溶防渗处理工程实例

4.4.1　洪家渡水电站库首右岸构造切口岩溶渗漏勘察与防渗处理

1. 水库区域岩溶水文地质条件

（1）地形地貌。库坝区地处黔西高原与黔中山原过渡带，山脉走向为 NE～NNE 向，与构造线方向基本一致，阶梯状上升地貌明显，具有典型的岩溶高中山地貌及峡谷地貌特点。经历了贵州大娄山期、山盆期及乌江期的地貌演变历史，层状地貌保存较好。保留有 2 级夷平面和 4 级阶地。

（2）地层岩性。水库区除缺失奥陶、志留、泥盆及白垩系外，以三叠系分布最广，约占 60%。库坝区岩性以灰色薄层—厚层灰岩、白云岩可溶岩为主，间夹砂页岩、玄武岩等非可溶岩。

（3）岩溶。库区灰岩、白云岩大面积出露，雨量充沛，各种地表与地下岩溶形态发育，形成了多层岩溶与水平带、垂直带交替共存的岩溶形态景观。岩溶发育于石炭系、二叠系、三叠系灰岩、白云岩等可溶岩地层中，地表岩溶形态有洼地、漏斗、竖井、溶洞、溶沟、溶槽等；地下岩溶形态有溶孔、溶洞、暗河、伏流等。其中溶沟、溶槽、溶隙等主要沿构造裂隙溶蚀扩展，一般长可达数米至几十米。溶洞、暗河则主要受控于区内东西向断裂构造，具有规模大、河源长、出水量大的特点。

（4）水文地质条件。受岩溶含水层和砂页岩隔水层相间分布的控制，区内岩体多具有多层含水结构，仅局部受大的断裂构造切割而使上、下相邻含水层沟通形成统一含水层。根据地下水赋存条件，库区可划分为碳酸盐岩类岩溶含水层与碎屑岩类裂隙含水层两种类型。其中岩溶含水层分为管道型和溶蚀裂隙型两类。经水文地质测绘和调查，库区乌江为区内最低地下排泄基准面，属于地下水补给河水的补给型水动力类型河流。

2. 水库岩溶渗漏问题分析与防渗处理实施

洪家渡水库区地形封闭，经地质测绘调查与勘探证实，两岸地下水分水岭总体高于水库正常蓄水位，不存在大范围岩溶渗漏问题，仅库首右岸河间地块受区域性陡倾断层（F_5）切割，形成构造切口，存在岩溶渗漏问题，为此在可研和施工详图阶段进行了专题勘察论证和防渗处理。

（1）河间河湾地形与构造切割条件。如图 4.4-1，坝前右岸底纳河为坝址上游右岸的一条一级支流，自西向东，与干流汇合口在坝轴线上游 320m 处。该河从河口到上游 1.3km 之间天星桥河段为地下伏流，故又称其为底纳河伏流。由此，近东西向底纳河与 S45°E 流向乌江和坝址下游右岸大寨冲沟组合切割，形成三面临空的库首右岸河间地块。

河间地块地形分水岭大致位于尖山—白虎山—高家坝一带。尖山为区内最高峰，高程达 1586.00m，乌江及底纳河右岸均为 25°～40°缓坡。

河间地块在构造上位于化稿林背斜弧形转折端北西翼，单斜层，岩层走向从坝址区

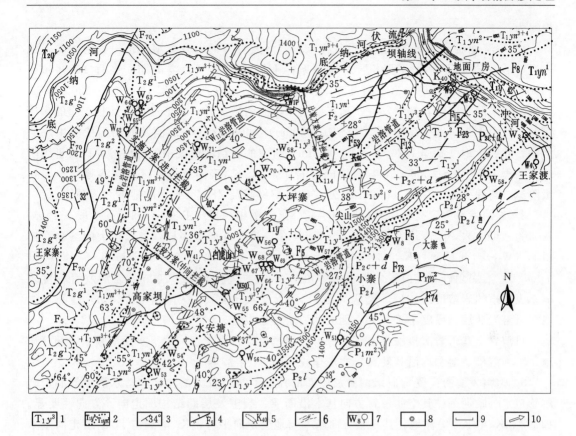

图 4.4-1　洪家渡水电站库首右岸构造切口地质平面简图

1—地层代号；2—地层分界线；3—岩层产状；4—断层及编号；5—详测溶洞及编号；6—推测管道及流向；
7—泉水及编号；8—钻孔；9—方案位置线；10—可能渗径及方向

N60°~85°E 渐变为高家坝的 N25°~30°E，倾向 NW，倾角 35°~50°，F_5 断层附近及其上盘高家坝一带变陡为 60°~80°。

F_5 断层以 NEE 向斜切河间地块，其为左行平移—逆断层，产状为 N60°~70°E/NW∠42°~80°（高程 1300.00m 以下逐渐变陡），水平断距 50~100m，破碎带宽 2~3m，影响带宽数十米，在灰岩、白云岩中为方解石胶结，在泥页岩软岩中为断层泥与方解石团块。它错开了九级滩（T_1y^3）泥页岩，从而使较新的永宁镇组（T_1yn^1）灰岩与较老的玉龙山（T_1y^2）灰岩搭接，沟通形成统一岩溶含水系统和库水由表及里的渗漏通道。

（2）地层岩性与岩溶发育规律。河间地块自南向北依次出露二叠系上统龙潭组（P_2l）及长兴—大隆组（P_2c+d），三叠系下统夜郎组（T_1y）及永宁镇组（T_1yn），三叠系中统关岭组（T_2g）地层，可溶岩与非可溶相间分布，与渗漏有关的可溶岩地层为永宁镇组第三和第四段、第一段（T_1yn^{3+4}、T_1yn^1）、夜郎组玉龙山段（T_1y^2）、长兴—大隆组（P_2c+d）灰岩、白云岩地层。区内相对隔水层为关岭组（T_2g^1）、永宁镇组第二段（T_1yn^2）、夜郎组九级滩段（T_1y^3）、沙堡湾段（T_1y^1）泥灰岩、泥页岩等地层。

地表岩溶地质测绘和调查发现，河间地块岩溶发育，形态齐全。该河湾地块岩溶发育规律为：

1) 岩溶地貌形态具有明显的层状特点。岩溶发育与河谷发育演变历史紧密相关，地表岩溶形态分布与剥夷面呈多层对应关系：Ⅰ级剥夷面（大娄山期）高程 1400.00～1500.00m，峰丛、洼地、落水洞发育；Ⅱ级剥夷面（山盆期）高程 1200.00～1300.00m，台地、落水洞及溶沟、溶槽发育；乌江期由于地壳强烈上升，也形成与阶地相对应的多层溶洞。其中Ⅰ级阶地（高程 985.00～1000.00m）对应的有 K_{40} 溶洞及底纳河伏流中底层溶洞；Ⅱ级阶地（高程 1020.00～1030.00m）对应的底纳河伏流中的二层溶洞；与Ⅲ级阶地（高程 1050.00～1060.00m）对应的有右岸 K_{81}、K_{82} 溶洞及大坝趾板深溶槽等；与Ⅳ级阶地（高程 1150.00～1160.00m）对应的有棺材洞及 ZK179 孔中的地下大溶洞等。

2) 岩溶发育程度受地层岩性影响明显。永宁镇组一段（T_1yn^1）和玉龙山段（T_1y^2）灰岩为强可溶岩，厚度均大于 200m，岩溶发育规模大、形态多样，规模较大的溶洞有棺材洞（W_{17}）、五耳洞（K_{50}）、底纳河伏流洞、K_{40} 岩溶暗河等；永宁镇组三、四段（T_1yn^{3+4}）溶塌角砾岩、白云岩等属中等可溶岩地层，厚度大于 200m，岩溶发育程度较弱，大规模的岩溶形态较少，仅见 W_{63} 等岩溶管道水；长兴、大隆组（P_2c+d）燧石灰岩属弱可溶岩地层，厚度小于 30m，无大的岩溶形态发育。

可溶岩与非可岩溶接触带岩溶发育，且规模大，含水丰富，地下水活动频繁，部分洼地、溶沟溶槽、溶洞均沿其发育。如规模较大的 K_{50} 溶洞等。

3) 岩溶发育方向受构造结构面及层面的控制。规模较大的洼地、落水洞、溶洞、岩溶管道水、暗河等，其空间发育方向基本沿断层、裂隙及层间结构面走向，方向性明显。如 K_1^{28}、K_1^{31}、K_1^{39} 等洼地，其长轴方向基本与地层走向平行；K_{40} 溶洞与 F_8 断层走向基本一致；K_{50} 溶洞与永宁镇组第一段（T_1yn^1）与九级滩（T_1y^3）接触层面平行发育，并沿其倾向倾伏。K_1^{48}、K_1^{49} 等落水洞均沿陡倾裂隙发育形成。底纳河伏流洞发育方向与地层走向也是基本一致的。

（3）水文地质条件。河间地块岩溶含水层与隔水层相间分布，岩溶含水层有永宁镇组三、四段、第一段（T_1yn^{3+4}、T_1yn^1）、夜郎组玉龙山段（T_1y^2）、长兴、大隆组（P_2c+d）4 层。钻孔压水试验表明，永宁镇组一段（T_1yn^1）及玉龙山段（T_1y^2）地层在高程 1140.00m 以下岩体透水性相对较弱（透水率小于 2.2Lu），富水性一般；永宁镇组三、四段（T_1yn^{3+4}）及长兴、大隆组（P_2c+d）地层为中等至弱岩溶裂隙含水层。区内相对隔水层有关岭组下段（T_2g^1）、永宁镇组二段（T_1yn^2）、九级滩段（T_1y^3）、沙堡湾段（T_1y^1）4 层，除永宁镇组二段（T_1yn^2）地层厚度相对较薄（40～50m）外，其他隔水层厚度均大于 85m，隔水性能良好。

据钻孔水位长观资料成果，高家坝分水岭地带地下水位低于高程 1140.00m 的有 3 个钻孔，枯水期水位最低 1092.30m，低于水库正常蓄水位 47.70m。按此，K_{40} 溶洞出口至构造切口一带地下水位平均水力比降为 2.78%；底纳河右岸河边 W_{17} 泉水至构造切口一带地下水位平均水力比降为 3.9%。河间地块内总体地下水位是均较为低平的。推测河间地块地下水渗透方向为：F_5 断层上盘永宁镇组三、四段（T_1yn^{3+4}）地层中流向 W_{63} 泉；F_5 断层上盘永宁镇组一段（T_1yn^1）及下盘的永宁镇组三、四段（T_1yn^{3+4}）地层流向底纳河 W_{17} 泉；F_5 断层上盘的玉龙山段（T_1y^2）及下盘的永宁镇组一、三、四段（T_1yn^1、

$T_1 yn^{3+4}$）地层中流向坝址下游 K_{40} 溶洞；F_5 断层下盘的玉龙山段（$T_1 y^2$）地层中水向大寨 W_8 泉，最终均流到底纳河和六冲河。该区水动力条件为地下水补给河水。

（4）渗漏途径分析。前期勘探揭示，库首右岸河间地块，地下水位低于正常蓄水位近 50m，蓄水后库水可能从底纳河右岸永宁镇组三、四段（$T_1 yn^{3+4}$）及永宁镇组一段（$T_1 yn^1$）地层入渗，经过下盘永宁镇组一段（$T_1 yn^1$）灰岩和 F_5 断层带再转入上盘玉龙山段（$T_1 y^2$）灰岩地层，继而向坝址下游河边 K_{40} 溶洞渗漏，渗径长约 6km。其中 F_5 断层带作为强透水带，使上、下盘相互搭接的不同时代可溶岩含水层相互沟通和形成库水渗漏途径，正是构造切割渗漏切口的地质特点。

（5）渗漏评价。

1）渗漏型式：

①构造切口（F_5）—K_{40} 溶洞渗出段，明显存在连通的岩溶管道。天然条件下，K_{40} 溶洞出口高程 980.00m，枯水期流量 0.2～0.3m^3/s，汛期可达 4m^3/s 左右，出口至构造切口段汇水面积仅 3km^2，汇水面积与流量不匹配，说明 K_{40} 暗河水来源远不止 F_5 切口附近一带，该段应为流经区，之外还有较大补给区域。

②底纳河右岸—构造切口（F_5）入渗段，也存在岩溶管道性通道。底纳河右岸的 W_{17} 泉出口高程 1021.00m，枯期流量为 0.5L/s，汛期大于 20L/s，汇水面积约 1.5km^2，为斜坡地形，雨季地表水多通过地表冲沟汇集向底纳河排泄，靠近高家坝一带洼地、落水洞，雨季迅速消水，说明由构造切口（F_5）至 W_{17} 泉出口存在岩溶管道；同样，W_{62}～W_{65} 等 4 个泉点，出口高程 1080.00～1140.00m，枯期总流量为 3.55～6.2L/s，汛期大于 60L/s，汇水面积约为 1.5km^2，亦为斜坡地形，且洼地及落水洞均较少，雨季地表水通过李家寨冲沟汇集向底纳河排泄，根据水量均衡分析判断，构造切口（F_5）至 W_{62}～W_{65} 泉也存在岩溶管道。

分析表明，在构造切口（F_5）地下分水岭两侧均存在岩溶管道。再从分水岭地带岩溶发育情况作进一步分析：分水岭地带地表大小洼地及落水洞发育（达 29 个），规模较大，如 K_{50}（五耳洞）、ZK179 钻孔揭露的地下大溶洞等，说明分水岭地带岩溶是极其发育的。另一方面，从分水岭地带约 0.5km^2 的范围内，7 个钻孔揭露溶洞来看，仅 1 个孔未遇溶洞外，其遇洞率高达 86%；7 个钻孔线岩溶率为 3.9%，其中高于高程 1140.00m 以上线岩溶率为 2.5%；低于高程 1140.00m 以下钻孔线岩溶率高达 9.51%。可见高程 1140.00m 以下岩溶相对发育。由此分析认为，该构造切口（F_5）渗漏性质不仅存在溶隙性渗漏且还存在管道性渗漏，渗漏问题突出。

2）渗漏量估算。根据前述渗漏途径边界条件，估算渗漏量由溶隙性渗漏量和管道性渗漏量两部分构成。按常规公式估计的溶隙性渗漏量为 1.80m^3/s，占河流多年平均流量的 1.16%；按 K_{40} 暗河最大流量作为反推的管道性渗漏量为 4.0m^3/s。估算的蓄水后 K_{40} 暗河出口总渗漏流量可达 5.8m^3/s，占河流多年平均流量的 3.74%，需进行防渗处理。

（6）防渗处理。

1）方案比选。施工详图阶段，对洪家渡水电站库首右岸河湾地块构造切口存在的岩溶渗漏问题，提出了以下 3 个防渗处理方案：

Ⅰ——进口拦截方案。在底纳河右岸永宁镇组一、三、四段（$T_1 yn^1$、$T_1 yn^{3+4}$）含水层中设置防渗帷幕。上游端与关岭组一段（T_2g^1）隔水层底板相接，下游端与九级滩段（T_1y^3）隔水层顶板相接，防渗下限高程1010.00m，防渗面积9.4万m^2。

Ⅱ——出口拦截方案。在坝址下游右岸玉龙山段（T_1y^2）含水层中设置防渗帷幕。以高程1000.00m作为下限，上游侧与九级滩段（T_1y^3）隔水层底板相接，下游侧与沙堡湾段（T_1y^1）隔水层顶板相接，防渗面积9.6万m^2。其中包含了K_{40}暗河渗漏处理。

Ⅲ——中间拦截方案。在构造切口分水岭地段（高家坝）设置防渗帷幕，以高程1040.00m为防渗下限，上游侧接F_5断层上盘九级滩段（T_1y^3）隔水层底板，下游侧接F_5断层下盘T_1y^3隔水层顶板，防渗面积2.0万m^2。

各方案优缺点比较：Ⅰ方案离冲沟较近，有利于施工，虽防渗面积较大，但防渗部位置岩溶较弱，无大的溶洞群发育，施工难度较小；Ⅱ方案离河岸近，且靠近大坝施工区，施工方便，但防渗面积大，岩溶发育强烈和存在K_{40}暗河溶洞，施工难度大；Ⅲ方案虽防渗面积小，但其防渗部位远离河岸，施工交通洞长达1.9km，施工条件差，工期长，且发育规模较大的溶洞、落水洞，还存在F_5断层破碎带及影响带，成幕较困难，施工难度大。经技术经济比较，最终选定Ⅰ方案。针对确定的防渗处理方案，于帷幕灌浆施工中还开展了补充勘察论证，为设计优化提供地质依据。

2）补充勘察及方案细化。总体方案确定后，首先在灌浆隧洞内沿线作了补充勘探工作，采用钻孔压水、物探CT透视及全孔电视录像等方法，查明防渗线路岩溶水文地质条件。据灌浆隧洞岩溶水文地质结构剖面图（图4.4-2）及物探CT成果，永宁镇组三、四段（T_1yn^{3+4}）地层岩溶化程度低，钻孔地下水位较高（高程1100.00～1107.00m），高出观测同期库水位（高程1077.46m）30m左右，相对独立，不随水位变化，若按地下水力比降3.9%计算，至构造切口水平最短距离1.6km，从灌浆隧洞沿永宁镇组三、四段（T_1yn^{3+4}）地层到构造切口位置地下水位高程可达1162.40m以上，高于正常蓄水位不会渗漏。永宁镇组一段（T_1yn^1）灰岩地层岩溶发育，规模较大（K_3溶洞），钻孔地下水位高程为1077.00～1082.00m，与观测同期河水位接近，水位随河水位变化明显，该段存在排向底纳河的W_{17}岩溶管道，水库蓄水后可能沿此管道产生倒灌至构造切口而向下游产生渗漏。

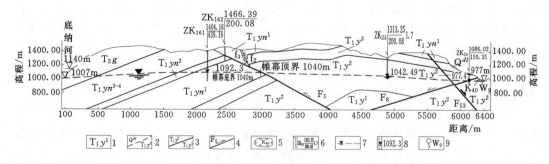

图4.4-2 洪家渡水电站库首右岸构造切口水文地质剖面简图

1—地层代号；2—覆盖层与基岩分界线；3—地层分界线；4—逆断层及编号；5—溶洞及编号；
6—钻孔及编号；7—推测地下水位线；8—钻孔水位；9—泉水及编号

由此判断，库水从永宁镇组三、四段（T_1yn^{3+4}）地层中产生渗漏的可能性小，主要渗漏集中在永宁镇组一段（T_1yn^1）含水层中，最终确定在对应的灌浆隧洞0+558～0+

870m 桩号范围内实施帷幕灌浆，帷幕线长 312m。防渗下限按孔内压水试验透水率低于 5Lu，物探孔间 CT 透视发现溶蚀异常带以下 15～30m，及低于地下水位 10～30m 考虑，高程为 1055.00～1110.00m，总面积约 2.41 万 m^2。防漏帷幕灌浆压力为 1MPa，结束标准为 5Lu，单排孔，孔距 3m，孔深 60～86m。

施工处理顺序遵循"先堵漏，后帷幕"的处理原则，即分两个阶段进行灌浆施工。堵漏处理措施包括：空腔溶洞或大的溶缝（如 K_{800} 溶洞段），采用大口径钻孔抛投砂石骨料或进行高流态混凝土进行回填后，再实施水泥—水玻璃双液灌浆；充填型溶洞则直接进行水泥—水玻璃双液灌浆处理，要求出现返水正常后才能结束第 1 阶段堵漏处理施工。此项处理，共抛投沙石量 75.9t，注入水泥量 12220.9t，注入水玻璃量 739.7t。

3）防渗效果。水库蓄水初期渗漏监测资料表明，库首右岸构造切口帷幕灌浆施工后，随着库水位的不断上升，由可疑渗漏出口—K_{40} 溶洞流量与库水位无相关性，帷幕观测孔水位也没有发现异常，下游其他部位也无渗漏异常发生，说明防渗处理效果良好。

3. 岩溶渗漏勘察技术应用

（1）前期勘察阶段。

1）勘察思路。F_5 断层是右岸河湾地块渗漏切口的关键要素。在白虎山—高家坝一带它错断了作为底纳河右岸防渗依托的隔水层九级滩段页岩，其在地表水平错距达 700～800m，导致不同时代的永宁镇组灰岩与玉龙山灰岩相搭接，形成统一岩溶含水系统。是否存在渗漏？须查明构造切口宽度、深度等边界条件，切口处岩溶水文地质条件。切口地表、地下宽度如何变化，岩溶发育情况、地下水位高程及补排条件，是否存在岩溶管道、渗漏进出口位置及渗漏路途等等需一一查明。

在综合分析研究初步设计及以前各阶段勘察资料的基础上，明确招标设计阶段勘察思路是着重查明构造切口地表、地下宽度及深度等几何边界条件，以及查明构造切口地段地表、地下岩溶发育情况、地下水位高程（是否低于正常蓄水位）等问题。

2）以岩溶水文地质测绘与调查为基础。岩溶水文地质测绘，比例尺 1/2000，超过一般库首岩溶水文地质测绘精度。调查地表岩溶包括：相关的可溶岩为永宁镇组一、三、四段、夜郎组玉龙山段及长兴大隆组地层，重点对永宁镇组一段与玉龙山段强可溶岩地层进行调查。永宁镇组一段地层，地表除发育有一系列洼地及落水洞外，还发育规模较大棺材洞、K_{50} 及底纳河伏流洞等；玉龙山段地层地表发育 14 个洼地，且其内多有落水洞，以及较大的 K_{114}、K_{40} 等溶洞。这 4 层可溶岩地层出露的泉水达 20 余处。只有永宁镇组三、四段和长兴大隆组地层岩溶发育相对微弱。

F_5 断层构造切口地表宽度复核：隔水层九级滩段泥页岩在地表的水平错距达 780～830m，断层上盘的九级滩段隔水层与其下盘的永宁镇组二段隔水层控制了渗漏边界，圈定渗漏切口在地表实际宽度为 130m。

3）水文地质钻探。为了查明切口带深部地层岩性、断层带宽度、岩层产状变化、岩溶洞隙、地下水位等，采用取芯钻探，由于钻孔深度较深，切口一带的范围较大，根据地质测绘及前期少量的勘探工作成果，结合室内大量的地质分析剖面判断，在招标设计阶段共布置 5 个水文地质孔，总进尺 1742m。

揭示断层及地层情况：F_5 断层上盘地层倾角较陡，为 55°～80°，下盘地层倾角稍缓，为 52°。判断 F_5 断层产状为 N60°～70°E，NW∠42°～56°，地层水平断距 50～100m，破碎带宽 2～3m。

地下岩溶揭示：永宁镇组一段地层中 3 个钻孔遇大小溶洞 8 个，其高程均在 1183.00m 以上；2 个钻孔在高程 1145.00m 以下各遇溶洞一个，溶洞规模大，其中一个孔掉钻深 47.92m，最低高程达 1074.67m，低于水库正常蓄水位 65.33m，说明正常蓄水位以下岩溶仍是很发育的；玉龙山段地层，高程 1221.00m 以上发育高 6.18m 的溶洞，高程 1221.13m 以下无溶洞发育，但有溶蚀裂隙及少量晶、溶孔发育；另外近坝库岸一带 5 个钻孔，共揭露 6 个溶洞，洞高 1.39～9.84m，分布高程大多数在 1000.00m 以下。

地下水位与水力坡降：构造切口一带钻孔地下水位低于高程 1140.00m 有 3 个钻孔。其中 1 个钻孔近两个水文年观测资料表明：枯水期最低地下水位 1092.30m，汛期最高地下水位 1125.96m，枯、汛期地下水位低于正常蓄水位 14.04～47.70m。以枯期水位资料推算，坝址下游 K_{40} 暗河出口附近河边至构造切口一带地下水位平均水力比降为 2.78%；底纳河右岸河边靠 W_{17} 泉水至构造切口一带地下水位水力比降为 3.9%。河湾地块内地下水位总体较为低平。由此分析判定，水库蓄水后存在库水由底纳河右岸经构造切口向坝址下游渗漏问题。

4）物探勘探技术。为了查明可溶地层及构造切口一带地下岩溶的发育程度、下限高程，地下水位、切口地质边界条件等，采用了当时比较先进的物探频率域大地电磁测深（EH4）技术，该方法主要用于探测宏观岩溶发育趋势和强度、地下水富集带等，其可探测地表 200m 以下米级规模的溶洞。

于是在构造切口布置了 7 条 EH4 剖面测线，共 6970m 长。通过物探查明永宁镇组一段和玉龙山段强可溶岩地层地下岩溶非常发育，有规模较大的溶洞或溶蚀破碎带，岩溶发育下限可达高程 1000.00m 左右，地下水位在高程 1040.00m 左右，在切口位置发育有溶洞、溶蚀破碎带等，其溶蚀下限可达高程 1040.00m，地下水位高程 1092.00m 左右。上述 EH4 结果与钻孔揭露情况基本对应，而且上游（渗漏进口）段岩溶发育相对较微弱，为选择实施进口拦截方案提供了充分的技术依据。

（2）施工阶段。在实施进口拦截防渗方案前，为了进一步查明防渗沿线渗漏通道，合理选择防漏处理范围及深度，又利用灌浆隧洞进行了防渗范围岩溶渗漏勘察，完成钻孔 31 个，压水试验 416 段，物探透视（CT）30 对。

1）以灌浆隧洞作先导勘探洞。灌浆隧洞岩溶主要表现为溶蚀破碎及溶洞。关岭组地层以溶蚀破碎带为主，永宁镇组一、三、四段地层除溶蚀破碎外，还见溶洞，规模较大的溶洞有 3 个，其中 K_1、K_2 发育于永宁镇组三、四段层中；K_{800} 发育于永宁镇组一段地层，最宽可达 130m，洞壁有明显流水痕迹，其内可听见较大流水声，分析 K_{800} 溶洞为 W_{17} 岩溶管道早期溶洞。

2）开展灌浆隧洞内钻孔、压水试验及地下水位观测。永宁镇组一段含水层：于灌浆廊道 0+781～0+824 桩号，布置 13 个勘探孔，孔深 136m，孔底高程 1006.00m 左右。有 2 个钻孔揭露溶洞，遇洞率 15%，共揭露溶洞 4 个，溶洞规模 3.3～16.9m，充填或半充填，充填物为块石夹黏土、黏土夹砂砾石或石灰华，均位于水库正常蓄水位以下，最低高程 1094.50m，低于水库正常蓄水位 45.50m。溶蚀裂隙发育，宽 0.5～8cm，充填钙质、黏土及岩屑、部分无充填。孔内压水试验 181 段，透水率小于 10Lu 的孔段占 80％以上，局部孔段透水率大于 100Lu，透水率较大的主要是断层破碎带、溶蚀带、裂隙密集带等。对 13 个孔地下水位观测显示，地下水位高程 1077.48～1094.12m，高于同期水库库水位 1.01～12.67m，随库水位同步变化，水力联系较好。

永宁镇组三、四段含水层：共布置 16 个钻孔，孔深 136m，孔底高程 1006.00m 左右。2 个钻孔揭露溶洞，遇洞率 12.5％，共揭露溶洞 2 个，洞高 3.0～3.3m，充填黏土夹碎石及砂砾，均位于水库正常蓄水位以下，最低高程 1111.00m，低于水库正常蓄水位 29.00m。溶蚀裂隙较发育，宽 2.0cm 左右，充填钙质、黏土及岩屑、部分无充填。共压水 236 段，透水率小于 10Lu 的孔段占 75％以上，局部孔段透水率大于 100Lu，透水率较大的部位主要是断层带、溶蚀带、裂隙密集带等。16 个孔地下水位观测显示，地下水位高程 1093.20～1108.42m，高于同期库水位 15.74～30.96m，地下水位随库水位的变化不明显。可见，永宁镇组三、四段地层地下水位较高，构造切口防漏处理应主要在地下水位较低的永宁镇组一段地层中进行。

（3）物探先导孔间透视。物探透视（CT）技术充分地利用了勘探钻孔，可实现对孔间溶洞的高精度探测。该方法已广泛应用于岩溶地区防渗工程。

通过 30 对孔间物探透视（CT），进一步查明与证实了帷幕一线岩溶发育主要以溶蚀破碎与溶蚀裂隙为主，局部发育溶洞，最低高程 1080.00m，以下岩溶不发育。同时，成果表明，永宁镇组三、四段岩溶化程度较永宁镇组一段低。

通过施工期的补充勘察，进一步查明了永宁镇组一、三、四段地层的岩溶发育程度、岩溶发育下限、管道集中发育部位、地下水位高程及岩体的透水性等，结合物探透视（CT）、钻孔压水试验，经分析研究，将防渗处理方案优化为灌浆施工只在可疑渗漏进口永宁镇组一段地层中进行，同时防渗下限也作相应抬高，防渗帷幕面积从原设计的 9.4 万 m² 减少至 2.41 万 m²，节约了工程投资和缩短了工期。

4. 洪家渡水库岩溶渗漏评价方法应用

（1）水库区。

1）水库不存在向邻谷三岔河、赤水河的渗漏分析。利用地形封闭和地下水分水岭高于水库正常蓄水位即做出判断。水库两岸地表分水岭宽厚高耸，库区范围可溶岩与非可溶岩相间组合分布，水文地质结构属多层带状岩溶含水层，乌江为黔西北地表、地下径流的最低排泄基准面，区内支流、溪沟、暗河、伏流及岩溶大泉等均向库内排泄，认为库区地下分水岭均高于水库正常蓄水位，水库区的地形、地质条件封闭较好。因此，不存在水库区岩溶渗漏问题。

2）库首右岸不存在跨底纳河与织金小河河间地块的渗漏分析。依据地形、隔水层分隔及地下水位高于水库正常蓄水位等标志，而判定不存在渗漏问题。即：①两河相距较远，地形分水岭高；②地质结构上无可溶岩相互贯通，两河之间有化稿林背斜存在，背斜两翼有多层泥页岩（厚度 100m 以上）阻隔；③在化处，有官寨、大关断裂切割了龙潭组隔水层，形成了上、下盘可溶岩相连接的构造切口，但切口分布高程高（高程 1400.00～1500.00m），距离库岸远（有 4～5km），而且断层未直接连通至库岸，可溶岩区断裂带有八步湖存在（高程 1270.00m）；据地下水出露表明河间地块地下水位远高于正常蓄水位。

（2）库首右岸构造切口。

1）定性地质评价：

①地形条件：由底纳河、乌江（六冲河）及坝址下游大寨冲沟组成三面临空的河间地块，乌江河水位、大寨冲沟下段高程均低于水库正常蓄水位（高程1140.00m），因此可能存在河间地块渗漏问题。

②构造条件：地表九级滩段泥页岩隔水层，在库首高家坝一带被 F_5 断层错断，使可溶岩地层永宁镇组一段灰岩与玉龙山段灰岩相搭接，形成统一的岩溶含水系统，并连通库内外，形成构造上的切口，水库存在向下游河段的渗漏问题。

③岩溶水文地质条件：因 F_5 断层错断，使永宁镇组一段与玉龙山段形成统一的岩溶含水层，库内（底纳河）有 W_{17}、W_{63} 及下游有 K_{40} 等稳定的岩溶泉，说明河间地块存在地下分水岭。由于永宁镇组一段、玉龙山段地表岩溶发育强烈，岩溶形态有洼地、落水洞、溶洞及暗河等，若地下分水岭低于水库蓄水位时，将出现水库渗漏或存在严重渗漏问题。因此，水库同样存在渗漏的可能性。

④渗漏途径分析：从地形地质、构造、岩溶泉出露等定性分析，地下分水岭低于水库蓄水时，可能的渗漏途径有4条，均以底纳河右岸可溶岩为进口，经切口渗入后分别至大寨冲沟、W_3 泉、沿 F_5 断层及 K_{40} 溶洞方向的渗漏。从隔水层分布高程、出露泉水等地质结构与正常蓄水位的关系分析论证，除库水以底纳河右岸可溶岩为进口—切口—K_{40} 溶洞方向的渗漏途径外，其余渗漏途径不存在或可能性小。

⑤渗漏类型分析：沿渗漏途径水库正常蓄水位（高程1140.00m）以下存在溶隙性渗漏是肯定的。沿渗漏途径（底纳河右岸为进口—切口—K_{40} 出口）是否存在岩溶管道性渗漏？通过对 K_{40}、W_{17}、$W_{62} \sim W_{65}$ 等汇水面积与其枯期、汛期流量的匹配关系，根据地表、地下水补排关系，再根据经验及水均衡估算分析判断，构造切口上、下游均存在岩溶管道，因此，渗漏类型不仅存在溶隙性渗漏，而且还存在岩溶管道性渗漏。

2）定量评价：

①地下岩溶发育情况：通过钻孔揭露及物探 EH4 探测结果，证实构造切口一带永宁镇组一段、玉龙山段强可溶岩地层地下溶蚀强烈。渗漏出口段玉龙山段地层深部发育规模较大的溶洞或溶蚀破碎带；构造切口部位地下岩溶无论横向还是纵向岩溶均十分发育，钻孔遇溶洞率较高，溶洞规模较大，而且部分溶洞高程低于水库正常蓄水位，岩溶发育下限可达高程1040.00m；上游渗漏入口段永宁镇组一、三、四段地层则岩溶发育相对较微弱。

②构造切口地下水位：通过钻孔地下水位长期观测，用数据定量地说明了构造切口一带地下水位低于水库正常蓄水位 14.04～47.70m 不等。

③河间地块地下分水岭的确定：根据构造切口钻孔水位高程、物探 EH4 探测岩溶发育形态及岩溶程度，并结合地形分水岭分析判断，河间地块地下分水岭基本位于构造切口部位。地下分水岭水位低于水库正常蓄水位，进一步明确了水库存在向下游的渗漏问题。

④对渗漏进口渗漏类型论证：通过施工隧洞、先导孔水位观测及孔间 CT 透视等，查明了防渗帷幕线岩溶发育地层与发育程度，不仅存在溶隙性渗漏，还存在以 W_{17} 岩溶管道为渗漏进口的渗漏问题。

5. 防渗处理措施应用

(1) 采用进口拦截方案（Ⅰ），是在渗漏途径的进口段设置防渗帷幕拦截库水的渗漏。根据物探 EH4 探测成果及相关勘察资料分析，永宁镇组一、三、四段地层岩溶发育程度较弱，无大的溶洞（群）发育，施工难度较小等，因此防渗处理方案可行、效果可靠。防渗线在永宁镇组一、三、四段地层中布置，结合构造切口钻孔岩溶发育、地下水位高程，防渗帷幕采用以高程 1010.00m 为下限，上、下游分别与关岭组、九级滩段隔水层相接的悬挂式帷幕方案，帷幕线总长 795m，深 130m（设 2 层廊道），防渗面积 9.4 万 m^2。

(2) 施工阶段优化设计。为合理确定处理范围，利用了灌浆隧洞沿线钻孔及压水试验、物探孔间电磁坡（CT）透视、地下水位观测等有效勘探手段，勘察证实了永宁镇组三、四段地层岩溶发育弱，所产生渗漏量小，因此综合分析决定仅对永宁镇组一段地层进行处理。防渗帷幕范围在原防渗线上，优化为上、下游与永宁镇组二段、九级滩段隔水层相接的悬挂式帷幕方案，帷幕下限按透水率（小于 5Lu）、孔间 CT 透视（溶蚀带以下 15～30m）、地下水位（以下 10～30m）等确定，最终实施帷幕线总长仅 312m，防渗面积为 2.41 万 m^2。

(3) 防渗处理技术。防渗处理采取"先堵漏、后防渗"施工工序。即：施工处理先对于空腔溶洞或大的溶缝（如 K_{800} 溶洞段）等进行处理，施工中采用了大口径钻孔抛投砂石骨料或进行高流态混凝土进行回填后，再实施水泥—水玻璃双液灌浆；对于充填型溶洞则直接进行水泥—水玻璃双液灌浆处理。渗漏封堵部位的施工须待返水正常才能认为第 1 阶段堵漏处理结束，方可进行下一阶段的帷幕灌浆施工。

6. 防渗处理监测方法

洪家渡水电站右岸河间河湾地块构造切口防渗帷幕灌浆施工结束后，通过设置检查孔，在孔内进行压水试验，对施工质量进行检查。共计压水试验 203 段，透水率小于 1Lu 占 61%；1～5Lu 占 39%，全部满足设计防渗标准（$q<5Lu$），说明灌浆工程施工质量是好的。

在构造切口防渗帷幕帷前、帷后设置水位观测孔，并对渗漏出口（K_{40} 暗河）流量与库水位变化进行观测，据 5 号排水洞监测资料，随着库水位的不断上升，渗漏出口水流量与库水没有相关性，且帷幕观测孔水位也无异常，说明帷幕有效截断了渗漏通道，经水库正常蓄水位运行检验，无渗漏现象发生，防渗效果良好。

4.4.2 乌江沙沱水电站库首河间、河湾地块岩溶防渗处理

乌江沙沱水电站位于沿河县城上游 7km 处，正常蓄水位 365.00m，总库容 9.21 亿 m^3，电站装机容量 1120MW，大坝为碾压混凝土重力坝，左岸坝后式厂房，最大坝高 101m。

1. 水库区岩溶水文地质条件与渗漏问题分析评价

水库地处云贵高原东北部，武陵山脉西南缘。库区碳酸盐类可溶岩分布面积占 51%，层状区域岩溶地貌明显。保留了大娄山期、山盆Ⅰ、Ⅱ期及乌江宽谷期等 4 级夷平面及乌江期 4 级阶地。

库区支流较多，回水长度 3.2～13.5km 不等。其中马蹄河位于库首左岸，河长

112.5km，源头高程 950.00m，呈深切峡谷，河床平均坡降 5.7‰，下游出口段（流向 N80°E）与坝址下游干流围成形成河间（湾）地块。坝址下游右岸车家河，为低邻谷，河口距坝址下游 1km，高程 289.30m，全长 150km，源头高程 700.00m，平均坡降 2.7‰。与水库形成库首右岸河间地块。此两河间、河湾地块均构成低邻谷渗漏地形，是该水库岩溶渗漏勘察评价的重点部位（图 4.4-3）。

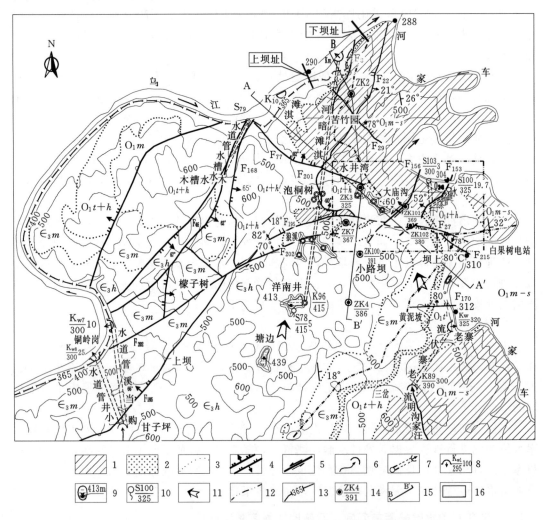

图 4.4-3　沙沱水电站库首右岸河间地块岩溶水文地质略图

1—隔水层；2—相对隔水层；3—地层界线；4—正逆断层；5—平移断层；6—明流转为伏流段；7—暗河系统；
8—出水溶洞及编号；9—岩溶湖（湖面高程）；10—泉水及编号；11—地下水流向；12—地表分水岭位置；
13—正常蓄水位线；14—钻孔及编号；15—剖面线及编号；16—渗漏构造切口

库区出露地层除缺失泥盆系、石炭系、三叠系上统至第三系地层外，其余地层均有出露，各层组岩性及含水层组划分见表 4.4-1。分为强岩溶（强透水层）、较强至中等岩溶（较强或中等透水层）、弱岩溶（弱透水层）及非可溶岩（隔水或相对隔水层）等 4 个层组。地质构造以 SN 向与 NNE 向褶皱、断裂为主干构造，少部分为 NE—NEE 向构造。

岩溶水文地质测绘与勘探表明，乌江为水库区最低排泄基准面。分水岭及其斜坡地带明流大多潜入地下成为伏流，在乌江及支流河边排泄。将岩溶水径流形式分为脉流、隙流及管流 3 类。脉流主要见于分水岭地带的补给区；隙流以大面积分布白云岩区最为普遍，埋藏较浅；管流主要出现在河谷地带，以石灰岩分布区最为常见，其次为白云岩中较大断裂带。区内岩溶地下水集中排泄点常见于河谷地带及向斜轴部，以暗河或管道水的形式出露。

勘察分析表明，水库区地形封闭，分水岭宽厚，地下分水岭远高于水库正常蓄水位，且由于岩溶含水透水层与隔水层相间分布，不存在渗漏问题。主要需查明的是库首两岸河间、河湾地块渗漏问题。

表 4.4 - 1　　　　　　　　　沙沱水电站库区岩溶含水岩组划分表

岩 溶 层 组				水文地质性质	
类别	地 层	岩 性	岩溶发育特征	地下水类型	透水性
强岩溶层组	清虚洞组（$\in_1 q$）、毛田组（$\in_3 m$）、桐梓组（$O_1 t^2$）、红花园组（$O_1 h$）、栖霞组（$P_1 q$）、茅口组（$P_1 m$）、永宁镇组（$T_1 yn$）	以中厚层、厚层灰岩、结晶灰岩为主	大型洼地、溶洞、暗河、落水洞、管道水、岩溶泉	暗河、管道、溶隙	强透水层
较强至中等岩溶层组	高台组（$\in_2 g$）、平井组（$\in_2 p$）、后坝组（$\in_3 h$）、吴家坪组（$P_2 w$）、长兴组（$P_2 c$）、夜郎组（$T_1 y$）	以白云岩、硅质灰岩、薄层灰岩夹页岩和泥灰岩为主	小型洼地、溶洞、落水洞、管道水、岩溶泉	溶隙水和管道水	较强、中等透水层
弱岩溶层组	桐梓组（$O_1 t^1$）、奥陶系中上统（O_{2+3}）、高台组（$T_2 g$）	为泥灰岩与页岩、砂岩互层，灰岩夹页岩和硅质岩，白云质灰岩与页岩、砂岩互层	小型洼地、溶缝、溶孔	溶隙水和裂隙水	弱透水层
非岩溶层组	震旦系（Zan、Zbd）、牛蹄塘组（$\in_1 n$）、明心寺、金顶山组（$\in_1 m-j$）、湄潭组（$O_1 m$）、龙马溪（$S_1 l$）、石牛栏组（$S_1 sh$）、韩家店群（$S_{2-3} hn$）、梁山组（$P_1 l$）	砂砾质黏土岩、页岩、砂岩、硅质岩等		裂隙水	隔水层

2. 库首右岸河间地块岩溶水文地质条件与渗漏分析评价

坝址下游右岸车家河，作为低邻谷，与水库形成库首右岸河间地块。库首右岸河间地块宽 0～9km，其上可溶岩出露广泛，岩层缓倾库外，仅在车家河支流左岸有湄潭组（$O_1 m$）至志留系砂页岩隔水层及桐梓组一段（$O_1 t^1$）相对隔水层阻挡，但被 F_{77}、F_{195}、F_{202}、F_{156}、F_{153}、F_{27}、F_{215} 等断层切割，存在构造切口。为此前期勘察中专门开展了岩溶水文地质测绘、地质调查、钻孔、物探、连通试验、水质分析等。

（1）基本地质条件。库首右岸河间地块，南起上坝、汪家沟，北达河口，东西两侧以车家河和乌江为界，宽度由南向北逐渐变窄。在洋南井一带为典型峰丛地貌，高程 620.00m 左右，洼地高程 400.00～500.00m，位于宽谷期剥夷面上，形成汪家沟明流和岩溶湖。

出露寒武系上统、奥陶系和志留系下统地层。可溶岩分布在河间地块中部及乌江沿岸，非可溶岩（$O_1 m$—S）集中出露在车家河沿岸。

构造部位处于夹石断裂和背斜核部偏 SE 翼，断裂构造发育，主要有 F_{46}（沿河区域性断裂）和 F_{77}、F_{195}、F_{202}、F_{156}、F_{153}、F_{27}、F_{215} 等次一级陡倾断裂，长 0.7～4km、宽 3～40m 不等。

（2）岩溶水文地质条件。

1）含水岩组划分及空间展布。强岩溶化透水岩组有寒武系上统毛田组（$\in_3 m$）、奥陶系下统桐梓组第二段（$O_1 t^2$）和红花园组（$O_1 h$）地层，分布在北西侧杨柳池、黄泥坡一线和中部铜鼓地至火烧宅一带；强至中等岩溶化含水透水岩组为寒武系上统后坝组（$\in_3 h$）地层，分布在中部及西南侧；可溶岩与非可溶岩互层相对隔水岩组奥陶系下统桐梓组第一段（$O_1 t^1$）地层，在东侧车家河沿岸黄泥坡至坝上一线，泥页岩层厚度稳定，为相对隔水层；碎屑岩（砂页岩）隔水层奥陶系下统湄潭组（$O_1 m$）—志留系（S）地层，层厚巨大，分布在东侧车家河沿岸，作为隔水层。

2）岩溶管道水。河间地块内共发育 5 条岩溶管道水：

①淇滩暗河（伏流）：入口为洋南井岩溶湖旁 K_{96} 落水洞，高程 415.00m。落水洞顺 N80°W 方向溶缝发育，向下游方向倾斜。出口在淇滩乌江河边（K_{w1} 溶洞），高程 295.00m，比河水面高出 5m，全长 4.79km，沿途地表发育一系列洼地、落水洞等。暗河一般流量 100 L/s，汛期在 500L/s 以上。平均坡降 2.4%，连通试验测定平均流速为 0.36cm/s。流速较慢，畅通性较差。

②老寨伏流：入口为汪家沟小河 K_{89} 落水洞，高程 390.00m，枯期注入流量 300L/s，处于红花园组灰岩中；出口在车家河左岸老寨溶洞（K_{w2}），枯期流量 320L/s，高程 325.00m，高于车家河河床 13m，位于桐梓组灰岩中。伏流长 1.48km，沿线有 K_{81}、K_{87}、K_{88} 落水洞。其平均坡降 4.4%，连通试验平均流速 2.31cm/s，流速较快。

③杆子茶岩溶管道水：出口在车家河左岸 F_{153} 断层带附近。有 2 个出水点：S_{100} 泉位于 F_{153} 断层下盘红花园组地层上，出口高程 325.00m，最小流量 1.5L/s，汛期最大流量 24.95L/s；S_{103} 泉位于下游 400m 车家河床水奥陶系中上统地层中，出口高程 300.00m，流量约 3L/s。主要沿 F_{153} 断层带发育，纵向平均坡降 1.7%。

④木槽水岩溶管道水（S_{79}）。出口在淇滩上游 100m 处乌江岸边，高程 295.00m，枯期流量 10L/s，流量较稳定，沿 F_{46}、F_{168} 断层带发育。

⑤购当溪、小井岩溶管道水（伏流）：出口在铜岭岗附近乌江河边，高程 300.00m，枯期总流量 40L/s，其补给范围包括甘溪、柑子坪、上坝、芭蕉坪一带，补给形式主要为明流注入补给，流量变化明显。

3）地下水分水岭位置与高程分析。淇滩暗河与老寨伏流间河间地块，洋南井、黄泥坡、坝上一线寒武系可溶岩地下水总体呈由南向北运动。为查找地下分水岭位置，开展了以下工作：

①连通试验：在洋南井附近 K_{96} 和汪家沟明流末端 K_{89} 落水洞，投入酸性大红，证实分别为淇滩暗河、老寨伏流起点。

②水质分析：淇滩暗河和老寨伏流水质差异较明显，老寨伏流水总矿化度 68.2～73.6mg/L，淇滩暗河为 82.2～97.1mg/L，SO_4^{2-} 含量老寨伏流为 33.8～45.2mg/L，淇滩暗河为 14.9～21.8mg/L，反映为两个独立的岩溶水系统。

③钻孔水位长观：地表河间地块地形分水岭，在杨柳池→黄泥坡→坝上→大庙沟→水井湾→苦竹园一线，偏向车家河支流一侧。共布置了 7 个钻孔进行地下水位长期观测。如图 4.4-4，ZK_3、ZK_7 受 F_{195} 切割影响，处于同一地下水系统内。在 ZK_3 号孔处地下水位最低（高程 324.71m），存在低水位槽谷带，称水井湾低水位槽谷带，其宽度在 800～900m 之间。ZK_2 处于另一地下水系统中，孔内最低地下水位为 334.00m，低于库水位 31.00m，与水井湾地下水位槽谷带之间存在子分水岭，高程约 380.00m。

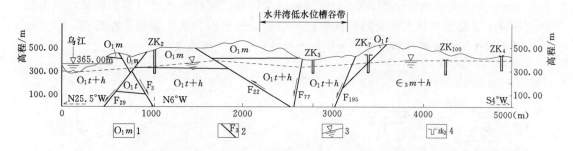

图 4.4-4　库首右岸河间地块 B—B' 地质分析剖面
1—地层代号；2—断层及编号；3—地下水位线；4—钻孔及编号

ZK_3 号孔位于地形分水岭西侧，到乌江干流和车家河支流距离大致相等。从岩溶洼地的发育情况看，ZK_3 号孔 SE 侧的岩溶洼地底板高程向 NW 方向逐渐降低，即由 K_{50} 的高程 480.00m 依次降至 K_{32} 的高程 398.00m；再从水文地质结构看，桐梓组顶部有 8.2m 的泥页岩隔水，并构成该带地形分水岭。综合以上 3 点认为，乌江与车家河之间的地下分水岭应位于水井湾南东，其地下水分水岭与地形分水岭是基本一致的。但由于 F_{195}、F_{27}、F_{153}、F_{156} 断层切割，使这些部位地下分水岭形成"鞍部"，地下水位相对较低。为此在该部位增加 2 个钻孔（ZK_{101} 和 ZK_{102}）。所作地下水位长观表明，ZK_{101} 和 ZK_{102} 孔枯期最低水位分别为 369.39m、380.18m，略高于水库正常蓄水位 365.00m。如图 4.4-5，ZK3 孔处地下水位最低，推测淇滩暗河末端位置地下水位基本持平，至乌江河谷地下水力坡降均较平缓；向车家河方向地下水位逐渐升高，最高处在 ZK_{102} 孔南东侧地形分水岭附近，高程在 380.00m 以上。由此分析认为，乌江与车家河之间存在地下分水岭，其水位高于水库正常蓄水位（高程 365.00m）。

④物探探测。在库首右岸河间地块可疑渗漏途径布置了 6 条物探 EH-4 测线，布置在水井湾地下水位低槽带、火烧宅、杆子茶和车家河毛田组可溶岩天窗等地。水井湾地下水位低槽带 3 条，所探测地下水位高程 305.00～345.00m，与钻孔水位基本一致，落水洞发育深度 65～85m，在高程 310.00m、350.00m 存在 2 层溶蚀洞穴。

（3）右岸河间地块岩溶渗漏地质分析。根据河间地块地形、地质及岩溶水文地质条件，将车家河段从下游往上游分为 4 段进行渗漏分析：

第一段，F_{156} 断裂带下游河段：沿岸分布湄潭组—志留系砂页岩隔水层，无渗出条件，

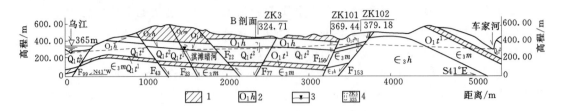

图 4.4-5　库首右岸河间地块（A—A′分析剖面）
1—隔水层；2—地层代号；3—推测地下水位；4—钻孔编号及最低水位

不存在渗漏问题。以近坝位置的云场坝冲沟地形垭口为例（图4.4-6），地形分水岭高程412.00m，正常蓄水位处厚度600m，深部由红花园组、桐梓组地层可溶岩构成，湄潭组砂页岩隔水层覆盖于分水岭及西侧浅表层，据坝址区平洞、钻孔揭示，在高程387.00m以下微新岩体至车家河河谷湄潭组地层隔水性能良好，无渗出条件。

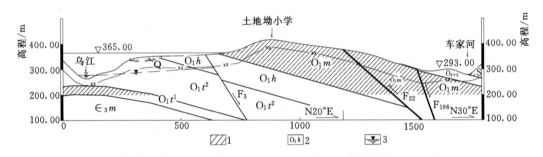

图 4.4-6　云场坝冲沟地形垭口渗漏分析剖面
1—隔水层；2—地层代号；3—推测地下水位线

第二段，F_{156}断裂带至F_{215}断裂带河段：车家河沿岸有湄潭组—志留系砂页岩隔水层分布，但被F_{156}、F_{153}、F_{27}、F_{215}等断层切割，形成构造切口。据ZK101、ZK102孔揭示，最低地下水位均高于水库正常蓄水位而无渗漏可能。

第三段，从F_{215}断裂带至老寨伏流出口（Kw_2）河段：车家河侧为可溶岩出露，即水井湾地下水位低槽带南东、分水岭另侧，ZK4、ZK100、ZK7钻孔揭示枯期最低地下水位分别为高程386.30m、390.53m、366.71m，均略高于库水位，渗漏可能性不大。

第四段，老寨伏流出口（Kw_2）上游河段，车家河河床高程已达水库正常蓄水位高程365.00m，且沿岸出露湄潭组—志留系砂页岩隔水层，无渗漏条件。

综合上述分析，认为库首右岸河间地块渗漏可疑被排除，但考虑其地形单薄和多断裂构造切割等因素，仍建议蓄水初期作必要渗漏观察。

3. **库首左岸河湾（间）地块岩溶水文地质条件与渗漏分析评价**

如图4.4-7所示，乌江流向在沿河县城下游16km处由N20°E转为N50°W，与马蹄河支流在左岸围成面积约590km²的河湾（间）地块，以及深沟子以下至崔家村的河湾地形。

（1）基本地质条件。库首左岸河湾（间）地块出露寒武系至二叠系地层，岩层呈NNE向展布，发育一系列走向N15°～30°E褶皱和压扭性断层。自西向东有土地坳背斜、

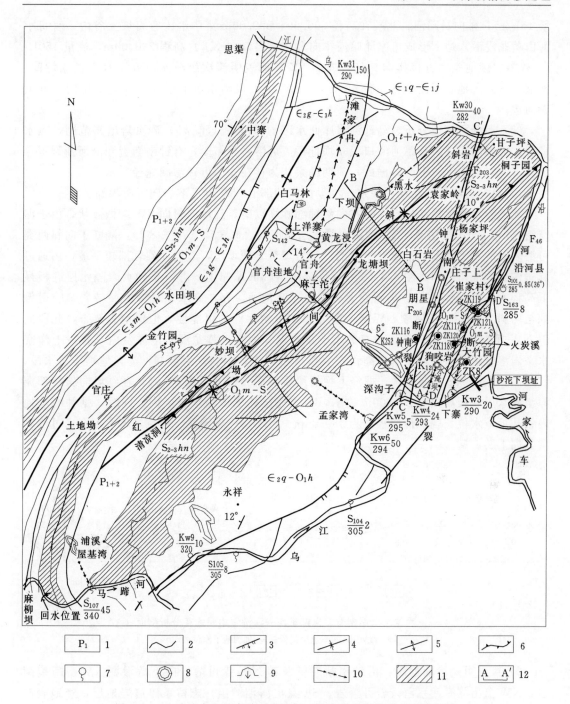

图 4.4-7　沙沱水电站库首左岸河间（湾）地块岩溶水文地质略图

1—地层符号；2—地层分界线；3—断层；4—向斜；5—背斜；6—地表分水岭；7—泉水；8—落水洞；

9—出水溶洞；10—推测岩溶管道；11—隔水层；12—剖面线位置

红坳向斜。其中红坳向斜形成向斜山，地形分水岭与向斜轴基本一致，NW 翼地表明流以土地坳为次级分水岭，南端在屋基湾附近有竹根坝伏流（出口为 S_{107}，高程 340.00m，流量 45L/s），排向马蹄河；北端在高程 700.00～800.00m 集中汇入官舟坡立谷内，官舟小河由黄龙浸潜入地下形成冉家滩暗河排向乌江，出口（K_{w31}）高程 290.00m，流量 150L/s；碎屑岩区地表水直接排向乌江。向斜 SE 翼地表明流次级分水岭在下坝、杨家坪间，南端可溶岩区地表明流多在高程 400.00～500.00m 以消水坑的形式潜入地下排向坝址上游河边。

（2）渗漏可能性分析。马蹄河水库回水区的志留系（$S_{2-3}hn$）砂页岩出露范围，隔水良好，无渗漏条件。马蹄河河口段→坝址干流可溶岩分布段，有钟南断裂和沿河断裂贯穿河间（湾）地块上、下游。据此，前期勘察认为存在 3 条可疑渗漏途径。

1）第一可疑渗漏途径：库水由红坳向斜轴部沿 NW 翼可溶岩向下游渗漏。

从岩溶水文地质结构看：①在向斜轴部妙坝以南，红坳向斜向 SW 端微倾伏，由于湄潭组（O_1m）—志留系（S）砂页岩隔水层厚度大、倾角陡（70°～80°），隔断了向斜两翼可溶岩间的水力联系，不会发生渗漏；②妙坝至龙塘坝段，红坳向斜轴部较平缓，由通过麻子沱处的地质剖面（图 4.4-8）可见，向斜轴部湄潭组—志留系砂页岩隔水层底板最低高程为 350.00m 左右，向斜两翼可溶岩相互沟通，存在库水通过钟南一带岩溶管道倒灌至向斜 NW 翼，然后顺 NW 翼岩溶管道向下游渗漏的可能性，但据地表调查，此段向斜 NW 翼为官舟洼地，洼地内有数十个泉水点和大寨、黄龙浸岩溶潭及白马林→上洋寨水平岩溶管道分布，地下水位高程在 700.00m 以上，不会产生渗漏；③龙塘坝至黑水段，红坳向斜微向 NE 方向倾伏，据经下坝的地质剖面分析（图 4.4-9），在红坳向斜核部湄潭组隔水层底板高程为 200.00m 左右，库水完全处于该隔水岩层内，同时，据钟南洼地内钻孔地下水位长观，最低水位为 380.06m，也不会产生渗漏。可见，库水不会通过红坳向斜向下游渗漏。

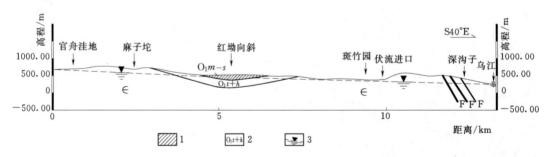

图 4.4-8　沙沱水电站闸首左岸麻子坨→深沟子渗漏途径分析剖面（AA′）

1—隔水层；2—地层代号；3—推测地下水位线

2）第二可疑渗漏途径：沿钟南断裂带及其 NW 盘可溶岩向下游渗漏。钟南断裂南段，NW 盘出露寒武系白云岩可溶岩，SE 盘出露湄潭组—志留系碎屑岩地层，经地表调查，在钟南洼地断裂带 NW 盘沿线发现洞底高程呈向上游逐渐降低的串珠状落水洞，庄子上一带地表明流（流量 10～12L/s）在高程 497.00m 潜入地下，排向上游深沟子乌江河边。

钟南断裂北段，在碎屑岩地层中通过，断层破碎带宽 20～30m，影响带宽约 60m，在河湾下游甘子坪一带未见泉水点出露，说明其透水性差。但据沿断裂带 NW 盘地质分析

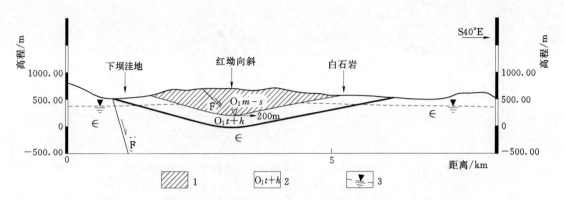

图 4.4-9　沙沱水电站库首左岸下坝洼地→白石岩渗漏途径分析剖面（BB′）

1—隔水层；2—地层代号；3—推测地下水位线

剖面（图 4.4-10），可溶岩在深部相互连通，存在沿断裂带及其 NW 盘可溶岩向河湾下游渗漏的可能性。而钟南断裂带通过地带以杨家坪附近地形最高，向库内和库下游柑子坪均发育冲沟地形，推测地下分水岭亦在此。结合在钟南洼地的钻孔地下水位长观测，其内地下水位（高程 380.00m）已高于水库正常蓄水位，反演至杨家坪地下水分水岭水位应更高，故认为库水沿钟南断裂带及 NW 盘可溶岩向河湾下游渗漏问题不存在。

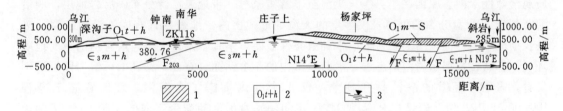

图 4.4-10　沙沱水电站库首左岸深沟子→斜岩渗漏途径分析剖面（CC′）

1—隔水层；2—地层代号；3—推测地下水位线

3）第三可疑渗漏带：库水顺沿河断裂带及其 NW 盘可溶岩向下游渗漏。小河湾地块的西侧边界沿河断裂，呈 NNE 向，此段长 7km，影响带宽约 20m，断裂主要从湄潭组—志留系碎屑岩中通过，因其下盘桐梓红花园组可溶岩地层抬升，形成渗漏缺口，同时在崔家村附近出现桐梓红花园组可溶岩"天窗"。据沿断裂带 NW 盘水淹坝分析剖面（图 4.4-11），在正常蓄水位高程 365.00m 以下，水库上、下游桐梓红花园组强岩溶透水层相互沟通，存在库水通过此强岩溶透水层向河湾下游半坡冲沟及崔家村河边一带渗漏可能。

水淹坝→火炭溪近库岸地带，在桐梓红花园组地层中发育一系列落水洞，大竹园附近钻孔最低水位为 319.90m，孔内连通试验反映地下水排向上游的下寨岩溶管道水。

在沿河断裂带的 4 个钻孔揭示的地下岩溶形态来看，除 1 个钻孔内发现了大的溶洞，且位置均高于高程 400.00m 外，其他 3 个钻孔内岩溶均不发育，亦仅见轻微的溶蚀晶孔现象。可见，虽然沿河断裂 NW 盘可溶岩在正常蓄水位以下相互沟通，但库水位以下岩溶发育微弱。

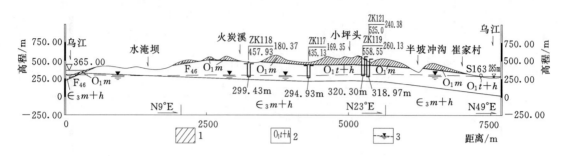

图 4.4 - 11 沙沱水电站库首左岸水淹坝→崔家村渗漏分析剖面 (DD')

1—隔水层；2—地层代号；3—推测地下水位线

沿河断裂带在河湾地块上、下游端的桐梓红花园组地层中均有泉水出露。上游发育下寨管道水，汛期实测流量 20L/s；下游在边崔家村发育 S_{163} 下降泉，其流量稳定，其间存在低地下分水岭并偏向下游侧。根据钻孔水位长观，其地下分水岭位置在 ZK121 号钻孔一带，枯期地下水高程 318.97m，低于正常蓄水位 365.00m，判断库首左岸存在顺沿河断层构造切口岩溶渗漏问题。

（3）岩溶渗漏量估算。

1）渗漏性质。据岩溶水文地质测绘、钻探及深部岩溶精确探测综合分析，其渗漏性质属溶隙性渗漏。原因在于：①火炭溪至下游崔家村一带地表广泛分布碎屑岩地层，顺沿河断裂带 NW 盘分布的可溶岩仅零星的天窗的形式出露，地表发育有横跨沿河断裂的多条长期流水的冲沟，沿断裂带地下水补给条件极差，不具备发育大型岩溶管道的水文地质环境；②从钻探揭示岩溶形态看，沿断裂带内的 4 个钻孔，有 3 个钻孔的可溶岩段岩溶不发育，表现为轻微的溶蚀晶孔现象，仅 1 个孔内揭露了大溶洞，且位置高于高程 400.00m，与Ⅳ级阶段基本对应；③按一定间隔垂直沿河断裂带走向的 4 条 EH - 4 勘探剖面，均未发现断层带发育大的岩溶形态异常。

2）沿河断裂带及 NW 盘可溶岩产生的渗漏量估算公式如下：

$$Q = \frac{(h_1 - h_2)\omega K}{L}$$

式中：Q 为估算渗漏量（m^3/d 或 m^3/s）；h_1 为上游库水位 365.00m；h_2 为下游河水位 285.00m；L 为渗透途径，8000m；ω 为过水断面，5.2 万 m^2；K 为渗透系数，m/d。

对渗透系数 K 分别取不同的值，计算结果见表 4.4 - 2。

表 4.4 - 2　沙沱水电站库首左岸沿河断裂带及 NW 盘可溶岩的渗漏量估算表

渗透系数 /(m·d^{-1})	相当于何类土	渗漏量 /(m³·s^{-1})	占河流多年平均流量比例 /%
8.64	粗砂（中等透水）	0.05	0.005
86.4	砾砂（强透水）	0.52	0.05
864	巨砾（极强透水）	5.2	0.54

在无大的岩溶管道贯通的情况下，即使按强透水层渗漏量也仅为河流多年平均流量（966m³/s）的 0.54%，仍在允许范围之内（<5%）。

（4）防渗处理。最终实施的防渗帷幕线（EE′）平面位置见图 4.4-7，帷幕范围见图 4.4-12。两端均考虑接湄潭组碎屑岩地层进行封闭，帷幕底界按观测的枯期最低水位以下 20m 考虑。帷幕线长 800m，防渗面积 5.2 万 m^2。

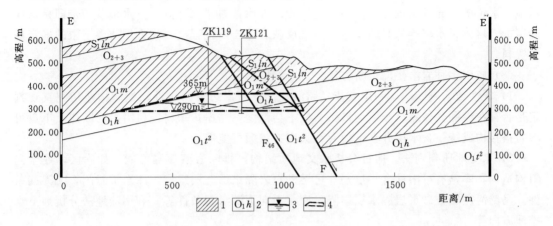

图 4.4-12　沙沱水电站库首左岸河弯第三可疑渗漏带防渗线水文地质略图
1—隔水层；2—地层代号；3—推测地下水位线；4—防渗线范围

4. 沙沱库区岩溶渗漏勘察技术应用特点

该水库库区地形与水文地质封闭条件良好，不存在库区岩溶渗漏问题，但库首两岸为河间（河湾）地块地形，分布可溶岩并有断层切割贯穿，地表溶蚀槽谷地形明显，地下岩溶较为发育，存在集中渗漏可疑，为此开展了大量地质测绘与调查、勘探、试验及钻孔地下水位监测等勘察工作，利用勘察成果进行岩溶渗漏综合分析判定。

（1）岩溶水文地质测绘与调查。由于库首两岸地质构造切割条件较为复杂，以地质测绘成果为基础来开展此项工作。测绘范围包括干、支流可能入渗和渗出点的地带，研究范围大，采用 1∶10000 比例尺。对岩性、地质构造、构造切割关系、岩溶现象等进行详细测绘描述，对主要岩溶现象发育层位、方向、地质原因、规模、水量大小、水质等进行调查，对能进入的洞穴尽可能人行进入观察、测绘与编录。

（2）水文地质钻探。主要利用钻探查明河间（河湾）地下水分水岭的位置、高程、孔内地质结构与岩体岩溶发育程度、地下水位与长期观测，以及开展压水试验、连通试验等，与物探成果互相验证。

（3）物探。主要采用对岩溶洞穴和地下水敏感的大地电测深（EH4）法和孔内（间）声波测试（透视）。库首布置多条剖面控制，布线垂直岩溶槽谷或地下水径流方向。探测深度考虑深于坝址钻孔揭示最低岩溶发育下限高程。

（4）连通试验。地表伏流连通试验，主要用以查明出口处个数、流向、流速等，了解地表、地下水演化发育及流畅程度。孔内地下水连通试验，主要了解岩溶管道水泉域、排泄方向、位置、坡降、流速等，从而推测地下水的补给范围和地下分水岭位置参数，为渗漏分析提供资料。

（5）地下水水质化学分析。通过水质分析了解伏流或岩溶管道水径流区物质源差异及泉域，对比不同岩溶管道水水质类型差异。

（6）岩溶管道水流量和地下水位长期观测。通过观测了解岩溶管道水和地下水位季节变化规律性与补给范围、降雨量、入渗条件等关系。

（7）绘制地下水等水位线图和坝基岩体透水率等值线图。通过绘制地下水等水位线揭示地下水位槽谷异常、确定岩溶主干道位置。如库首右岸水井湾地下水位低槽带即是这样确定的。岩体透水率等值线的圈定，直观反映岩体岩溶化程度，为大坝防渗下限的确定提供资料。

（8）应用多种岩溶渗漏分析方法：

1）定性地质判断法。利用支流马路河、车家河岸边分布岩性、地质构造切割直观判定是否存在渗漏。如右岸车家河砂页岩段不会渗漏，左岸崔家村垭口沿沿河断层上下盘可溶岩搭接构成统一含水层并在下游存在天窗有渗漏可能等。

2）水文地质判别法。通过分析水文地质结构，排除岩溶渗漏可能。如库区，处于向斜构造内，库盆有可溶性含水层与非可溶砂页岩隔水层互层组成，库水被封闭，无渗漏条件。马蹄河左岸被砂页岩隔水层阻隔，库水无向下游渗漏条件等。利用洼地法分析地下水排泄方向等。

3）地下水位判别法。在右岸库首地带，主要采用分水岭地带钻孔地下水位长期观测并绘制观测曲线，根据地下水位波动幅度分析地下水位可靠性，与水库正常蓄水位比较高于时排除渗漏可能，反之可能渗漏。

4）渗漏估算与标准。用于库首左岸沿河断层岩溶渗漏，先确定性质为岩溶裂隙性渗漏，采用公式估算，渗透系数采用不同值试算，其渗漏量最大值也在容许值范围内。采用评价标准为多年河流流量的 5%。

4.4.3 东风水电站防渗处理

东风水电站是乌江干流（三岔河与六冲河汇合后）上的第一梯级电站，位于贵州省清镇市、黔西县的界河——鸭池河河段。挡水建筑物为混凝土拱坝，最大坝高 162.3m，水库正常蓄水位 970.00m。

1. 岩溶水文地质条件

（1）地质结构。如图 4.4-13 所示，东风坝址处于鸭池河倒转向斜上游正常翼，坝轴线距向斜轴部 700~800m；斜向河谷，岩层倾向上游偏左岸，岩层倾角 12°~25°，大小断层 18 条，以正断层为主。坝址及库首的地层主要有三叠系下统永宁镇组、夜郎组，二叠系上统峨眉山玄武岩组、下统龙潭组、茅口组。

由于区域大断裂 F_1（右岸下游 1.1km 远）的影响，坝址区横河向断层发育，地层的延续性受到破坏。坝轴线附近为永宁镇组厚层—中厚层灰岩、白云质灰岩，夜郎组九级滩段黏土岩、玉龙山段中厚—厚层灰岩则主要出露于坝轴线上游 400m 以上河段与永宁镇组呈断层接触，在坝基处则深埋于坝址河床以下约 70m 处。二叠系峨眉山玄武岩组、龙潭组煤层及茅口组燧石结核灰岩则分布于 F_1 断层上盘（东盘），与断层下盘的永宁镇组也呈断层接触。

可溶岩地层，包括永宁镇组、玉龙山段、茅口组。其中永宁镇组一段、玉龙山段、茅口组，岩性以灰岩为主，质纯层厚，总体属强岩溶含水层，但由于具体的地质结构不同，岩溶发育有所差异，在补给条件好地带表现为强岩溶透水（如鱼洞暗河一带），在上覆隔

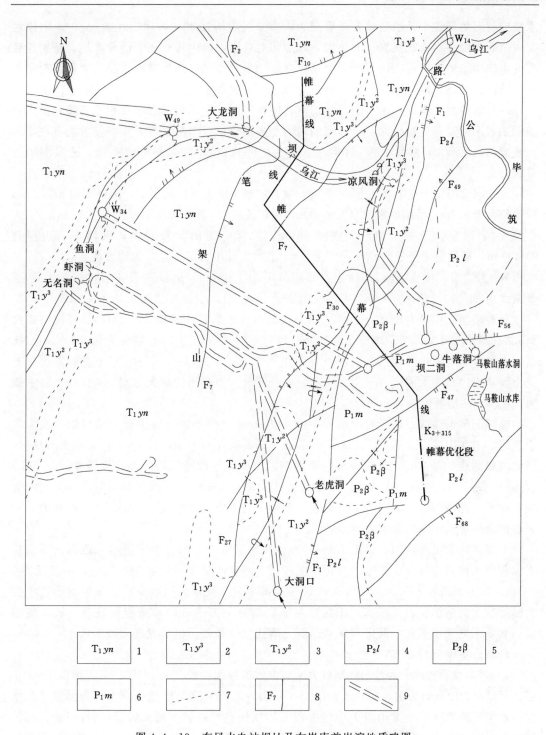

图 4.4-13 东风水电站坝址及右岸库首岩溶地质略图

1—永宁镇组灰岩、白云岩夹泥页岩；2—九级滩泥页岩；3—玉龙山灰岩；4—龙潭组煤系；5—峨眉山组玄武岩；
6—第 4 组灰岩；7—地层界线；8—断层及编号；9—岩溶管道

水层或弱岩溶层地带补给条件差而表现为中等—弱岩溶透水（如坝轴线附近）；永宁镇组二段白云岩因多夹有泥灰岩、泥页岩，岩溶相对较弱，属中等—弱岩溶含水层，特别是底部的永宁镇组夹有多层次的泥页岩等具有良好的隔水性能，属相对隔水层。非可溶地层为九级滩段、沙堡湾段、峨眉山玄武岩、龙潭组，均属隔水层。

（2）岩溶发育概况。由于断层的切割，使得不同地层的岩溶含水层相互搭接，扩大和加深了岩溶的发育，坝址库首一定范围内大型岩溶管道或暗河发育，规模较大的有左岸的大龙洞暗河、W_{49}岩溶泉、W_{14}岩溶泉（桥头暗河），右岸的鱼洞暗河系统、凉风洞暗河系统。

大龙洞暗河位于左岸坝址上游750m，发育于永宁镇组一段灰岩中，出口高程871.23m，延伸长大于857m，溶洞中水位为891.28m，出口流量2～3L/s，汛期可达1～2m³/s。

W_{49}岩溶泉位于左岸坝线上游1.65km，发育玉龙山段灰岩中，出口在河边高程838.60m，目估通常流量为0.2～0.5m³/s，汛期为承压状态，经常为清水流。

W_{14}岩溶泉（桥头暗河），位于左岸坝址下游1.65km，出口高程840.00m。沿F_1下盘玉龙山段灰岩发育，方向NNW，枯期流量10～15L/s，汛期流量可达1～2m³/s。

鱼洞暗河，位于右岸坝址上游2.3km，出口有无名洞（高程889.26m）、虾洞（高程855.22m）、鱼洞（高程840.56m）三处，发育于玉龙山段中；末端分为两岔，一是NE岔，水源补给为双山洼地（茅口组及龙潭组），二是SE岔，水源补给有老虎洞溪沟（玉龙山段灰岩内）与大洞口（玉龙山段灰岩内）两处。能观测的最大水量为51.4L/s，一般为20L/s，枯期断流。

凉风洞暗河系统，位于右岸坝址下游0.7km处，所经的地层主要为茅口组，次为永宁镇组、玉龙山段。分为上、下两层，前者出口高程848.70m，长275m，末端为黄秧洞，后者出口高程836.00m，进口为马鞍落水洞。出口流量较稳定，实测最大流量409.58L/s，最小6.9L/s，一般40L/s。在高程900.00～930.00m以上，鱼洞暗河与凉风洞暗河为统一体系，此高程以下时期，凉风洞暗河袭夺了马鞍山沟等水流，两暗河才各成体系，同时在两者间形成一鼻状分水岭。

上述岩溶管道距坝轴线最近700m，而枢纽附近由于上部有永宁镇组二段白云质灰岩夹泥灰岩、泥页岩覆盖，整体岩溶化程度较低。地表所见岩溶洞规模均较小，一般延伸1～5m，分布于高程855.00～860.00m最多；泉水少，且多为间歇泉；地下岩溶形态主要为断层带上的溶蚀扩大。坝基开挖后除左坝肩高程915.00m因构造因素发育一较大的溶洞，其余未见大型洞穴，河床坝基除晶洞、溶孔较发育外，也未发现大型洞穴。

（3）岩溶发育特点有：

1）岩溶发育程度受岩性的控制较为明显。永宁镇组一段2、4小层、玉龙山段1～3小层、茅口组，以灰岩为主，成分较为单一，岩层较厚，岩溶发育且规模大，为强岩溶含水层；永宁镇组二段、玉龙山段1小层为白云岩或夹有泥灰岩、泥页岩等，岩溶相对较弱，属中等岩溶含水层；而永宁镇组一段1小层以泥质条带灰岩、泥灰岩夹泥岩，岩溶微弱为相对隔水层。非可溶地层为九级滩段、沙堡湾段、峨眉山玄武岩、龙潭组，属隔水层。

2）岩溶在平面上具有一定的分带性。地表岩溶在库岸玉龙山段灰岩分布的地带及F_1断层两侧的玉龙山段、茅口组灰岩分布地带岩溶最发育，远离断层岩溶相对较弱。地下岩溶在鱼洞暗河及凉风洞暗河的中心地带岩溶化程度较高，而河湾三角地带（包括枢纽河床）岩溶发育微弱。

3）岩溶发育的垂向成层性与向深部的减弱（表 4.4-3），坝址区及库首较大的岩溶管道、暗河及钻孔揭露的溶洞集中分布在高程 800.00～840.00、850.00～860.00、900.00～950.00、1050.00～1100.00m 等，与现代河床及 Ⅰ、Ⅱ、Ⅲ 三级阶地有良好的对应关系。

表 4.4-3　　　　　　　　　　　　　　阶地与岩溶发育高程统计表

阶地代号	高程/m	代表性岩溶（高程）
现代河床	835.00～840.00	W_{49}（838.60）、W_{10}（840.50）、W_{34}（838.60） 鱼洞（840.56）、下层凉风洞（836.00）
Ⅰ级阶地	850.00～860.00	虾洞（855.22），无名洞 K_2^{36}（853.20）、K_2^{38}（850.97）、上层凉风洞（848.70）
Ⅱ级阶地	900.00～950.00	无名洞 K_2^{39}（889.26），K_2^8（965.99）
Ⅲ级阶地	1050.00～1100.00	石膏洞（1078.86）

枢纽区钻孔中所揭露的溶洞主要集中在高程 970.00m 以上，而高程 970.00m 以下有明显减少，河床钻进 17 个孔仅 1 个孔见 0.2m 的小溶洞。所见的溶蚀裂隙高程一般为 700.00～880.00m，河床高程为 700.00m，在被龙潭组覆盖的距暗河较远区高程为 880.00m。

4）岩溶的发育方向与 NW 向张扭性裂面关系密切。由于 F_1 等断层以压扭性为主，同向的大型岩溶管道并不发育，鱼洞、W_{34}、凉风洞等暗河或岩溶管道系统主要是沿与 F_1 断层垂直的 NW 向张扭性裂面发育。

（4）地下水动力特征及岩体透水性。坝址区两岸均有泉水出露，属地下水补给河水的水动力类型。根据钻孔水位长观，埋藏于坝基下的玉龙山段灰岩为承压水，水头 36.34～112.37m，高出河水面 0.04～0.31m。永宁镇组一段左岸地下水低平带地下水力比降平均为 1.9%，其后为 13.7%，右岸地下水低平带水力比降为 2.66%。永宁镇组二段水位在孔 27 为高程 971.72m，在孔 21 为高程 997.55m 均高于设计蓄水位。

永宁镇组二段下部白云岩与九级滩段泥页岩平均透水率小于 1Lu，为相对隔水层和隔水层。永宁镇组一段夹有多层次的泥页岩，右岸平均透水率为 4.4Lu，而左岸及河床为 12.8Lu 与 36.5Lu，透水较为严重。玉龙山段灰岩在九级滩段以下 26m 深度内，透水率平均 43.28Lu，亦为较严重透水带，其下小于 1Lu，透水微弱。

2. 岩溶渗漏分析

（1）岩溶渗漏范围与型式。东风坝址区以永宁镇组厚层—中厚层灰岩、白云质灰岩为主，左岸、右岸都有规模不等的岩溶管道、岩溶泉点、溶洞、溶蚀裂隙发育，坝址区存在岩溶渗漏问题，包括绕坝渗漏和坝基渗漏。

由于坝址区及库首的九级滩段、沙堡湾段、峨眉山玄武岩、龙潭组等隔水层受到 F_1 及其次级或分支断层的破坏，完整性受到了破坏，不能作防渗边界考虑，岩溶渗漏范围及型式主要由地下水位及岩溶发育情况控制。

左岸，大坝上游有大龙洞、W_{49} 两个岩溶管道（泉），下游有桥头暗河，经地质调查、连通试验等论证，三者互不连通，不存在从大龙洞、W_{49} 泉产生倒灌向桥头暗河排出的集中渗漏通道。而 F_2、F_8、F_9、F_4、F_{22} 等张扭性断层的切割，存在沿断层及影响带产生绕渗的可能，由于断层及附近未见连通上下游的岩溶管道或岩溶泉，其渗漏型式以溶隙型渗漏为主，渗漏边界在孔 25 附近，距坝肩直线距离 500m 左右。

右岸，永宁镇组一段、玉龙山段、茅口组等岩溶含水层因断层的切错直接相接，构成了统一含水岩体，并岩溶发育，形成统一地下水趋势面，其可能产生的岩溶渗漏范围很大。其中水库上游的鱼洞暗河与下游的凉风洞暗河相背发育，两暗河末端高程 900.00～930.00m 以上互为一体，岩溶及地下水位高程低于正常蓄水位 40～70m 左右，暗河两内侧岩溶也较为强烈，岩体透水率较大。从鱼洞暗河到凉风洞暗河的岩溶管道型集中渗漏是右岸最为严重岩溶管道渗漏，其距坝址河岸垂约 1.5km，属于库首渗漏问题。两暗河两侧一定范围以外的地带，岩溶化程度相对较弱，特别是厂坝区一侧的河湾地带，虽发育有 F_6、F_{33}、F_{34} 等断层，但无岩溶管道及大型溶洞发育，其绕坝渗漏型式以溶隙型渗漏为主。

河床坝基，为永宁镇组一段白云质灰岩，岩溶较弱，除沿断层及裂隙有溶蚀现象外，无较大的岩溶洞穴。岩溶渗漏型以溶隙型渗漏为主。河床坝基以下 60m，为九级滩页岩，它虽被 F_7 断层破坏，不完整，但仍有一定的隔水性能，坝基的渗漏范围主要在坝基以下 50～60m 范围内。

（2）岩溶渗漏量估算。

坝基渗漏：参照公式
$$Q = KHB\frac{T}{L+T}$$
式中：K 为渗透系数（15m/d）；B 为渗漏带宽度（128m）；H 为上下游水位差（132m）；L 为渗漏距离（73m）；T 为坝基下含水层厚度（65m）。

估算坝基渗漏量 $Q_基 = 119375m^3/d = 1.38m^3/s$。

左岸绕坝渗漏：参照公式
$$Q = 0.366KH(H_1+H_2)\lg\frac{B}{r_0}$$
式中：K 为渗透系数（5m/d）；H 为上下游水位差（132m）；H_1 为天然河水位高出隔水层顶板的高度（78m）；H_2 为正常蓄水位高出隔水层顶板的高度（210m）；γ_0 为大坝宽度的一半（38m）；B 为绕坝渗漏带宽度，按 $\frac{l}{\pi}$ 确定（l 为河岸到天然地下水与正常蓄水位交点间距离，447m）。

渗漏量 $Q_左 = 74475m^3/d = 0.86m^3/s$。

右岸绕坝渗漏：公式同上，$K = 0.2m/d$，$H_1 = 58m$，$H_2 = 190m$，$B = 343m$，渗漏量 $Q_右 = 0.027m^3/s$。

全部溶隙分散性渗漏量 $Q_1 = Q_基 + Q_左 + Q_右 = 1.38 + 0.86 + 0.027 = 2.27m^3/s$。为保证率 95% 调节流量 110.5m^3/s 的 2.06%。

坝基及绕坝渗漏量不大，但坝基岩体中有夹泥裂隙及泥化夹层存在，为确保坝基及地下厂房的稳定和运行要求，必须进行严格的防渗处理与有效的排水。

（3）右岸岩溶管道渗漏量估算。右岸岩溶管道渗漏，即鱼洞暗河（包括无名洞、虾洞和鱼洞）沿 NE 岔洞向坝二洞、牛落洞、凉风洞暗河的渗漏。运用比流速进行计算
$$Q = AHu_i$$

式中：A 为管道断面，为 $13m^2$；u_i 为比流速，即地下水的实际流速 (u)/管道进出口间的地下水位差，根据示踪试验所得。取平均值 $0.0088m/s$；H 为按蓄水位与下游暗河出口之差计算为 $134m$。

计算结果，漏水量为 $15.33m^3/s$。该结果实际可能过高估计了将近 1 倍，因若按鱼洞与凉风洞之间地下分水岭处的管道两算其高差仅 $70m$。

该漏水量为保证率 95% 的调节流量的 15.9%，因此有必要进行防渗处理。

3. 防渗方案的确定

该电站在前期针对右岸的鱼洞至凉风洞的渗漏，作了 4 个方案的比较，包括堵口（封堵溶洞进口）、关门（封堵溶洞出口）、接地下水位、利用地下水分水岭岩溶相对较微弱岩体。综合地形、岩溶水文地质、施工、帷幕工程量等条件全面比较后决定采用利用地下水分水岭的第Ⅳ方案。

选定防渗方案的特点是利用了两暗河间的小型鼻状分水岭。优点是：分水岭地带地下水位较高，水动力条件较差，岩溶相对不发育；要封堵的大洞穴基本查明，且位于地下水位线以上，施工无集中水流影响，同时地下水位线以下的岩溶化程度较低，灌浆也不受地下水活动的干扰；与厂坝帷幕衔接较好，不与主体工程干扰，交通较方便等。缺点是 F_1 断层斜跨帷幕线，影响范围大，同时廊道长，通风条件较差，见图 4.4-14。

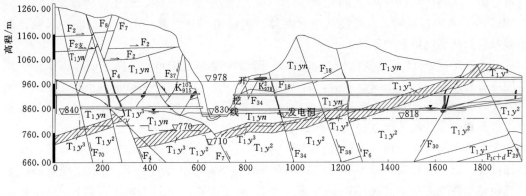

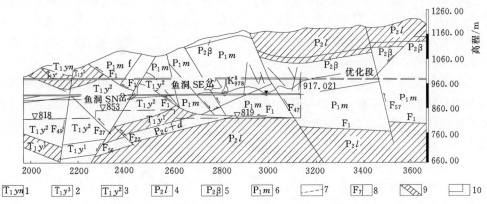

图 4.4-14　东风水电站坝址及右岸库首防渗剖面地质略图

1—永宁镇组灰岩、白云岩夹泥页岩；2—九级滩泥页岩；3—玉龙山灰岩；4—龙潭组煤系；5—峨眉山组玄武岩；
6—茅口组灰岩；7—地层界线；8—断层及编号；9—隔水层；10—防渗范围线

（1）左岸防渗端点及底界。左岸岩溶发育较弱，可按岩溶裂隙介质考虑。根据钻孔压水试验及绕坝渗漏计算，绕渗半径在孔 25 附近，距坝肩直线距离 400m 左右，桩号为 0＋106m。但考虑到 F_{70}、F_4、断层断距较大，且直插水库，所以从安全角度出发，帷幕端点超过 F_{70} 断层，与 T_1yn^{2-1} 的白云岩夹页岩相接，为现在的端点孔 21 处。下限接地下水位，即地下水位以下 40～50m（约相当于库水水头的 1/3）。

（2）河床坝基防渗底界。河床坝基以下 50～60m，为九级滩页岩，它虽被 F_7 断层破坏，不完整，但仍有一定的隔水性能。考虑到河床是重要部位，水头高达 130 余米。为防止九级滩黏土岩被侵蚀破坏，而且在黏土岩与灰岩的接触面附近一般有岩溶较发育的特点，故防渗帷幕深度穿过九级滩页岩，伸入到玉龙山灰岩一定深度，底界高程 710.00m。深度约 100m，相当于 1 倍水头。

（3）左岸防渗端点及底界。右岸帷幕又分两部分——厂坝区及库区。

1）厂坝区的底界。坝肩及地下厂房范围内无大型岩溶洞穴，九级滩页岩向 SE 逐渐抬高，虽然受到 F_{35}、F_6 等断层的破坏，但未完全错断形成缺口，仍能起到一定的隔水作用，所以帷幕底界接九级滩页岩相对隔水层。从河床底界高程 710.00m 向 SE 沿九级滩页岩相应提高到高程 810.00m，然后与库区相接。

2）库区端点与底界。帷幕线经过位置，虽是两暗河系统的地下分水岭，但据大量的资料论证，两暗河系统在高程 900.00～930.0m 以前是互为一体，低于设计库水位 40.00～70.00m，水库蓄水后，有可能从鱼洞倒灌，越过地下分水岭，由凉风洞向外渗漏。必须截断它们两者间的水力联系。

勘测证实，新 27 孔枯期水位 948.23m，汛期水位 973.21m，已高于设计库水位。据电网络模型试验资料，水库蓄水后，新 27 孔水位可随之壅高 20～30m，达到高程 968.00～978.00m。该处上伏较厚的龙潭组煤系地层，地下水活动弱，不可能有大型岩溶管道贯通。因此右岸库区帷幕端点选为接新 27 孔。

库区隔水层埋藏太深，不可能利用作为帷幕底界，帷幕的底界均未进入隔水层，全为悬挂帷幕。由于钻孔揭露的岩溶洞穴多数位于高程 900.00m 以上，F_1 断层也随着高程的降低而透水性变差（如高程 978.00m 廊道中 F_1 断层破碎，成洞困难，而高程 915m 廊道中 F_1 断层挤压紧密，只是大量的方解石脉分布），故帷幕底界以大部分接透水率小于 1.0～5.0Lu 为原则，同时低于地下水位 50.00～70.00m 左右（边界接地下水位）。底界高程由厂、坝区的 810.00m 渐抬高至 910.00m。

为了保证地下厂房的运行，帷幕线并非直线，而围绕建筑物多处转折，总体是从右坝肩开始先向上游包围地下厂房，后再向下游接至鱼洞暗河与凉风暗河间的地下分水岭。防渗线路总长 3.66km，其中左岸及厂坝区长 1.32km，右岸库区 2.34km，总的防渗面积达 55 万 m^2。

4. 主要灌浆参数及防渗控制标准

（1）灌浆廊道的设置。为了保证灌浆质量，孔深不宜过大，同时在适当压力下能形成帷幕，为此在左岸高程 975.50m、915.00m、860.00m，右岸高程 978.00m、915.00m、851.00m 各设 3 层灌浆廊道，高差 55～64m，廊道为城门型净空尺寸 3.0m×3.9m。河床坝基廊道在高程 830.00m 设置。

（2）灌浆孔、排距及灌浆压力。在厂坝区及岩溶、断层发育地段等重点地区采用 2 排孔，排距 1.1m、孔距 2.5m；一般地区采用单排孔，孔距 2.5～3.0m，遇注入量较大的孔段再加补强孔。最大灌浆压力 3～5MPa。

（3）灌浆材料。在厂坝区采用水泥浆，在右岸库区采用水泥、粉煤灰混合浆液。水泥浆水灰比采用 2.0、1.0、0.8、0.6（0.5），混合浆液粉煤灰掺合量为 30%～40%，水胶比采用 0.7、0.6（0.5），1996 年后两岸的补充灌浆采用单一水胶比（0.5）灌注。将粉煤灰水泥浆液运用到防渗工程中，在全国尚属首例，经试验证明，掺优质粉煤灰 30%～35% 的稳定性浆液结石强度和抗渗性均优于纯水泥浆结石，并且浆液还具有良好的充填性、保水性和可泵性。

（4）防渗控制标准。左岸及右岸厂坝区，透水率≤1.0Lu。右岸库区透水率≤5.0Lu。

5. 施工期防渗帷幕设计优化

施工期为了检测防渗帷幕线上岩体的完整性，分析帷幕设计的合理性，利用灌浆先导孔做了大量的电磁波穿透测试，孔距 20～40m。根据测试成果结合地质分析，对岩溶微弱区段提高底限或免灌，对岩溶强烈区段则降低帷幕底限和加密灌浆。

由于该工程防渗帷幕工程量较大，为了能按计划进行蓄水发电，对帷幕进行了分期施工。蓄水前完成厂坝区防渗帷幕，蓄水后在库水位 940.00m 以下完成鱼洞南东岔以北的库区帷幕，随后再视蓄水渗流情况优化实施鱼洞南东岔以南的库区帷幕。

据不完全统计，左岸 915 灌浆隧洞减少 953m，右岸 915 灌浆隧洞库区段帷幕减少 6198m，右岸 978 灌浆隧洞库区段帷幕端头减了 529m、隧洞和帷幕灌浆约 12500m。

6. 灌浆单位耗灰量

厂坝区部分灌浆单位耗灰量（平均值）见表 4.4-4、表 4.4-5。右岸 978m 廊道内单位耗灰量最大（三序孔平均 434kg/m），右岸 851 廊道内单位耗灰量最小（三序孔平均 46kg/m）。

表 4.4-4　　　　　　　　　东风水电站部分双排孔单位注入量统计

单位耗灰量/(kg·m⁻¹) 廊道名称	上排游			下排游		
	Ⅰ	Ⅱ	Ⅲ	Ⅰ	Ⅱ	Ⅲ
左岸 915	54	5.8	13.2	527.1	65.2	103.8
左岸 860	179	56	41.9	338.6	185.6	185.6
右岸 915 厂坝区	61.7	73.9	48.8	257.8	171.4	135.6
右岸 851 厂坝区	24.1	23.5	103.6	103.6	68.4	43.6

表 4.4-5　　　　　　　　　东风水电站部分不同序次单位注入量统计

单位耗灰量/(kg·m⁻¹) 廊道名称	Ⅰ	Ⅱ	Ⅲ	平均
左岸 915	270	47.2	39.5	119
左岸 860	262.9	124.3	61.2	149
右岸 978 厂坝区	805.2	324.2	172.8	434

单位耗灰量/(kg·m⁻¹) 廊道名称	Ⅰ	Ⅱ	Ⅲ	平均
右岸 915 厂坝区	116.2	106	56.2	93
右岸 851 厂坝区	62.4	43	32.5	46

从排序上看，上游排每序孔的单位耗灰量多小于下游排相应孔序的单位耗灰量，递减率约为65%左右，最大可达85%左右。这是符合一般规律的，因下游排先灌，浆液的扩散将充填上游孔的部分裂隙，再灌上游排时，水泥浆充填的裂隙体积减小，耗灰量下降。局部（如右岸851廊道厂坝区Ⅲ序孔）反常是因为遇到了与下游排无关系的较大洞穴，消耗大量水泥所造成。

从孔序上看，单位耗灰量多按序次递减，递减率最大82.5%，最小8.8%，一般为45%～55%。这说明，Ⅰ序孔与Ⅱ序孔之间相距6m，虽然较宽，但Ⅰ序孔灌注时仍可影响到Ⅱ序孔，说明裂隙及岩溶管道的连通性能较好，可灌性较好，每序次孔基本可以搭接，说明3m孔距是可行的，Ⅲ序孔除个别碰上溶洞外，基本是起补强的作用。

7. 灌浆中的特殊处理

（1）对浅埋或廊道掘进揭露的较大型溶洞，进行开挖回填混凝土，长大的岩溶管道，回填混凝土前，先在适当的位置做堵体，控制混凝土流散的范围。同时应尽量清除溶洞内的堆积物，如黏土、砂、卵砾石等，以利于后来的灌浆。

（2）较深部位钻孔中发现的溶洞，可扩大钻孔或另打较大口径钻孔，先灌水泥砂浆（或加小石子）或将干搅拌好的水泥、砂投入孔内，然后加水并搅动，使它成为混凝土，回填溶洞部位，再进行灌浆。

（3）对灌浆量很大的孔段，采取限流、限量和待凝等方法：控制浆液的流速及流量，在单位时间内灌注一定量体积的浆液，以控制浆液扩散的范围，同时可加速浆液的凝固。当灌注一定量浆液后，仍升不起压或耗浆量不减少，即停止灌注，等待一定时间，让先灌的浆液凝固后，再扫孔灌注，直至达到要求标准为止。

（4）对砂、黏土充填的溶洞，难以成孔的，采用旋喷固砂或下花管作为灌浆尾管。

8. 水库蓄水检验

1994年4月水库开始蓄水。据10余年的观测资料，坝区廊道内总渗流量约120L/min，渗漏量很小。右岸凉风洞、闹鱼塘设堰观测，多年来也未见异常。防渗效果良好。

第5章 坝址区防渗处理

5.1 坝址区岩溶渗漏的基本类型

坝址区岩溶渗漏与枢纽建筑物关系密切。相对于水库区岩溶渗漏而言，具有两岸范围较窄、渗漏途径短的特点。

根据岩溶渗漏与建筑物的关系，坝址区渗漏分为坝基（肩）岩溶渗漏、绕坝岩溶渗漏两大类。

（1）坝基（肩）岩溶渗漏。指河床坝基及两岸坝肩以下的岩溶渗漏，渗漏范围一般包括坝基（肩）以下至饱水带上部的岩溶化程度较高岩体，深度在十几米到几十米不等，局部深岩溶发育地段会达到百米以上。

（2）绕坝岩溶渗漏。指正常蓄水位以下两岸大坝坝顶两端以外岩体产生的岩溶渗漏，渗漏范围一般包括坝顶两端到天然地下水与正常蓄水位交点间地下水活跃、岩溶较为发育的地段，宽度几十米到几百米不等。范围较大的绕坝渗漏与库首渗漏有时并无明显的区别，例如东风右岸防渗线长为 2.3km，就与河湾地块渗漏相统一。而悬托型或排泄型河流，由于两岸无地下水依托，岩溶渗漏范围很大，多与水库渗漏、库首渗漏问题相关。

岩溶化岩体渗漏与一般岩体渗漏的区别在于：一般岩体的渗漏主要是受断层、层面、节理裂隙等结构面的发育情况控制，而岩溶化岩体的渗漏不仅与结构面有关，更大程度上受岩溶发育程度控制。一般岩体的渗漏型式，根据结构面的性状，分为沿张性断层或张裂隙带产生的集中渗漏和沿节理裂隙及层面产生的裂隙性渗漏两类。而岩溶化岩体的渗漏型式，则主要分为溶隙型渗漏、管道型渗漏两类，两者可单独存在也可组合分布。

（1）溶隙型渗漏。主要是沿有溶蚀扩大的裂隙、层面等结构面产生渗漏，与一般岩体的裂隙性渗漏相类似，呈网络状、分散式渗漏，但节理裂隙、层面等结构面因溶蚀加宽后，空隙较大，渗流量较大，水流流态除了层流外还有部分紊流。

（2）管道型渗漏。是沿岩溶管道、暗河、洞穴等产生渗漏，与一般岩体的张性断层渗漏类似也属集中渗漏，渗漏通道因岩溶空度大更为通畅，但也因岩溶发育的不均一性更为复杂，水流流态主要为紊流和混合流。

上述岩溶渗漏基本类型划分见表 5.1－1。

表 5.1－1　　　　　　　　　　　　　　岩溶渗漏基本类型分类表

分类依据	岩溶渗漏类型	图　　　示
按岩溶渗漏与建筑物的关系划分	坝基（肩）岩溶渗漏	
	绕坝岩溶渗漏	
按岩溶渗漏介质类型划分	溶隙型渗漏	
	管道型渗漏	

5.2　岩溶渗漏的勘察与分析评价

5.2.1　渗漏勘察工作布置及重点

同水库区岩溶渗漏勘察相比，坝址区岩溶渗漏工程勘察的特点是与枢纽建筑物关系密切，其勘察范围小、精度高。主要分 3 步走：

第一步，根据枢纽区的地形地貌特征、河谷的演化历史、地层岩性（特别是可溶岩和非可溶岩的厚度和展布情况）、地质构造、岩溶发育及两岸地下水动态观测情况，研究枢纽区岩溶发育规律和水文地质条件，结合大坝、引水发电系统布置，分析岩溶渗漏的型式，选择合理的防渗线路。

第二步，针对防渗线路进行详细勘察，确定防渗底界和防渗边界，初步确定防渗方案和灌浆参数。

第三步，利用先导孔作进一步的补充勘察，对岩溶分布进行精确定位及岩体透水性进行复核，优化防渗方案。

5.2.2　坝址区岩溶渗漏的分析评价

1. 岩溶渗漏的基本条件

坝址区岩溶渗漏与否及渗漏程度，主要取决于以下 3 个基本条件：

（1）岩性及构造条件。可溶岩和非可溶岩的分布范围及延伸情况是分析判断是否产生岩溶渗漏最先决的条件。

（2）岩溶条件。可溶岩内岩溶的发育程度和型式是岩溶渗漏程度和型式的主要影响因素。

（3）岩溶水动力条件。地下水位的高低及地表与地下水的补排关系则主要影响着岩溶渗漏的范围和深度。

2. 岩溶渗漏的地质判别

在岩溶渗漏分析判断中，首先要分析岩性与构造条件，只有坝址附近正常蓄水位以下存在连通上下游的可溶岩时，才有岩溶渗漏可能，这是岩溶渗漏的必要条件。作为首要判断条件，可溶岩上下游的连通方式有两种：一是上下游可溶岩属同一岩层，中间无非可溶岩（隔水层或相对隔水层）分布；二是上下游可溶岩间原有非可溶岩（隔水层或相对隔水层）阻隔，但后期由于构造的断错，通过断层相互搭接。

由于许多可溶岩如灰岩、白云岩、泥灰岩等，在没有岩溶发育时，岩石本身是致密的、透水性极微弱，因此正常蓄水位以下存在连通上下游的可溶岩，是岩溶渗漏的必要条件，但不是充分条件；岩溶渗漏的另一必要条件是存在沟通上下游的岩溶通道，这需要根据岩溶发育程度、岩溶管道的分布形式、岩体透水性做进一步的分析。

对于微岩溶化的可溶岩，岩溶以溶孔、小溶隙为主，各岩溶相对独立，相互连通性差，岩体透水性微弱，基本不存在岩溶渗漏问题，由于其岩溶化程度低，实际工程中可将其考虑为防渗端头或帷幕下限而加以利用。

弱岩溶化可溶岩，岩溶以长大溶蚀裂隙、小溶洞、脉枝管道发育为主，该类岩溶多沿层面、小断层、裂隙发育，形态也以缝状为主，其在近地表处沿多组溶蚀裂隙追踪往往会形成连通上下游的缝状岩溶通道，溶隙型渗漏的可能性极大。

而中等岩溶化可溶岩和强岩溶化可溶岩，岩溶以大溶洞、管道、地下暗河等为主，该类岩溶规模大或较大、形态复杂、分枝多，上下游相邻的两个岩溶管道间间距小，相互连通可能性大，构成上下游连通的岩溶通道可能性较大，一旦库水位临近地下水位，形成管道型渗漏、复合型渗漏的可能性大。

正常蓄水位以下虽存在上下游相背发育的岩溶通道，但根据势能原理，岩溶地下水高于正常蓄水位时，库水也不会产生岩溶渗漏，因此说岩溶地下水低于正常蓄水位是岩溶渗漏的第三个必要条件。坝址区由于河谷两岸总存在地下水低于正常蓄水位的区段，因此该条件对枢纽岩溶渗漏总是满足的，这里该必要条件的意义更重要的表现在渗漏范围的研究上，为防渗端头的选择提供了新的思路。但在利用该条件确定防渗端头时，要特别注意岩溶管道水位和一般岩体水位的差别，只有两者的水位均高于正常蓄水位时，防渗端头才是可靠的。

在岩溶渗漏分析中，一般先根据第一个必要条件，即可溶岩和非可溶岩的分布范围及延伸情况，确定可能岩溶渗漏范围，进行渗漏勘察。然后，根据地质调查、示踪试验、物探、钻孔、平洞等揭示的第二、第三个条件，即可溶岩内岩溶的发育程度和型式、地下水位的高低及地表与地下水的补排关系，来分析确定实际存在的岩溶渗漏范围，判断岩溶渗漏的型式，对岩溶管道型渗漏进行定位，进行岩溶渗漏量估算，最后进行合理、可行的防渗设计。

渗透稳定和渗漏量的损失是坝址区防渗评估的重要条件。渗透稳定通常结合大坝稳定需要，其处理范围较明确。渗漏量的损失评估是决定防渗处理工作量的关键因素，需进行分析估算，一般在不影响建筑物安全和引发地质灾害的前提下，允许渗漏量宜小于河流多年平均流量的 3%～5%。

3. 岩溶渗漏量估算

根据岩溶渗漏的通道形态，主要分为溶隙型和岩溶管道型两大类进行渗漏量估算。

(1) 溶隙型渗漏量的估算。当岩体渗漏通道以溶隙裂隙为主，渗漏型式为溶隙型渗漏，可以将岩体概化为均一透水岩体，根据渗透系数进行估算。

1) 坝基渗漏量估算公式。坝基渗漏计算见图 5.2-1，可采用 H.H. 巴甫洛夫斯基公式或 Г.H. 卡明斯基公式进行估算。

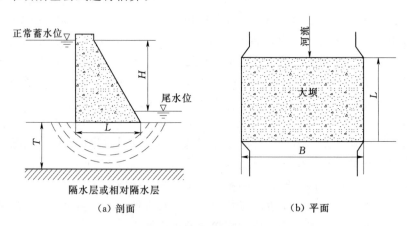

图 5.2-1　坝基渗漏计算示意图

H.H. 巴甫洛夫斯基公式，适用于透水岩层厚度较大（透水层厚度/大坝底宽≥0.4）时：

$$Q = KHBq_r, \quad q_r = \frac{1}{\pi} arcsh \frac{Y}{b}$$

式中：Q 为渗漏量，m^3/s；K 为渗透系数，m/s；H 为上下游水头差，m；B 为坝底长度，m；Y 为计算深度（无限深时以 $2.5L$ 替代），m；b 为坝底宽度的一半（$L/2$），m。

Г.Н. 卡明斯基公式，适用于透水岩层厚度较小（透水层厚度/大坝底宽＜0.4）时进行近似计算

$$Q=KHB\frac{T}{L+T}$$

式中：T 为透水岩层厚度，m；L 为坝底宽度，m。当坝基设置有深度为 D 的悬挂式帷幕时，公式改为

$$Q=KHB\frac{T-D}{L+T+D}$$

2）绕坝渗漏量估算公式。绕坝渗漏计算见图 5.2-2，采用公式：

$$Q=0.366KH(H_1+H_2)\lg\left(\frac{B}{r_0}\right)$$

式中：H_1 为天然河水位高出隔水层顶板的高度，m；H_2 为正常蓄水位高出隔水层顶板的高度，m；r_0 为坝接头处绕渗流线圆半径，取大坝宽度的一半，m；B 为坝上游渗漏带宽度，可按 $\frac{l}{\pi}$ 确定（l 为河岸到天然地下水与正常蓄水位交点间距离）。

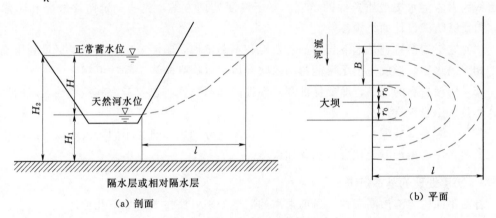

图 5.2-2　绕坝渗漏计算示意图

（2）管道型渗漏量的估算。当岩体渗漏通道以岩溶管道为主，水流呈紊流状态，上述以层流为基础的计算公式已不适用，其渗漏量可参考管道流公式进行估算

$$Q=Av$$

式中：A 为管道断面面积，m^2；v 为水流流速，m/s。

有示踪试验时，水流流速可根据比流速（即地下水实际流速 u 与示踪试验时上下游水头差 h 之比，$v_i=u/h$）确定，$v=Hv_i$，H 为管道进出口水头差，m。

无示踪试验时，可参考《水力学》（李炜，徐孝平，武汉水利电力大学出版社出版，2000 年）中的管道水力学计算方法，根据出口的淹没情况分有压流、半有压流进行计算。

5.3 坝址区岩溶渗漏处理基本思路

5.3.1 岩溶渗漏处理原则

坝址区岩溶渗漏不仅会产生库水的损失，而且可能对大坝、地下厂房等其他重要建筑物产生危害，需要采取比水库岩溶渗漏处理要求更高的处理措施。其需遵循的处理原则有以下几点：

（1）在岩溶渗漏处理方案之前，需详细查明坝址区及库首的岩溶水文地质条件，分析岩溶渗漏的范围、型式，估算可能渗漏量，评估岩溶渗漏对库水和建筑物的不利影响。当岩溶渗漏量超过一定值对水库运行或经济效益有影响时，应进行防渗处理，而大坝及引水发电系统等重要建筑附近若产生渗漏，即使估算的渗漏量不影响水库运行，为考虑建筑物的安全，一般均要求进行处理。

（2）岩溶渗漏处理要从可行性、可靠性、经济性等多方面进行多方案比较，选择最为适宜的处理方案和处理方法。不同的岩溶渗漏型式要采取不同的处理方法。

（3）岩溶渗漏处理设计要遵循"由粗到细"、"由面到线、再由线到点"的工作程序。对于岩溶渗漏的分析，先要进行枢纽区及区域较大范围岩溶水文地质条件的研究，再进行防渗线路上岩溶水文地质条件的研究。对于渗漏处理方案，先要确定防渗线路和防渗方法，再研究防渗设计的结构参数。

（4）鉴于岩溶特别是地下岩溶的复杂性和不确定性，防渗方案的选择要尽量利用隔水层、相对隔水层，形成一个尽可能封闭的防渗体，以提高防渗工程的可靠度。

（5）防渗材料的选择，即要保证其防渗性能和耐久性，也要考虑其经济性，可因地制宜，尽量采用当地材料。

（6）岩溶渗漏处理，要采取信息化施工，要充分利用和研究不同阶段所取得的勘察和施工资料，对岩溶渗漏处理进行优化和调整。

5.3.2 防渗处理的基本方法

针对不同的岩溶渗漏型式，目前常用的防渗处理方法主要有如下几种：

（1）堵。利用混凝土（包括毛石混凝土、素混凝土、钢筋混凝土）、浆砌块石对溶洞、管道进行封闭或截断，是处理管道型渗漏最先采用的方法。对于地表或埋藏浅的溶洞、管道，可从地表进行开挖封堵，对于埋藏较深的溶洞、管道，有必要的可打施工支洞、竖井对其揭露后进行封堵。

对于大型岩溶管道、地下暗河的封堵，格栅＋模袋灌浆技术是较为有效的方法。格栅，一般设置于管道或暗河下游侧，利用钻孔钢管排桩形成，其作用是岩溶封堵过程中特别是闭气时，为上游侧的模袋灌浆形成屏障，堵挡模袋不向下游滑移。模袋灌浆，即向安放在溶洞内的模袋进行灌浆，形成堵体骨架，对于小岩溶管道也可单独使用。灌浆材料一般采用水泥砂浆或水泥浆。洞体较大时模袋灌浆需分层设置。当然，岩溶的最终完全封堵，还需要在模袋前利用级配料进行回填，以形成更为可靠的堵体，并对溶洞周边破碎岩体及封堵体进行进一步的灌浆处理。

（2）灌。利用水泥浆、化学浆液、黏土、砂浆等具有一定流动性和可灌性的材料，对溶隙、溶洞、管道进行封堵，是处理溶隙型渗漏最常用的方法。对于规模较大易开挖揭露的岩溶一般先堵后灌；对于规模较大但不易开挖揭露的岩溶可利用孔径较大的钻孔先灌入砂浆等粗颗粒材料形成一定的堵体，再进行细颗粒材料的灌入。

（3）铺。利用黏土、混凝土、土工膜等，在库底及周边形成铺盖，对溶隙、溶洞、管道进行封闭，是处理垂直向溶隙型渗漏较常用的方法。对于较大的岩溶管道，宜先堵后铺。

（4）截。利用防渗墙技术、高压喷射技术，在砂砾石或黏土中形成防渗墙或防渗体，截断渗漏通道，是处理大型充填型管道渗漏的常用方法。

（5）围（隔）。利用围坝或围井，将溶洞、落水洞等渗漏进口围起来，或用堤坝将水库与邻近岩溶洼地、落水洞等隔开，阻断库水与岩溶渗漏点的联系，一般适用于进口范围小且库水抬高不大地段，或地形地质条件有利于修建堤坝地段。

（6）喷。利用混凝土或砂浆喷射在岸坡岩体表面，一般应用于低水头、回水短的岸坡溶隙型渗漏的处理。

（7）排。指排水、排气，一般配合前述方法使用。排水，是利用排水孔、排水洞在防渗幕体下游，将渗漏水排出，以降低坝基扬压力及渗透压力，或减少地下洞室的渗水量。排气，是指在溶洞或管道封堵过程中安装排气管，将空腔内的气体排出，避免气爆造成的不利影响。

实际工程中，由于岩溶渗漏型式的多样性，一般是多种方法综合应用。如"堵（截）＋灌＋排"方法，先将大型岩溶管道、溶洞利用混凝土进行封堵或防渗墙进行截断，然后对溶蚀裂隙、堵体接触带、管道溶洞周边的破碎岩体进行灌浆，最后在防渗幕体下游打排水孔进行减压。

5.3.3　防渗方案的设计

结合防渗处理方法，目前防渗处理型式的选择主要有垂直防渗和水平防渗两大类。选择何种型式为主的防渗方案及具体的防渗方案如何确定，是由其地质结构、岩溶水文地质条件及工程特点所决定的。垂直防渗一般应用于以水平渗漏通道为主的工程，水平防渗应用于以垂直渗漏通道为主的工程。

对于补给型河谷，两岸地下水高于河水位但较为平缓，河床岩溶发育相对弱于两岸且发育深度较浅，岩溶渗漏通道集中于两岸且以水平向为主，多采用垂直防渗。对于排泄型和悬托型河谷，两岸地下水低于河水位，岩溶渗漏通道不仅在两岸发育在河床也发育，垂直向岩溶渗漏通道发育，渗漏范围很大，一般要避免在此河段修坝蓄水，不可避免时水头较低的多采用水平防渗，水头较高的需水平防渗和垂直防渗相结合。

5.3.3.1　垂直防渗

垂直防渗，即防渗面垂直向展布形成防渗帷幕，是目前最常有的防渗型式。

1．防渗帷幕的平面布置

防渗帷幕的平面布置，需根据地质结构和岩溶水文地质来确定。

（1）有隔水层（相对隔水层）的平面布置。坝址区一岸或两岸在一定范围内有隔水层（相对隔水层）时，要尽量利用作为防渗端头。防渗线要避开岸坡强透水区、强岩溶区，并尽量垂直隔水层岩层走向，这样不仅可以大大提高防渗的可靠度，还可以减小防渗工程量和施工难度。根据隔水层与大坝的关系，其平面型式参见表 5.3-1，主要有直线式、前折式、后折式、自由式。

表 5.3-1 有隔水层的防渗平面型式

平面型式	特 点	图 示	代表工程
直线式	隔水层平行河谷分布于岸坡，防渗线沿坝轴线向山内呈直线展布接于隔水层		普定 红枫
前折式	隔水层位于坝轴线上游，垂直河床或斜切河床，防渗线向上游偏折，接于隔水层		思林 乌江渡 光照
后折式	隔水层位于坝轴线下游，垂直河床或斜切河床，防渗线向下游偏折，接于隔水层		洪家渡 构皮滩 善泥坡
自由式	水文地质条件复杂或根据地形及建筑物特点或其他需要自由弯折后接于隔水层		构皮滩右岸结合厂房防渗向上游弯折后又向下游偏折接于隔水层

（2）无隔水层（相对隔水层）的平面布置。坝址区一岸或两岸无隔水层（相对隔水层）或隔水层太远时，防渗端头的选择主要考虑接地下水位（代表岩溶管道地下水位）和岩溶相对微弱的岩体，在方向上一般还要结合岩溶管道和断层带的分布进行考虑，型式也会有直线式、前折式、后折式、自由式，要重点研究防渗帷幕端头及防渗下限。

1）当岸坡以溶缝型式渗漏时，防渗线垂直岸坡向两岸伸延呈直线式，以接地下水位及弱岩溶化岩体。

2）当两岸断层或岩溶管道从上游向下游斜切，防渗线布置要穿越岩溶管道或断层，并尽量与岩溶管道或断层垂直。

3）当上下游岩溶管道之间有地下水分水岭或相对完整岩体时，防渗线要尽量从地下水分水岭或相对完整岩体段展布，如此防渗处理才能更有保证。

2. 防渗帷幕的剖面设计

当防渗帷幕剖面上一定范围内存在隔水层（相对隔水层）时，防渗帷幕要尽量接于隔水层（相对隔水层）。根据隔水层的展布情况，主要形式参见表 5.3-2，有封闭式、悬挂式和混合式。悬挂式帷幕底界一般接于弱岩溶化岩体，透水率小于 $1\sim5$ Lu（具体根据工程重要程度和建筑物部位确定），深度且不宜小于 $1/3\sim1/2$ 坝高。对于补给型河谷悬挂式帷幕多在河水面或地下水位以下 100m 范围内。

表 5.3-2　　　　　　　　　　　防渗帷幕剖面主要布置型式

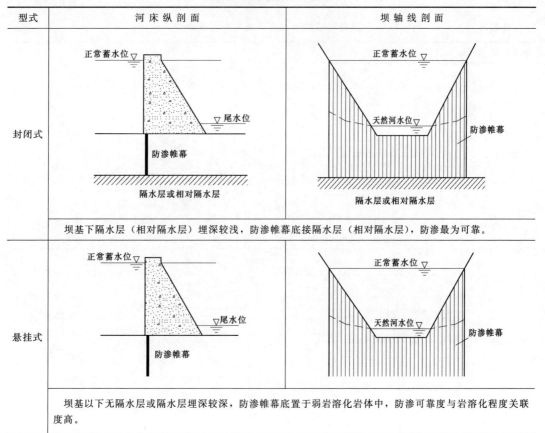

型式	河床纵剖面	坝轴线剖面
封闭式	坝基下隔水层（相对隔水层）埋深较浅，防渗帷幕底接隔水层（相对隔水层），防渗最为可靠。	
悬挂式	坝基以下无隔水层或隔水层埋深较深，防渗帷幕底置于弱岩溶化岩体中，防渗可靠度与岩溶化程度关联度高。	

续表

型式	河 床 纵 剖 面	坝 轴 线 剖 面
混合式	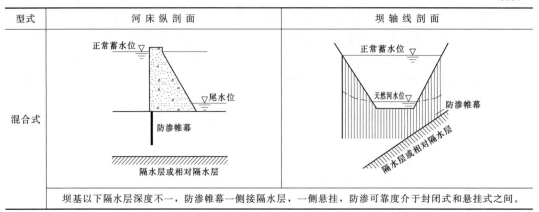	
	坝基以下隔水层深度不一，防渗帷幕一侧接隔水层，一侧悬挂，防渗可靠度介于封闭式和悬挂式之间。	

此外，国外某些电站平面上将幕线平行河流布置，端点接上游隔水层，而剖面上两岸钻孔向河床倾斜交叉，形成一种封闭的"水槽式"帷幕，其可靠性较好。但由于灌浆孔以斜孔为主，且深度大，特别是河谷较宽时不易实施，目前在国内未见应用。

3. 几种常见地质结构（有隔水层）的防渗帷幕平面与剖面设计

（1）纵向河谷，见表 5.3-3。隔水层平行于河流走向，又分向斜河谷、背斜河谷和单斜河谷。

表 5.3-3　　　　　　　　　纵向河谷防渗帷幕平面与剖面设计

地质结构	平　　面	剖　　面
向斜河谷	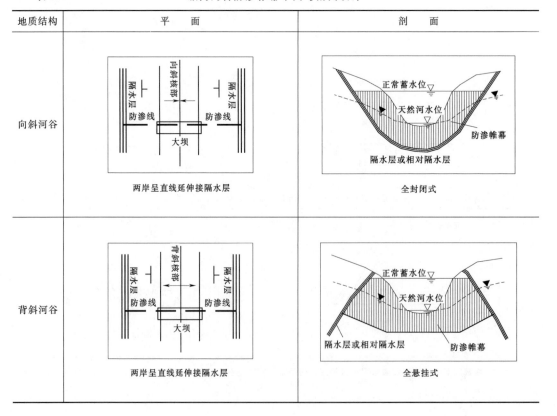	
背斜河谷		

续表

地质结构	平　面	剖　面
单斜河谷	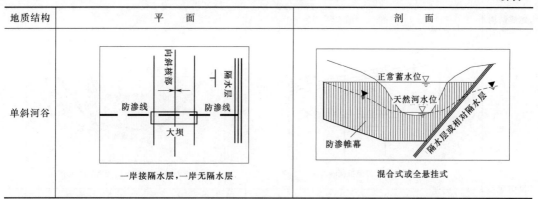一岸接隔水层，一岸无隔水层	混合式或全悬挂式

1）向斜河谷。河谷处于向斜核部，隔水层分布在河谷两岸并倾向岸坡，在坝基以下一定范围内封闭。防渗帷幕平面上呈直线向两岸延伸接于隔水层，剖面上帷幕底接于隔水层，呈全封闭式，为最可靠的防渗布置。

2）背斜河谷。河谷处于背斜核部，隔水层分布在河谷两岸但倾向山内。防渗帷幕平面上由坝轴线呈直线向两岸延伸接于隔水层，剖面上帷幕底因无隔水层，只能为悬帷幕，接于弱岩溶化岩体。

3）单斜河谷。河谷位于褶皱某一翼，隔水层只分布在河谷的一岸。防渗帷幕平面上一岸接隔水层，一岸按无隔水层考虑接地下水位或弱岩溶化岩体。帷幕剖面上当隔水层倾向岸坡并插于河床时可为混合式（一岸为封闭式，一岸为悬挂式），当隔水层倾向山内时全为悬挂式。

（2）横向河谷。隔水层位于坝轴线上游或下游，垂直河床或大角度斜切河床，防渗线两岸均向上游（前折式）或向下游偏折（后折式），接于隔水层。剖面视岩层的倾角采取不同的型式：

1）岩层倾向与大坝方向相反或岩层陡倾时，坝基渗漏范围内因无隔水层或隔水层太深，只能为悬帷幕，接于弱岩溶化岩体。

2）岩层倾向大坝且倾角中等时，坝基下隔水层埋深不大，可全接隔水层，形成封闭式帷幕。

（3）斜向河谷。隔水层位于坝轴线上游或下游，小角度斜切河床。防渗线一岸向上游或向下游偏折接于隔水层，另一岸则需根据实际情况或接隔水层、或按无隔水层考虑接地下水位或弱岩溶化岩体。剖面上，当岩层倾向与大坝方向相反或岩层陡倾时为悬帷幕，岩层倾向大坝且倾角中等时为混合式（一岸为封闭式，一岸为悬挂式）。

（4）水平岩层。岩层倾角较缓或近于水平，隔水层埋藏在坝基下岩溶渗漏范围。两岸无隔水层，平面上防渗端头一般接地下水位或弱岩溶化岩体，剖面上接于隔水层。

横向河谷、斜向河谷、水平岩层的防渗帷幕平面与剖面图示见表5.3-4。

4. 防渗帷幕灌浆参数

灌浆帷幕是防渗帷幕中最基本和使用最广泛的防渗措施，其他如防渗墙、高压旋喷防渗体、混凝土堵体等都仅针对特殊岩溶管道进行设置。

表 5.3－4　　　　横向、斜向河谷及水平岩层的防渗帷幕平面与剖面设计图示

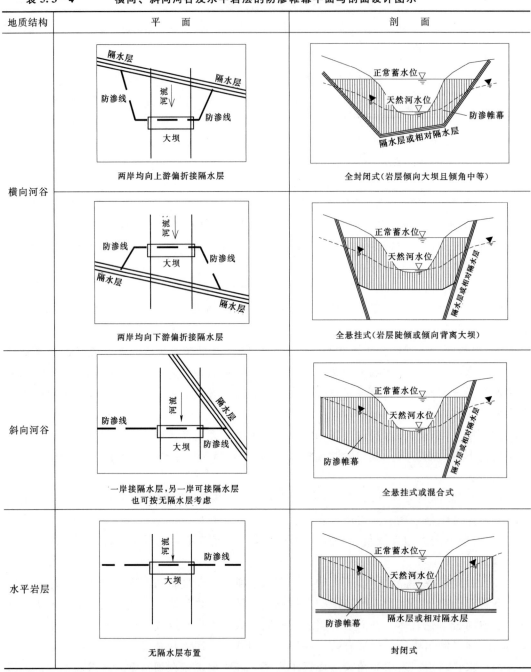

（1）孔距与排距。可溶岩中灌浆的孔距与排距，是由结构面及岩溶发育程度决定。

对于岩溶微弱岩体，孔距、排距与灌浆的有效扩散半径有关，主要由裂隙和层面控制，可参照一般非可溶岩的灌浆进行设计，孔距 $D=1.73R$（R 为有效扩散半径），排距 $L=D\sin60°$，排数由幕厚确定。现有工程孔距多为 2～3m，单排，低高程及厂坝区双排，排距 1.0～1.5m。

对于溶蚀裂隙、断层、岩溶管道发育的岩体，孔距与排距不由有效扩散半径决定，而是与岩溶的发育程度有关，并根据现场的灌浆试验资料确定。一般需要设置双排孔，部分为三排孔，孔距为 1.5～3.0m，排距 1.0～1.5m（最小 0.5m），二排为三角形布置，三排为梅花形布置。针对大的溶洞需先回填混凝土再进行灌浆。

（2）廊道的高差。为减小灌浆孔的深度，提高灌浆质量，水头较高的水库都设置了多层灌浆廊道。目前国内岩溶地区廊道高差一般为 30～60m，如早期的乌江渡、鲁布革为 30～40m，随后的东风为 60m，洪家渡 40～50m，索风营、思林 50～60m。随着灌浆技术的提高，岩溶区灌浆帷幕孔较深，如引子渡最深达 100m 以上，重庆中梁帷幕深度在 90m 以上。

（3）灌浆压力。较高的灌浆压力有利于浆液的扩散，并能使孔隙张开提高可灌性，但过高的压力也可能造成岩体上抬和结构的破坏，因此灌浆压力要结合岩体强度、裂隙张度、库水水头及灌浆次序、灌浆深度考虑，并通过灌浆试验确定。一般而言，岩体强度较高、埋深较大，裂隙张度较小、水头较大及后序孔，可使用较高压力，反之则用较低压力。现有工程中，一般段长为 2.5～5m，灌浆压力为 0.5～6MPa，从孔口向下逐渐增大。

岩溶发育地段，由于空缝较多，吸浆量大，在前序孔中压力一般较小甚至不加压，或据实际情况研究灌浆方案。

（4）灌浆材料。岩溶防渗灌浆中水泥浆是主要灌浆材料，当与其他材料混合时可有水泥黏土浆、水泥粉煤灰浆、水泥水玻璃浆、水泥砂浆以及双液灌浆，而应用于不同的岩溶水文地质条件。

1）纯水泥浆。仅由水泥及水混合而成。由于水泥浆凝固后形成的水泥结石具有较低的渗透性、较高的强度和较好的耐久性，而被广泛应用于众多工程中，特别是高水头条件的防渗。对于部分防渗要求较高的工程，可使用超细水泥。但纯水泥浆存在析水性大、稳定性差的缺点，特别是水灰比越大，问题越突出。此外，纯水泥浆的凝结时间较长，在具有流动地下水时灌浆，浆液易受冲刷和稀释。为了改善水泥浆的性质，工程中常根据不同的要求而加入速凝剂、缓凝剂、膨胀剂、防析水剂、流动剂等。

2）水泥黏土浆。黏土比水泥具有更好的可灌性，且较为经济，部分工程防渗灌浆时应用了由水泥、黏土、水混合形成的水泥黏土浆作为灌材。但黏土的掺入会降低防渗体的强度，耐久性差，不宜在高坝大库中使用。

3）水泥粉煤灰浆。即由水泥、粉煤灰、水混合而成。在水泥浆中掺入一定量的粉煤灰，不仅能降低成本，还能改善水泥浆的特性，许多工程均得到了广泛应用。如东风、索风营、思林电站均掺入了 30%～50% 的粉煤灰。

4）水泥水玻璃浆。由水玻璃溶液与水泥浆混合而成，其特点是可较好的控制浆液的凝结时间。当地下水流速较大，一般灌浆材料难以达到效果时，可使用水泥水玻璃浆，加快凝结速度，起到快速封堵作用。

（5）灌浆次序。帷幕灌浆要遵守逐渐加密的原则，采取由疏到密的方法。加密次数视地质条件而定，孔序上多采用 1～3 次加密。乌江渡、东风、思林等分Ⅰ、Ⅱ、Ⅲ序进行，为 2 次加密，局部地段还有 3 次加密。根据统计，孔序与单耗之间呈一定规律的递减，如近似直线下降或指数曲线型下降，直线型一般反映岩石裂隙比较均一，孔距较为适宜，而指数型一般反映平行幕线的结构面连通较好，各序孔孔距可以加大。

排序上也要实行逐渐加密法，原则为先两侧后中间、先下游后上游。两排孔则先灌下游排，后灌上游排；三排孔则先灌下游排，后灌上游排，最后灌中间排。

5. 防渗帷幕的分期实施

当防渗帷幕范围较大时，岩溶水文地质条件不太明了的情况下可分期实施。第一期范围是在蓄水之前必须处理的，重点在于厂坝区和明确的岩溶管道集中渗漏区，以保证大坝的渗透稳定、厂房的正常运行及蓄水后难以处理并可能影响水库运行的岩溶管道渗漏。第二期范围一般在第一期处理的基础上通过观测确定，若渗漏量很小，不影响工程效益和建筑物安全时，可不进行；若渗漏量较大，对工程效益和建筑物安全有一定影响时，则可根据渗流观测和地质勘察，作进一步优化设计处理。

5.3.3.2 水平防渗

水平防渗，即防渗面近于水平向展布形成铺盖，又可称铺盖防渗。

1. 设计原则

（1）水平防渗一般用于范围不大且属库底分散性岩溶渗漏的河段。若库底渗漏的范围较大时，可与垂直防渗进行比较。当有集中式管道时，需先采堵、塞措施后再使用。

（2）水平防渗的范围，宜与库底岩溶渗漏的范围一致，形成全封闭防渗。

（3）防渗材料要根据地形地貌、库盆大小及工程特点，从技术上、经济上进行比选。铺盖厚度要根据水头及材料特点进行确定。

（4）要注意水平防渗与大坝及两侧岸坡衔接。

2. 铺盖类型

根据材料类型的特点，主要有黏土铺盖、混凝土铺盖、塑料膜或土工膜铺盖。

（1）黏土铺盖。当地黏土丰富，库盆地形较缓时，可就地取材设置黏土铺盖。

设置黏土铺盖的地形坡度一般不超过 1:3，若地形过陡会产生黏土的滑动。厚度根据水头及黏土的允许水力比降确定，一般不小于水头的 1/10，并经压实。渗透系数与大坝防渗一致，一般要小于 $10^{-5}\,\mathrm{cm/s}$。

由于黏土具有可塑性，其优点是适应库底的变形能力较强。但其缺点是若下伏岩溶较发育，空洞处理不好时，会产生管涌、塌陷而破坏失效。

利用已有黏土覆盖层为天然铺盖时，要清除根茎、大块石和压实处理，并对下伏岩溶进行探测，确认无空洞、空缝存在。

长期运行的水库部分地段会形成天然淤积黏土铺盖，亦对防渗有利。

（2）混凝土铺盖。由于当地黏土缺乏、地形较陡、库盆下部岩溶较发育等原因不适宜黏土铺盖时，可采取混凝土铺盖。为防止开裂，必要时需配置钢筋。

由于混凝土铺盖造价高，完全采用混凝土铺盖的实例很少，多是黏土铺盖与混凝土铺盖相结合，混凝土铺盖设置在靠近大坝及岸坡地形坡度超过 1:2.5 的地段，坡比大于1:1 时要设置插筋。厚度一般为水头的 1/100，多为 10~50cm。

（3）塑料膜或土工膜铺盖。土工膜或土工织物是目前发展较快的一种水平防渗材料，塑料膜是早期产品，其具有工期短、防渗效果好等特点。但土工膜铺设前需平整及加固库底，包括溶洞、落水洞的开挖回填，铺设垫层土，清除树根、尖石等。土工膜周边要设置嵌固沟。土工膜上部要设保护层。

5.4　坝址区岩溶防渗处理的工程实践

5.4.1　索风营水电站防渗处理
5.4.1.1　岩溶水文地质条件
1. 地质结构

如图 5.4－1 所示。坝址区处于 F_1（大关断层）及其分支或次一级断层 F_{13}、F_{25} 围限形成的构造断块上。F_1 断层在坝前 680m 处由左岸向右岸从上游向下游斜切河谷，其分支断层 F_{13}、F_{25} 则在坝后约 650m 处斜切河谷，坝址实际是处于 F_1 断裂破碎带中。

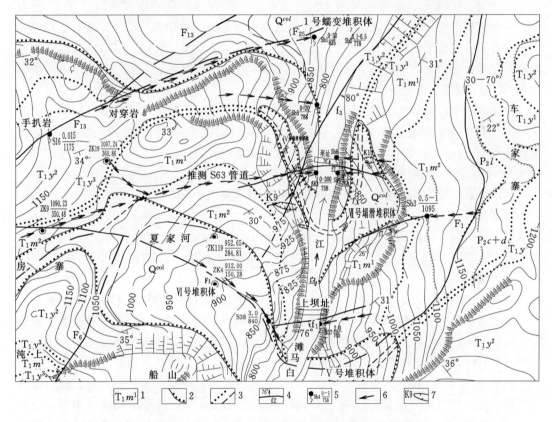

图 5.4－1　索风营水电站枢纽区岩溶水文地质略图
1—地层代号；2—覆盖层与基岩分界线；3—地层分界线；4—断层及编号；
5—泉及编号；6—推测岩溶管道；7—溶洞及编号

河谷两侧为横向谷，岩层倾向上游，倾角 30°～45°。地层岩性从上游到下游依次为：三叠系下统茅草铺组（T_1m）灰白色中厚—薄层白云岩、泥质白云岩（厚 118.7～166m）；夜郎组九级滩段（T_1y^3）灰红色薄层状粉砂质泥岩（厚 13.1～28.1m）；玉龙山段（T_1y^2）灰—灰白色白云质灰岩，上部（T_1y^{2-3}）以厚层、巨厚层为主（厚 100～160m），中部（T_1y^{2-2}）以中厚层—薄层为主（厚 30～34m），下部以薄层—极薄层为主并夹黑色炭质页岩（厚 $156\sim250$m）；沙堡湾段（T_1y^1）灰绿色页岩、钙质泥岩夹少量灰岩（18.38m）。左岸穿过 F_{13} 断层带，地表 T_1y^2 地层与 T_1m 地层直接接触。右岸穿过 F_1，地表 T_1m 地层与二叠系上统 P_2c+d（厚 $30\sim45$m）、P_2l 煤系地层（厚 $83.5\sim108$m）直接接触。

两岸由于断层的切割，各地层的完整性受到了破坏。

2. 岩溶发育概况

左岸发育 S_{38}、S_{63}、Sb_5、Sb_1、Sb_2 等 5 个岩溶管道系统或岩溶泉。其中 S_{38} 发育于坝址上游 T_1m 地层中，沿 F_1 断层分布，流量 3L/s；Sb_5 发育于坝址下游 T_1y^2 地层中，流量 $0\sim20$L/s；Sb_1、Sb_2 发育于坝址下游 T_1y^2 地层中，沿 F_{25} 断层分布，流量分别为 $0\sim20$L/s、$0.1\sim0.5$L/s。S_{63} 是本区最大的管道系统，发育于坝址左岸坝线附近 T_1y^2 地层中，一般流量 $1\sim10$L/s，汛期暴雨大于 2000L/s；该系统主要沿 fj_1、f_9、f_3 发育，相互切错，连成同一岩溶系统，出口为 S_{63}，高程在 $760.00\sim750.00$m 之间，洞口沿层面及反倾向裂隙发育，呈窄缝形态，地表所见的 K_{12}、K_{13} 均为 fj_1 所限，为 S_{63} 早期出口，K_{10} 溶洞为 S_{63} 随乌江河谷下切所形成的岩溶形态。

右岸地表未出露较大规模的溶洞，发育 S_{37}、Sb_3、Sb_4、Sb_6 等 4 个岩溶季节泉。其中 S_{37}、Sb_3 发育于坝址上游 T_1m 地层中，Sb_4 在坝线附近 T_1y^2 地层中沿 f_2 断层发育，流量均小于 10L/s。Sb_6 发育于坝线附近 T_1y^2 中，流量均小于 $0.5\sim2$L/s，山内沿 $fPD2-4-1$、fj_5、fj_6 发育 K_{11} 溶洞。

河床不发育较大的岩溶，溶蚀裂隙、溶孔发育深度约 60m。

3. 岩溶发育特点

（1）岩溶发育强度受岩性及层厚控制较为明显。上述地层中 T_1m、T_1y^2、P_2c+d 为可溶岩层，T_1y^1、T_1y^3、P_2l 为非可溶岩层，即为隔水层。岩溶发育于 T_1m、T_1y^2、P_2c+d 中。

T_1y^{2-3}，岩性为白云质灰岩、灰岩，厚层—巨厚层，由于其质纯层厚，岩溶最为发育，除枢纽区最大的岩溶管道系统 S_{63} 发育于该层位外，近库岸还有 Sb_4、Sb_6 等流量约 $0.5\sim5$L/s 的岩溶泉分布。S_{63} 岩溶管道一般流量 $1\sim10$L/s，汛期暴雨大于 2000L/s，山内见多个直径大于 5m 的溶洞。该层属岩溶管道型强透水岩组。

T_1m^1、T_1y^{2-1}、T_1y^{2-2}、P_2c+d 等，岩性虽以白云岩、泥质白云岩、灰岩、燧石结核灰岩等为主，但多夹有泥质白云岩、泥灰岩、炭质泥页岩等，且层厚较薄（中厚—极薄层），除层间溶蚀、裂隙发育，及局部见 S_{37}、S_{38}、Sb_1、Sb_2、Sb_3、Sb_5 等岩溶季节泉外（流量 $0\sim10$L/s），未见大型岩溶管道系统及溶洞发育。属溶隙型弱透水岩组。

（2）岩溶发育高程具有成层性。岩溶分布主要集中在高程 $740.00\sim760.00$m、$770.00\sim780.00$m、$800.00\sim840.00$m，与目前河水位及Ⅰ、Ⅱ级阶地有较好的对应关系。

（3）岩溶发育方向及分布受构造控制明显。S_{38} 发育于 F_1 断层带，S_{37} 沿 EW 向裂隙发育，Sb_4 沿 f_2 断层发育，Sb_6（K_{11}）沿 fj_5、fj_6 及 N70°E 裂隙发育，Sb_1、Sb_3 沿 F_{25} 发育。S_{63} 较为复杂，主要沿层间错动（fj_1）、断层 f_3 及 N60°W 裂隙发育，相互切错，连成同一岩溶系统。

（4）左岸岩溶发育强度及规模比右岸强烈。坝线附近左岸主要发育有 S_{63} 岩溶管道系

统和 Sb_2 岩溶季节泉，其中 S_{63} 为工程区最大岩溶泉，发育于 T_1y^{2-3}、T_1m 地层中，汛期暴雨时最大流量将超过 2000L/s，沿线分布有 K_{12}、K_{13}、K_{10}、K_9 等溶洞群。右岸主要有发育有 Sb_4、Sb_6（包括 K_{11} 溶洞）2 个岩溶季节泉，观测流量小于 5L/s。左岸岩溶发育强度及规模明显比右岸强烈。究其原因主要有两点：一是左岸汇水面积大于右岸汇水面积，坝址区左岸的 S_{63} 系统的汇水面积为 $3.2km^2$，右岸 T_1y^2 汇水面积可以入渗的部位仅 $0.05km^2$，因而左岸富水性和岩溶发育程度均比右岸强得多；二是构造的影响，左岸由于 F_{13} 将 T_1y^3 隔水层错断，造成 T_1m、T_1y^2 含水层相接，因而加大了岩溶发育的空间，右岸虽然因 F_1 也使 T_1y^3 错断，但距岸坡很远，且地表增加了 P_2l 地层覆盖，使得远处及地表来水受到阻隔，难以进入坝址区，因而左岸岩溶较右岸强。

（5）河床深部岩溶发育微弱。通过钻探、物探验证，河床深部岩溶发育微弱，在高程 700.00m 以上溶蚀裂隙、溶孔相对较多，高程 700.00m 以下钻孔及物探资料均无溶洞发育。其主要与右岸地下水补给条件差、左岸地下水能量释放好及无顺河向断层等条件有关，两岸向河床深部循环的水势能小不足以形成深岩溶。

4. 地下水动力特征及岩体透水性

坝址区两岸均有泉水出露，属地下水补给河水的水动力类型。根据钻孔水位长观，右岸地下水低平带约 150～200m 左右，左岸 100～120m，水力比降为 1‰～2‰。

据坝址区钻孔压水试验资料统计，岩体透水性有如下特征及规律：

（1）左岸受 f_3、f_2 断层及 S63 岩溶管道系统的影响，高程 730.00m 以上多数压水段升不起压；高程 730.00～710.00m 透水率大于 5Lu，高程 710.00～640.00m 在 1～5Lu 之间，高程 640.00m 以下小于 1Lu。

（2）右岸岩体相对完整，总的透水性相对较弱。高程 730.00～640.00m 透水率绝大多数为 1～3Lu，高程 640.00m 以下透水率均小于 3Lu，且多数小于 1Lu。

（3）河床岩溶不甚发育，但因风化、断层、溶蚀裂隙的影响，在一定深度范围内透水性仍较强，在高程 700.00m 以上存在较多升不起压的地段，高程 700.00～620.00m 存在较多透水率大于 5Lu 的地段，高程 620.00m 以下透水率在 1～3Lu。

5.4.1.2　岩溶渗漏分析

1. 岩溶渗漏范围

索风营坝轴线两岸及河床均为三叠系下统玉龙山段灰岩，左岸、右岸都有规模不等的岩溶管道、岩溶泉点、溶洞、溶蚀裂隙发育，坝址区存在岩溶渗漏问题。

根据正常蓄水高程的平切图分析，坝址区最近的非可溶岩为 T_1y^3 泥页岩，其在坝轴线上游 250m 处横切河谷，倾向上游，但两岸受到 F_1、F_2、F_{13} 等断层的切割及 S63 岩溶管道的冲蚀，完整性受到了破坏，不足以作为防渗边界。从地质结构上分析其可能存在三种途径的岩溶渗漏，第一种途径是沿 F_1 断层带、F_2 断层带及 F_{13} 断层带的渗漏；第二种途径是由库首 T_1m 含水层通过 F_1 断层带绕过 T_1y^3 向下游的 T_1y^2 含水层渗漏；第三种途径是沿 S63 流动系统向下游 S61 系统的小范围绕坝渗漏。左、右岸岩溶渗漏的可能范围为 1000～1200m，枢纽区的岩溶渗漏问题实质上是与库首岩溶渗漏问题紧密联系的。

2. 岩溶渗漏型式

（1）坝基渗漏：河床坝基为 T_1y^{2-3}、T_1y^{2-2} 及 T_1y^{2-1-3} 地层，经钻孔及大功率声波 CT、

电磁波 CT 穿透，河床基岩面以下均未见溶洞，仅为溶孔、溶蚀风化裂隙等，河床主要是溶隙型渗漏，渗漏量较小。由于坝踵部位存在 f_2 断层，有溶蚀，构成入渗边界，T_1y^{2-2}、T_1y^{2-1-3} 地层中夹层、泥化夹层发育，为防止夹层渗透变形稳定及降低坝基扬压力，仍需进行防渗处理。

（2）左岸绕坝渗漏：左岸上游发育 S63 现代岩溶管道水系统，坝轴线下游 35m、55m 分别发育 K15、K16 早期管道出口。坝下游 190m 发育 Sb5 季节性的岩溶泉水，这使得左岸存在岩溶管道型渗漏。此外，左岸库首有 F_1、F_2、F_{13}、F_{25}、f_2 等断层的切割，使 T_1y^3 隔水岩组、T_1y^2 的岩体完整性受到破坏，因此左岸有坝前 1km 长的库岸入渗带和沿 F_6、F_1、f_2、S63 的集中入渗缺口或管道，下游又有 Sb5、Sb2、Sb1 及 S61 等多个排泄出口的条件，构成岩溶管道渗漏与裂隙型渗漏相结合的库首左岸与绕坝渗漏带形式。该渗漏形式漏水量较大，渗水沿 S63 早期管道运动，对左坝肩产生扬压力，将影响大坝稳定和发电效益，并因渗漏出水带分布于 Ⅰ 号蠕变堆积体，将影响 Ⅰ 号蠕变堆积体的稳定。故应对左岸考虑绕坝渗漏及库首渗漏，综合进行防渗处理。

（3）右岸绕坝渗漏：右岸隧洞进口部位及大坝上游 200～300m 范围内均为 T_1y^{2-3} 岩溶含水层出露，在坝轴线上游约 40m 出露 Sb4 岩溶季节泉，下游有 Sb6 岩溶管道（推测）。虽右岸未发现较大的岩溶管道系统，但左岸陡壁上均可见小型岩溶道出口位于陡壁上，且 PD2 平洞内钻孔亦揭示 K11 溶洞，因此右岸以裂隙型渗漏为主，并存在小型岩溶管道集中渗漏的可能，对坝基稳定和地下厂房运行带来不利影响，因而需进行防渗处理。

5.4.1.3　防渗方案的确定与勘察

防渗方案经历了两个阶段的调整。

1. 第一阶段

可行性研究阶段。为了保证索风营水电站的防渗可靠性，该阶段采取了风险较低的两端接隔水层的方案：

左岸，由于 S63 岩溶管道系统的存在，及上游的 T_1y^3 完整性已受断层破坏起不到防渗作用，地下水位低平带及绕渗带较宽，存在绕坝及库首渗漏问题。防渗线向下游偏折，以 P_2l 较可靠的砂页岩隔水层作为防渗依托，帷幕长度 1300m。

右岸，亦存在 100～120m 宽的岸边地下水位低平带，T_1y^3 向上游倾斜并倾角变缓为 10°～15°，不能形成隔水封闭帷幕，且其完整性受 F_1 和 f_2、f_7 断层破坏，其绕渗带也很宽。因此，右岸帷幕则向上游偏折，接 F_1 上盘 P_2l，帷幕长度 1095m。

帷幕剖面上，坝基为 T_1y^2 岩溶含水透水层，无相对隔水层利用，但河床深部岩溶不发育，据钻孔资料统计，以微岩溶化岩体 $q<2Lu$ 作为大坝防渗依托，下限高程为 620.00m，帷幕深度为 100m 左右；两岸则逐渐上抬到高程 730.00m 左右。

简言之，大坝防渗平面上采取了左岸向下游、右岸向上游，接隔水层的自由式（S 形）平面布置，剖面上为以弱岩溶化岩体（$q<2Lu$）为防渗依托的悬帷幕。帷幕总长 2481m，面积为 34.2 万 m^2。

在本阶段，防渗方案勘察主要结合库首渗漏进行，以钻孔为主辅以连通试验、物探方法（EH-4、GDP-32、电磁波 CT、声波 CT 等），确定防渗边界及防渗线上地层分布、地下水位、岩溶发育程度、主要岩溶管道及洞穴的分布特点等防渗线的岩溶水文地质条件。

2. 第二阶段

岩溶地区防渗帷幕接隔水层当然可靠，但不是绝对的。许多工程通过勘察分析，帷幕与透水性相对较弱的地层衔接，也能满足防渗要求。事实上，索风营电站可研阶段提出的防渗帷幕的折线方案有着可靠度大的优点，但也有其不利方面：向上、下偏折，防渗线距河岸较近，岩体风化强烈、岩体较为破碎，灌浆处理难度大；左岸向下游偏折的防渗线路，穿越 F_{25}、F_{13} 断层带、强烈揉皱区、9 号冲沟等不良地质段长，对洞室围岩稳定及帷幕灌浆很是不利。

因此在技施阶段，对岩溶水文地质条件作了进一步分析，认为坝区不存在顺河谷发育的岩溶管道，大流量渗漏主要集中在坝基、近河岸坡以及左岸 F_{13} 断层与右岸 F_1 断层带，若能对上述地段进行了有效的防渗处理，即能保证水库的正常运行和地下厂房的安全运行，同时还能兼顾施工便利，不必非要采取全封闭的平面布置。因此，最终将防渗线调整为了直线方案，即坝基同原方案，左、右岸均平行坝轴线向山内延伸。

左岸防渗帷幕截断 S63 岩溶系统及 F_{13} 断层，伸入山体约 870m。右岸帷幕主要是解决地下厂房岩溶渗漏问题，防止 K_{11} 和水库连通，截断 f_2、F_1 的岩溶管道，伸入山体约 980m。主帷幕总防渗面积约 21.6 万 m^2。

实际实施中，右岸 F_1 断层带由于产状变化并未在预测的地段揭露，经 EH-4 探测其还很远，837 廊道掘进到 1332m 后停止。同时后期在施工过程中根据揭露的地质情况，为保证地下厂房的安全运行，在地下厂房上游高程 783.00m 以下增加一道辅助防渗帷幕；该帷幕上游侧与大坝主防渗帷幕连接，下游伸至尾水平台交通洞。

本阶段防渗勘察重点在于防渗线岩溶精确探测及岩体透水性测试，主要是利用施工期的灌浆廊道、先导灌浆孔（间距 20m）开展，进行灌浆廊道编录、钻孔岩芯编录、电磁波CT、孔内录像及压水试验，优化防渗方案。对岩溶发育、透水率大的地段增加灌浆排数或加密灌浆孔，对岩溶不发育和透水率小的地段取消灌浆孔或减少灌浆孔。

防渗剖面见图 5.4-2。

5.4.1.4　主要灌浆参数及防渗控制标准

1. 灌浆廊道的设置

根据灌浆深度，设 837m、783m、732m 3 层灌浆廊道，高差 51～54m，廊道开挖为城门型 3.5m（宽）×4.0m（高）。

2. 灌浆孔、排距及灌浆压力

防渗帷幕灌浆根据不同的部位及地质条件分为 4 个灌浆区，各区的灌浆参数如下：

（1）大坝左右岸、库区灌浆区。单排孔，孔距 2m，最大灌浆压力 3MPa。

（2）厂坝灌浆区。根据不同的地质条件及不同的作用水头分别布设了单排孔和双排孔两种，单排孔孔距为 2m；双排孔孔距为 2.5m 和 3m 两种，排距为 0.5m，最大灌浆压力3～4MPa。

（3）厂房东侧辅助防渗帷幕区。单排孔，孔距 2m，最大灌浆压力 3MPa。

3. 灌浆材料

采用水泥、粉煤灰混合浆液。在浆液配合比试验和现场灌浆试验基础上，采取的浆液指标见表 5.4-1。

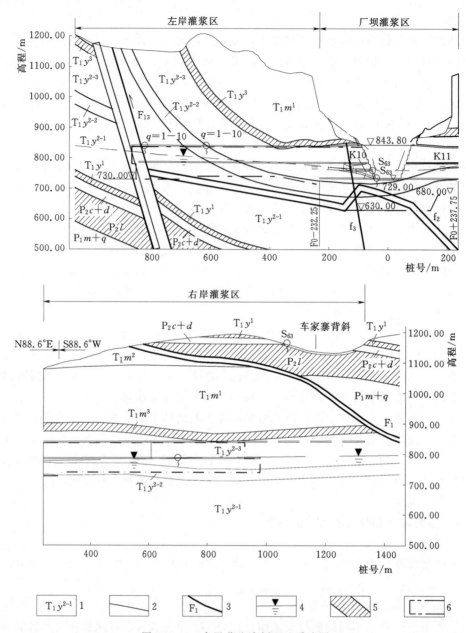

图 5.4-2 索风营防渗剖面地质略图

1—地层代号；2—地层界线；3—断层及编号；4—地下水位；5—隔水层；6—防渗范围

表 5.4-1 索风营水电站帷幕灌浆水泥十粉煤灰混合浆液配合指标

粉煤灰掺量 /%	减水剂		膨润土掺量 /%	相对密度 /(g·cm⁻³)	马氏黏度 /s	析水率 /%	水灰比
	类型	掺量/%					
30%	UNF-1	0.5	1	1.62	35～36	1.3～3	0.5：1

4. 防渗控制标准

（1）大坝左右岸、库区灌浆区。单排孔，孔距 2m，最大灌浆压力 3MPa；设计防渗标准为高程 783.00m 以下≤3Lu，高程 783.00m 以上≤5Lu。

（2）厂坝灌浆区。根据不同的地质条件及不同的作用水头分别布设了单排孔和双排孔两种，单排孔孔距为 2m；双排孔孔距为 2.5m 和 3m 两种，排距为 0.5m，最大灌浆压力 3～4MPa；防渗标准为高程 783.00m 以下≤2Lu，高程 783.00m 以上≤3Lu。

（3）厂房东侧辅助防渗帷幕区。单排孔，孔距 2m，最大灌浆压力 3MPa，防渗标准 $q≤5Lu$。

5.4.1.5　灌浆单位耗灰量

各部位实际灌浆单位耗灰量（平均值）见表 5.4-2，弱岩溶化区一般灌浆量为 150～280kg/m，溶蚀裂隙发育区为 350～400kg/m，强岩溶区 600～800kg/m。左岸由于岩溶发育，灌浆量明显大于右岸及坝基，F_{13} 断层由于为挤压紧密，灌浆量并不大。

表 5.4-2　　　　　　　索风营水电站帷幕灌浆单位耗灰量统计表　　　　　　　单位：kg/m

灌浆廊道	左　岸	坝　基	右　岸
837	厂坝区：803 库区：242 F_{13}断层带：166		厂坝区：398 库区：276～355
783	厂坝区：631 库区：104 F_{13}断层带：150		厂坝区：246 库区：187
732	237	173	157

5.4.1.6　灌浆中的特殊处理

对 K_{10} 等无充填型溶洞，回填高流态细石混凝土。

对半充填溶洞和溶蚀裂隙，当长时间达不到结束标准，且灌浆无法起压时改灌 0.5∶1 浓砂浆。

对于 S_{63} 等充填型大型溶洞采用逐级升压灌浆法，先按 50% 设计压力灌浆，待凝 15d 后打检查孔，并根据检查孔进行补强灌浆。

对有涌水的管道，施工中埋管引水后再进行灌浆处理。

5.4.1.7　水库蓄水检验

2005 年 6 月水库开始蓄水。蓄水后下游泉点左岸的 Sb_1、Sb_2、S_{61}、S_{70}，右岸的 S_{56}、S_{57} 流量未见明显变化。大坝两岸灌浆廊道内总渗量小于 15L/s。坝基扬压力系数为 0.17～0.35（2008 年）。

5.4.2　思林水电站防渗处理

思林水电站位于贵州省思南县境内的乌江上，大坝为碾压混凝土重力坝，正常蓄水位 440.00m，总库容 12.05 亿 m³，最大坝高 117m，坝顶宽度 14m，坝底宽度 84m，坝顶全长 310m，装机容量为 1050MW。

5.4.2.1　岩溶水文地质条件

1. 地质结构

如图 5.4-3 所示，坝轴线位于塘头倒转向斜上游（NW 翼）880m 处，横向谷，岩层倒转倾角 70°。区域性断层 F_4，位于坝轴线下游约 660m 处，倾上游倾角 60°。坝址区出露地层为二叠系上统和三叠系下统，从上游到下游地层岩性依次为：

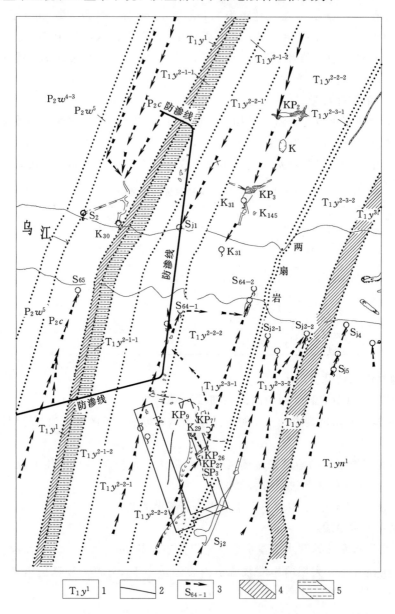

图 5.4－3　思林水电站坝址区地质略图
1—地层代号；2—地层界线；3—地下水位；4—隔水层；
5—相对隔水层；6—防渗范围

　　二叠系下统栖霞、茅口组（P_1q、P_1m），为厚、巨厚层灰岩，含燧石结核；吴家坪组（P_2w），分 P_2w^1、P_2w^2、P_2w^3、P_2w^4、P_2w^5 共 5 段，总体为含燧石结核灰岩、硅质岩、硅质灰岩夹泥页岩、炭质页岩、煤层等，其中 P_2w^1 夹劣质煤层，P_2w^3、P_2w^5 泥页岩与硅质岩、硅质灰岩呈互层状；长兴组（P_2c）：深灰色中厚—厚层含燧石结核生物碎屑灰岩。

三叠系下统夜郎组沙堡湾段（T_1y^1）为极薄—薄层黏土岩夹泥质灰岩；玉龙山段（T_1y^2）分 3 层，第一层（T_1y^{2-1}）为薄—极薄层泥晶灰岩，第二层（T_1y^{2-2}）为中厚—厚层泥晶灰岩、白云岩，第三层（T_1y^{2-3}）为极薄—中厚层泥质灰岩、泥晶灰岩；九级滩段（T_1y^3）为紫红色薄—中厚层黏土岩夹灰岩。

三叠系下统永宁镇组第一段（T_1yn^1），上部极薄—中厚层粉晶灰岩、灰质白云岩，下部中厚—厚层；第二段（T_1yn^2）分为两层：第一层（T_1yn^{2-1}）角砾状白云岩夹灰色极薄层白云岩；第二层（T_1yn^{2-2}）薄—中厚层白云质灰岩、灰岩夹多层角砾状白云岩透镜体。

两岸无大断层切割，各地层完整性较好。

2. 岩溶发育概况

根据地表调查、平洞、钻孔等揭示，对建筑物区有较大影响的岩溶系统或管道共有十余个。

左岸有 K_{12} 暗河、K_{11}（S_{66}）岩溶泉、Sj_5 季节性岩溶泉、K_{30} 岩溶管道系统、K_{31} 岩溶管道系统、Sj_3、Sj_{20} 季节性岩泉溶等。其中，K_{12} 暗河发育于 P_1q 灰岩内，常年有水，为一暗河通道，流量变化大，汛期可达 $13m^3/s$；K_{11}（S_{66}）岩溶管道（泉）发育于 P_1m 灰岩内，沿层间褶曲顺层发育水平溶洞，枯期流量为 $2\sim3L/s$，有冷风吹出，内部有较大溶洞；K_{30} 岩溶管道（泉）发育于左岸 P_2c 灰岩中部，沿层面发育，常年有水流，一般流量 $9\sim140L/s$，汛期洪峰流量大，有分支溶洞与 S_2 连通，内有多层岩溶管道及倒虹吸管道；K_{31} 岩溶管道（泉）发育于 T_1y^{2-2}，沿层面及 NW 向横张裂隙发育，由洞口向山内呈阶梯状下降至高程 366.00m 后顺层发育水平溶洞，据平洞揭露其在深部形成多个岩溶潭，在河水面以下尚有出口，多年平均流量 $51L/s$，汛期洪峰流量大，见由 PD_{23} 平洞内溢流。

右岸有 K_{28} 岩溶管道、S_{65} 岩溶管道系统、K_{29} 落水洞系统、S_{64} 岩溶泉、Sj_2、Sj_4 岩溶泉等。其中，K_{29} 落水洞系统位于右岸地下厂房地表 500m 岩溶台面上，发育于 T_1y^{2-2} 中厚—厚层灰岩中，下为溶蚀裂隙，洞口上方为一顺层发育的溶蚀沟槽，距 K_{29} 约 432m 处为 K_{90} 落水洞，其后尚有 K_{91} 落水洞，该沟槽平时干涸，大雨时汇聚谷坡地表水注入落水洞，后排向乌江，与河边 S_{64} 连通；S_{64} 发育于右岸 T_1y^{2-2} 灰岩中，一般流量 $0.5\sim80L/s$，其与 K_{29} 连通，河水面下尚有出口，汛期洪峰流量大；Sj_2 岩溶管道发育于右岸两扇岩下游 T_1y^{2-3-2} 灰岩中，一般流量 $5\sim20L/s$，河水面下尚有出口，平洞内揭示长度大于 80m，宽高 $3\sim5m$，汛期洪峰流量较大。

3. 岩溶发育特点

对地表调查的洼地、落水洞、岩溶泉及钻孔、平洞揭示的溶洞等进行分析，思林坝址区岩溶发育有如下特点：

（1）地层岩性、构造对岩溶作用控制明显。P_1q、P_1m、P_2c、T_1y^{2-2} 地层，灰岩、白云质灰岩，质地纯，岩性均一，发育大型溶洞、暗河，如 K_{12}、K_{30}、K_{31}、K_{29}、S_{64} 等，属强岩溶、强透水层。T_1y^{2-1-2}、T_1y^{2-3}、T_1yn 地层为薄—中厚层灰岩、白云质灰岩，夹较多薄层泥页岩，岩溶化较弱，主要发育中小型溶洞、裂隙型管道，如 Sj_2、Sj_3、Sj_4、

Sj_{20} 等，属中等岩溶层，中等透水岩组。T_1y^{2-1-1}、P_2w 为极薄层灰岩或富含硅质，并有较多的泥页岩夹层，岩溶化微弱，仅有少量小型岩溶发育，属弱透水岩组，可作为相对隔水层。T_1y^1、T_1y^3 等泥页岩地层，为裂隙水，属隔水岩组。岩溶在深部多沿层面发育，近岸边沿层面及裂隙发育。

（2）岩溶层与非岩溶层相间呈带状分布，各岩溶层的溶洞互不连通，地下水相互独立，无水力联系。如 P_1q+m、P_2c、T_1y^2、T_1yn 各岩溶层之间分别有 P_2w、T_1y^1、T_1y^3 等隔水层或相对隔水层。水化学分析各层间地下水差异较大。

（3）受喜山期间歇性隆升运动的控制，在铅直剖面上各岩溶层溶洞成层发育。根据统计，在铅直方向上此区带的溶洞大致可分为 4 层，高程分别为 450.00、425.00、400.00、380.00m，下三层与河流三级阶地有较好的对应关系；水平方向上从分水岭至河边，溶洞的发育有随高程呈阶梯状下降、岩溶发育程度逐渐增加之特点。

（4）左岸岩溶的发育强度和规模大于右岸。如左岸发育有 K_{12}（P_1q 内）暗河、K_{30}（P_2c）、K_{31}（T_1y^2）等，形成暗河或岩溶潭，长年有水，最大流量达 10 余 m^3/s。而右岸发育的 S_{64}、Sj_2（T_1y^2）及平洞内揭露的溶洞流量均较小。原因主要受构造、地形控制，左岸补给区面积大于右岸。左岸从地形分水岭到河边，未受断层影响，岩层连续；而右岸在麻坨一带受 F_9、F_4 切割，隔水层受到切错，使铜鼓坨-麻坨一带的地表水下渗后沿构造缺口向龙清湾一带排泄，减少了向坝址河侧的汇水。

（5）河床深部岩溶发育微弱，但岸坡存在倒虹吸管道。根据地下水化学成分分析、坝基开挖及物探测试，河床岩溶管道最低发育深度在高程 320.00m 左右，低于河床基岩面 10m 左右，与横河向夹层有关，透水率小于 1Lu 的在高程 300.00m 以下。而岸坡部位的 K_{31}（T_1y^2 中）则在高程 290.00m 左右发育有溶洞，比河床岩溶管道低 30m 左右，存在倒虹吸管道。同样 K_{30}（P_2c 中）在岸坡也见低于出口倒虹吸管道。

4. 地下水动力特征及岩体透水性

坝址区两岸岩溶泉点发育，钻孔地下水位长观高于河水位，属地下水补给河水类型。地下水横向径流带发育，两岸 300m 范围内属地下水低平带，水力坡降约 0.5%。

左岸 T_1y^{2-1-2} 层 $q<1Lu$ 的高程为 315.00m，右岸 T_1y^{2-2} 层 $q<1Lu$ 的高程为 330.00m，河床坝基 T_1y^{2-2} 层 $q<1Lu$ 的高程为 300.00m。

5.4.2.2 岩溶渗漏分析

1. 岩溶渗漏范围

大坝建基面位于玉龙山（T_1y^2）灰岩、白云岩中，左岸发育 K_{31} 岩溶管道，右岸发育 S_{64}、Sj_2 等岩溶管道，两岸地下水位低平，坝基溶蚀宽缝发育，大坝存在坝基和绕坝岩溶渗漏问题。

坝线附近，隔水层有 T_1y^1（与 T_1y^{2-1-1} 联合）、T_1y^3，其中 T_1y^1 位于坝线上游约 70m（河床），T_1y^3 位于坝线下游 220m，向两岸的完整延伸大于 15km，均可作为两岸的防渗依托，不存在库首渗漏问题，岩溶渗漏的入渗范围仅限于 T_1y^1 与坝轴线之间的库岸，左岸长约 40m，右岸长约 70m，其范围较小，易于解决。

2. 岩溶渗漏型式

河床坝基为 T_1y^{2-2} 地层，经钻孔及电磁波 CT 穿透，坝轴线河床坝基未见溶洞，但顺河向长大溶蚀裂隙发育，坝基渗漏主要是溶隙型渗漏。

左岸发育的 K_{31} 岩溶管道系统在坝轴线下游约 70m～80m 处，总体沿 f_{j1} 垂直河流发育，不直接沟通上下游，但仍对坝轴线附近岩体有影响：一是岩溶管道附近岩体破碎、地下水位低平，从而也使得左岸坝轴线附近地下水低平；二是近岸坡部位岩溶管道沿顺河向长大陡倾裂隙往上、下游有较大的延伸，存在坝基处岩体由溶蚀宽缝切割后向下游与岩溶管道连通的情况。因此，左岸绕坝渗漏形式为分散入渗集中排出的溶隙型渗漏。

右岸发育的 S_{64} 岩溶管道有两个出口，上游位于坝轴线附近，下游位于消力池附近，下游的 sj_2 与 S64 在山体内部存在连通情况。蓄水后，库水将由 S64 上游管道入渗向下游出口及 sj_2 排出，再加上在岸坡顺河向长大溶蚀裂隙的分布，右岸绕坝渗漏为岩溶管道渗漏与溶隙型渗漏相结合的复合型渗漏。

3. 岩溶渗漏量估算

(1) 溶隙分散性渗漏。参照公式

$$Q=KHB\frac{T}{L+T}$$

根据不同的渗透系数（透水率）分块估算，坝基渗漏量总为 10800m³/d。参照公式

$$Q=0.366KH(H_1+H_2)\lg\left(\frac{B}{r_0}\right)$$

绕坝渗漏量为 7000m³/d。

溶隙分散性渗漏量合计

$$Q_A=17800\text{m}^3/\text{d}(0.2\text{m}^3/\text{s})$$

(2) 岩溶管道渗漏。主要考虑右岸 S64 岩溶管道。设可能渗漏管道直径 1m，渗径长 120m，分布高程 360.00m 左右。按有压管道水面以下淹没出流流量公式估算

$$Q=\mu\omega\sqrt{2gh}$$

其中

$$\mu=1/\sqrt{1+\sum\xi+(8g/c^2)\times L/D}$$

式中：ω 为管道过水断面，m²；g 为重力加速值，9.8m/s²；h 为水头差，76m；μ 为管道流量系数，经计算 $\mu=0.0810$。

岩溶管管道渗漏量 $Q_B=2.45\text{m}^3/\text{s}$。

(3) 总渗漏量 $Q_{总}=Q_A+Q_B=0.20+2.45=2.65\text{m}^3/\text{s}$。

4. 坝基及绕坝渗漏评价

(1) 坝基渗漏和绕坝渗漏总量估算为 2.65m³/s，占坝区河段乌江多年平均流量 270m³/s 的 1%＜5%，渗漏损失量对本工程发电效益影响不大。

(2) 坝基 T_1y^2 灰岩夹层少见，岩体抗水性能好，局部裂隙或夹层夹泥发生管涌对大坝稳定影响不大，但产生的扬压力对大坝稳定影响较大。绕右坝肩的岩溶集中渗漏对地下厂房洞室的稳定、运行极为不利；左岸坡 PD21～PD23 平洞之间沿卸荷裂隙发育的纵向溶蚀带分布高程约在 360.00～370.00m 之间，向上游延伸至左坝肩地基，其沿裂隙溶蚀带发生的岩溶渗漏，对升船机塔楼段地基和边坡的稳定也不利。因此，必须对大坝地基进行防渗处理。

5.4.2.3 防渗方案的确定

根据坝址区地质结构及岩溶水文地质条件分析，最近的隔水层 T_1y^1 位于坝线上游约70m，以此为两岸的防渗依托，是工程量最少的方案。但 T_1y^1 厚仅 7.7～10.4m，其隔水性能是否可靠，是该防渗方案是否成立的关键。

为了查明隔水层的可靠性，前期及施工期利用平洞对 T_1y^1 及相邻 T_1y^{2-1-1} 地层厚度和岩性进行了详细调查，同时对 T_1y^1 两侧的地下水位进行了观测。T_1y^1 层厚 5.4～10.4m，其中泥页岩占 30%～55%，泥灰岩或泥质灰岩占 70%～55%，其透水率均小于1Lu，隔水层两侧地下水位差达 74m，岩溶管道水的离子含量和pH值也都有较大差异，且地层分布连续，未被大断层错开，其作为隔水层基本可靠。而 T_1y^{2-1-1} 发育在 T_1y^1 的下游侧，层厚 15.2～20.9m，为薄层灰岩、泥质灰岩夹页岩，泥页岩约占 19%～22%，岩溶发育微弱，透水性差，其地下水位比周围灰岩高 40～80m，地层分布连续，且未见切穿上、下游的大结构面，也可以作为相对隔水层在大坝防渗中利用。T_1y^1 和 T_1y^{2-1-1} 共厚 25m 左右，共同作为大坝防渗体系的阻水岩体，是可靠的。

帷幕剖面上，坝基为 T_1y^{2-2} 岩溶透水层，无隔水层利用，但河床深部岩溶不发育，包括灌浆孔在内的钻孔内揭示的最低溶洞高程为 288.00m，而 $q<1Lu$ 的岩体多数在高程300.00m，因此可采取悬帷幕。在考虑坝高、建基面地形凹槽等因素，确定为坝基防渗下限为高程 280.00～252.00m，帷幕深度为 65～83m。

因此防渗方案最终确定为：

(1) 河床段坝基防渗帷幕沿坝轴线 N27°E 布置，无相对隔水层利用，为悬挂式帷幕；幕体下限高程 252.00m，帷幕线长 116m，防渗面积 0.92 万 m^2。

(2) 左岸防渗帷幕轴线先与坝轴线平行，继而以方位角 N45°W 向上游转角，端部接入 T_1y^1 隔水岩层内，幕体下限高程 280.00m，帷幕线长 182m，防渗面积 2.39 万 m^2。

(3) 右岸防渗帷幕轴线先与坝轴线平行，继而以方位角 N84°W 向上游转角，接入 T_1y^1 隔水岩层内。幕体下限高程 252.00m，帷幕线长约 262m。防渗面积 4.02 万 m^2。

(4) 大坝辅助帷幕沿大坝河床排水廊道布置，与348m主帷幕相接。幕体下限高程288.00m，辅助帷幕线长 104.5m，防渗面积 0.18 万 m^2。

总防渗面积约 7.50 万 m^2。防渗剖面见图 5.4－4。

5.4.2.4 主要灌浆参数及防渗控制标准

1. 灌浆廊道的设置

根据灌浆深度，设 452m、392m、348m 3 层灌浆廊道（右岸 452m 为平台），高差 44～60m，廊道为城门型净空尺寸 3.5m（宽）×3m（高）。

2. 灌浆孔、排距及灌浆压力

防渗帷幕灌浆孔根据不同的部位及地质条件分为 4 个灌浆区，各区的灌浆孔间排距、排数、最大灌浆压力、防渗标准等灌浆参数如下：

(1) 大坝左右岸高程 348.00m 以下及河床灌浆区：布置两排孔，孔距 2.5m，排距1.0m，最大灌浆压力 4MPa。

(2) 大坝左右岸高程 348.00～392.00m 灌浆区：布置双排孔，孔距：除右岸坝肩58m 范围由于陡倾裂隙发育布设为 2.0m 外，其余均为 2.5m，排距 1.0m，最大灌浆压

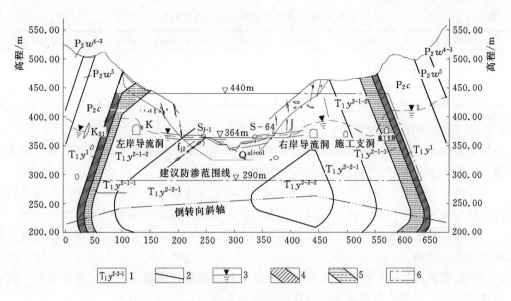

图 5.4-4 思林水电站防渗剖面地质略图
1—地层代号；2—地层界线；3—地下水位；4—隔水层；5—相对隔水层；6—防渗范围

力 3.5MPa。

（3）大坝左右岸高程 392.00～452.00m 灌浆区：双排孔，孔距 2.5m，排距 1.0m，最大灌浆压力 3MPa。

（4）大坝辅助帷幕灌浆区：单排孔，孔距 2.0m，最大灌浆压力 3MPa。

3. 灌浆材料

采用水泥、粉煤灰混合浆液。在浆液配合比试验和现场灌浆试验基础上，采取的浆液指标见表 5.4-3，分 0.7:1、0.5:1 两个比级。

表 5.4-3　　　　思林水电站帷幕灌浆水泥＋粉煤灰混合浆液配合指标

粉煤灰掺量/%	减水剂		相对密度/(g·cm⁻³)	马氏黏度/s	析水率/%	水灰比
	类型	掺量/%				
30%	FDN	0.75	1.60	51	23	0.5:1
30%	FDN	0.75	1.49	23	31	0.7:1

4. 防渗控制标准

（1）大坝左右岸高程 348.00m 以下及河床灌浆区，防渗标准 $q \leqslant 1Lu$。

（2）大坝左右岸高程 348.00～392.00m 灌浆区，防渗标准 $q \leqslant 2Lu$。

（3）大坝左右岸高程 392.00～452.00m 灌浆区，防渗标准 $q \leqslant 3Lu$。

（4）大坝辅助帷幕灌浆区，防渗标准 $q \leqslant 1Lu$。

5.4.2.5　灌浆单位耗灰量

各部位实际灌浆单位耗灰量（平均值）见表 5.4-4，由于岩体岩溶较发育，总体单位耗灰量较大，平均 400～650kg/m。

表 5.4 - 4   思林水电站帷幕灌浆单位耗灰量统计表   单位：kg/m

灌浆廊道	左 岸	坝 基	右 岸
452	647		506
392	402		578
348	547	583	512

5.4.2.6 灌浆中的特殊处理

坝基及两岸岩体发现溶洞、溶槽、强溶蚀区等地质缺陷时，若采用常规灌浆，耗浆量会很大，且效果并不好，因此须进行特殊处理措施。

（1）遇无充填型溶洞、溶槽，根据溶洞大小和地下水活动程度，采用大口径钻孔回填高流态混凝土或水泥砂浆，或投入碎石再灌注混合浆液，或采用模袋投入级配料等。

（2）当溶洞内有充填物时，根据充填物的类型、特征及充填程度，采用高压灌浆或高压旋喷灌浆等措施。

（3）在灌浆过程中出现大耗灰量时，采取低压、浓浆、限量、限流、间歇灌浆，浆液中掺加速凝剂，灌注稳定浆液或混合浆液等方法。

5.4.2.7 水库蓄水检验

蓄水后监测结果（2011 年）表明，大坝帷幕防渗效果良好。帷幕线上游侧渗压计扬压力基本与库水位变化一致，下游渗压计最大折减系数为 0.24，各廊道观测漏水总量小于 1L/s。

5.4.3 窄巷口水电站防渗处理

窄巷口水电站为乌江右岸一级支流猫跳河的第 4 个梯级水电站，又称猫跳河四级水电站，装机容量 45MW。该电站于 1970 年建成发电，但由于岩溶原因一直发生渗漏，渗漏量近 20m³/s，约占该河段多年平均流量 45%，严重影响了电站的正常运行，曾作为岩溶渗漏案例被多个教材和专著所应用。为解决该电站的岩溶渗漏问题，有关方面曾在 1972 年、1980 年进行过多次较大力度的渗漏处理，但效果均不佳，渗漏量仍有 17m³/s 左右。直到 2009—2012 年，随着岩溶勘察和处理技术的提高，该岩溶渗漏问题才得以彻底解决，目前经再次处理后的渗漏量为 1.5m³/s 左右。窄巷口水电站的岩溶渗漏问题是经过漫长的多次研究和防渗处理才得以最终解决的，本节将主要介绍 2009—2012 年开展的渗漏稳定及渗漏处理经验。

5.4.3.1 岩溶水文地质条件

1. 地质结构

如图 3.3 - 4 所示，猫跳河进入峡谷期后，由于受右岸支流大桥河的影响，干流从窄巷口进口至坝址下游 K_{11} 花鱼洞之间，形成一向北凸出的弧形河湾，河道长 1.7km，弦长 1.2km。河湾地带发育有下坝小河，其在距猫跳河干流 1.3km 处潜入地下，最后从 K_{11} 花鱼洞流出。下坝小河下游侧 1km 处，与之平行发育有方家山冲沟，出口高程 1100.00m，汛期呈 70m 高的瀑布泄入猫跳河。

库坝区出露的地层主要为寒武系至二叠系，白云岩、白云质灰岩及灰岩等可溶岩厚度占地层总厚度达 86%，砂页岩、泥灰岩等非可溶岩类仅占 14%，属可溶性碳酸盐岩夹非可溶岩岩层组合结构。岩层产状总体较平缓，倾角 $20°\sim30°$，一般岩层由倾向 NW（倾向右岸）在近坝库段渐转 NE（倾向上游偏右岸）。

库首窄巷口至坝址下游花鱼洞一带地质构造十分复杂。燕山期形成的 F_{19} 逆掩断层将中上寒武系（$\in_{2+3}$）白云岩推覆于二叠系上统（P_2）龙潭组煤系地层与二叠系下统（P_1）栖霞、茅口组灰岩之上，除此之外，还受到 F_{30}、F_{71}、F_{72}、F_2、F_3、F_5 等断层的破坏，形成构造开敞区，从而使窄巷口经坝址至下游花鱼洞两岸，各隔水层未能形成应有的封闭构造，可溶岩贯通分布，岩溶极为发育。地质历史上的岩溶塌陷曾在坝址区形成了高 40m 左右的天然"堆石坝"与"小水库"，水库回水壅高到高程 1054.00m 至窄巷口，河水位比地下水位高 20m，形成河水补给地下水的水动力类型。

2. 岩溶发育概况

坝址区岩溶形态多样，除一般的溶沟、溶槽、洼地外，还主要有落水洞、溶洞、伏流（暗河）、岩溶管道（岩溶泉）等，在左岸 $1km^2$ 范围内，地表的岩溶洼地、漏斗、落水洞、溶洞以及伏流暗河等 54 个（条）。

较大的落水洞有 K_7、K_8，岸坡及河床边缘的落水洞多呈圆筒状，直径为 $3\sim6m$，深 $20\sim50m$。较大溶洞有 K_{227}、F_{K5}、K_{18-2}、K_{18-1} 和 K_{11} 等，这些溶洞（或管道）均与水库渗水有关，最大洞径达 40m，长 1000m，容积达 20 万 m^3；而钻孔揭露溶洞从高程 $1082.00\sim905.00m$ 均有出现，溶洞规模 $0.04\sim10.57m$。

下坝小河在高程 1189.00m 潜入 K_{177} 落水洞变成伏流。

从连通示踪试验，洞穴探测等结果来看，在库首左岸河湾地带，存在由窄巷口→K_{11} 的一个巨大的岩溶管道系统，从地下水运动和岩溶发育原理来看，该系统是由下游向上游逐渐袭夺发育的较大的管道系统，其出口为 K_{11} 花鱼洞，向内与 K_7、K_8（还有另外通道）、K_{18-1}、K_{18-2} 相连，K_{18-2} 之后分存两支，一支与 K_{227}、F_{K5} 连通，另一支连接 K_{61}（郎洞洼地）、K_{76}、K_{173}、K_{125}、K_{177} 等。

3. 岩溶发育特点

综合库首及坝区岩溶情况，本工程岩溶发育具有以下特征：

(1) 岩溶发育强度受岩性制约。随着岩石中 CaO/MgO 比值的增大，岩溶发育增强，它们之间呈正相关。P_1^3 灰岩岩溶最发育，其次为 P_1^2 灰岩，$\in_{2+3}$ 白云岩最弱。

(2) 岩溶发育强度随深度增加而减弱。岩溶发育最强带分布在排水基准面 1030.00m 附近，上限在高程 1100.00m，下限至高程 970.00m，即排水基准面以上 70m 和以下 50m 区间。勘察中在高程 896.00m 附近揭示有高 0.8m 的溶洞，说明高程 970.00m 以下也有少量的溶洞存在。

(3) 岩溶发育不均一。这种不均一性是在岩性较均一、断层不阻水的背景下发育的，表现在以下几个方面：一是强岩溶发育带空间上分布不均一，从平面上看，强岩溶带主要在左岸（F_{K5}—K_{18-2}—K_{18-1}—K_{11} 等大溶洞、管道分布在左岸），且集中分布在桩号 0+$20\sim0+70m$，0+$170\sim0+260m$，0+$355\sim0+410m$ 段等段。从剖面上看，强岩溶主要集中在高程 $1100.00\sim970.00m$ 之间，最强带在高程 $1070.00\sim980.00m$，约 90m 区间范围内。二是岩溶地下形态的不均一，主要以洞穴为主，用左岸灌浆平洞资料估算，洞穴空间是溶隙空间的 2.5 倍以上，在强岩溶带之间往往存在岩溶相对不发育的灰岩岩体。

（4）岩溶发育继承性和成层性。随着新构造运动间歇性上升，河流下切，排水基面下降，洞穴系统从上而下继承性发育，大致有 4 个高程 1150.00m、1100.00～1090.00m、1060.00～1050.00m 和 1030.00m 的水平洞穴层，水平洞段由垂直洞段相互沟通。

（5）洞穴系统的发育方向既受断裂构造的控制，又受水动力条件的控制。

本区主要方向的构造是 N50°～70°E 陡倾张扭性断层（如 F_1～F_9），次要方向的是 N50°～70°W 横张裂隙。此两组结构面控制着岩溶洞穴发育的方向，如 F_{K5}、K_{227} 及 K_{18-2}（老大厅）等溶洞，主要方向均受 NE 方向断层的控制，次要方向受 NW 向裂隙控制，从而构成岩溶洞穴的复杂空间形态。F_{K5}—K_{18-2}—K_{11} 岩溶管道系统，前者沿 NE 向断裂发育，后者则沿 NW 向裂隙发育。

河流方向及地貌形态控制着岩溶地下水的补给排泄和运移方向。左岸岩溶地下水向峡谷河床方向流动，其速度矢量的方向与河流方向锐角相交，并在下游方向开拓最低排泄出口。这一方向与 N50°E 断裂构造大体一致。左岸 K_{11} 洞穴系统主管道方向与河流方向交角约 31°，并非顺某一断层发育，而是穿越断层或局部利用断层带发育成地下岩溶洞穴系统。地下水动力条件控制洞穴总的方向，而断层使洞穴系统变得更加复杂。

4. 地下水动力特征及岩体透水性

根据河谷发育、岩溶发育的复杂性及水文地质条件分析，在晚更新世末，由于跳石河段上"岩溶天生桥"崩塌，造成一座"天然堆石坝"，壅水形成"天然小水库"，以此为界，库坝区地下水动力特征大致分为两个时期：

（1）"天然小水库"形成以前的水动力特征。左岸河湾地带发育的 F_{K5}（F_{K3}）—K_{18-2}—K_{18-1}—K_{11} 岩溶管道系统说明此期左岸已为河水补给地下水。即使不存在岩溶管道，按均质岩体上下游水位差 10m 进行电网模拟，所得地下水流线表明河水的循环深度可达 935.00m，而中心部位为 970.00m，由窄巷口至花鱼洞也具备了虹吸循环带。河床在"天生桥"以下可能存在纵向径流带。而"天生桥"右岸仍为地下水补给河水。

（2）"天然小水库"形成后的水动力特征。总体而言，岩溶水文地质条件十分复杂，属河水补给地下水水动力类型，地下水面波状起伏，主要形成 4 个纵向径流带。

1）左岸"绕天然堆石坝"地下水纵向径流带：范围自 K_{20} 落水洞以下到坝前，经防渗线 0+000～0+100 至下游花鱼洞，纵向水力比降 2.6%，地下水洼槽低于河水位 20～23m。

2）左岸"天然小水库渗漏"地下水纵向径流带：河水经 1 号、2 号、F_{K5} 等渗水进口补给地下水，经防渗线左 0+100～0+450m 桩号段，集中于 K_{11}、K_{39}、K_{40} 排出，平均比降 2.17%，在横剖面上表现为两个地下水大洼槽。地下水洼槽低于河水位 16～17m。

3）右岸地下水纵向径流带：范围自右岸坝前、引水隧洞进口附近及 K_1 一带，经右岸防渗线往下游延伸至 K_5（S_2）溶洞泉一带，地下水洼槽低于河水位 16～17m，平均水力比降 3.8%。

4）河床地下水位纵向径流带：坝前一带，经坝基河床到下游花鱼洞，地下水位低于河水位 19～25m，平均纵向水力比降 2%～3.2%。

（3）岩体透水性。据钻孔压水试验成果，岩体透水率（反映裂隙性溶蚀岩体的透水特征）如下：

右岸，在高程 1060.00m 以上，岩体透水率最大 226Lu，平均 29.61Lu，岩体为中等透水性；高程 1060.00～900.00m 岩体透水率最大 49.6Lu，平均为 3.5Lu 左右。

河床，在高程 1000.00m 以上，岩体透水率最大达 150Lu，平均为 17.77Lu，岩体为中等透水性；高程 1000.00～900.00m 岩体透水率最大为 1.73Lu，平均为 0.83Lu，属微裂隙性透水岩体。

左岸，在高程 1060.00～1000.00m 以上，岩体透水率最大达 1105Lu，平均为 72.31Lu，岩体为中等偏大透水性；高程 1000.00～950.00m 岩体透水率最大达 111.65Lu，平均为 12.17Lu，岩体为中等偏小透水性；高程 950.00～900.00m 岩体透水率最大为 1.94Lu，平均为 1.41Lu，岩体透水率大为降低，为弱透水。

5.4.3.2　岩溶渗漏分析

1. 岩溶渗漏范围

大坝建基面主体为（P_1^{3-2}）厚层状灰岩，仅右岸见 P_2^1 灰岩与砂页岩互层。两岸及河床岩溶发育，特别是左岸存在的花鱼洞（K_{11}）岩溶系统，规模巨大而复杂。两岸及河床均存在一定范围的纵向渗流带，地下水位低于河水位 16～25m 不等，地下水动力特征为河水补给地下水。坝址存在严重的坝基和绕坝岩溶渗漏问题，事实证明，水库蓄水后虽经早期防渗处理，最初的渗漏量仍达 20m/s，后经一定的补强处理后还有 17m/s。

坝线两岸附近，主要隔水层和相对隔水层有 P_2（P_2^{1-4}、P_2^{1-5}）砂页岩、P_1^1 砂泥质页岩及铝土质页岩、P_1^{2-7} 炭质生物碎屑灰岩。由于断层的切错，各隔水层未能形成应有的封闭结构，而是断缺存留，完整性及分布位置均不一样，可利用性也不一样。

（1）右岸。主要受两条大型断层的切割，一是 F_{19}，分布于蓄水位以上，将寒武系中上统白云岩推覆于 P_2 煤系地层之上；二是 F_{71}，分布于在蓄水位之下，将 P_2 呈角度不整合接触切错到 P_1 之上。总体上 P_2 煤系地层在右岸广泛分布，是可利用的隔水层，本工程中由于 P_2^{1-2}、P_2^{1-3} 砂页岩较薄，且受断层破坏，其未能起到连续的隔水层作用，故 P_2 地层中 P_2^{1-2}、P_2^{1-3} 为透水层，仅 P_2^{1-4}、P_2^{1-5} 为隔水层。1996 年放空水库建修时亦发现电洞进口下游护坡底部发育 K_{96}^1、K_{96}^2 两个漏水进口，其分布于 P_2^{1-2} 中，并经连通试验证明其与下游花鱼洞是连通的。将 P_2^{1-2}、P_2^{1-3} 及 F_{71} 到 F_{19} 之间发育的 F_{113}、F_{115}、F_{103} 等次级断层切割的影响考虑在内，并结合地下水位的分析，右岸发生岩溶渗漏的平面范围最远距右岸坝头约 180m，其范围较小，易于解决。剖面上，根据前后几期勘察的钻孔揭露，溶洞主要发育于高程 927.00m 以上，电磁波及大功率声波透视主要异常点达高程 920.00m。

（2）左岸。影响地层分布的断层很多，但主要有两种类型：一是 F_{19} 在蓄水位以上将寒武系中上统白云岩推覆于 P_1 地层之上；二是以 f_7、f_{12}、F_2、F_5、F_4、F_{22} 等为代表的陡倾正断层的切错，破坏了 P_1 内存在的但厚度不大的相对隔水层（如 P_1^{2-7}）的完整性，形成更为复杂的岩溶含水系统。由于岩层产状总体倾向右岸，在左岸 0＋730m 桩号以外岩层具有向上抬升的趋势。郎洞沟的新 1 孔（0＋770m 桩号）揭示 P_1^1 页岩顶板高程为 1072.5m，低于正常蓄水位（高程 1092.00m）20m 左右，但地下水位（1094.00～1096.00m）已高于正常蓄水位，且正常蓄水位之下岩溶不发育。分析认为左岸在郎洞沟以后渗漏的可能性较小，有也只是裂隙渗漏，流量有限，因此左岸的渗漏范围主要分布在郎洞沟到河岸之间，距坝头范围约 730m。剖面上，在 0＋000～0＋280 间，由于 P_1^1 页岩埋深大（低于 1054m 天然河水位 200m 以上），渗漏深度主要与岩溶发育程度有关。据钻探及物探资料，该区溶洞主要发育于高程 910.00m 以上（低于天然河水位 144.00m）；0＋280m~0＋730 间，随着 P_1^l 页岩的抬升，岩溶发育及渗漏的深度主要受 P_1^l 页岩控制。

（3）河床坝基。隔水层 P_1^l 页岩埋深大于 300m，岩溶渗漏深度则受岩溶发育深度控制，在高程 960.00m 以上（低于天然河水位 94m）。

2. 岩溶渗漏型式

（1）右岸。除了溶隙裂隙普遍发育外，还存在 K_{96}^1、K_{96}^2—K_{11}（花鱼洞）管道，$U_i=70~150m/(d \cdot m)$，其渗漏型式为中小型管道型渗漏与溶隙型渗漏并存。

（2）左岸。存在由 7 个纵向径流带（水位洼槽）组成的 4 个集中渗漏带，渗漏型式也是管道型渗漏与溶隙型渗漏并存，较强的岩溶渗漏主要集中在 5 个部位，其中有 4 个（Ⅲ-1~Ⅲ-4）位于第二渗漏带，一个（Ⅲ-5）位于第三渗漏带。Ⅲ-1 区、Ⅲ-2 区、Ⅲ-5 区以小型岩溶管道或较大的溶隙裂隙（脉管）渗漏为主，Ⅲ-3、Ⅲ-4 区以大型岩溶管道为主。根据先导孔物探（CT）测试成果，Ⅲ-3 溶洞在高程 1064.00m 灌浆隧洞位于 0＋184.0~0＋197.0m、高程 979.20~992.80m 间，溶洞宽度约 8m，高度约 12.6m，向下游逐渐收缩，与花鱼洞连通。Ⅲ-4 区，由 K_{18-2} 溶洞—K_{11} 系统构成，位于 0＋225~0＋261m 间，最大洞径 40m 左右，$U_i=781~1115m/(d \cdot m)$。Ⅲ-5 区，是施工期因沿 F5 断层涌水而揭示划分的。

河床发育的岩溶形态以溶蚀裂隙为主，渗漏形式以溶蚀型渗漏为主，$U_i=20~21m/(d \cdot m)$。

综上分析，窄巷口水电站除河床以溶蚀型渗漏为主外，左、右岸均为溶隙型渗漏与管道性渗漏并存，并且具有分散进口、集中出口的特点。

3. 处理前原有防渗幕体的缺陷分析

窄巷口水电站在 1970 年发电前已进行过防渗处理，随后在 1972 年、1980 年又进行过补强，但均未能有效地解决岩溶渗漏问题，究其原因主要有以下两几点。

（1）原有防渗幕体的范围明显小于岩溶渗漏的范围。由于受当时的勘测手段和时间的限制，窄巷口水电站在早期勘测阶段对深岩溶问题是未能查明的，防渗帷幕范围面积仅 3 万 m^2，伸入山体右岸仅约 70 余米，左岸 170 余米，下限为高程 1000.00~980.00m，同前述分析的右岸 120~180m、左岸 730m、下限 910~960m 渗漏范围相比明显偏小，未接到相对弱岩溶化岩体、相对隔水层或地下水位，有较多的贯通性岩溶管道未能封闭，产生大流量的岩溶渗漏是必然的。

（2）原有防渗幕体偏薄且灌浆质量较差。原有防渗帷幕，除了右岸地表到高程 1064.00m 间为双排孔外，其余地段均为单排孔，间距 1~3m，灌浆压力 0.2~0.5MPa，存在幕体偏薄和灌浆压力偏小的问题，灌浆质量较差，后期在左、右岸灌浆洞及河床混凝土防渗墙与下部基岩接触带内均出现多个渗水、涌水点，孔间电磁波透视也表明两岸防渗幕体有多个异常区域，已有的幕体完整性越来越差，局部甚至已经失效。

4. 处理前渗漏量监测与估算

2009 年处理前，经多次监测及渗漏估算，1092.00m 正常蓄水位时电站的渗漏总量约 17m^3/s 左右（含地下水基流量约 0.68m^3/s），其中查明渗漏区域来源的有 14.26m^3/s，占总渗漏量的 83.9%。在已查明渗漏量中，右岸约 1.2m^3/s（小型管道型渗漏量为 0.94m^3/

s），坝基约 0.53m³/s（均属溶蚀裂隙性渗漏），左岸河湾地带是最大的渗漏区，渗漏量约 12.53m³/s（管道型渗漏量为 11.79m³/s），占渗漏总量 70％以上。为论证渗漏与库水的关系，1980 年水库蓄水、水库放空情况下，在库水升降过程中，对库水位、灌浆平洞内钻孔地下水位进行同步观测，观测情况表明左、右岸及河床的地下水位均随库水位的升降而升降，呈同步变化。

5. 处理前渗漏影响分析

渗漏对工程的影响主要有两方面：一是影响发电效益；二是影响建筑物的稳定。

1996 年后由于城市生活用水及工业用水的增加，3 级修文水电站出库流量日趋减少，4 级窄巷口水电站可发电流量亦大幅减少，2005—2006 年仅为 10.39～7.43m³/s，漏失量达到或超过了发电流量，枯水期甚至不能发电，每年损失电量 4000 万 kW·h 以上。

而对于建筑物稳定的影响，则主要表现在三个方面：一是对大坝的影响，由于左、右岸、河床均存在较为严重的岩溶渗漏问题，长期渗涌水会对灰岩中的页岩及小断层、防渗墙与基岩的接触带造成冲刷，形成空洞、软化岩体及降低结构面力学参数，对坝基、坝肩稳定均较为不利；二是对右岸进水口边坡和洞室的影响，蓄水后由于右岸坝前至隧洞进口附近一带 K_{96}^1、K_{96}^2 的形成，对岸坡及洞身附近的 P_2^1 页岩含劣煤层极为不利，其在渗漏水流的长期作用下将会被逐渐软化、侵蚀及冲蚀，进而影响边坡及洞身岩体的稳定条件；三是对导流兼放空洞的影响，该洞位于左岸地下水径流带上，岩溶发育，在渗漏水流长期作用下渗漏通道将不断冲蚀扩大，可能会引起渗漏进口岩溶塌陷，同时还会增大放空洞外水压力，危及隧洞进口及洞身的安全。

5.4.3.3　防渗处理方案的确定

根据猫跳河 4 级窄巷口水电站坝址区岩溶渗漏特点及工程特性，防渗处理的目的主要是确保建筑物的稳定和减少渗漏损失，据此防渗处理原则主要遵循两点：①距坝较近、影响大坝稳定的范围内，如右岸、河床及左岸的第一渗漏带，以全面的防渗处理为主；②距坝较远、不影响大坝稳定的渗漏，如左岸第二至第四渗漏带，以封堵岩溶管道为主。

根据水库渗漏特性和枢纽布置，渗漏处理初步对"全库盆防渗"、"封堵主要漏水进口＋近坝帷幕防渗"、"中间拦截防渗"三个方安案进行了研究比较。前两个方案由于均存在需放空水库、影响全流域发电的不利条件，并存在"铺盖稳定问题"或"漏水进口难以查明、易产生新的漏水通道等问题"，最终选择了"中间拦截防渗"方案作为实施方案。

"中间拦截防渗"方案，在水库现有运行条件下，利用现有防渗灌浆设施在帷幕线上进行帷幕灌浆处理，该方案不需放空水库，期间不影响梯级电站发电，能彻底解决建筑物渗漏稳定和水库渗漏问题。防渗线基本垂直两岸山体展布，并分为两期进行，第一期重点解决坝基及近坝段渗漏稳定问题；第二期以处理左岸岩溶管道集中渗漏为主，最终形成防渗帷幕整体，确保库首及坝址区安全并达到减小渗漏的目的。分期分区见示意图 5.4-5。

1. 一期渗漏稳定及渗漏处理范围

分为三区，第一区为右岸及右坝肩部分，第二区为左岸及左坝肩部分，第三区为河床部分，总的处理面积约 5.5 万 m²，其中采用全面帷幕灌浆方式来防渗并保证大坝稳定的面积为 3.3 万 m²，采用局部岩溶管道封堵或强溶蚀破碎灌浆以单纯减少渗漏为目的的范围约 2.2 万 m²。

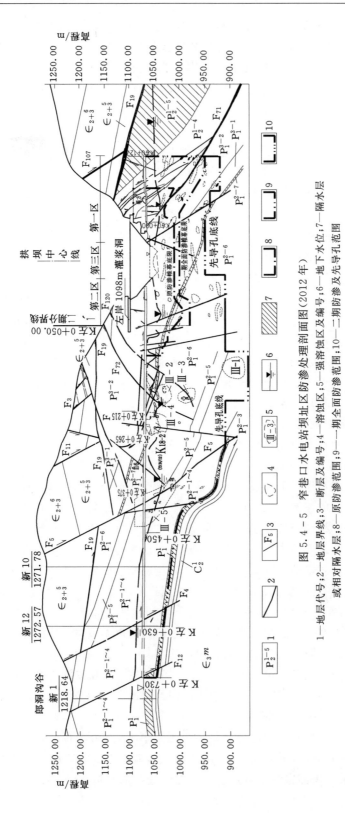

图 5.4-5　窄巷口水电站坝址区防渗处理剖面图（2012年）

1—地层代号；2—地层界线；3—断层及编号；4—溶洞及编号；5—强溶蚀区；6—地下水位；7—隔水层；8—原防渗范围；9——期全面防渗范围；10——二期防渗及先导孔范围或相对隔水层

第一区为右 0－040.0m～右 0＋127.0m 桩号，幕线长 167m（接至 P_2^{1-5} 隔水层及深入 F_{71} 断层）。其中全面帷幕灌浆防渗底限高程为 1000.00～950.00m，封闭中等透水岩体及 F_{71} 断层，防渗面积为 1.73 万 m^2。针对深部岩溶利用先导孔进行探测并处理的底限至高程 950.00～920.00m。

第二区为左 0－030.0m～左 0＋050.0m 桩号，幕线长 80m，封闭第一渗漏带的强岩溶发育区及导流洞兼放空洞。全面帷幕灌浆防渗底限高程为 1000.00～980.00m，封闭中等透水岩体，防渗面积为 0.73 万 m^2。针对深部岩溶利用先导孔进行探测并处理的底限至高程 910.00m。

第三区为右 0－040.0m～左 0－030.0m 桩号，河床部分在坝后布置。全面帷幕灌浆防渗底限高程为 1000.00m，防渗面积为 0.84 万 m^2。针对深部岩溶利用先导孔进行探测并处理的底限至高程 960.00m。

2. 二期渗漏处理范围

为左 0＋050.0m～左 0＋730.0m 桩号。在桩号左 0＋300m～左 0＋730m 范围，底部受 P_1^1 隔水层的阻截，渗漏下限为 950～1070m；0＋050m～0＋300m 桩号不受 P_1^1 阻隔，主要渗漏范围在高程 950.00m 以上，局部达高程 860.00m。该期以封堵岩溶管道为主，先采用"先导孔＋物探 CT"的岩溶探测技术确定防渗处理范围，再采用钢管排桩、模袋等岩溶封堵技术进行封堵。总探测面积约为 5.95 万 m^2。

5.4.3.4　防渗处理的实施

1. 一期渗漏稳定及渗漏处理

（1）灌浆隧洞的扩挖与处理。窄巷口水电站修建之初在左右岸高程 1064.00m 及左岸高程 1098.00m 设有灌浆隧洞以进行防渗帷幕施工。本次渗漏稳定及渗漏处理工程，亦是利用原有隧洞设施开展工作，但进行了适当处理：一是为便于灌浆施工，将未衬砌的段由洞径 2m×3m 扩为 3m×3.9m；二是为防止高压灌浆时洞室破坏和底板抬动，对洞室采用全断面钢筋混凝土衬砌及回填固结灌浆，并在底板设两排抗抬锚筋。

（2）先导孔（物探 CT）布置。为进一步探明通过防渗线岩溶管道的位置与规模，在该区域内布置先导孔进行物探 CT 测试。先导孔沿帷幕轴线布置，间距 20～25m，孔底高程第一区到 920.00～950.00m，第二区到 910.00m，第三区到 950.00m。根据需要对部分孔进行孔内摄像，穿过溶洞的先导孔进行水流流速、流向及水温的测试。

（3）坝基加固处理。为加强拱坝与基岩接触面的整体性，在拱坝两坝肩及基础拱桥部位沿拱坝下游坝脚布置 2 排固结灌浆孔，第三区孔间距 2.5m 排距 1m，第一区与第二区孔间距 3m 排距 0.5m；孔深入岩（砂砾石）8m，呈辐射状；孔径不小于 76mm，每孔灌浆结束后，置入一束长 9m 的锚筋束。

（4）帷幕灌浆参数。

1）防渗标准：左右岸高程 1064.00m 以上帷幕透水率 $q\leqslant5Lu$；高程 1064.00m 以下及坝后帷幕透水率 $q\leqslant3Lu$，第三区沙砾石层内的帷幕透水率 $q\leqslant5Lu$；搭接帷幕透水率 $q\leqslant3Lu$。

2）灌浆孔间排距及灌浆压力：高程 1064.00m 以上为单排孔，孔距为 2.0m；高程 1064.00m 以下为双排孔，孔距 2.5m，排距 1.0m，局部排距 0.5m。基岩最大灌浆压力 3.0MPa，沙砾石层内最大灌浆压力 1.5MPa。

3）灌浆材料：采用水泥粉煤灰混合浆液，水胶比采用 0.7、0.5 两个比级，开灌为 0.7，水泥粉煤灰浆液配合比见表 5.4－5。

表 5.4－5　　　　　　　　　　窄巷口水电站水泥粉煤灰浆液配合比

序号	水泥/%	粉煤灰/%	水灰比	减水剂/%
1	100	30	0.7	0.2
2	100	30	0.5	0.2

2. 二期渗漏处理

灌浆隧洞的扩挖与处理、先导孔（物探 CT）布置等原则同一期处理，孔底控制高程为 865.00～1045.00m。本期渗漏处理的重点是Ⅲ－3 溶洞与 K_{18-2} 溶洞封堵及 F_5 断层破碎带的封闭。

（1）Ⅲ－3 溶洞封堵。左岸Ⅲ－3 溶洞系早期已发现岩溶系统，该处岩溶的处理属于本工程二期渗漏处理工程中的重点部位，其封堵的效果将直接影响水库渗漏量。

根据先导孔物探 CT 测试成果，Ⅲ－3 溶洞在左岸高程 1064.00m 灌浆隧洞位于 K 左 0＋184.0～K 左 0＋197.0m 间，高程 979.20～992.80m（埋深 72.7～86.3m）处。为进一步查明了溶洞的走向、空间形状及大小，确定处理方案，先后又增设了 8 个勘察孔，其中 K01～K03 号孔倾向上游 6°，K04～K06 号孔为铅直孔，K07、K08 号孔倾向下游 6°，并进行了孔间 CT 测试。最终揭示的溶洞分布高程为高程 973.00～993.00m（埋深 74～94m），在帷幕线处走向约为 N68°E，交角约 80°，规模为 8m×12.6m，向下游渐小（隧洞线下游约 9m 处为 6m×5.5m），由于库水位（1075m 左右）较低，洞内水流速度小于 0.05m/s。

根据已探明Ⅲ－3 溶洞在帷幕线附近的发育情况，溶洞封堵方案为：在灌浆隧洞内对应溶洞部位向下游进行扩挖，扩挖完成后通过钻孔进行溶洞封堵。溶洞封堵首先在下游设置钢管排桩形成格栅，格栅形成后，在其前部钻孔下设模袋灌浆形成屏障，然后在模袋前部投入级配料，完成封堵体的施工，最后通过对封堵体周边灌浆及帷幕灌浆提高回填料的整体性，保证封堵体长久稳定运行。其施工顺序为：扩挖支护→钻孔→施工钢管排桩形成格栅→模袋灌浆→回填级配料→溶洞周边及封堵体灌浆→帷幕灌浆。

扩挖支护，即在灌浆隧洞内对应溶洞部位向下游扩挖形成地下洞室（10.5m×6m×5m）并支护，提供施工平台。

施工钢管排桩形成格栅，即在溶洞内下游则设置钢管排桩形成格栅，其目的是为确保溶洞封堵过程中特别是闭气时，能将上游的模袋堵挡不向下游滑移。钢管排桩孔距 0.75m，造孔孔径 110mm，钢管外径 89mm，顶底嵌岩大于 1m。

模袋灌浆，即向安放在溶洞内的模袋进行灌浆，形成堵体骨架。模袋灌浆孔根据探测的溶洞边界布置，位于格栅上游 1m 处，孔距 1.5m。灌浆材料采用 C15 水泥砂浆或水泥浆。模袋灌浆需分层均匀上升，每层填筑高度不大于 3m，层间间隔时间不少于 8h。

回填级配料，即在模袋灌浆上游侧对溶洞进行级配料回填。回填孔孔径分 220mm、150mm、91mm 三种规格，其中 220mm 钻孔布置于推测溶洞的中心位置，周边辅以小孔径钻孔及勘探孔进行级配料回填。回填级配料根据情况可选择各种级配石料以及细砂完成。在其下游模袋灌浆堆积一定高度后，即可进行级配料回填。级配料回填由下游向上游推进。经简化计算堵头长度 10m 可满足要求。

级配料回填完成后，即可进行溶洞周边灌浆及封堵体灌浆，目的在于充填由模袋灌浆和回填级配料形成的堵体内部及堵体与溶洞壁间的空缝。上下游侧灌浆孔应采取控制性灌浆，采用水泥砂浆、膏状浆液或其他可控性浆液灌注。中间部位采用水泥粉煤灰混合浆液混进行灌注。封堵体灌浆施工顺序应按"围、挤、压"的原则进行，即先上下游，后两边，最后中间。上下游侧最大灌浆压力 0.2MPa，中间最大灌浆压力 0.5MPa。

溶洞周边灌浆及封堵体灌浆完成后即可进行帷幕灌浆的施工，原则只对溶洞封堵体及周边破碎岩体进行灌浆，目的在于进一步封闭堵体与周边岩体的微小裂隙，增加防渗体的整体性，减少渗漏量。最大灌浆压力为 1.5MPa。

（2）K_{18-2} 溶洞封堵。左岸 K_{18-2} 溶洞为早期已发现岩溶系统，在进行Ⅲ-3 溶洞封堵过程中，左岸地下水位及渗漏通道发生明显变化，最突出的就是 K_{18-2} 溶洞涌水，并曾造成左岸 1064m 隧洞内的停工。

K_{18-2} 溶洞在平面上位于Ⅲ-3 溶洞靠山体侧 33.4m 处，其在左岸高程 1064.00m 灌浆隧洞内的开口位置为 K 左 0+230.4～0+241.0m，溶洞内部空腔大，沿灌浆隧洞轴线方向长度为 32.9m。K_{18-2} 溶洞在灌浆隧洞部位原始底板高程在 1050.00m 左右，后开挖至高程 1042.00m 左右，形成一个高 20m 左右的空腔。溶洞向上游方向逐渐抬高至高程 1080.00m 以上，向下游抬高至高程 1080.00m，之后又快速下降，并在西段形成一个落水洞，与花鱼洞连通。K_{18-2} 溶洞在灌浆隧洞下部高程 1052.00m 有一个正北方向的斜井，过去为揭示其延伸情况，进行过人工开挖追索，底部可达高程 1044.00m，直径 1～3m，局部 4～5m。

施工过程中，4 级水库在 2011 年 5 月下旬蓄水时观测，当库水达高程 1063.00m 时，K_{18-2} 溶洞内人工斜井处有较大水流涌出，水位并随库水的上涨持续上升；当水库水位达到高程 1070.00m 后，K_{18-2} 溶洞内水位暂时停止上升，花鱼洞出口处水质发生明显变化；当水库水位由高程 1072.00m 升高至 1077.00m，K_{18-2} 溶洞内水位又开始上涨，并溢流至灌浆隧洞内；水库水位 1087.70m 时，K_{18-2} 溶洞至山体内则总出水量约 0.7m³/s。通过对溶洞涌水情况的分析，认为人工斜井系溶洞与库水联通的主要通道。

该溶洞由于在灌浆洞内已揭露，处理相对较为容易，主要采取了 3 个措施：

1）局部回填，即对人工斜井及灌浆硐内的另一竖井（高约 8m，上宽下窄，竖井下游侧有混凝土浇筑的一段挡墙）进行清理和回填，回填材料为 C15 三级配微膨胀混凝土。为观测溶洞封堵后的水位变化情况，人工斜井内预埋钢管，管口设阀门、压力表。

2）整体封堵，即在将人工斜井和竖井回填后，沿帷幕线再加一道混凝土截水墙，以彻底切断 K_{18-2} 溶洞在帷幕线上的连通通道。首先需将溶洞内浮渣清除，在基岩面上布设插筋，截水墙顶部与灌浆隧洞底板相接，宽 2m，截水墙上游侧为直立面（局部可回填混凝土至溶洞边壁），下游侧利用已有的混凝土挡墙，在高程 1052.00m 底宽约 4m。截水墙前后均埋设钢管进行水位观测。溶洞内倒悬部位与截水墙相接位置布设钻孔后期进行回填灌浆。

3）固结灌浆，即在截水墙周边进行深孔固结灌浆，以防止截水墙周边的小岩溶渗漏通道长期在水流作用下继续增大。深孔固结灌浆布置范围为 K 左 0+215.0～0+263.0m，单排孔，孔距 3m 布置，灌浆下限 1035m。

（3）F_5 断层破碎带防渗处理。Ⅲ-3 溶洞封堵进行至后期，在水库蓄水过程中，沿左岸 F_5 断层发育的溶蚀带有水从灌浆隧洞内涌出，经分析该部位与水库连通的可能性大。因此对左岸灌浆隧洞 K 左 0+375～0+450m 洞段进行全断面钢筋混凝土衬砌，对沿断层发育溶蚀带进行清理后回填混凝土。后为彻底截断库水经断层溶蚀带流向下游的通道且避免形成新的渗漏通道，在 K 左 0+342～0+421.3m 范围内进行帷幕灌浆，单排孔，孔距 2.5m，帷幕灌浆上限至正常蓄水位 1092.00m，下限最低至 1005.00m。

5.4.3.5 水位及流量监测

为了及时分析反馈岩溶处理效果，施工期及施工后重点对防渗线上、下游水位及花鱼洞出口流量进行了监测。

1. Ⅲ-3 溶洞封堵过程中的地下水位及 K11 流量变化

Ⅲ-3 溶洞封堵体形成前，Ⅲ-3 溶洞处各钻孔水位基本处于同一高程，并随库水位升高而上升（如库水位 1052.00m—钻孔水位 1033.00～1034.00m，库水位 1092.00m—钻孔水位 1048.00～1049.00m）。在堵体控制性灌浆过程中，上、下游钻孔逐渐开始出现水头差，并随着控制性灌浆的进行，上、下游水头差不断增大。在库水位达到 1068.80m 时，堵体上游钻孔开始从孔口涌水，随后随着库水位升高，孔内涌水压力最大达到 0.18MPa，在此过程中，封堵体下游水位始终维持在高程 1033.00～1034.00m。受Ⅲ-3 溶洞封堵的影响，左岸过水通道发生了明显改变，主要表现为 K_{18-2} 溶洞及 F_5 断层溶蚀带先后涌水。

经 K11 流量观测，Ⅲ-3 溶洞的成功封堵对岩溶渗漏起到极为关键的作用。如相同库水位 1075.00m 时，花鱼洞出流量在封堵前约为 13.75m³/s（2010 年 6 月 14 日），控制性灌浆过程中为 1.9m³/s（2011 年 6 月 4 日），控制性灌浆完成后 1 个月为 1.55m³/s（2011 年 8 月 30 日）。

2. K_{18-2} 封堵后的地下水位及 K11 流量变化

K_{18-2} 溶洞封堵完成后水库从空库高程 1060.00m 开始蓄水，半月达到高程 1091.50m，期间Ⅲ-1 区仍然维持低水位（1038.00m），与空库相比地下水位仅上升 1～2m；Ⅲ-3 堵头上游钻孔水位由 1048.00m 升到 1066.00m，堵头下游的水位一直维持在 1033.00～1034.00m 间；K_{18-2} 中人工斜井内水位与库水保持同步上升（满库时为 1089.50m），截水墙上游水位先升后降到 1068.00m 左右，截水墙下游水位经两次波动式上升后维持在 1064.00m 左右；0+375～0+450m 段由于 F_5 断层的存在，随着库水上升多处集中涌水；0+595～0+630 洞段，为 F_4 断层带分布段，空库时地下水位即高于洞顶，局部有渗流水现象，高库水位时水流增大，并新增多处渗涌水点。

随着 K_{18-2} 溶洞处理的进行，花鱼洞渗漏量的又进一步减小。同Ⅲ-3 溶洞封堵后—K_{18-2} 封堵前库水位 1075.00m 时相比，观测渗漏量由 1.55m³/s 变为 0.81m³/s，减少了约 0.74m³/s。在扣除了导流洞渗漏量 0.21m³/s 后，满库时（库水位 1091.50m）由花鱼洞渗流的实为 1.54m³/s。

以上分析及监测表明，窄巷口水电站先通过一期岩溶渗漏稳定处理工程，坝基（肩）

及近坝区域岩体得到了有效加强，在较好地解决建筑物渗漏稳定问题的同时解决了近坝段的渗漏问题；随后的二期的岩溶渗漏处理，针对岩溶管道特别是左岸 Ⅲ-3 溶洞、K_{18-2} 溶洞两处岩溶管道的封堵成功，截断了左岸大型岩溶渗漏通道，堵漏效果明显，最终窄巷口水电站的渗漏量由处理前的 17m³/s 左右降低至 1.54m³/s，堵水率达 90%，堵漏效果明显。

第6章 洞室岩溶涌水处理

目前，我国水电开发重点主要集中在西部高山峡谷区，西部河流多水流急、坡降大，故规划了较多的长引水式电站。随着工程建设的实施，所遇到的工程地质条件日趋复杂，面临的问题也越来越具有挑战性，通过岩溶地层段高压涌水等地质灾害屡有发生，尤其是水电工程长引水隧洞，多具有大埋深、高地应力、高压大流量涌水等特点，对施工安全和进度影响极大。另一方面，受隧洞涌水影响，造成区域地下水资源减少和枯竭，井泉干涸，地表塌陷和沉降，或导致地下水质污染和破坏，进而恶化地表环境条件，给地下工程修建区居民正常生产和生活带来影响。基于施工安全危害和环境恶化影响方面的问题，高压涌水及其可能带来的环境水文地质问题逐渐成为制约隧洞工程建设发展的瓶颈问题，对岩溶洞室涌水处理技术进行系统研究具有非常重要的现实意义。

6.1 引水隧洞岩溶地下水动力分带

岩溶洞室水动力分带与隧洞涌水预测关系密切。据韩行瑞提出的岩溶水动力分带模式（图 6.1-1），垂向上可分为 6 个带，水平向可分为 3 个带。现分述如下。

6.1.1 岩溶水动力垂向分带

1. 表层岩溶带

表层岩溶带水是岩溶山区储存于可溶岩地表强岩溶化岩体中的溶隙及溶孔中的岩溶水，其下界面是溶蚀相对微弱的完整可溶岩面，一般厚度为 5~30m。

表层岩溶带水可形成表层岩溶泉，一般流量较小，但分布广泛，出露高程随地形而变。在森林植被好的地区，表层岩溶泉流量稳定，成为山区人畜用水和分散农田灌溉的重要水源。表层岩溶泉与饱水带之间没有直接水力联系，但与包气带有一定关系。当隧洞埋深浅时，能影响表层岩溶带，对人畜用水及生态造成影响。

2. 包气带

包气带即垂直下渗带，位于表层岩溶带以下、丰水期区域地下水位以上的地带。本带通过溶隙、溶蚀管道、竖井与地表的洼地、漏斗、槽谷相通，可以将大气降水及地表水导

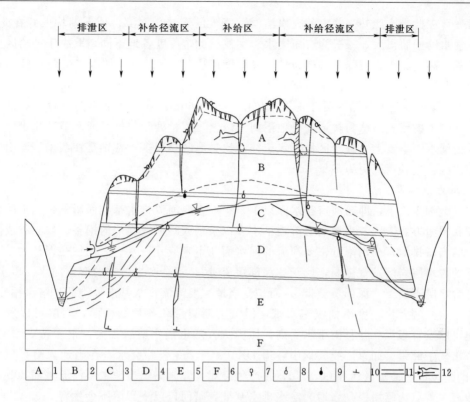

图 6.1-1　分水岭（河间地块）岩溶地下水动力分带与隧洞涌水

1—表层岩溶带；2—包气带；3—季节交替带；4—浅饱水带；5—压力饱水带；6—深部缓流带；7—季节性
下渗管流水；8—季节性有压管流涌水；9—有压管流通水；10—有压裂隙水；11—隧洞；12—地下河

入地下。在暴雨期间，大量洪水携带泥沙通过包气带进入地下。与碎屑岩区不同，岩溶区
的包气带可以很厚，从十余米到几百米，此带水流在时空方面是不连续的，一般不具静水
压力，但在管道中短时间的灌入压力有时很大。本带中多有垂直状态的溶隙及溶洞，但也
存在一些水平干溶洞，有时被黏土、碎石充填。当隧洞通过此带时，由于受到季节性地表
水灌入的威胁，洞穴充填物塌陷经常构成危害。

3. 季节交替带

季节交替带又称过渡带，由于季节变化而引起的地下水位升降波动的地带，位于包气
带与饱水带之间。当雨季潜水面升高时，构成饱水带的一部分；旱季潜水面下降，则成为
包气带的一部分。岩溶山区，季节变化带的厚度可达几十米。在此带雨季时节隧洞将可能
产生自下而上的有压涌水、突泥。如贵昆铁路岩脚隧道的出口段平行导坑遇到溶洞，平时
无水，施工时用渣填埋，一场暴雨后，溶洞冒大水，将石渣、机具冲溃。以后每场大雨后
均发生溶洞冒水，雨后逐渐减少。贵昆铁路梅花山隧道平导遇地下暗河，枯水期河水面低
于隧道，但洪水期水位上涨淹没隧道。

4. 浅饱水带

浅饱水带又称水平管道循环带，指枯水期地下水位以下，地下河排水口影响带以上的
饱水含水带。本带处于岩溶含水层的上部，岩溶强烈发育，一些水平的洞穴，地下暗河主

通道常发育在此带。此外一些大的充水溶洞、宽大的溶缝、深潭、地下湖均发育在此带，对隧洞涌水的威胁很大，一般为有压突水、突泥。此带厚度各地不同，取决于补给区至排泄区的相对高差、水力坡降及构造条件，其厚度可达 500m 以上。如野三关隧道区的高丝洞—白岩洞地下河，在补给区水位标高 1125.00m，在排泄区出口标高 480.00m，高差达 600 余米，隧道在暗河补给区处于地下水位以下 50～60m，处于浅部岩溶发育带。这里存在一个认识上的错觉，认为隧道处于地下河口以上，就是处于包气带或季节变化带，不会产生大的涌水。事实上，补给区地下水位往往比排泄区高很多，特别是在西南岩溶山体的向斜汇水区，这种情况更为多见。

5. 压力饱水带

在浅饱水带之下，即暗河口排水面以下、当地主要河流排水基准面影响带以上的含水层。在我国南方岩溶区，当地的岩溶地下水多以泉水或暗河在当地的槽谷、坡立谷或河谷陡壁上的出口排泄，高出附近主要河流的河水面几十米或几百米。人们往往误认为在暗河口以下的含水层岩溶发育微弱，属于"深部缓流带"，不会产生严重的溶洞涌水。事实上，这部分含水层不属于"深部缓流带"，而是受当地主要河流排水基准控制的岩溶水循环带。尽管本带岩溶洞穴化强度不如浅饱水带，但沿着断裂带和各种结构面，岩溶可以发育很强，也可以发育很深。并且由于水头高，压力大，隧道涌水威胁很大，很多特大型突水、突泥都出现于此带。如京广线大瑶山隧道 DK1994＋213 竖井突水点在当地岩溶泉口以下 170m 的断裂带，涌水量达 8200m³/d，并产生突泥，隧洞高于当地主要河流水面 80m，勘测阶段有人曾认为暗河口是当地岩溶水排水基准，暗河口以下岩溶不会发育。

6. 深部缓流带

指饱水带之下，受当地排水基准面影响比较弱的含水带。一般情况下岩溶发育较弱，但在大的构造断裂带处亦可形成溶洞或溶蚀断裂带；有时膏溶作用、混合溶蚀作用、古岩溶都能在深部形成溶洞，这种情况对水电工程很重要。

针对以上垂向分带，在预测涌水量时，要采取针对性方法来评价其涌水量。

6.1.2 岩溶水动力水平分带

岩溶水系统的水动力水平分带对隧洞涌水也有重要影响。从河间地块的分水岭至河谷可以分为补给区、补给径流区、排泄区（图 6.1－2）。

（1）补给区。地下水位高，季节变化带厚度大，但饱水带岩溶发育相对弱，发育深度也较浅，主要以竖直状岩缝、溶洞等为主。地下水活跃程度主要受地表来水及集水条件影响。

（2）补给径流区。地下水埋深增大，地下水位变动带岩溶发育，地下水活跃，其上以垂直入渗管道为主，汛期地下水集中补给，枯季则较干涸；其下地下水丰富、活跃。

（3）径流区。位于临河岸坡地带，补给少或无补给，地下水埋深大，以近水平径流为主。

（4）排泄区。包气带厚度大，饱水带水平管道发育。地下水位以上岩溶现象主要为垂直补给及随河流下切发育的多期出口溶洞。岩溶发育深度加大，可以在暗河口以下或河水面以下形成倒虹吸循环带。在暗河口或河床岸边，随钻孔深度加深，钻孔水头不断升高，说明地下水有向上运动的趋势。此带岩溶发育深度可达暗河口以下 100m 至数百米。隧洞在暗河排泄区下面通过，往往会遇到高压涌水。如大巴山隧道、华蓥山隧道都是在暗河排泄区下面遇到特大涌水，并导致暗河口干涸。而地下水位线以上，由于补给范围有限，且

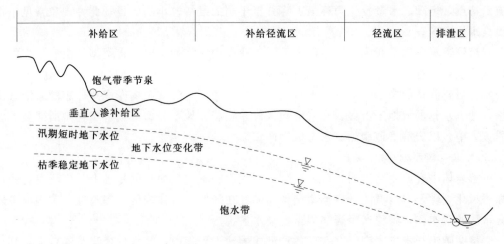

图 6.1-2　岩溶水动力水平分带

地表排水条件较好，地下水反而相对不活跃。

6.2　洞室岩溶涌水类型及特性

　　隧洞施工引发的岩溶涌水是经开挖揭露或地下水体突破阻水岩柱的限制后引发的一种灾害类型。涌水具有一定的流速及流量，对地下工程会造成严重的危害。

　　根据涌水介质特性，一般可将隧洞岩溶涌水划分为均匀孔洞型涌水、岩溶管道型涌水、岩溶裂隙型涌水、岩溶断层破碎带型涌水和层间岩溶型涌水。根据涌水流量及压力等，又可将之划分为高压大流量型、高压小流量型、低压大流量型涌水等。按涌水型式可分为股状涌水、线状涌水、面状涌水。按涌水来源，可分为岩溶管道水补给型、地表稳定水体补给型管道水、孤立储存水体补给型等。

　　1. 均匀孔洞型涌水

　　该类型岩溶水介质岩溶发育较为均匀，但规模不大，多以均匀分布的溶孔、小溶洞为主，局部沿结构面发育溶蚀裂隙。同一含水介质内地下水水力联系好，有统一的地下水位，地下水径流条件相对较差，但补给来源丰富、稳定。典型者如北方的张夏灰岩。该类岩溶涌水特征为隧洞揭露该含水介质后，地下水由多个细微的通道渗出，流量稳定，且随开挖洞段的增长，涌水逐渐增大。

　　2. 岩溶管道型涌水

　　在岩溶强烈发育区，地下水多集中在主管道或较大的支管道中径流，其余管道多为补给管道。当隧洞在岩溶管道以外区域通过时，隧洞内地下水不活跃，多较干燥，或仅见滴水、渗水等现象。而一旦隧洞揭露岩溶管道后，当隧洞位于地下水位以下或岩溶管道的排泄带时，即发生突出、稳定的岩溶涌水、涌泥现象。当隧洞区位于地下水位以上时，多以汛期发生突性涌水现象，此类涌水多随降雨量的变化而变化。当揭露的岩溶管道与地表水体之间有直接联系时，涌水量的变化从突发开始，逐渐增大，至一定高峰期后又逐渐变化直到稳定（至地下水稳定补给）。另外，隧洞开挖时，部分涌水点水量初期呈现高压力、大流量特点，但随之水量及压力逐渐下降并至干涸或维持较小的流量，此种现象常见于揭露孤立水体情况。

岩溶管道型涌水是我国岩溶地区地下工程建设中面临的主要水害类型，由它带来的一系列地质工程问题对地下工程具有极强的控制性和危害性。岩溶地区地下工程施工过程中，常常揭露隐伏的岩溶管道、地下暗河或溶洞溶腔，有时甚至揭露成片分布的岩溶管道网络，地下水将涌入地下工程。在岩溶地区修建隧洞、地下厂房等地下工程中所遇到大型地质灾害中，以岩溶管道型涌水水害最为严重。

3. 岩溶裂隙型涌水

可溶岩体中在原生结构面（成岩裂隙、层理面、不整合面）的基础上，广泛发育构造裂隙、风化裂隙及岩溶裂隙。各类型结构面的存在降低了岩体强度和完整性，若沟通围岩中含水层或含水体，则将产生岩溶裂隙性涌水灾害。

岩溶裂隙型涌水灾害广泛存在于各种型式的地下工程中，其水量变化范围较大，其治理关键是依据主控含导水裂隙的空间展布形态及充水水源制定合理的方案。

4. 岩溶断层破碎带型涌水

当地下工程穿越无充填或胶结程度较差的岩溶断层破碎带围岩时，由于断层破碎带导水性极强，极易发生涌水灾害，严重影响地下工程施工安全。

岩溶断层破碎带涌水特征受充填介质结构性及渗透性影响较大，通常情况下，断层涌水具有两种典型型式：即揭露型涌水和滞后型涌水。若断层充填物胶结程度差，原始应力状态下因发生水力劈裂形成了导水通道，待地下工程揭露后即发生涌水；充填介质的存在及具有一定结构稳定性和抗渗性导致了涌水具有一定滞后性，而开挖扰动造成的应力重分布是诱发充填介质结构破坏和渗透突变的主要诱因。因此，滞后型涌水过程是其内部充填物的结构失稳及渗流灾变演化的过程，而含导水通道的产生主要包括充填体结构滑脱和充填介质渗透失稳两种型式。

岩溶断层破碎带涌水具有较大的不可预测性，常形成高压、大水量涌水水害。揭露型岩溶断层破碎带涌水治理关键依据围岩岩性及类别、充水水源相对位置确定浅层加固圈厚度、范围及深部地下水截流；局部揭露或未揭露的岩溶断层破碎带，治理关键是做好超前注浆帷幕工作及后续采取稳妥的开挖和支护方法。

5. 层间岩溶型涌水

可溶岩与非可溶岩接触带是岩溶强发育部位，一般在接触带部位发育溶穴、溶隙、岩溶泉等，并平行接触带成组发育延伸性好、透水性强的岩溶裂隙，成为岩溶水地下径流的主要通道之一。如济南张马屯铁矿矿体外围岩层为大理岩及闪长岩，大理岩与磁铁矿及闪长岩接触带中常常发育水力连通性较好的岩溶裂隙，并伴有严重的涌水现象，涌水水压高，水量大，对井巷工程施工造成极大的困难。

6.3 岩溶洞室涌水勘察要点

为科学合理制定隧洞涌水防治方案，前期勘察工作的研究非常重要。但引水隧洞或公路隧洞等地下洞室往往存在洞线长、埋深大等特点，要想采用勘探手段详细查明隧洞沿线的岩溶水文地质条件难度极大，且成本高昂。因此，岩溶地区引水隧洞的勘察及岩溶水文地质条件的评价，一般分两个时段进行，即前期勘察与施工地质预报。前者多以摸清岩溶发育规律及水文地质条件为主；后者多根据隧洞开挖揭露情况及时进行复核或超前预报。

6.3.1　岩溶涌水前期勘察及评价方法

受地形地质条件及工程布置限制，引水隧洞的岩溶水文地质勘察与涌水评价多以地质调查与分析为主，辅以必要的物探及验证性钻孔、水文地质试验等方法。

岩溶水文地质调查是隧洞岩溶涌水评价的最有效方法。调查的主要内容包括地质结构、构造特征、岩溶发育特征与规律、泉水的出露及其与地层、构造等的关系。根据基础地质调查的结果，分析工程区岩溶发育特征及地下水的补给、径流、排泄条件，以及岩溶管道的可能分布位置和规模。在上述工作基础上，采用物探、钻孔、连通试验、场分析等方法，进一步查明工程区的岩溶水文地质条件。

早期引水隧洞岩溶水文地质勘察过程中，受手段及方法、勘察思路的限制，除地质调查外，多采用均匀布置钻孔的方法进行隧洞区岩溶水文地质勘探，偶尔采用地震勘探或电法勘探进行调查。由于岩溶发育的不均一性、地下水位的不连续性，以及埋深大等，早期的浅层物探方法对隧洞岩溶水文地质调查基本无实际意义。随着岩溶水文地质勘察理论的进展及 EH4 等精确探测手段的应用，现代引水隧洞岩溶水文地质调查主要采用"地质调查＋精确物理勘探＋验证性钻孔及水文地质试验"的综合方法。如修建于岩溶地区的大花水电站 5km 长的引水隧洞，在地质调查、分析的基础上，对重点洞段采用 EH4 方法进行探测，搜索到溶蚀异常区及可能的岩溶管道分布位置后，采用少量钻孔进行验证，并辅以必要的地表及钻孔连通试验，较好的查明了隧洞沿线的岩溶水文地质特征，成功预测了可能发生岩溶涌水的洞段和类型，施工开挖表明，隧洞开挖揭露后的涌水特点与前期预测吻合度较好（图 6.3-1）。

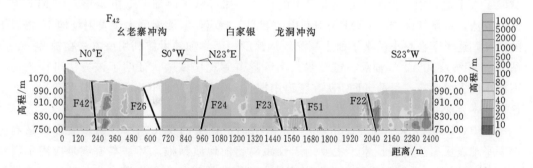

图 6.3-1　大花水电站部分引水隧洞物探 EH4 剖面示意图

此外，锦屏二级水电站等采用了超长勘探平洞的方法，调查隧洞沿线岩溶发育特征及可能存在的岩溶涌水特点。但此类勘探方法需要的工期长、费用高，主要在巨型或大型工程中采用，一般项目受成本限制，推广难度较大。

6.3.2　施工期岩溶涌水勘察及评价方法

隧洞等地下工程前期地质勘察虽然能够在一定程度上揭示工程区的岩溶水文地质情

况，但是对于长大隧洞而言，由于其埋深大（有的甚至超过 2000m 以上）、洞线长（有的长达几十千米），施工前期的勘察工作往往十分困难，难以查清隧洞沿线的全部岩溶、水文地质情况。因此，重视施工期超前预报及施工地质预报，是岩溶地区引水隧洞涌水分析评价的极为重要的方法。

国内外专家在施工地质灾害超前预报方面做了很多工作，尤其在地下水的探测预报方面，比较有效的方法包括：水文地质法、地质雷达技术、红外线技术（岩体温度法）、瞬变电磁法、TSP 地震探测法等。

水文地质法是从地质角度分析研究岩溶地下水的储水、径流通道的方法，它认为向斜盆地、背斜轴部、断层破碎带、地层不整合面以及岩溶管道发育等地质条件易导致涌水。多年来，我国从事岩溶研究的地质工作者利用水文地质法和其他手段对我国岩溶地区地形地貌、地质、岩溶、地下水的基本类型和发育规律等进行了深入研究，先后实施了一批大型工程建设项目的超前地质预报工作，积累了较为丰富的工作经验。

地质雷达对水有很高的敏感性，利用地质雷达对地下水进行探测预报是目前预测掌子面前方水体较好的方法。与此同时，该方法在隧洞衬砌背后含水裂隙检测中取得了较好的效果，但地质雷达探测的距离较短（<30m）。

红外线技术是一种辅助探水方法，根据掌子面温度受前方水体影响，其温度变化来探查 15m 以内的水体。由于隧洞前方含水体的深部循环及其向周围岩体的渗透，造成岩体温度随距含水体距离的变化而变化。该方法就是根据这一原理对隧洞前方是否含水进行探测，为避免洞内施工对岩体温度的影响，它要求采用一定深度的钻孔测试岩体内部温度。目前国内已基本实现了信号采集系统的计算机控制和信号储存计算机化，改变了早期探测原始波形、波谱照相储存、数据现场判读、记录的状况。

瞬变电磁法（TEM）和电磁剖面法（MT）都是基于阶跃波形电磁脉冲激发原理，利用不接地回线向地下发射一次场，测量由地下介质产生的感应二次场随时间的变化。日本试验了 MT 法，根据含水层为低电阻率的特征，探寻掌子面前方低电阻层，但 MT 为剖面型方法，定量精度差。TEM 法则利用"烟圈"效应，能够探测大于发射场地 10 倍以上的深度，适用于在狭小的掌子面上探测较远深度。李狄和钟世航利用该方法在锦屏二级电站 5km 探洞及其 A、B 辅洞、宜万线八字岭隧道等现场试验，证明了该方法可作为远距离探水的主要手段，目前 TEM 法在隧道中探查掌子面前方地下水还处于试验阶段，在理论、技术方法和资料处理软件等方面还需进一步完善。

TSP（Tunnel Seismic Prediction）是隧洞地震预报的英文缩写，属多波多分量高分辨率平地震反射波探测技术。主要用于长距离超前地质预报。其基本原理是应用了震动（声）波的回声（反射）原理。震动声波是由特定位置进行小型爆破产生，这些地震源激发产生地震（弹性）波地震波，在岩石中以球面波形式传播，当遇到不良地质体岩界面时，有一部分信号会将产生反射波。通过分析岩层的反射波传播速度，可以将反射信号的传播时间转换为距离（深度），从而确定反射界面与隧洞轴线的交角以及反射所对应的地质体界面空间位置和规模，此外，还可以根据反射波的组合特征及动力学特征，岩石物理力学参数等资料来解释和推断地质体的性质。

大量的隧洞工程实践表明，目前的隧洞地质超前预报形成了一套长、短距离结合的探测方法体系，对掌子面附近及较长距离的岩溶、岩溶地下水体可进行相对准确的探测定位，为有效预测预报洞室开挖过程中可能的岩溶突水、突泥、涌砂等灾害提供了的技术支持。对确保大型水电工程开发的顺利进行，具有重要的现实意义，同时对其他类似工程也有相当大的指导意义和推动作用。

6.4　洞室岩溶涌水处理原则

水工程隧洞以其埋深大、水压高、地下水补给丰富的特点，深受岩溶涌水灾害的影响，岩溶涌水若不采取措施治理，不仅严重影响施工安全和进度，而且对今后水电工程的运营和周边环境造成极为不利的影响。国内外水电工程隧洞涌水防治主要根据涌水类型、涌水量和水压大小，制定出针对性的防治策略。一般，对于低压小流量涌水，采用注浆方法一次性封堵；对于高压大流量涌水，采用分流泄压，注浆封堵的方法治理。如哥伦比亚GUAVIO 水电站泻水渠穿越溶槽地段（溶槽宽 80m，水压 2MPa）时，采用导坑超前帷幕注浆扩挖法，取得了较好的效果。天生桥二级水电站隧洞岩溶涌水主要采用堵排结合的方式进行处理，即对隧洞开挖揭露的岩溶涌水点，采用灌浆或埋管灌浆方式进行封堵，并于 3 条引水隧洞的北东侧设置 1 条长约 7km 的排水洞进行引排，并以之降低隧洞区外水压力，根据观测结果，处理效果较好。锦屏二级水电站辅助洞存在高压大流量岩溶裂隙水，裂隙水压力达 10MPa，突水后瞬间流量 $7m^3/s$ 以上，在隧洞地下水防治过程中，同样经历了"以排为主"到"以堵为主、堵排结合"观念的转变，最终采用"以堵为主、堵排结合"的治理原则，通过排水降压，减少高压水对隧洞衬砌结构的压力，同时通过注浆封堵导水构造，形成隔水帷幕，从而最终解决锦屏二级长引水隧洞后续施工过程中遇到的大量岩溶涌水问题。

根据隧洞区岩溶地下水补给来源、水动力特征及可能带来的影响，隧洞岩溶涌水的处理方式可主要分为未揭露的地下水超前处理和已揭露岩溶涌水封堵两类。

6.4.1　未揭露岩溶地下水处理

地下工程施工过程中，本着"预报在前，开挖在后"的总体思路，要求在洞室开挖之前探明掌子面前方地质条件，对储水构造和涌水点作提前预报。当预测到掌子面前方有大的储水构造或高压、大流量地下水的可能并判断会对施工安全造成威胁时，可采取超前帷幕灌浆的方法对地下水进行处理。

在实施超前帷幕灌浆时，应查明前方可能的导水构造部位和规模。当探明可能的涌水灾害为规模较大的导水通道涌水时，此类导水构造影响范围较大，洞室周边地下水连通性较强，需进行洞室全断面布孔，以形成止水帷幕，从而达到封堵地下水主通道（导水网路）的目的，称为全断面超前帷幕灌浆。当探明的涌水类型为沿岩溶管道、溶蚀裂隙、断层等局部集中涌水时，由于出水构造的存在而呈现出有限或单一出现的现象，此类情形适合采用针对掌子面超前帷幕灌浆进行处理，可以有目的地进行局部布孔（掌子面小范围），重点针对涌水点进行超前灌浆，称为局部超前帷幕灌浆。

1. 全断面超前帷幕灌浆

针对掌子面前方岩体完整性较差、富水构造规模较大的洞段，采用全断面超前帷幕灌浆，从而在洞室开挖前，预先对前方的导水构造及破碎岩体进行灌浆加固，避免可能的涌水影响工程进度，危及施工安全。其布孔方式见图 6.4-1。

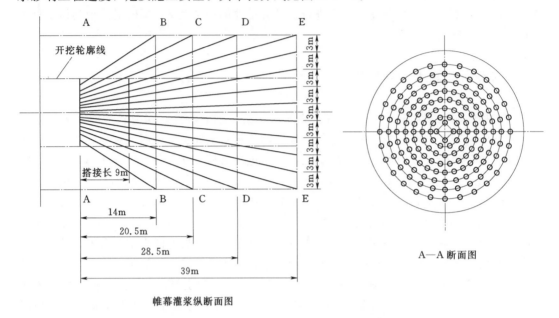

帷幕灌浆纵断面图

A—A断面图

图 6.4-1　全断面超前帷幕灌浆示意图
（引自席光勇的《深埋特长隧道（洞）施工涌水处理技术研究》）

超前帷幕灌浆施工的主要工作流程和作业要点如下：

（1）止浆岩盘。止浆岩盘止浆效果的好坏，直接关系到帷幕灌浆的成功与否。止浆岩盘厚度根据围岩结构和岩性而定，对于结构完整性较好的Ⅲ类围岩洞段按 5m 预留，对于围岩较破碎、涌水压力大的洞段按不少于 7m 预留。止浆岩盘本身要灌浆密实，不留灌浆盲区和死角。对于围岩极破碎、预测涌水量很大、涌水压力很高、利用灌浆加固还难以承受高压地下水的止浆岩盘，采用 2～3m 厚的浇筑混凝土予以加强。

（2）孔口管安装及防漏浆措施。施钻后埋设的孔口管与孔壁之间存在间隙，防止该处漏浆、串浆是决定灌浆效果的重要因素。施工时，在足够深度的钻孔内插入外露 20～30cm 钢管，孔壁与孔口管之间采用麻丝填塞捣紧密实，尔后再向孔口管内注入双液浆封堵管外壁与围岩之间的间隙。孔口管段钻孔和孔口管安装时，采用角度控制尺按设计钻孔外插度严格控制好角度。

在富水地段，超前钻进过程中可能会沿钻孔出现高压力大流量涌水，这也是超前预注浆工作的重点。遇此情况，须立即停钻对涌水段进行封闭灌浆处理。但是往往由于水压力很大，高压水可能通过钻杆中空部分、钻杆与钻孔间隙喷射，威胁到人机的安全，为此，应采用专门的高压水岩层钻孔封闭装置，以解决在高压水地层地区钻孔、加钻杆和灌浆的安全问题（图 6.4-2）。

（3）钻孔。开孔段采用 YQ-100 型钻机（亦可是其他钻机）冲击钻孔，管口段安装后，改用液压钻机从孔口管内不断接杆钻孔至设计深度。

施钻开始时要轻加压、慢速度、多给水。施钻过程中，认真做好孔位、进尺、起讫时

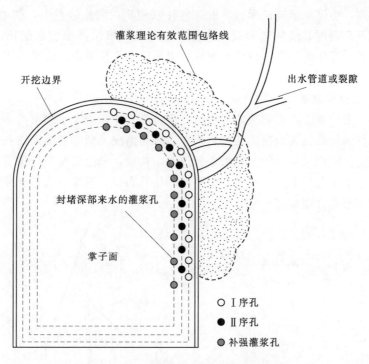

图 6.4-2 超前预注浆局部布孔示意图

间、岩体裂隙情况、孔内出水位置、涌水量、涌水压水等原始记录。

当单孔出水量小于 30L/min 时，可继续施钻；单孔出水量大于 30L/min 时，立即停钻进行灌浆。

（4）水泥浆备制。根据选定的浆液配比搅拌好水泥浆液后，采用 1mm×1mm 网筛过滤，再利用叶片立式搅拌机二次拌和，以确保浆液均匀。

（5）压水试验。先对灌浆管路系统压水，检查管路的通畅性和密封性，防止管路堵塞和滴漏；尔后通过管路压注清水冲洗岩体裂隙，扩大浆液通路，增加浆液充填裂隙的密实性。

（6）灌浆顺序和速度。先灌外层，后灌内层，同层孔眼先上后下逐排隔孔施灌。灌浆速度：当单孔涌水量不小于 50L/min 时，注入速度 80～150L/min；当单孔涌水量小于 50L/min，注入速度 35～80L/min。

（7）灌浆结束标准。单孔灌浆结束按灌浆设计控制。对隧洞涌水洞段而言，按设计允许出水量规定控制，即出水段任一桩号处沿洞轴线方向延伸 30m，开挖后 14d 内，各出水段经封堵处理后的出水量不大于 10L/s。

（8）灌浆异常情况处理。钻孔过程遇有突泥和单孔涌水量大于 30L/min 时，停止钻进退出钻杆立即进行灌浆；掌子面如遇小裂隙漏浆，先用水泥浆浸泡过的麻丝填塞裂隙，并调整浆液配比，缩短凝结时间。若仍跑浆，可在漏浆处采用普通风枪钻浅眼注浆固结；若在掌子面前方 5m 以外范围内有大裂隙串浆或漏浆，可采用止浆塞穿过裂隙进行后退式灌浆；灌浆过程中，如果灌浆压力突然增高，表明裂隙变小，浆液通路变窄，这时可改注清水或纯水泥浆，待泵压恢复正常后，重新灌注双液浆；灌浆过程中，如果进浆量很大，而泵压长时间不升高时，表明遇到较大裂隙，这时可调整浆液浓度和配比，缩小凝结时间，进行小泵量、低压力灌浆，以使浆液在岩层裂隙中尽快凝结，也可采用间歇式灌浆方式处理。

2. 局部超前帷幕灌浆

在遇到集中岩溶管道、岩溶裂隙涌水时，应首先实施切断来水通道的灌浆钻孔，该类钻孔根据已掌握的管道、岩溶裂隙结构、走向、分布情况灵活布置灌浆钻孔，钻孔孔向根据实际情况而定。原则上尽可能打穿来水管道及结构面，通过灌浆进行深层封堵。局部封堵钻孔数量不定，少则几个孔，多则十余个孔。钻孔布设、灌浆方式与全断面超前帷幕灌浆相同，其典型布孔方案如图 6.4-3。

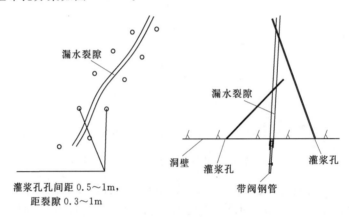

漏水裂隙

灌浆孔孔间距 0.5～1m，
距裂隙 0.3～1m

漏水裂隙

洞壁　灌浆孔　灌浆孔
带阀钢管

图 6.4-3　岩溶导水构造灌浆封堵示意图

在具体灌浆孔布置时，应遵循以下基本原则：

（1）对裂隙面、岩体结构面进行有针对性的布孔，使钻孔尽量与岩体结构面相交，并尽可能较多地穿过裂隙。

（2）引排孔孔口高程尽可能低于集中出水点、出水带。

（3）前期的引排孔基本上是后期的灌浆孔，故钻孔时充分兼顾灌浆系统安装和操作方便。

6.4.2　已揭露岩溶涌水处理

岩溶地下水在揭露之前采用超前帷幕灌浆能够有效地应对，其主要原因是地下水处于静止或相对静止状态时，帷幕灌浆的浆液能够有效凝结并与围岩共同形成防渗性较好的止水帷幕。然而超前帷幕灌浆施工周期长，对于地下洞室工期紧迫的情况下，只能在预报地下水有可能危及施工安全时才采用；当确认地下水对施工安全不构成威胁的时候，对其揭露后再行封堵以赢得施工时间是比较有效的途径之一。另外，灌浆材料在外力作用下注入岩土的裂隙或孔隙中，一般地说，在不损坏岩盘的前提下，灌浆压力越大，注入的浆液量越多，扩散的距离也就越远，加固的效果也就越好，上述情形只有在灌浆时地下水处于静止或流动缓慢的情况下才能达到理想的效果。

据工程经验，由于被揭露的地下水呈动态形式出现，不利于浆液凝结。再加上地下水有高压、大流量的特征，封堵难度极大。目前，较可行的办法是先通过灌浆封堵将动水变为静水后，再进行高压固结灌浆，确保衬砌结构的长期运行安全。如，锦屏二级水电站辅助洞高压大流量涌水防治中分两个过程。即：针对地下水临时封堵的表层灌浆封堵和系统的高压固结灌浆封堵，先行灌浆封堵的难点是要克服高压水，属于临时封堵；而后期的高压固结灌浆主要是对前期灌浆封堵进行巩固，与围岩形成一个止水固结圈共同抵抗高水压，为隧洞运营期间的安全提供保障，属于长期封堵。临时封堵阶段采用大量惰性材料，其原理是在保证岩盘不被击穿的前提下，采用高压灌浆技术克服分流后的主出水管道水压，充分利用地下水的流动带动浆液流动，而浆液中的惰性材料能够在流水带动下堵塞岩体的微小裂隙，再与浆液、围岩一起凝结，最终形成止水胶凝体。

对于溶蚀裂隙、溶蚀宽缝、串珠状溶蚀孔洞、溶蚀管道以及溶洞群和厅堂式洞穴的封堵往往采用传统的充填方式能够获得较好的封堵效果，然而对于具有高压、大流量特征的岩溶及岩溶管道水则可以引入了模袋、索囊封堵技术。模袋与索囊均由特殊的纺织工艺织成，使用的基本材料为尼龙、聚酯或聚丙烯等。模袋料由于具有强度高、整体性和析水固结性能好、柔软可变形等特性，适合于大流量、高流速情况下的堵水。使用模袋时应采取有效的辅助措施（诸如设引排孔、木板固定等）方能克服高水压。索囊的原理与模袋类似，是微缩版的模袋，主要针对溶蚀裂隙、溶蚀宽缝、串珠状溶蚀孔洞等小型的漏水体系。

6.4.2.1　已揭露岩溶洞室涌水处理原则

地下洞室岩溶涌水规模受水头压力、补给水源条件、导水构造规模等影响，其涌水危害表现不一，相应处理原则、措施及处理难度不一样。

（1）当揭露的岩溶涌水点分散、涌水规模小且涌水压力不大时，可采用直接灌浆封堵处理措施。具体处理措施如下：

1）在地下洞室涌水范围内布设集中减压引排孔。

2）对涌水区范围内岩体进行一定深度的高压固结灌浆，将分散涌水点进行灌浆封堵。

3）在周围涌水点处理完成后，再关闭集中引排孔，并对引排孔及周边进行高压固结灌浆，从而彻底封堵岩溶涌水区。

（2）当揭露的地下涌水呈高压大流量状态时，采取一般的封堵措施很难成功，需采取针对性灌浆封堵处理措施。对于揭露后的高压大流量岩溶涌水进行封堵时，其处理可分两个过程：

1）对地下涌水进行表层临时性灌浆封堵。

2）洞室进行系统的高压固结灌浆封堵。临时封堵时先行灌浆的难点是要克服高压水，而后期的高压固结灌浆主要是对前期灌浆封堵进行巩固，与围岩形成一个止水固结圈共同抵抗高水压，为隧道运营期间的安全提供保障，属于长期封堵。

针对主出水管道的前期封堵，锦屏辅助洞等工程采用了大量惰性材料，其原理是在保证岩盘不被击穿的前提下，采用高压灌浆技术，克服分流后的主出水管道水压，充分利用地下水的流动带动浆液流动，而浆液中的惰性材料能够在流水带动下堵塞岩体的微小裂隙，再与浆液、围岩一起凝固，最终形成止水体。所谓分流技术，即在主出水管道旁边打设分流孔并设置高压止水阀，利用分流孔的分流缓和主出水孔的水压，在成功封堵主出水孔之后再关闭高压止水阀，达到对高压水成功封堵的目的。

后期的高压固结灌浆封堵类似于超前帷幕灌浆，亦是在静水或准静水条件下对地下水进行处理，现有处理技术相对较为成熟、有效。而临时封堵是直接面对流动的高压水流，其难度要远远大于高压固结灌浆，其处理的关键问题是克服高水压，以及有效灌浆材料的选用。灌浆材料的渗透性好坏与诸多因素有关，如岩土的孔隙率以及孔隙大小，材料的可注性，注浆的施工方法，围岩的非均质性，地下水的流动，注浆材料的时间特性等。

6.4.2.2 已揭露岩溶洞室高压大流量涌水处理施工流程

针对已揭露的地下涌水情况，宜先在掌子面形成止浆（水）墙，根据需要设置分流孔（图 6.4-4），然后再以止浆（水）墙为依托，根据隧道与出水溶隙的关系，对隧道开挖掌子面前方 30m 及隧道开挖轮廓线外 6m 范围内的溶蚀带进行超前灌浆（图 6.4-5），并在浆液达到一定强度后沿裂隙布置检查孔检查灌浆封堵效果。

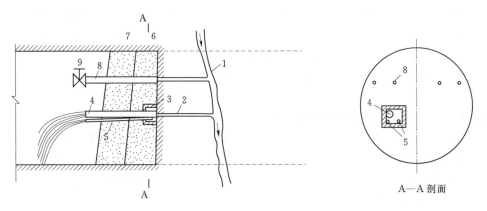

图 6.4-4 洞室涌突水止浆墙及分流减压注浆示意图

1—岩溶裂隙；2—突水孔；3—汇水箱；4—主导流管；5—辅助导流管；6—第 1 段混凝土止浆墙；
7—第 2 段混凝土止浆墙；8—帷幕孔口管；9—闸阀
（引自席光勇的《深埋特长隧道（洞）施工涌水处理技术研究》）

（1）止浆墙施工及分流孔布设。止浆墙厚度一般 2～3m，具体根据工程区涌水压力及流量确定。并在止浆墙上设置分流孔，分流孔采用预埋钢管外排的方式进行设置，在钢管出水端连接高压闸阀。在止浆墙达到设计强度后封闭地下水，变动水为静水。然后进行明水处理及止浆墙施工工作。该方法成功解决了在高水压、大水流条件下止浆墙的修建工作，为揭露型岩溶涌水处理创造了条件。

（2）孔口管的设计。孔口管的设计考虑涌水压力、流量等，同时结合地下工程具体的灌浆压力要求，对孔口管锚固系统进行设计。以锦屏二级辅助洞处理为例，孔口管钻孔直径为 130mm，套筒外径为 108mm，套筒内径为 96mm，套筒与钻孔孔壁之间的间隙由树脂充填，孔内套筒长度及锚固长度为 1500mm。针对高压力大流量涌水应采用专门的高压水岩层钻孔封闭装置，以专门解决在高压水地层地区钻孔、加钻杆和灌浆的安全问题。

（3）钻孔、水泥浆备制、压水试验、灌浆顺序和速度、灌浆结束标准、灌浆异常情况

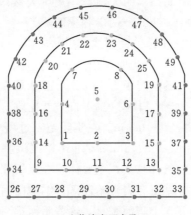

止浆墙表面布孔

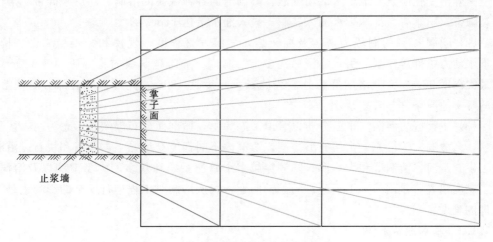

图 6.4 - 5　洞室涌突水灌浆封堵布孔示意图

处理的要求及注意事项与未揭露地下水的涌水处理一致。

6.5　岩溶洞室涌水处理工程实例

目前，国内水电水利工程中，以早期的天生桥二级水电站和近期四川锦屏二级水电站岩溶涌水处理较为典型。

6.5.1　天生桥二级水电站引水隧洞岩溶涌水及处理
6.5.1.1　工程概况

南盘江天生桥二级水电站采用引水式开发。工程分两期建设，一期工程为两洞四机，装机容量 880MW，二期工程为一洞二机，装机容量 440MW，总装机容量 1320MW。电站于 1979 年开始筹建，1986 年截流，1992 年首台机发电，一期工程的二洞四机于 1998 年 12 月全部并网发电，2002 年 11 月全部工程建成。

电站枢纽由首部枢纽、引水系统、发电厂房和变电站组成。首部枢纽布置在天生桥峡谷出口的坝索，从坝索坝址至厂房河段长约 14.5km 的河段内，经坝索峡谷，雷公滩，桠

273

权到芭蕉林厂房，构成一个向北凸出的大河湾，集中天然落差 180m，从山盆 Ⅱ、Ⅲ 期溶蚀剥夷面算起，深切河谷 500～650m，两岸谷狭壁陡。

三条引水隧洞采用截弯取直的布置型式，引水隧洞平均长度 9.8km，洞线穿越强岩溶地区，开挖洞径 9.7～12.1m，是当时国内洞长、直径最大以及洞数最多的大型发电引水工程。引水隧洞上游灰岩段隧洞间距为 40m，下游砂页岩段为 50m。设计洞径为：钻爆法开挖段衬砌内径为 8.7m，对于 TBM（掘进机）开挖段，素混凝土或钢筋混凝土衬砌段内径为 9.8m，锚喷支护段内径为 10.4m。在实际施工过程中，由于地质原因和施工设备原因，部分洞径调整为 10.8m、9m、8m 等，Ⅲ 号隧洞调整为全部采用钻爆法开挖。

隧洞工程区岩溶水文地质条件复杂，主要体现在以下几个方面：

（1）隧洞区地下暗河岩溶管道有岩宜暗河区、纳贡暗河系统、川眼树暗河系统、朱家洞暗河系统、桠权暗河系统等 5 个暗河系统，这些暗河都与地表洼地、落水洞相通，地下水位随降雨变化明显，地下水活动强烈，隧洞遭遇各种规模的溶洞、断层破碎带、溶蚀夹泥裂隙带，雨季有大量地下水涌入隧洞，最大涌水量达 $14m^3/s$。

（2）隧洞 85% 的洞段为灰岩及白云岩，岩溶发育程度、规模和特点受岩性、构造、地下水动力条件等控制。引水隧洞遇到多个溶洞，一般跨越洞线的长度达 50～110m，溶洞最大深度 93m，大型溶洞群跨越洞线的最大长度达 180m。此外，尚有部分隐伏溶洞。岩溶水文地质条件非常复杂。

（3）工程区岩溶洞穴平面分布以管道形态为主，横剖面分布以峡谷形态为主，多呈狭缝状。多数洞穴为填充、半填充型溶洞，溶洞内不同程度充填黏土、碎石和块石。沿断层带多发育暗河、溶洞群和大溶洞。隧洞穿越多个暗河系统和众多的大型溶洞以及溶洞群，施工难度很大，是制约本工程建设的关键问题，隐伏溶洞对工程运行安全的影响也是工程处理的难点。

6.5.1.2 基本地质条件

天生桥二级（坝索）水电站位于云贵高原东南斜坡上，总体地势西北高，东南低。高原期夷平面高程在 1500.00～1600.00m。高程 1100.00～1140.00m 为峰林期。南盘江从高程 1100.00m 附近下切，形成峡谷期地形地貌。

隧洞区为一个向北东凸出的半岛状河湾地块，地形西北高、东南低，北面、西北面为以碳酸盐岩为主构成的中高山，高程在 1100.00～1500.00m，地表岩溶洼地、溶沟溶槽及落水洞甚为发育；南面、东南面为砂页岩形成的剥蚀、侵蚀地形，高程在 1000.00m 以下。

隧洞线大致平行近东西向尼拉背斜轴线展布，该背斜构成隧洞区的地表、地下分水岭。分水岭地带由峰林及洼地构成，高程为 1250.00～1400.00m。分水岭以北，高程向河床递减，组成 1250、1100、900m 等多个较为清晰的层状台地面。分水岭以面有小湾、生基湾、桠权沟洼地地连的沟谷，其高程在 600.00～870.00m。

工程区位于贵州省中三叠统 S 形相变带上，此相变带由东北至西南经过马场坪、青岩、安顺、镇宁、坝索、桠权等地；隧洞线在桠权一带穿过该相变线；隧洞通过区总体上位于相变带地层上，为台地边缘及台地斜坡沉积物，岩性岩相较为复杂。总体上，3 条引水隧洞在桩号 8+400m 左右以上洞段为由三叠系 T_2b～T_1yn 灰岩、白云岩构成的可溶岩地层区（北相区），桩号 8+400 左右以下洞段为以 T_2j 砂页岩为主构成的碎屑岩地层区（南相区）。

南北相区在上二叠世及下三叠世为统一沉积层；至中三叠世，则以相变线为界，分为南北两大相区。隧洞区地层及岩性如下：二叠纪长兴组（P_2c）厚层及中厚层灰岩，富含燧石结核，厚度大于 50m，分布在尼拉背斜核部，在尼拉两岸出露。三叠纪下统飞仙关组（T_1f）紫红色、灰绿色泥页岩，厚 30～90m，分布在尼拉背斜两翼，地表仅在尼拉两岸出露；隧洞开挖后局部洞段有揭露。三叠纪下统永宁镇组（T_1yn）厚层至薄层状白云质灰岩，厚 270～280m，分布在尼拉背斜两翼，是隧洞穿越的主要地层之一。三叠纪中统南相区江洞沟组（T_2j）中厚层、薄层砂岩、泥页岩，夹少量厚层状灰岩，厚度大于 700m，主要分布隧洞下游洞段；北相区青岩组（T_2q）巨厚层至厚层状白云岩及白云质灰岩，厚度大于 400m，是隧洞上游洞段主要穿越的地层之一。边阳组（T_2b）厚层块状灰岩、角砾状灰岩，厚度大于 400m，是隧洞穿越的主要地层之一。紫红色 T_2jj 复杂岩系：该类岩性较为复杂，类型有紫红色混杂角砾岩、紫红色极薄层片状灰岩、角砾状灰岩、角砾状白云岩、网裂状灰岩等。其中以混杂角砾岩及极薄层片状灰岩较为典型，与该类地层常伴生发育有溶洞。而角砾状灰岩、角砾状白云岩、网裂状灰岩多分布在 T_2b 地层中，岩体碎裂，但方解石胶结较好，一般不必然伴生有溶洞发育。

图 6.5-1 隧洞区地形概貌

该区地处南岭东西向构造的西延部分，自三叠系沉积以后，燕山运动以来，该区受南北向挤压应力的强烈作用，形成一系列近东西向褶皱及 NE、NW 向平移断层及次级小断层；隧区主要构造为尼拉背斜及 F_2、F_4、F_6 等断层。

6.5.1.3 隧洞区岩溶水文地质条件

隧洞区所处的河湾地带为一个半封闭的岩溶水文地质单元，汇水面积约 30km^2；此岩溶水文地质地块以南分布有穹隆状安然背斜岩溶水文地质含水体，其岩溶水均以暗河水形式流出（图 6.5-2）。

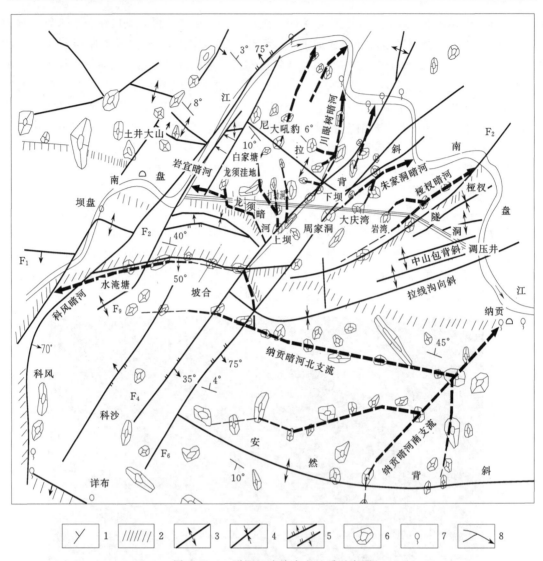

图 6.5－2 隧洞区岩溶水文地质示意图

1—地层产状；2—相变线；3—背斜；4—向斜；5—正断层和逆断层；6—地表岩溶洼地；7—泉水点；8—岩溶暗河管道

1．水文地质条件

根据岩溶发育程度和含水特性，可将隧洞区含层划分为：

1）强岩溶化含水层：T_2b 厚层、中厚层夹少量薄层白云质灰岩和灰质白云岩。

2）中等岩溶化含水层：T_2q^1 至 T_2q^6 厚层、中厚层夹少量薄层白云质灰岩和灰质白云岩。

3）弱岩溶化含水层：T_1yn^{2-2}、T_1yn^{1-2} 中厚层、薄层状白云岩、泥质白云岩和白云质灰岩。

4）岩溶裂隙含水层：T_2j^4 薄层、中厚层灰岩和少量的厚层角砾灰岩夹砂岩、页岩。

根据隧洞区岩溶发育特征及隧洞内各涌水点的分布及其涌水动态特征并结合钻孔水位，绘制成Ⅲ号引水隧洞沿线地下水位线见图 6.5－3。

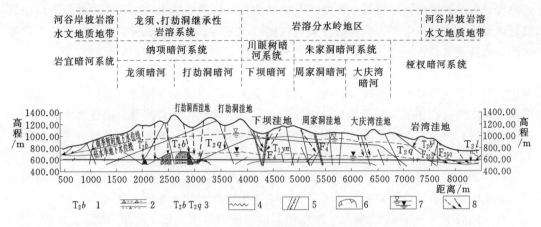

图 6.5-3　隧洞水文地质纵剖面示意图及暗河系统划分图
1—地层代号；2—角砾岩；3—地层分界线；4—相变线；5—断层；
6—溶洞边界；7—地下水位线；8—地下水渗流线

隧洞沿线地下水位线的特点是：凸峰和凹槽相间出现，凹槽为岩溶暗河管道所在位置，沿部分岩溶管道涌水较大；凸峰洞段为各暗河间横向分水岭地段，隧洞内干燥。枯水期地下水位线以主要岩溶管道为中心形成一个个相间分布的凹槽带，其中 2+040 大溶洞段及 8+200 桠杈沟溶洞群洞段地下水位底于隧洞底板，其余洞段地下水位均高于隧洞。雨季临时地下水位较光滑，仅在排泄条件较好的岩溶主管道附近洞段出现微弱的凹谷，有时两个相对独立的暗河系统间在一定高程可能并不存在地下分水岭；枯、雨季隧洞沿线地下水位在低槽带变幅可达几十米甚至几百米。

根据引水隧洞前期地质资料，以及Ⅰ、Ⅱ、Ⅲ号隧洞及排水洞开挖揭露情况，隧洞区主要发育有岩宜、龙须、下坝、打劫洞、朱家洞、大庆湾、桠杈等 7 条暗河，7 条暗河分属岩宜、纳贡、朱家洞、桠杈 4 条暗河系统。

2. 岩溶发育的基本特征及规律

隧洞沿线较大规模的溶洞主要发育在桩号 3+100 以上洞段，桩号 7+144 以下洞段以宽缝状溶洞、溶缝为主，桠杈沟洞段则以呈树枝状、网格状分布的溶洞（管）群较发育。桩号 3+100～7+144 洞段内鲜见大溶洞发育，以溶缝、溶隙为主，局部沿裂隙见有串珠状小溶洞发育。较大规模溶洞多有黏土等充填。

大型溶洞主要发育在 T_2jj 复杂岩、泥岩透镜体与灰质白云岩等的接触部位或断层部位，厚层灰岩中以无充填或半充填的小溶洞及晶洞为主，沿断层或裂隙发育溶缝或宽缝状溶洞，局部小溶洞成群发育，T_2jj 角砾岩内充填黏土的小溶洞发育，白云岩、灰质白云岩洞段沿裂隙发育串珠状小溶洞。

根据隧洞开挖揭露的岩溶发育情况，沿线岩溶可分为河谷岸坡岩溶水文地质地带、岩溶分水岭地区及龙须、打劫洞继承性岩溶系统岩溶特征地带。

（1）河谷岸坡岩溶水文地质地带。此区以上游的岩宜暗河系统及下游的桠杈暗河系统为代表。

岩宜暗河发源于坝索右岸的岩宜村附近，排向坝索南盘江河段，径流较短，为浅层岩溶系统，岩溶发育形式以溶管、小溶洞及沿结构面发育的溶缝为主，近河岸部分沿结构面发育溶缝或溶洞，向下游方向至分水岭洞段则以小溶洞、溶孔或晶洞为主，表明分水岭部位地下水径流条件不好。岩溶发育及展布方向主要受岩性及地形地貌的控制。

桠杈暗河分布在隧洞的下游洞段，岩湾岩溶洼地为其补给源之一。该暗河虽距南盘江较近，但由于地形陡切，坡度变化大，岩溶地下水为适应南盘江排泄基面的下切而急剧向下切蚀，隧洞高程正处于地下水位垂直变动上，岩溶发育以竖直溶管、溶缝为主。

此两段岩溶发育型式均以小溶洞、竖管状或网格状溶洞（管）或溶洞群为主，发育在 T_2b 厚层灰岩或角砾状灰岩中，主要影响因素为岩性、岩性相变线及构造线展布情况。

（2）岩溶分水岭地区。主要包括除龙须暗河及打劫洞暗河以外的下坝暗河、周家洞暗河及大庆湾暗河洞段。控制此区岩溶发育的主要因素是水动力条件。

此区地表分布 F_4、F_6 大断层。根据前期勘测资料推测，沿 F_4、F_6 断层发育有下坝、周家洞岩溶暗河系统，隧洞开挖后将揭露较大规模的溶洞，并可能发生岩溶大涌水。但开挖后揭露的情况恰相反，包括排水洞在内的 4 条隧洞开挖后，除在 I 号隧洞桩号 5＋106 发育一狭缝状溶洞外，其余均未发现有相对较大的溶洞、溶管；且仅沿 F_6 断层下游断层破碎带附近有少量涌水、渗水，并没有大量涌水出现。

分析认为，此洞段在隧洞高程岩溶不发育、地下水不活跃的主要原因是该洞段处在上坝暗河系统与川眼树暗河系统的分水岭部位，以及周家洞暗河的源头区，其岩溶发育主要受水交替条件的控制；此部位处于区内河湾状岩溶水文地质单元的"中心"部位，北侧距南盘江排泄基准面约 3000m，南距作为隧洞水文地质边界的相变线在 4000m 以上，地下水排泄途径长，水交替条件差，故隧洞所在洞段岩溶发育微弱。周家洞暗河的源头虽分布在隧洞区的南侧，暗河管道越过隧洞向北纳入朱家洞暗河系统，地表沿周家洞岩溶洼地及推测暗河管道附近发育一些小溶洞，但隧洞高程岩溶并不发育，分析认为暗河管道已由隧洞顶部通过。

大庆湾暗河洞段隧洞高程并未见大跨度溶洞发育，而是以横向联系差但排泄条件极好的溶缝、溶隙组成群集型狭缝状排水通道，构成大庆湾暗河的源头。此洞段处在尼拉背斜的下游转折部位，受区域次生构造应力的影响，N40°W 一组剪张裂隙最为发育，延伸长，连通性好，导水性极好，地表沿此组裂隙发育纵向的溶沟、溶槽，大庆湾岩溶洼地即沿此组裂隙发育。下部暗河通道与地表岩溶洼间由于此组导水性极好的构造裂隙的联系，补给条件极好，但并没有有利的贮水构造存在，雨后涌水滞时短，涌水量极大。另外，强导水性裂隙的存在也是此段隧洞部位未揭露大型溶洞的主要原因之一，因为，在这种情况下地下水来得猛、去得快，溶缝、溶隙等贮水空间中并未存贮大量可供续补的地下水源，实际上大部分时间溶缝是处在无水状态，即使在雨季补给时间较多的情况下，溶缝贮水亦不饱和，在无充分溶蚀介质存在的条件下，岩体的溶蚀过程较缓慢，现存的溶缝、溶管主要是雨季大量补给水源机械冲刷、溶蚀而形成。

（3）单一岩溶暗河系统的水平分带性。隧洞沿线此类型分带性主要表现在岩宜暗河及桠杈暗河系统洞段，反映了由补给区至排泄区水动力条件由差变好的过程及岩溶发育逐渐增强的特点。

岩宜暗河近南盘江岸坡部分岩溶形式以溶管、小溶洞及沿结构面发育的溶缝为主，向分水岭方向则过渡为以小溶洞、溶孔或晶洞为主。

椏权暗河系统则以其距南盘江的远近可划分为强岩溶带、岩溶发育带及弱岩溶带；强岩溶带主要分布在桩号 8＋165～8＋350m 洞段，岩溶发育型式以群集型溶洞、溶管为主，部分溶管较大，且与地表岩溶洼地相连通。岩溶发育带主要分布在桩号 7＋500～8＋165m 洞段，沿 F_{251}、F_{250} 等断层稀疏发育呈长条形的小溶洞或溶管、溶缝。弱岩溶带则分布在桩号 6＋700～7＋500m 洞段，地表对应发育岩湾岩洼地，隧洞高程溶洞零星发育在相对应岩溶洼地范围内或沿推测的岩湾岩溶管道两侧，多呈管状或竖管状。

（4）隧洞区岩溶发育的垂直分带性。与岩溶发育的水平分带性相适应，隧洞区的岩溶发育尚具有垂直分带性，亦即随埋深增大，岩溶发育程度经历了一个"弱—强—弱"的过程，电站隧洞区前期勘探钻孔揭露情况表明，分水岭地区地表 200m 以下岩溶洞穴少见，隧洞高程仅见溶蚀裂隙及小溶洞。

在河谷岸坡地带，地下水径流从上到下依次划分为垂直循环带、季节变动带、水平循环带及深岩溶带，与之相应的岩溶发育程度从上至下可划分为中等岩溶发育带、强岩溶发育带、中等岩溶发育带、弱岩溶带；如椏权暗河管道洞段，隧洞高程以上以竖直溶管为主，而在隧洞底板 50m 以下则转而以水平溶洞较发育。

实际上，隧洞区的岩溶分带性不能仅简单地按水平分带性及垂直分带性进行划分，而是以一个三维空间岩溶发育"壳"的形式存在于一定埋深以上，此"壳"的厚度受地层岩性、构造线展布及其导水性，以及隧洞区地下水径流条件的控制，有一定规律可循。但龙须暗河及打劫洞岩溶暗河管道系统的岩溶发育特征与演变规律是一个特例，受其发育受 T_2jj 角砾岩分布的影响，并不完全遵循岩溶发育的一般规律。

（5）龙须、打劫洞继承性岩溶暗河系统。隧洞高程在桩号 2＋040～3＋120m 洞段内开挖揭露众多的溶洞、溶管，是隧洞沿线岩溶最发育的洞段，也是整个隧洞开挖及设计处理的主要难点洞段。

此段岩性为三叠统青岩组（T_2q）厚层灰岩、灰质白云岩及永宁镇组（T_1yn）厚层、中厚层灰质白云岩、白云岩，无大型区域性断层通过；但岩溶发育却以大型溶洞为主，且多沿 T_2jj 接触部分及小断层发育部位发育。溶洞跨度大，发育深，宏观上呈"斜管"状由排水洞向Ⅲ、Ⅱ、Ⅰ号隧洞底逐渐倾伏。隧洞揭露情况表明，其影响因素主要是 T_2jj 复杂岩的分布及小断层的展布情况。隧洞区该洞段地表除遍布大小岩溶洼地外，无其他岩溶发育的特别特征标志显示在隧洞高程可能大规模发育溶洞，且隧洞区 T_2jj 复杂岩的分布无规律可循；故此类溶洞的发育规模及发育程度在一定程度上可预测，但较详细的发育位置却很难圈定。

此两岩溶系统处在整个河湾岩溶水文地质单元的岸坡与分水岭之间，打劫洞暗河系统基本处在分水岭上；根据一般水动力条件，很难形成如此大规模、大跨度成群存在的溶洞，这是岩溶发育宏观分带性的一个特例，最好的解释原因是其为沿"膏溶层"（T_2jj）古溶洞发育的继承性溶洞。根据隧洞区岩溶及水文网演化历史分析，此部分溶洞源于宽谷期形成的大吼貌、白家塘及龙须一带的大型岩溶洼地及古溶洞，第四纪以来，隧洞区地壳强烈上升，河流下切，隧洞区南盘江峡谷变为深陡的 V 形谷或 U 形谷，地表水及地下水系为适应南盘江排泄基准面的下降，水力比降渐陡，纷纷向南盘江汇集，并迫使宽谷期形成的湖盆解体，正负地形分化，原有的溶蚀洼地加深加大并向深部发展，部分溶洞成为悬挂在陡壁上的"古"溶洞，另一部分溶洞则在沿早期溶洞存在有利于差异性溶蚀的特殊岩性构造条件下，继续往深部发育，以适应不断下降的基准面，并最终由于隧洞区不均匀掀升及南部纳贡暗河袭夺的结果，由排向雷公滩洞段南盘江转而接入纳贡暗河。

现代岩溶发育时期发育的溶洞规模多较小，隧洞沿线发育的2+040、2+860等大型溶洞多为继承型溶洞，受局部岩性变化或断层展布特征的影响，后期又继续发育扩大。此类溶洞的发育主要与地层岩性（尤其是T_2jj）及隧洞区构造运动有关，并在发育过程中受岩性及构造面的影响。

6.5.1.4 隧洞岩溶涌水及外水压力

1. 隧洞涌水情况

隧洞开挖后，各岩溶暗河管道多在隧洞区见有涌水点出露，揭露的各岩溶暗河管道于隧洞内出水点的涌水量统计见表6.5-1。

表6.5-1　　　　　　　　隧洞区各暗河系统涌水情况一览表　　　　　　　单位：L/s

暗河系统 \ 涌水情况			Ⅰ号主洞 涌水点	Ⅰ号主洞 涌水量	Ⅱ号主洞 涌水点	Ⅱ号主洞 涌水量	Ⅲ号主洞 涌水点	Ⅲ号主洞 涌水量	排水主洞 涌水点	排水主洞 涌水量
岩宜暗河系统			0+740	0.1（雨）			0+825	1—1.5	0+650	5—8
					0+910	0.04	0+930	3		
纳贡暗河系统	龙须支暗河	1号管道			2+120	0.2			1+870	2—3
			2+180	1.5（雨）	2+165	0.5—1				
		2号管道	2+256	70.5（雨）	2+310	70.2（雨）	2+246	暴雨涌水	2+430	滴水
		3号管道	2+484	0.15	2+525	0.25	2+450	∑Q=0.5	2+556	滴水
		4号管道	2+690	1.1（雨）			2+646	小涌水		
	打劫洞暗河	1号管道			2+865	0.1	2+936	滴水	2+923	滴水
		2号管道	3+620 ～ 3+800	1.5（雨）	3+730 ～ 3+820	1.5（雨）			2+972	2
							3+085	2	3+080	滴水
		3号管道							3+600	滴水
							3+870	2—3	3+950	滴水
下坝支暗河							4+641	0.1		
							4+810	0.1—0.2		
朱家洞暗河	周家洞支暗河		5+150	1.5m³， 涌沙			5+451	0.1	5+416	0.5—1
									5+450	1—2
			5+250	0.001					5+777	0.2—0.4
	大庆湾暗河		6+230—6+370	2m³（雨）	6+250	0.3	6+230	2—3	6+160—6+440	∑Q=25
					6+415	0.65	6+576	0.2		
桠权沟暗河							7+000	滴水	6+888	1—2
					7+960	0.01	7+560	滴水	7+562	0.5
							8+220	滴水		

2. 涌水类型

（1）大流量、高压力型。属此类型有龙须暗河及打劫洞暗河，其特点是：

1）涌水口距暗河出水口远，且在支暗河系统与主暗河管道之间存在限制排泄流量的"瓶颈"洞段。

2）地表集雨区全为封闭型岩溶洼地，洼地规模大，汇水面积大，底部高程高，隧洞在此段埋深 560～740m。

3）涌水流量大，2+246 桩号涌水点单点涌水量雨后最大可达成 1.5m³/s。

4）压力高。施工地质组曾于Ⅰ号隧洞 2+256m 桩号涌水口对涌水压力的大小进行测量，但封堵的洞口被冲开，高压表被打坏，说明其压力非常高。

（2）高压力、中等涌水量型。以岩宜暗河及周家洞暗河为主，周家洞暗河枯水期隧洞只有滴水或小涌水，到暴雨时涌出大量细沙；暴雨时水位升高快，压力较大。

（3）高压力、小涌水量型。以下坝暗河系统最为典型，枯水季隧洞滴水，暴雨期涌水也不大，说明岩溶管道距隧洞较远，但隧洞埋深达 490m，且远离河边，排泄条件不好，补给条件好，推测暴雨期短时水位很高，水压力较大。

（4）低压力、大涌水量型。大庆湾暗河枯水期涌水量约 0.05～0.1m³/s，暴雨期最大涌水量可达 1～2m³/s；隧洞已切穿暗河管道，地下水排泄条件好，管道通畅，距河边较近，暴雨时地下水位升高不大，涌水压力不大。

此外，隧洞通过桠权沟暗河系统中的溶洞群洞段时，枯水季和暴雨期均未发生涌水，推测暗河管道在地隧洞底板以下，距河近，较通畅，暴雨期地下水位升高不大。

造成此众多涌水类型的原因与岩溶管道的排泄条件、地下水补给来源及岩溶管道与隧洞的相对位置等有关。

3. 涌水特征

（1）涌水量的季节变化性。隧洞中大部分涌水点涌水量的大小具明显的季节性，多数涌水点在枯雨季流量较小，相对稳定；而在雨季，涌水量明显增大几倍甚至几十倍，部分涌水口在雨季最大涌水量可达 1m³/s 以上；局部洞段在雨季甚至由底板新增涌水口，如排水洞 1+877、1+922m 桩号雨季就由底板涌水、冒沙。

（2）涌水量与降雨的关系。根据隧洞沿线岩溶发育情况及各出水点涌水量的季节变化性及随降雨的变化情况，涌水量与降水的关系可分为以下几种情况：

1）涌水滞后时间（约 4h）及达到高峰的时间（约 10～12h）较短，且降雨停止后涌水量又在较短时间内恢复到原来的水量大小或干枯；岩宜暗河、大庆湾暗河管道出水点涌水量变化多属此种情况。形成这种情况的原因是由于这些岩溶管道较通畅，地下水径流条件较好，且与地表联系程度较好，降雨随岩溶管道很快排走。

2）雨季涌水量稍大于枯水季涌水量，但雨后水量增幅不大；沿 F6 断层发育的周家洞暗河管道（5+450m 段）地下水动态特征即如此，说明地下水循环途径长。

3）出水点涌水量不随降雨与否而变化。如Ⅲ号引水隧洞 3+185 等涌水点及其他沿裂隙涌水点即如此。此类地下水通道多较细、长，不甚通畅，地下水补给来源虽小但较稳定，对降雨的灵敏度差。

4）其他情况：如 2+040m 桩号溶洞在降雨时未见明显的地下水活动，仅在暴雨时偶见有水涌出。

多数出水点涌水量的变化和该地区降雨的变化关系密切，相关性大，说明在隧洞区，地下水的补给源较好，排泄通道较为通畅，出现涌水带后时间长短不一的原因是由于岩溶发育的差异性造成的，且与各岩溶含水系统的贮水调节能力及暗河管道的排泄能力有关；涌水时间较长的洞段多是裂隙岩溶水洞段，涌水时间较短的涌水点多处于暗河管道部位。另外，只有降雨量达到一定程度后多数出水口才开始涌水或涌水量增大，且涌水时间不长（仅 3～4d），说明该地区各含水层（系统）有一定的贮水能力，但不是很强。

4. 隧洞区外水压力

根据前期勘察得到地下水位线特点，如图 6.5-3 所示，隧洞沿线除在 2+040 及 8+200m 桩号两个洞段地下水位低于隧洞底板以下外，其余洞段地下水位均高于隧洞顶，隧洞衬砌完成后，在隧洞的顶部存在一定水头高度的地下水柱，此地下水柱通过一些岩溶管道或岩体中原始孔隙（缝）等洞隙网络而作用在隧洞衬砌上，给隧洞衬砌带来较大的水压力，即外水压力。但与处在静水中的管道不同，存在的地下水柱并非完全作用在隧洞上，而是与相应洞段的岩溶发育程度、地下水活动情况及岩体的完整性等因素有关，此种相关性可以用折减系数来表示；换句话说，作用在隧洞上的外水压力的大小主要与相应洞段的地下水位高度及外水压力折减系数有关，此折减系数本身是一个多元相关函数，其大小主要与岩体的完整性（渗透性）有关。另外，地下水位线绘制的适当与否对外水压力的取值影响也极大；正确绘制隧洞区地下水位线及选取适宜的折减系数对外水压力确定至关重要。

隧洞区的地下水位特征在上一章亦作了叙述，本章主要阐述外水压力折减系数的取值及隧洞区的外水压力特征。

（1）外水压力折减系数。外水压力折减系数（β）大小主要与地下水活动状态有关，岩体的完整性（结构面及岩溶发育程度）对折减系数的影响也主要通过影响地下水的径流条件来影响地下水的活动强度，进而影响（值的大小。根据天生桥二级水电站隧洞区实际地质情况，各种条件下的外水压力折减系数取值如下：

干燥与潮湿洞段：$\beta=0～0.2$；

渗水及少量滴水洞段：$\beta=0.25～0.4$；

滴水及少量涌水洞段：$\beta=0.5～0.6$；

大涌水洞段：$\beta=0.7～1.0$。

另外，外水压力折减系数的大小也与岩溶发育的相互联通、联系程度有关；如 6+200 等大涌水洞段，各岩溶管道之间的虽横向联系程度较差，但纵向上沿导水裂缝暗河管道排水条件极好，在未堵塞的情况下，外水压力折减系数可适当减小，相应的外水压力值也随之降低。

（2）隧洞沿线外水压力特征。外水压力的大小主要与相应洞段地下水位高度及折减系数有关；考虑隧洞所承受的最大压力值，计算外水压力值时的地下水位应以汛期地下水位为准。

根据隧洞区富水带分布、地下水位及折减系数计算结果，隧洞沿线较高的外水压力值主要分布在龙须暗河、打劫洞暗河、下坝暗河及周家洞暗河系统洞段等暗河主管道附近，最高外水压力值主要发生在龙须暗河 1 号管道（2+040）、打劫洞暗河 3 号管道及下坝岩溶暗河系统（3+750~4+580）及周家洞暗河管道（5+130~5+230）附近；这些部位外水压力较高的原因是：

1）地下水径流通道由于排泄路长或处在分水岭地区，排水不通畅，雨后地下水位短时内大幅度抬升。

2）存在垂直灌入补给的通道（溶管、缝、隙），部分通道与地表岩溶洼地或落水洞等直接连通。

岩宜暗河系统洞段由于总体地下水位较低，外水压力折减系数虽大，但作用在隧洞衬砌上的外水压力值并不大。

大庆湾暗河系统洞段雨后地下水活动强烈，单点最大涌水最大可达 1.5m³/s，但由于地处尼拉背斜的下游转折部位，NW 向导水裂隙（缝）极发育，隧洞段暗河管道虽小，但较通畅，地下水径流条件极好，外水压力折减系数取值较小。但一旦由于隧洞支护衬砌等原因将原管道堵塞，作用在隧洞衬砌上的外水压力局部可达 3.5MPa，此种现象在Ⅲ号引水隧洞 6+450m 桩号即已发现，这与以前的该段外水压力值不大的推测有所差别，外水压力折减系数取值时对此类情况应引起重视。

隧洞区桠权暗河系统大部处在地下水位季节变动带上部，地下水位较低，桠权沟部位枯、雨季地下水位均处于隧洞底板以下，且岩溶极发育，溶洞、溶管（缝）群呈网状分布，各岩溶管道间连通程度较好，隧洞衬砌后即使部分岩溶管道堵塞也不会产生较高的水柱，故外水压力较小或不计外水压力值。

分水岭部位由于岩溶相对不发育，岩体较完整，地下水不活跃，尽管地下水位较高，但压力折减系数较低，故外水压力值较低。

6.5.1.5　岩溶地下水的处理

1. 岩溶涌水处理

根据地表、隧洞内钻孔以及涌水情况连成枯水期水位（图 6.5-3）。此水位线的特点是凸峰洞段洞壁干燥，为各暗河间的横向分水岭，凹槽洞段枯水期水位通常低于隧洞底板，隧洞内无大涌水，主要是在暴雨期有大涌水出现，而凸峰洞段大暴雨期不出现大涌水。

暴雨期短时产生高地下水位原因：

（1）隧洞区地下水补给条件良好。隧洞区恰好位于纳贡暗河北支流各暗河的源头区，地表几乎全部为封闭型洼地，洼地中发育落水洞。洼地面积达 2.49km²，降雨全部由洼地中落水洞直接流入隧洞区的暗河之中，因此地下水比较丰富。

（2）暗河出口远离隧洞区。由于隧洞线北面为尼拉背斜轴线，T_2f 砂页岩隔水层隆起，阻隔暗河向北东方向排入南盘江，迫使暗河由 NW 向 SE 方向发育，再汇入纳贡暗河，最后在纳贡村出现。龙须支暗河 1 号管道至纳贡出口距离达 6km 以上。由于排泄途径远，排泄不通畅，因此地下水位易于短时涌水。

（3）暗河管道狭窄段及倒虹吸段阻塞水流。根据纳贡暗河出口段勘察及暗河纵坡分析，纳贡暗河下游有多段倒虹吸管，在下游管段堆积大量泥沙，因此推测纳贡暗河下游多段为有压管道流，由于中、下游排泄不畅，将使上游水位升高。

（4）隧洞施工时可能堵塞暗河主管道。

（5）短时高地下水位与暴雨强度有关。根据隧洞施工期观测，在平常年份，隧洞涌水量不大，在丰水年，最大涌水量可达 $7m^3/s$。

根据隧洞涌水特点，岩溶涌水可分为以下高压力大流量型、高压力中等涌水量型、高压力小涌水量型、低压力大涌水量型几种类型。

如表 6.5-1 所列，天生桥二级水电站引水发电隧洞开挖后，各岩溶管道水及暗河在隧洞区涌水量较大且对施工安全影响较大者主要为龙须暗河 1 号、2 号支管道及Ⅰ号、Ⅱ号洞开挖揭露的朱家洞暗河之周家洞、朱家洞暗河支管道；上述管道平时涌水量均不大，多在 2L/s 以下，但雨后涌水量急剧增加，大者达 $2m^3/s$。在隧洞开挖时龙须暗河Ⅰ号管道、Ⅱ号隧洞 2+050～2+100 在打穿时并未见涌水，钻孔水位低于隧洞底 26m，在施工过程中，将其作为排水通道；但在降暴雨时溶洞排不完，导致水位上升，消水洞反而向外涌水，消水洞变涌水洞，大量向隧洞内涌水；另外，经水量水压观测，隧洞内涌水结束时间多为暴雨后 3～4d 内。此外，隧洞开挖揭露的其他岩溶管道水涌水量多较小，部分甚至为渗水、滴水，此主要与岩溶管道或暗河的与隧洞的相对位置相关。

为了有效降低天生桥二级水电站引水隧洞区外水压力，于 3 条引水隧洞的东侧设置了排水洞。因此，对隧洞中的岩溶涌水问题采取了堵排结合、以排为主的方式进行处理。对隧洞开挖揭露的涌水量不大的涌水点，多结合围岩固结灌浆进行处理，一般都能达到较好的处理效果。对已开挖揭露的岩溶管道，能维持其原有通道者，多未加以堵塞，隧洞衬砌后仍保留了其泄水通道。而对隧洞直接开挖截断岩溶排水通道、涌水量、压力高的涌水点，多采取预埋排水管后，对其进行灌浆，最后进行闭管处理。按此原则处理后，据历次放空检查情况，效果较好。

2. 引水隧洞外水压力问题处理

（1）隧洞外水压力。由于溶洞壁上覆盖泥膜涌水量大时排泄不畅，可以判断暗河在洪水期为浑水充满，在隧洞开挖前，此段岩溶管道中洪水位较高。在 3 条隧洞全部衬砌之后，暴雨期隧洞中涌出的 $3m^3/s$ 以上水量将必然被逼回原岩溶管道中，使岩溶管道水位上升。根据推测，3 条隧洞衬砌后，隧洞所穿越的龙须暗河、打劫洞支暗河、下坝支暗河及周家洞暗河区段，暴雨短时水位可达 1000m，最高外水压力 3.8MPa，此高外水压力洞段长 1130m，主要分布在 2+000～5+360m 桩号洞段。

（2）排水洞设计。由于隧洞区地下水与多各岩溶管相通，具有多个出口，并随降雨呈现季节性抬升，枯季地下水位低于隧洞底板，因此应将隧洞内、外水分隔，以保证隧洞的输水功能和安全。解决高外水问题，可以有以下几种途径：

1）设置排水洞集中排泄。该方案保持了隧洞运行期间的地下水的排泄通畅，基本可以维持地下水位特性与施工开挖后的特性基本一致，不会再改变或恶化隧洞的运行条件，排水洞兼作施工通道，必要时可以形成新的隧洞工作面，也有利于汛期施工隧洞衬砌。

2）采用加厚衬砌和加固围岩的方式解决高外水问题。在隧洞开挖后，已经开挖的隧洞本身也是岩溶地下水的排泄通道，该方案在隧洞衬砌后，由于施工开挖形成的地下水排泄重新被封闭，必然改变地下水特性，已经揭示的岩溶管道表现为外水压力急剧加大，地下水也会寻找新的排泄出口，于隧洞运行不利。采用加厚衬砌的方式进行处理，对于最后完工的引水隧洞，施工干扰问题没有得到解决，缺乏施工通道，尤其是特殊洞段的处理通道，会明显推后Ⅲ号引水隧洞的完工时间。另一方面，Ⅰ号引水隧洞已经先期投入运行，Ⅱ号引水隧洞已经开挖的断面尺寸也不能满足衬砌尺寸的要求，隧洞扩挖可能会发生规模更大的围岩失稳，局面难以控制，因此依靠加厚衬砌来承担高外水压力不太现实。

3）采用有限深度的高压固结灌浆折减外水压力。理论上通过高压固结灌浆加固围岩，可以降低作用在衬砌上的大部分外水压力，但必须保证固结灌浆范围足够大。根据渗流分析，在 3 条隧洞周围 8m 范围全部固结灌浆后，作用在衬砌上的外水压力降低 40~60m，没有从根本上解决外水压力问题，如果将固结灌浆范围加大到足以满足要求，施工难度非常大，费用高，且工期也不允许。

从隧洞已经开挖的情况，结合施工通道要求，考虑到汛期涌水位置已经清楚，如果设置排水洞将这些涌水点连通，则汛期大量地下水将通过排水洞排除，可以有效降低隧洞外水压力，因此对高外水问题采取排水洞集中导排的方式解决。

4）排水洞布置。排水洞布置应满足：①尽量靠近主体建筑物，使排水效果最佳；②排水洞不应影响主体建筑物的施工和正常运行；③隧洞区主要为岩溶管道发育地区，为更好起到排水作用，宜在集中涌水段布置横穿 3 个引水隧洞的排水支洞；④排水洞布置应便于施工及地下水自流，不会淤塞；⑤排水洞布置应尽量兼顾作为隧洞的永久观测通道。

A. 排水洞位置和洞线选择。考虑到Ⅰ号隧洞已经投入运行，Ⅱ号隧洞正在衬砌，Ⅲ号隧洞正在开挖，对在Ⅱ号、Ⅲ号隧洞上部 30m 处布置排水洞和在Ⅲ号隧洞外侧 30m 处布置排水洞进行比较，考虑到排水洞进出口应与引水隧洞上、下游的 1 号、2 号施工支洞相通，同时有利于兼顾作为Ⅲ号隧洞的施工支洞和引水隧洞的永久观测通道，选择了将排水洞布置于Ⅲ号隧洞外侧 30m 处的 1 号、2 号施工支洞之间，排水洞平行于主洞布置，排水主洞长度 7196m，沿排水主洞布置 7 条横向排水支洞，支洞长度共 1000m。

B. 排水洞断面尺寸选择。根据隧洞开挖后几年的实际调查和统计，洞内最大涌水量约为 $7m^3/s$，考虑到各段涌水时间不一，一般洪峰持续时间仅 4~8h，按涌水量 $7m^3/s$ 确定排水断面，另外，考虑下游 2.5km 洞段兼作Ⅲ号隧洞的施工支洞和局部衬砌要求，排水洞断面拟定为 3.5m×3.5m 和 5.3m×7m 城门洞型，排水支洞断面考虑施工要求，采用 2m×2m 城门洞型。排水洞底坡同Ⅲ号隧洞，即为 3.1105‰。

C. 排水洞结构型式。排水洞平行于主洞，其地质条件和围岩条件与主洞对应相近，考虑排水洞的功能主要是排泄地下水，仅在部分围岩稳定性差的洞段进行混凝土或钢筋混凝土衬砌，对围岩稳定性较差的洞段进行喷锚支护，衬砌段和喷锚段还需打部分排水孔。

（3）地下水渗流场分析及排水效果评价。岩溶发育的非均匀性决定了地下渗流的不均匀性，岩溶地下水渗流分析是极其复杂的问题，涉及岩性、产状、构造、岩溶发育情况及渗流系数的取用等多种因素。对工程渗流场分析，主要依据引水隧洞已揭示的地质情况，根据岩性、构造、岩溶发育，选取 4 个典型断面，成都科大模型范围为隧洞左右 1000m，上下 600m，贵阳院模型范围为隧洞左右 2000m，上下 635m，进行平面稳定渗流场分析，以评价排水洞的排水效果。

渗流场分析分别采用差分法和有限元法，在没有排水洞情况下，如果没有岩溶管道或排泄通道，不足以顺畅排泄地下水，隧洞外水压力水头将达到 320m，断面 4 隧洞外水压力较小，为 124m 左右，设置排水洞外水水头可降 46%～86%；对于断面 3 若设置排水支洞，外水水头可降至 50m 左右，与断面 4 成果基本接近。分析结果表明，Ⅲ 号隧洞外侧设置排水洞，3 条洞的外水水头有所差异，最大差值约 70m，Ⅰ 号隧洞外水水头降至 120m 左右。根据分析成果，排水洞的排水效果较为明显。

（4）外水压力监测情况。根据不同的地质情况，在隧洞施工过程中，于 Ⅱ 号引水隧洞沿程布置了 12 个外水压力观测断面，并于衬砌顶部和腰部埋设了渗压计进行外水压力值观测，观测时间最长历时 43 个月，最短 22 个月。根据仪器埋设以来观测到的最大外水压力见表 6.5-2。Ⅱ 号引水隧洞沿线地下水位线如图 6.5-4（a）所示，推测 Ⅱ 号隧洞沿线外水压值与实测外水压力值见图 6.5-4（b）。

表 6.5-2　　　　　　　　Ⅱ 号引水隧洞沿程实测外水压力分布统计表

桩号 /m	隧洞埋深 /m	推测地下水位（雨季）高于洞顶值/m	推测外水压力值/m	实测外水压力值/MPa	
				洞顶	洞腰
0+890	340	170	1.7	0.14	0.20
0+905	350	180	1.7	0.36	0.22
2+106	580	375	3.0	0.05	0.11
2+112.5	585	360	2.4	0.12	0.72
2+133	590	360	2.4	0.05	0.33
2+875	680	400	1.6	0.07	
2+892	680	400	1.6	0.10	0.10
4+763	550	380	1.9	0.33	0.31
5+303	500	340	2.7		0.15
6+225.1	410	300	0.5	0.55	0.04
8+195	90	−80	0.0	0.16	0.11
8+302	120	40	0.4	0.14	0.14

除 6+000m 桩号以下洞段推测与实测外水压力值基本一致外，其余洞段实测外压力值远低于推测外水压力值，推测外水压力值最高达 3.2MPa，而实测洞顶最高外水压力值为 0.55MPa，洞腰最高外水压力值为 0.72MPa。但从曲线图上亦可看到，实测外水压力值曲线与推测外水压力值曲线的起伏基本一致，2+000m 桩号附近与 5+000m 桩号附近均出现峰值特征。

实测值远低于推测值的主要原因，经分析，可能主要是受相邻 Ⅲ 号隧洞、排水洞的开挖排泄作用的影响。Ⅰ 号、Ⅱ 号隧洞及相邻 Ⅲ 号隧洞、排水洞的开挖，以及各引水隧洞对岩溶涌水的灌浆封堵，极大地改变了隧洞区的地下水渗流场，且由于未衬砌的 Ⅲ 号隧洞及排水洞（距 Ⅱ 号隧洞分别为 30m、60m）的存在，相当于加强了各岩溶洞隙的排泄能力，造成近隧洞围岩中地下水滞留时间短，大部分地下管道中的地下水位抬高的可能性及抬高幅度大为降低，从而造成埋设于距洞壁较近的围岩中的仪器所测得的外水压力值较低。但推测外水压力曲线与实测外水压力曲线的起伏特征基本趋于同步，说明原推测外水压力值的思路是基本正确的，排水洞的设置对降低隧洞区处水压力是可行的。

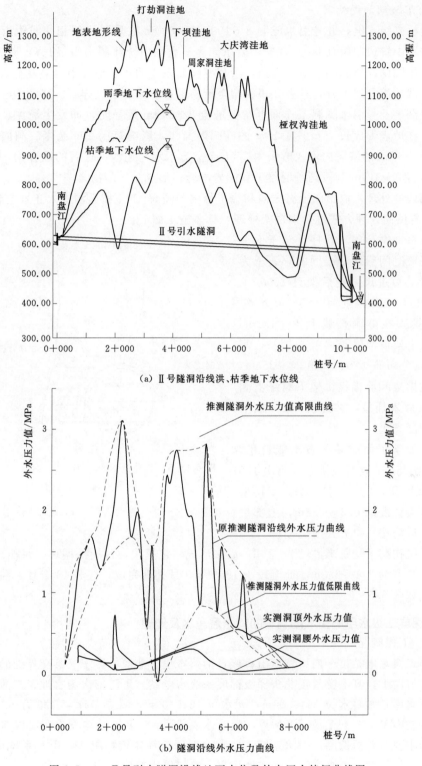

（a）Ⅱ号隧洞沿线洪、枯季地下水位线

（b）隧洞沿线外水压力曲线

图 6.5-4　Ⅱ号引水隧洞沿线地下水位及外水压力特征曲线图

3. 岩溶隧洞涌泥处理

天生桥二级水电站Ⅱ号引水隧洞 8＋190～8＋350m 桩号洞段处相变线附近，其北东则为三叠系中统边阳组（T_2b）灰岩，南东侧为三叠系中统江洞沟组（T_2j）砂泥岩地层。受相变线南西则碎屑岩隔水地层阻挡，沿相变线北东侧的灰岩地层中岩溶发育，地下水活跃，竖井状岩溶管道发育，且多充填软塑至流塑状黏土或黏土夹碎石。1988 年 4 月，由 3号施工支洞往Ⅱ号引水隧洞工作面上游掘进至 8＋340m 桩号时，即发生涌泥、塌方、冒顶现象，在地表形成长 25m、宽 15m 的椭圆形漏斗，影响范围 100 余米。洞内，沿洞轴线方向长 5～7m 的溶洞内涌入隧洞内 2500 余立方米水与泥沙、块石的混合物，涌泥形成的泥石流将 8＋319m 洞段洞壁混凝土和围岩冲垮，形成多次险情。

该洞段的处理采取由向上游方向和绕Ⅰ号主洞经 8＋114 横通洞进入Ⅱ号主洞，从 8＋024 向下游反向处理方式进行钢拱架处理。具体施工如下：

（1）每一循环施工程序。掌子面上以涌出一段时间后初步凝固的碎石土为工作平台，短进尺开挖后架设 20cm 工字钢钢拱架（拱加上有大于 50cm 空档），其拱脚在隧洞腰线上 1～1.2m。钢拱架顶上架设两层 Φ32 受力钢筋，间距 25cm，分布筋 Φ20，间距 24～35cm。在该榀钢拱架和前榀钢拱架下翼缘上侧安装 3cm 厚木插板，并浇筑 50cm 以上厚度拱圈混凝土。

（2）如掌子面前端土石不能自稳，则用 ϕ50～75mm 钢管找挑梁，每次 1.5～2m。如顺利，则可尽量打深。钢拱架间距视地质情况取 0.5～0.8m，上部拱形成后，以后按马口方式换腿接长。

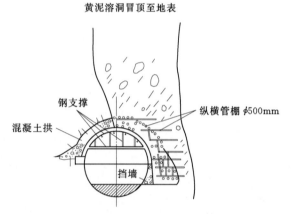

图 6.5-5　Ⅱ号隧洞 8＋197～8＋340m 桩号管棚护顶法施工示意图

该洞段初期平均每米进尺 7～10d，后来形成固定模式，每周一循环，每循环 3～4 榀钢拱架，长度为 2.1～2.8m。此洞段于 1989 年 5 月处理完成，耗时 13 个月。混凝土拱帽处理模式如图 6.5-5。

6.5.2　锦屏二级水电站引水隧洞辅助洞岩溶涌水及处理

6.5.2.1　工程概况

锦屏二级水电站位于四川省凉山彝族自治州木里、盐源、冕宁三县交界处的雅砻江干流锦屏大河湾上，其上游紧接龙头梯级锦屏一级水电站，下游依次为官地、二滩和桐子林水电站。水库正常蓄水位 1646.00m，死水位 1640.00m，日调节库容 496 万 m^3。电站装机容量 4800MW，单机容量 600MW，额定水头 288m，多年平均发电量 242.3 亿 kWh。工程枢纽主要有首部低闸、引水系统、尾水地下厂房等建筑物组成。引水系统由进水口、进水口事故闸门井、引水隧洞、上游调压室、高压管道等建筑物组成。

锦屏二级水电站引水系统工程与 2007 年 8 月 18 日正式开工，2013 年 1 月 1 号和 2 号机组分别发电。

6.5.2.2　基本地质条件

引水隧洞从西到东穿越西部的三叠系中统杂谷脑组大理岩（T_2z）、三叠系下统绿泥石片岩和变质中细砂岩（T_1）、三叠系上统砂板岩（T_3），中部三叠系中统白山组大理岩（T_2b）及东部的盐塘组大理岩（T_2y）等地层，沿线断层、裂隙等结构面发育，且以近EW 向、陡倾角为主，规模相对较大结构面有断层 F_5、F_6（锦屏山断层）、F_{27}、f_7 等。工程区岩溶发育总体较弱，但两侧岸坡地带局部岩溶相对发育。引水隧洞埋深大，沿线地应力高，围岩以Ⅲ类为主，部分为Ⅱ类，局部为Ⅳ类。

引水隧洞沿线存在岩溶地质缺陷，涌突水问题突出。高地应力洞段存在岩爆和应力型岩体破坏。绿泥石片岩洞段围岩强度低，遇水易软化、抗变形能力差，围岩稳定条件差。施工中在系统加固支护、固结灌浆等工程处理基础上，对引水隧洞采取了全长全断面混凝土衬砌。根据已有监测成果分析，围岩收敛变形监测、多点位移监测、锚杆应力计监测及钢筋计监测等监测数据均在允许范围，隧洞围岩处于稳定状态。

6.5.2.3　岩溶洞室涌水灌浆封堵处理的认识过程

锦屏二级水电站辅助洞地下水的处理思路经过了两个大的阶段，即"以堵为主、以排为辅"为原则的第一阶段和采取了各种预报手段后，在确保安全的条件下对地下水实施"择机封堵"原则的第二阶段。第二阶段是经过较长时间的认识和比较复杂的思想转变后，才比较客观的寻求出适合锦屏地下水的处理理念。其间，锦屏建设管理局邀请了国内外的许多知名专家进行现场咨询，针对地下水的处理做了相关研讨，同时又请很有实力的灌浆队伍和公司对辅助洞作止水试验，最终确立了锦屏二级水电站岩溶地下水涌水防治"择机封堵"的总体思路。

为贯彻落实"择机封堵"的理念，结合灌浆封堵施工过程中积累的经验教训，提出了施工过程中应遵循的"先易后难、先引后堵、宜先拱顶后边墙再底板、局部集中处理；兼顾其他部位，系统处理，综合治理"的基本原则。

其中，"先易后难"，即先从较小的水量或水压部位开始进行处理，逐渐向高压大流量出水部位靠近的顺序推进。

"先引后堵"，对集中出水部位或较强富水区，先进行打孔引排，视情况确定封堵时机，在引排水可以直接从富水部位打孔，也可以从远端向出水构造打排泄孔，如富水区围岩破碎宜从远端打孔引排且孔要深，并保证孔的垂直投影尽量地大，如富水区围岩整体性较好，可直接从富水区打孔引排且孔径要大。

"宜先拱顶后边墙再底板"，当边拱顶与底板无明显的水力联系时，应该先进行边拱顶封堵，当有水力联系，也必须先局部对边拱顶进行封堵，同时在边墙设置泄水孔，当完成了底板封堵后，再进行预留的泄水孔进行封堵。

"局部集中处理"，按前述原则处理后，可能还存在局部出水，此时应该查明原因，有针对地予以封堵，有必要时应采取特殊措施。

"兼顾其他部位，系统处理"，如果事前彻底把强富水区一次性处理到位，则该区段的地下水位会逐渐地提高，从而可能导致其他部位增大压力和水量或新增出水段（点），为提高处理速度和效果，防止无限增大成本，必须结合考虑邻近的洞段，兼顾到其他部位进行系统处理，为此，在处理时要研究周边的地质构造与岩溶水文地质情况，并在灌浆封堵的过程中仔细观察浆液的串浆情况，如果在封堵过程中有此串浆现象或其他部位出水量增大，就不能对该区段（点）作最终封堵，必须对有联系或串浆的区段（点）作事先预处理，以防止强富水区作一次处理后，给处理增加难度和增大成本。

"综合治理"，在处理过程中应该考虑地质情况的影响，如围岩破碎、裂隙密集带等，采取综合治理的措施。宜结合锚杆、挂网和喷射混凝土先对不良地质洞段进行加固处理；底板如存在欠挖不到位，也应该先予以处理后再进行灌浆封堵；因洞内总出水量较大，在处理底板时存在排水困难的问题，应该考虑扎围堰、抽排或直接截断前方水体等辅助措施，以确保处理过程减少流水的干扰。

应该注意的是该认识的转变并没有完全否定以堵为主的总体思路，而是将堵水时机作了调整。

6.5.2.4 辅助洞高压大流量涌水"止浆墙＋超前灌浆"处理

1. 涌水情况

锦屏二级水电站 A 洞 1＋108～1＋138m 洞段埋深 1500m 左右，开挖过程中揭露高压大流量涌水，该洞段总涌水流量达 34560m³/d，射程最远达 17m，单孔最大流量达 20736m³/d，涌水处静水压力约为 5MPa。经地质及物探等多种手段查明，本次主要出水构造产状为 N50°W，NE∠52°的溶缝（沿小断层发育），溶蚀带宽 0.5～1.5m，与隧道走向交角约 20°，为此需对掌子面前方实施灌浆封堵。

2. 灌浆堵水施工

本段封堵以"先把动水变为静水，然后再进行超前灌浆止水"为总体思路。即先在掌子面形成止浆墙，然后再以止浆墙为依托，根据隧道与出水溶隙的关系，对隧道开挖掌子面前方30m及隧道开挖轮廓线外6m范围内的溶蚀带进行超前灌浆，并在浆液达到一定强度后沿出水构造布置钻孔检查灌浆封堵效果。

（1）止浆墙施工。在止浆墙施工时，因掌子面有约 220L/s 的地下水外流，且主出水孔的喷射距离达 17m。首先对主喷水孔采用大管（φ125 无缝高压钢管）套口外排、对散水及无喷距的股水采用黏土袋围堰汇集于沟，通过预埋钢管外排的方式进行处理，共埋设引排水钢管 5 根。在钢管出水端连接高压闸阀，以便在止浆墙达到设计强度后封闭地下水，变动水为静水。然后进行明水处理及止浆墙施工工作。该方法成功地解决了在高水压、大水流条件下止浆墙的修建工作，并为超前灌浆止水工作创造了条件。

（2）超前灌浆止水。根据出水构造与隧道的关系、止浆墙修建情况及止浆墙排水管的设置情况，在进行超前灌浆前，先对既有排水管及修建止浆墙时掌子面预留的排水空间进行灌浆充填，充填灌浆时先沿位于洞底的排水管向掌子面灌浆，并让隧洞上方的排水管处于开放状态，在上方排水管开始出浆后停止下方排水管内灌浆，并开始将上方排水管关闭实施灌浆。在对掌子面空隙进行充填后，再由上而下沿断层破碎带实施超前钻孔止水灌浆。在灌注完毕并达到一定强度后，针对出水构造及辅助洞围岩较好的左侧施钻一定数量的检查孔，确认灌浆质量较好。

具体工序如下：

1）钻孔及孔口管安装。钻孔采用 MD－50 潜孔钻钻进，先用 φ130 钻头钻进，在钻孔深度超过 AK1＋117m 后安设孔口管（主要考虑避开止浆墙内加固钢筋对灌浆钻孔的影响），孔口管采用浓水泥浆或水泥—水玻璃双液浆注入填塞，待浆液达到一定强度后重新使用 Φ76mm 钻头扫孔钻进至设计孔深进行。

2）水量、水压测定。在进行超前灌浆前，对孔内的水压、水量进行测定，以便对浆液类型和终止灌浆压力的选定。出水量采用桶装法测定，水压采用关闭高压闸并在止回阀位置（还未安装止回阀）安装一高压水表进行测定。经测定，灌浆前关闭所有闸阀12h 后静水压为 1.6MPa（测定时间为揭露出高压水一个半月后地下水位已降时）。

3）浆液制备。水泥浆制备选用 NJ－1200 型泥浆搅拌机，容积为 1200L。采用 P.O 32.5 普通硅酸盐水泥，细度为通过 $80\mu m$ 方孔筛的筛余量不宜大于 5％，拌制时按包进行控量，其余所有外加剂制浆材料进行称量，加水采用泥浆搅拌机容量计量。水泥浆液的搅拌时间 30s。在拌制好的浆液放入储浆桶时安设一过滤网对浆液进行过筛，水灰比较小或灌浆暂停间隙浆槽内浆液进行人工搅拌。水玻璃在施工前根据需要的浓度，用比重计先配置好并置于专用桶内。

4）灌浆压力。高压灌浆泵选用 ZJB/BP 变频高压灌浆泵。最大额定压力 30.0MPa，最大排量 140L/min。灌浆压力表安装在灌浆泵靠出浆管上，记录时记录压力摆动的平均值，压力波动范围不大于灌浆压力的 20％。灌浆前实测涌水压力 1.6MPa，因此超前灌浆压力将按 3～4MPa（超过地下水压力 2MPa）压力进行控制。

5）浆液选用。在整个灌浆过程中，仅在进行预埋钢管灌浆中各出水串浆点封堵时使用了水泥—水玻璃双液浆。其余全部选用 P.O 32.5 普通硅酸盐水泥配置的单液浆进行灌注工作。所有使用浆液配合比都通过现场分组试验。在开始灌浆过程中，水灰选用 0.6：1，过程中出现了后方出水裂隙串浆的现象，为了对串浆部位实施有效封堵，采取了注水泥—水玻璃双液浆的方式。但由于出水溶隙较宽，开始封堵失败，后来根据双液浆的灌注特点（两台泵分别灌注水泥浆和水玻璃浆，在孔口通过混合器混合），逐步加大了水玻璃泵的转速，增加了水玻璃掺量，以调整凝胶时间，当水灰比调整到 1：1 后 2min 内，实现了对串浆部位的封堵，串浆部位封堵后仍改为单液浆灌浆。

6）灌浆结束标准。结束标准为：在 4MPa 灌注压力下，吸浆率小于 5L/min 时，持续 10min 结束灌浆。

3. 灌浆堵水小结

在本次高压大流量灌浆封堵施工中，沿出水溶蚀带进行布孔灌浆并保证导水构造上隧洞止水帷幕厚度，逐步向导水构造两侧扩散，扩散灌浆孔兼作检查孔。本次共施工灌浆钻孔 13 个，共计 255m，清孔 5 个共计 92.5m，灌注水泥 512t，水玻璃 40t。其实际灌浆量大于预估量，分析为注入浆液部分随动水流失所致。隧洞开挖后，围岩裂隙及前方部分小溶腔内均有水泥结石充填且密实，结石抗压强度达 14MPa。由此可以看出，超前灌浆封堵效果较好。

6.5.2.5　辅助洞岩溶涌水"引排＋高压固结灌浆"处理

1. 涌水情况

该电站 B 洞 5＋030m～5＋260m 洞段埋深近 1500m，开挖揭露地下水以渗滴水、线状渗水、岩溶裂隙与管道集中涌水、高压喷水等多种形式出现，沿岩体结构面、溶蚀破碎带及断层、管道中喷出，且表现为"流量大、压力高、水点多、流量稳定"等特点，最大涌水压力达 12MPa。根据地质构造和出水形式把该洞段进行如下划分并采取不同的封堵手段：①5+030m～5+130m 洞段：主要为裂隙—溶隙—溶蚀宽缝，为较强富水区（每 30 延米洞段的总出水 20～100L/s）；②5+130m～5+210m 洞段：主要为裂隙—溶隙—溶蚀宽缝及少量溶孔洞，为强富水区（每 30 延米洞段的总出水 1000L/s 以上或水压力大于 1.0MPa 及以上）；③5+210m～5+260m 洞段：主要为溶蚀管道和溶洞，并发育了裂隙—溶隙—溶蚀宽缝，为岩溶发育区。

2. 灌浆堵水施工

该洞段水文地质条件复杂、出水量与压力较大，裂隙串通性较好，现场采取重点兼顾一般的原则，分区分段统筹安排。即重点出水部位加强力量，分点（段）重点突击；在出水相对较小的地段拉开分组进行封堵；对全洞段进行系统的高压固结灌浆封堵的方法。

对于 5+130m～5+210m 强富水洞段，采用了引排封堵法，先使用孔口管可控引排，围岩加固后并最终进行高压固结灌浆将其完全封堵；对于 5+210m～5+260m 岩溶管道（溶洞）集中涌水段，采用模袋灌浆封堵技术，塑囊灌浆封堵技术、特种灌浆材料封堵技术对岩溶管道（溶洞）进行封堵；最终进行系统的隧洞高压固结灌浆。通过以上多种措施使出水洞段形成一个环状防渗固结体，不仅防止高压水的渗入，而且提高了出水洞段围岩的承载能力，确保隧洞在安全状态下运行。具体施工情况如下。

（1）灌浆孔。对岩体结构面有针对性布孔，使钻孔尽量与岩体结构面相交，使用地质钻机造孔，孔径 $\phi 130～42mm$，终孔孔径保证不小于 $\phi 42mm$，孔深根据构造情况从 6m 到 15m 不等。

（2）孔口管。采用耐压无缝钢管，规格为 $\phi 130～73mm$ 几种种形式，其中大口径孔口管用于强富水区段，入岩深度达 2m，外露 10cm。孔口管安装采用纯水泥浆液固定镶铸。

（3）灌浆浆液。针对该洞段不同形式出水共配制了多种封堵灌浆浆液，其中可先用一种浆液和几种浆液联合使用，各种浆液配比都需做试验。普通水泥浆液采用了 1:1、0.8:1、0.5:1 三个比级，特种灌浆材料浆液（加入纳米灌注剂等），特殊浆液（加入黄豆、编织袋、纤维等惰性材料和膨胀性材料）。

（4）灌浆参数。采用纯压式灌浆。双液灌浆通过孔口混合方式进行，灌浆压力为 3.0MPa，灌浆结束标准为：灌浆压力达到 3.0MPa 时，吸浆量小于 5L/min 时，持续灌注 10min 即可结束。

（5）施工过程。因 5+130m～5+210m 洞段涌水压力过大，使用膨胀式灌浆塞无法安装，随即在大出水点处打了 3 个排水孔，以减压分流。在完成局部集中出水点封堵后，采用 4.5m 锚杆加固，孔排距 1.0m，梅花形布置，孔深 4.5～5.0m，插入 $\phi 25mm$、长 4.5m 的锚杆，外露 10～20cm 作为挂网焊接头，最后进行高压灌注。局部严重破碎地段进行挂网喷混凝土。在围岩加固完毕后对该洞段排水孔进行灌浆封堵。

5+210m～5+260m 洞段施工时，首先采用钻孔和物探查明岩溶管道走向、溶腔规模后，用特殊浆液和特种灌浆材料加模袋灌浆技术、塑囊灌浆技术成功封堵该洞段。5+030m～5+260m 洞段底板集中涌水封堵，因上游来水量较大，采用了半洞导流小围堰施工法，取得了较好封堵效果。

在该洞段地下水处理过程中发生过 3 次较大掉块坍方，这就需要在进行高压灌浆前对围岩加固处理。同时，综合运用多种地下水处理手段（包括高压涌水口封堵排孔封堵工艺、半洞围堰抽排水施工、深积水底板灌浆施工、模袋灌浆技术、索囊灌浆技术等），采用多种新材料和特殊浆液使得该洞段的岩溶涌水灌浆封堵取得成功。

第7章 基坑岩溶涌水与处理

水利水电工程基坑岩溶涌水是指在岩溶地下水面以下岩（土）体中开挖大坝、厂房等水工建筑物基坑时，岩溶地下水流入场地的现象。由于水利水电工程大坝、厂房等水工建筑物基坑均位于河谷地下水的汇集排泄区，基坑岩溶涌水是岩溶区水利水电工程建设中常遇的工程地质问题，其具有不均一性、突发性、涌水量变幅大等特点。工程建设中若产生基坑岩溶涌水，轻则影响施工工期，重则影响施工安全乃至工程安全，对工程施工和安全具有较大的危害性。如乌江洪家渡水电站厂坝基坑 2001 年 6 月一次强降雨后 K_{80} 与 K_{40} 岩溶管道水系统产生岩溶涌水，涌水量达 $3\sim4m^3/s$，由于基坑抽排能力不足，涌水淹没了厂房基坑，影响了厂房施工，为治理基坑涌水，通过施工勘测，对左、右岸 K_{80} 与 K_{40} 岩溶管道水排泄区进行了堵洞、帷幕灌浆，并设排水洞与排水管将岩溶水引排至基坑下游；三岔河引子渡水电站厂房基坑 2001 年汛期沿 F_{11} 断层岩溶管道涌水，涌水量 $0.47\sim0.75m^3/s$，且涌水量有随基坑排水量的增加而加大的趋势，影响厂房的施工，为治理岩溶涌水，通过施工勘测，采用模袋灌浆、双液控制灌浆等技术对涌水岩溶管道、断层破碎带进行了封堵；乌江渡坝区 K_{W53} 和 K_{W42} 岩溶暗河系统在 1975 年 4 月一次暴雨后流量分别达 $2m^3/s$ 和 $5m^3/s$，超过了导引建筑物过水能力，岩溶管道水涌入基坑，造成基坑提前淹没；湖南某水坝高仅十余米，施工时对坝下涌泉处理不当，强迫填筑，致使土坝坝坡不断管涌塌陷，坝脚护坡变形，下游长期沼泽化而成为严重的病险水库；广西西江桂平航运枢纽一期基坑开挖时揭露高 $0.3\sim1.9m$、宽 $2\sim7m$、延伸长 $160\sim200m$ 的岩溶管道，在水头长期作用下洞穴充填物被击穿发生涌水，涌水量达 $0.61\sim0.72m^3/s$，基坑被淹没，为治理该涌水，进行了两次灌浆，两次灌浆处理后当即抽水尚可抽干，但经过 $30\sim40d$ 后管道再次击穿、基坑涌水依旧，最后不得不采取强排施工，延误工期一个枯水期以上。

目前，由于难以实测或确定河水位以下岩溶管道水排泄点位置、流量、流量与降雨量及滞后时间等的关系，基坑岩溶涌水预测仍是水利水电工程地质勘察的技术难题之一。研究基坑岩溶涌水特点、条件、类型以及预测和治理措施是水利水电岩溶工程地质研究中的主要课题之一。

7.1 基坑岩溶涌水特点

基坑岩溶涌水受岩溶发育程度，岩溶地下水的补给、径流、排泄条件及降雨等影响，其具有以下特点。

(1) 不均一性。一是涌水出现部位具有很大的不均一性，这是岩溶发育的不均一性所致。岩溶岩体内构造断裂、节理裂隙密度不均匀、岩性可溶性差异及水动力条件的不同，产生分异性的差别溶蚀作用，形成溶蚀优势方向和部位，溶蚀优势方向和部位岩溶发育，往往产生涌水。二是涌水量的不均一性，由于岩溶发育程度不同，岩溶地下水的补给、径流、排泄条件各异，不同补给、径流、排泄条件下的基坑岩溶涌水量差异极大，就是同一涌水部位，由于岩溶水存在时间动态的不稳定性，岩溶涌水量随季节与降雨不同也具有很大的不均一性。

(2) 突发性高、涌水量大。若基坑揭露暗河或岩溶管道水时，可形成突然涌水，常常造成基坑淹没，影响施工，延误工期。

(3) 涌水量变幅大。岩溶涌水量往往与降雨关系密切，旱季涌水量小，雨季涌水量大，强降雨后常常产生大涌水，一个涌水点的涌水量可小到 $0.01\text{m}^3/\text{s}$ 以下，大到几个流量以上，变幅可相差数十倍乃至数百倍。

7.2 基坑岩溶涌水条件

基坑发生岩溶涌水的基本条件：一是岩溶发育条件，发育有与基坑连通的岩溶管道、溶蚀带或溶蚀裂隙等；二是岩溶水动力条件，基坑低于汛期岩溶地下水位。

7.2.1 岩溶发育条件

岩溶发育程度、规模及形态等，决定岩溶涌水的类型与规模。以下部位为岩溶发育的重点部位。

(1) 可溶岩与非可溶岩接触带。非可溶岩一般为相对不透水或弱透水层，其构成了岩溶发育与岩溶地下水活动的控制边界，岩溶水往往沿此接触带汇集、径流和排泄，易形成溶蚀带、岩溶泉或暗河，易发生涌水。

(2) 可溶岩中的不整合界面、断层带、断层交会带、破碎带、节理密集带等形成的构造破碎带。岩溶地下水也往往沿其集中径流和排泄，是岩溶涌水的主要部位。

(3) 岩溶管道系统或暗河系统。在岩溶发育地区，岩溶管道系统往往纵横交错，岩溶地下水接受水平和垂向补给，地下水位以下的管道或暗河常年有水，水量随季节和降雨量变化大，涌水量大，处理难度较大。

7.2.2 岩溶水动力条件

根据岩溶水循环过程的水力学性质及伴随的水动力特征，岩溶地区存在 4 个水动力带，即垂直渗流带（包气带）、季节变动带、水平渗流带（潜流带）、虹吸渗流带。岩溶区水利水电工程厂坝基坑处于岩溶水的季节变动带、水平渗流带或虹吸渗流带内，季节变动带、水平渗流带的水流力学性质多呈重力梯度流，虹吸渗流带的水流力学性质多呈压力梯度流。

季节变动带发生季节性涌水，涌水量受降雨强度与降雨入渗条件控制，以洼地、落水洞、漏斗补给最快，且量集中、变幅大、突发性强，危害性也较大。水平渗流带与虹吸渗流带发生常年涌水，涌水量相对稳定。水平渗流带一般为无压涌水，虹吸渗流带为有压涌水。按出流形式分溶隙型涌水和管道型涌水，溶隙型涌水为渗流运动，涌水量相对小，管道型涌水，地下水运动呈汇流式，涌水量大，危害性大，处理难度大。

7.3　基坑岩溶涌水类型

基坑岩溶涌水分类，尚无统一的标准和原则，从不同角度和侧重点出发，有不同的分类，概括起来有以下几种分类：

（1）按岩溶水循环系统特征分为管道流涌水、扩散流涌水和混合流涌水，包括：隙流涌水、脉流涌水、网流涌水及管道流涌水。

（2）按涌水型式分为渗水、线流、股流、涌流。

（3）按岩溶水的运动带分为季节变动带涌水与饱水带涌水。

（4）按岩溶水力学性质分为压力流涌水和无压流涌水。

（5）按岩溶水文地质结构分为断裂带涌水、层间涌水、接触带涌水和裂隙涌水等。

（6）按涌水动态变化特点分为水文型涌水、稳定型涌水及突发型涌水。

（7）按涌水量大小分为特大涌水、大量涌水、中等涌水、少量涌水、微量涌水，具体分类指标详见表 7.3 - 1。

（8）按涌水时间的连续性分为季节性涌水和永久性涌水。

（9）按涌水补给源分为降雨涌水、地表水体涌水及地下水体涌水。

（10）按涌水补给性质分为静储量涌水、动储量涌水和动静储量涌水。

根据岩溶水水文学特征、岩溶水水力学性质、岩溶水水文地质结构、涌水量大小，基坑岩溶涌水分类如下。

7.3.1　基坑岩溶涌水水文学分类

不同的岩溶水循环系统，其补给、径流和排泄条件各异，根据岩溶水循环系统特征，基坑岩溶涌水可分为管道流涌水、扩散流涌水和混合流涌水。

（1）管道流涌水。涌水量对降雨反应迅速，降雨量峰值与涌水量峰值之间时间滞后短，涌水量增减速度快、变幅大。基坑揭露地下河或岩溶管道水系统时，将会产生管道流涌水，涌水突发性大、涌水量大，其危害性大，处理难度大，常常淹没基坑。

（2）扩散流涌水。涌水量对降雨反应速度慢，降雨量峰值与涌水量峰值之间时间滞后长，涌水量增减速度慢、变幅小、涌水量小，基坑在季节变动带和饱水带揭露岩溶裂隙或溶蚀破碎带时将会产生扩散流涌水，但其危害性相对较小，一般通过常规抽排处理就能消除。

（3）混合流涌水。其涌水特征介于管道流涌水与扩散流涌水之间，既有管道流涌水又有扩散流涌水，只是两者所占比例程度有差异。

7.3.2 基坑岩溶涌水水力学性质分类

按岩溶水运动边界和压力状态可分为无压流涌水和压力流涌水两种。

（1）压力流涌水。压力流涌水也称限制流涌水，当基坑揭露饱水带中的岩溶虹吸管道或揭穿上覆隔水层（相对隔水层），将会产生岩溶压力流涌水，其涌水量较稳定，但一般涌水量不大。如北盘江善泥坡水电站坝基岩体质量检测孔 ZK-HC-3、ZK-HC-4、ZK-HC-5 揭露坝基下伏裂隙状岩溶管道承压水，沿检测孔产生压力流涌水，但其涌水量不大；沙湾水电站河床坝基钻孔 ZK101、ZK102、ZK106、ZK121 揭露下伏裂隙状岩溶管道承压水，也产生有压流涌水，承压水头 $69.92\sim87.18m$，涌水量 $0.60\sim6.45L/s$。

（2）无压流涌水。基坑处于具有自由水面的岩溶地下水位以下时产生无压流涌水。由于岩溶发育的不均一性，岩溶管道断面大小变化无常，枯水期常表现为无压流涌水，洪水期常表现为有压流涌水。如乌江洪家渡水电站厂房基坑 W_{494} 岩溶管道涌水，枯季表现为无压流涌水，雨季暴雨后表现为有压流涌水。

7.3.3 基坑岩溶涌水水文地质分类

按岩溶水蓄存、运移和岩体地质构造性质可将基坑岩溶涌水分为管道岩溶涌水、断层带岩溶涌水、裂隙岩溶涌水、接触带岩溶涌水等。

（1）管道岩溶涌水。基坑在季节变动带或饱水带揭露岩溶管道时，将会发生管道岩溶涌水，其涌水特性为管道流。

（2）断层带岩溶涌水。断层带岩体破碎，透水性强，有利于岩溶地下水的汇集、运移及岩溶发育，基坑在季节变动带或饱水带揭露断层带时，常发生断层带岩溶涌水。

（3）裂隙岩溶涌水。基坑在季节变动带或饱水带揭露裂隙密集带时，将会发生裂隙岩溶涌水，其流量虽小，但动态较稳定。

（4）接触带岩溶涌水。接触带存在有利的汇水条件，岩溶比较发育，具有富水条件，特别是岩溶地层与非岩溶地层之间的岩层接触带或断层接触带，往往发育岩溶大泉或地下河。基坑位于这些部位时，将会产生涌水。

7.3.4 基坑岩溶涌水量分类

考虑基坑岩溶涌水特征、危害程度与处理难易程度，根据涌水量大小将基坑岩溶涌水分为特大涌水、大量涌水、中等涌水、少量涌水、微量涌水五类，具体分类指标见表 7.3-1。

表 7.3-1　　　　　　　　　　　基坑岩溶涌水量分类表

类型	涌水量 /$(m^3 \cdot s^{-1})$	涌 水 特 征	危害程度与处理难度
特大涌水	>2.0	暗河或管道涌水，涌水量特大、增减速度快、变幅大	严重影响施工，可造成重大设备及人身事故，排水困难，处理难度大
大量涌水	$1.0\sim2.0$	管道涌水，涌水量大、增减速度快、变幅大	较严重影响施工，可造成设备及人身事故，排水较困难，处理难度较大
中等涌水	$0.1\sim1.0$	脉状管道涌水，涌水量较大、增减速度较快、变幅较大	对施工有较大影响，较易排水，处理难度一般

类型	涌水量 /(m³·s⁻¹)	涌 水 特 征	危害程度与处理难度
少量涌水	0.01~0.1	细脉状管道涌水，涌水量一般、增减速度较慢、变幅小	对施工有一定影响，易排水，易处理
微量涌水	<0.01	溶隙涌水，涌水量小、增减速度慢、变幅较稳定	对施工影响不大

7.4 基坑岩溶涌水预测

较准确地预测岩溶涌水发生的部位及涌水量，对于采取有效的防治措施、保证工程施工工期及施工与运行安全等有重要意义。

7.4.1 涌水部位与涌水类型预测

从岩溶地下水的补给、径流及排泄关系看，岩溶区水利水电工程大坝与地面厂房基坑均处于岩溶地下水的排泄区，地下厂房基坑处于岩溶地下水的径流—排泄区，岩溶发育。从岩溶地下水动力分带看，岩溶区水利水电工程厂、坝基坑均位于岩溶地下水季节变动带与饱水带内，岩溶地下水丰富。岩溶区水利水电工程厂、坝基坑一般均存在不同程度的岩溶涌水问题，只是由于补给、径流、排泄及岩溶发育程度不同而导致涌水类型、涌水量及危害程度不同。基坑岩溶涌水部位与涌水类型预测需通过岩溶水文地质测绘、物探、勘探、岩溶水文地质观测与试验及测试、岩溶水文地质分析等勘察方法和手段，在查明基坑所处岩溶水文地质单元、基坑岩溶水文地质结构、岩溶形态、规模及延伸情况、岩溶发育规律、岩溶水动力特征等岩溶水文地质条件的基础上进行。

1. 涌水部位预测

基坑岩溶涌水部位主要根据岩溶发育规律进行预测。一般在下列地段易发生涌水：

（1）可溶岩与非可溶岩接触带、相变带。

（2）可溶岩中的断层带、层间错动带、裂隙密集带、溶蚀破碎带。

（3）向斜、背斜核部。

（4）暗河、岩溶泉及岩溶管道系统发育带。

2. 涌水类型预测

基坑岩溶涌水类型主要根据岩溶地下水循环系统特征与水动力特征进行预测。

（1）暗河、岩溶大泉、岩溶管道涌水类型为管道流涌水，常常产生大量涌水至特大涌水，危害性大，处理难度大，饱水带存在虹吸管道时常产生压力流涌水。

（2）断层带、裂隙密集带、溶蚀破碎带、层间错动带等涌水类型主要为扩散流涌水，一般为少量涌水，危害性不大，较易处理，在饱水带有时产生压力流涌水。

（3）岩溶管道与溶蚀破碎带、裂隙密集带等并存时，涌水类型为混合流涌水，既有管道流涌水，也有扩散流涌水，危害性大，处理难度大。

7.4.2 涌水量预测

基坑岩溶涌水量的预测，除了一般的裂隙性涌水量预测之外，主要的是集中管道性涌水预测和最大涌水量预测。岩溶涌水预测，首先应查明岩溶发育规律及水文地质条件，建立符合客观实际的水文地质概念模型，它包括岩溶含水系统的边界条件、补给来源的地形地貌条件、岩溶化程度、岩体透水性、大气降雨与地下水位变化、泉水的动态特征等水文地质参数，然后建立与水文地质概念相符的数学模型。基坑岩溶涌水量的预测方法有水均衡法、水文地质比拟法、水文地质解析法、水文地质数值法以及非线性理论方法等。常用的主要有水均衡法、水文地质解析法与水文地质比拟法。

7.4.2.1 水均衡法

水均衡法是目前基坑两岸岩溶涌水量预测的一种主要方法，它是应用水均衡原理，通过研究某一均衡区在一定均衡期内地下水量的收入与支出之间的关系，建立地下水均衡方程，从而计算预测基坑涌水量。其计算公式如下

$$Q = \frac{1000aAX}{86400d}S$$

式中：Q 为涌水量，m^3/s；A 为均衡区集水面积，km^2；a 为入渗系数；X 为降水量，mm；d 为均衡期天数；S 为涌入基坑水量占地下水径流总量的份额。

岩溶水赋存于溶蚀裂隙、岩溶管道中，以非均质和紊流为其主要特征。水均衡法是在考虑了这些特征的基础上建立起来的，它回避了以松散介质中的孔隙水为均质和层流的理论为基础建立起来的解析解和数值解。因此，在理论上用水均衡法预测基坑岩溶水量比用解析解和数值解更符合实际。但是在水均衡法的应用中，无论在理解上和参数的选用上都存在着很大的差别，其计算结果也显然不同。

关于集水面积，由于岩溶地区溶蚀通道纵横交错，含水性与透水性极不均一，存在岩溶水的袭夺，使得岩溶地区的集水范围变得格外复杂，其岩溶地下水分水脊线往往与地形分水脊线不一致。故在计算集水面积 A 时，不能简单按地形分水脊线圈定，必须在综合研究岩溶水文地质条件的基础上确定。

关于入渗系数，其受地形、植被、地下水位埋深、降雨状况、岩溶发育情况及土石前期含水量的影响，传统的做法是根据入渗条件在 0.3～0.6 之间选取，同一地区，不同的设计者可取不同的值，最大可相差 1.0 倍，随意性很大。由于岩溶区地下水的补给主要是大气降雨，因此可在岩溶水文地质单元内进行地表径流量、降雨量及蒸发量的观测，然后用最小二乘法求 a 值。当降雨量在一定范围内时，降雨量与入渗量呈线性关系，计算入渗系数应在线性段取入渗量 M，并把蒸发量 Z 视为变量，利用观测资料以最小二乘法求入渗系数 a

$$a = \frac{\sum M_i X_i}{\sum X_i^2}$$

式中：M_i 为各次入渗量，mm，$M_i = X_i - Y_i - Z_i$（X_i 为各次降雨量，mm；Y_i 为各次地表径流量，换算为径流深，mm；Z_i 为各次蒸发量，mm）。

为检验变量 M、X 之间的线性相关程度，在计算之前应先求相关系数 r：

$$r = \frac{\sum (M_i - \overline{M})(X_i - \overline{X})}{\sqrt{\sum (M_i - \overline{M})^2 \sum (X_i - \overline{X})^2}}$$

一般认为当 r 大于 0.7 精度满足要求，否则不宜采用。

关于涌入基坑水量占地下水径流总量的份额，如果基坑包围了计算的均衡区岩溶地下水的整个排泄范围，基坑涌水量为地下水径流总量，即 $S=1.0$；若基坑仅处于计算的均衡区岩溶地下水的部分排泄范围，基坑涌水量则仅为部分地下水径流量，即 $S<1.0$，S 的取值必须在综合研究基坑岩溶水文地质条件的基础上确定。

水均衡法最大的优点是适合于任何不同水文地质条件的基坑涌水量预测，但预测的准确程度取决于各均衡项和均衡要素的确定，只有提高各均衡项和均衡要素的精度，才能保证其预测精度。

7.4.2.2 水文地质解析法

水文地质解析法是根据地下水动力学原理，运用数理分析的方法得到特定水文地质条件（包括特定的含水介质特征、特定的边界条件和特定的初始条件等）下地下水运动的解析公式，并将其运用于基坑涌水量的预测。

岩溶基坑涌水由堰基涌水、绕堰涌水、基坑两岸涌水组成，其涌水类型为管道流涌水、扩散流涌水或两者的组合。

1. 渗透性相对比较均匀的岩溶基坑

该基坑主要产生扩散流涌水，其涌水量可按下列方法估算。

（1）堰基涌水。可利用 H. H. 巴甫洛夫斯基与 Γ. B. 卡明斯基公式。透水层深选用 H. H. 巴甫洛夫斯基公式，即：

$$Q_{计} = BKHq_r$$

其中

$$q_r = \frac{1}{\pi} \text{arcsh} \frac{\gamma}{b}$$

透水层厚度不大于堰基宽度选用 Γ. B. 卡明斯基公式，即：

$$Q_{计} = BKHT / (L+T)$$

式中：$Q_{计}$ 为计算涌水量，m^3/d；B 为堰基长度，m；K 为渗透系数，m/d；H 为基坑内外水头差，m；q_r 为"计算渗流量"；T 为透水层厚度，m；L 为围堰基础宽度，m；b 为堰基宽度（L）之半，m；Y 为计算深度，m；堰基透水层无限深，以渗漏有效带宽度 $2.5L$ 代替 Y，$q_r=0.736$。

（2）绕堰涌水。可按下列公式估算。

当绕渗宽度不能确定

$$Q_{计} \approx KH(h_l + H_l)$$

当绕渗宽度已确定

$$Q_{计} = 0.366KH(h_1 + H_1) \lg \frac{B}{r_0}$$

其中

$$B = \frac{l}{\pi}$$

式中：h_l 为河水位高出隔水层顶板的高度，m；H_l 为围堰壅高水位高出隔水层顶板的高度，m；B 为绕渗带宽度，m；r_0 为绕渗半径，m；l 为围堰壅水前地下水面高程与围堰壅水水位相等的点距堰肩的距离，m；其余符号意义同前。

（3）基坑两岸涌水。可按下式估算：

$$Q_{计} = KSI$$

式中：S 为基坑渗水断面面积，m^2；I 为水力梯度；其余符号意义同前。

2. 岩溶管道发育的基坑

该基坑主要产生管道流涌水，其涌水量可按下式估算：

$$Q_{计} = Av$$

式中：A 为过水岩溶管道断面面积，m^2；v 为岩溶管道水流速。

由于上述公式未考虑岩溶基坑突水这一特点，对于不发生突水的基坑，计算涌水量和实际涌水量比较接近，发生突水的基坑，计算涌水量与实际涌水量相比，明显偏小，实际涌水量最大可达计算涌水量的 10 倍，如广西桂平枢纽一期基坑估算涌水量为 $240m^3/h$，而实际基坑涌水量达 $2200 \sim 2600m^3/h$。为了充分考虑突水因素的影响，多数工程在进行基坑涌水量预测时，通常将计算的涌水量（$Q_{计}$）乘以基坑突涌系数（A），即

$$Q_{预} = AQ_{计}$$

式中：$Q_{预}$ 为预报涌水量，m^3/d。

基坑突涌系数（A）为 $1 \sim 10$，它的取值主要应考虑以下因素：

（1）贯通基坑内外的岩溶渗漏通道的数量、规模和可能发生基坑岩溶涌水的性质。

（2）基坑突水的水源补给区大小，吸收降水和地表径流的特点。

（3）岩溶洞穴充填物的充填程度、充填状态及其渗透性，特别应注意流塑、软塑及可塑状黏性土和砂砾充填的洞隙产生突水的危害程度。

（4）基坑内外水头差或可能产生突水水压力的大小。

（5）基坑内岩溶洞穴开挖处理方式及延续时间等因素对突水的影响。

水文地质解析法在基坑岩溶涌水量预测中经常被使用，但是效果并不十分理想，其主要原因是对其应用条件的认识不够。首先，并不是所有的水文地质条件下的地下水运动都有解析解，只有少数特殊水文地质条件才有解析解；其次，涌水量预测的解析公式都有一个最基本的假定，即含水介质是均质各向同性的，地下水运动满足达西定律（即地下水流态为层流），对于松散的孔隙介质和均匀的裂隙介质相对比较适用，而岩溶含水介质通常具有高度非均质各向异性的特点，且岩溶地下水运动常常既有层流也有紊流，一般不能满足上述基本条件，在这种条件下运用解析方法获得的涌水量是不可靠的，必然造成预测值与实际误差较大。因此，对于基坑岩溶涌水量预测，尤其是强烈岩溶化地层的涌水量准确预报，不能依赖解析公式，只有当通过岩溶水文地质调查和勘测后认为基坑岩溶相对不发育，含水介质主要为较均匀的裂隙-溶隙介质时，该方法预测的涌水量才会接近实际涌水量。

7.4.2.3　水文地质比拟法

水文地质比拟法通常是利用已建工程基坑在施工过程中积累的涌水量观测资料，通过对其岩溶水文地质条件的分析以及与拟开挖基坑岩溶水文地质条件相似性的分析对比，利用相似性原理预测拟开挖基坑涌水量。

水文地质比拟法预测基坑岩溶涌水量的精度主要取决于已建工程基坑与拟开挖基坑之间岩溶水文地质条件的一致性或相似程度。由于岩溶发育的不均一性与复杂性，决定了不同基坑之间岩溶水文地质条件往往差异较大，要找到相似程度很高的基坑比较困难。总的来说，该方法可宏观确定岩溶基坑涌水量的数量等级，但是要准确预报岩

溶基坑涌水量还较困难。水文地质比拟法由于计算方便，一直受到工程界的青睐。要提高其预测精度，必须做好两方面的工作：一方面通过工程实例不断积累涌水量及涌水过程与岩溶水文地质条件、地表水以及降雨关系研究的经验；另一方面在应用水文地质比拟法进行预测时，要把岩溶水文地质条件的勘察分析对比放在首位，要详细论证基坑之间岩溶水文地质条件的相似性。只有认真做好了这两个方面的工作，才能提高水文地质比拟法的预测精度。

基坑岩溶涌水量的预测方法很多，但不同的方法都有其相应的适用条件和各自的优缺点。不管采用何种方法，具体岩溶水文地质条件都是十分重要的，任何脱离了岩溶水文地质条件的数学模型和计算机方法都只能是数学或计算机游戏，不能一味追求方法的新颖而忽视其适用性，脱离具体的岩溶水文地质条件和勘察精度。根据岩溶发育的不均一性和复杂性以及勘探技术水平和水利水电工程勘察的特点，基坑两岸岩溶涌水量预测应以水均衡法为主，基坑底部与两侧涌水量可用解析法预测，同时选择适合具体基坑岩溶水文地质条件和勘察精度的评价方法进行综合预测。

7.5 基坑岩溶涌水处理

7.5.1 处理原则

基坑岩溶涌水处理，首先应查明其岩溶水文地质条件、涌水来源、涌水类型、涌水特点、涌水量等，并分析其对工程施工期与运行期的危害性和危害程度，根据其岩溶水文地质条件与危害性有针对性地制定处理方案。对仅影响工程施工的涌水，若通过抽排能消除其影响，一般采用临时抽排措施进行处理，若涌水范围和涌水量较大，也需设防渗帷幕等；对既影响施工又影响运行安全的涌水必须采取永久或永临结合的处理方案进行处理。

7.5.2 处理方法

基坑岩溶涌水的处理方法很多，但概括起来主要有避、排、堵、防。避是在涌水只影响施工的情况下，如工期允许就避开涌水高峰期，枯期再行施工，或先施工无涌水段，后施工涌水段等避开涌水高峰期的处理方法；排是采用工程方法对涌水进行引排，排水方式很多，有自流式的引排，有集中抽排，应从施工期长短考虑，尽可能利用施工支洞、勘探平洞、或专设排水洞、排水孔；堵就是封堵涌水岩溶通道，方式有混凝土封堵、挡水帷幕、或两者结合；防是防止地表水涌入或渗入涌水含水层与涌水岩溶管道，处理方式主要有地表铺盖与排水沟或排水洞结合。基坑岩溶涌水处理方法主要有抽排法、导引法、封堵压盖法、驱挤法、闸阀封闭法、帷幕灌浆法等或它们之间的组合。

1. 避

"避"适用于涌水仅影响施工，且工期允许。避开涌水高峰期，枯期再行施工，或先施工无涌水段，后施工涌水段等避开涌水高峰期的处理方法。

2. 排

"排"是采用工程方法对涌水进行引排，排水方式有自流式引排、集中抽排等。

引排适用于各种岩溶涌水点，应从施工期长短考虑，尽可能利用施工支洞、勘探平洞、或专设排水洞、排水孔、沟、槽、渠、管道等将水引排出建筑物基础以外。如乌江渡、东风、洪家渡等水电站坝基基坑泉水的引排。

抽排适用于涌水仅影响施工，涌水量不是很大，通过抽排能保证正常施工。在基坑内开挖集水井，利用水泵将基坑涌水抽至基坑外排走。

3. 堵

"堵"就是封堵涌水岩溶通道，堵的方式有反滤封堵、压盖封堵、驱挤封堵、挡水帷幕、截水墙等或互相结合。

反滤封堵、压盖封堵适用于流量小、压力不大的涌水点。用反滤料、混凝土直接封堵洞穴涌水点，或用混凝土及其他构筑物在涌水口上压盖。一般土石坝采用反滤封堵，混凝土坝采用压盖封堵。如三江口水电站采用的是压盖封堵，洪家渡水电站采用的是反滤封堵。

驱挤封堵适用于出流分散，此堵彼漏的涌水点。采用较大体积的混凝土直接浇筑，将基础下涌水出逸点封堵，迫使其涌水从基础外的逸出点排出。如三江口水电站左侧河床便是采用这种方法。

挡水帷幕适用于岩溶较发育基坑，涌水危害性较大，依靠抽水无把握的工程。采用灌浆帷幕截断基坑涌水通道。这是一种常用的方法，也是一种使用广泛、行之有效的处理方法，目前被很多工程采用。如桂平枢纽二期上下游围堰及纵向围堰地基、乌江洪家渡水电站厂坝基坑上游围堰及右岸、乌江索风营水电站大坝基坑上下游围堰、洪渡河石垭子水电站大坝基坑上下游围堰等均是采用灌浆帷幕截断基坑涌水通道。

截水墙适用于暗河、大型岩溶管道涌水，采用混凝土截水墙截断基坑涌水通道。如乌江洪家渡水电站厂坝基坑 K_{40} 岩溶涌水管道的封堵。

4. 防

"防"是防止地表水流入涌水含水层与涌水岩溶管道，适用于补给来源集中、明确的涌水。处理方式主要有地表堵洞、地表铺盖与排水沟或排水洞结合。

上述 4 种方法往往需要综合使用，才能达到既经济又有实效的目的。如乌江洪家渡水电站厂坝基坑右岸 K_{40} 与左岸 K_{80} 岩溶管道系统涌水的处理就是堵、排结合的典型成功案例。

7.6　乌江洪家渡水电站基坑岩溶涌水处理实例

乌江洪家渡水电站位于贵州省黔西县与织金县交界的乌江北源六冲河下游，为一等大（1）型。电站正常蓄水位 1140m，死水位 1076m。电站装机 600MW，总库容 49.47 亿 m^3。电站枢纽由混凝土面板堆石坝、洞式溢洪道、泄洪洞、发电引水洞和坝后地面厂房等建筑物组成，最大坝高 179.5m。厂、坝基坑处于长 740m 的深切岩溶峡谷河段（图 7.6-1）。厂坝基坑开挖最深达高程 959.54m，低于常枯河水位（976.5m）近 17m。由于该河段为两层灰岩岩溶水的排泄与汇水区，基坑内分布有 K_{40}、W_{120} 等岩溶管道水系统，基坑开挖必然存在严重的岩溶涌水问题。

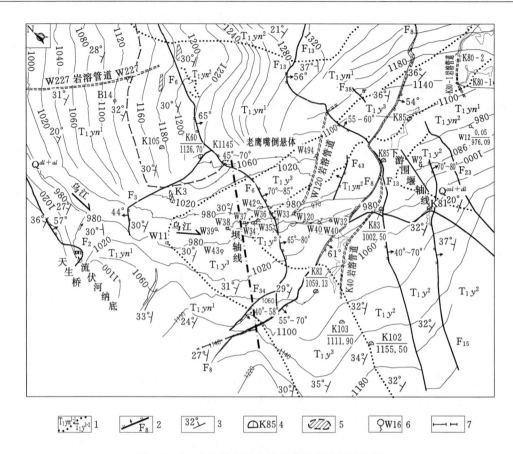

图 7.6-1 乌江洪家渡电站坝址区岩溶地质略图

1—地层分界线；2—断层及编号；3—岩层产状；4—溶洞及编号；5—溶洞
平面投影；6—泉水及编号；7—设计蓄水位线

7.6.1 地质概况

1. 地形地貌

厂坝基坑位于底纳河伏流出口下游至 1 号塌滑体之间，河段长约 1.5km，河流流向在底纳河伏流出口以上为南西 45°，以下转为南东 45°，在左岸形成一向西凸出的河湾，在高程 1400.00m 以下为陡壁或斜坡，高程 1400.00～1600.00m 以上为岩溶峰丛洼地。枯期河水位 976.58m，河床地面高程 970.00～976.00m。坝段发育Ⅰ号、Ⅱ号、Ⅲ号、Ⅵ号 4 条冲沟，枯期均无水，汛期单条流量 0.5～1.0m³/s。

2. 地层岩性

从下游至上游，枢纽区出露基岩为三叠系下统夜郎组、永宁镇组。

（1）夜郎组。共分 3 段。第一段沙堡湾段（T_1y^1），泥页岩、泥灰岩、泥质灰岩，厚 95～110m；第二段玉龙山段（T_1y^2），薄至中厚层灰岩，厚 275～305m，细分为 5 层；第三段九级滩段（T_1y^3），泥页岩夹泥质灰岩，厚 75～85m，细分为 2 层。

（2）永宁镇组。共分 4 段，与水工建筑物关联的主要是第一段（T_1yn^1），为厚层、中厚层夹薄层灰岩，厚 210～237m，细分为 6 层。

3. 地质构造

枢纽区位于化稿林背斜弧形转折端北西翼，呈单斜构造，岩层走向 N60°～70°E，倾向 NW（倾向上游偏左岸），倾角 30°左右。断裂构造线为 NEE 向，计有 12 条断层，其中通过厂、坝等水工建筑物区的有 F_3、F_6、F_8、F_{13}、F_{15}、F_{23} 等断层，倾角 40°～80°，地层断距均不超过 20m。裂隙发育 NE、NEE、NW、NWW 4 组，均为陡倾角。

7.6.2 岩溶水文地质条件与涌水预测

7.6.2.1 左岸

1. 岩溶水文地质条件

枢纽区分布的 T_1yn^1 与 T_1y^2 灰岩，受巨厚的 T_1y^3 泥页岩阻隔，形成了各自独立的岩溶含水层和发育了各自的岩溶系统。

T_1y^2 灰岩，在 F_8 与 F_{13} 断层带附近地下水位（高程 976.00～985.00m）以上有 K_{85}、K_{80} 溶洞系统，在 1 号导流洞中，F_8 断层形成宽 9m 左右，充填黏土的溶蚀破碎带，2 号导流洞中，K_{85} 溶洞沿 F_{13} 断层发育，宽 26m，充填黏土夹碎块石，地下水位以下钻孔发现两个高 0.4～2.1m 的溶洞，分布高程为 958.00～1018.38m；在与 T_1y^3 泥页岩底板相接触的灰岩中，钻孔在高程 916.85～921.28m 揭露了高 4.43m 的溶洞。在 1 号、2 号导流洞中发现了 17 个溶洞或溶蚀带，涌水点 6 个，经观测，汛期暴雨或连续降雨后涌水强度 3～4m³/s。

T_1yn^1 灰岩中，在建筑物区上游有 K_{91} 岩溶管道系统，其出口为 W_{15} 号泉，流量为 5～20L/s，两条导流洞遇溶洞、溶蚀带 9 个，均充填黏土，有 3 个渗水或涌水点，流量 0.2～0.7L/s。

T_1yn^1 灰岩与 T_1y^2 灰岩地下水受大气降水补给。T_1y^2 灰岩地下水补给来源于分布高程为 1400.00～1600.00m 的洼地、漏斗、落水洞，补给面积约 6.0km²。地下水以岩溶裂隙与管道形式径流，并向河床排泄，在距河岸 320m 范围内，最低地下水位高程为 976.03～984.59m，最高地下水位高程为 983.09～999.19m，变幅 2.65～22.9m。勘探期间由于厂、坝基坑范围覆盖层广布，无法发现泉水，仅在厂、坝基坑下游发现有 K_{80}—W_{16}—W_{12} 管道水，枯期流量约 0.1L/s，汛期被洪水淹没，无法观测，但在导流洞出口下游岸坡高程 1000m 左右发现不少出水点，导流洞开挖后则全部消失。

河床坝基开挖后，左岸河床 T_1y^3 相对隔水层与 T_1y^2 灰岩接触带附近出露了 W_{120}、W_{33}、W_{34}、W_{35}、W_{36}、W_{37}、W_{38}、W_{39}、W_{42} 等泉水，其中 W_{120} 为岩溶管道水，流量 15～100L/s，连通试验证实其与 3 号引水洞揭露的 W_{494} 及导流洞涌水岩溶管道相通。

2. 涌水分析及预测

（1）T_1y^2 岩溶含水层。在基坑内，T_1y^2 岩溶含水层分布宽度 390m 左右，勘测资料及 1 号、2 号导流洞开挖均表明 T_1y^2 灰岩岩溶发育，特别其与 T_1y^3 泥页岩接触带附近及 F_8、F_{13} 断层带附近更是如此，存在 W_{120}、K_{80}、K_{85} 等岩溶管道系统，厂、坝基坑为 T_1y^2 灰岩含水层地下水的排泄区，存在岩溶管道与岩溶裂隙涌水，以岩溶管道涌水为主。据 1 号、2 号导流洞 T_1y^2 灰岩段涌水分析，降雨量超过 50mm 就会出现涌水，滞后时间 7h 左右，2 号导流洞的涌水来源既有地下水，也有河水，1 号导流洞的涌水来源全为地下水，其涌水量较大。实际估测 1 号、2 号导流洞最大涌水量 3～4m³/s，厂、坝基坑开挖后将揭露与 1 号、2 号导流洞相通的 W_{120} 岩溶管道系统，预测基坑涌水量同 1 号、2 号导流洞最大涌水量，为 3～4m³/s，需进行工程处理。

（2）T_1yn^1 岩溶含水层。在基坑内，T_1yn^1 岩溶含水层分布宽度 170m 左右，K_{91}～W_{15} 岩溶管道系统远离基坑，河床岸边未发现岩溶管道或岩溶泉点，T_1yn^1 含水层大量的地下水主要通过 K_{91}～W_{15} 岩溶管道系统向河床排泄，在基坑范围内不存在岩溶管道涌水，但存在裂隙（包括溶蚀裂隙）涌水，涌水量不大，可不进行工程处理。

7.6.2.2 右岸

1. 岩溶水文地质条件

T_1y^2 灰岩中，地下水位以上，在 F_8 断层带附近发育有上层 K_{40} 岩溶管道，在 F_{15} 断层带附近发育有 K_{81} 岩溶管道；地下水位以下或附近，在 F_8 断层带附近发育有下层 K_{40} 岩溶管道，钻孔揭露其最低高程达 972.54m，在 F_{13} 断层带附近发育有 W_2 岩溶管道，近岸钻孔在高程 978.54～993.65m 揭露两个高 5.87～8.18m 的溶洞；10 号施工支洞中发现涌水点一个，估测汛期涌水量达 0.1m³/s 左右。

T_1yn^1 灰岩中，在上游围堰轴线上游 30m 左右有底纳河伏流，钻孔揭露一与河床连通的岩溶管道，分布高程 976.59～978.19m，高 1.6m，半充填，充填物为砂卵石或砂质黏土。

T_1y^2 与 T_1yn^1 岩溶含水层地下水受大气降水补给。T_1y^2 岩溶含水层补给来源于分布高程 1300.00～1600.00m 的洼地、漏斗、落水洞，补给面积约 6.5km²。地下水以岩溶裂隙与管道形式径流，并向河床排泄，在岸边 300m 范围内，最低水位 974.62～998.11m，最高水位 980.09～1016.89m，水位变幅 3.23～18.78m。勘测期间，在基坑内发现有 K_{40}～W_9、W_2 岩溶管道水，K_{40} 枯期流量 1L/s，汛期测到的最大流量为 2.4m³/s，W_2 枯期流量 0.5L/s，汛期估测最大流量 0.1m³/s。

T_1yn^1 岩溶含水层补给来源于分布高程 1300.00～1600.00m 的洼地、漏斗、落水洞，由于乌江支流底纳河的存在，并作为控制岩溶水排泄的邻近河谷的岩溶侵蚀基准面，地下水绝大多数主要向底纳河排泄，极少数向乌江河谷排泄，在岸边趾板附近发育多条脉管或裂隙型岩溶管道，汛期有泉水出流，且岩溶裂隙发育。近岸 150m 范围内，最低水位 977.23～993.54m，最高水位 984.46～1009.42m，水位变幅 6.38～20.61m。

河床坝基开挖后，右岸河床出露了 W_{11}、W_{32}、W_{40}、W_{F8} 等泉水，W_{11} 发育于 T_1yn^1 灰岩与 T_1y^3 泥页岩接触带，W_{32} 与 W_{40} 发育于 T_1y^2 灰岩内，W_{F8} 发育于 T_1y^2 灰岩内 F_8 断层带。除与 K_{40} 岩溶管道相通的 W_{F8} 流量较大外，其他流量较小，主要为渗流。

2. 涌水分析及预测

（1）T_1y^2 含水层。在基坑内，T_1y^2 分布宽度 390m 左右，发育有 K_{40}、W_2 等岩溶管道水流，K_{40} 汛期实测到的最大流量为 2.4m³/s，W_2 汛期估测最大流量 0.1m³/s，右岸 T_1y^2 含水层的地下水主要通过上述岩管道向基坑排泄。地下水的补给、径流、排泄条件与左岸基本相同，类比左岸导流洞涌水情况，预测右岸 T_1y^2 含水层汛期涌水强度为 5m³/s 左右，其中 K_{40} 为 4m³/s 左右，W_2 等岩溶管道或岩溶裂隙为 1m³/s 左右，需对其进行处理。

（2）T_1yn^1 含水层。底纳河伏流出口位于基坑上游 30m 左右，基坑范围内趾板附近发育有脉管或裂隙型岩溶管道，暴雨后在趾板附近岸边有间歇性岩溶泉出流，岸坡溶蚀裂隙发育。虽然左岸 T_1yn^1 含水层的地下水主要向底纳河排泄，但由于岸坡溶蚀裂隙发育，存在小型岩溶管道及间歇性岩溶泉，存在严重的绕堰渗漏涌水，需对其进行工程处理。

7.6.3　勘测与处理

7.6.3.1　勘测

根据乌江洪家渡水电站坝址岩溶水文地质条件及基坑岩溶涌水的特点综合分析，厂、坝基坑上游围堰右岸、下游围堰左、右岸均存在涌水岩溶管道，涌水量大，涌水不仅影响施工，而且影响大坝与厂房安全，其处理除解决涌水对施工的影响外，更重要的是保证大坝与厂房安全。经多方案综合分析比较，采用岸边堵（挡水帷幕与堵洞相结合）、排（排水洞、排水管等）结合的处理方案。为了查明处理边界条件，需进行施工处理勘测。

1. 勘测工作布置

根据基坑涌水岩溶水文地质条件分析，确定上游围堰右岸勘测范围为右堰肩至下游 T_1yn^{1-1} 相对隔水层，下游围堰左、右岸勘测范围分别为左、右堰肩至上游 T_1y^3 相对隔水层。经多种勘察方案分析比较，采用钻孔与孔间 CT 进行勘测。根据地质条件及勘探精度要求，上游围堰右岸沿岸边勘探便道布置 4 对孔间电磁波 CT 探测，孔间距 25m 左右，孔深 45m 左右，孔底最低高程 950m；下游围堰左岸沿导流洞施工支洞布置 19 对 CT 探测孔，其中电磁波 12 对，声波 6 对，孔间距 15～39m，孔深 36～76m，孔底最低高程 908.00m；下游围堰右岸沿上坝交通洞及地表布置 21 对电磁波 CT 探测孔，孔间距 15～36m，孔深 45～50m，孔底最低高程 947.00m。

2. 探测成果

上游围堰右岸溶蚀及溶洞异常区主要分布于高程 975.00m 以上；下游围堰左岸分布溶蚀异常区 10 个，最低高程 910.00m，溶洞异常区 4 个，最低高程 934.00m；下游围堰右岸分布溶洞异常区 5 个，最低高程 948.00m，溶蚀异常区 15 个，最低高程 948.00m。探测成果的典型剖面见图 7.6-2、图 7.6-3。

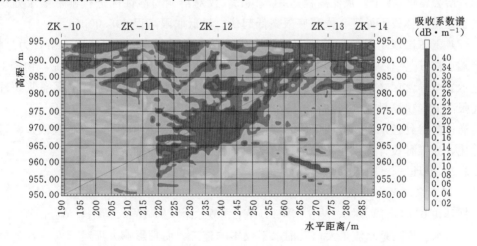

图 7.6-2　下游围堰右岸 ZK-10～ZK-14 电磁波 CT 成果图

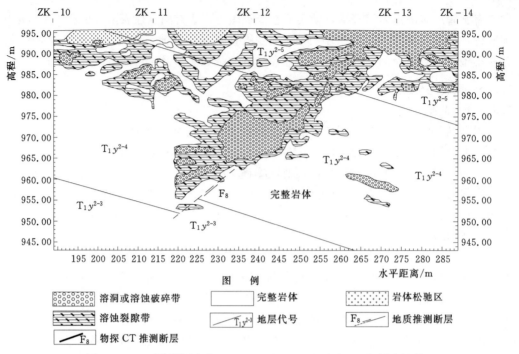

图 7.6 - 3　下游围堰右岸 ZK - 10～ZK - 14 电磁波 CT 解译成果图

3. 帷幕边界确定

（1）上游围堰右岸。T_1yn^{1-1} 相对隔水层出露于围堰下游，岩层倾向上游，虽可采用全帷幕，但根据物探成果，溶蚀带及溶洞主要分布于高程 975.00m 以上，采用悬帷幕，帷幕下限至高程 972.00m 左右，帷幕上、下游端点分别接右坝肩和 T_1yn^{1-1} 相对隔水层。

下游围堰左岸：T_1y^3 泥页岩隔水层出露于围堰上游，岩层倾向上游，为悬帷幕，帷幕端点接 T_1y^3 泥页岩隔水层，T_1y^2 灰岩岩溶发育，有 W_{120} 岩溶管道系统，物探 CT 成果显示岩溶异常区 14 个，最低高程达 910.00m，仅对溶洞与溶蚀区进行帷幕灌浆处理，帷幕线上完整岩体段不处理，帷幕底限高低起伏，最低底限高程 908.00m。

（2）下游围堰左岸。T_1y^3 泥页岩隔水层出露于围堰上游，岩层倾向上游，为悬帷幕，帷幕端点接 T_1y^3 泥页岩隔水层，T_1y^2 灰岩岩溶发育，有 K_{40} 岩溶管道系统，物探 CT 成果显示岩溶异常区 20 个，最低高程 948.00m，仅对溶洞与溶蚀区进行帷幕灌浆处理，帷幕底限高低起伏，最低底限高程 943.00m。

通过防渗处理勘察，查明了帷幕线上的渗漏边界条件，明确了重点处理段，帷幕得到了优化，为帷幕设计提供了精确的勘察资料，使处理工程有的放矢。

7.6.3.2　处理

1. 坝基泉点涌水处理

坝基范围内出露 W_{11}、W_{32}、W_{33}、W_{34}、W_{35}、W_{36}、W_{37}、W_{38}、W_{39}、W_{40}、W_{42}、W_{120} 等泉水。W_{120} 泉水流量大，其涌水不仅影响施工，而且影响大坝运行安全，其他泉点流量较小，其涌水虽对施工影响较小，但影响大坝运行安全。为确保施工与大坝安全，必须对其进行处理。

（1）W_{120} 涌水处理。由于其为岩溶管道水，流量大，选用封堵（闭）引排进行处理。其处理方式见图 7.6-4。清除泉口空腔内的松动块石和淤沙，回填块石，埋入 50cm 铸铁排水管（铸铁管口用塑料排水盲材进行反滤保护），采用厚度大于 50cm 的 C20 三级配混凝土封闭泉水出露点及周边溶蚀带，利用直径 50cm 的铸铁排水管将泉水引排至大坝基础下游。

（2）其他泉点涌水处理。W_{33}、W_{34}、W_{35} 等泉点涌水量小，选用反滤封堵进行处理。其处理方式见图 7.6-5。

2. 基坑两岸岩溶涌水处理

（1）上游围堰右岸。选用"堵"的处理方案。采用挡水帷幕，帷幕上游端点接右堰肩，下游端点接 T_1yn^{1-1} 相对隔

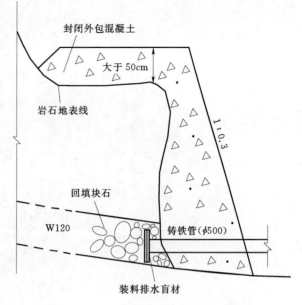

图 7.6-4　W_{120} 涌水处理方式图

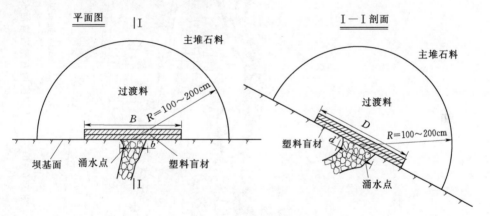

图 7.6-5　小流量泉点涌水处理方式图

水层，上限为围堰堰顶高程，下限至岩溶管道与溶蚀裂隙发育下限高程 965.00～975.00m，将涌向大坝基坑的岩溶水堵断，改变其排泄方向，使其向底纳河伏流排泄。帷幕长 89m，灌浆孔 2 排，排距 2m，孔距 2.5m，钻孔约 1092m，灌浆分两序进行，灌浆压力为 2MPa。经灌浆帷幕处理后，施工期基坑没有发生岩溶涌水。

（2）下游围堰右岸。选用"堵"、"排"结合的处理方案。处理方式如图 7.6-6。

沿近岸布设 5 号排水洞兼灌浆洞，利用 5 号排水洞堵洞、设挡水帷幕"堵"断右岸玉龙山灰岩（T_1y^2）中的 K_{40} 岩溶通道水及其与九级滩页岩（T_1y^3）接触带的岩溶通道水向基坑排泄。帷幕上游端点接 T_1y^3 相对隔水层，下游端点接右堰肩，上限为围堰堰顶高程，下限至岩溶管道与溶蚀裂隙发育下限高程 945.00～970.00m，帷幕线长 478m，根据岩

（a）平面布置图

图 7.6-6（一）　下游围堰右岸岩溶涌水封"堵"灌浆布置图

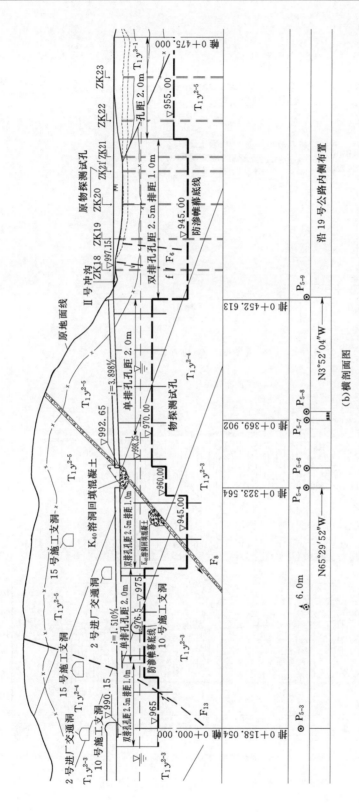

（b）横剖面图

图 7.6-6（二）　下游围堰右岸岩溶涌水封"堵"帷幕灌浆布置图

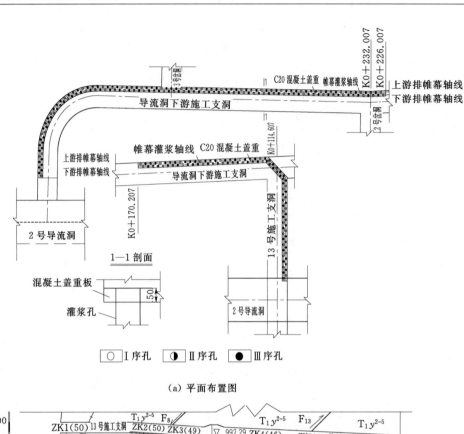

（a）平面布置图

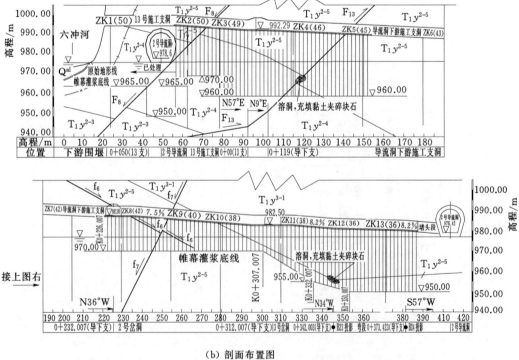

（b）剖面布置图

图 7.6-7　下游围堰左岸岩溶涌水封"堵"帷幕灌浆布置图（第一期）

溶地质条件采用单排孔或双排孔布置，单排孔孔距 2.0m，双排孔孔距 2.5m，排距 1.0m，灌浆压力 0.5~4.0MPa，分三序施工，完成灌浆孔约 1.16 万 m，溶洞回填灌浆和下料钻孔约 2350m，回填砂石与混凝土分别为 418m^3 和 565m^3。K_{40} 岩溶主管道采用混凝土封堵，混凝土浇筑约 2000m^3。

采用排水洞将"堵"后壅高的岩溶水引排至围堰下游。设与 K_{40} 岩溶主管道相通的 5 号排水洞将岩溶水引"排"至围堰下游河床。排水洞全长 454.61m，高程在 989.15m 到 997.15m 之间，分排水洞段和 K_{40} 溶洞段，排水洞段净断面 2.00m×2.35m（宽×高，城门洞型），K_{40} 溶洞段净断面尺寸为 2.00m×3.05m（宽×高，城门洞型）。

"堵"、"排"处理工程完成后，"堵"断了基坑涌水，右岸岩溶地下水顺利从 5 号排水洞排至基坑下游河床，解除了基坑右岸岩溶涌水对工程施工与运行的危害。

（3）下游围堰左岸。选用"堵"、"排"结合的处理方案。处理方式见图 7.6-7 和图 7.6-8。

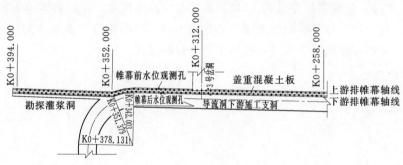

(a) 平面布置图

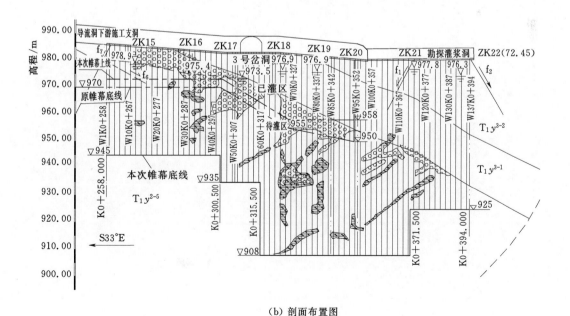

(b) 剖面布置图

图 7.6-8 下游围堰左岸岩溶涌水封"堵"帷幕灌浆布置图（第二期）

313

利用导流洞下游施工支洞、13号施工支洞与开挖勘探灌浆洞布设挡水帷幕"堵"断左岸玉龙山灰岩（T_1y^2）中的 $K_{80} \sim W_{494} \sim W_{120}$ 溶岩通道水及其与九级滩页岩（T_1y^3）接触带的岩溶通道水向基坑排泄。帷幕上游端点接 T_1y^3 相对隔水层，下游端点接左堰肩，上限为围堰堰顶高程，下限至岩溶管道与溶蚀裂隙发育下限高程 908.00～960.00m，根据岩溶地质条件采用双排孔布置，孔距 2.0m，排距 1.0m，灌浆压力 0.5～3.0MPa，分三序施工。共进行了两期处理，第一期帷幕长 253m，设计灌浆孔约 6300m，溶洞封堵混凝土约 300m³，第二期帷幕长 136m，其中约有 104m 与第一期重叠，将下限从高程 945.00m 降低至 908.00m，设计灌浆孔约 6300m，溶洞封堵混凝土约 400m³。

利用在 1 号导流洞内预埋设的与基坑涌水岩溶管道相通的排水管和 K_{80} 岩溶管道在基坑下游岸边出口将"堵"后壅高的岩溶水引"排"至基坑下游。1 号导流洞施工过程中，在桩号 K0＋680～K0＋690 间揭露了基坑涌水岩溶管道 K_1 与 K_2（导流洞内编号），导流洞支护处理时预埋了 2 根内径 50cm 的排水钢管分别将 K_1 和 K_2 与导流洞连通。

"堵"、"排"处理工程完成后，"堵"断了基坑左岸涌水，左岸岩溶地下水从 1 号导流洞排水管"排"向 1 号导流洞流至基坑下游或从 K_{80} 岩溶管道在基坑下游岸边出口"排"出，解除了基坑左岸岩溶涌水对工程施工与运行的危害。

第8章 伏流及暗河封堵成库处理

8.1 伏流及暗河发育特点与封堵成库主要地质问题

暗河及伏流河段的岩溶特征、水文地质条件十分复杂，能否成库是最突出的关键地质问题，需要进行大量勘探论证以及施工中可能的巨大防渗工程量是一般中小水电工程难以承受的。随着水电开发的深入与向支流发展趋势，涉及暗河及伏流河段的水利水电开发项目逐渐增多，开展对暗河及伏流河段水文地质、工程地质问题与处理方法的研究，具有十分重要的工程意义。

8.1.1 伏流发育特点及封堵成库主要地质问题

8.1.1.1 伏流发育的基本特点

伏流指地表河流经过地下的潜伏段，是岩溶地区河流由地表转入地下、从地下又复出地表的独特形态，由进出口、伏流洞及上覆山体等部分组成，多见于贵州、广西、湖北等岩溶地区的中小河流上。其发育特点如下：

（1）伏流有明显进出口，且进口水量为出口水量的主要来源。有的伏流规模很大，如长江支流清江，从湖北利川发源后，在地下伏流 10 余千米才流出地表。国外，著名的伏流有希腊的斯提姆法布斯河，伏流长 30km 以上。伏流常发育于斜坡地带。

（2）伏流多形成于河床坡降大的强可溶岩地层或强可溶岩地层与非可溶岩地层交界的横向谷河段，是河水侵蚀与两岸地下岩溶管道水侵蚀交汇的地带，具有岩溶现象发育充分、集中，岸边溶蚀带和地下水低平带宽，河床纵向深部溶蚀强烈等地质特点。

（3）伏流河段组成岩性一般以厚层块状灰岩为主，倾角较缓，顺河向结构面发育；伏流洞断面以冲蚀稳定椭圆拱形或窄缝状为多见，伏流山体地形常伴有古河床垭口，垭口处覆盖层较厚，下伏基岩完整性差或存在陡倾断层等。

8.1.1.2 伏流封堵成库的主要地质问题

典型的伏流主要有两种类型：①穿山式伏流，与当地侵蚀基准面一致，多分布于主要河流的某一段，地下河水面与地表河一致，多表现为穿山而过，以贵州平塘甲茶伏流、贵州铜仁天生桥伏流等为代表；②潜地式伏流，多受河道下游裂点影响，进口位于现代河床边，出口位于裂点下游，伏流发育高程整体低于现代河床高程，现代河床枯季一般不过水，只是汛期伏流过水能力不足时，才通过现代河床行洪，以贵州平塘六洞河六洞坝子伏流为代表。

穿山式伏流与当地侵蚀基准面一致，其岩溶水文地质边界条件相对易查明，且伏流处上部山体岩体质量一般较好，通过在伏流洞内设置堵洞体可以少量的工程量实现封堵伏流形成地面水库；潜地式伏流多受河道下游裂点影响，地下岩溶水文地质条件极为复杂，且地表没有有利地形可以利用，对其进行封堵成库具有极大的技术风险，且经济上没有优势，故坝址选择时尽量回避潜地式伏流河段。

在伏流上封堵成库主要需查明以下地质问题：

（1）水库渗漏问题。在伏流中、上游河段建库，当库水位高程高于伏流进口高程时，会产生岩溶管道性渗漏。当封堵伏流成库时，往往因库首岩溶发育且渗漏条件复杂以及可能存在的河湾地形，产生库首岩溶渗漏的可能性极大。

（2）伏流山体稳定问题。当伏流山体单薄，可能存在山体整体稳定性问题，因此，要进行伏流山体作为天然大坝后，在库水推力和渗压作用下的整体稳定性验算。

（3）伏流堵洞体地基稳定性问题。伏流堵洞体一般为拱形，如果堵洞体附近伏流洞壁光滑平直，且围岩内存在岩溶洞穴，则存在整体稳定问题。因此，在进行伏流堵洞体设计时，除考虑一般性抗滑稳定外，应重点查明围岩内是否存在岩溶洞穴等不良地质条件。

（4）副坝地基稳定性问题。当利用伏流封堵成库且山体地形中的垭口高程低于库水位高程时，往往要设置副坝。一般来讲，垭口地形呈典型"马鞍"型，既单薄又松散，一般表层都分布一定厚度的覆盖层，类型和厚度不一，且多为古河床，下伏基岩经长期冲刷、风化、溶蚀和后期剥蚀作用，完整性亦较差，存在地基稳定问题。

（5）伏流洞内围岩稳定问题。受地形条件制约及环境条件限制，当部分水工建筑物（发电厂房或泄洪消能设施）布置于伏流洞内时，特别是泄洪消能设施可能对洞壁围岩的冲刷破坏和振动影响，对伏流洞壁的围岩稳定及洞顶危石、潜在不稳定楔形体的分布需重点查明，分析评价其对施工期和运行期安全的影响。

8.1.2 暗河发育特点及封堵成库主要地质问题

8.1.2.1 暗河发育的基本特点

暗河指碳酸盐岩中发育的地下河，是地下岩溶地貌的一种，由地下水汇集，或地表水沿地下岩石裂隙渗入地下，经过岩石溶蚀、坍塌以及水的搬运而形成的地下河道。其发育特点如下：

（1）暗河有明显的出口，但没有明显的集中入口。

（2）暗河常发育在地层褶皱的轴部、裂隙和断裂部位、可溶岩与非可溶岩的接触处和排泄基准面附近。

（3）暗河的水位、流量不稳定，旱季与雨季流量相差较大，最大达100倍以上。

高温多雨的热带及亚热带气候条件最有利于暗河形成。暗河的空间分布受岩性、地质构造和区域或当地排泄基准面控制。暗河有自己的补给、径流和排泄系统。大的暗河也形成地下河系，主要沿构造破裂面发育。

8.1.2.2　暗河封堵成库的主要地质问题

暗河封堵成库的关键是要查明暗河与水库的水力联系，从而合理确定封堵方式和封堵位置。在工程实践中，主要遇到以下几种类型：

（1）暗河进口位于库内，出口位于大坝下游的情况。以重庆中梁水库库中段渗漏处理为代表，该工程通过在库区中段星溪沟设置防渗帷幕，从而隔断库水通过星溪沟内的岩溶消水点沿星溪沟→白马穴暗河向大坝下游白马穴泉群处的渗漏通道，从而成功实现水库蓄水。针对此类暗河封堵问题，需解决的问题是怎么隔断库水与暗河的水力联系？为此，需重点查明暗河进口处的岩溶水文地质条件，包括地层岩性组合、岩溶水文地质结构、相对隔水岩层的分布及连续性、岩溶发育程度及下限高程、地下水位等。

（2）利用地下暗河堵洞形成地下水库的情况。以贵州道真上坝地下水库为代表，该工程通过在暗河中下游段设置堵洞体进行封堵，从而有效利用地下岩溶空间，形成地下岩溶水库。针对此类暗河封堵问题，需重点查明的岩溶水文地质条件包括：暗河的汇流面积、地下岩溶库盆的封闭条件、可能的岩溶及构造渗漏通道、暗河洞壁围岩稳定条件、堵洞体位置的地质条件及可能的支管道发育分布等。

其面临的主要地质问题包括：地下水库的渗漏问题、地下库盆的天然洞室稳定问题、堵洞体地基稳定性问题、堵洞体及两侧的绕渗问题、蓄水后洞室稳定性、蓄水过程中的岩溶气爆型地震问题等。

（3）利用"暗河堵洞＋地表整体式防渗帷幕封堵"，从而有效利用地下空间和天然海子，形成天然库盆和地下岩溶水库的情况。以贵州贞丰七星水库为代表，需重点查明的岩溶水文地质条件包括：暗河的汇流面积、地下及地表岩溶库盆的封闭条件、可能的岩溶及构造渗漏通道、堵洞体位置的地质条件及可能的支管道分布等。其面临的主要地质问题包括：地下及地表水库的渗漏问题、堵洞体地基稳定性问题、堵洞体及两侧的绕渗问题、蓄水过程中的岩溶气爆型地震问题、岩溶内涝问题等。

8.2　伏流封堵成库工程实例

8.2.1　概述

伏流是岩溶地区一种独特的岩溶形态，如何合理利用伏流地形来修建水利水电工程，达到节省工程量的目的是岩溶地下空间利用的一个重要方向。

本书列举的两个工程实例分别代表两种不同的伏流封堵成库类型。其中，贵州铜仁天生桥水电站通过封堵伏流成库，天生桥伏流与上部古河床基本在一条投影线上，勘探表明，伏流下部岩溶弱发育，通过封堵伏流洞，并与上部古河床副坝形成整体式防渗帷幕后，工程总体防渗边界条件较明确，该工程已于 2007 年成功蓄水发电。贵州平塘甲茶水电站也通过封堵甲茶伏流成库，甲茶伏流与上部古河床错开一定的距离，勘探表明，现代伏流下部岩溶弱发育，但古河床部位的岩溶发育条件非常复杂，且规模大、发育深度远低于当地河水位高程，伏流洞的封堵和古河床的深部岩溶勘察是本工程的难点，目前，该工程尚处于可行性研究阶段。

8.2.2 贵州铜仁天生桥水电站伏流洞处理

8.2.2.1 工程特点

天生桥水电站位于铜仁市东北 15km 的大梁河天生桥河段上，距铜仁市川硐镇 3km，为大梁河梯级规划的第 6 级。水库坝址以上流域面积 438km²，正常蓄水位 400m，总库容 4564 万 m³，设计水头 107m，引用流量 24.5m³/s。电站装机容量 22MW，年发电量 7727kW·h。

坝址位于天生桥伏流河段内（图 8.2 - 1 和图 8.2 - 2），为合理利用天生桥特殊的地形地质条件，该工程在天生桥伏流中段地形地质条件较好的部位采用拱形混凝土塞封堵伏流洞，结合副坝及防渗帷幕灌浆形成封闭幕体，进而抬高水头，形成蓄水水库。

图 8.2 - 1 天生桥水电站坝址全貌

坝体由天生桥下部伏流堵洞体、桥体岩体及桥面以上重力坝组成。下部堵洞体采用拱形混凝土塞方式，堵洞体高 62～70m，厚 10～17m，宽约 60m。通过堵洞以较少的工程量获得较高的水头，经济效益明显。

8.2.2.2 基本地质条件

1. 伏流区基本地质条件

天生桥伏流发育在寒武系毛田组中厚层至厚层灰岩、白云岩中，全长 246m，洞内为不对称拱形，且右壁倾向左侧，洞顶高程 315.00～340.00m，洞高 40～75m，岩桥自上游向下游减薄，厚 10～97m，洞底宽 15～38m，洞顶中心线向桥面中心线右侧偏移 0～25m。进口河水面高程 275.00m，出口高程约 268.00m。

伏流区地层为单斜层构造，河谷地质结构呈近横向谷，岩层缓倾下游偏左岸，倾角

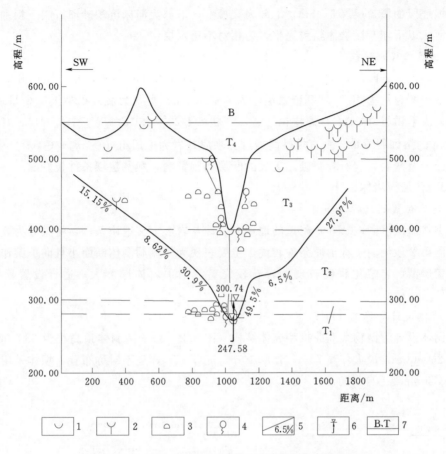

图 8.2-2 铜仁天生桥河段剥夷面与岩溶发育分布图

1—洼地；2—落水洞；3—溶洞；4—下降泉；5—水力比降；6—承压水位；7—剥夷面、阶地面

15°～30°，F_1 断层（玉屏—铜仁区域性断层）从伏流出口处横河通过。

伏流区山体总体垂直河流，与两岸相连，地形中部高两侧低，左侧垭口鞍部高程510.00m，右侧垭口呈 U 字形，宽 30～40m，底高程 390.00m，有公路通过。两垭口表层均有红黏土夹细砾石覆盖，厚度约 10m，分属峡谷期 Ⅱ、Ⅲ 级侵蚀面古河床遗迹。

2. 堵洞体工程地质条件

堵洞体位于天生桥伏流洞的中上游洞段附近，伏流洞横断面为不对称拱形，洞高39～49m，顶宽 0～2m，底宽 18～22m（向下游略为变窄），洞内河水深为 0.5～3m。伏流洞采用拱形混凝土塞的堵洞体进行封堵。

伏流洞洞底为上寒武统毛田组（$\in_3 m^2$）中厚层白云质条带灰岩，洞壁及洞顶为毛田组（$\in_3 m^3$）中厚层夹厚层白云岩，岩体强度较高。岩层产状 N20°～30°E/NW∠15°～30°（倾下游偏左岸）。伏流洞顶部发育宽约 4～5m 且平行洞向的不连续溶蚀裂隙带，洞壁面有灰华及次生角砾化白云岩分布，堵洞体下游左、右岸各有一深度小于 5m 的小溶洞发育。洞内无大断层通过，但发育 NEE 向、NNE 向及 NE 向三组剪性裂隙，倾角均大于 50°。

伏流洞两侧及洞顶表层局部段见明显的溶蚀破碎带，宽 0.15～0.5m，深度 5～8m。

堵洞体坝址段的覆盖层厚3～5m，上部为大孤石，下部为河床沉积砂卵石层。坝基岩溶不发育，河床以下坝基段岩体新鲜完整，为相对不透水层。

3. 副坝工程地质条件

两岸地形为开阔的宽 U 形，底部最低点地面高程为 390.00m，左岸地形陡峻，右岸地面坡度稍缓，约为 40°。坝基覆盖层厚为 5～11.6m，主要为坡残积黏土夹少量块碎石，下部基岩为毛田组（$\in_3 m^4$）厚层白云岩，产状为 N20°～30°E/NW∠15°～18°；右侧有宽约 4～5m 的溶蚀裂隙带，垂直坝轴线通过。坝肩基岩为毛田组（$\in_3 m^4 \sim \in_3 m^5$）中厚层、厚层白云岩及灰岩，岩石较坚硬，无大的断层切割影响，坝基建坝条件较好。

8.2.2.3 伏流洞堵体设计

1. 堵体位置的选择与布置

根据伏流洞（洞内、外）附近的地形、岩性及岩溶水文地质条件，将其分为 3 段，其中伏流洞第 2 段洞内工程地质条件较优，主要表现为伏流洞洞体断面小且向下游作颈状收缩、覆盖层薄、岩溶化程度较弱、岩石较完整，洞顶岩体厚度大，适合设置伏流洞的堵体。

2. 堵体设计与稳定性计算

堵洞体设计为抛物线双曲拱型壳体结构（图 8.2-3），堵洞体顶高程为 330.00m，底高程为 260.00m，最大坝高 70m，顶厚 10m，底厚 17m，呈不对称布置，坝体采用二级配微膨胀 C20 混凝土自身防渗。

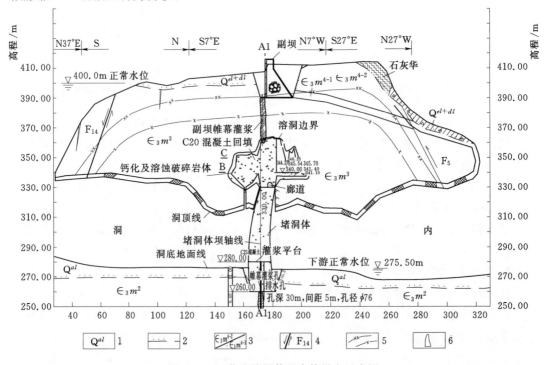

图 8.2-3 伏流堵洞体组合体纵向示意图

1—地层符号；2—覆盖层界线；3—地层分界线；4—断层；5—风化线；6—建筑物轮廓线

堵洞体的应力和稳定计算采用 FLAC3D 三维岩土分析程序，按三维非线性有限元法计算。应力计算成果表明：各工况下坝面拉应力区很小，出现的拉应力数值也很小，满足规范要求，局部区域压应力较大，但超过混凝土的容许压应力的幅度仍在 5% 的范围内，基本满足要求。稳定计算成果表明：堵洞体、桥体、副坝及计算范围内的基岩整体变形都较小，堵洞体的整体稳定性较好，最终承载力可达 7～8 倍水荷载。

8.2.2.4　伏流洞堵体施工处理

1. 基础开挖揭露的实际地质情况

堵体基坑及两肩基础均为白云岩，表面为微风化基岩或见 2～3cm 厚的钙华层，整个基础均未发现断层通过，裂隙不发育。伏流洞洞顶屋脊状尖顶高程 310.80m 以上部分为 2m 厚的钙华层，其上为泥质充填的软弱带，沿伏流洞方向纵向发育，宽为 4～7m，原设计图中的堵体左肩基础位于软弱带内，实际开挖成形的堵体左肩基础至微风化基岩，距软弱带的左边界为 0.4～0.6m。

堵体混凝土浇筑完成后，在对洞顶软弱层处理过程中，发现高程 330.00m 以上存在一个大溶洞，溶洞顶部最高处高程为 363.46m，距副坝地基高程 390.00m 为 26.5m。实测溶洞宽 3～9m，长度 52.2m，最大高 33.4m。溶洞内表面为钙华覆盖，左右两边坡凿除 2～50cm 后即可见新鲜基岩，基岩为白云质灰岩。在堵洞体上下游侧（位于坝肩以外）为软弱泥槽，走向与伏流平行，泥质填充。溶洞底板表面为软塑—流塑状黏土（泥浆），勘探孔证实，该溶洞顶部与副坝基础之间未见溶洞等不良地质现象。

2. 伏流洞堵体及顶部溶洞处理方案

（1）堵洞体处理方案。堵洞体基础置于新鲜基岩上，随着堵洞体升高，两岸堵体逐渐向上游倒悬，对该部位边坡采用挂网喷锚支护，并在倒悬坡特别是堵洞体顶部增加预应力锚索。

（2）顶部溶洞处理方案。堵洞体顶部溶洞处理在选择方案时进行了多方案比选，包括"桥上大口径回填灌浆方案"、"堵体上拱形堵体即拱上拱方案"、"堵体上浇筑重力堵体全回填方案"等，通过技术经济分析，最终选择了堵体上浇筑重力堵体半回填灌浆方案，即在伏流洞拱形堵体上浇筑重力式堵体并混凝土回填堵体上游侧溶洞空腔，混凝土封堵完成后再将顶部混凝土与基岩空隙进行灌浆处理。

3. 处理效果

2007 年 4 月，天生桥水电站顺利蓄水至正常蓄水位高程 400.00m，封堵体未出现渗漏现象，说明伏流洞及其顶部溶洞封堵处理均达到设计要求，封堵是成功的。

8.2.3　贵州甲茶水电站甲茶伏流洞勘察及处理研究工程实例

8.2.3.1　工程特点

甲茶水电站位于贵州省黔南州平塘县城西南面的甲茶乡六硐河上，距平塘县城公路里程约 60km，以发电为主，水库正常蓄水位 665m，死水位 635m，总库容 4.4 亿 m³，属年调节水库。装机容量 200MW，多年平均年发电量 6.885 亿 kW·h。

在项目选址研究阶段，针对主河床上建坝和伏流封堵成库两个大的方案进行了充分论证。其中，在主河道上建坝方案最大坝高约 240m，建筑工程投资 17.2 亿元左右；伏流封堵成库方案利用部分天然山体，节省大量工程量，建筑工程投资 12.6 亿元左右。两个大的方案投资相差约 4.6 亿元，最终选择伏流封堵成库方案为可行性研究阶段推荐方案。

该方案充分利用甲茶伏流区独特的有利地形，对甲茶伏流洞进行堵洞拦水，在右侧古河床作一挡水坝，使下部混凝土堵洞体与上部天然岩体及挡水坝形成一体，使水库蓄水位从河面高程460.00m抬升到665.00m，从而获得约205m的发电利用水头。伏流洞内堵洞体采用重力式，堵洞体最大高度130m，顶宽55m，底宽160.5m，坝体大体积采用C15三级配混凝土，周边采用C25二级配混凝土。

8.2.3.2 基本地质条件

甲茶伏流洞区地形陡峻，两岸山顶高程988.80～1001.50m，伏流洞进口处河水位高程460.20m，出口河水位高程446.30m（见图8.2-4、图8.2-5）。伏流洞右侧上部为单薄地形垭口（古河床），高程600.00m左右。伏流洞河段出露地层有泥盆系上统尧梭组、石炭系下统岩关组、大塘组灰岩、白云岩地层。伏流洞区主要构造均呈南北向，马坡背斜呈近南北向贯穿伏流洞区，核部为泥盆系尧梭组，东翼出露石炭系岩关组、大塘组、黄龙组地层，西翼受F_2断层限制，仅出露石炭系岩关组地层。

图8.2-4 伏流洞进口

图8.2-5 伏流洞出口

古河床垭口处呈U形，最低地面高程603.50m，总体宽约120m，左、右侧岸坡均为陡崖，基岩裸露左侧山顶高988.80m，右侧山顶高1001.50m，相对高差在380m以上。古河床覆盖层厚9.8～49m，下伏基岩为泥盆系上统尧梭组（D_3y）灰色厚层细晶灰岩、白云岩，弱风化厚度15～18m。副坝坝高约60～110m，轴线与马坡背斜轴线基本重合，两翼岩层倾角10°～15°，层理和裂隙不发育。

伏流洞段全长731m，洞高80～115m，洞底宽25～45m，水深2～3m。伏流洞内覆盖层厚约20～32m，为大块石及砂卵砾石，下伏基岩为泥盆系上统尧梭组（D_3y）灰色厚层白云质灰岩、白云岩，洞周围岩弱风化深度3～5m。

堵洞体位于伏流洞转弯处以上洞内，河水面高程455m左右。堵洞体横剖面如图8.2-6。对堵洞体围岩进行了左、右岸平洞勘探和地震波测试，洞底左、右岸钻孔勘探、孔内声波测试及孔间电磁波 CT 透视。电磁波 CT 透视表明,伏流洞下部岩体中仅局部裂隙发育或溶蚀破碎。

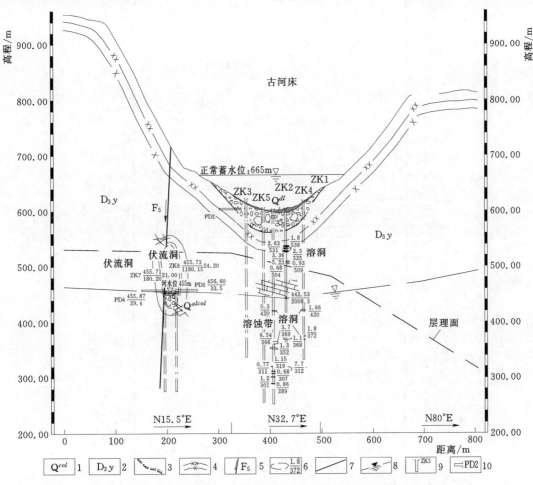

图 8.2-6　甲茶水电站古河床、伏流洞剖面示意图

1—覆盖层代号;2—地层代号;3—基岩与覆盖分界线;4—风化线;5—断层及编号;
6—溶洞;7—地层分界线;8—推测地下水位线;9—钻孔;10—平洞

8.2.3.3　伏流洞堵体设计与施工处理

1. 方案拟订

本工程利用天然地形条件,采用修建堵洞体封堵伏流洞,堵洞体最大高度 130m,承担最大水头达 250m,属于高水头狭窄型结构,根据国内外多年来的工程经验和已建、在建工程,堵洞体采用混凝土重力式堵洞体和混凝土拱形堵洞体两种型式进行坝型比选。

重力式堵洞体和拱形堵洞体的枢纽布置基本相同,重力式堵洞体靠自身重力和两侧岩体来满足抗滑稳定要求,体型较大,坝体工程量大;拱形堵洞体充分利用两坝肩山体承受水推力,体型较小,坝体工程量小,但洞内消能对拱形堵洞体影响较大,对堵洞体结构安全不利。

经综合比选,最终选定重力式堵洞体作为甲茶伏流洞的封堵体坝型,详见图 8.2-7。

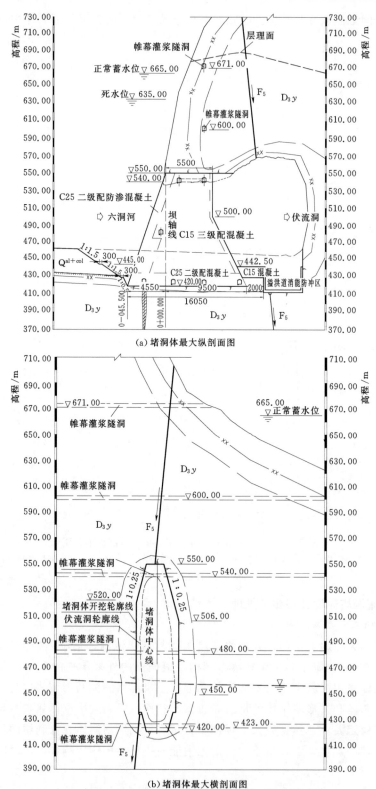

(a) 堵洞体最大纵剖面图

(b) 堵洞体最大横剖面图

图 8.2-7 甲茶水电站伏流洞堵洞体纵横剖面图

2. 主要地质问题评价

针对伏流洞内堵洞体，对其堵洞体的抗滑稳定、泄流条件下的洞顶及洞壁围岩稳定、堵洞体的渗漏控制及渗流稳定等问题均进行了详细研究，并采用弹性有限元法进行了数值计算分析。计算分析表明，堵洞体在各种工况下的稳定性均满足安全运行要求。

8.3 暗河封堵成库工程实例

8.3.1 概述

受岩溶发育影响，降雨形成的地表径流多通过溶蚀裂隙、溶缝及落水洞等潜入地下，故多数岩溶地区均为严重缺水地区，存在工程性缺水问题。开发利用岩溶地下水成为当前岩溶地区的紧迫任务，特别在一些有明显集中地下岩溶管道的地区，通过封堵岩溶管道或地下暗河成库，从而有效利用岩溶地区的地表岩溶洼地和地下岩溶空间。

本书列举的两个工程实例分别代表两种不同的暗河封堵成库类型。其中，重庆中梁水电站通过防渗帷幕封堵库区右岸分散式和集中式岩溶管道后，截断库水通过右岸白马穴暗河系统向大坝下游渗漏的途径，从而蓄水成库。贵州贞丰七星水库通过"暗河中堵洞＋地表整体式帷幕封堵"，在利用地表岩溶洼地成库的同时，充分利用地下岩溶空间形成了地下水库。

8.3.2 重庆中梁水电站库区中段右岸岩溶管道处理

1. 工程特点

重庆中梁水电站工程采用全新的防渗处理现场灌浆模式，严格控制现场灌浆质量。通过库区星溪沟帷幕先导孔补勘查明，渗漏呈分散式脉管状，采用防渗帷幕形成封堵。灌浆完成后，2011 年 1 月 23 日水库开始蓄水，2011 年 10 月 13 日水库达到正常蓄水位高程，通过观测未发现岩溶管道性渗漏，水库防渗工程达到处理目的。

2. 水库库区渗漏条件分析

水库库区为纵向谷，碳酸盐岩地层为主，岩溶发育。龙头嘴以上龙潭河（右支）及万春河、关庙河、天元河、李家溪、星溪沟、黄连溪等支沟河水断续失水，枯水季节甚至干涸，水库右岸存在明显的岩溶管道渗漏问题，可参见图 4.1-9。设计采用水泥灌浆帷幕对其进行防渗处理，防渗工程量大，灌浆进尺达 13.2 万 m。

水库区出露志留系徐家坝群（S_2xj）砂页岩、二叠系铜矿溪组（P_2t）炭质页岩、栖霞组（P_2q）灰岩、茅口组（P_2m）灰岩、吴家坪组（P_3w）中厚层～厚层燧石团块灰岩、长兴组（P_3c）厚层块状含燧石灰岩、大隆组（P_3d）炭质页岩夹泥灰岩或灰岩透镜体、三叠系下统大冶组与嘉陵江组（T_1d+j）泥质灰岩、页岩、灰岩及角砾岩，深灰色薄至中厚层状灰质白云岩、白云岩。其中，大隆组与大冶组中梁段为黑色薄层炭质页岩、深灰色薄层灰岩与页岩互层，总厚度 50～62m，组成水库的隔水边界（简称中梁隔水层），而 P_2q、P_2m、P_3c 岩组为较纯灰岩，岩溶发育，为水库岩溶渗漏的主要地层。水库右岸褶皱发育，处于天元背斜北翼，具体如图 8.3-1 所示。

通过库区岩溶水文地质综合测绘，结合示踪试验证实，星溪沟内天元背斜北翼的二叠

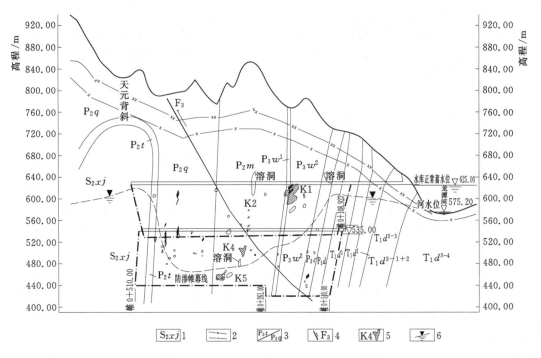

图 8.3-1　中梁水库库区星溪沟防渗封堵断面图
1—地层代号；2—覆盖层界线；3—地层分界线；4—断层；5—溶洞；6—地下水位

系可溶岩地层内，发育有星溪沟—白马穴岩溶管道水系统。星溪沟至白马穴直线距离为17.5km，以星溪沟沟底高程计，暗河平均水力坡降为10‰，以沟内最低地下水位470.50m计，平均水力坡降为3.75‰。

综上所述，水库右岸发育的白马穴岩溶管道系统在坝址上游约5km（直线距离）的星溪沟内，因支沟深切，沟底出露的中梁隔水层出露高程低于水库正常蓄水位，库水顺冲沟回流到沟内二叠系可溶岩地层中，存在库水通过沟内消水点下渗，顺天元背斜北翼白马穴岩溶管道系统向大坝下游白马穴方向渗漏的问题。

3. 岩溶管道系统处理方案选择

为了解决水库蓄水后沿白马穴岩溶管道渗漏问题，设计单位提出了两种处理方案，即星溪沟地面副坝方案与地下岩溶管道防渗处理方案。

经综合比较，设计选定星溪沟地下岩溶管道封堵方案。该方案立足于"截"，即通过采用帷幕灌浆封闭天元背斜北翼二叠系地下岩溶管道。防渗线路布置南端接志留系徐家坝群砂页岩，北端接"中梁隔水层"，水库正常蓄水位高程625.00m以下渗漏段长度约335m，深度185～205m，面积约6.5万 m²，分别在高程626.00m、540.00m设置上、下层灌浆平洞；灌浆孔按三排孔布置，排距1.3m，孔距2.0m。

4. 效果评价

通过防渗处理后，中梁水电站水库于2011年1月23日开始下闸蓄水，蓄水过程中对坝前、坝后进行了渗漏观测，未见异常，其中，坝后的白马穴泉群出水量也未增加，2012年5月，中梁水电站顺利蓄水至正常蓄水位高程（625.00m），说明右岸岩溶渗漏管道封堵是成功的。

8.3.3　贵州贞丰七星水库岩溶管道封堵成库

1. 工程特点

贞丰县七星水库位于贞丰县珉谷镇东门外，距城中心约 1km，流域面积约 133.54km²，总库容 1584.21 万 m³，水库正常蓄水位 948m 时的相应库容 845.48 万 m³，兴利库容 449.97 万 m³。该工程可行性研究由中国电建贵阳院咨询公司承担，后期中国电建昆明院中标该项目的 EPC 总承包任务，项目于 2012 年正式开工，计划于 2015 年竣工。

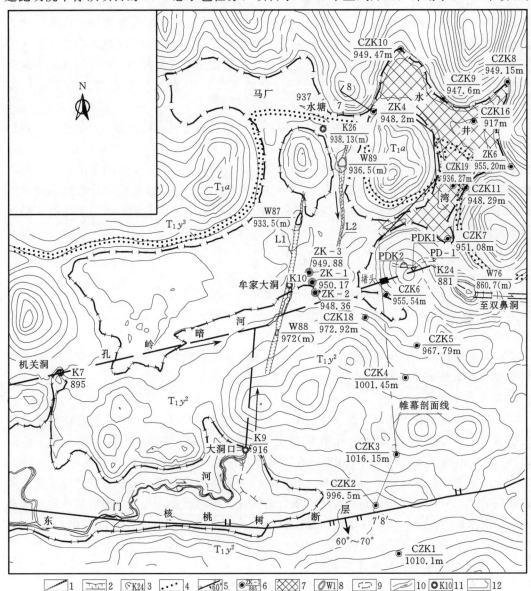

图 8.3-2　七星水库库首防渗工程平面布置图

1—地下暗河；2—溶槽；3—出水溶洞及编号；4—地层分界线；5—断层；6—钻孔编号；7—铺膜区；

8—岩溶洼地及编号；9—水库回水位线；10—河流方向；11—落水洞及编号；12—帷幕线

贞丰七星水库由一系列天然季节性集水盆地组成，包含东门海子、后海子、马厂、水井湾及白沙凼等岩溶洼地，多数洼地通过地下岩溶管道贯通联为一体，水库由地表海子、岩溶洼地和地下溶洞三部分构成，属典型的岩溶海子-岩溶洼地-溶洞型水库，见图8.3-2。

该工程为通过"暗河堵洞＋地表整体式防渗帷幕封堵"后，整体抬高海子区域的地下水位，依托天然海子、岩溶洼地和地下岩溶管道，形成天然库盆和地下岩溶水库。

2. 水库基本地质条件

库盆出露安顺组（T_1a）细至粗粒白云岩，夜郎组第二段（T_1y^2）厚层至块状中至粗粒白云岩和夜郎组第三段（T_1y^3）钙质黏土岩；库盆地表岩溶发育，但规模不大，多表现为溶沟、溶槽，地表仅见 K_{27} 落水洞，其洞口由溶缝组成，平时水井湾洼地底部一般无积水，当后海子涨水或大雨后，洼地底部有少量积水，并经过底部 K_{27} 等岩溶洞穴进入地下排泄，并通过孔岭暗河系统集中向下游排泄。据钻孔地下水位观测，洼地底部地下水位一般埋深 $10\sim20m$，但在洼地东侧，平行岸坡存在地下水水位低槽带，地下水埋深达 $60m$。

七星水库包含的一系列海子集水盆地中，虽然东门海子、后海子和马厂之间由于地形相隔互不连通，但由于孔岭暗河系统的存在，使得东门海子、后海子和马厂在地下相连，在雨季使得湖水同步消涨，形成了统一的水体；水井湾洼地由于 T_1y^3 的阻隔，使其成为独立于东门海子、后海子和马厂海子的"旱洼地"，平时水井湾洼地无水，只有在海子水位高于 946m 后，海子的水体才会进入水井湾洼地内。总体上，七星水库主要接受东门河与孔岭暗河两条高位水系的补给。

3. 工程选址条件分析

贞丰七星水库选址的有利条件体现在以下几个方面：

（1）水库区域的集雨汇水面积大，允许水库有一定的渗漏损失。

（2）受工程选址部位局部隔水层的阻截，岩溶发育相对浅和集中，能大体确定岩溶管道的位置，基本上能做到处理有的放矢。

（3）汛期排水不畅形成海子，水库正常蓄水位按海子常年达到的水位确定，修建水库只是变天然季节水库为人工常态水库。

4. 水库成库条件分析

七星水库位于孔岭暗河下游伏流段上，水库正常蓄水位 948m，堵洞位置位于观音洞天坑（W_{76}）与 L_2 溶槽之间的孔岭暗河上，水库地表部分回水至大田湾一带，长度2.6km；水库地下部分回水到响水洞（K_1）上游李家屯一带，长度4.3km。

该工程主要通过堵洞＋防渗帷幕，截留孔岭暗河水形成水库，在平面上水库库盆主要由东门海子、后海子、马厂和水井湾岩溶盆地构成；在剖面上，分为地面岩溶洼地水库和地下溶洞水库两部分，由于孔岭暗河最低排泄点为那郎暗河双鼻洞，出口高程 667.00m，故水库上、下游存在 281m 的水头差。

5. 渗漏型式及防渗处理方案研究

七星水库按其渗漏型式分为"海子型"和"旱洼地型"两类。

（1）"海子型"库段。该库段主要发育孔岭暗河系统，该系统发育范围较宽、埋藏较浅，具有分散补给和集中排泄（如双鼻洞出水溶洞、观音洞 K_{24}、孔岭暗河牟家大洞断面

（枯期流量占双鼻洞流量的 98.5％）的特点。

对于观音洞天坑周边为地下水分散排泄区域，地下水位埋藏较深，且存在地下水位低槽，岩溶发育，可采用帷幕灌浆处理；观音洞（K_{24}）是孔岭暗河管道中间的一个主要出口，该暗河管道穿过帷幕，过水断面集中，且规模较大，可采用堵洞体封堵集中暗河管道。

（2）"旱洼地型"库段。水井湾岩溶洼地位于后海子东侧，通过高程 944.00m 的地形垭口与后海子相连接，由两个岩溶洼地构成，洼地区积雨汇水面积 0.8km²，洼地地形封闭条件良好，剖面上洼地呈 U 形，底部地形相对平缓，地形坡度大多在 5°～20°范围。从钻孔地下水位观测资料看，洼地底部地下水位埋深最深达 60m，如采用防渗帷幕深度较大（最深达 130m），防渗面积达 21.14 万 m²（为"海子型"库段帷幕量的 1.69 倍）。为此，对水井湾岩溶洼地表面进行平面防渗，即对水井湾洼地高程 948.00m 以下的地表覆盖层进行清除后，封堵揭露的溶洞和溶槽，再铺膜（地形较平缓段）或挂网喷混凝土（地形较陡段）进行防渗，地表防渗点、面位置明确可见，但施工较为复杂。

综上所述，七星水库防渗方案按在"海子型"库盆段采用"堵洞＋防渗帷幕"措施，在"旱洼地"库盆段采用"帷幕"或"帷幕＋铺膜"措施设计，总体防渗方案如图 8.3－2 所示。

第9章 岩溶地基评价与处理

9.1 岩溶地基评价

9.1.1 碳酸盐岩石（体）工程特性

9.1.1.1 岩石物理力学性质

1. 物理性质指标

根据大量试验资料，贵州地区一般灰岩、白云岩、泥灰岩等物理性质指标见表9.1-1。

表9.1-1　　　　碳酸盐类岩石主要物理性质指标

岩　　性	比　　重		容重/(kN·m⁻³)		孔隙率/%		吸水率/%	
	区间值	均值	区间值	均值	区间值	均值	区间值	均值
灰岩	2.69~2.79	2.73	26.4~27.2	27.0	0.66~1.67	0.95	0.11~2.06	0.44
白云质灰岩、灰质白云岩	2.71~2.86	2.79	26.4~28.3	27.3	1.00~2.79	1.58	0.36~1.32	0.67
结晶白云岩	2.83~2.85	2.84	27.8~28.2	27.9	0.99~1.96	1.35	0.45~0.77	0.72
泥质白云岩	2.78~2.85	2.80	26.0~27.0	26.5	1.05~2.58	1.98	0.50~2.80	2.40
泥质灰岩	2.70~2.78	2.74	26.3~27.2	26.9	1.10~2.85	1.80	0.45~1.50	1.35
泥灰岩	2.70~2.77	2.73	26.3~27.0	26.5	1.85~3.58	2.35	0.65~1.60	1.47

注 本表系根据乌江及支流、北盘江及支流、南盘江等河流20多个碳酸盐岩地区的大中型电站室内试验资料成果，整理得到的各指标区间值及平均值。

2. 力学性质指标

(1) 岩石单轴抗压强度。岩石在常温常压下的单轴抗压强度主要取决于岩性、风化状态、含水量、裂隙发育和充填情况，以及荷载方向与岩层层面的关系等因素，根据碳酸盐岩地区的大中型水电站坝址大量岩块室内试验资料统计，不同碳酸盐岩的单轴抗压强度列于表9.1-2。

表 9.1-2   碳酸盐类岩石单轴抗压强度指标

岩　石　名　称	干抗压强度/MPa		饱和抗压强度/MPa		软化系数	
	区间值	均值	区间值	均值	区间值	均值
灰岩	45～160	79	40～120	64	0.62～0.93	0.79
结晶白云岩	60～120	90	55～105	85	0.75～0.90	0.81
角砾状白云岩	30～50	40	18～32	27	0.58～0.65	0.61
白云质灰岩	65～162	115	53～149	99	0.81～0.91	0.84
含泥质（白云质）灰岩	50～110	67	40～80	55	0.58～0.74	0.69
泥质灰岩	45～100	57	35～85	48	0.61～0.80	0.70
泥质白云岩	40～65	55	25～40	35	0.57～0.73	0.65
泥灰岩	27～60	46	20～50	29	0.51～0.71	0.59

注　1. 均属微风化至新鲜岩石。

　　2. 角砾状白云岩以贵州格里桥电站坝基为代表。

可见，可溶岩多属中—硬质岩，强度较高，适宜建坝，只有部分泥质灰岩、泥质白云岩或泥灰岩强度较低，属较软岩。

（2）岩石单轴抗拉强度。根据大量已建工程试验资料，将不同碳酸盐岩的单轴抗拉强度统计于表 9.1-3。

表 9.1-3   碳酸盐类岩石单轴抗拉强度指标

岩　石　名　称	干抗拉强度/MPa		饱和抗拉强度/MPa	
	区间值	均值	区间值	均值
灰岩	2.7～8.1	4.6	3.0～6.1	4.2
结晶白云岩	4.0～6.0	4.5	3.1～5.5	4.1
角砾状白云岩	2.5～3.0	2.7	2.0～3.1	2.4
白云质灰岩	2.8～4.5	4.2	2.6～4.0	3.5
含泥质（白云质）灰岩	3.5～4.8	4.5	3.5～4.5	3.9
泥质灰岩	3.2～5.7	4.4	2.0～4.7	3.5
泥质白云岩	2.6～4.0	3.2	2.2～3.5	2.8
泥灰岩	2.6～4.2	3.6	2.0～3.4	2.8

注　以上岩石均属微风化至新鲜。

（3）岩石抗剪（断）强度。碳酸盐岩石的抗剪强度，20 世纪 50—60 年代所做的试验都用磨光面试验，称为纯摩。70 年代后，采用直剪、三轴剪切试验来测定岩石抗剪（断）强度。同一类岩石抗剪（断）强度指标大小取决于岩石裂隙发育程度和胶结状况、剪切方向与岩层层理、软弱面的夹角等多种因素，仅将部分工程灰岩、白云岩等三轴剪切试验成果统计值见表 9.1-4。

表 9.1－4　　　　　　　　碳酸盐类岩石的三轴抗剪强度指标

岩 石 名 称	f'		c'/MPa	
	区间值	平均值	区间值	平均值
灰岩	0.81～1.43	1.24	12.09～24.89	16.51
白云岩	1.02～1.84	1.48	9.41～18.52	13.36
薄层灰岩与泥灰岩互层	0.7～1.78	1.01	0.03～0.75	0.53
厚层生物碎屑灰岩		1.53		6.86
含方解石团块灰岩		1.33		10.80
含炭泥质灰岩		1.25		9.23
角砾状灰岩		1.31		11.90
炭泥质灰岩		1.10		6.91
薄层生物碎屑灰岩		1.13		10.35

注　据彭水、构皮滩、万家寨等坝址微风化至新鲜岩石试验资料。

9.1.1.2　岩体及结构面的力学性质

1. 岩体三轴抗压强度

岩体三轴抗压强度是指岩体在三向应力状态下的抗压强度。岩体试件的体积也较一般常规的室内岩块试件大得多，在岩块上不易反映的各类结构面及岩石本身的结构构造，在岩体试件上则能在一定程度上得到体现。因而，岩体抗压强度更能反映建筑物地基岩体的实际力学特性。

中科院郭志曾对灰岩进行原位三轴试验，在低围压（$\sigma_3 < 2MPa$）条件下，岩体的抗压强度随围压的增大而有所增加，并得出以下关系式：

$$\sigma_1 = A\sigma_3 + R_c$$

式中：σ_1 为三轴抗压强度；σ_3 为围压；R_c 为单轴抗压强度；A 为围压系数，碎裂状薄层灰岩、泥灰岩夹钙质页岩岩体为 6.2～11.1。

该项试验得出了岩体三轴抗压强度与试件体积的关系，试件体积愈大强度愈低，但当边长尺寸大到 60～70cm 时，岩体的抗压强度趋于稳定，选用这一尺寸试验所测得的岩体强度，可以代表天然岩体的抗压强度。

2. 岩体抗剪（断）强度

岩体的抗剪（断）强度主要取决于岩性、岩体风化、裂隙发育和胶结状况，剪切方向与裂隙面、层面的夹角，也取决于岩体所处的应力状态等因素。根据西南地区大量工程对碳酸盐岩现场岩体抗剪（断）试验的成果统计，不同岩性工程岩体的抗剪（断）强度差异明显（表9.1－5）。

表 9.1－5　　　　　　　部分工程碳酸盐类岩体抗剪（断）强度指标

工程名称	岩性及风化状态	抗 剪 断 强 度		抗 剪 强 度	
		f'	c'/MPa	f	c/MPa
乌江渡	微风化灰岩	0.94～1.50	0.50～2.40	1.00～1.25	0.90～1.20
东风	微风化灰岩	0.95～1.70	1.00～2.40	0.63～0.78	0.01～0.075
	微风化厚层泥灰岩	0.95	0.51		

工程名称	岩性及风化状态	抗 剪 断 强 度		抗 剪 强 度	
		f'	c'/MPa	f	c/MPa
洪家渡	微风化中厚层灰岩	0.97～2.10	1.00～1.94	0.27～0.78	0.016～0.02
思林	微风化中厚层灰岩	1.25～2.20	1.20～2.01	1.00～1.20	0.73～1.28
沙沱	微风化灰岩	1.15～1.81 (1.25)	0.98～1.50 (1.14)		
索风营	微风化中厚层灰岩	1.01～1.52 (1.22)	0.83～1.33 (1.16)		
鲁布革	微风化白云质灰岩	1.96	0.62	1.28	0.11
万家寨	微风化薄层灰岩与泥灰岩互层	0.98	0.53		
普定	微风化含泥质白云岩	0.75	0.77	0.55	0.73
格里桥	微风化白云岩	1.03～1.13	0.88～0.92	0.41～0.56	0.45～0.48
	微风化角砾状白云岩	0.92～0.95	0.62～0.81	0.53～0.56	0.40～0.48
武都	微风化白云岩	2.20～3.01	1.39～1.78		
大花水	微风化厚层灰岩	1.68	1.41		
光照	微风化薄至中厚层泥质灰岩	1.04～1.32	1.10～1.75		
	微风化中厚层灰岩、泥质灰岩	1.17～1.80	1.15～2.60		
	微风化薄层灰岩	1.11	0.95		
引子渡	微风化薄层、极薄层灰岩	1.11～1.43	1.02～1.37		
	微风化薄层泥质灰岩	1.06	1.32		
马马崖一级	微风化中厚层球粒状泥晶灰岩	1.21～1.25	1.17～1.21		
	微风化薄层灰岩	1.16	1.01		
	微风化中厚层晶洞灰岩	1.25～1.28	1.34		

注　（　）内数据为均值。

3. 结构面抗剪（断）强度

碳酸盐岩岩体结构面包括原生结构面、构造结构面和软弱结构面，这些结构面的存在，削弱了碳酸盐岩岩体的整体性状，并常常成为影响建筑物稳定的控制因素。为此，在工程设计时一般对岩体结构面的力学特性进行重点研究。

（1）原生结构面。原生结构面包括层面、沉积间断面、缝合线构造等。根据乌江及支流上部分工程层面现场抗剪（断）强度试验资料，将层间结构面现场抗剪（断）强度试验成果统计见表 9.1-6。

表 9.1-6　　　　部分工程碳酸盐类岩体中层面抗剪（断）强度指标

工程名称	软弱结构面性状	抗剪断峰值强度		抗剪断屈服强度	
		f'	c'/MPa	f	c/MPa
普定	厚层、中厚层白云岩层面，起伏差小于2.5cm	0.77	0.10		
思林	灰岩层面，夹泥化泥炭质薄膜	0.42	0.08	0.40	0.05
	灰岩层面，夹炭质薄膜，干燥，咬合良好	0.81	0.82	0.65	0.60
	硅质灰岩层面，夹炭质薄膜，层面呈蜂窝状	0.38～0.45	0.49～0.74	0.30～0.38	0.05～0.40

工程名称	软弱结构面性状	抗剪断峰值强度		抗剪断屈服强度	
		f'	c'/MPa	f	c/MPa
大花水	灰岩层面，充填方解石及铁锰质（剪断面有10%～30%的岩体）	0.78	0.30		
沙沱	灰岩层面，面略有起伏，粗糙	0.59～0.80	0.25～0.41		
引子渡	薄层泥质灰岩层面，较平整，有约1cm起伏差	0.51	0.14		
洪家渡	厚层灰岩、泥质灰岩、白云质灰岩层面，局部见铁质浸染	0.70～0.78	0.11～0.12		
	厚层泥质灰岩层面，见铁质、泥质浸染	0.64～0.78	0.15～0.33		

（2）构造结构面。构造结构面包括断层、裂隙、层间错动带等，在坝址勘察深度范围，常伴有溶蚀破碎或泥化。国内部分工程碳酸盐岩岩体中不同性状裂隙及小断层的现场抗剪（断）强度试验成果统计于表 9.1-7。

表 9.1-7　　　　碳酸盐类岩体中方解石胶结裂隙或小断层抗剪（断）强度指标

工程名称	结构面性状	抗剪断峰值强度		抗剪断屈服强度	
		f'	c'/MPa	f	c/MPa
思林	方解石脉胶结的平直光滑裂隙面或小断层	0.65～0.81	0.06～0.18	0.64	0.10
	充填方解石薄膜的裂隙面	0.45～0.78	0.34～0.37	0.50	0.29
	充填方解石及黄泥的裂隙面	0.55～0.78	0.14～0.21	0.47～0.62	0.10～0.15
大花水	充填方解石脉的裂隙面（剪断面有5%～20%的岩体）	0.71	0.43		
沙沱	方解石脉胶结的裂隙面	0.83～1.61	0.26～0.70		
光照	方解石胶结的裂隙面，局部见铁质、泥质浸染	0.58～0.82	0.62～0.93		

9.1.1.3　岩体变形特性

1. 岩石（体）变形性质

（1）岩石变形特性。岩石在单轴压力条件下短期变形可分为准弹性、半弹性和非弹性三类，划分标准见表 9.1-8。岩石在单轴压力条件下的变形特性见图 9.1-1。

表 9.1-8　　　　　　　岩石变形特性分类（完整岩石）

岩石变形特性分类	岩石刚度	变形模量 E/MPa
准弹性	刚性高	≥8000
半弹性	刚性	4000～8000
	中等刚性	2000～4000
非弹性	软	1000～2000
	很软	<1000

岩石在三轴压力条件下变形特性与单轴压缩变形特征是不完全相同的。Heard 于 1967 年对灰岩进行了试验，据变形量的相对值划分为脆性、脆性—黏性（半脆性）和黏

性3类：①脆性，相对应变小于3％；②脆性—黏性，相对应变3％～5％；③黏性，相对应变大于5％。

瓦沃西科和费尔霍斯特（1970）对田纳西大理岩进行试验，最大最小主应力比（σ_1/σ_3）约为4.3时，岩石出现了从脆性向韧性的转化（图9.1-2）。

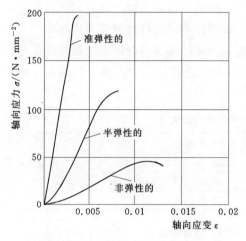

图9.1-1 典型的岩石变形图式

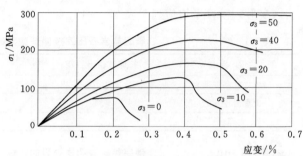

图9.1-2 田纳西大理岩的有侧限试验
（根据瓦沃西科和费尔霍斯特，1970）

国内汪斌、朱杰兵等采用轴向冲程控制对锦屏大理岩进行了不同围压下的三轴压缩全过程试验，加载速度为0.01mm/s，试验成果如图9.1-3所示。从图中可看出，在低围压下，应力—应变有个峰值点，峰后在较小的应变变化下会有较大的应力降，随后随着应变增加缓慢降低直至定值，即残余强度值。随着围压增加到40MPa时，岩石峰后应变软化特性转化为理想塑性，可以认为围压等于40MPa为脆—延转化点。

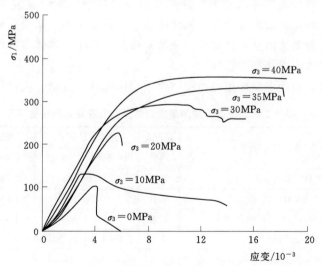

图9.1-3 锦屏二级水电站大理岩三轴试验全过程应力—应变关系曲线

在此基础上，汪斌、朱杰兵等又对大理岩的三轴峰前卸荷力学性质和三轴峰后卸荷力学性质进行了对比研究。研究表明，大理岩峰前卸荷围压强度对围压变化最敏感，对比峰值强度参数，峰前卸荷围压凝聚力 c_f 降低了 50%，而内摩擦角 φ_f 增加了 10% 左右；峰后卸荷围压凝聚力 c_b 值降低 52%，内摩擦角 φ_b 降低了 1%。在变形破坏特征方面，卸荷岩石的破裂性质具有较强的张性破裂特征，峰前卸荷围压较峰后卸围压强烈得多，由于岩样塑性变形已吸收较多的弹性变形，峰后比峰前卸围压塑性变形大，因而不像峰前卸围压破坏具有突发性，其脆性特性受到抑制，剪切破坏成分比重增大，即由张性破坏过渡到张剪性破坏。

岩石的变形特性还受应力条件的影响，如在单向压缩和拉伸试验时得出的弹性模量可相差 $10\%\sim20\%$（表 9.1-9）。根据国内一些工程 80 多组碳酸盐岩岩石的变形试验，弹性（变形）模量平均值列于表 9.1-10。

表 9.1-9　　　　　　　　碳酸盐岩石压缩拉伸试验时的弹性模量均值

岩 石 名 称	拉伸试验 E_i/GPa	压缩试验 E_c/GPa	E_i/E_c
白云化软弱泥灰岩	12.72	10.68	1.19
大理岩化灰岩	24	26.28	0.91
大理岩	20	17.55	1.14

表 9.1-10　　　　　　　坚硬完整碳酸盐岩岩石的弹性（变形）模量均值

岩 石 名 称	弹性模量/GPa	变形模量/GPa	弹变比	泊松比
灰岩	72.39	67.38	1.07	0.29
白云岩	84.24	78.78	1.07	0.27
瘤状含泥灰岩	65.57			0.27
薄层含泥灰岩	48.59	44.44	1.09	0.24
角砾状灰岩	65.20	51.35	1.27	0.38
大理岩		73.80		0.27

（2）岩体变形特性。岩体的变形特性主要以弹性模量、变形模量和泊松比等指标表述。岩体弹性（变形）模量值与岩性、风化状态、岩体完整性、试验荷载方向及岩体应力状态等因素有关。静力法测量岩体弹性（变形）模量，除了受岩体本身性状影响以外，同时受加载方向和岩体应力状态的影响。

国内部分工程碳酸盐岩坝址用静力法测定的岩体弹性（变形）模量统计于表9.1-11。

表 9.1-11　　　　　　部分工程现场静力法测定的岩体弹性（变形）模量值

工程名称	岩 体 特 性	与层面关系	弹性模量/GPa 区间值	弹性模量/GPa 平均值	变形模量/GPa 区间值	变形模量/GPa 平均值	弹变比
鲁布革	坚硬完整白云岩	铅直	14.5~66.5	42.5(10)	10.8~39.3	20.4(10)	2.08
	节理较发育的白云岩	铅直	11.3~16.6	13.3(7)	7.2~9.0	8.0(7)	1.66
	节理发育的白云岩	铅直	6.2~7.2	6.7(3)	3.7~4.9	4.4(3)	1.52
	节理很发育的白云岩	铅直	2.9~3.5	3.2(2)	0.9~1.5	1.2(2)	2.67
	坚硬完整灰质白云岩	平行	42.8~120	70(5)	21.7~76.4	50.3(8)	1.39
	含较多方解石脉的灰质白云岩	垂直	3.3~7.7	5.5(2)	1.8~3.6	2.7(2)	2.04
	坚硬完整灰岩	铅直	24.1~83.8	58.6(4)	15.3~67.8	36.7(4)	1.60

续表

工程名称	岩体特性	与层面关系	弹性模量/GPa		变形模量/GPa		弹变比
			区间值	平均值	区间值	平均值	
光照	微风化含泥质灰岩	平行		16.8		9.7	1.73
	微风化含泥质灰岩	垂直	14.8~24.7	19.8(2)	9.7~13.7	11.7(2)	1.69
	微风化中厚层灰岩	平行		19.9		13.6	1.46
	微风化中厚层灰岩	垂直		18.5		11.0	1.68
	微风化中厚层灰岩	斜交		17.9		8.2	2.18
	微风化中厚层泥质灰岩	平行		11.7		3.6	3.25
	微风化薄至中厚层灰岩	平行	9.6~19.2	15.7(3)	4.8~11	8.2(3)	1.91
洪家渡	微风化中至厚层灰岩、白云质灰岩	平行	29.3~39.3	34.3(2)	19.1~19.7	19.4(2)	1.77
	微风化中至厚层灰岩、白云质灰岩	垂直	22.3~36.7	29.5(2)	13.3~14.1	13.7(2)	2.15
	微风化中厚层夹薄层灰岩、泥质灰岩	平行	47~52	49.5(2)	23.6~27.5	25.6(2)	1.93
	微风化中厚层夹薄层灰岩、泥质灰岩	垂直	30~46	38(2)	16.6~21.6	18.8(2)	2.02
	微风化薄至中厚层泥灰岩、泥岩互层	平行	10.3~22.4	15.1(3)	5.5~11.2	8.8(3)	1.72
	微风化薄至中厚层泥灰岩、泥岩互层	垂直	7.8~11.7	10(4)	2~7.5	4.7(4)	2.13
	微风化薄至中厚层泥灰岩夹泥岩	平行		8.8		4.9	1.80
	微风化厚层块状灰岩、白云质灰岩	平行	31~65	48.5(2)	14.9~42	28.5(2)	1.70
	微风化厚层块状灰岩、白云质灰岩	垂直	30.3~41.6	36(2)	16.8~25.5	21.2(2)	1.70
	微风化薄至中厚层灰岩	平行	13.3~38.2	25.8(2)	10.8~15.4	13.1(2)	1.97
	微风化薄至中厚层灰岩	垂直	12.5~39.3	24.4(4)	5.7~21.9	13.5(2)	1.81
马马崖一级	中厚层白云岩，局部发育方解石脉	平行		17.9		8.2	2.18
	中厚层白云岩，局部发育方解石脉	垂直		16.2		7.1	2.28
	中厚层晶洞灰岩	垂直	11.6~16.4	14	7.8~8.4	8.1	1.73
	中厚层灰岩，岩体完整	垂直		25.2		11.9	2.12
大花水	微风化厚层灰岩，裂隙发育，方解石胶结较好	水平		13.63		7.16	1.90
	微风化厚层灰岩，裂隙发育，方解石胶结较好	铅直		22.84		9.38	2.44
	微风化厚层灰岩，偶含燧石结核，岩体完整	水平		23.63		14.59	1.62
	微风化厚层灰岩，偶含燧石结核，岩体较完整	水平		22.22		10.14	2.19
	微风化厚层灰岩，偶含燧石结核，岩体较完整	铅直		36.49		15.73	2.32
	微风化厚层灰岩，裂隙网状发育，方解石胶结较好	铅直		19.41		8.94	2.17
格里桥	微新中厚层白云岩、灰质白云岩	铅直				12.9	
	微新厚层块状白云岩	铅直				17.6	
	微新厚层块状角砾状白云岩	铅直				8.2	
	微新厚层块状角砾状灰岩	铅直				7.8	

续表

工程名称	岩 体 特 性	与层面关系	弹性模量/GPa 区间值	弹性模量/GPa 平均值	变形模量/GPa 区间值	变形模量/GPa 平均值	弹变比
思林	含燧石结核灰岩及硅质岩	垂直	15.2～19.8	17.8(3)	8.2～12.2	10.5(3)	1.70
	含燧石结核灰岩及硅质岩	平行	19.6～32.7	26.4(6)	9.3～19.9	13.3(6)	1.98
	薄至中厚层灰岩、白云岩	垂直	19.4～27.2	23.3(2)	7.6～13.3	10.5(2)	2.22
	薄至中厚层灰岩、白云岩	平行	10.6～49	28.3(7)	6.4～20.4	16.4(7)	1.73
	厚层灰岩、白云岩	平行	12.4～49	30.7(7)	6.3～31.7	18.7(7)	1.64
索风营	厚层灰岩，裂隙充填方解石脉	垂直		14.6		8.9	1.64
	厚层灰岩，裂隙充填方解石脉	平行		22.7		14.8	1.53
	中厚至厚层灰岩，偶见方解石脉裂隙发育，闭合好	垂直		48.7		22.8	2.13
		平行		21.0		12.3	1.71
	中厚层灰岩、白云质灰岩，破碎，裂隙发育	垂直		7.1		3.3	2.15
	中厚层灰岩，裂隙发育，充填方解石脉	平行		20.0		7.8	2.56
	中厚层灰岩，均匀致密	垂直		55.6		24.9	2.23
天福庙	微风化白云质灰岩	垂直	12～24.5	18.3			
	微风化白云质灰岩	平行	20～25	22.5(3)	7～16	9.2(3)	2.45
隔河岩	微风化薄层条带灰岩	垂直				12.6	
	微风化薄层条带灰岩	平行		33.3			
	微风化薄层条带灰岩	斜交		28.4(8)		14.6(8)	1.95
引子渡	新鲜薄层灰岩	平行		21.7		13.9	1.56
	新鲜薄层灰岩	垂直		15.5		8.9	1.74
	新鲜薄层、极薄层灰岩	平行		16.6		8.7	1.91
	新鲜薄层、极薄层灰岩	垂直		12.8		7.7	1.66

注 （ ）内数据为频数。

9.1.2 溶蚀对岩溶地基强度及变形特性的影响

9.1.2.1 溶蚀对岩溶地基强度特性的影响

可溶岩体的溶蚀作用主要表现为化学风化特性，多数可溶岩体都是先沿结构面溶蚀，并进而不断扩展至大范围的岩体，从而形成包括溶孔、溶隙、溶蚀性结构面、溶蚀破碎区、岩溶洞穴或其他结构面组合的"岩溶结构岩体"，其岩溶形态极不规则，可以是宽大的溶洞，狭窄的溶槽，也可以是细小网状溶隙集合体，这些岩溶结构岩体受力后，其强度特性表现为明显的不均质性。溶孔、溶穴等零星分布对岩体整体强度基本无影响；单一溶蚀性结构面可构成坝基抗滑稳定控制性结构面或局部溶蚀破碎带，溶蚀性结构面抗剪（断）强度统计见表9.1-12。溶蚀破碎区对岩体强度的影响表现为整体特性，一般采取开挖置换或跨越的方法进行处理。岩溶洞穴对坝基岩体强度的影响机理则要复杂得多，与其形态特征、规模、上覆岩层顶板厚度、坝基应力水平等有很大关系，其强度破坏特征可表现为洞穴顶板整体破坏或以洞穴为临空面的整体滑移破坏等。

表 9.1 - 12　　　　　　　碳酸盐岩岩体中的溶蚀结构面抗剪（断）强度

结 构 面 特 征	抗剪断峰值强度		抗剪断屈服强度	
	f'	c'/MPa	f	c/MPa
溶蚀夹泥	0.25	0.035		
充填次生黏土，含水量大，裂面较平整，延伸长	0.46	0.07	0.32	0.05
充填方解石、泥炭质薄片及次生黏泥，局部有渗水			0.36～0.52	0.04～0.08
次生溶蚀夹层，为黄色黏泥及炭质物，平直			0.28	0.022
次生溶蚀黏泥夹层			0.21	0.013

可见，研究岩溶岩体的强度特性时，除要特别关注其不均质性外，对溶蚀结构体可能构成滑移空间、变形空间或渗流通道的问题应引起高度重视。

例如，武都水库大坝坝基钻孔声波测试表明：坝基岩体在弱风化带内，由于岩溶作用强烈，岩体中风化溶蚀裂隙发育，岩体纵波波速区间值较大，且低波速值较多。声波曲线中波峰与波谷点多呈锯齿状，起伏差大，反映出岩体的完整程度较差。而在微风化带内，由于裂隙不发育，裂面闭合，岩溶作用较弱，声波曲线中的低波速值相对较少，起伏差小，波形稳定，表明岩体结构面结合较好，岩体较为完整。通过钻孔岩芯、CT 穿透资料与岩体波速测试成果对比分析，岩体纵波波速较低的地段，往往是岩溶发育较为强烈，岩体中发育有溶洞、溶孔、溶蚀带或溶蚀裂隙发育的地段，反映出岩溶发育对岩体的完整性破坏较大。

再如，武都坝基现场抗剪断强度试验（表 9.1 - 13）表明，溶蚀风化带岩体以塑性剪切破坏为主，其抗剪断峰值强度仅为完整岩体抗剪断峰值强度的 30%～40%。

表 9.1 - 13　　　　　　　武都水库坝基岩体/岩体抗剪断强度成果表

风化状态与岩性	破 坏 类 型	抗剪断峰值强度	
		f'	c'/MPa
微风化白云岩	完整岩体破坏为主	3.01	1.78
	沿裂隙面（60%～80%）破坏为主	1.20	0.92
溶蚀风化白云岩	溶蚀风化带	0.98	0.65
弱风化白云岩	完整岩体破坏为主	2.41	1.35
	沿裂隙面（60%～80%）破坏为主	1.10	0.85

9.1.2.2　溶蚀对岩溶地基变形特性的影响

受可溶岩体溶蚀风化特点的影响，岩溶坝基岩体空间强度一般表现为明显的各向异性，顺溶蚀结构面方向的岩体变形主要受结构面两侧完整可溶岩体强度控制，其变形特性与完整岩体差异不大，但垂直溶蚀结构面方向的岩体变形主要受溶蚀结构面强度控制，溶蚀破碎带多为黏土或其他软弱物质充填，强度较低，其抗变形能力极差。当其与坝基（肩）组合时，常构成滑移或变形稳定的控制性结构面。

例如，四川武都水库河床坝基及两岸坝肩进行了孔内变形模量测试，河床部位岩溶发育相对较弱，同类型风化状态时，河床部位岩体变形模量值比两岸坝肩岩体变形模量值高

10%左右，同处于河床部位时，溶蚀风化岩体的变形模量约为完整岩体变形模量的40%，部分溶蚀风化带变形模量甚至远低于断层破碎带或裂隙密集带。

9.1.3 岩溶地基溶蚀形态及组合类型划分

9.1.3.1 岩溶地基溶蚀形态基本类型

根据国内可溶岩地区已建工程坝基岩溶发育特征总结，坝基溶蚀类型具有形式多样性与规律性。

1. 溶蚀个体形态特征类型

按溶蚀个体形态特征可分为以下3类：

（1）洞穴（管道）型。岩溶洞穴按断面直径大小可分为大型溶洞（直径大于10m）、中型溶洞（直径5～10m）、较小型溶洞（直径2～5m）、小型溶洞（直径0.5～2m）、溶穴（直径0.1～0.5m）、溶孔（直径小于0.1m）。按洞穴充填情况可分为充填型、部分充填型和无充填型。按形成年代可分为正在发育的洞穴和已退化的洞穴。如，贵州乌江东风水电站坝基范围内岩溶不甚发育，但左坝肩高程912.00～927.00m沿F_{38}、F_{42}断层发育的K_{915}^{101}规模较大，溶洞发育于中厚层夹薄层灰岩中，长38m，宽6～11m，高5～15m，充填黄色黏土，正好位于左坝肩建基面，为开挖揭露型溶洞。四川武都水库大坝右坝基分布有K_{111}溶蚀大厅，大厅净空高度9～20m，该溶蚀大厅直接位于24号坝段坝基下部，洞顶以上最小岩体厚度仅6～11m，为浅埋型大型溶洞；重庆芙蓉江江口电站大坝右岸6号坝段帷幕灌浆时，在孔深60m左右遇到特大溶洞，溶腔中分空腔、砂层和夹泥层3层，溶洞空腔最大掉钻4.8m，砂层最大厚度42.4m，泥层厚10.8m，溶洞最大高度63m，洞轴线长26m，为坝基范围内遇到的特大型深埋溶洞。

管道则是岩溶管道水或暗河形成的通道，一般呈管状或不规则状，对坝基的影响范围远大于孤立型的岩溶洞穴，一般早期管道无水，而现代管道有水流，延伸较稳定，水平状或倾斜状，规模和性状差异大。

（2）溶蚀破碎区（带）型。指由于溶蚀风化形成的破碎岩体区，一般无明显的方向性。岩溶地区常采用溶蚀破碎带的概念来描述坝基两岸溶蚀风化程度。如，贵州清水河大花水水电站左坝基为古河床，受裂隙、断层交切溶蚀风化影响，在左岸形成大范围溶蚀破碎区，最后将坝基范围内的溶蚀破碎岩体全部清挖；贵州乌江沙沱水电站坝址两岸高程289.00m（枯期河水位）至Ⅰ级阶地面（高程320.00～330.00m）溶蚀强烈，形成表层强烈溶蚀风化带，主要溶蚀现象为沿NW向陡倾构造裂隙的溶蚀扩大，呈宽缝状，最宽达1.8m，全充填至半充填，向上延伸至地面，条间距7～10m，勘探期间，平洞内揭示的溶蚀宽缝普遍涌泥，并引起地面塌陷。

（3）溶蚀结构面型。指沿断层、构造破碎带、层间错动带、层面、地层接触带等溶蚀风化并充填次生黏泥的软弱结构面，一般有明显的方向性。如，贵州乌江构皮滩电站坝基置于二叠系下统茅口组厚层灰岩（P_1m^1）上，层间发育溶蚀风化—溶滤带、溶蚀性断裂等软弱结构面，影响拱座变形稳定。重庆隘口水库坝基河床左岸发育一顺河向溶蚀深槽，深槽顺河向长228m，宽8～64m，溶蚀深槽内充填物结构松散，沉陷性大，不能作为坝基持力层；贵州清水河大花水水电站两坝肩发育近EW向溶蚀性小断层，距拱端近且与拱端大致垂直，对拱端变形稳定影响较大。

2. 溶蚀个体与建基面的空间位置关系

按溶蚀个体与建基面的空间关系可分为：①接触型（或揭顶型）；②隐伏埋藏型两类。其中，接触型系指建基面已揭露的岩溶形态和建筑物基础直接接触，一般天然顶板已挖除，包括各种高角度溶隙、溶沟、溶槽、溶缝、溶井、落水洞、漏斗、溶蚀破碎带、开挖揭顶溶洞、暗河等。隐伏埋藏型系指埋藏于建基面以下或旁侧的溶洞、暗河和缓倾角的溶隙、溶蚀带（层）等。

9.1.3.2　岩溶地基溶蚀形态组合类型

根据水布垭、隔河岩、武都、洪家渡、东风、思林、沙沱等十多个工程的碳酸盐岩地基岩溶形态组合类型进行分类归纳整理，常见的碳酸盐岩地基岩溶形态组合类型，见表9.1-14。

表 9.1-14　碳酸盐岩地基岩溶形态组合类型分类表

分类序号	岩溶发育程度	岩溶形态组合类型	裂隙溶蚀率/%	结构面溶蚀宽度/cm	面溶蚀率/%	岩体溶蚀特性	代表性工程
1	微溶蚀地基	溶孔晶孔型（溶孔型）	<10	<0.5	<1	基岩成片出露，岩溶形态以晶孔、溶孔、溶蚀麻面为主，局部有少量溶隙，但溶蚀轻微，层面和裂面大多闭合	乌江渡、东风等河床坝基
2	弱溶蚀（下带）地基	溶蚀裂隙型（溶隙型）	10~30	0.5~2.0	1~5	基岩成片出露，岩溶形态以溶隙为主，部分形成串珠状溶穴或溶蚀缝隙，一般缝宽0.5~2.0cm，个别缝隙宽可达10cm。坝基岩体中偶见溶穴、小溶洞，洞径一般小于0.5m	沙沱、思林、武都等河床坝基
3	弱溶蚀（上带）地基	溶沟溶槽型（沟槽型）	30~50	2.0~20.0	5~20	有基岩产状，下部与成片基岩相连，溶沟溶槽深一般3~5m，以溶隙、溶沟、溶槽为主，也有部分裂隙溶井（洞），部分沟槽交叉成网格状，一般沟宽2.0~20.0cm，个别宽缝可达50cm，溶沟溶槽之间地面形态基本可辨，但基岩风化多泥锈面。溶蚀沟槽下部见小型溶洞，一般洞径0.5~2.0m	隘口坝基溶蚀岩体区、马岩洞两岸坝基等
4	强烈溶蚀地基	溶蚀宽缝型（宽缝型）	50~80	20~100	20~30	有基岩产状，下部与成片基岩相连，溶蚀宽缝深一般5~15m，以溶蚀宽缝为主，部分宽缝与下部岩溶洞穴相连，一般溶宽大于20.0cm，个别可达100cm以上。溶蚀宽缝下部多与较小型溶洞相连，一般洞径2.0~5.0m	隘口坝基溶蚀残留岩体区、沙沱两岸阶地坝基
4	强烈溶蚀地基	溶管溶洞型（洞穴型）	50~80	20~100	20~30	以溶管、裂隙状溶洞、溶井、管道状溶洞为主和部分溶隙、宽缝等组合成以管洞为主要汇水中心的溶蚀系统。除浅部溶穴岩体溶蚀破碎风化多泥外，稍深洞穴周围岩体一般较完好，一般洞径2.0~5.0m	武都两岸坝基
5	极强烈溶蚀地基	网状溶蚀破碎填泥型（填泥型）	>80	>100	>30	由纵横交错的沟槽、洞穴组合成网格状，地基成为大小不一的凹凸零乱的石丘、石柱或不规则割离体，岩体风化破碎多泥，容易松动。实际相当于软基	隘口坝基溶蚀填泥区
5	极强烈溶蚀地基	溶带块屑型（块屑型）	>80	>100	>30	沿断层、断层交会带和构造挤压带等形成的构造破碎和溶蚀的混合类型，宽3m以上至数十米。由大块岩石、角砾碎屑和泥组成。实际相当于软基	白石窑水电站船闸上闸首及厂房安装间一带

注　当坝基下部发育大于5m的溶洞时，一般的溶蚀形态组合类型不能涵盖，宜在详细探明溶洞空间展布的基础上，将溶洞按空洞单元考虑，采用数值模拟手段，通过建立地质力学模型来分析其对坝基岩体应力应变特性的影响。

9.1.4 岩溶地基岩体工程地质分类

岩溶地基岩体质量工程地质分类是将复杂的岩溶坝基问题概化成若干类属的工程地质特性相差不大的岩体，以平均参数代表地基综合特征，它是评价地基质量和稳定问题的一种基本方法，随着在岩溶地区工程建设的广泛开展，运用日益广泛。

贵阳院长期在岩溶地区开展水利水电工程勘察设计工作，对岩溶化地基工程地质分类一直在进行认真研究，并陆续提出过一些划分方法。之前也有兄弟单位开展过相关的研究，如三江口、江垭等工程从岩体的溶蚀特性着手进行研究，其分类方法有较强的工程针对性，但与通用岩体质量分类等级不相对应，不利于推广应用；《水利水电工程地质勘察规范》（GB 50287—99）颁布后，多个单位在水布垭、武都、索风营、沙沱等项目的勘察过程中，尝试在规范基础上，考虑溶蚀作用对岩体质量的影响，对坝基岩体工程地质分类进行修正应用；隔河岩、构皮滩等项目尝试利用《工程岩体分级标准》（GB 50218—94）分类标准，将溶蚀作用作为扣分因素对 BQ 值进行修正应用。这些岩溶地区工程在进行坝基岩体工程地质分类时，其出发点都是以规范分类为基础，将溶蚀对坝基岩体质量的影响因素作为修正因子，从而完善岩溶地区坝基岩体工程地质分类方法。

通过充分收集、研究国内外岩体质量分类方法、典型工程坝基岩体工程地质分类及部分工程碳酸盐岩坝基岩体质量分类成果，贵阳院对各分类方法的适应性进行了比较分析。认为单纯从定量的角度来进行坝基岩体工程地质分类，未考虑岩溶地基抗滑、抗变形及抗渗透稳定等问题，需进一步研究制定针对性分类方法。

基于已有研究基础和规范要求，结合岩溶坝基岩体的溶蚀风化特点、岩溶形态组合类型、主要岩溶工程地质问题进行修正，提出考虑岩体溶蚀特性量化指标、岩溶形态组合类型等的规范修正分类法（表 9.1-15）和岩溶化坝基工程地质分类法（表 9.1-16）。两套分类方法均以《水力发电工程地质勘察规范》（GB 50287—2006）通用坝基岩体工程地质分类为基础，便于设计对照使用，提出的岩溶坝基岩体工程地质分类方法有较强的适用性。

9.1.4.1 规范修正分类法

1. 修正分类法主要考虑因素

（1）在通用坝基岩体工程地质分类的基础上，结合岩溶地区碳酸盐岩的溶蚀风化特点、主要工程地质问题对岩溶地区坝基岩体工程地质分类进行修正。

（2）分类要适用于具有溶蚀风化特点的灰岩、白云质灰岩、灰质白云岩、白云岩等质纯碳酸盐岩坝基或坝段。

（3）岩溶坝基岩体工程地质分类仍划分为Ⅰ类、Ⅱ类、Ⅲ类、Ⅳ类、Ⅴ类 5 类。

（4）鉴于岩溶发育的极不均一性和具体条件的千差万别，本分类以定性为主，有关定量评价指标视各地区或工程勘察工作的深入进行具体划分。

（5）分类所包括的岩溶范围主要是指分布在坝基附加应力场以内并和建筑物安全稳定及正常运行直接有关的岩溶形态。

（6）对于较小型至小型溶洞可在坝基岩体质量分类时，结合溶洞顶板厚度及完整性、溶洞规模及形状、充填物性状及充填情况等综合考虑其影响；当坝基下部分布有中型至大型溶洞时，一般宜建立相应的坝基地质力学模型，采用数值模拟手段分析溶洞的存在对坝基岩体应力应变特性的影响。

（7）某些特殊岩溶现象，如深部岩溶、古岩溶、古岩溶充填物、岩溶洞穴坍塌堆积体或溶塌角砾岩等，直接位于坝基或对坝基岩体质量评价有明显影响的，可作为特殊类型单独命名划分岩溶组合结构类型。

2. 分类量化指标

在一般碳酸盐岩类坝区，坝基岩体质量和工程地质特征，主要决定于地基强度、岩体完整性、岩体溶蚀特性等因素。因此，岩质类型、岩体结构、岩体完整性、岩体溶蚀特性是进行岩溶坝基岩体工程地质分类的主要指标。

（1）岩质类型。对于一般碳酸盐岩，具有明显溶蚀风化特性的岩体主要为质纯的灰岩、白云质灰岩、灰质白云岩、白云岩，其岩质较坚硬，据大量室内试验成果统计，其岩块饱和单轴抗压强度多在 40MPa 以上，因此，只针对硬质岩类（即饱和抗压强度大于 30MPa 的岩类）进行修正。溶洞分布于坝基下部时，当顶板岩体完整且其厚度大于 1 倍洞径以上时，可根据溶洞跨度、顶板厚度及完整性、充填状况及充填物性状等因素，综合确定溶洞顶板岩体强度折减系数。

（2）岩体结构。灰岩、白云岩等包括整体状、巨厚层状、块状、次块状、厚层状、中厚层状、互层状、薄层状、镶嵌结构、块裂结构、碎裂结构、碎块状、碎屑状等各种类型，与通用坝基岩体工程地质分类一致。

（3）岩体完整性。岩体完整性具体体现指标为结构面发育程度及岩体完整性系数，通用坝基岩体工程地质分类一致。

（4）岩体溶蚀特征。描述岩体溶蚀特性量化指标较多，主要包括裂隙溶蚀率、钻孔遇洞率、钻孔线溶蚀率、平洞线溶蚀率、基坑面溶蚀率、结构面溶蚀宽度、岩溶发育程度、岩溶形态组合类型等，这些是岩溶地基特有的。

由于碳酸盐岩的溶蚀首先发生在构造裂隙、断层、层面或层间错动带附近，因此，裂隙溶蚀率指标能较客观的反映一个工程区坝基岩体的溶蚀程度。钻孔遇洞率、钻孔线溶蚀率、平洞线溶蚀率指标具偶然性，其指标区间值变化较大，受勘察阶段深度、坝址河谷形态等影响较大，在坝基岩体工程地质分类中可作为溶蚀特性描述性指标。基坑面溶蚀率指标是一个相对客观的指标，能反映一定范围内岩体的溶蚀程度，但该指标只能反映坝基开挖揭露后的溶蚀情况，是一个验证性指标。结构面溶蚀宽度指标可通过平洞、竖井、钻孔录像及地表路探统计等途径获得，通过大量工程统计，利用碳酸盐岩各风化分带中的缝宽指标进行岩体溶蚀程度分级有一定现实意义。岩溶发育程度及岩溶形态组合类型由岩体的裂隙溶蚀率、结构面溶蚀宽度及岩溶个体形态特征等综合确定。

3. 分类

综合考虑坝基岩质类型、岩体结构、岩体完整性、岩体溶蚀特性等因素，结合国内碳酸盐岩地区部分水电工程坝基岩体质量分类研究成果，提出岩溶坝基岩体规范修正分类法见表 9.1-15。

表 9.1－15　　　　　　　　　　　　　规 范 修 正 分 类 法

岩质类型	岩体结构类型	结构面发育程度	岩体基本质量类别	裂隙溶蚀率/%	结构面溶蚀宽度/cm	面溶蚀率/%	岩溶形态组合类型	岩溶坝基岩体工程地质分类	岩体工程性质评价
坚硬岩	整体状或块状、巨厚层状或厚层状	不发育～轻度发育	ⅠA	<10	<0.5	<1	溶孔型	ⅠA	岩体完整，强度高，抗滑、抗变形性能强。坝基以裂隙性渗漏为主，不需做专门性地基处理。属优良高混凝土坝地基
	块状或次块状、厚层状	中等发育	ⅡA	<10	<0.5	<1	溶孔型	ⅡA	岩体较完整，强度高，岩溶弱发育，软弱结构面不控制岩体稳定，抗滑、抗变形性能较高。坝基以溶隙性渗漏为主，一般性渗漏不直接威胁建筑物安全，专门性地基处理工作量不大。属良好高混凝土坝地基
				10～30	0.5～2.0	1～5	溶隙型		
	次块状、中厚层状	中等发育	Ⅲ$_{1A}$	<10	<0.5	<1	溶孔型	Ⅲ$_{1A}$	岩体较完整，局部完整性差，强度较高，岩溶弱发育，抗滑、抗变形性能在一定程度上受结构面控制。坝基以溶隙性渗漏为主，一般性渗漏不直接威胁建筑物安全，对影响岩体变形和稳定的结构面应做专门处理
				10～30	0.5～2.0	1～5	溶隙型	Ⅲ$_{1A}$	
				30～50	2.0～20.0	5～20	沟槽型	Ⅲ$_{2A}$	岩体完整性差，强度仍较高，抗滑、抗变形性能在一定程度上受结构面控制。岩溶形态直接和建筑物接触，坝基以沟槽式渗漏为主，渗漏通道直接和建筑物接触，易引起冲刷渗流破坏，对影响岩体变形和稳定的结构面及溶沟溶槽应做专门处理
	镶嵌状或块裂状、互层状	较发育	Ⅲ$_{2A}$	<10	<0.5	<1	溶孔型	Ⅲ$_{2A}$	岩体完整性差，强度仍较高，岩溶弱发育，抗滑、抗变形性能受结构面和岩块间嵌合能力以及结构面抗剪强度特性控制。坝基以溶隙性渗漏为主，一般性渗漏不直接威胁建筑物安全，对结构面应做专门处理
				10～30	0.5～2.0	1～5	溶隙型	Ⅲ$_{2A}$	
				30～50	2.0～20.0	5～20	沟槽型	Ⅲ$_{2A}$	岩体完整性差，强度仍较高，岩溶中等发育，抗滑、抗变形性能受结构面和岩块间嵌合能力控制。岩溶形态直接与建筑物接触，坝基以沟槽式渗漏为主，渗漏通道直接和建筑物接触，易引起冲刷渗流破坏。作为高混凝土坝地基，需对溶蚀沟槽进行槽挖置换
	互层状或薄层状、块裂状	较发育—发育	Ⅳ$_{1A}$	<10	<0.5	<1	溶孔型	Ⅳ$_{1A}$	岩体完整性差，岩溶弱发育，抗滑、抗变形性能受结构面和岩块间嵌合能力控制。坝基以溶隙性渗漏为主，一般性渗漏不直接威胁建筑物安全，对结构面应做专门处理
				10～30	0.5～2.0	1～5	溶隙型	Ⅳ$_{1A}$	
				30～50	2.0～20.0	5～20	沟槽型	Ⅳ$_{2A}$	岩体较破碎，抗滑、抗变形性能差。岩溶形态直接与建筑物接触，坝基以沟槽式渗漏为主，渗漏通道直接和建筑物接触，易引起冲刷渗流破坏。不宜作为高混凝土坝地基，当局部存在该类岩体时，需做专门处理

续表

岩质类型	岩体基本特性		岩体基本质量类别	岩体溶蚀特性			岩溶形态组合类型	岩溶坝基岩体工程地质分类	岩体工程性质评价
	岩体结构类型	结构面发育程度		溶蚀率					
				裂隙溶蚀率/%	结构面溶蚀宽度/cm	面溶蚀率/%			
坚硬岩	互层状或薄层状、块裂状	较发育—发育	IV₁A	50~80	20~100	20~30	宽缝型	IV₂A	岩体较破碎，抗滑、抗变形性能差。坝基以小型管道式渗漏为主，渗漏通道直接和建筑物接触，易引起冲刷渗流破坏。不宜作高混凝土坝地基，当局部存在该类岩体时，需做专门处理
							洞穴型	IV₂A	岩体较破碎，抗滑、抗变形性能差。坝基以管道式渗漏为主，渗漏通道不直接和建筑物接触，岩溶洞穴对坝基应力应变的影响需专门研究。不宜作高混凝土坝地基，当局部存在该类岩体时，需做专门处理
	碎裂状	很发育	IV₂A	<10	<0.5	<1	溶孔型	IV₂A	岩体较破碎，岩溶弱发育，抗滑、抗变形性能差。坝基以溶隙性渗漏为主，一般性渗漏不直接威胁建筑物安全，不宜作为高混凝土坝地基，当局部存在该类岩体时，需做专门处理
				10~30	0.5~2.0	1~5	溶隙型	IV₂A	
				30~50	2.0~20.0	5~20	沟槽型	IV₂A	岩体较破碎，抗滑、抗变形性能差。岩溶形态直接与建筑物接触，坝基以沟槽式渗漏为主，渗漏通道直接和建筑物接触，易引起冲刷渗流破坏。不宜作为高混凝土坝地基，当局部存在该类岩体时，需做专门处理
				50~80	20~100	20~30	宽缝型	IV₂A	岩体较破碎，抗滑、抗变形性能差。坝基以小型管道式渗漏为主，渗漏通道直接和建筑物接触，易引起冲刷渗流破坏。不宜作高混凝土坝地基，当局部存在该类岩体时，需做专门处理
							洞穴型	IV₂A	岩体较破碎，抗滑、抗变形性能差。坝基以管道式渗漏为主，渗漏通道不直接和建筑物接触，岩溶洞穴对坝基应力应变的影响需专门研究。不宜作高混凝土坝地基，当局部存在该类岩体时，需做专门处理
	散体状		VA	>80	>100	>30	填泥型块屑型	VA	岩体破碎，呈泥包石或石夹泥状。岩溶极强烈发育，不能作为大坝坝基，当坝基局部地段分布该类岩体，需作专门性处理
中硬岩	整体状或块状、巨厚层状或厚层状	不发育—轻度发育	IIB	<10	<0.5	<1	溶孔型	IIB	岩体完整，强度较高，抗滑、抗变形性能较强。坝基以溶隙性渗漏为主，一般性渗漏不直接威胁建筑物安全，专门性地基处理工作量不大。属良好高混凝土坝地基
				10~30	0.5~2.0	1~5	溶隙型		

岩质类型	岩体基本特性		岩体基本质量类别	岩体溶蚀特性				岩溶坝基岩体工程地质分类	岩体工程性质评价
	岩体结构类型	结构面发育程度		溶蚀率			岩溶形态组合类型		
				裂隙溶蚀率/%	结构面溶蚀宽度/cm	面溶蚀率/%			
中硬岩	块状或次块状、厚层状	中等发育	III₁B	<10	<0.5	<1	溶孔型	III₁B	岩体较完整，有一定强度高，岩溶弱发育，抗滑、抗变形性能受结构面和岩石强度控制。坝基以溶隙性渗漏为主，一般性渗漏不直接威胁建筑物安全，专门性地基处理工作量不大
				10~30	0.5~2.0	1~5	溶隙型		
				30~50	2.0~20.0	5~20	沟槽型	III₂B	岩体较完整，局部完整性差，抗滑、抗变形性能在一定程度上受结构面和岩石强度控制。岩溶形态直接和建筑物接触，坝基以沟槽式渗漏为主，渗漏通道直接和建筑物接触，易引起冲刷渗流破坏，对影响岩体变形和稳定的结构面及溶沟溶槽应做专门处理
	次块状、中厚层状	中等发育	III₂B	<10	<0.5	<1	溶孔型	III₂B	岩体较完整，局部完整性差，岩溶弱发育，抗滑、抗变形性能在一定程度上受结构面和岩石强度控制。坝基以溶隙性渗漏为主，一般性渗漏不直接威胁建筑物安全，专门性地基处理工作量不大
				10~30	0.5~2.0	1~5	溶隙型		
				30~50	2.0~20.0	5~20	沟槽型	III₂B	岩体较完整，局部完整性差，岩溶中等发育，抗滑、抗变形性能受结构面和岩块间嵌合能力控制。岩溶形态直接与建筑物接触，坝基以沟槽式渗漏为主，渗漏通道直接和建筑物接触，易引起冲刷渗流破坏。作为高混凝土坝地基，需对溶蚀沟槽进行槽挖置换
	互层状或薄层状、镶嵌状或块裂状	较发育—发育	IV₁B	<10	<0.5	<1	溶孔型	IV₁B	岩体完整性差，抗滑、抗变形性能明显受结构面和岩块间嵌合能力控制。坝基以溶隙性渗漏为主，一般性渗漏不直接威胁建筑物安全，专门性地基处理工作量不大。能否作为高混凝土坝地基，视处理效果而定
				10~30	0.5~2.0	1~5	溶隙型		
				30~50	2.0~20.0	5~20	沟槽型	IV₂B	岩体较破碎，抗滑、抗变形性能差，坝基岩溶形态直接和建筑物接触，坝基以沟槽式渗漏为主，渗漏通道直接和建筑物接触，易引起冲刷渗流破坏。不宜作为高混凝土坝地基，当局部存在该类岩体，需做专门处理
				50~80	20~100	20~30	宽缝型	IV₂B	岩体较破碎，抗滑、抗变形性能差，坝基以小型管道式渗漏为主，渗漏通道直接和建筑物接触，易引起冲刷渗流破坏。不宜作高混凝土坝地基，当局部存在该类岩体时，需做专门处理

岩质类型	岩体基本特性		岩体基本质量类别	岩体溶蚀特性				岩溶坝基岩体工程地质分类	岩体工程性质评价
	岩体结构类型	结构面发育程度		溶蚀率			岩溶形态组合类型		
				裂隙溶蚀率/%	结构面溶蚀宽度/cm	面溶蚀率/%			
中硬岩	互层状或薄层状、镶嵌状或块裂状	较发育—发育	Ⅳ₁B	50～80	20～100	20～30	洞穴型	Ⅳ₂B	岩体较破碎，抗滑、抗变形性能差。坝基以管道式渗漏为主，渗漏通道不直接和建筑物接触，岩溶洞穴对坝基应力应变的影响需专门研究。不宜作高混凝土坝地基，当局部存在该类岩体时，需做专门处理
	薄层状、碎裂状	发育—很发育	Ⅳ₂B	<10	<0.5	<1	溶孔型	Ⅳ₂B	岩体较破碎，抗滑、抗变形性能差。坝基以溶隙性渗漏为主，一般性渗漏不直接威胁建筑物安全，专门性地基处理工作量不大
				10～30	0.5～2.0	1～5	溶隙型	Ⅳ₂B	
				30～50	2.0～20.0	5～20	沟槽型	Ⅳ₂B	岩体较破碎，抗滑、抗变形性能差。岩溶形态直接与建筑物接触，坝基以沟槽式渗漏为主，渗漏通道直接和建筑物接触，易引起冲刷渗流破坏。不宜作高混凝土坝地基，当局部存在该类岩体时，需做专门处理
				50～80	20～100	20～30	宽缝型	Ⅳ₂B	岩体较破碎，抗滑、抗变形性能差，坝基以小型管道式渗漏为主，渗漏通道直接和建筑物接触，易引起冲刷渗流破坏。不宜作高混凝土坝地基，当局部存在该类岩体时，需做专门处理
							洞穴型	Ⅳ₂B	岩体较破碎，抗滑、抗变形性能差。坝基以管道式渗漏为主，渗漏通道不直接和建筑物接触，岩溶洞穴对坝基应力应变的影响需专门研究。不宜作高混凝土坝地基，当局部存在该类岩体时，需做专门处理
	散体状		ⅤA	>80	>100	>30	填泥型块屑型	ⅤA	岩体破碎，呈泥包石或石夹泥状。岩溶极强烈发育，不能作为大坝坝基，当坝基局部地段分布该类岩体，需作专门性处理

9.1.4.2 岩溶化地基分类法

针对有溶蚀影响的坝段，在通用坝基岩体工程地质分类的基础上，提出了只考虑有溶蚀影响情形的岩溶化坝基工程地质分类法，即直接采用坝基岩溶形态组合类型及岩体溶蚀特性，详细分类方案见表 9.1-16。

表 9.1-16　　　　　　　　岩溶化坝基工程地质分类法

岩溶坝基岩体工程地质分类	岩溶坝基形态组合类型	岩体溶蚀特性	岩体工程地质特性评价及处理措施建议
ⅠK(X)	溶孔型	仅发育溶孔，或沿裂隙有少量溶蚀扩展	溶蚀对坝基稳定无影响
ⅡK(X)	溶隙型	以溶蚀裂隙为主，主要为刚性结构面，部分充泥，一般溶宽 0.5～2.0cm，偶见溶穴及小溶洞，洞径一般小于 0.5m	岩溶形态规模小，对坝基稳定影响小，主要考虑脉管状水的引排

岩溶坝基岩体工程地质分类	岩溶坝基形态组合类型	岩体溶蚀特性	岩体工程地质特性评价及处理措施建议
III$_{K(NX)}$	沟槽型	以溶蚀沟槽为主，多充泥，一般溶宽 2.0～20.0cm，溶蚀沟槽下部见小溶洞，洞径一般小于 2.0m	对坝基稳定有一定影响，建基面上的溶蚀沟槽应采用混凝土塞置换，脉管状涌水需引排
IV$_{K(NX)}$	宽缝型	以溶蚀宽缝为主，普遍充泥，一般溶宽大于 20.0cm，宽缝下部见较小溶洞，洞径一般 2.0～5.0m	对坝基稳定影响较大，建基面上的溶蚀宽缝应采用清挖回填混凝土，小型管道状涌水需引排，帷幕加密
	洞穴型	溶洞发育较多，洞径一般 2.0～5.0m，两坝肩溶洞多呈半充填或无充填状，河床下部溶洞多呈全充填状	溶洞影响坝块稳定或拱圈稳定，对其影响程度的评价需结合溶洞规模、顶板厚度及完整性、上部荷载综合考虑，必要时应专门处理，管道状涌水需引排，帷幕需加强
V$_{K(X)}$	填泥型、块屑型	岩体沿多组构造结构面普遍溶蚀形成溶蚀破碎区或沿构造破碎带呈带状普遍溶蚀充泥形成溶蚀深槽	相当于土基，需加强处理或置换处理
VI$_{K(X)}$	中型至大型溶洞区	坝基下分布中型至大型溶洞	溶洞影响坝块稳定或拱圈稳定，应专门研究及处理

注　1. 表格中的 I、II、III、IV、V 对应规范 GB 50287—2006 附录 O 中的坝基岩体工程地质分类。

　　2. 下标 K 表示溶蚀，N 为数字序号，X 代表岩质类型。

　　3. 当坝基下部分布有中型至大型溶洞时，宜将溶洞作为空洞单元，采用数值模拟手段，分析其对坝基应力应变特性的影响。

9.1.5　岩溶地基稳定性分析

9.1.5.1　常用的岩溶洞穴稳定性评价方法

在岩溶地区水利水电工程建设中难免会遇到溶洞，在外加荷载作用下，岩溶洞穴顶板常因失去稳定而坍塌，其发生的时间和空间很难预测。此类顶板坍塌严重威胁着大坝及附属建筑物地基的安全，因此首先是如何评价岩溶洞穴顶板稳定性。

根据我国在岩溶地区工程建设中处理岩溶洞穴顶板的实践经验，评价洞穴稳定性必须分析其内在因素和外在因素。内在因素包括顶板厚度及完整程度、洞体跨度及形态、岩体强度及产状、裂隙状况及洞内充填情况以及岩石的物理力学指标等。外在因素包括受载状况（时间长短、荷载大小、作用次数和时间、动载或静载）、岩石含水量及温度变化以及洞内水流搬运的机械破坏作用等。

根据前人的研究成果，影响岩溶洞穴顶板稳定的主要因素有 4 个：顶板的完整程度、顶板的形状（水平或拱形）、顶板厚度及建筑物跨过溶洞的长度。其中又以水平溶洞顶板受力条件最为不利，因此，在计算中一般考虑最危险的情况即水平溶洞顶板受力。近年来在该领域内的研究取得较大进展，对岩溶洞穴地基稳定性的分析评价经历了从定性—半定量—定量的过程。

1. 定性评价法

（1）影响因素分析法。是一种经验比拟方法，仅适用于一般工程。其方法如下：根据已查明的地质条件，对影响溶洞稳定性的各种因素（如溶洞大小、形状、顶板厚度、洞内填充厚度、地下水活动等），并结合基底荷载情况，进行分析比较，作出稳定性评价。各因素对地基稳定的有利与不利情况见表 9.1 - 17。

表 9.1 - 17   岩溶地基稳定性定性评价表

评价因素	对 稳 定 有 利	对 稳 定 不 利
地质构造	无断裂、褶曲，裂隙不发育或胶结良好	有断裂、褶曲，裂隙发育，有两组以上张开裂隙切割岩体，呈干砌状
岩层产状	走向与洞轴线正交或斜交，倾角平缓	走向与洞轴线平行，倾角陡
岩性和层厚	厚层块状，纯质灰岩，强度高	薄层石灰岩、白云质灰岩、泥灰岩，呈互层状，岩体强度低
洞体形态及埋藏条件	埋藏深、覆盖层厚、洞体小（与基础尺寸比较），溶洞呈竖井状或裂隙状，单体分布	埋藏浅，在基底附近，洞径大，呈扁平状，复体相连
顶板情况	顶板厚度与跨度比值大，平板状，或呈拱状，有钙质胶结	顶板厚度与跨度比值小，有切割的悬挂岩块，未胶结
充填情况	为密实沉积物填满，且无被水冲蚀的可能性	未充填，半充填或水流冲蚀充填物
地下水	无地下水	有水流或间歇性水流
地震基本烈度	小于 7 度	不小于 7 度
建筑荷重及重要性	建筑物荷重小，为一般建筑物	建筑物荷重大，为重要建筑物

（2）经验比拟法。目前涉及岩溶问题的大型水利水电枢纽坝基、公路、铁路、桥梁、隧道以及工民建等工程实例较多，根据评价对象的工程地质条件，寻求与之相类似的已有成功或失败经验的工程实例进行类比评价，可以节约费用，提高评价的可靠性。

（3）非确定性分析方法。岩溶顶板的稳定性评价是一项复杂的系统工程问题，由于各影响因素具有一定的关联性，影响程度的描述也具有模糊性等，很难通过确定性的方法评价岩溶顶板的稳定性。为此，综合考虑各种影响因素及其相互关联性，引进适合该特点的非确定性分析方法即模糊数学方法，作为探讨岩溶区大坝坝基岩溶顶板稳定性的评价方法，该方法在高速公路路基岩溶顶板稳定性评价时应用较多。如袁腾方等针对高速公路路基岩溶顶板稳定性评价的特点，引进模糊数学理论，采用多级模糊评判理论与系统层次分析方法，建立了高速公路路基下伏岩溶顶板稳定性的二级模糊综合评判模型。

2. 半定量评价方法

目前报道较多的是对洞体稳定性半定量评价方法，采用半定量的近似的结构力学分析方法，还有散体理论分析法、试验测试法等，以此来评价岩溶地基的稳定性。一般作法是同时采用几种计算方法，其中任意一种方法计算出的溶洞顶板的安全厚度（安全系数为1.5）小于实际的溶洞顶板厚度，即认为该溶洞顶板稳定，否则不稳定。

（1）顶板厚跨比法。顶板厚跨比法常用于稳定围岩，根据近似的水平投影跨度 l 和顶部最薄处厚度 h，求出厚跨比 h/l，作为安全厚度评价依据。由经验知 $h/l \geqslant 0.5$ 是安全的，一般可取 $h/l \geqslant 1.0$ 作为安全界限。

（2）结构力学近似分析法。结构力学近似分析法适用于顶板岩层比较完整，强度较高，层理厚，而且已知顶板厚度和裂隙切割情况的溶洞稳定性评价。

1）按梁板抗弯估算安全厚度。结合顶板厚跨比值，抗弯厚度的估算可采用梁板拱的简化计算模型。按梁板受力情况计算 h，所得 h 再加适当的安全系数即为顶板的安全厚度。

当厚跨比 $h/l < 0.5$、弯矩为主要控制条件时，设溶洞跨度为 l，顶板总荷载（自重和附加荷载）为 P，梁板宽度（路基或桥基）为 b，据抗弯验算

$$\frac{6M}{bh^2} \leqslant [\sigma] \Rightarrow h \geqslant \sqrt{\frac{6M}{b[\sigma]}}$$

式中：$[\sigma]$ 为岩体允许抗弯强度，kPa，灰岩一般为其抗压强度的 1/8；M 为弯矩，kN·m。

弯矩按下列情况分别计算：

①当顶板两端支座岩体完整而中部有裂隙发育时，按悬臂梁计算：$M = \frac{1}{2}Pl^2$。②当顶板岩体较完整而两端支座有裂隙发育时，按简支梁计算：$M = \frac{1}{8}Pl^2$。③当顶板和两端支座岩体均完整时，按固定梁计算：$M = \frac{1}{12}Pl^2$。

2）利用剪切概念估算梁板安全厚度。按梁板抗剪估算安全厚度，通过抗剪验算

$$\frac{4Q}{H^2} \leqslant \tau，即 H \geqslant \sqrt{\frac{4Q}{\tau}}$$

式中：Q 为支座处的剪力，$Q = PL$；τ 为岩体的计算抗剪强度，灰岩一般为其允许抗压强度的 1/12，kPa。

3）顶板能抵抗受荷载剪切的安全厚度计算。按极限平衡条件的公式计算：

$$T \geqslant P，其中 T = H\tau L$$

式中：P 为溶洞顶板所受总荷载，kN；T 为溶洞顶板的总抗剪力，kN；L 为溶洞平面的周长，m。

李炳行等通过桩端岩体倒坡陡倾临空面和水平状洞顶临空面的稳定性分析，认为岩溶地基突出问题不是地基强度而是地基稳定性。通过桩端岩体临空面半定量分析评价（主要是抗弯和抗剪验算）及深井静载荷试验，认为桩端应力影响范围内，结构较为完整的岩体临空面，在无外倾结构面和桩端受力小于岩基承载力的情况下，稳定性良好。这一结论对实际工程可产生很大的经济效益。

（3）阻应变片测试法。可在洞顶施加载荷，沿纵横洞轴方向贴设电阻应变片及布置挠度量测，在加荷过程中追踪测量。以此验证在外荷载下洞顶板岩体的应力状态或已知裂隙面的变形情况，根据测得的最大应力与岩体抗剪强度对比，若后者大于前者的 5～10 倍，则认为岩溶洞体的顶板是可靠的。

3. 定量评价法

由于岩溶洞体工程地质条件复杂，勘察手段和技术不十分完善，对于计算所需的岩体物理力学参数很难准确测定，定量评价方法的应用在工程实践中受到很大限制，因此定量评价法一般先由假定条件建立相应的物理力学模型、数学模型或相似试验模型，再进行分析计算，依据结果对岩溶洞穴稳定性作出评价和判断。

（1）稳定系数法。基底以下浅埋岩溶洞体稳定性评价取决于致塌力和抗塌力之间的关系，假定洞穴顶板岩土体为松散破碎，在其上部四周形成圆锥形破坏面和柱状塌落体，由朗肯土压力理论，可以求得塌落岩土体整个高度范围内的圆柱体侧表面摩擦阻力 F，设 K 表示岩溶地基稳定系数，$K = F_1/F_2$。F_1、F_2 分别为抗塌力和致塌力；当 $K > 1.5$ 时，岩溶地基稳定；当 $K \leqslant 1$ 时，岩溶地基不稳定。

（2）有限元数值分析法。应用弹性力学有限元分析法，按地下工程平面问题，可计算出洞体围岩的应力场及位移场，对洞体的整体和局部稳定作出分析评价。数值分析方法有两种发展趋势：一是有限元的发展，从平面有限元到三维有限元，从弹性有限元到弹塑性有限元，使有限元分析结果更能反映实际情况；二是大量新型数值计算方法的应用，如边界元法、离散元法、拉格朗日元法等，这些数值方法的应用必将促进地下工程和岩溶地基稳定性分析研究的发展。

（3）应用统计法。上述各种分析方法，都是针对洞体单体而言。对于整个岩溶区地基稳定性的评价，廖如松根据岩溶塌陷成因和形成条件，应用数学地质方法，提出了一种定量评价和预测岩溶塌陷的方法——逐步判别分析法。同时，项式均等在应用地质定性分析基础上结合多元统计的定量方法，提出岩溶塌陷区发展趋势预测和评价的有效方法。

9.1.5.2　岩溶洞穴、溶蚀结构面及其组合分布条件下的应力应变特性分析

1. 分析方法

坝基岩溶洞穴、溶蚀结构面的存在导致坝体——坝基应力场的改变，既影响坝基承载力，又导致坝基稳定性降低。在具体工程岩溶影响分析时，为了评价溶洞、溶蚀结构面对坝基（肩）岩体应力应变特性的影响，合理确定溶洞或溶蚀结构面处理范围或深度，通过建立不同岩溶发育条件、不同工况下的平面及三维地质力学模型，基于多因素组合、单因素变化条件下的数值模拟技术，分析溶洞与溶蚀结构面分布对坝基（肩）岩体应力应变特性的影响。

2. 工程实例分析

贵州石阡拱坝利用地质模型，分析评价坝肩深部岩溶洞穴分布对坝肩岩体应力应变特性的影响。该工程位于贵州石阡县余庆河上，为 C15 二级配混凝土砌毛石双曲拱坝，坝顶高程 509.84m，建基高程 452.00m，最大坝高 57.84m，坝顶宽度 4.0m，坝底宽度 11.682m。导流洞布置在右岸，开挖至 0+172m 时遇充填型椭圆状溶洞，向出口斜上方延伸，全充填褐红色可塑至软塑状砂质黏土，充填物显水平或缓倾不规则韵律纹层，较密实、湿润，遇水软化，风干后有一定强度。溶洞上小下大，水平断面呈不规则椭圆型，长轴 10~15m（含 2~5m 溶蚀风化破碎带），短轴 7~10m，溶洞底高程 468.00m，现塌落高度约 28m（未见顶）。溶洞同时位于右坝肩推力方向（图 9.1-4、图 9.1-5），高程 493.50m 建基面至溶洞间完整岩体为 23m，高程 471.00m 溶洞到建基面完整岩体为 42m。

通过建立大坝实际体型三维有限元模型，对右坝肩深部溶洞分布对坝肩岩体应力应变特性的影响进行数值分析。有限元计算分析成果表明，溶洞对拱坝坝体应力和变形的影响很小，溶洞未处理与完整基岩两种情况相比，坝体应力或变形的极值在两种工况下相差均不超过 1%，溶洞的存在对拱端应力及变形影响微小。

结合有限元分析成果及工程实际，确定的溶洞最终处理方案为：结合右拱座水平洞，

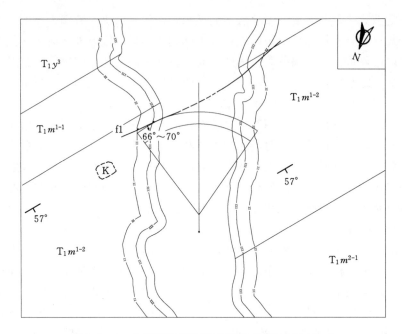

图 9.1-4　右坝肩溶洞位置示意图（高程 484.50m）

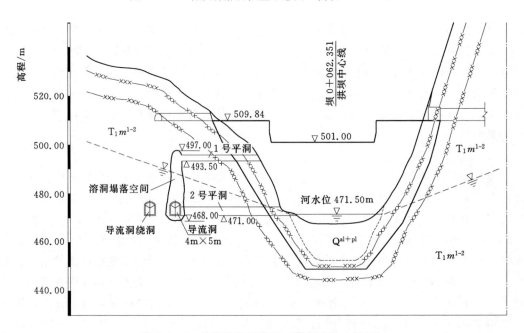

图 9.1-5　溶洞位置示意图（拱坝下游立视图）

分别在高程 493.50m、471.00m 开挖 2 层平洞至坝肩溶洞，先对导流洞 0+172～0+185 段的溶洞塌落空间顶部进行护顶处理，在保证不掉块影响下部施工安全的前提下，逐步向下清挖，全部清除溶洞内的黏土及部分松散溶蚀风化破碎岩体，清洗后根据坝肩受力方向和范围，采用混凝土回填高程 471.00m 以下的溶洞（考虑右侧有导流洞分布），高程 471.00m 以上的溶洞不进行回填。该工程从 2010 年蓄水后，一直正常运行。

9.1.5.3　岩溶地基渗透稳定性分析

由于渗流引起的洞穴（隙）或软弱层（带）充填物组织结构或化学成分的改变称为机械渗透破坏和化学渗透破坏。岩溶坝基的这种变形，主要发生在洞穴、溶蚀裂隙的松散充填物及软弱层（带）地层中。

1. 渗透破坏类型

（1）机械渗透破坏类型。

1）渗透变形型式，以沿溶洞壁与松散充填物之间或软弱层（带）不同物质界面附近接触冲刷比较常见，流土和管涌次之。多数情况下，溶洞充填物本身透水性不是太大，K 值介于 $10^{-2} \sim 10^{-6}$ cm/s 之间，具有一定的抗渗流破坏能力。渗透试验在管壁和试样接触不十分密实的部分，最先总是从管壁处产生渗透和破坏。三江口基坑突水点的观察证明，大部分基坑突水点都是从溶洞壁与充填物之间或洞壁附近基岩裂隙中的细微渗水发展到突水涌泥、涌沙。

2）洞穴（隙）充填物和软弱层（带）的渗透变形破坏过程基本可归纳为渐变破坏型、突变破坏型和短时阻滞破坏型等 3 种类型。其中，渐变破坏型渗透变形大多发生在充填性状不好，以流塑—软塑—可塑状黏泥或其他物质充填为主的洞穴及软弱层（带）中，其 $P—Q$ 关系曲线见图 9.1-6，特点是在低水头压力下即发生变形、渗透量较大，整个变形阶段有时延续比较长，渗流量（Q）随压力（P）升高多呈直线增加，直至完全破坏；突变破坏型渗透变形，主要发生在充填性状较好比较密实，以可塑状黏泥或其他物质充填为主的洞穴及软弱层（带）中，整个破坏过程大致可分两个阶段，其 $P—Q$ 关系曲线见图 9.1-6，曲线上一般有一个明显的破坏转折点；短时阻滞破坏型渗透变形多发生在充填性状中等，主要由软塑—可塑状黏泥或其他物质充填为主的洞穴及软弱层（带）中，尤以渗透途径较长，泥质及碎屑松散物质较多，不十分通畅的溶蚀带和溶沟溶槽中较为常见，其破坏过程一般可分为正常渗流阶段、压密滞流阶段和击穿破坏阶段，其 $P—Q$ 关系曲线见图 9.1-7，$A \sim B$ 段为正常渗流阶段，一般延续较长，渗流量随压力增加有规律递增，曲线斜率较有规律，$B \sim C$ 段为压密滞流阶段，一般延续较短，随压力升高，渗流量增加很少甚至减小，显示充填物被压密或渗流通道被阻塞、透水性相对降低的迹象，C 点以后段

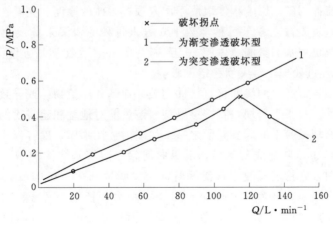

图 9.1-6　渐变型及突变型渗透破坏 $P—Q$ 关系曲线

为击穿破坏阶段，渗流量突然增大或压力突然下降，表显充填物被击穿，且往往形成集中的渗流通道。

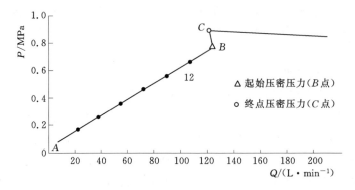

图 9.1-7 短时阻滞渗透破坏型 P—Q 关系曲线

（2）化学渗透破坏类型。可溶盐类岩石和软弱层（带）中岩盐、石膏等易溶盐在水流作用下被溶解淋滤引起管涌和变形，称化学渗透变形。由于化学管涌加上机械作用使坝破坏的事例较多。从已建电站情况看，地下水对混凝土及帷幕的侵蚀性比较常见，属于化学渗透变形范畴。

（3）岩溶渗流冲刷破坏。岩溶坝基渗透变形发展到一定程度就会变成渗漏冲刷破坏。岩溶渗漏量愈大，流速愈快，渗漏冲刷对大坝稳定的威胁愈大。除常见的大坝塌（沉）陷、滑坡、裂缝、地下水浸润升高，坝脚沼泽化以外，有的还造成大坝的毁坏失事。因此，在岩溶渗透稳定分析中，应注意渗流冲刷破坏作用影响，这对于土石坝更显得十分重要。

岩溶形态直接关系到渗漏的性质和严重程度，评价岩溶渗漏对坝基稳定的影响，重点是研究洞穴和建筑物位置的关系（直接接触型和隐伏埋藏型），其次是可能发生渗漏的性质及渗流速度等。

发生在不同接触类型岩溶的渗漏对地基和建筑物的破坏效应是完全不同的。

隐伏埋藏型岩溶形态因洞穴（隙）不直接和建筑物接触，岩溶渗漏对建筑物稳定的影响相对较小。渗流冲刷破坏影响程度取决于洞穴顶板岩体的厚度、完整性和抗冲刷破坏能力。一些岩溶坝基发生数立方米每秒至数十立方米每秒的渗漏未危及大坝安全，即属此类，如，土耳其凯班坝基的蟹洞总体积 10 万~12 万 m³，因在坝基下埋深达 250m，渗漏量虽达 26m³/s，经过处理，对大坝稳定无影响。

沿直接接触型岩溶产生的渗漏可直接冲淘破坏地基和建筑物，或导致坝基扬压力增高影响大坝的稳定性。对于土石坝，直接接触型岩溶渗漏对地基和建筑物的破坏影响更为严重，是岩溶区土石坝最棘手的病害问题之一。如湖南金江水库，库容仅 1220 万 m³、坝高 33m 的均质土坝，1960 年建成蓄水后，沿纵向河谷岩溶坝基溶沟溶槽、溶洞、岩土接触面之间的土洞和白云岩粉层反复出现渗漏管涌，渗漏量 0.06~0.01m³/s，冲出泥沙数百立方米，坝体多次塌陷，最多一次见塌坑 23 个，最大直径 5.2m，深 6.2m，沉陷缝出现面积 1350m²，大的土洞体积 247m³，坝外坡湿润面积 685m²，下游出逸水点多达 49 处，严重威胁大坝安全。为此，曾多次放空水库，经多次工程处理，大坝安全得到保证。

2. 允许渗透比降

允许渗透比降是从工程安全角度提出来的，目前允许渗透比降的确定主要根据试验获得的破坏比降或临界比降值除以 1.5～2.5 的安全系数求得，安全系数具体取值根据岩溶发育程度、洞隙充填性状、可能出现渗透破坏严重程度和工程重要性等因素综合考虑。若岩溶程度高、基岩透水性大、洞隙充填差，易于发生渗漏的坝基，安全系数宜取大些。如强烈溶蚀的三江口坝基浅部的流塑—可塑状溶洞充填物，允许比降为小于 0.5。江垭坝基 K_{302}、K_{203} 等以软塑—可塑状黏泥为主充填的顺层溶隙允许比降为 0.5。工程设计的渗透比降要留有一定的安全度。我国部分工程碳酸盐岩体中软弱夹层现场或室内渗透试验成果及允许渗透比降建议值见表 9.1-18。

表 9.1-18　　　　　　部分工程可溶岩体中软弱夹层渗透试验成果

工程	夹　层　性　状	临界比降	破坏比降	允许渗透比降建议值
彭水（现场渗透试验）	南津关组灰岩中的层间错动破碎泥化夹层：厚度较厚，泥化较充分，泥化物中夹灰岩、页岩及方解石碎屑和钙华，其页岩夹层具全、强风化特点，呈片状夹方解石脉	9.0～12.0	10.0～14.0	
水布垭（室内渗透试验）	夹层上部系栖霞组薄层生物碎屑灰岩，下部 15cm 厚的页岩为夹层剪切带，已普遍风化，呈褐黄色，页岩挤压擦痕明显，方向紊乱，局部呈泥化，顺页理面处附泥膜	11	20	8
	夹层系灰黑色炭泥质生物碎屑灰岩，其间夹薄层不连续瘤状灰岩，风化后呈灰褐色、浅红色页片状，局部剪切揉皱成鳞片状，剪切带顶面泥化充填 0.5cm 厚的黄色黏土	10～13	20	8
	夹层系灰黑色炭泥质生物碎屑灰岩，含灰量较高，剪切呈页片状，有近水平向擦痕，擦痕深 0～2cm，顺层方解石细脉发育，宽 0.2cm，间距 0.5～1cm	15	>20	10
	夹层系灰色薄层瘤状泥灰岩，夹炭泥质生物碎屑灰岩，剪切带厚 8～12cm，剪切面起伏差 1cm，两侧灰岩剪切破坏明显，炭泥质生物碎屑灰岩溶蚀风化后充填灰黄色的泥钙质物，手搓后呈粉末状	16	>22	11
	夹层系灰黑色炭泥质生物碎屑灰岩，顺层方解石细脉发育，宽 0.1～0.3cm，剪切特征明显，上下呈鳞片状，有顺层斜擦痕，下部剪切面有 0.5cm 厚的泥化现象	14.5	>20	10
	夹层系灰黑色炭泥质生物碎屑灰岩，夹扁平状、透镜状生物碎屑灰岩，炭泥质灰岩普遍风化呈灰褐色状或页片状，剪切特征不明显	7	12	5
	夹层系灰黑色炭泥质生物碎屑灰岩夹深灰色瘤状灰岩，炭泥质灰岩风化呈褐色页片状，瘤体大小 2～10cm，剪切特征明显，呈鳞片状，有轻微挤压擦痕，陡倾角微裂隙发育，充填灰白色泥钙物，厚 0.1cm	11	>21	8
	夹层系深灰色瘤状灰岩夹泥岩条带，剪切带厚约 0.5～1cm，剪切破坏明显，呈鳞片状，剪切面弯曲，不连续，整体性状较好	20	>35	13.5
	夹层系灰黑色炭泥质生物碎屑灰岩、泥灰岩夹薄层灰岩、泥质灰岩，泥灰岩风化呈褐色泥岩、页岩，受风化影响，剪切特征不明显，微裂隙发育，充填土黄色泥钙质物，厚 0.2cm	7.5	17	5

到目前为止，由于溶洞充填物原状取样较为困难，其实际边界条件在室内试验也难以模拟，大多数室内试验获得的临界比降和破坏比降都比现场试验值高，在运用室内试验成果时应引起注意。对于不能确定临界比降的洞隙充填物，其渗透破坏也可根据现场溶洞段破坏性压水试验的"破坏压力值"来评价。如三江口坝基浅部强烈岩溶洞穴充填物破坏压力值均小于水库水头的 3 倍，稍深部位洞穴充填物破坏压力值大于 3 倍水库水头，其防渗

帷幕设计就是根据破坏压力值与水库水头的比值进行评价的，也即将浅部强烈溶蚀带作为帷幕防渗的重点，采取三排孔布置，稍深的中部中等及弱溶蚀带只进行一排，断层部位局部双排孔布置。为保证洞穴充填物有足够的抗渗透破坏能力，所有灌浆孔段均采用相当于4～5 倍水库水头（17m），即 0.7～0.85MPa 压力作为设计灌浆压力。

9.2 岩溶地基主要工程地质问题及工程处理

9.2.1 岩溶地基特点及主要工程地质问题

9.2.1.1 岩溶地基特点

岩溶地基除了具有非可溶岩地基的共同特点（分布有层间软弱夹层、层间错动带和断裂破碎带等各种软弱结构面）外，还分布有"岩溶结构体"，这些岩溶结构体的存在决定了岩溶地基的不均一特性。所谓"岩溶结构体"是指溶孔、溶隙、洞穴和其他结构面的复杂组合，岩溶形态极不规则，可以是宽大的溶洞，狭窄形的溶槽，也可以是细小网状溶隙集合体，这些岩溶结构体受力后变形极为复杂，是影响坝基稳定的主要因素。如土耳其凯班坝基的蟹洞，总体积达 10 万～20 万 m^3；红岩水电站右拱座的 K_{32} 溶洞，体积达 600m^3，距拱端最近只 7.5m；窄巷口电站在右拱端下部发育有一溶洞，长达 20m；娄水江垭左坝肩的 K_{d1} 溶洞体积 200m^3，在坝基下埋深仅 8～15m 等。

9.2.1.2 岩溶地基主要工程地质问题

在我国不少岩溶地区，特别是中小型水利水电工程中，因岩溶危及大坝稳定安全的现象时有所见。如湖南省在岩溶区 21 座病险土石坝抽样统计中，存在岩溶坝基稳定和因渗漏引起稳定问题的有 17 座，占 81%。因此，在勘察设计中，加强岩溶地基工程地质问题研究十分重要。

当岩溶地基范围内存在不同溶蚀形态类型及组合时，其主要工程地质问题表现在以下几个方面：

（1）不均匀沉降或塌陷问题。由于地基岩体中岩溶洞穴或溶蚀裂隙发育，整体强度降低，在上部荷载或振动作用下，引起建筑物的不均匀沉降或塌陷破坏。如，美国的奥斯汀坝坝高 20.7m，坝基石灰岩受构造破坏，岩溶发育十分强烈，1892 年建成后，1893 年坝体就产生裂缝，当时未引起重视，1920 年一场洪水致使大坝被完全破坏。究其原因是坝基岩体强烈溶蚀，承受不了坝的压应力，导致不均匀沉降，加上运行期间地下水渗流冲刷，致使大坝滑动破坏。在我国比较典型的实例是三江口电站，左侧河床坝基有 6 个坝段完全建在"石夹泥"或"泥包石"之类的块屑型地基上，大坝地基不得不按土基均布荷载考虑，使地基压应力控制在不大于 0.4MPa 的范围内，并设置上下游齿槽，来确保大坝安全稳定。

（2）抗滑稳定问题。各种岩溶洞穴、溶蚀破碎区、缓倾角溶蚀结构面或其他软弱结构面相互组合，构成岩溶地基抗滑稳定不利组合。在岩溶地区的大多数混凝土坝和土石坝工程，都不同程度地遇到过这类问题。如，贵州乌江沙沱水电站坝区岩层缓倾右岸偏下游，为左岸坝后厂房，厂房下挖过程中，在上游侧坝基边坡上揭露多条溶蚀风化软弱夹层，控制左岸厂房坝段坝基抗滑稳定，施工过程中，采取了"洞挖置换＋抗滑体"的处理措施。

（3）压缩变形稳定问题。当岩溶地基范围内发育宽大溶蚀破碎带或密集分布的溶蚀结构面时，在建筑物垂直或水平荷载作用下，可能引起持力岩体产生压缩变形稳定问题。如，贵州大花水拱坝右岸拱座分布有溶蚀性小断层，构皮滩左右岸拱座范围内分布有溶蚀风化溶滤带，对拱肩变形稳定有影响，施工时，均采取了开挖置换处理。

（4）渗透变形稳定问题。岩溶地基范围内分布的岩溶洞穴、溶蚀充填物和各种夹泥软弱带，在地下水渗流作用下，产生管涌、流土和接触冲刷等机械渗透变形；易溶盐被溶解产生化学渗透变形。当渗透变形发展到一定规模时，就发生渗透破坏而导致岩溶地基塌陷或滑动。

9.2.2　岩溶地基处理

9.2.2.1　概述

岩溶坝基工程处理的方法是比较复杂的，20世纪90年代早期，邹成杰等对猫跳河梯级电站大坝地基处理情况进行了系统的总结，详见表9.2-1。

表9.2-1　　　　　　　　　　　猫跳河梯级大坝地基处理简表

处理方法			目　的　要　求	一级红枫堆石坝	三级修文溢流单拱坝	四级窄巷口双拱坝	六级红岩双曲率混凝土薄拱坝
结构处理	扩		减少地基单位面积的作用力		拱端扩大原宽度的70%	右拱端扩大2～3m	两拱端扩大0.5m
	调		增强抗滑稳定		调整断面多次	调整拱坝中心角及半径与圆心多次	
	垫		防止不均一变形，增强结构刚度		防渗斜墙设有混凝土垫座	坝基设垫座	右拱端钢筋混凝土垫层厚1.6m	两拱端设混凝土垫层，减少应力20%～30%
坝基岩体处理	挖		挖除岩溶化岩体，使地基达到完好岩石	对于溶蚀、断层、裂隙及软弱夹层，岩溶孔洞及破碎岩石，均进行了开挖。对于断层挖深一般为宽度的2倍			
	固（结）	浅孔	孔距、孔深/m	一般孔深3～5m，孔距1.5～2m			
			耗灰量/(kg·m⁻¹)	拱桥座6.5～19			
				右拱座185.14			
			提高岩体完整性与力学强度，提高坝基稳定性				
		深孔	孔深/m	右坝肩 F_{11} 溶洞固结20～30	两岸65～85	右拱座10～40	对 l_I、l_{II} 裂隙进行处理，固结孔深12m
			总深/m	558.24	6000	3744.9	
			耗灰量/(kg·m⁻¹)	89.0		152.2	
	换		将破碎、软弱溶蚀的岩体，换为混凝土，局部形成混凝土塞			右拱座进行人工换基，在溶洞处设置混凝土塞，长16m	
	嵌		拱端嵌深，增加稳定性			右拱端最大嵌深22m	右岸最大嵌深32m
	锚（杆）		增加岩体本身及大坝与岩体之间的抗剪强度			在地基均作3～5m深的锚杆处理，间距1.5～2m	

注　该表据《水利水电岩溶工程地质》（邹成杰，中国水利水电出版社，1994年）。

邹成杰等根据当时国内已建岩溶地区工程经验，完成了《水利水电岩溶工程地质》这本书，将主要的岩溶地基处理方法归纳为四句话：结构处理扩、调、垫；岩溶发育挖、塞、换；地基不稳锚、固、嵌；渗透变形铺、截、灌。

1990年中期至今，随着天生桥、洪家渡、引子渡、索风营、构皮滩、思林、光照、大花水、隔河岩、水布垭、彭水等一批大中型水电项目的相继建成，为在岩溶地区的大坝建设及地基处理积累了丰富的经验。

从已建成的岩溶地区工程处理情况看，主要包括以下几个方面：

（1）扩大坝基宽度或拱端宽度，以减少坝体在地基岩体上的单位作用力。

（2）为了适应坝基岩体受力条件，在设计方面选择适宜的坝型。坝型确定后，调整坝体不同部位的受力状态和大小。

（3）在坝基（肩）增设混凝土或钢筋混凝土垫层，以增强地基的整体性，防止坝基应力分布不均匀，导致坝体拉裂以至破坏。

（4）对于坝基中遇有溶洞或较厚的夹泥或溶蚀破碎带，当处理困难时，以开挖回填混凝土为较彻底的处理方案。

（5）对于溶蚀破碎带和软弱岩带，当用其他方法处理困难时，多采用有限的挖除，而后增设混凝土塞的方法，借以传递坝体应力于完整岩体，使地基能够均匀受力。

（6）对于坝基岩体特别差的部位，实施工程处理十分困难时，可采取人工换基的方法。

（7）对坝基岩体进行锚固以提高坝体与岩体接触带之间的抗剪强度。

（8）对坝基岩体进行固结灌浆，提高岩体的强度和整体性。

（9）当拱坝抗力岩体达不到稳定要求时，除上述的锚固方法外，尚可采取拱端增加嵌深的办法。

（10）对于解决坝基岩体抗渗透稳定、减少渗透压力等问题，主要采用防渗帷幕、铺盖、设置幕后排水孔等方法。

以上地基处理措施主要分为4类：①改善坝体受力条件的结构性措施；②提高坝基岩体承载力和抗变形能力的补强措施；③提高坝基（肩）岩体溶蚀结构面或溶蚀体抗剪（断）强度的工程措施；④堵、排结合，增强坝基岩体抗渗漏（透）能力，合理疏导坝基范围内的岩溶地下水。

9.2.2.2 各种坝型坝基开挖及地基处理要求

1. 重力坝

《混凝土重力坝设计规范》（DL 5108—1999）提出，混凝土重力坝经地基处理后应达到下列要求：①具有足够的强度，以承受坝体的压力；②具有足够的整体性和均匀性，以满足坝基抗滑稳定和减少不均匀沉陷；③具有足够抗渗性，以满足渗透稳定，控制渗流量；④具有足够的耐久性，以防止岩体性质在水的长期作用下发生恶化。

早期我国重力坝建基面的确定主要由岩体风化程度决定，对建基岩体的风化程度要求标准也较高。随着近二十多年的工程建设，重力坝建基面单一（或主要）由岩体风化程度确定的状况已有所改变，利用岩体风化程度的标准也有所降低。《混凝土重力坝设计规范》（DL 5108—1999）第10.2.1条规定：混凝土重力坝的建基面应根据大坝稳定、坝基应力、岩体物理力学性质、岩体类别、地基变形和稳定性、上部结构对地基的要求、地基加固处理效果及施工工艺、工期和费用等经技术经济比较确定。原则上应考虑地基加固处理后，在满足坝的强度和稳定基础上，减少开挖量。坝高超过 100m 时，可建在新鲜、微风化或弱风化下部基岩上；坝高 100～50m 时，可建在微风化至弱风化中部基岩上；坝高小于 50m 时，可建在弱风化中部至上部基岩上，两岸地形较高部位的坝段，可适当放宽。

结合碳酸盐岩地区部分重力坝工程，对大坝建基面岩体质量要求和实际开挖利用风化情况通过表 9.2-2 来对比。可见，实际利用建基岩体比规范要求放宽了，一是因强度指标满足；二是河床"上硬下软"不利地质结构条件下逼迫选择较差的风化带，通过工程处理来满足要求，从运行效果来看，目的都能达到。

表 9.2-2　　　碳酸盐岩地区部分重力坝工程大坝建基面岩体风化程度统计表

工程	坝型及坝高	要求	岩　　性	应　用
乌江渡	拱形重力坝 165m	新鲜	厚层灰岩，横向谷，倾上游 60°～45°	新鲜
索风营	重力坝 121m	新鲜	薄层、极薄层灰岩，倾上游 30°～45°	弱风化下亚带
思林	重力坝 112m	新鲜	厚层块状灰岩，倾上游 70°	微新
沙沱	重力坝 101m	新鲜	中厚层、厚层白云质灰岩和灰岩，倾下游 30°～20°	微新
格里桥	重力坝 124m	新鲜	厚层灰岩，角砾状白云岩，倾右岸 30°～35°	弱风化中、下亚带
马岩洞	重力坝 124m	新鲜	厚层灰岩，倾左岸 40°～50°	弱风化上亚带
光照	重力坝 200m	新鲜	中厚层灰岩，倾下游 50°～55°	微新及弱风化下亚带
团坡	重力坝 40m	微风化	厚层灰岩，倾右岸 40°～50°	弱风化
箱子岩	闸坝 40m	弱风化	薄层与中厚层灰岩互层，缓倾上游	弱风化下亚带

2. 拱坝

《混凝土拱坝设计规范》（SL 282—2003）提出，混凝土拱坝的地基经处理后应达到下列要求：①具有整体性和抗滑稳定性；②具有足够的强度和刚度；③具有抗渗性、渗透稳定性和有利的渗流场；④具有在水长期作用下的耐久性；⑤控制地基接触面形状对坝体应力分布的不利影响。

该规范对建基要求如下：坝基开挖深度除应满足以上要求外，还应根据坝体传来的荷载、坝基内应力分布情况、基岩地质条件和物理力学性质、坝基处理效果、工期和费用等综合研究确定。根据坝址具体地质情况，结合坝高，选择新鲜、微风化或弱风化中、下部的基岩作为建基面。坝址处于高地应力地区时，应对初始地应力场及基坑开挖的二次应力场，结合基岩岩性进行研究分析，避免开挖过程中因应力释放严重破坏基岩岩体。国内碳酸盐岩地区已建部分拱坝工程建基岩体质量及实际利用建基岩体质量见表 9.2-3。

表 9.2-3　　　碳酸盐岩地区部分拱坝工程大坝建基面岩体风化程度统计表

工程	坝型及坝高	要求	岩　　性	应　用
普定	拱坝 75m	新鲜	薄至中厚层灰岩，缓倾上游 18°～24°	新鲜
东风	拱坝 162.3m	新鲜	厚层、中厚层夹薄层灰岩，缓倾上游 12°～25°	新鲜
大花水	拱坝＋左岸重力坝混合坝型 134.5m	新鲜	厚层灰岩，倾左岸 25°～35°	微新

工程	坝型及坝高	要求	岩　　　　性	应　用
金狮子	拱坝 66m	微风化	厚层块状灰岩，倾下游 32°～55°	弱风化
构皮滩	双曲拱坝 232.5m	新鲜	中厚层、厚层生物碎屑灰岩，倾上游 45°～55°	河床坝基微风化，两岸部分弱风化
锦屏一级	双曲拱坝 305.0m	新鲜	大理岩、灰岩、砂板岩	微风化

3. 面板堆石坝

面板堆石坝趾板建基岩体的开挖标准，早期修建面板堆石坝时，认为上游坝面混凝土面板依赖趾板支撑，是全坝最为关键的部位，应该直接牢固地浇筑在坚硬、完整、稳定、无冲蚀、可灌性好的优良岩石上。近年来随着设计技术与计算分析方法的不断更新发展，对趾板的受力机制有了新的认识，对趾板建基岩体的要求有降低的趋势。我国《混凝土面板堆石坝设计规范》（SL 228—98）中关于趾板建基面的要求是：宜为坚硬、不可冲蚀和可灌的基岩；对高坝趾板建基面宜开挖到弱风化层上部。

国内碳酸盐岩地区已建部分面板堆石坝工程建基岩体情况及实际利用建基岩体质量见表 9.2-4。

表 9.2-4　　碳酸盐岩地区部分面板堆石坝工程趾板建基岩体风化程度统计表

工程	坝高/m	要求	岩　　　　性	应　用
引子渡	130.0	弱至微风化	三叠系大冶组薄至中厚层灰岩夹少量泥岩，缓倾上游 25°～40°	弱风化
洪家渡	179.5	弱至微风化	三叠系永宁镇组厚层、中厚层灰岩、白云质灰岩，缓倾上游 28°～32°	中上部弱风化，下部及河床微风化
水布垭	233.2	弱至微风化	二叠系栖霞组薄至中厚层生物碎屑灰岩、泥质灰岩，缓倾上游偏左岸 10°～18°	弱风化弱卸荷带下部，建基岩体波速大于 3000m/s

综合以上坝型对地基的要求综合分析可得出以下几点：

（1）坝基处理设计应根据地质条件、枢纽布置及结构之间的关系、坝体结构对地基的要求、施工方法等因素综合研究确定。根据国内外岩基上处理经验，提出处理后的坝基应符合强度、稳定性、抗渗性和耐久性等要求。

（2）从多年来的工程实践看，过去对建基面开挖要求偏严，使有些工程开挖量过大，从而影响造价和工期，为此，近年来修订的拱坝及重力坝规范均在经地基处理后满足大坝对强度、稳定、抗渗、耐久要求的基础上，适当放宽了对建基面风化程度的要求。

（3）坝基处理措施，通常有风化破碎岩石的挖除、基坑形状的控制、固结灌浆、接触灌浆、防渗帷幕灌浆、坝基排水、断层破碎带与软弱夹层的处理，以及预应力加固基岩等。

（4）近年来，坝基处理技术已有较大的进步和发展。在地基开挖方面，用控制爆破开挖井洞，挖除不良岩石与用光面爆破准确地控制基岩轮廓形态等均有发展。在灌浆方面，高压灌浆使水泥浆的可灌性大大提高，能使基岩得到很好的加固，用水泥灌浆或采用可灌性良好的化学材料进行帷幕灌浆已取得丰富经验。采用排水措施,可有效地排出渗透水与地下水,降低孔隙水压力。采用预应力或非预应力锚索并辅以灌浆加固基岩的措施,提高坝体与基岩及基岩内部的结合强度。以上处理措施相互关联和影响,针对具体工程综合考虑,经综合分析后确定应采用的综合处理措施。

(5) 从国内外已有岩溶地区筑坝经验,即使地质条件复杂,岩溶发育,只要工程地质勘察清楚,又能认真进行防渗处理,一般都能达到设计要求。当软弱破碎带较大时,对坝体一定范围内的基岩应进行防风化处理,确保其在长期渗流作用下的渗透稳定性。

9.2.2.3　岩溶地基处理基本原则

从国内已有岩溶地基处理经验看,其处理方法多种多样,成功的处理方案制定均基于可靠的勘探资料,因此,岩溶地基处理应遵循一定的原则:

(1) 对岩溶地基稳定影响最大的是浅部岩溶洞穴和溶蚀裂隙及其中充填的黏土类物质。这是岩溶地基处理的重点,只有当这些岩溶地质缺陷处理好以后,才能增强岩体的整体性和稳定性,使岩溶化岩体向一般裂隙性岩体转化。对岩溶洞穴处理应特别注意以下几点:

1) 在溶洞处理前,应采用各种勘探手段详细查明其空间展布,在此基础上,根据溶洞顶板厚度及完整性、洞穴跨度、上部荷载情况等综合确定处理措施。

2) 当为较小型至小型洞穴时,对溶洞的处理可从以下几个方面进行考虑:①当溶洞顶板厚度小于 1 倍溶洞跨度时,宜揭顶清挖回填混凝土置换;②当溶洞顶板较完整、且其厚度约为 1~2 倍溶洞跨度时,对溶洞多采用灌浆回填方式进行处理;③当溶洞顶板较完整、且其厚度约为 2 倍溶洞跨度时,顶板上部岩体强度基本不受溶洞影响,一般不需专门处理,但对坝基渗漏有影响时,需结合坝基固结灌浆或帷幕灌浆予以处理。

3) 当坝基下部分布有中型至大型溶洞时,应建立相应的坝基地质力学模型,采用数值模拟手段分析溶洞的存在对坝基岩体应力应变特性的影响。在此基础上,确定溶洞的处理方案,针对处理方案可采用有限元、有限差分法等数值模拟手段进一步分析其处理范围及效果。

(2) 对于岩溶地基处理,方法要妥当,要依据不同的目的,分别选择适当的方法。在进行设计时,必须有详细的勘探、测试资料,同时还要有准确的应力应变计算成果作为依据,使设计工作有的放矢。

(3) 对于岩溶地基处理的设计,要求在技术上具有可行性,经济上具有合理性。因此,在处理设计工作上,应综合考虑,尽可能地予以优化,以较少工程量,达到可行、经济、合理之目的。

(4) 由于岩溶地基处理的复杂性,有时一次性处理难以奏效,必须进行二次或三次加固处理,也是允许的,但应力求一次处理成功。

9.2.2.4　洞穴(管道)型岩溶地基处理

1. 建基面上直接揭顶型溶洞处理

(1) 乌江东风电站左坝肩溶洞处理。东风大坝为拱坝,最大坝高 162.3m。坝区岩层缓倾上游偏左岸,断裂构造相对较发育。坝基范围内岩溶不甚发育,只有在左坝肩高程 912.00~927.00m 沿 F_{38}、F_{42} 断层发育的 K_{915}^{101} 规模较大,正好位于左坝肩建基面,为坝肩

361

受力最大部位，详见图9.2-1～图9.2-3。溶洞发育于中厚层夹薄层灰岩中，长38m，宽6～11m，高5～15m，充填黄色黏土，对该溶洞进行了地震波穿透和钻孔勘探。

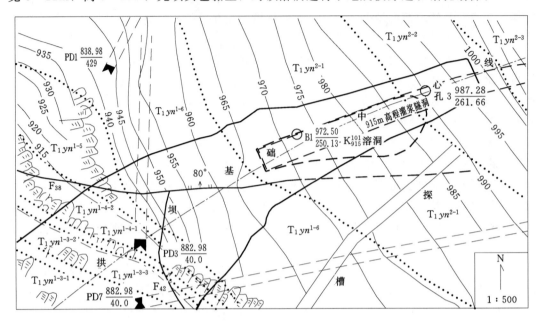

图 9.2-1 东风电站左坝肩地质图

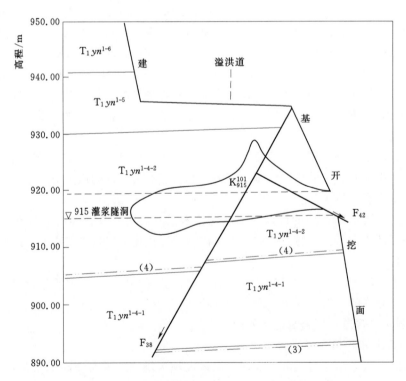

图 9.2-2 东风电站左坝肩基础中心线示意剖面图

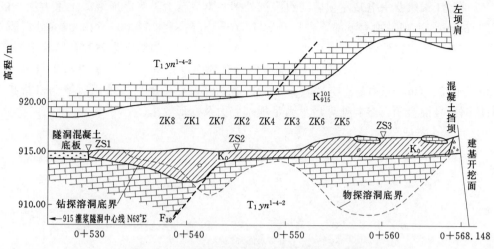

图 9.2 - 3　东风电站左坝肩 K_{915}^{101} 溶洞纵剖面图

对该溶洞的处理分两个高程段进行：高程 927.00～935.00m 段清除沿 F_{38} 断层面发育的溶洞内的方解石，加插筋、抗剪钢轨后回填混凝土，对 F_{38} 断层溶蚀段进行扩挖清理加骑缝钢筋后回填混凝土，坝肩建基面普遍加插筋和固结灌浆；高程 912.00～927.00m 段的溶洞（K_{915}^{101}）清除全部黏土，加插筋回填混凝土。

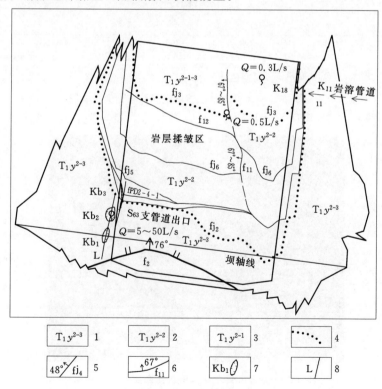

图 9.2 - 4　索风营坝基地质略图

1—厚层块状灰岩；2—中厚层、薄层灰岩、白云质灰岩；3—薄层、极薄层灰岩、泥质灰岩；

4—地层分界线；5—层间错动及编号；6—断层及编号；7—溶洞；8—裂隙

363

（2）乌江索风营水电站左坝肩河边溶洞处理。索风营大坝为碾压混凝土重力坝，最大坝高115.8m。大坝左坝肩下部，桩号0−05～0＋15m高程734.00～742.00m处揭露S_{63}岩溶管道系统的出口溶洞，沿层面及N75°E/NW∠10°～15°的缓倾裂隙发育缝状溶洞2个（详见坝基地质略图9.2−4、坝址区溶洞空间分布剖面投影图9.2−5及图9.2−6），宽度1～2m，长3～7m，充填黏土、碎块石、淤泥等。经设计验算后，采用对溶洞进行扩挖，并回填同标号混凝土，溶洞处理后可满足坝基应力及变形要求。

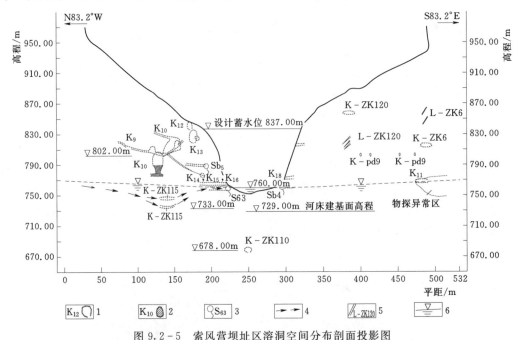

图9.2−5　索风营坝址区溶洞空间分布剖面投影图

1—无充填型溶洞；2—充填型溶洞；3—泉水及编号；4—推测岩溶管道水流向；5—溶蚀裂隙；6—地下水位

图9.2−6　索风营左坝基沿缓倾断层发育的溶洞

（3）窄巷口电站右坝肩溶洞处理。窄巷口大坝为双拱坝，最大坝高54.3m。右拱肩遇到一个长20m、宽7～8m、高3～5m的溶洞，部分充填黏土夹块石。溶洞顺F_{71}断层发育，对拱端稳定影响很大。处理方法：先对溶洞进行清挖，对洞周围岩凿毛，清洗，再进行插筋，孔深 3～5m，孔距 1.5m，后回填混凝土（约 400m³）。在洞口还设置了用型钢组成的直立排架，并浇入坝体中，以增加地基岩体的刚度。最后，进行深孔固结灌浆。在此部位，拱端累计开挖深度达 32m 之多。此种处理方法是相当成功的。

（4）隔河岩电站坝基溶洞处理。隔河岩大坝为重力拱坝，最大坝高 151m。坝基为下寒武统石灰岩，岩溶洞穴强烈发育。经调查勘探查明，有洞穴 404 个，总体积 5 万 m³，通过施工开挖，回填混凝土 6000m³，基本上达到了"变岩溶化岩体为裂隙性岩体"之目的。

（5）构皮滩右坝肩溶洞处理。构皮滩电站大坝为拱坝，坝顶高程 640.50m，最大坝高 232.5m。坝基置于二叠系下统茅口组（P_1m^1）厚层灰岩上，坝基下游为栖霞组（P_1q）灰岩地层。

大坝右岸拱肩槽部位发育 K_{280} 溶洞（整个坝区岩溶系统分布见图 9.2－7），洞口高程

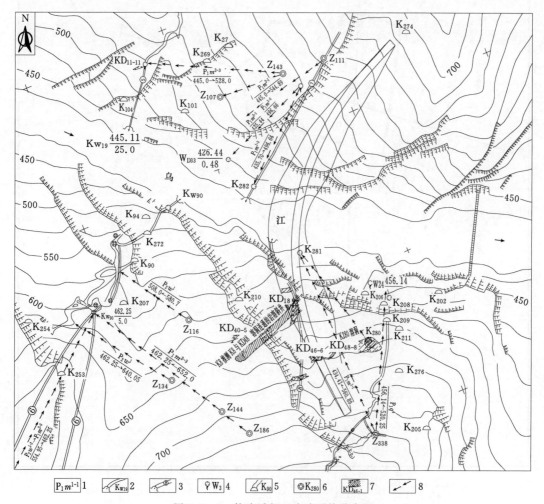

图 9.2－7 构皮滩坝区岩溶系统分布图

1—地层代号；2—暗河及编号；3—岩溶系统及编号；4—岩溶泉及编号；5—实测溶洞平面
投影及编号；6—竖井及编号；7—平洞揭露溶洞及编号；8—连通试验

591.00m，该溶洞于高程 545.00～565.00m 段出露于大坝建基面，已顺河向贯穿了整个建基面，且高程 510.00m 以上浅埋于建基面下（图 9.2-8～图 9.2-10）。溶洞主要发育于 P_1m^{1-1} 层顶部的 F_{b112}、F_{b113} 层间错动及 P_1m^{1-2} 层底部的风化—溶滤带附近，总体顺 NWW 向陡倾角断层发育呈宽缝状，与 P_1m^{1-2} 层底部风化—溶滤带交汇部位呈竖井状，溶洞宽约 3～5m，局部宽达 15m，全部为黏土、砂及碎块石等充填。该溶洞规模较大，对拱肩槽岩体质量、下游侧边坡的稳定及大坝的变形稳定影响较大，为建基岩体工程处理的重点。

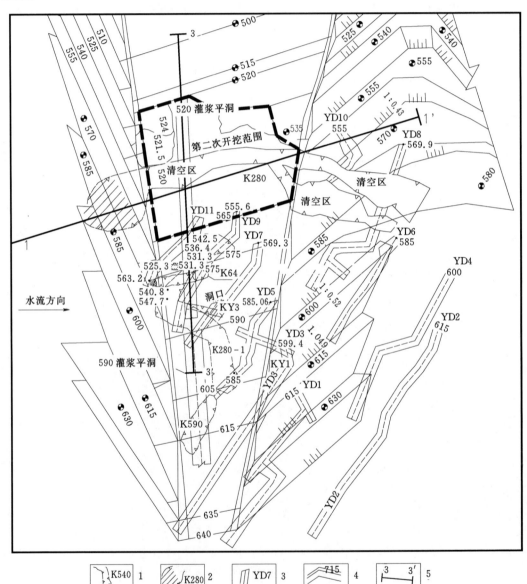

图 9.2-8　构皮滩右岸拱肩槽 K_{280} 及其附近溶洞平面分布图
1—已清空的溶洞；2—未清空的溶洞；3—置换洞及编号；4—开挖线；5—剖面线

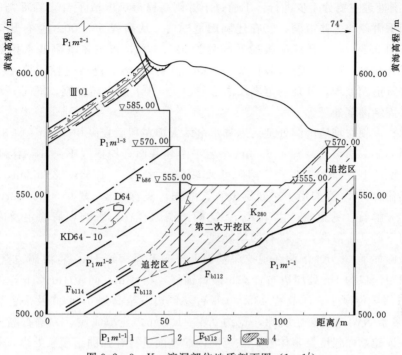

图 9.2-9　K_{280} 溶洞部位地质剖面图（1—1′）

1—地层代号；2—地层界线；3—层间错动；4—溶洞

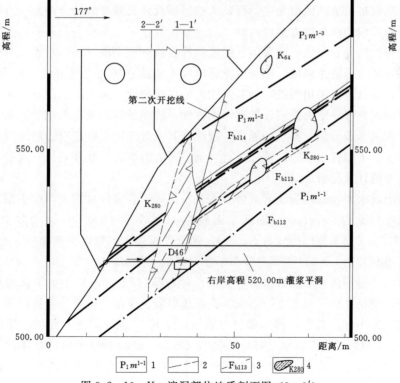

图 9.2-10　K_{280} 溶洞部位地质剖面图（3—3′）

1—地层代号；2—地层界线；3—层间错动；4—溶洞

K_{280} 溶洞处理主要分 4 步进行：①通过下游侧高程 580.00m 平台、YD8 与 YD10 置换洞处理大坝下游侧的主体溶洞；②在建基面范围内，从高程 565.00m 左右开口进行二次开挖处理（图 9.2-8），开挖底板最低高程为 520.00m，将主体溶洞基本挖除；③通过 YD5、YD7、YD9、YD11 置换洞对 525～590m 段 K_{280-1} 溶洞进行追挖回填；④对拱坝上游侧溶洞进行追挖处理，处理的范围按离上游面 5～10m 的距离控制。同时，对溶洞发育部位作加强固结灌浆处理。

（6）思林大坝左坝肩溶洞处理。思林水电站大坝左坝肩坝纵 0+5.5～0+8.5m、高程 436.50～440.00m 边坡及高程 435.00m 平台下游建基面开挖揭露 K_1、K_2 溶洞：K_1 溶洞沿贯穿上下游的 NW 向裂隙发育，溶洞可见深 4m，宽 0.5～1.5m，长 3.0m，充填泥质、方解石、钙化物；K_2 溶洞沿 f 逆断层发育，溶洞可见深 6m，宽 0.5～1.0m，长 2.0m，充填泥质、方解石、钙化物。由于 K_1、K_2 两溶洞的存在，影响坝肩稳定及库水沿该裂隙、溶洞向下游产生渗漏，须进行回填处理。

处理措施如下：①K_1 溶洞在现挖深基础上再向下深掏约 1m，将溶洞边壁冲洗干净；②在溶洞内距洞口约 1m 处周边布置 $\phi 25$ 锁口锚杆，$L=3$m，间距 1m×1m，外露 0.5m，回填 C20 二级配混凝土；③高程 435.00 平台左侧边坡至高程 440.00 及平台靠坝体内侧 5m 范围有多条 NW 向贯穿性裂隙，宽约 0.1～1.0cm，充填泥质、方解石晶体，有溶蚀现象，为保证建基面强度及整体性，该范围内建基面进行补强固结灌浆处理，补强灌浆孔深 8m。

2. 坝基（肩）持力层范围内的浅埋型隐伏溶洞处理

此类处理以揭顶清挖回填为主，但其清挖回填范围及深度需结合坝基应力应变分析成果确定。当洞穴位于坝基持力层以内时，其分布位置、规模及形态的差异均会导致坝基岩体应力应变特性的显著变化，宜采用三维模拟等数值分析手段对其影响进行分析研究。在此基础上，选择全部清挖回填、部分清挖回填或不清挖直接回填等方法对溶洞进行处理。清挖回填时宜尽量考虑采用明挖，坝基范围内的尽量挖除，向上下、游延伸部分则根据坝基应力扩散情况处理一定的范围；处理深度方面，较浅的溶洞应全部挖除，向下延伸较深的，应挖至坝基承载力满足要求的深度，或综合其他处理措施确定合适的深度，如开挖回填到一定深度，下部再采取固结灌浆进行补强。对岩溶洞穴的处理效果宜通过有限元数值模拟进行必要的计算分析。

（1）龚家坪水库坝基溶洞及岩溶管道水系统处理。龚家坪水库大坝位于湖北省刀枪河中下游龚家坪以北约 0.5km，枯期河水面高程 1198.70～1200.00m，为浆砌石重力坝，最大坝高 67.5m。坝基范围内发育 K_8 和 K_9 两个规模较大的岩溶洞穴系统，K_8 岩溶系统分布于宝塔组灰岩内，K_9 岩溶系统分布于牯牛潭组上段灰岩内。

施工时，根据平面有限元数值分析成果，对高程 1172.00m 以上的坝基溶洞采取堵排结合的原则，清挖并回填混凝土，溶洞清挖回填混凝土深度一般至建基面以下 20m，范围至大坝轮廓线外 10m。其中，河床部位溶洞（K_8、K_9）进行清挖、回填、预留地下排水廊道，在 K_8 岩溶系统靠近右岸 2 号坝段高程 1192.00m 溶洞排水出口处预设排水管，在宝塔组灰岩中设置 2 个直径 1m 的竖井与地下排水廊道右端溶洞落水点相连，以保证原溶洞系统的来水及今后大坝渗水可以自流排走；左右岸溶洞清理开挖、回填混凝土内部预留排水通道或通过竖井与坝体廊道连接形成通畅的排水系统。两岸狭缝状溶洞（沟）清挖深度 20～30m，预埋排水管与排水廊道相接，再进行回填。

该工程为典型的利用坝基岩溶管道作为坝基排水廊道，不仅解决了坝基扬压力问题，也节省了回填混凝土工程量。

（2）猫跳河六级红岩电站右拱肩溶洞处理。猫跳河六级红岩电站为拱坝，坝高 60m。如图 9.2-11 所示，K_{32} 溶洞位于拱端面上游，顺 F_{31} 断层发育，距拱端最近距离仅 5～10m，分布高程 836.00～885.00m，体积 800m^3，洞内部分充填黏土，根据有限元数值分析计算，溶洞对拱端稳定影响不大。为此，将靠近拱端溶洞中的黏土开挖后回填混凝土，对其他部位的黏土未予清除，直接回填混凝土，再结合防渗帷幕予以灌浆处理。

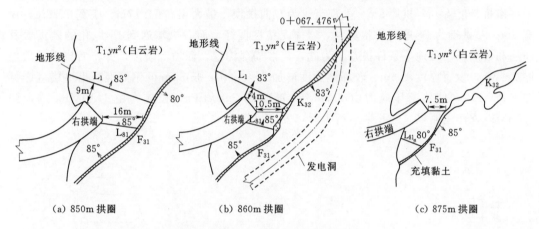

(a) 850m 拱圈　　　　　　(b) 860m 拱圈　　　　　　(c) 875m 拱圈

图 9.2-11　红岩电站右拱端平切图

3. 坝基持力层范围以外的溶洞及深埋溶洞处理

当洞穴位于坝基持力层以外时，溶洞的处理方法除渗漏问题外，还受多种因素制约，在制定处理方案时，应重点关注洞穴分布时库首岩溶气爆型地震的可能性、坝基抗滑稳定性、防渗帷幕运行安全性、坝基下游排水设计的经济性和可靠性等问题。

例如重庆芙蓉江江口电站大坝为双曲拱坝，最大坝高 141m，坝顶高程 305.00m。该工程在大坝右岸 6 号坝段帷幕灌浆时，在孔深 60m 左右遇到特大溶洞，溶腔中分空腔、砂层和夹泥层 3 层，溶洞空腔最大掉钻 4.8m，砂层最大厚度 42.4m，泥层厚 10.8m，溶洞底高程 125.00m，最大高度 63m，洞轴线长 26m，体积约 7500m^3。

考虑到该特大溶洞埋得较深，较难采取开挖置换法处理，最终采用灌浆法进行处理。处理分 4 个步骤：①加深副帷幕至主帷幕深度，灌浆压力 5MPa，以加厚下部帷幕厚度，提高其防渗性能；②对空腔部位，首先用水泥砂浆灌注，孔口回浆后，待凝，然后按常规办法扫孔并灌注水泥砂浆；③对砂泥层先灌水泥浆，然后用水泥-水玻璃浆液灌注，达到一定注入量后，改用水泥-膨润土，以 1～2MPa 压力灌注；④溶洞以下部位岩层，分两序孔采用常规水泥浆灌注。该特大溶洞实际处理消耗水泥 10387t，注入砂 56500kg，水玻璃 2100kg，膨润土 10300kg。

9.2.2.5　溶蚀破碎区（带）型地基处理

此类以结构处理为主。如，猫跳河窄巷口、红岩，三岔河普定等工程坝肩部位分布溶

蚀破碎岩体，通过在相应部位设置混凝土或钢筋混凝土垫层，以增强地基的整体性，防止
坝基应力分布不均匀；东风、茶园、大花水等工程坝肩部位也分布有溶蚀破碎岩体，为了
适应坝基（肩）岩体的地质条件，在溶蚀破碎岩体分布部位设置重力墩或传力墩以调整坝
体不同部位的受力状态和大小。同时，多数岩溶坝基为提高溶蚀风化破碎岩体的整体性，
常采用固结灌浆进行加固。

1. 设置混凝土或钢筋混凝土垫层

当坝肩部位有溶蚀破碎岩体时，可在相应部位设置混凝土或钢筋混凝土垫层，以增强
地基的整体性，防止坝基应力分布不均匀。

（1）窄巷口大坝。猫跳河窄巷口大坝为双拱坝，这种新颖的坝型，在我国是第一座。
下部拱桥跨度44m，拱厚5m。上部竖拱为双曲拱坝，最大坝高54.77m，底宽8.72m，顶
宽3m。左拱端为P_1^2厚层块状灰岩，岩体完整性良好，而右拱端遇到P_2^1风化的砂页岩及
断层和溶洞，工程地质条件很差。为此，采取局部深挖，回填混凝土，并将右拱端扩大加
厚2~3m，设置厚度1.6m、较坝体宽度增加2~3.8m、长55m的钢筋混凝土垫层（详见
图9.2-12），使地基压应力由3.70MPa减少到2.20MPa，拉应力由1.10MPa减少到
0.58MPa，作用明显。经长期运行考验，安全可靠。

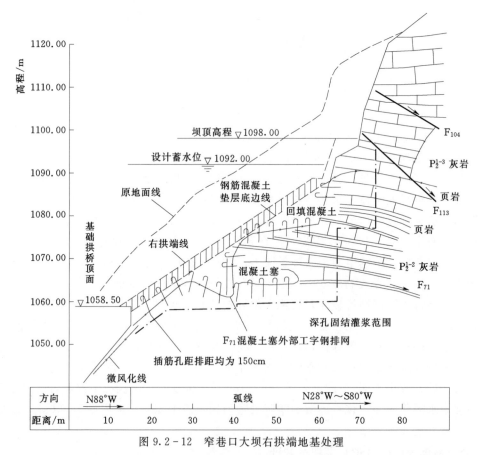

图9.2-12　窄巷口大坝右拱端地基处理

（2）红岩大坝。猫跳河红岩双曲拱坝最大坝高60m，因左右岸均有溶蚀裂隙发育，坝

肩岩体溶蚀破碎，为减弱坝基单位面积上的受力状态，亦增设了钢筋混凝土垫层，使拱端应力通过垫层之后，减少 20%～30%，使作用在坝基岩体上的应力控制在 2MPa 以内。

（3）普定大坝。普定大坝为碾压混凝土拱坝，最大坝高 75m。左坝肩分布断层，对其进行了槽挖处理，为使左拱端应力分布均匀，作了钢筋混凝土垫层。

2. 设置传力墩或重力墩

为了适应坝基（肩）岩体的受力条件，可在溶蚀破碎岩体分布部位设置重力墩或传力墩以调整坝体不同部位的受力状态和大小。

（1）东风电站。乌江东风电站为薄拱坝，最大坝高 162.3m，大坝左坝肩高程 935.00m 以上（见拱坝轴线剖面图 9.2-13），为 T_1yn^{1-6} 上部砂状白云岩（烂灰岩）及 T_1yn^{2-1} 底部页岩，强度及弹模均较低，为减少嵌深，改善坝肩受力条件，在高程 935.00～978.00m 设置混凝土传力墩。

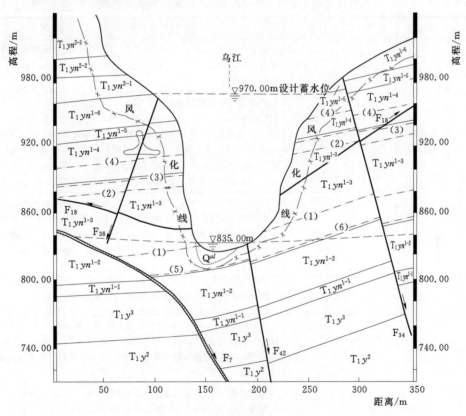

图 9.2-13　东风水电站拱坝中心线剖面图

（2）茶园水库大坝。贵州省都匀市茶园水库大坝为混凝土砌毛石抛物线双曲拱坝，坝高 47.50m，坝顶高程 856.00m。坝址处为不对称 V 形横向谷，坝基岩体主要为石炭系白云岩、白云质灰岩，但左坝肩分布有 C_3mp^2 泥质粉砂岩夹页岩，该地层在风化、溶蚀作用下，强度及弹模极低，为满足左坝肩抗滑稳定的要求，将 C_3mp^2 软弱岩体进行清除，于左拱端高程 824.50～830.00m（台阶状）以上浇筑了重力墩，重力墩顶部高程 857.00m，最大高度 24m，大坝左拱端嵌入重力墩 1.0m，地基为 C_3mp^1 层弱风化厚层白云质灰岩。

3. 固结灌浆

对坝基整体或局部溶蚀风化破碎岩体，为提高其整体性，可采用固结灌浆处理。

固结灌浆是大坝坝基应用最广泛的基础加固措施。20年来，固结灌浆设计在解决与大坝施工的矛盾、现场优化与完善设计、灌浆材料的改进、灌浆自动记录仪应用及灌浆施工工艺等方面做了大量探索与研究工作。在固结灌浆的作用、设计参数、灌浆范围、灌浆工艺等方面，积累了大量的工程实践经验，不同地质条件的坝基固结灌浆设计参数和施工工艺更加成熟，为固结灌浆标准化设计奠定了基础。特别是无盖重固结灌浆工艺有了实质性突破，积累了许多经验，为固结灌浆技术的应用创造了很好的条件。我国碳酸盐岩地区部分工程坝基固结灌浆实施情况见表9.2-5。

表9.2-5　　　碳酸盐岩地区部分工程坝基固结灌浆实施情况统计表

工程	坝型	坝基岩性	坝高/m	坝基固结灌浆施工（设计）情况
洪家渡电站	面板堆石坝	灰岩、白云质灰岩	179.5	趾板间排距 3m×2.5m，孔深 8～15m，最大固灌压力 1.5MPa；趾板内坡延伸段长 20m，间排距 3m×3m，孔深 4m，最大固灌压力 0.5MPa
引子渡电站	面板堆石坝	灰岩	130.0	趾板固灌孔间排距除左岸 1000～1092.5m 为 1.5m×2.0m 外，其他均为 1.5m×1.8m。右岸 1020～1092.5m 以上布置 3 排孔，孔深 8m；右岸 964～1020m 布置 3 排孔，上下游排孔 12m，中间排为 5m；河床段布置 4 排孔，上游两排和下游最后一排孔深 12m，第三排为 5m；左岸 964～1000m 布置 3 排孔，孔深 5m；左岸 1000～1092.5m 布置 2 排孔，孔深 5m；灌浆压力 0.5MPa
水布垭电站	面板堆石坝	灰岩	233.2	趾板采用"均布固结＋帷幕"的布孔型式，固灌孔均匀设置 5 排孔，孔距 2m，第 1、3、5 排为浅固结孔，深度 7m；第 2、4 排为深固结孔兼起辅助帷幕作用，深度 17m；帷幕灌浆孔 2 排，在第 3 排固结孔的上、下游各设 1 排，孔距 2.5m。固结灌浆压力 0.7～1.5MPa
普定电站	拱坝	白云岩、灰岩	75.0	间、排距 3m，单孔深 4m，灌浆压力 0.5MPa
东风电站	拱坝	白云质灰岩	162.3	间排距 3m×2.5m，有盖重与无盖重灌浆孔相间布置。有盖重孔深 10m，灌浆压力 0.5～1.0MPa，无盖重孔深 5m，灌浆压力 0.5MPa，帷幕两侧加强排孔深 15m，坝前铺盖有盖重灌浆一般 5～10m，最大孔深 40m
索风营电站	重力坝	灰岩	115.8	孔、排距 3m，一般孔深 5～6m，灌浆压力 0.3～0.5MPa，坝踵小断层处孔深 15m，坝趾揉皱区孔深 15m，消力池 8～15m，灌浆压力 1.0MPa
乌江渡电站	拱型重力坝	灰岩	165.0	孔、排距 3m，一般固结灌浆孔深 7～10m，帷幕上下游侧中压灌浆孔深 15m，灌浆压力 0.5～1.5MPa，总计 21816.3m/1814 孔
思林电站	重力坝	灰岩	117.0	孔、排距 3m，一般孔深 5～8m，帷幕灌浆补强区 15～20m，灌浆压力 0.3～1.5MPa
沙沱电站	重力坝	灰岩	101.0	间排距 3.0m×3.0m，一般孔深 5～8m，固灌压力 0.5MPa，帷幕上下游加强排孔深 15m，最大固灌压力 1.5MPa，河床坝基及消力池基础孔深 20m，最大固灌压力 1.5MPa

续表

工程	坝型	坝基岩性	坝高/m	坝基固结灌浆施工（设计）情况
大花水电站	拱坝	灰岩	134.5	孔、排距 3m，一般孔深 5m，灌浆压力 0.5～1.0MPa，帷幕上下游排孔深 15m，最大固灌压力 2.0MPa
格里桥电站	重力坝	角砾状灰岩、白云岩	124.0	两岸坝肩及河床岩体完整部位一般孔深 5～10m，灌浆压力 0.5～1.2MPa，经检测的河床坝基破碎区域孔深 25m，最大固灌压力 2.0MPa
光照电站	重力坝	灰岩	200.5	间排距 3.0m×3.0m，其中，高程 660.00m 以下的坝踵和坝趾处各约 0.25 倍坝底宽范围内孔深 12～15m；高程 660.00m 以下的坝基中部约 0.5 倍坝底宽范围内孔深 8～10m；高程 660.00～750.20m 的坝基范围，孔深 8m，灌浆压力 0.5～1.2MPa；坝基范围的 F_1、F_2 断层影响带内，孔深 25m，最大灌浆压力 3.0MPa
南江电站	砌石拱坝	白云岩、泥云岩	61.4	孔、排距 3m，单孔深 5m，灌浆压力 0.5MPa
马马崖一级	重力坝	灰岩	109.0	间排距 3.0m×3.0m，呈梅花形布置，孔深 5～15m
武都水库	重力坝	灰岩、白云岩	120.3	坝基固结灌浆设计参数为 2m×2m，灌浆压力 1～3MPa
修文电站	溢流式单曲拱坝	白云岩	49.0	坝基全面布孔，孔深 3～5m，两岸坝后采用深孔固结灌浆，孔深达 65～85m，孔间 1～2m，总深 6000m，动弹模较固结前提高 22%

与常规部位固结灌浆比较，针对岩溶地区的灌浆在裂隙冲洗方面需加强，对一些充泥的缺陷，需采用脉动冲洗、风水联合冲洗、群孔冲洗等措施，方能取得较好的效果。有些部位，在水泥灌浆效果达不到要求时，尚需要考虑化学灌浆。

9.2.2.6　溶蚀结构面型岩溶处理

当溶蚀结构面分布于坝基范围内时，易引起坝基不均匀沉降、抗滑稳定、抗变形稳定及抗渗透稳定等问题，需针对性处理。

1. 坝基范围内分布的宽大溶蚀深槽、溶蚀宽缝处理

（1）宽大溶蚀深槽处理。对于坝基范围内分布的宽大溶蚀深槽，可采取跨盖、换填置换等方法进行处理。

1）跨盖处理。据文献资料，目前国内对坝基宽大溶蚀深槽采用扩大基础、钢筋混凝土板跨盖和混凝土防渗墙综合措施处理的工程实例只有北江白石窑水电站。

白石窑水电站为低水头闸坝，泄水闸溶蚀深槽段 10 孔～17 孔地基，有 4 个深大溶槽，开口总宽近百米，最深处高程为 -8.00m。溶槽充填物高程 18.00m 以上为砂卵砾石；高程 12.00～18.00m 为黏土夹砂砾石，呈可塑状；高程 7.50～12.00m 为黄色黏土夹灰岩碎块，呈流塑状，且有石芽、石柱、石墙出露。基坑内泉眼多、涌水大，形成泥包石、石包泥，开挖异常困难。

经分析计算，确定开挖高程为 7.50m，采用扩大基础、钢筋混凝土板跨盖和混凝土防渗墙综合措施处理。该工程经 10 多年的运行考验，坝基处理是成功的。

2）换填置换处理。对于坝基部位分布的宽大溶蚀深槽，当实施工程处理十分困难时，可采取人工换填置换的方法进行处理。

如，澧水三江口坝基，由于河床左岸灰岩强烈溶蚀，形成宽约 $50\sim60m$ 的黏土夹碎块石破碎带，作为重力坝地基，显然不符合要求，因此，必须深挖，然后回填大量混凝土，以置换原来的溶蚀破碎岩石，效果良好。

重庆隘口河床坝基存在顺河向长 228m、宽 $8\sim64m$、最大深度达 16.5m 的溶蚀深槽，溶蚀充填物结构松散，性状差，不能作为坝基持力层，对其进行明挖回填处理。

乌江渡坝基在开挖过程中发现 11 号坝段桩号 $0+53.8m$ 处有一规模较大的溶槽，其破碎影响带宽约 6m，长 17m，深度不详。根据设计要求将溶槽挖宽至 8.3m 完整层面，长 17m，深 4.5m。用人工掏净破碎岩块和淤泥，并在表层布设 $\Phi25\sim28$ 钢筋网，底部预埋回填灌浆管灌注水泥浆，槽内回填混凝土处理。

（2）溶蚀宽缝处理。对建基面上出露的有一定宽度的溶蚀宽缝可采用与岩溶洞穴一样的处理方式，当位于坝基应力范围内时，通过直接清挖回填或高压水枪冲洗后，回填块石混凝土或与坝体同标号的混凝土，再回填灌浆处理，必要时，四周辅以高压固结灌浆进行加强；当仅对防渗有影响时，可用高压水枪冲洗后回填粗级配混凝土或块石混凝土进行处理。

如，乌江沙沱水电站大坝建基面位于弱风化与微风化分界面附近，受 NWW 向陡倾结构面控制形成的溶蚀宽缝延伸至微风化岩体内一定深度，缝宽局部达 $1\sim2m$，对此类溶蚀宽缝均采用清挖、块石混凝土回填、溶缝绑扎骑缝钢筋、再回填灌浆进行处理。

2. 对坝基（肩）变形稳定有影响的溶蚀结构面处理

（1）呈线状出露于建基面上的溶蚀结构面处理。对呈线状出露于建基面上的溶蚀结构面（如串珠状溶蚀带、溶蚀性裂隙、溶蚀性断层、溶蚀性软弱夹层等），可以适当下挖后设置混凝土塞进行部分置换，借以传递坝体应力于完整岩体上，使地基能够均匀受力，混凝土塞四周再辅以固结灌浆进行加强。

混凝土塞置换处理的关键是确定塞的深度，以确定塞的尺寸，混凝土塞的深度设计要满足混凝土塞中的压应力和剪应力不超过允许值，混凝土塞下的软弱破碎带能安全的承受坝基传来的应力，同时需考虑坝基的水平位移要在允许的范围内。

混凝土塞深度的确定，我国新安江大坝有经验公式

$$h=0.0083BH+C$$

式中：h 为塞的深度，m；B 为破碎带宽，m；H 为塞上坝高，m；C 为调整系数，其值见表 9.2-6。

表 9.2-6　新安江大坝坝基破碎带置换混凝土塞设计深度调整系数 C 取值表

坝高 H /m	破碎带宽度/m				备 注
	影响范围≥2.0m		影响范围<2.0m		
	倾角>65°	倾角<50°	倾角>65°	倾角<50°	
>80	1.10	2.20	0.55	1.10	坝高在 65～80m 时可用
<65	1.70	3.40	0.85	1.70	插入法求得

乌江思林水电站对建基面上出露的溶蚀破碎带或小断层等，均作梯形混凝土塞处理，并加强固结灌浆，梯形槽底宽度为破碎带宽 B 再扩大 $0.5\sim1m$，边坡取 $1:0.5$，开挖高

度按下式取用：$h=0.0067BH+1.5$。

（2）不直接与坝体接触，但对坝肩压缩变形有影响的溶蚀性软弱结构面处理。对于不直接与坝体接触但对坝肩压缩变形有影响的隐伏溶蚀性软弱结构面，多采用有限挖除而后设置混凝土塞、混凝土置换洞或混凝土置换斜井等方法进行处理。

1）乌江渡右拱端置换处理。乌江渡右拱端是用此种方法处理成功的实例之一。右拱端分布有 T_1y 厚层灰岩，NWW 向溶蚀裂隙十分发育，并形成溶蚀裂隙带，宽 20m，长 50m，对此，采用开挖回填混凝土塞的方法，形成长 50m、宽 12m、高 20m 的混凝土传力柱。在其上游，还开挖浇筑混凝土形成一条混凝土防渗墙。分布于坝下游的 F_{50} 断层，影响较大。通过有限元计算和石膏模型试验，断层面上受力较大，最大值达 $0.5\sim0.7MPa$，为此对距拱端较近部位（约 $1\sim2$ 倍坝厚）进行了开挖回填处理，处理长度 75m，宽度 $3\sim4m$，洞挖回填混凝土 $5000m^3$。若包括其他部位的开挖回填量，共 $22000m^3$。处理之后，经有限元计算，对控制坝肩变形，改善地基应力，都有显著的效果（图 9.2-14）。

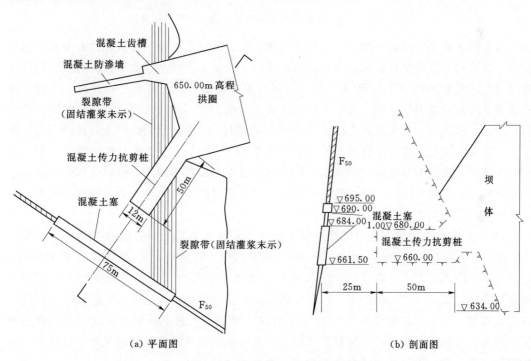

（a）平面图　　　　　　　　　　　　　（b）剖面图

图 9.2-14　乌江渡大坝右拱端地基处理

2）构皮滩两岸拱座溶蚀性软弱结构面处理。构皮滩大坝位于横向谷上，岩层陡倾上游，坝基茅口组（P_1m^1）厚层灰岩内分布有层间错动带、风化—溶滤带、溶蚀洞穴及溶蚀断裂等软弱结构面，对拱座岩体变形稳定有一定影响。针对拱座范围内分布的软弱结构面，设计采用混凝土置换方式（图 9.2-15），沿结构面走向分高程设置水平置换洞，断面尺寸为 $2.5m\times3.0m$，在水平置换洞沿结构面倾向（或视倾向）适当布置斜井（断面尺寸为 $3.0m\times2.0m$），使置换洞形成"井"形格构布置，以增强整体传力效果。

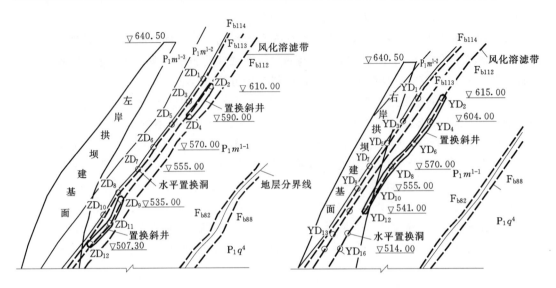

图 9.2-15　构皮滩大坝两岸拱座置换洞、井布置示意图

对于构皮滩拱座风化—溶滤带的最终处理方案，通过平面及三维线弹性有限元敏感性分析，并采用地质力学模型试验对处理效果进行了验证，主要结论如下：①若软弱结构面的综合变形模量达到 2GPa，则不论其与拱坝的相对位置如何，可不进行处理；②对于位于坝踵上游侧的软弱结构面，若对大坝的防渗无影响，可不进行处理，位于建基面上的软弱结构面，需进行一定深度的浅层置换处理，建基面下游侧的软弱结构面应进行深层置换处理，置换后软弱结构面综合变形模量要不低于 2GPa；③软弱结构面经处理后，坝肩两岸岩体的应力条件明显改善，基本呈对称分布，拱端应力趋于均匀，位移等值线在软弱结构面上的分布有较大改善，基本呈连续分布；④采用混凝土传力柱来处理软弱结构面，能有效地提高传力效果。

3）东风水电站大坝右坝肩溶蚀性断层处理。东风水电站大坝右坝肩由 F_{34} 与 F_{18} 组成了下游岸坡不稳定三角岩体（图 9.2-16）。从平切图上可看出，F_{34} 断层在高程 915.00m 距拱端水平距离约 28m，在高程 935.00m 距拱端水平距离约 15m，在高程 955.00m 距拱端水平距离仅 2.5m，在高程 957.00m 建基面上出露右拱端与 F_{34} 断层近正交，易产生压缩变形破坏。为此，在坝肩高程 915.00m 坝肩下游勘探平洞中顺断层追踪扩挖，作为断层处理洞，在洞顶、底沿断层进行固结灌浆，从而部分置换断层破碎带及溶蚀影响带，从物探测试成果看，置换及固结灌浆处理后，断层的性状得到一定的改善。

4）引子渡水电站右坝肩溶蚀性张裂缝。引子渡大坝为面板堆石坝，最大坝高 130m。坝址处为不对称 V 形河谷，坝区地层为三叠系大冶组薄至中厚层灰岩夹少量泥岩，层间软弱夹层发育，岩层缓倾下游偏左岸，右岸为斜顺向坡。坝区周边无天然垭口可供布置泄洪建筑物，在预可研阶段推荐碾压混凝土拱坝方案。进入可研阶段后，由于勘探工作的深入，发现右岸风化较深、溶蚀张裂隙（缝）发育（图 9.2-17），对坝肩变形稳定影响较大，为此，需将拱坝右坝肩嵌深 50m 左右，右岸顺向坡切脚后的稳定问题很难解决，经慎重研究，将代表性坝型调整为面板堆石坝。

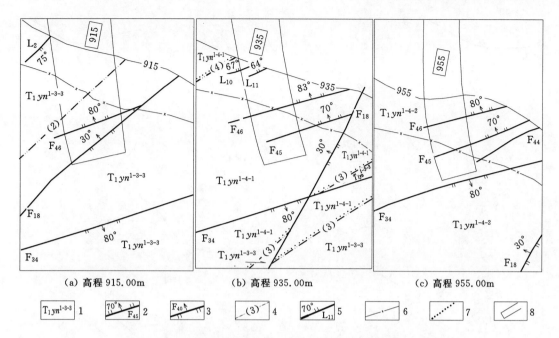

(a) 高程 915.00m　　(b) 高程 935.00m　　(c) 高程 955.00m

$\boxed{T_1yn^{1-3-3}}$ 1　$\boxed{70° \; F_{45}}$ 2　$\boxed{F_{40}}$ 3　$\boxed{(3)}$ 4　$\boxed{70° \; L_{11}}$ 5　6　7　$\boxed{}$ 8

图 9.2 - 16　东风大坝右坝肩不稳定三角岩体不同高程平切图

1—地层代号；2—正断层及编号；3—逆断层及编号；4—泥化夹层及编号；5—裂隙及编号；

6—推测微风化线；7—地层界线；8—拱坝拱圈线

3. 对坝基（肩）抗滑稳定有影响的溶蚀结构面处理

当坝基（肩）抗滑稳定受溶蚀性结构面强度影响达不到设计要求时，在总抗滑力相差不大的情况下，可以考虑采用锚杆、锚索、钢管桩、抗剪洞等工程措施进行加固，但针对永久工程的锚固体设计要考虑到应力损失的影响。

（1）锚杆。主要指针对坝基岩体进行锚固，以提高坝体或坝体与基岩接触面之间的抗剪强度。这是一个普遍使用的加固处理方法。综合乌江渡、修文、隔河岩、东风等多个电站的坝基锚固处理技术，锚杆深度一般为 3～5m，孔距 1.5～2m，排距 2～3m，多呈梅花形布置。

修文拱坝右岸，由于抗滑稳定安全条件不足，K_c 尚不能达到 1.0，为此，在拱端开挖面上普遍布设了浅锚杆，孔深 3～5m，孔距 1～2m，$\Phi=30$mm。若按每根锚杆承受 100MPa 的抗剪断力计算，K_c 可以提高到 1.1，满足了右拱端的稳定要求。

（2）锚索。主要针对坝肩抗滑稳定不利组合结构面的处理。一般用在锚固深度大、锚固力大的工程部位。如东风水电站右坝肩由 F_{34} 与 F_{18} 组成下游岸坡不稳定三角岩体（图 9.2 - 17），经设计验算，采用 250t 级的预应力锚索对下游岸坡不稳定三角岩体进行锚固处理。

（3）钢管桩。沙沱水电站坝址区岩层缓倾下游偏右岸，层间分布有厚度和性状稳定、连续性好的 $J_1～J_6$ 软弱岩层和大量随机性的溶蚀性软弱夹层，上游面又存在横穿河谷的 F_{88} 断层拉裂面以及纵横布置的诸多断层和裂隙切割。坝基存在以层面或层间溶蚀性夹层为底滑面、N20°～28°E 组裂隙或 NNE 向断层为侧向切割面、N70°～74°W 组裂隙或 F_{88} 断层或沿坝踵拉开为后缘拉裂面的滑移组合，需进行抗滑稳定性验算。

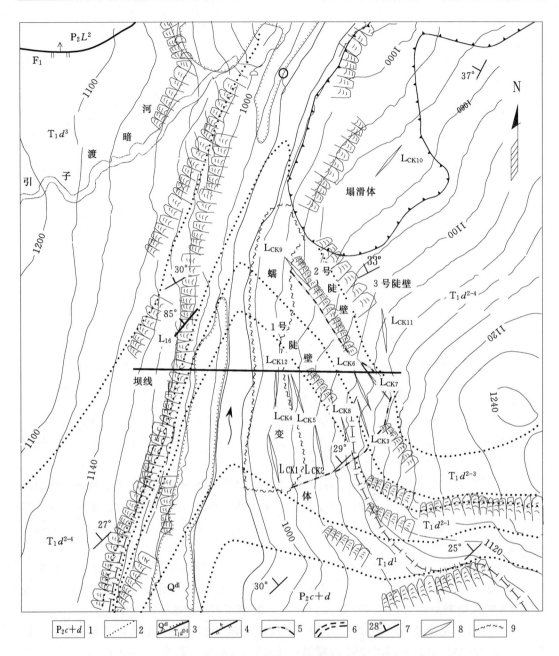

图 9.2 - 17 引子渡水电站坝区地质略图

1—地层代号；2—实测及推测界线；3—基岩与覆盖层分界线；4—断层；5—张裂缝范围；
6—推测岩溶管道；7—地层产状；8—平洞中张裂缝；9—蠕变体范围

    可研阶段，从刚体极限平衡法和二维、三维有限单元法的计算成果可以看出，坝基抗滑稳定性安全系数不满足规范要求，需进行适当的加固处理。经过对处理措施的分析比较，认为采用锚索方案存在应力松弛问题，钢筋桩方案单根提供的抗力有限，布置较为困难，钢管桩方案单根提供的抗力较适中，便于布置，因此，选择在厂房取水坝段的 J_5 软弱夹层地基布置钢管桩的加固处理方案。钢管桩孔径 220mm，钢管外径取 219mm，钢管壁厚为 9mm，并在钢管内插入 5 根 Φ28 的钢筋，桩长 28～30m，按间排距 4m 布置，共布置 424 根。

施工图设计阶段，由于坝基溶蚀性软弱夹层产状变化，坝基下滑力增大，采用钢管桩处理已难以满足坝基抗滑稳定的要求，为此，将厂房坝基抗滑稳定处理方案变更为"抗滑体＋抗剪洞"的综合处理方案。

（4）抗剪洞。为了提高坝肩控制性溶蚀结构面或溶蚀体的抗剪（断）强度，采用顺溶蚀结构面走向或倾向方向布置钢筋混凝土抗剪洞，从而增加控制性溶蚀性结构面的抗剪（断）强度。

如，东风大坝为了增强右坝肩抗剪强度，在高程 842m、899m、915m、936m，分别设置 3m×3m、6m×7m 的抗剪洞，内设插筋及抗剪钢轨。

9.2.2.7 坝基岩溶管道水或泉水处理

当坝基（肩）岩体范围内分布有岩溶管道水或泉水时，可能引起基坑涌水、渗透破坏或顶托变形，须对其进行针对性处理。对于坝基范围内岩溶地下水的处理方法较多，施工期基坑岩溶涌水以抽排为主，永久处理方法主要有导引法、引排与利用、封堵压盖法、驱赶推挤法、闸阀封闭法及帷幕灌浆法等。

1. 防渗线及上游侧岩溶地下水的处理

主要采用防渗封堵的方式进行处理，为降低坝基扬压力，一般在帷幕下游侧布置排水减压孔，对防渗线上游侧出口在水下的岩溶管道水，为防止蓄水期间产生岩溶气爆型地震，宜采取适当的排气措施。

防渗封堵主要采用铺、截、灌等 3 种防渗处理方法。这 3 种方法主要用于解决坝基岩体的渗透稳定、减少渗透压力等问题，处理原则和方法与防渗帷幕基本一致。灌即用帷幕灌浆的方法，封闭渗漏的溶蚀裂隙、洞穴或岩溶管道，对于大型的岩溶集中渗漏通道，辅以堵、截，灌浆材料有水泥、黏土及化学浆液等；铺即用铺盖的方法，防止地表分散性的溶蚀裂隙渗漏，对于存在集中渗漏的洞穴，应先堵后铺，铺盖材料一般为黏土、混凝土、塑料薄膜或土工织物等；截即用截水墙截断引起集中渗漏的岩溶暗河、管道，截水墙一般为浆砌块石或混凝土。

由于岩溶渗漏的复杂性，采用单一的防渗措施，往往难以有效。通常用多种方法或综合措施。如截铺结合，截灌结合，截堵结合，灌堵结合，灌铺结合等。工程实践证明，不论何种方法，都要事先查明渗漏原因、渗漏部位，因地制宜选用合适的处理措施，并做好处理设计，保证施工质量，这是防渗处理成败的关键。例如，帷幕灌浆，关键问题是帷幕设计（部位、深度、排距、孔距）是否合理，灌浆工艺（材料、配合比、压力、序次）是否恰当，质量保证措施是否落实等。

2. 防渗线下游侧岩溶地下水的处理

当坝基范围内存在岩溶管道水或岩溶泉水时，可通过导引、引排与利用、封堵压盖、驱赶推挤、闸阀封闭及帷幕灌浆等方法进行处理。

（1）导引处理。岩溶管道水导引处理。如，思林大坝左岸坝基高程 328.00 平台 K_{31} 岩溶管道扩挖时，于坝纵 0＋70 桩号附近约高程 322.50m 揭示沿 N50°E/SE∠14°～16°缓倾裂隙面出露两出水点，流量 $Q \approx 20L/s$。对上述出水点采取了如下排水措施：①坝左0+29.5桩号出水点处预埋直径200mm钢管，将其引至高程328.00m；②溶洞内部出水点预埋塑料盲沟管材，并沿裂隙面将其引至排水钢管处。

岩溶泉水导引处理。如，洪家渡水电站为面板堆石坝，最大坝高179.50m。坝基范围内为三叠系灰岩，出露有岩溶泉水，为确保运行期坝体完全，需对其进行处理。其中，出露于纵下0-120、横左0+4.5的岩溶泉水点 W_{120}，枯期流量6.0~15.0L/s，洪水期流量达0.5~1.0m^3/s，在其出水口位置埋设Φ500的钢管，将其引向坝后；坝基范围内的其他泉水点由于流量较小，在大坝填筑前将各泉点位置扩挖，清除松动块石及淤沙后回填碎石，再采用塑料盲材作反滤层进行铺盖后方才进行大坝填筑。

（2）引排与利用。坝基下游岩溶管道水系统的引排及利用。如，龚家坪水库大坝为重力坝，最大坝高67.5m，坝顶高程1275.50m。坝址处为横向谷，岩层陡倾上游（85°~87°）。从坝踵至坝趾分布地层为志留系五峰组砂页岩（厚度2.0~9.9m）、奥陶系临湘组灰岩（厚度11.4m）、宝塔组灰岩（厚度15.9m）及牯牛潭组灰岩（厚度35.65m）和大湾组泥灰岩（厚度17.9m）。临湘组灰岩的岩溶不发育，为相对不透水层，宝塔组及牯牛潭组灰岩的岩溶发育，属强岩溶地层，K8和K9两个岩溶系统分别分布于宝塔组灰岩和牯牛潭组上段灰岩内。两岸防渗帷幕端头均上接临湘组弱岩溶含水层。

在处理坝基范围内的K8和K9两个岩溶系统时，在溶洞排水出口处预设排水管，将水引至地下排水廊道，以保证原溶洞系统的来水及今后大坝渗水可以自流排走。

该工程充分利用了坝轴线下游20m左右高程1170.00m（比建基面低15m左右）发育的一层平行坝轴线展布的水平洞穴，在对坝基应力范围内的洞穴进行回填处理后，将这条水平管道系统进行清挖，作为坝基下的排水廊道，将帷幕后的排水孔都与该洞连通，使得整个坝基下的扬压力消失，不仅有利于大坝的稳定，也节省了大量的投资，是国内外强岩溶坝基"变害为利"的典型工程实例。

（3）封堵压盖法。适用于流量小、压力不大的涌水点。用反滤料、混凝土直接封堵洞穴涌水点，或用混凝土及其他构筑物在涌水口上压盖。如三江口水电站等。

（4）驱挤法。适用于出流分散，此堵彼漏的涌水点。采用较大体积的混凝土直接浇筑，将涌水出逸点驱赶推挤至基础外排出。如三江口水电站左侧河床便是采用这种方法。

（5）闸阀封闭法。适用于出水点围岩比较完整、出流比较集中，有一定压力的涌水。根据出流量的大小，在涌水点砌置有闸阀的水管，将涌水从导管引出，浇筑混凝土封闭出水口，关闭闸阀，将导管埋置于混凝土内。

（6）帷幕灌浆法。适用于岩溶强烈发育基坑，预计突水危险性大，依靠抽水无把握的工程。采用灌浆帷幕截断基坑涌水通道。这是一种常用的方法，也是使用广泛、行之有效的处理方法，目前被很多工程采用。如桂平枢纽二期上下围堰及纵堰地基；乌江洪家渡水电站坝基（含厂基）上下游围堰、坝基下游侧右岸、厂房基坑左岸均是采用灌浆帷幕截断基坑涌水；乌江索风营水电站坝基上下游围堰、洪渡河石垭子水电站坝基上下游围堰等。

3. 岩溶管道水的顶托变形

可溶岩地区不同于一般碎屑岩地区，其岩溶水文地质条件受构造及岩层展布、地表及地下水文网分布等的影响，其地下水流场较复杂。因此，在可溶岩坝区进行工程地质勘察时，除应重视坝区范围内的工程地质及水文地质条件勘察外，对与坝区位于同一水文地质单元的周边岩溶水文地质条件也应进行详细调查与评价。国内外因周边水文地质环境显著改变，进而影响到坝体稳定的工程实例较多，对这一问题应引起高度重视。

如，瑞士曹齐尔拱坝，坝基为灰岩，坝高105m，1957年蓄水，21年工作一直正常。但1978年底坝顶沉陷125mm，坝顶弦长缩短71mm，坝体上游面从坝顶至坝基顺横缝拉开12道垂直裂缝，下游面近坝基处出现很多平行周边的斜向裂缝，坝体内也有多道斜向裂缝。经检查是由于近坝1.4km处低于坝基400m处开凿了公路隧洞，打穿灰岩含水层，改变地下水条件，引起河谷沉降、缩窄，并导致坝体开裂。

江垭水电站地处湖南澧水支流溇水上，总库容17.4亿m³，全断面碾压混凝土重力坝坝高131m，水库正常蓄水位236m，建基面高程114.00m，坝顶高程245.00m，地下厂房发电，装机容量300MW，库坝区均建在灰岩地区。江垭大坝在建成蓄水后出现大坝及近坝山体抬升问题。

江垭坝址区（图9.2-18）地处北东东走向的江垭向斜北西翼，河流与岩层走向近正交，属典型横向河谷，江垭向斜南北向封闭条件较好，南东翼云台观组（D_2y）地层在高程700.00~1000.00m大片出露，提供了大量岩溶水和巨大的水头，该向斜从上至下有栖霞组P_1q岩溶含水层，67m的黄家澄组（D_3h）、写经寺组（D_3x）砂页岩相对隔水层，云台观组（D_2y）石英砂岩构成承压热水层，再下为小溪组（D_2x）砂质页岩构成承压热水下部隔水底板，江垭向斜地层与大坝关系（详见图9.2-19）。

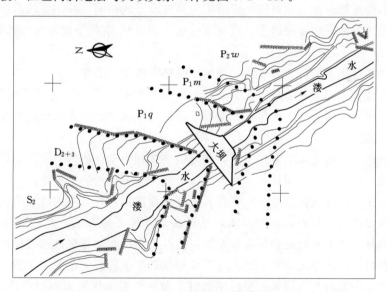

图9.2-18 江垭坝区地质略图

未蓄水前，P_1地层岩溶水和D_2y承压热水在江垭坝前出露，形成众多泉眼。蓄水后出露口封闭，各承压水水头增加100m水头。由于江垭向斜封闭条件好，江垭河谷为横向河谷，因而坝轴线上下游各500m和700m、宽800~1000m范围，坝基和近坝山体随库水位变化全面抬升，坝基最大抬升33.4mm，近坝山体最大抬升13.1mm。截至目前，尚未见山体抬升而给水工建筑物造成不良影响。

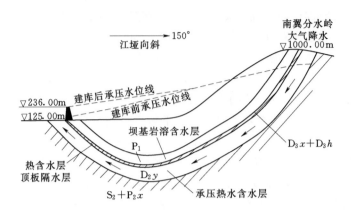

图 9.2-19 江垭向斜与大坝关系简图

江垭大坝及近坝山体整体抬升，是在特定地质条件下产生的特定问题，它除了让我们领略到自然的巨大力量外，也让我们加深了对高承压水层状岩体上修筑水工建筑物的认识。高水头的封闭浅埋承压水除造成施工排水困难外，在特定条件下可能造成建筑物的抬升变形；高矿化度的热泉，在有稳定水量补给的和较高承压水头时，一般会对建筑物带来较大危害，坝址选择时应尽量避开。

9.2.2.8 厂房岩溶地基处理

厂房地基处理与一般工业与民用建筑物地基处理方式相同，其主要的岩溶地基处理措施包括：填垫法、加固法、跨越法、桩墩基础法、钢筋网-混凝土嵌塞法和排导等。

1. 填垫法

填垫法主要包括充填法、换填法、挖填法及垫填法 4 种类型。

（1）充填法。适用于裸露岩溶土洞，其上部附加荷载不大的情况。最底部须用块石、片石作填料，中部用碎石，上部用土或混凝土填塞，以保持地下水的原始流通状况，使其形成自然的反滤层。

（2）换填法。已被充填的岩溶土洞，如充填物物理力学性质好，可不予处理；反之则须清除洞中充填物，再全部用块石、片石、砂、混凝土等材料进行换填。

（3）挖填法。对浅埋的岩溶洞穴，将其挖开或爆破揭顶，如洞内有塌陷松软土体，应将其挖除，再以块石、片石、砂等填入，然后覆盖黏性土并夯实。此法适用于轻型建筑物，并且要估计到地下水活动被再度掏空的可能性。为提高堵体强度和整体性，在填入块石、片石填料时，注入水泥浆液；对于重要工程基础下或较近的溶洞、土洞，除去洞中软土后，将钢筋或废钢材打入洞体裂隙后用混凝土填洞，对四周的岩石裂隙注入水泥浆液，使其黏结成整体，提高强度并阻断地下水。

广西来宾火电厂 2 号锅炉的西南角地基，起初开挖到−3m 时就露出看似完整基岩，但该地基两边却均见有溶槽。根据现场情况分析，判断该处岩石应为溶洞的顶板，由于锅炉基础的荷载很大，对地基变形要求较高，经研究决定将其爆破，爆破后继续清理约 2m，终于露出完整基岩，随后用 C15 素混凝土换填，使锅炉基础处于同一地基条件上，沉降均匀，保证了锅炉基础的稳定。

（4）垫填法。对岩溶洞、隙、沟、槽、石芽等岩溶突出物，可能引起地基或路基沉降不均匀，将突出物凿去后做 30～50cm 砂土垫褥处理。

2. 加固法

当岩溶地基处于不稳定状态，基础安全受到影响时，应予以加固。

（1）灌浆法。对埋深较大的岩溶洞穴，宜采用密钻灌浆法加固。应视岩溶洞隙含水程度和处理目的来选择材料。用于填塞时，可用黏土、砂石、混凝土、水泥砂浆等。用于防渗时，可用水泥浆和沥青作帷幕，灌浆顺序可先外围后中间，先地下水上游后下游。用于充填加固时，用快干材料或砂石等将洞隙先行填塞，开始时压力不宜过高，以免浆料大量流出加固范围。运用双液化学硅化法可对复杂多层含水溶洞成功进行加固。

（2）顶柱法。当洞顶板较薄、裂隙较多、洞跨较大，顶板强度不足以承受上部荷载时，为保持地下水通畅，条件许可时采用附加支撑减少洞跨。一般在洞内做浆砌块石填补加固洞顶并砌筑支墩作附加支柱。

（3）强夯法。在覆盖型岩溶区，处理大面积土洞和塌陷时，强夯法是一种省工省料、快速经济且能根治整个场地岩溶地基稳定性的有效方法。它可使土体压缩性降低，密实度加大，强度提高，减少或避免土洞及塌陷的形成，消除地基隐患。一般夯击 1～8 遍，夯点距 3m。如无地下水影响，2 遍夯击间歇时间可不受限制，在夯击过程中，如果夯锤突然下陷，说明下部有隐伏土洞，此时可随夯随填土或砂砾土料处理。

（4）挤密法。对岩溶土洞中软土较深地段，采用砂柱、石灰柱、松木桩、混凝土桩或者钢管等打入洞内，使桩端嵌入下伏密实土层，以挤密松散层，形成复合地基，提高地基稳定性和强度。适用于对浅层土洞或塌陷的处理。

（5）浆砌法。工程基础边缘及其影响范围内的岩溶洞、隙、沟、槽存在不稳定因素时，用素混凝土或浆砌块石加固。

3. 跨越法

岩溶洞体较深，挖填困难或不经济或浅埋洞体顶板厚度和完整程度难以确定时，可采用跨越法将跨越结构置于岩溶地基基础之上，据上部结构性质、荷载大小及跨度大小，分别采取板、梁、拱等方式跨越。在设置跨越结构时，其支承面需有可靠基岩，梁式结构支撑面需经验算。该法优点在于不管岩溶的具体形态，将比较复杂的地下工程改变为较易进行的地面工程，而且不担心地下水流重新带走洞内充填物。

（1）梁板式跨越法。当基础下遇到深度较大、洞径较小不便入内施工或洞径虽大、但因有水的溶沟、溶槽或溶洞时，可根据建筑物性质和基底受力情况，采用梁板式结构传递上部荷载至两侧岩体上，或用刚性大的平板基础覆盖，但支承点必须放在较完整的岩石上，也可用调整柱距的方法处理。

广西来宾火电厂主厂房有一框架柱基础刚好坐落于宽约 2m 的溶槽上，清土至基底下 3m 仍未见基岩，考虑到该柱基础荷载（单柱荷载 1700kN）不大，采用钢筋混凝土暗梁跨越溶槽，两端支承于完整岩体上，并满足一定的搭接长度。

（2）拱跨法。在地下建筑工程的边墙、垤式挡墙、堤式坡脚挡墙及桥墩、桥台等地基下常见洞身较宽、深度又大、洞形复杂或有水流的岩溶地基，宜采用拱跨形式。拱分浆砌片石拱、混凝土拱、钢筋混凝土拱。为增强拱身强度，拱下可砌筑垂直支撑柱，对建筑物本身而言，也可加设拉杆（或锚杆支撑）或其他预应力钢筋混凝土构造（图 9.2-20）。

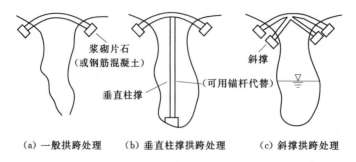

(a) 一般拱跨处理　　　(b) 垂直柱撑拱跨处理　　　(c) 斜撑拱跨处理

图 9.2-20　拱跨型处理示意图

4. 桩墩基础法

对宽大超深的溶沟、溶槽，采用桩墩基础处理比较经济。广西来宾火电厂 1 号引风机支架柱下为一上宽约 10m、下宽约 6m 的长条溶槽，该支架整个柱基刚好全部落在溶槽正上方。由于此溶槽比较深，在已经挖掘的深度基础上，再经过施工人员用钢管钎探下去 6m 仍不见基岩。该基础旁边就是刚经过换填处理的 1 号电除尘器复合地基，如果继续开挖，一是没有坡度可放，增加开挖难度，同时也存在很大的安全隐患。经过研究决定采用钢管桩加素混凝土墩的桩墩基础法对其进行处理（见图 9.2-21）。钢管桩经过机械拍打入到基岩，后将基坑周围基岩冲洗干净并将坑底淤泥清除干净后满槽浇筑素混凝土墩，使支柱上部荷载完全传到基岩上，确保基础安全。

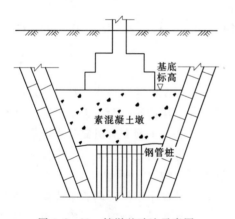

图 9.2-21　桩墩基础法示意图

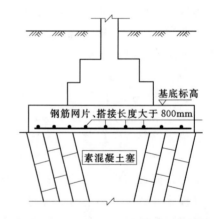

图 9.2-22　钢筋网-混凝土嵌塞法示意图

5. 钢筋网-混凝土嵌塞法

对宽度 1～3m、高角度的溶沟、溶槽，当其为上宽下窄的漏斗状时，可采用钢筋网-混凝土嵌塞法进行处理。即将溶槽中的填充物清除（清除深度约为 1 倍槽顶宽度）以混凝土置换，并在槽顶布置一层双向钢筋网（一般满足构造要求即可，并要有一定的搭接长度），再浇筑混凝土至基础底部。这样使垫层和嵌塞的混凝土形成一个整体的、上大下小的楔形体嵌塞于溶槽中，使上部作用通过钢筋网-混凝土楔形体传递到溶槽两侧坚实的岩石上。广西来宾火电厂 2 号电除尘器支架柱下为一上宽约 1.6m、下宽约 0.5m 的长条溶槽，当清槽至−5m 时仍不见槽底，由于槽底太窄，人工继续下挖难度很大，经研究采用钢筋网-混凝土嵌塞法对其进行处理（图 9.2-22）。用水将溶槽两侧基岩冲洗干净并将坑底淤泥清除干净，确保混凝土与基岩结合紧密。

6. 排导法

对建筑物地基内或附近的地下水宜疏不宜堵。一般采用排水隧洞、排水管道等进行疏导，以防止水流通道堵塞，造成场地和地基季节性淹没。

9.3　岩溶地基处理工程实例

岩溶地基问题由于其特有的水文地质环境，与一般地基问题相比，有其特殊性，其存在的工程地质问题除地基沉陷及不均匀沉降外，尚存在严重的渗透失稳问题，且由于岩溶问题在某种程度上的不可预见性，给岩溶地基的勘察、设计及处理带来不便，甚至制约着整个工程施工工期及质量。须查明岩溶发育区地质特征，并针对各类岩溶地基存在的工程地质问题进行有效处理。

9.3.1　右岸坝基浅埋大型溶洞处理工程实例——武都水库

9.3.1.1　工程概况

武都水库是武都引水工程的水源工程，位于四川省江油市境内的涪江干流上。控制流域面积 5807km^2，年径流量 44.2 亿 m^3，多年平均流量 140m^3/s，总库容 5.72 亿 m^3，其中防洪库容 8614 万 m^3，兴利库容 3.5 亿 m^3，电站装机 3×50MW。

大坝为碾压混凝土重力坝，坝顶高程 660.14m，坝顶长度 727.0m，建基面最低高程 541.00m，最大坝高 119.14m。坝后式厂房位于河床左岸，建基面高程为 557.16m。大坝共分为 30 个坝段，其中左岸非溢流坝段为 1～12 号坝段；厂房坝段为 13～15 号坝段，表孔坝段为 16～18 号坝段，右岸非溢流坝段为 19～30 号坝段。

枢纽区由泥盆系中统白石铺群观雾山组（D$_2$gn）灰岩、微层泥灰岩、介壳灰岩、白云岩、白云质灰岩、角砾状灰岩、灰岩夹泥灰岩等可溶性岩层组成，岩溶发育。坝址区位于龙门山褶断带前山断裂带的北段，处于 F$_5$、F$_7$ 断层之间，区内主要构造线呈北东～南西向展布，岩层产状 N50°～60°E/NW∠70°～86°，为横向谷。坝区岩溶水文地质条件详见图 9.3-1。受地形地貌、地质构造、地层岩性、水文地质条件的控制，各地段和不同高程的岩溶形态不一，岩溶强度差异较大，构成了主要的不利工程地质条件。对岩溶的处理是否可靠和有效，是防止坝基渗漏和水工建筑物地基稳定的关键。

分布在坝轴线及防渗线附近的岩溶系统有 K$_{108}$、K$_7$ 等。其中以右岸的 K$_{111}$ 溶蚀大厅最为典型。K$_{111}$ 溶蚀大厅位于摸银洞（K$_7$）溶洞上游 70m，发育在 D$_2^6$ 灰岩、D$_2^{6-1}$ 砾状灰岩接触面附近，溶洞从坝基底部斜穿 24、25 号坝段，大厅内长 83.7m，宽 8～20m，面积约为 1000m^2，洞内空腔部分高度为 9～20m，底部被大量崩塌块石堆积覆盖，崩塌块石体积约 5～30m^3。大厅底部出露高程 576.00m，顶部高程 612.00m，顶部最薄处仅 6m。大厅推测充填物底界线最低高程 574m，充填物底界线最高处高程 608.00m，充填物最大厚度大于 10m，平均厚度为 8m，成 25°左右的斜坡向下游侧抬升，方向与岩层走向基本

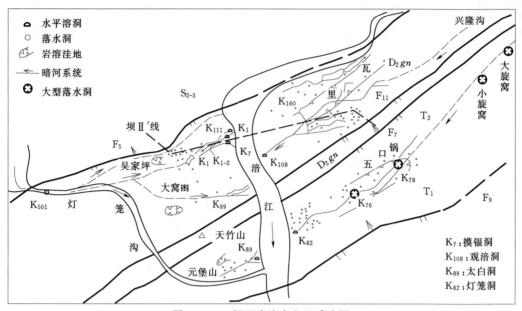

图 9.3-1　坝区岩溶水文地质略图

一致。

　　由于 K_{111} 溶蚀大厅正好处于坝基下部，埋深较浅，恶化了坝基的受力特性，当大坝及水荷载施加后，溶洞顶板可能产生坍塌，洞室围岩的稳定性得不到保证。在大坝运行中，将产生较大的位移量，在大坝的坝踵和坝体内可能产生应力集中。K_{111} 溶蚀大厅斜穿坝基，并与下游 9 号溶蚀带相连，形成了较大的渗漏通道。为了坝基的稳定及防渗帷幕的安全，必须对 K_{111} 溶蚀大厅进行处理。

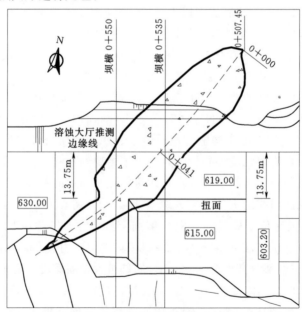

图 9.3-2　溶蚀大厅平面分布图

9.3.1.2　溶蚀大厅与坝基的关系

溶蚀大厅桩号 0+000～0+041m 段，位于坝Ⅱ'线上游，净空间高度 15～20m，洞顶以上至坝基上游的边坡面岩体厚度 11～14m。在 0+041～0+085m 段，位于 24 号坝段 619～615m 平台以下，洞顶高程 608.00～613.00m，洞顶以上至 24 号坝段 619m 平台的岩体厚度仅为 6～11m。详见溶蚀大厅平面分布图 9.3-2 和坝段剖面图 9.3-3。

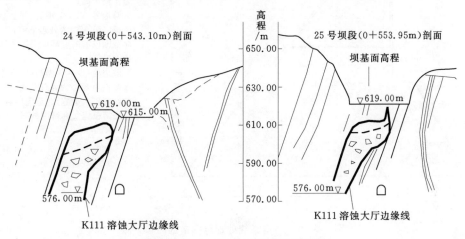

图 9.3-3　24 号和 25 号坝段剖面图

9.3.1.3　溶蚀大厅对坝基稳定影响数值分析

以 K_{111} 溶洞大厅与大坝为主要研究对象，建立洞室、坝基、大坝的三维数值模型，采用有限元分析溶洞对大坝稳定性的影响，直接回填混凝土对大坝的影响，回填不同标号的混凝土对大坝的影响，沿着大厅轴线方向不同处理范围对大坝的影响，以此提出合理的处理方案。为了获得溶洞对坝基坝体影响规律及影响机理，在数值模拟中采用均质线弹性本构模型进行模拟。

研究过程中，对坝基岩溶处理范围进行了专门研究，并提出了原则性的坝基岩溶处理范围（图 9.3-4），对其他工程有指导意见。

数值研究成果表明：

（1）对坝基不作任何处理，溶洞对坝体应力位移影响很大，在溶洞的上方出现了较大的应力集中段，并且在坝基溶洞的顶部及上游边墙处产生较大的拉应力集中现象，这些都危及到了大坝安全稳定和防渗帷幕的可靠性，进行溶洞的加固处理是必要的。

（2）无论采用何种方式对坝基下溶洞进行加固处理，都将对坝体及坝基的应力位移状况有所改善。

（3）采取在溶洞充填物上直接将洞室内的空洞回填方案虽然对坝基、坝体的受力状况有所改善，但是，处理的坝基、坝体受力状况改善不多，洞周拉应力区变化不大，洞周应力集中没有得到根本改善，坝基受力状况复杂。采用这种方式处理后，在坝基内还存在较厚的软弱层，则坝基防渗帷幕可靠性得不到保证。所以采用不清挖而直接回填的方案是欠妥的。

（4）对回填混凝土强度的影响研究表明，无论采用何种标号的混凝土进行全面回填，都将有效地改善坝基及坝体的受力状况，回填 C10 混凝土就能够消除溶洞对坝基坝体的

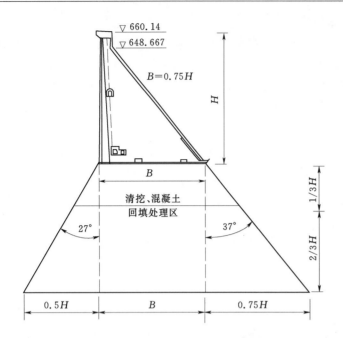

说明：
1. 深度：坝基以下处理深度
   为 1 倍坝高；
2. 上游边界：以 1/2 坝高（即上游
   坝踵夹角 27°）为处理范围，
   此范围以前的岩溶应采用通气、
   排水措施。
3. 下游边界：以 3/4 坝高（即下游
   坝趾夹角 37°）为处理范围，
   并设置排水措施，此范围以后
   的岩溶根据实际情况处理。

图 9.3-4 岩溶系统处理范围横剖面示意图

影响，但综合考虑防渗的要求，采用 C15 混凝土较为合适。

（5）对溶洞处理范围影响研究表明，处理到 0+50 处效果不明显，随着处理范围的不断加大，到 0+30 时处理范围影响明显，坝基坝体受力状况得到了改善，但是溶洞的影响依然没有完全消除，当处理到 0+25 桩号及以后时，溶洞的影响已经完全消除，坝踵处的受力改善明显。对于溶洞的处理范围可以认为应至少处理到 0+25 桩号，对应于坝纵桩号为从坝轴线起向上游至少处理 16m 才能消除溶洞对坝基坝体及防渗帷幕的影响。

综上所述，溶洞对坝基坝体的受力及稳定性是不利的，必须进行处理，从坝轴线起向上游至少处理 16m 才能消除溶洞对坝基坝体及防渗帷幕的影响，回填混凝土标号选用 C15 是合适的。

9.3.1.4 溶蚀大厅处理及监测反馈

最终设计以数值分析成果为基础，制定了针对性的处理方案，对坝基 K_{111} 溶蚀大厅进行系统处理。处理方案主要如下：从洞里分段开挖，回填混凝土后，再进行下一段的清挖，分段长度为 5m，处理范围从坝轴线起向上游处理 16m，回填混凝土标号为 C15。

具体处理过程：在 2007 年 3 月前主要对上部的围岩进行锚喷加固施工，3 月至 5 月进行第一次大面积的清挖施工，清挖到原推测高程后发现充填物厚度较大，随后进行了地质补勘，并对施工方案进行了咨询，7 月后进行大规模主要洞段的清挖施工。洞室处理施工方法采用从尾部向洞口分段清挖回填，在向下部清挖的过程中，及时对上下游围岩进行支护，清挖到基岩后回填 C15 混凝土。施工过程中，对洞室围岩稳定进行了系统的监测。监测表明，清挖洞内充填物对围岩的影响较小，施工过程中重点应关注洞室围岩的局部稳定问题。

大坝建成后，监测表明，溶蚀大厅上部坝体及坝基运行正常。

9.3.2　心墙坝右坝肩大型溶洞处理工程实例——隘口水库

9.3.2.1　工程概况

隘口水库位于重庆市秀山土家族苗族自治县隘口镇，大坝位于岑龙河与凉桥河汇合口下游 50m 处的平江河上。正常蓄水位 544.45m，死水位 505.15m，总库容 3580 万 m^3，属Ⅲ等中型工程。枢纽由大坝、左岸坝肩溢洪道和右岸岸边斜卧式取水塔组成，大坝为碾压式沥青混凝土心墙堆石坝，坝顶高程 549.20m，最大坝高 86.20m。

坝址区地层主要为寒武系上统后坝组（$\epsilon_3 h$）和奥陶系下统桐梓组（$O_1 t$），以灰岩、白云岩为主，局部夹页岩。岩层走向 N50°～80°E/NW∠28°～35°，由于坝址区地质构造位于钟灵复式背斜与平阳盖向斜交接部位，地层受构造运动破坏大，结构面发育，与右岸溶洞群相关的断层主要有 F_2、f_4、F_{13}。F_2 断层位于坝址右岸，出露线距坝肩平距 300～400m，在高程 490.00m 处，距右岸边仅 210m，产状 N7°～65°E/NW∠50°～70°，破碎带由角砾岩、碎裂岩组成，最宽一般 5m，断续溶蚀宽 0.7m，并发育小溶洞，对右岸坝肩岩溶发育及防渗条件有重要影响。F_{13} 断层出露在右岸坝肩，产状 N52°～95°E/SE∠49°～65°，破碎带为角砾岩及碎裂岩，宽 1～5m，局部 10m，地表多溶蚀成 3～5cm 宽缝或约 1m 左右的溶槽，沿断层带及上盘 $\epsilon_3 m$ 灰岩中发育直径 1～2m 小溶洞达 17 个以上，上盘岩层局部反倾上游，倾角变缓，F_{13} 对右坝肩的岩溶发育，绕坝渗漏及坝肩的稳定有重要的影响。f_4 断层出露右岸，N87°W/NE∠21°，缓切层，可见数条近平行断面，断层带特征以花斑状断层岩、碎裂岩为主，少量角砾岩，断层带厚一般 5～10m，沿断层带地表溶蚀成小溶洞。

9.3.2.2　右坝肩 K_6 溶洞

K_6 溶洞发育在右坝肩，从坝顶贯穿至坝基以下高程 456.27m，溶洞在坝顶高程为溶沟、溶槽、小溶洞，夹强烈溶蚀岩体，充填钙华、黏土，其中黏土呈黄色，可塑—软塑状。在右岸中层灌浆平洞位于桩号右中 K0+040，为空洞，呈宽缝状，宽约 1.0～1.5m，贯穿整个灌浆平洞，无充填，洞壁附钙华。在右岸下层灌浆平洞位于桩号右下 K0+062.72～K0+081，充填黏土、溶蚀残留岩体，砂卵砾石，其中黏土呈黄色，可塑—软塑状，溶蚀残留岩体体积巨大（块径 1～3m），开挖过程中发生过多次坍塌，卵、砾石磨圆度、磨光度好，直径一般小于 5cm，成分与河床一致，通过钻探，右下平洞充填物厚 6～9m。通过地表调查，K_6 溶洞与下游原 3 号施工支洞口的溶槽存在联系，与上游 Kw_{12} 岩溶系统也存在联系，为一贯穿上下游的岩溶系统。可见，K_6 溶洞由坝顶到河床、由上游至下游贯穿右坝肩，形成一个分离面，施工过程中，右岸贴坡混凝土、右中灌浆平洞衬砌混凝土上的裂纹均与溶洞系统有关。如右坝肩 K_6 溶洞处理平面图 9.3-5 及处理剖面图 9.3-6 所示，K_6 溶洞切割整个右岸坝肩，对大坝的压缩变形及渗流稳定影响极大，为改善右岸坝肩的应力状态，减少右岸坝肩的位移，需对右坝肩 K_6 溶洞进行处理。

9.3.2.3　K_6 溶洞处理方案

根据对 K_6 溶洞处理前后的数值分析成果，最终制定的 K_6 溶洞处理方案为：高程 485.52m 以下，地表钻孔至完整基岩内不小于 3m，通过钻孔灌注 C20 自密实混凝土，在自密实混凝土无法到达的部位采用 M20 自密实砂浆充填，灌注完毕后，采用 C20 自密实

图 9.3-5 右坝肩 K₆ 溶洞处理平面图

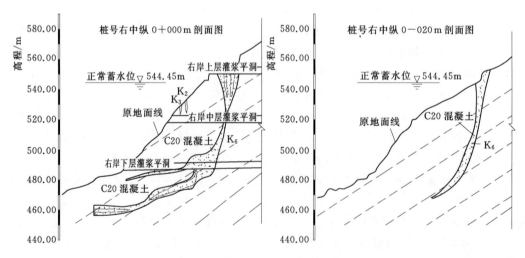

图 9.3-6 右坝肩 K₆ 溶洞处理剖面图

混凝土封孔；高程 485.52m 以上，对坝轴线上下游各 30m 范围内的溶蚀充填物或强烈溶蚀岩体进行追踪清挖，回填 C20 堆石混凝土、自密实混凝土或 M20 自密实砂浆，然后对追踪平洞和 K₆ 溶洞至岸坡地带坝肩各高程灌浆平洞进行回填及固结灌浆处理。

9.3.3 大坝拱座压缩变形稳定处理工程实例——大花水水电站

9.3.3.1 工程概况

大花水水电站位于贵州省中部开阳县与福泉市交界的清水河干流上，正常蓄水位高程 868.00m，死水位高程 845.00m，正常蓄水位高程时相应库容 2.765 亿 m³，为不完全年调节水库，装机容量 200MW。主要建筑物为碾压混凝土双曲拱坝（坝高 134.5m，坝身中孔及表孔泄洪）、左岸重力墩及坝式进水口、左岸引水隧洞（至调压井长约 5.37km）、调压井及压力管道、左岸地面厂房。

坝址处为不对称 U 形走向谷（图 9.3-7），高程 820.00m 以下河谷狭窄，宽仅 70m 左右，左岸高程 820.00m 以上为宽缓的古河床，右岸高程 900.00m 以上为岩质顺向坡，以下为近直立的陡壁，岩层倾左岸偏上游。与坝基有关的主要地层包括：二叠系吴家坪第三段（P_2w^3）薄层至厚层硅质岩与泥岩、炭质页岩互层，夹少量薄层粉砂岩与中厚层、厚层燧石结核灰岩和煤层，厚 169.49m；二叠系吴家坪第二段（P_2w^2）薄层至中厚层块状含燧石结核或燧石条带灰岩夹 8 小层灰绿色页岩及炭质页岩，厚 134.11m；二叠系吴家坪第一段（P_2w^1）粉砂质泥岩及炭质页岩夹少量硅质岩，厚 27m，底为一层厚约 0.5m 的劣质煤；二叠系栖霞茅口组（P_1q+m）中厚层、厚层灰岩，厚 150m。

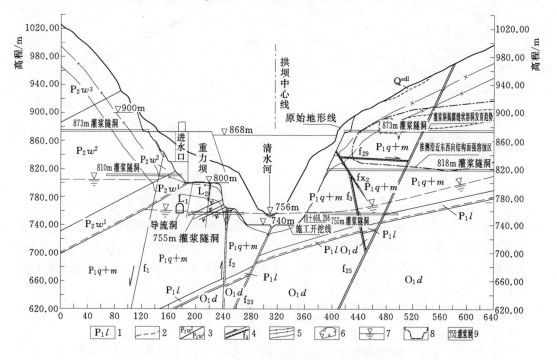

图 9.3-7 大花水水电站大坝轴线剖面示意图

1—地层代号；2—覆盖层与基岩分界线；3—地层分界线；4—断层破碎带及编号；5—推测强、弱、微风化下限；6—投影溶洞；7—推测地下水位线；8—设计大坝开挖线；9—投影各高程灌浆洞

大坝两岸拱端推力影响范围内左岸有 L_2 裂隙及 f_2 小断层、右岸有 f_3、fx_2 断层等溶蚀结构面（图 9.3-8）。现分述如下：①f_3 断层产状 N55°~80°W/NE∠70°~85°，破碎带宽度 0.5~1.2m，断层面弯曲起伏，擦痕明显，水平错距约 2m，破碎带多被溶蚀成可塑

至软塑状黏黄色黏土及灰岩块碎石，黏土约占 50％。②f_{x2} 断层产状 N35°～40°W/NE∠60°～65°，破碎带宽度 0.02～1.5m。断层面起伏，起伏差 1～5cm，破碎带宽 2～150cm，局部呈透镜状，破碎带物质成分为灰岩岩块、岩屑及少量泥质（10％），胶结较好。③f_2 断层位于左拱端附近，产状为 N75°～90°E/NW∠70°～85°，为压扭性，破碎带宽 1.00～2.00m，为方解石胶结的灰岩块碎石，溶蚀较严重，局部溶蚀扩宽 1～2m，充填黄色黏土，断层影响带宽 2～3m。

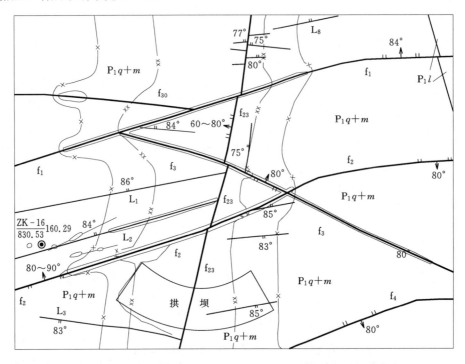

图 9.3-8　大花水水电站 750m 高程拱端压缩变形模式分析示意图

综上，大花水水电站坝址区地形先天不足，为走向谷，岩性软硬相间且近顺河向，结构面（小断层及长大裂隙）密集发育，左、右岸沿垂直河向结构面岩溶极为发育，且为地下水良好的排泄通道，左岸古河床部位受地下水渗流及河流下切过程中地表水淋滤影响，岩溶也极为发育。左右岸拱座范围内发育的溶蚀性裂隙或小断层对两岸拱座压缩变形稳定影响较大，经设计计算，需进行处理。

9.3.3.2　左岸溶蚀性结构面处理措施及评价

1. 处理措施

对 f_2 断层在左拱肩槽出露部分全部开挖清除，C20 混凝土置换处理，高程 755.00～800.00m，沿清挖面布置Φ25@300×300cm 锚杆，长度 4.5m，和 5m 深固结灌浆，间距 3.0m 与锚杆错开；下游侧边坡布置Φ28@300×300cm 锚杆，长度 9m；在高程 755.00m 基础面布置高压深孔固结灌浆，间距 3.0m，深度 15m，最大压力 3.0MPa。

下游侧在高程 750.00m 沿 f_2 断层走向跟踪扩挖清除，扩挖断面为 6.0m×5.0m 城门洞形，处理洞长 31m，洞身段边墙及顶拱只进行喷锚支护，挂网喷混凝土 10cm，锚杆采

用 $\Phi 22$，$L=3.0\mathrm{m}$，排距 1.5m，梅花形布置，底板混凝土厚 40cm；在底板和掌子面布置高压深孔固结灌浆，孔距 2.0m，呈弧射状，孔深 10m，最大压力 3.0MPa。高压固结灌浆完成后采取 C20 微膨胀混凝土回填密实，并预埋灌浆管对顶拱进行回填灌浆。

对 L_2 裂隙在重力坝建基面上，沿 L_2 裂隙走向形成小型溶洞或溶蚀夹泥清挖回填 C20 混凝土，并布置一排高压深孔固结灌浆，孔深 45m，孔距 3.0m，最大灌浆压力 3.0MPa。

拱肩槽在高程 755.00m 基础面的高压深孔固结灌浆，由于工期原因未进行，改为后期在高程 755.00m 灌浆廊道内进行，呈弧射状布置。

2. 处理效果评价

为了分析评价左岸距拱端较近的断层及裂隙经固结灌浆等处理后坝肩基础压缩变形及大坝应力状况，进行了相关计算分析。

在计算中主要以对坝基岩体稳定较不利的工况（温升＋校核水位）进行分析评价。计算结果表明，在处理前左岸岩体点安全系数较低的点主要位于左岸下游侧，且重力坝点安全系数也不大。这主要是由于此部位岩体力学指标较低的断层及裂隙，对坐落在其上的重力坝构成一定的安全隐患。计算结果显示，重力坝下高程 810.00～790.00m 靠近断层及裂隙处安全系数分布较低，以高程 797.00m 为例，重力坝一半以上区域点安全系数仅为 1.0～1.1，安全度不高，可见，为了提高基础左岸岩体压缩变形有必要对 f_2 断层、L_2 裂隙进行处理。

加固后断层及裂隙的力学性能得到一定的提高（假定断层及裂隙变形模量提高至 0.2GPa）。计算结果显示，岩体和重力坝的点安全系数较加固前有了较大程度的提高。以重力坝下高程 797.00m 为例，重力坝范围以下基岩点安全系数均在 1.9～2.0 以上，安全度有了较大的提高。处理后，2008 年开始蓄水，长期运行监测表明，左坝肩稳定安全系数满足规范要求。

9.3.3.3　右岸溶蚀性结构面处理措施及评价

1. 处理措施

为了减小右坝肩 f_3 断层及施工期揭露的 fx_2 断层对右拱端基础压缩变形影响，确保大坝稳定安全，在拱端下游坝肩应力范围内对 f_3 和 fx_2 断层采取高压固结灌浆处理。

在不同高程 755.00m、780.00m、818.00m 沿断层走向追踪扩挖清除，扩挖断面为 $5.0\mathrm{m}\times6.0\mathrm{m}$ 城门洞形，为确保高压深孔固结灌浆质量和施工安全，对扩挖断面进行全断面钢筋混衬砌，衬厚 0.4m，同时沿隧洞周边进行固结灌浆，每断面布置 8 孔，孔深 5m，环距 3.0m，压力 0.5～1.0MPa。

并沿断层破碎带上、下分别布置 2～3 排高压深孔固结灌浆孔，孔深 15～30m 不等，孔距 2.0m，最大压力 3.0MPa。高压固结灌浆完成后采取 C20 混凝土回填。其中，①f_3 断层处理长度，高程 755.00m 为 97m、高程 780.00m 为 130m、高程 818.00m 为 44m；②fx_2 断层处理长度，高程 780.00m 为 130m、高程 818.00m 为 88.5m。

2. 处理效果评价

分析计算中主要以对坝基岩体稳定较不利的工况（温升＋校核水位）进行分析评价。计算结果表明，在处理前右岸点安全系数较低的点主要位于右坝肩与断层相交附近，且由于受到拱端推力影响，右坝肩从高程 820.00m 到高程 770.00m f_3 断层点安全系数较低，仅为 1.0

～1.2 之间，高程 770.00m 以下由于 f_3 断层距拱端较远，因此点安全系数有所升高。可见，为了提高基础右岸压缩变形稳定此高程范围内断层 f_3 断层和 f_{x2} 断层有必要进行处理。

进行加固后，断层和右坝肩开挖下游侧岩体的点安全系数有了一定程度的提高。在高程 830.00m 以下，右坝肩附近岩体已没有明显的危险区，安全系数较低的区域已转移到深层 P_1L 和 O_1d 岩体，对坝肩的影响不大。对右坝肩附近断层处理以后，岩体点安全系数显著提高，有利于增强右岸坝肩岩体稳定性。处理后，2008 年开始蓄水，长期运行监测表明，右坝肩稳定安全系数满足规范要求。

9.3.4 坝基抗滑稳定处理工程实例——沙沱水电站

9.3.4.1 工程概况

乌江沙沱水电站坝址区出露奥陶系下统红花园组（O_1h）和桐梓组（O_1t）地层，以中厚层灰岩、白云质灰岩为主。铅厂背斜轴位于左岸，从左坝头斜穿而过，大坝等建筑物处于其东翼，背斜轴向 N30°E，轴面近直立，呈宽缓背斜。西翼产状 N15°E/NW∠11°～14°，东翼产状左岸坝肩地层产状 N3°E/SE∠13°，右岸 N15°E/SE∠23°，左岸略缓于右岸，下游较上游陡，从背斜轴部至两翼地层产状渐陡，总体倾下游偏右岸。坝址区地层中除分布 6 层主要的软弱岩性夹层外，受溶蚀风化影响，尚发育较多的次生软弱夹层，其工程性质较差。

9.3.4.2 溶蚀风化结构面分布及性状

2009 年 1 月 21 日，沙沱水电站 5 号厂房坝段上游齿槽基坑开挖至设计高程 280.00m，在齿槽右侧发现 fx1 缓倾角断层，在齿槽左侧发现 Jr1 黄色蚀变小夹层，之后在坝基设计高程 283.00m 发现 Jr3 黄色蚀变泥化小夹层，开挖揭露的缓倾角结构面构成厂房坝段深层滑动的底滑面，对大坝稳定极为不利。为此，施工图阶段进一步补充了钻孔、孔内录像及现场抗剪断强度试验等勘探工作，全面查明了坝基岩体内溶蚀风化夹泥的分布、连续性及抗剪（断）强度，明确了厂房坝段抗滑稳定分析的边界条件，为抗滑稳定分析及处理方案制定提供了翔实的地质资料。5 号坝段溶蚀次生风化夹泥层或小断层分布见图 9.3-9。

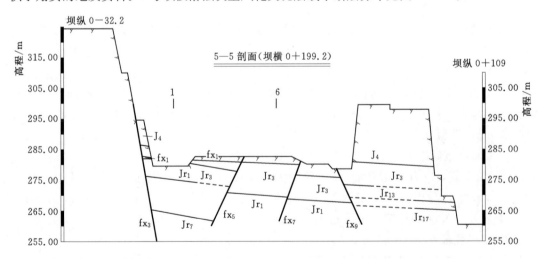

图 9.3-9　沙沱水电站 5 号厂房坝段地质剖面示意图

根据施工期补勘成果，各结构面性状及力学参数建议值如下：

（1）fx$_1$缓倾角断层产状 N65°E/NW∠17°，断层破碎带宽 10～50cm，风化溶蚀较为严重，开挖揭示充填石渣夹黄泥，冲洗后呈空缝状，在上游边坡脚可见深度 0.5～1.0m。强度参数为，$f'=0.30$，$c'=0.03$MPa。

（2）Jr$_1$黄色溶蚀风化小夹层，厚 1～1.5cm，钙质泥岩薄片夹炭质泥岩，局部有黄色蚀变膜，面起伏粗糙，产状 SN/E∠17°。强度参数为，$f'=0.45$，$c'=0.12$MPa。

（3）Jr$_3$黄色溶蚀风化小夹层，厚 2～4cm，钙质泥岩薄片夹黄色黏泥，开挖面冲洗后呈黄色稀泥夹岩屑、岩块，面稍有起伏较粗糙，产状 N7°～8°E/SE∠16°～17°。强度参数为，$f'=0.35$，$c'=0.05$MPa。

（4）高程 275.00m 以下，岩体新鲜，基本未受溶蚀影响，Jr$_1$、Jr$_3$结构面保持原生状态，其强度参数为 $f'=0.45$，$c'=0.15$MPa，随机夹层 Jr$_5$、Jr$_7$强度参数亦取该值。

（5）Jr$_{13}$厚 1.5～3.0cm，充填灰黄色、灰黑色钙质泥岩，大部分呈次生黄色黏土物，局部见泥化和空缝状（沿之有渗水），在其顶部溶蚀较为发育（开挖变坡面上有两股泉水出露，流量 1～3L/s）。产状：N30°W/NE∠8°。向右岸性状变好，坝横 0+211.7m 以右为灰黑色钙质泥岩，厚 0.5～1.0cm。建议强度参数，坝横 0+211.7m 至左岸 $f'=0.35$，$c'=0.05$MPa，坝横 0+211.7m 至右岸 $f'=0.45$，$c'=0.15$MPa。

（6）Jr$_{15}$厚 0.5～1.5cm，充填灰灰黑色钙质泥岩薄片、岩屑，局部见泥化物或空缝状并伴有少量渗水，夹层呈水平状，向两侧延伸呈闭合层面。建议强度参数：$f'=0.45$，$c'=0.15$MPa。

（7）Jr$_{17}$厚 0.5～2.5cm，充填灰黑色炭质泥岩、钙质泥岩薄片、岩屑及次生黏土，局部见空缝，产状：N22°W/NE∠11°。建议强度参数：$f'=0.45$，$c'=0.10$MPa。

（8）Jr 19厚 1.5～3.0cm，充填灰黄色、灰黑色钙质泥岩，局部次生为灰黄色黏土夹碎石、岩屑。建议强度参数：$f'=0.40$，$c'=0.08$MPa。

9.3.4.3 处理措施

综上，厂房坝段受铅厂背斜影响，岩层缓倾下游偏右岸，坝基岩层中分布有一系列溶蚀性软弱夹层，对坝基抗滑稳定影响极大，需采取针对性处理措施。

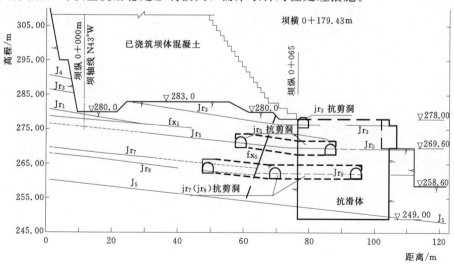

图 9.3-10 沙沱水电站 5 号厂房坝段抗滑稳定处理代表性剖面图

经多方案比较，最终采用"抗滑体＋抗剪洞"的综合处理方案。如图 9.3－10 所示，抗滑体垂直水流向宽至少 10m，顺水流向长度至少 27m，深度至高程 250.60m 以下。抗剪洞布置 3 层：jr_3 夹层靠坝建基面较近，且性态相对较差，为提高安全储备在抗滑体垂直水流向两侧增加 1 层抗剪洞；jr_1 夹层连通性不好，采用抗滑体基本上可以满足抗滑要求，不设抗剪洞，后期根据开挖揭露实际地质条件进行动态调整；jr_5 夹层和 jr_7 夹层为全连通，在设抗滑体的同时增加对应的抗剪洞。沙沱水电站于 2012 年下闸蓄水，监测表明，大坝一直安全运行。

第10章　工程岩溶环境地质问题

岩溶地区的地表、地下水文系统具有不同于非岩溶地区的特殊性，岩溶地质环境内广泛发育岩溶管道水系统，且岩溶管道水系统多以当地地表河、湖为排泄基准，致使岩溶多重介质环境内岩溶水文过程分为地表与地下两大部分，并表现为地下水文网发育，而地表水缺乏。地表和地下的双层水文结构使岩溶地区的降水通过落水洞等入渗补给给地下水，地表水与地下水的关系在岩溶区十分密切，交互迅速。因此，岩溶地区受特殊的地质、水文、气候等自然因子的影响，形成结构相对脆弱的岩溶地质环境，其环境容量低，敏感度高，抗干扰能力弱，恢复能力差，工程建设使得岩溶地质环境易遭受严重破坏，并引发出一系列工程环境地质问题。如水利水电工程开发中的水库诱发地震、隧洞塌方冒顶与地表泉水干涸，以及工业及城市建设过程中的地面塌陷、地面沉降、地下水污染、井泉干涸或改道等。随着人类工程建设的加快，在敏感、脆弱的岩溶地质环境中进行水电、工业、城市等建设，将面临更多、更复杂的岩溶环境地质问题，需引起高度重视。

10.1　水利水电工程岩溶环境地质问题

岩溶地区兴建水利水电工程，通常存在水库诱发地震、水库岩溶内涝、隧洞岩溶涌水与地表井泉干涸、隧洞岩溶塌方冒顶等岩溶环境地质问题。

10.1.1　岩溶水库诱发地震

国内外已有若干水利水电工程诱发过水库地震，其震级已超过当地历史记载和仪测的最大震级，并造成大坝严重损坏和人员财产损失。1929 年 10 月希腊的马拉松水库建成蓄水并伴有地震发生，这一现象引起了人们的注意。1945 年美国 D. S Carder 首先提出诱发地震问题，并认为 1939 年的美国米德湖水库 4.6 级地震与水库的建设有关。20 世纪 50 年代末与 60 年代初，世界上发生了赞比亚—津巴布韦边界卡里巴（Kariba）、中国新丰江、印度柯依那（Kayna）和希腊的克里马（Kremasta）4 次 6 级以上水库诱发地震，造成严重的破坏，人们才开始系统研究水库地震。

岩溶水库诱发地震除具一般水库诱发地震的特点外，由于岩溶发育，其水库诱发地震的机理、特点等有别于一般水库诱发地震，对岩溶水库诱发地震的分析预测不仅要考虑地质、构造与地震背景，还要考虑岩溶条件。

2000年以后，处于岩溶地区的贵州乌江、北盘江干流乘"西电东送"的东风，大规模地进行水电开发，先后建成了洪家渡、索风营、光照、董箐等一大批高坝大库。鉴于前期国内外水库诱发地震问题频发的现象，贵阳院在前期勘察工作中，即对水库可能发生的诱发地震问题进行了预测评价，并于水库蓄水发电前，推动业主建立了系统的地震监测台网。目前，贵州境内的北盘江、乌江流域均已系统地开展了水库地震的监测工作，获得了大量丰富的水库地震监测数据，尤其是北盘江流域的光照、董箐等水电站，水库地震监测资料甚为丰富。据此对前期的预测成果进行复核，验证水库诱发震分析理论的合理性，为国内岩溶地区水库诱发地震的预测预报提供参考。

10.1.1.1 岩溶水库诱发地震特征

1. 水库诱发地震概况

据统计，全世界有30多个国家，110座水库诱发过地震活动，其中震级 $M_s > 6.0$ 的有4例，$6.0 > M_s \geqslant 5.0$ 的有15例，$4.9 \geqslant M_s \geqslant 3.0$ 的有49例，$M_s < 3.0$ 的有42例，据马文涛等对全球水库诱发地震震例统计成果，岩溶水库发震概率占67.1%。我国已建300多座大型水库中，岩溶水库诱发地震有20余例（表10.1-1），岩溶水库诱发地震中，丹江口、大化、龙滩、三峡、光照及董箐水库的震级分别为4.7、4.5、4.5、4.1和4.0级，其他岩溶水库地震震级均小于4.0级。

表 10.1-1　　　　　　　　国内部分岩溶水库诱发地震震例

水库	位置	坝高/m	库容/亿 m³	蓄水时间	发震时间	最大震级	震中烈度	地震活动背景	库盆岩性
丹江口	湖北	97	160	1967年11月	1970年1月	4.7	Ⅶ	弱震区	灰岩
前进	湖北	50	0.2	1970年5月	1971年10月	3.0	Ⅵ	无震区	灰岩
南水	广东	81.5	10.5	1969年2月	1970年1月	3.0	Ⅴ	无震区	灰岩
黄石	湖南	40	6.1	1967年12月	1973年5月	2.3	Ⅴ	无震区	灰岩
邓家桥	湖北	12	0.04	1979年12月	1980年8月	2.2	Ⅴ	无震区	灰岩
乌江渡	贵州	165	21	1979年11月	1980年4月	3.5	Ⅵ	无震区	灰岩
大化	广西	74.5	4.2	1982年2月	1982年6月	4.5	Ⅶ	弱震区	灰岩
东江	湖南	157	81	1986年8月	1987年11月	2.3	Ⅴ	无震区	灰岩
鲁布革	云南	103	1.1	1988年11月	1988年11月	3.1	Ⅵ	弱震区	灰岩
岩滩	广西	110	24	1992年3月	1992年3月	2.6	Ⅴ	无震区	灰岩
铜街子	四川	82	2	1992年4月	1992年4月	2.9		弱震区	灰岩
隔河岩	湖北	151	34	1993年4月	1993年4月	2.6	Ⅴ	弱震区	灰岩
东风	贵州	162	8.6	1994年4月	1995年3月	2.5		无震区	灰岩
渔洞	云南	87	3.64	1997年6月	1997年7月	2.5	Ⅴ	弱震区	灰岩
龙滩	广西	192	162.1	2006年9月	2007年7月	4.5	Ⅵ	中强震区	灰岩为主
三峡	湖北	185	393	2003年6月	2003年6月	4.1		弱震区	灰岩为主
江口	重庆	142	5.03	2002年12月	2003年1月	3.5	Ⅵ	弱震区	灰岩
光照	贵州	200.5	32.45	2007年12月	2008年4月	4.0		弱震区	灰岩
董箐	贵州	150	9.55	2009年8月	2010年3月	4.0	Ⅵ	弱震区	灰岩

乌江渡水库为乌江干流梯级电站水库之一，正常蓄水位 760.00m，坝高 165m，库容 21.4 亿 m³。水库于 1979 年 11 月开始蓄水，次年 6 月发生地震。据云南省地震局姜朝松等介绍，自 1979 年 11 月 20 日乌江渡水库开始蓄水至 1980 年 3 月水位达到 705.00m 的这段时间，在距坝址上游约 20km 的肯池、冬阳一带发生 3 次有感地震。1980 年 6 月 16—18 日，乌江上游暴雨，库水急骤上涨到 718.48m，6 月 18 日 11 时 21 分在距大坝 38km 的焦家坪、下坝、前坡等处居民听到地声，并感到地震。6 月 19 日 8 时，水位达到 730.82m，当地居民感到地震 20 余次，房屋掉瓦、器皿落地并伴有闷雷声，花溪地震台记录到 14 次地震，最大震级为 M_L 2.0 级。6 月 21 日水位开始下降，6 月 29 日水位下降到 715.00m 以下，地震活动逐渐平息。1980 年 7—12 月，库水位降至 700.00m 以下。此间地震频度大为减少，花溪地震台记录到 4 次微震。1981 年 10 月初水库第二期蓄水，水位回升到 734.00m，地震活动频度同步加大。至 1981 年底，九庄地震台共记录到 175 次地震。从 1981 年 10 月至 1984 年 4 月，九庄地震台共记录有 626 次微震。

鲁布革水库位于云南省罗平县南盘江支流黄泥河下游河段上，坝高 103m，为黏土心墙坝，库容 1.1 亿 m³，总装机容量 60 万 kW，库长约 23km，为引水式水电站，引水隧洞长 8420m，库区基本烈度为Ⅵ度，于 1988 年 11 月开始蓄水。蓄水前，鲁布革地震台基本上在 10km 范围内没有记录地震。但自 1988 年 11 月 21 日开始蓄水，11 月 25 日水位抬升 26m 时，在灰岩分布的峡谷出口一带，开始发生有感地震。到次年 3 月鲁布革地震台共记录到 210 次水库地震，最高震级 M_L 3.1 级，震中烈度达Ⅵ度。

2. 水库诱发地震特征

水库地震的震源深度较浅，一般不大于 5km，与相同条件的天然地震相比，其地面运动的峰值加速度大、衰减快、频率高、地震动持续时间较短。由于震源浅，所以造成的破坏较强，烈度偏高。地震类型为前震—主震—余震型或震群型，地震活动 B 值一般大于 1.0。水库地震的频度随库水位的升高而增加，主震往往发生在最高库水位（尤其是第一次最高水位）时期，震中的空间分布上主要在库区范围内，一般距水库水域线距小于 20km。

根据国内外多年研究成果，可将水库诱发地震归纳为五大特征：

（1）时间特征。诱发地震的产生和活动性与水库蓄水密切相关。水库诱发地震初次发震时间 70% 左右发生在蓄水后一年内，主震发生的时间距初震一至数月的比例较高。一般的规律是水位上升伴随地震活动性增加，水位下降则地震活动性减弱，也有个别水位与地震活动性负相关的例子，蓄水后排空反而出现了诱发地震。按水库蓄水和地震活动性的时间差还可以从另一个角度将其分为"快速响应"型和"滞后响应"型两种类型。

（2）空间特征。水库地震的震中大多分布在水库及其附近，特别是大坝附近的深水库区容易诱发较大的地震。水库诱发的地震一般距水域线不超过十几千米，且相对密集在一定的范围之内。水库诱发地震的震源深度一般很浅，多数在数百米至数千米范围内，很少有超过 10km 的例子。

（3）强度特征。多数水库诱发地震的最高震级一般不超过 3 级，超过 4 级者较少。据资料统计世界上诱发了 5 级以上中强震的水库约有 20 余例，而诱发 6 级以上强震的水库只有 4 例。水库地震的震中烈度一般约Ⅴ度，3 级以上诱发地震震中烈度达Ⅵ度的例子亦不少。

（4）活动特征。水库诱发地震有前震-主震-余震型和震群型两大类，且以具有快速响应特征的震群型居多。表征水库地震的震级—频度关系的 B 值较同样震级的天然构造地震的 B 值偏高。构造型水库诱发地震的活动持续时间长，余震频繁，衰减慢且强度亦高。

（5）波谱特征。水库地震的高频能量丰富，多数伴有可闻声波。国外有观测到优势频谱为 $70 \sim 80 Hz$ 甚至更高的报道。

岩溶水库地震除具一般水库地震的特征外，由于发育的岩溶是水库诱震的有利条件，与岩溶有关的水库地震还具有两个显著的特点。

（1）发震地段与岩溶有关系。水库岩溶地震受岩溶发育情况控制，主震或震中密集区分布于岩溶发育区、带。如乌江渡水库地震不是发生在近坝库段，而是产生于距坝址上游约 $20km$ 的肯池、冬阳和 $38km$ 的焦家坪、下坝、前坡等库段。

（2）诱震速度快。库水淹没或渗入岩溶发育地段后，即产生诱发地震活动。如鲁布革水库地震，水库 1988 年 11 月 21 日蓄水，11 月 25 日水位仅抬升 26m，即出现水库诱发地震。

10.1.1.2 岩溶水库诱发地震机理

对水库诱发地震成因，国内外都进行了广泛的研究，目前已提出了各种假说。在内动力方面，主要有荷载效应说、孔隙水压效应说、结构面软化效应说、应力腐蚀说及热力扩散说；在外动力方面，有重力能释放说、岩溶塌陷和气爆说等。由于影响水库地震的因素十分复杂，要阐明一个具体的水库地震的成因机制，还是比较困难的。就岩溶水库，光耀华将其水库诱发地震分为 3 类：即岩溶型、构造型和重力型。

1. 岩溶型

岩溶型地震为岩溶塌陷和岩溶气爆地震。岩溶洞穴在库水作用下，顶板或不稳定洞体塌陷，可引起浅源地震，称为岩溶塌陷地震或崩落地震。岩溶气爆地震指库水淹没溶洞顶板，封闭洞中气体，库水位不断上升，洞中气体不断被压缩，产生高压，引起岩土体破坏产生地震。岩溶塌陷或气爆型地震震级不大，但频度较高。

2. 构造型

在库水的动力作用下，库水向下渗透，增大了岩体内的孔隙压力，导致断裂面或不连续结构面上的有效应力减少和抗剪强度的降低。当这些面上的剪应力值一旦超过其抗剪强度，便会发生地震。通常运用修正的库仑剪切破裂准则来表示断裂面或不连续结构面的抗剪强度

$$\tau = \tau_0 + \mu(S_n - P)$$

式中：τ_0 为常数；S_n 为断裂面或不连续结构面上的正应力；P 为孔隙压力；μ 为结构面摩擦系数。

从该式可看出，当孔隙压力因水库蓄水而增加时，这些面的抗剪强度就会降低，从而诱发地震。

库水对库区岩体断裂面或不连续结构面的物理和化学作用也可能会降低岩石的抗剪强度，以及诸如软化、溶解、吸附、膨胀、温度差应力、应力腐蚀作用等，促使裂隙扩展与小震的活动。

另外，小震活动本身也会导致断裂端点的应力集中，从而引起较大的地震发生。

3. 重力型

岩溶水库两岸通常为悬崖陡壁，谷底应力集中，岸坡卸荷裂隙发育，当存在不利于边坡稳定的结构面组合时，常形成危岩体或潜在不稳定边坡。水库蓄水抬高水位，岸坡地下水位抬高，岩体受水浸泡，结构面软化，摩擦系数降低，库水位下降，岸坡抬高的地下水向水库排泄，向水库排泄的地下水对岸坡岩体产生向临空面方向的水压力，对岸坡稳定不利。潜在不稳定边坡或危岩体在库水软化和水压力作用下易失稳产生诱发地震，但震级小，属极浅源地震。

10.1.1.3　岩溶水库地震预测与监测

1. 岩溶水库地震预测重点

岩溶地区水库地震预测时，除应对库区地层结构、构造发育特征、一般水文地质条件进行调查外，还需重点调查岩溶发育特征、岩溶水文地质条件。根据岩溶水库诱发地震机理，应重点调查埋藏式可溶岩的分布及其岩溶发育强度，主干断层及断裂交汇带的分布及其与库水的关系，以及岩溶管道的发育特征与封闭特征。如库区岩溶管道虽发育，但若其"开放性"较好，水库蓄水后不能形成封闭的气囊，一般不会发生气爆型地震；但受地下水变化影响，可能会沿暗河或管道沿线浅埋的洼地发生岩溶塌陷性地震。

2. 水库地震监测

与天然地震相比，水库诱发地震虽震级小，但埋深浅，烈度偏高，造成的局部性破坏较严重，这不仅对水库及枢纽建筑、附近城镇居民的安全构成威胁，而且会造成严重的社会影响。如 1967 年印度柯伊纳水库发生 6.5 级地震，最高烈度达到 Ⅷ 度，库区大范围滑坡，造成 177 人死亡、2300 人受伤、26 万人无家可归。

岩溶地区已建成的乌江渡、东风、引子渡、洪家渡、光照、董箐等水电站蓄水伊始，亦即发生了一系列水库地震，其中部分地震造成了危石坠落等事件。

由于水库诱发地震在机制、理论上的不成熟性及预测方面的不确定性，以及岩溶水文地质条件的复杂性，前期勘测工作中，要想准确地进行水库地震预报，难度非常大。水库地震问题仍为全世界范围内广泛而又前沿的研究课题。但若能设置监测台站（网）对水库蓄水后的地震活动情况进行监测，尤其是其所涉及流域的地震活动监测，了解其活动规律及强度，据此开展必要的防灾减灾分析评价及措施应对，对岩溶地区水库的安全运行来说更有意义。目前，贵州地区已由贵阳院建立了乌江流域、北盘江流域水库地震监测台网，可及时了解两流域范围内岩溶水库地震的发震情况。

北盘江流域数字遥测地震台网由光照、马马崖、董箐水库数字遥测地震台网共同组成，台网由分布于水库两岸的 12 个子台和 1 个台网中心组成。

（1）台站结构与台网布设。数字遥测地震台站主要由数据采集单元（含地震计、地震数据采集器、GPS 接收器、台站状态监视单元等设备）、台站供电单元、综合避雷单元、数据传输设备等组成。数字遥测地震台网采用 Adapt 区域数字遥测地震台网系统，该系统由一系列数字化、高精度、高性能和大动态范围的地震仪器、专用和其他设备以及 A-dapt 区域数字地震台网处理软件包等组成。

子台在重点监视区的布局密度按确保台网能监测微震的要求布设，且留有合理的余量，特别将离大坝最近的重点监视区作为布局的重点，子台数量和密度不仅考虑了可定位震级下限，还考虑了定位精度的要求。

子台台址均建在完整基岩上，并满足振动干扰背景小，传输路径条件好，具备一定的交通条件和便于安全维护等条件。

（2）数据采集与分析整理。地震台站数据采集主要采用 TDE－324CI 地震数据采集记录器。TDE－324CI 地震数据采集记录器为三通道 24 位的地动数据采集设备，用于将地震计输出的模拟信号转化成数字信号，经数字滤波后，连同 GPS 输出的时间/位置数据、台站状态监测数据一起存储在大容量 CF 卡中，并分别通过 ADSL 和 CDMA 传输方式实时传送回台网中心。

台网监测过程中，应严密监视库坝区的震情变化及其与库水位变化的相关关系，据《地震速报》、《地震旬报》、《地震月报》编写《震情分析报告》与《地震年报》；当出现重大震情异常变化时，及时提交《震情跟踪报告》或《震情简报》。

当出现地震时，预测评估对大坝和库区环境的可能影响，提出整个监测预测系统应进行的工作、采取的对策措施，包括提出制定或修改完善《×××水电站破坏性地震应急预案》的有关建议。当发生外围强震和水库诱发地震后，除进行震情综合分析与发展趋势预测外，并核算地震动参数的可能变化与影响，提交需要采取的应急措施。

对水库蓄水运行初期库水位上升与消落过程中，地震活动的震情与综合特征（频次、强度和能量释放、时空分布等）及外围强震的影响，进行动态及时跟踪严密监测与相关分析，提出水库诱发地震的辨识判别标志与判据，对 $M_S \geq 2.5$ 级的水库诱发地震，应立即进行震中区的现场宏观调查与专门研究，并视需要增设数字流动台加强观测，提交震情分析报告（包括定期分析简报）与专题报告。如发生重大震情，应立即速报分析与紧急处置，提出应急对策措施的建议。

满足一定的监测周期后编制水库诱发地震监测预测研究工作总结报告，总结库坝区的地震活动性监测与水库诱发地震的监测与预测研究工作，做出初步结论，提出今后监测与预测工作的建议。

10.1.1.4 光照水库诱发地震

光照水电站库区蜿蜒于云贵高原东部的高山峡谷之中。大坝为碾压混凝土重力坝，最大坝高 200.5m，库容 32.45 亿 m^3，装机容量 1040MW。

1. 水库地质环境

（1）地形地貌。光照水库正常蓄水位 745.00m 时，水库西达干流的猴子场，南到支流格所河的包包寨，北止支流月亮河的长寨乡。干流回水长度 69km，主要库盆在茅口，其次是月亮河口，水面面积 50.4km²。北盘江大致以月亮河口为界分为两部分：月亮河口以西北盘江总体流向南东东，支流发育，左岸有古牛河、月亮河，右岸有格所河及格支河；月亮河口以下北盘江流向为南南东，支流少，右岸有新民河及麻布河，左岸有茅口小溪。地形总体上北西高南东低，月亮河口以西高程 2000.00m 台面保存较好，地形相对高差小，一般为 50～100m，最大约 1500m，地貌以溶丘洼地、峰丛洼地为主；月亮河口下游地形切割强烈，地形相对高差一般 50～300m，最大约 1200m，地貌以峰丛洼地、溶丘洼地和侵蚀中高山为主。高程 900.00m 以下沿江地带为峰丛峡谷。由此可见，光照水库是一典型的岩溶峡谷型水库。

根据以上诱发地震的地形地貌条件对比分析，这种典型的峡谷型地形地貌条件有利于水库地震的发生。

（2）岩性。从库区地质构造图可以看出，库区出露第四系及中三叠系中统至石炭系地层，石炭系及泥盆系地层主要在格枝河口上游出露，格支河口下游主要出露二叠系、三叠系地层；其中可溶岩地层主要为二叠系栖霞组、茅口组。总体上，库区主要为可溶岩分布，基岩裸露，碳酸盐岩岩性有利于库水下渗（表 10.1-2），容易诱发水库地震。

表 10.1-2　　　　　　　　　库 区 地 层 岩 性 简 表

界	系	统	组	代号	厚度/m	岩　　性
中生界	三叠系	中统	关岭组	T_2g^3	116～352	白云岩、灰质白云岩、角砾状白云岩
				T_2g^2	140～720	灰岩、泥质灰岩夹泥灰岩、白云质灰岩
				T_2g^1	118～308	泥岩、粉砂岩与白云岩、泥灰岩互层夹角砾状白云岩
		下统	永宁镇组	T_1yn^2	3～216	白云岩、角砾状白云岩，下部夹泥岩
				T_1yn^1	73～695	灰岩
			飞仙关组（夜郎组）	T_1f （T_1y）	286～874 （465～547）	毛口南称飞仙关组，岩性为砂质泥岩、粉砂岩、页岩，底部夹灰岩。毛口以北称夜郎组，岩性为灰岩，上部有砂页岩
上古生界	二叠系	上统	大隆组	P_2d	8～43	硅质岩夹黏土岩
			长兴组	P_2c	10～48	燧石结核灰岩夹砂页岩
			龙潭组	P_2l	300～500	砂岩、泥质粉砂岩夹泥岩及数层煤
			峨眉山玄武岩组	$P_2\beta$	0～342	玄武岩、拉斑玄武岩、玄武质火山角砾岩及流纹质层凝灰岩和少量变质砂岩
		下统	茅口组	P_1m	224～760	厚层块状灰岩
			栖霞组	P_1q^2	99～208	块状至中厚层灰岩
				P_1q^1	80～167	石英砂岩、页岩夹煤层
			梁山组	P_1l	29～249	石英砂岩夹砂质页岩及灰岩
	石炭系	上统	龙吟组	C_3l	474	上部砂岩、砂质泥岩互层厚 152m，下部泥岩泥灰岩灰岩互层厚 322m
			马平群	C_3mp	70～671	块状灰岩
		中统	黄龙群	C_2hn	30～648	厚层至块状灰岩夹少量白云岩
		下统	摆佐组	C_1b	35～582	厚层至块状白云质灰岩、灰岩
			大塘组	C_1d	55～461	上部中厚层白云质灰岩、白云岩，底部为砂页岩
			岩关组	C_1y	0～253	泥质灰岩、灰岩夹白云岩、燧石结核灰岩

（3）地质构造。光照水电站库区在大地构造上位于扬子准地台（Ⅰ）黔北台隆（Ⅰ₁）六盘水断陷区（Ⅰ₁¹）内。从震旦纪到晚三叠世中期，该区大部分处于稳定的构造环境，其构造类型主要表现为褶皱：①格所河背斜，发源于格所河右岸，走向 N20°E，主要沿格所河与北盘江展布，最后跨越库区，其核部出露 D₂ 地层，两翼岩层倾角一般 20°左右。②中营向斜，该向斜位于库区中部，枢纽沿鲁打、长流一带呈 N40°E 展布，长约 16km，

核部 T_2 地层，两翼对称，岩层倾角 30°左右，近轴部地层有倒转现象。③茅口背斜，展布于董良、茅口、落洞坝、王家寨、顶发寨一线，落洞坝以西枢纽呈 N70°E 的弧形，其东呈近东西向展布，核部出露 C_3 地层，茅口背斜较宽缓，两翼岩层倾角 35°左右，于董良、茅口间跨越库区。这些褶皱轴均通过库区，沿这些向斜、背斜轴部极易发育平行的陡立劈理带和垂直节理，将成为库水入渗的通道，也提供发生水库地震的构造条件（图 10.1-1）。

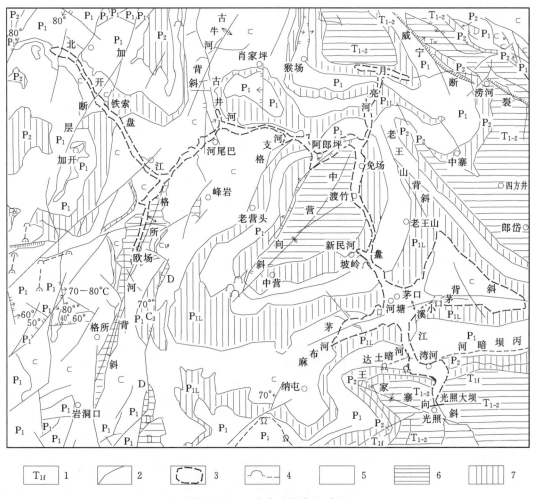

图 10.1-1　水库区综合地质图

1—地层代号；2—地层分界线；3—水库正常蓄水位线（745m）；4—溶洞、暗河；
5—强岩溶区；6—弱岩溶区；7—非岩溶区

（4）岩溶水文地质条件与渗透条件。

1）岩溶水文地质条件：

A. 岩溶。库区气候温和湿润，雨量充沛，碳酸盐岩出露面积占 70%以上，加之北盘江干流及支流河谷深切，急剧排泄地表水、地下水，故岩溶强烈发育。岩溶形态有岩溶洼地、漏斗、溶洞、管道或暗河、天生桥、岩溶湖（海子）和岩溶瀑布等。其发育特征及分布规律除与地层岩性特征、河流排泄基准面有着密切联系外，还与所处部位的构造发育有关。库区岩溶发育的主要特点如下：

（a）所处地貌部位不同，岩溶发育的形态及强度也不同。分水岭地带地形相对平缓，地下水以垂直运动为主，以垂直岩溶形态多见，水平岩溶形态次之，主要有落水洞、岩溶洼地及盲谷、伏流等。落水洞洞径一般 2~5m，可见深度一般小于 10m；洼地长度一般小于 1km，伏流长度一般大于 2km。地下水袭夺地表水的现象较普遍，如丙坝等地的地表溪流沿茅口组（P_1m）灰岩下潜转为暗河；分水岭至河谷斜坡地带地形切割强烈，冲沟发育，岩溶现象较少见，以干的水平溶洞或倾斜溶洞为主，间以少量落水洞。河谷地带以水平岩溶形态为主，有暗河、岩溶管道、水平溶洞及岩溶泉。

（b）岩溶发育强度除与岩性有关外还与河谷结构有关。横向谷易发育大的暗河、管道，如丙坝—简庄暗河、兔场坪暗河等均沿横向谷发育，而沿顺向谷及斜向谷则很少发育大的暗河、管道，仅有少量泉水出现。

（c）地壳的间歇性抬升使溶洞发育具成层性，其高程与河流阶地基本对应，大致在 800~1000m、690~680m 和 600~580m 各有一层，岩溶泉及暗河、管道水出口一般位于现代河水面附近。支流以岩溶泉为主。岩层对岩溶管道发育方向具有明显的控制作用，正因如此，横向谷岸边岩溶较顺向谷发育。

（d）岩性对岩溶发育强度的控制作用极为明显，暗河均发育在质纯层厚的茅口组（P_1m）灰岩中，详见表 10.1-3。

表 10.1-3　　　　　　　　　　　　库区主要暗河管道统计表

名称	长度/m	坡降/%	汇水面积/km²	描述
丙坝—简庄暗河	17000	3.3	50	有明流发源于关岭、沙营一带，至落水洞（高程 1160.00m）潜入地下，沿茅口灰岩与峨眉山玄武岩分界向西发育。出口高程 585.00m，调查流量 100~10000L/s。地表呈峰丛洼地地貌，暗河沿线落水洞呈串珠状发育
达土暗河	3400	7	15	发育于茅口灰岩中，方向 N70°E，有明流自达土穴状落水洞中潜入地下，流量 500L/s（1995 年 6 月 9 日）。出口为大溶洞，高程 585.00m，调查流量 14.5~500L/s。地表呈高大的峰丛地貌，暗河在地表无明显显示
三家寨暗河	1000	11.7	8.5	顺层发育于茅口灰岩中，方向 N76°E，有明流自穴状落水洞中潜入地下。流量 4.13~800L/s(1995 年 11 月)
下陇谷管道水	2000	7.8	11.5	顺层发育于永宁镇灰岩与角砾状灰岩交界处，上陇谷伏流在下陇谷出露后又接着潜入地下，方向 S65°W。出口高程 583.00m，估测流量 0~1000L/s，河水面以下可能还有出水口
兔场坪暗河	12500	5.1	60	顺层发育于茅口灰岩中，方向 N73°E。进口高程 1200.00m，地表有多条小溪流汇入。出口高程 610.00m，枯季调查流量 310L/s。地表为峰丛洼地地貌，暗河沿线洼地、落水洞较发育
凉风岩暗河	5000	16.5	10	先顺玄武岩与茅口灰岩界面后切层自茅口灰岩中发育至月亮河边，方向 N40°W~N77°W。进口高程 1400.00m，地表有溪流汇入。出口高程 574.00m，枯季调查流量 1~2L/s
阿郎坪管道水	3000			沿栖霞茅口分界面顺层发育于茅口灰岩中，方向 S35°W。出口高程 650.00m，调查流量 3~20L/s。地表无显现

B. 水文地质。本库区主要出露有碳酸盐岩和碎屑岩类地层，因而地下水类型有碳酸盐岩岩溶水、基岩裂隙水和松散层中的孔隙水，以岩溶水为主。岩溶水的赋存和分布受可溶岩的岩性以及地质构造的控制，岩溶管道多沿张性或张扭性断层和裂隙发育，水量丰富。泉水出流的流量一般较小，为每秒几升至几十升，受季节影响变化大。总体而言，本区具有以下水文地质特点：

（a）按各岩组的可溶性分为强岩溶岩组、中等岩溶岩组、弱岩溶岩组及非岩溶岩组，相应的透水性分为强透水层、中等透水层、弱透水层及隔水层。库区主要地层水文地质岩组划分见表 10.1-4。

表 10.1-4 水文地质岩组划分表

岩 溶 层 组				水文地质岩组	
类别	地层代号	岩性	岩溶发育特征	地下水类型	透水性
强岩溶层组	P_1m、P_1q^2 C_3mp、C_2hn C_1b、T_2g^2	厚层灰岩、白云岩	洼地落水洞、暗河伏流、岩溶泉	岩溶水	强透水层
中等岩溶层组	T_1yn、C_3l C_1d、C_1y D_3d	薄中厚层灰岩、白云岩	溶洞洼地落水洞、岩溶管道、岩溶泉、石芽	岩溶水	中等透水层
弱岩溶层组	T_2g^1、C_1d C_1y、D_2g P_2c	泥灰岩、白云岩、硅质灰岩、砂页岩	洼地、小型溶洞、石芽、落水洞	岩溶水 裂隙水	弱透水层、相对隔水层
非岩溶层组	T_1f、P_2l、$P_2\beta$ P_2d、P_1l	砂页岩、玄武岩、硅质岩		裂隙水	隔水层

（b）地下水靠大气降雨补给，强可溶岩层往往通过落水洞等以灌入方式补给，而弱可溶岩及碎屑岩则以分散补给为主。地下水以岩溶水为主，碎屑岩裂隙水为辅。

（c）北盘江为区内最低排泄基准面，为补给型河谷。

（d）主要库盆无大的断层切错，地层分布的空间连续性未被破坏，碳酸盐岩与碎屑岩相间成层呈带状分布，形成多层带状水文地质结构，使各可溶岩层组形成独立的岩溶水文地质含水岩组，由于碎屑岩的阻隔，各可溶岩组岩溶水彼此无水力联系。

2）渗透条件。库区岩溶发育，可见落水洞、漏斗、岩溶洼地、暗河和多层溶洞，岩溶（特别是暗河）的发育受构造控制明显，断层和褶皱构造控制着暗河的发育方向。岩溶大大提高了库盆岩体的透水能力，改善了库水渗透条件，利于水库诱发地震的发生。

（5）现代构造应力场。现代构造应力场的研究有助于探讨地震成因、分析断层活动方式和活动性质。通过收集震源机制解资料、原地应力测量结果、断层滑动反演资料等各类地应力数据，详见表 10.1-5，通过对这些应力数据资料的统计分析，可进一步了解该地区区域构造应力场的特征。在东经 102.8°～107°、北纬 24.1°～27.4°范围内，共获得其中水压致裂数据 5 条，应力解除数据 5 条，断层滑动反演资料 12 条。经统计分析发现，虽然三类数据水平最大主应力的优势方位有 2 个，但差别不大，均为北西—南东向（图 10.1-2），表明场区及周围地区地壳浅部的地应力状态为北西—南东向的挤压。

表 10.1-5　　　　　　　　　　　　　原地应力测量及断层反演结果

位置/(°)		地　点	S_H	位置/(°)		地　点	S_H
北纬	东经		/(°)	北纬	东经		/(°)
水压致裂				断层滑动反演资料			
26.074	104.638	贵州水柏铁路	283.8	25	103	云南崇明扬林	330
26.918	105.862	贵州乌江洪家渡	340	27.32	103.8	胜天水库	107
26.918	105.862	贵州乌江洪家渡	321	27.28	103.9	关寨北	281
26.918	105.862	贵州乌江洪家渡	319	27.25	104	黑土河	119
26.918	105.862	贵州乌江洪家渡	325.5	27.2	103.9	白碗窑	291
				24.3	102.8	江川	292
应力解除				25.3	103	崇明	118
26.425	103.29	云南会泽	279	26.9	102.9	巧家、东川	277
25.344	103.03	云南嵩明	272	27	102.8	汤家坪	90
24.202	102.92	云南华宁	295	25.55	103.2	寻甸	330
26.918	105.86	乌江左岸	297.7	26.3	103.1	云南东川	305
26.918	105.86	乌江左岸	285.7	25.6	103.3	云南寻甸	325

注　S_H 为水平最大主应力方向。

　　利用震源机制解资料反演构造应力场的方法，并结合已有的水压致裂和应力解原地应力测量结果，以及断层滑动反演资料，对研究区域内的现代构造应力场特征进行了研究。研究结果表明：

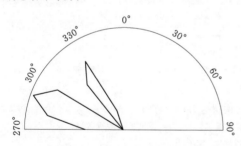

图 10.1-2　其他各类应力数据最大主
应力方位的玫瑰图

　　由震源机制解反演确定的场区及周围地区最大主应力（σ_1）和最小主应力（σ_3）均为近水平的，在方向上，与原地应力测量和断层滑动反演资料的统计分析结果较为一致，因此可以认为，场区及周围地区现代构造应力场所呈现的基本特征为北西—南东向挤压（图 10.1-3），图 10.1-3 中的大箭头为震源机制解反演计算结果给出的最大主应力方位。

　　在北西—南东向挤压应力场作用下，库区范围内分布的北东向构造易于产生左旋水平滑动。也就是说现代构造应力场是库区产生水库地震的有利因素。

　　（6）水库规模。光照水电站拟建坝型为碾压混凝土重力坝，总库容 32.45 亿 m^3，最大坝高 200.5m，水电站装机容量 1040MW，属大型水库。从统计的角度看，诱发水库地震的概率大于 26%。

　　（7）地震活动。据地震安全性评价研究结果，工程场地近场区记录有 $2.0 \leqslant M \leqslant 4.6$ 的地震只有 2 次，一次是 1875 年 6 月 16 日贞丰 3.5 级地震和 1971 年 6 月 27 日贞丰望谟间 4.9 级地震，说明该区地震活动较弱，频度较低，属于弱震区，表明该区地壳活动程度

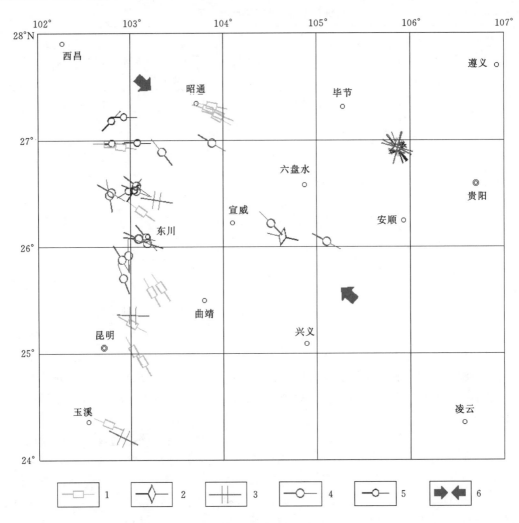

图 10.1-3 场区及周围地区现代构造应力场示意图

1—断层滑动反演资料；2—水压致裂数据；3—应力解除数据；4—参与反演的震源机制解；
5—矛盾的震源机制解；6—震源机制解反演出的 σ_1 方位

较低。

2. 水库诱震条件

类比国内类似岩溶水库诱发地震情况，光照水库具有以下特点：

（1）大坝更高，库容更大。光照水电站坝高 200.5m，库容 32.45 亿 m³，属大型水库。此类规模的水库，发生水库地震的概率较大。

（2）在发生水库地震的水库中，各水库均有不同方向断裂通过库区。光照水电站库区同样有褶皱构造发育。也就是说，光照水电站库区具有发生水库地震的构造条件。

（3）铜街子水库、乌江渡和鲁布革水库地震发震库段都是质纯层厚的碳酸盐岩，岩溶非常发育，库水沿着岩溶通道向深处渗透，使得不稳定岩体在水的作用下失稳滑动而发生地震，这些库区的地层岩性组合可与光照水电站北盘江干流库段类似。一般而言，碳酸盐岩分布区发生水库地震的可能性较大。

（4）光照水电站的构造应力场和区域构造应力场基本一致，表现为北西—南东向挤压，与乌江渡和鲁布革水库基本一致。

（5）光照水库处于地震弱活动区，新构造运动以整体抬升为主，差异活动较弱。这与乌江渡和鲁布革水库基本类似。

3. 水库诱发地震评价

（1）水库诱发地震的可能性。据前述，光照水电站存在以下有利于诱发地震活动的因素：

1）光照水库以大面积出露的三叠系灰岩、白云岩、白云质灰岩等碳酸盐岩为主，发生水库地震的概率较大。

2）从地形地貌条件分析，库区地形切割较深，属中山峡谷地形，并存在有古老滑坡体。据不完全统计，建于起伏较大的峡谷地形的水库有利于诱发水库地震。

3）从水文地质条件与渗漏条件看，区内地下水类型以岩溶水为主；库区发育有格所河背斜、中营向斜、茅口背斜等，这些褶皱轴均通过库区，沿这些向斜、背斜轴部极易发育平行的陡立劈理带和垂直节理，将成为库水入渗的通道。

4）库区岩溶作用强烈，落水洞、漏斗、岩溶洼地、暗河和多层溶洞等岩溶地貌发育。岩溶作用和岩溶地貌将有助于库水的渗透。

5）库区区域现代构造应力场主压应力方向为北西—南东向，北东向构造易于产生左旋水平滑动。现代构造应力场是库区产生水库地震的有利因素。

6）水库坝高、库容大。从统计的角度看，对于坝高大于 200m、库容大于 10 亿 m^3 的水库，诱发水库地震的概率大于 26％。我国 19 例符合以上条件的水库，就有 5 例发震，可见发震概率较大。

综合以上分析认为，光照水库蓄水后存在发生水库地震的可能性。

（2）水库地震震中预测。根据断层几何展布特征及断层性质，预测以下 2 个地段为最有可能发生水库诱发地震的地段：

1）格所河—大灯垭段。该段地层主要为石炭系灰岩、白云岩，岩溶作用强烈，岩溶地貌发育。附近有近南北向及北东向小断层通过，这些断层为正断层，具拉张性质。格所河背斜沿库区展布并穿过库区，背斜轴部发育平行的陡立劈理带和垂直节理。岩性、断裂、褶皱等构造条件有利于库水下渗，利于诱发水库地震。

2）茅口段。库岸主要由梁山组（P$_1$l）砂页岩夹灰岩及马平组（C$_3$mp）灰岩夹白云岩构成，岩溶较为发育，构造上有茅口背斜横穿，在背斜轴部节理裂隙较发育，利于诱发水库地震。

（3）水库地震强度预测。光照水库以灰岩、白云岩、白云质灰岩等碳酸盐岩为主，碳酸盐岩分布区，发生水库地震的概率较大。据其岩性组合、坝高和库容类比分析，光照水库地震震级在 4.0 级左右，不会超过 4.5 级。

（4）水库地震时间预测。据世界范围水库地震的基本特征：水库蓄水至满库容的 1～3 年是水库诱发地震的高峰期，之后 2～3 年是水库诱发地震的衰减期。因此，预测该水库蓄水初期可能发生微震，到水库蓄水至满库容的一定时间内可能诱发主震，之后地震活动可能持续 2～3 年或稍长一段时间。如果水库蓄水至满库容后 5 年内没有地震发生，则认为该水库就不会诱发地震活动。

（5）水库地震的影响预测。根据以上预测，诱发地震的危险地段在库区中部，大坝及其附属建筑物均处于极震区内。由于水库地震具有震源浅、烈度高的特点，5 级左右的地震震中烈度可达Ⅶ度，4 级左右的地震震中烈度可达Ⅵ度。鲁布革水库水库地震 M_L3.1 级震中烈度达Ⅵ度。所以，由水库地震对坝体的影响烈度可达Ⅵ度。

4. 水库诱发地震监测

综上分析，光照水电站建成蓄水后，存在水库诱发地震的可能性，估计诱发地震的最大震级为 M_S4.0 级左右。预测有可能发生地震的地段主要有格所河-大灯垭段、茅口段。诱发地震对坝体的影响烈度可达Ⅵ度。由于高坝水库诱发地震一旦发生，危害极大。因此我国《水工建筑抗震设计规范》（DL 5073—2000）要求："对产生诱发地震可能性大的水库，应尽量在蓄水前由有关部门设地震台进行监视。"根据地震安评报告及贵阳院分析成果，北盘江公司委托贵阳院开展了光照水电站水库地震监测工作。

监测时间从 2007 年 7 月，光照下闸蓄水前即开始观测，至 2012 年 9 月，历时 5 年时间（现仍在观测）内，水库区及邻近区域共监测到地震约 7584 次，大于 3 级者约 26 次，最大震级 4 级，发震高峰期为 2008 年 7 月至 2008 年 11 月间，即蓄水后的第一个汛期内之后至 2010 年 10 月仍有较高的发震频率，2010 年 11 月后发震频率开始衰减；2012 年前汛期，受区域降雨量较大影响，水库地震在汛期略有增加。另外，水库地震震源深度主要集中在 25km 范围以浅，深部地震主要为区域地震，与我国同期国内地震（汶川等）活跃期基本一致。水库地震发生地点主要集中在茅口库盆一带，与前期预测基本一致。光照水库蓄水后水库地震情况详见图 10.1-4～图 10.1-6。

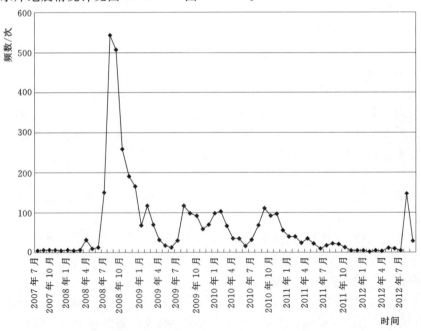

图 10.1-4　光照水电站水库地震历时发震特征（据贵阳院监测资料）

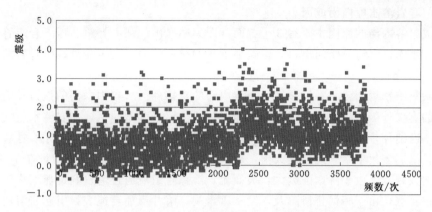

图 10.1-5　光照水电站水库地震震级特征（据贵阳院监测资料）

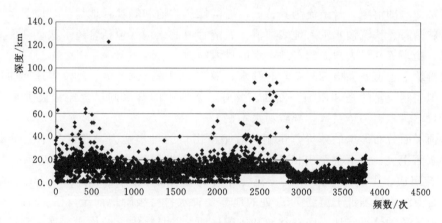

图 10.1-6　光照水电站水库地震发震深度特征（据贵阳院监测资料）

10.1.2　岩溶水库内涝

　　岩溶峰丛洼地或峰林谷地及岩溶盆地地区，发育众多的暗河系统，汛期，暗河因当地暴雨而增大流量，由于岩溶管道断面所限使排泄受阻，通过天窗或落水洞涌出，淹没洼地或谷地中的耕地，一般称为"内涝"。如果此时地表河流水位因上游来水而上涨，淹没了暗河出口，就会循暗河倒灌，顶托抬高了暗河的水位，发生所谓"两峰遭遇"（即雨量峰与水位峰同时出现），则内涝更加严重。如果在河流上兴建水库抬高水位，淹没了暗河出口，地下水排泄基准面相应升高，使暗河水水力坡降减小、地下水流速减缓、排泄能力降低，同时水库回水倒灌占用部分地下库容而降低了暗河系统的蓄洪能力，还可能存在岩溶管道的局部淤塞而减小过流断面，从而壅高地下水位，导致本不产生内涝的洼地或谷地及岩溶盆地发生内涝或延长原有内涝时间，这种不同于土壤类松散介质的浸没现象称为岩溶内涝。

　　岩溶内涝是岩溶峰丛洼地、谷地及岩溶盆地发育地区修建水电工程常见的工程环境地质问题之一，从目前国内公开的文献资料看，岩溶内涝问题最为显著的是红水河流域的岩滩、大化、百龙滩水电站，以及乌江沙沱水电站；这些水电工程蓄水发电后，在水库周边的一些岩溶谷地或洼地发生了岩溶内涝现象，使原有的岩溶内涝时间延长。

411

10.1.2.1 岩溶水库内涝成因

造成岩溶内涝的原因主要有 3 个方面，即集中暴雨的强力补给、地下岩溶管道结构的制约以及水库蓄水淹没暗河出口，影响地下水的排泄能力而发生滞洪。引起岩溶内涝的各因素之间关系如下。

（1）集中暴雨的强力补给是产生岩溶内涝的直接外因。集中暴雨的强力补给是造成岩溶内涝的直接外因，易产生岩溶内涝的地区，往往属于多雨地区，如岩滩水电站库区的东兰拉平—巴纳片，多年平均降雨量 1813mm，每年 5—9 月为汛期，汛期降雨量占全年的 83%，且汛期多集中暴雨或连续大雨，最大日降雨量 229mm，连续降雨量在 100mm 左右的出现次数频繁。由于降雨强度大，坡面流、溶隙管道流通过落水洞迅速汇集于暗河，使暗河水位猛涨，由于暗河排泄不及，又从落水洞、溶井反涌至地表，引起岩溶内涝。

（2）地下岩溶管道结构的制约是产生岩溶内涝的内因。岩溶地区的地下水补给、径流是以双层介质即溶隙、管道流为其特征。岩溶峰丛洼地和峰林谷地地区，地下水则主要依靠管道状暗河、伏流输水汇入地表河流。岩溶管道的结构（包括管道形状、断面大小、纵向比降、糙率等）极大地制约着地下水的排泄能力。

岩溶地下管道断面极其复杂，有跌水、深潭、潜流、倒虹吸、厅堂等迂回曲折，时大时小，但控制流量的是"瓶颈"断面。此外，谷地中的落水洞口也经常被洪水冲来的泥沙、岩块、树木、稻草淤塞，导致消水不畅。

暗河平面分布形态的差异，也制约着暗河出口的排水能力，通常是中上游支流分叉多，汇水面积大，而下游至出口为单一管道。如百龙滩水电站库区地苏暗河，由主流和 12 条支流组成，主流长 57.2km，支流合计长 183.9km，集水面积达 1004km²，暗河的出口位于百龙滩库区坝址上游约 7km 处的地苏乡青水村一级阶地前缘（图 10.1-7）。处于地苏暗河下游的镇兴谷地、南江谷地和凤翔洼地，既是接纳上游排泄地表水和地下水的通道，又受暗河出口单一管道制约，向红水河排泄受阻，导致上述地区内涝现象频繁发生。

（3）水库蓄水使岩溶浸没内涝程度加重。一些封闭或半封闭的岩溶洼地或岩溶谷地在附近的大河未建水库以前也经常发生内涝，主要原因是当地暴雨和大河洪水顶托，但由于洪峰历时短、洪水消退较快，岩溶内涝时间短。兴建水库以后，淹没了暗河出口，改变了原有的水文条件和暗河结构条件，发生倒灌、阻流现象，使暗河排泄能力降低，导致岩溶洼地或岩溶谷地内涝时间延长。主要原因有 4 个方面：①水库蓄水后，暗河排泄基准面抬高，减小了地下管道的水力坡降，相应减缓了地下水流速，从而削弱了暗河的排泄能力。如岩滩库区的板文暗河在水库蓄水后，水力坡降从蓄水前的 8.01‰降到 6.72‰。②水库蓄水后，暗河出口泄流条件的改变，由于地表河流的下切速度远大于暗河的下切速度，为了适用地表河流排泄基准面，暗河出口不断向下扩展，形成不同高程上的多个出口，水库蓄水前，地下水沿不同高程的暗河出口溢出，排泄通畅，水库蓄水后，部分暗河出口被淹没于水下，地下水排泄不畅。③水库蓄水后，水库回水倒灌占据部分地下库容，如岩滩水库蓄水后，沿板文暗河干流倒灌的距离达 13km，使板文暗河水系区域暗河水位抬升，其中巴拉谷地边缘的拉硐村地下水位比建库前上升了 21.60m，暗河水位的抬升占据了季节变动带中的部分地下调节库容，减小了原有地下水库的蓄洪能力，加重了岩溶洼地、谷地的内涝。④水库蓄水后，库水向暗河倒灌，引起暗河水流流速、流向的改变，导致暗河出

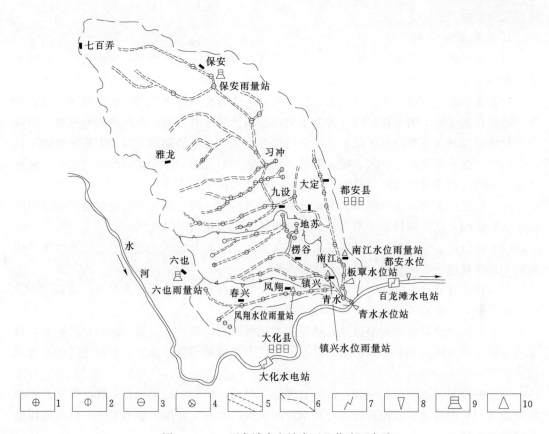

图 10.1-7　百龙滩水电站库区地苏暗河水系

1—落水洞；2—季节性溢流口；3—地下河天窗；4—地下河出口；5—地下河；6—地下河流
域边界；7—水电站；8—水文站或水位站；9—雨量站；10—水位雨量站

口段淤积物的反冲刷，淤积或淤塞岩溶管道，从而减少暗河道过流断面。

10.1.2.2　岩溶水库内涝工程勘察

1. 勘察内容

岩溶水库内涝勘察内容主要如下：

（1）岩溶盆地、洼地和谷地至河床及水库的距离、高差及地下水坡降、岩溶暗河系统的分布、平面及剖面形态特征、规模及发育史、暗河进出口落水洞及出口位置及高程。

（2）岩溶盆地、洼地和谷地的地下水位、天然内涝水位与河水位变化及降雨量之间的关系，包括雨量分配、雨型特征及历史暴雨强度，历史上产生的内涝淹没情况，包括淹没水位、天数及相应的河水位。

（3）岩溶盆地、洼地和谷地的地下水位、天然内涝水位的涨落过程与暗河出口流量的关系。

（4）水库蓄水淹没暗河出口对其泄流的影响。

（5）水库蓄水淹没暗河出口后，库岸暗河回水壅高的范围。

（6）水库蓄水后地下回水对岩溶盆地、洼地和谷地泄水的影响。

（7）水库蓄水淹没暗河出口后，引起暗河或岩溶管道局部淤塞对岩溶盆地、洼地和谷地泄水的影响。

2. 勘察方法

岩溶水库内涝工程地质勘察，与一般浸没区勘察的不同之处在于，它不仅要查明各种基础地质条件，更重要的是对岩溶发育与岩溶水文地质条件进行勘察。研究水库岩溶内涝问题，需要包括一个完整的岩溶水文地质单元，不能以地形分水岭所包围的范围为限。由于岩溶发育在空间上的不均一性、岩溶水文地质条件的复杂性及岩溶内涝的特殊性，岩溶内涝勘察必须利用多种勘察手段和方法进行综合研究，常用的勘察手段和方法主要如下：

（1）岩溶地质调查与洞穴、暗河探测。调查岩溶洞穴的分布规律、暗河的发育与演变历史，并结合物探等方法查明暗河的轨迹途径和集水范围。

（2）建立地下水动态观测网。应充分利用暗河天窗、落水洞等作为观测点，必要时可在暗河轨迹线上钻孔进行地下水观测，以获得地下水多年历时过程线。

（3）进行地下水化学、同位素和水动力场分析。主要分析研究地下水与地表水化学成分的差异以及地下水的补给、径流、排泄系统。

（4）调查并收集水库区雨量站观测资料，必要时在重点地区设置水量站，研究降雨分配、雨型特征并据此计算频率雨量和起涝雨量。

（5）调查并收集库区岩溶盆地、洼地和谷地的历史内涝情况及其与河水位的关系，设立内涝区及河水位观测站，观测水库蓄水前后内涝期间地面水位动态，掌握内涝的延时及过程。

（6）进行室内物理模拟试验，以相似理论为基础，将原型的物理量换算成模型的物理量，通过一定的装置和监控系统进行放水排水试验，然后又转换到原型中去，以得到需要求解的物理量。

10.1.2.3 岩溶水库内涝预测

岩溶内涝问题的可能性可按以下情况进行判定：

（1）水库蓄水后不淹没暗河出口，其相应的岩溶盆地、洼地和谷地的内涝将不会受到水库蓄水的影响，不产生岩溶水库内涝。

（2）当所研究的岩溶盆地、洼地和谷地与水库之间有一级或多级剥夷面存在时，新发生或明显加剧原有内涝的可能性较小，产生岩溶水库内涝的可能性较小。

（3）当所研究的岩溶盆地、洼地和谷地的暗河，除被水库淹没的排水出口外，尚有其他高于水库的泄水口存在时，新发生或明显加剧原有内涝的可能性较小，产生岩溶水库内涝的可能性较小。

（4）暗河出口被淹没后，由于水库蓄水，地下回水占据地下水库容量的份额较大，或造成暗河管道淤积或淤塞严重时，可能导致或明显加剧原有的内涝，产生岩溶水库内涝的可能性较大。

（5）水库库岸存在低于或接近水库正常蓄水位的岩溶盆地、洼地和谷地时，发生浸没性内涝的可能性较大。

岩溶内涝可用相关分析法、地面水文学法、物理模拟实验法等方法进行分析预测。

1. 相关分析法

相关分析法就是对河水、地下水、当地降雨量三者之间的关系进行协调分析或类比分析，以降雨量、地下水位和河水位 3 个参数之间进行回归，寻找其内在的联系和规律性。根据建库前的内涝规律比拟建库后的内涝影响，这种类比方法未考虑岩溶管道在水库蓄水后的变化，但作为初步预测及低水头水库的预测是一种简单可行的方法。

2. 地面水文学法

地面水文学法就是在已知集雨面积的条件下依据降雨量和水位的关系，用水量平衡观点计算岩溶盆地、洼地和谷地来水量和暗河排泄量。岩溶内涝区的水量平衡方程式为

$$Q_入 = Q_出 \pm (V_2 - V_1) / \Delta t$$

式中：$Q_入$ 为 Δt 时段内涝区平均入流流量；$Q_出$ 为 Δt 时段内暗河管道排泄流量；V_1、V_2 为相应 Δt 时段始末的内涝区容积。

由上式可见，在求得内涝区水库成库前后的暗河泄流量曲线及其入库洪水过程线后，结合内涝区容积曲线，通过调洪计算法即可求得每一雨量等级在建库前后的不同内涝时间和范围，从而对岩溶内涝作出定量的分析预测。

3. 物理模拟实验法

物理模拟实验法可采用水箱和管道相结合的方法进行模拟。以水箱水位模拟岩溶盆地、洼地和谷地水位和水库水位，用管道模拟暗河岩溶管道，以阻力元件等效岩溶管道阻力，运用计算机进行监控，通过模拟实验可获得降雨量补给参数、管道阻力参数、水位与流量关系数据、内涝延时数据以及不同频率降雨量的预报数据等。

10.1.2.4　岩溶水库内涝治理

水电工程库区岩溶水库内涝的治理措施，应在综合分析研究其产生原因、范围大小以及对工农业影响程度等因素的前提下，可采用补偿、移民搬迁、汛期限制水库蓄水位、工程排涝等措施。

（1）补偿措施。岩溶内涝与水库常规淹没不同，它是一个主要与降雨有关的随机过程，水库蓄水只是使岩溶内涝程度加重。即使是水库蓄水后，岩溶内涝可能只是在一些地段、某些年份发生，也可能不发生。因此，在产生岩溶内涝的年份，根据淹没实物总量进行经济补偿，无内涝即不补偿，以保证群众的基本生活。这种方法对于小片内涝是可行的。例如岩滩库区的板华、板烈等内涝即采用此方法。但对于大范围内涝区则不能彻底解决问题，从长远看，补偿费用也很大。

（2）移民搬迁。将内涝区的人口全部迁出异地安置是岩溶内涝的处理措施之一，该方法只适用于小片内涝区，因为异地安置将涉及许多实际问题（如土地资源、移民安置补偿等），而且内涝区往往土地肥沃，弃之可惜。

（3）汛期限制水库蓄水位。水库蓄水对岩溶内涝的影响主要是由于水库蓄水淹没了暗河出口改变暗河泄流条件、地下水位抬升降低了暗河系的水力坡降以及库水回灌侵占暗河系部分地下库容，而岩溶内涝主要发生在降雨量集中的汛期，因此在汛期限制水库蓄水位，改善暗河泄流条件及增大地下库容，减少内涝范围或缩短延时，可采用此法，汛期限制水库水位在某一安全高程以下，汛后在恢复到正常蓄水位。

（4）工程排涝。工程排涝是岩溶内涝最直接的处理措施，可分为 4 种基本形式，分别如下：

1）扩大落水洞入口，拓宽暗河过水断面。

2）开挖明渠疏导，适用于半封闭的岩溶谷地，且距离排水点较近。

3）抽水排涝，即在岩溶内涝区设置泵站等抽水设施，在发生内涝时进行抽水排泄，降低内涝区水位。

4）开挖隧洞排水，适用于高峰丛环绕的全封闭洼地或谷地。

如岩滩水电站库区拉巴片内涝区，经多方案比较，最终选用开挖长达11km多的隧洞排涝，将内涝区的积水排至岩滩水库中。

10.1.2.5 沙沱水库岩溶内涝治理

乌江沙沱电站水库沿干流回水至思林坝址，回水长度114.40km，与思林水电站尾水位高程364.00m稍有叠接。库盆区乌江河谷深一般200m左右，河水面宽100～300m。河谷断面呈U形峡谷、V形谷及缓坡宽谷，其形态与岩性及岩层产状密切相关。U形峡谷形成于坚硬的碳酸盐岩河段，上部宽谷带谷坡呈阶梯式下降，高程400.00m为转折点，之下谷底形成高数十米至百余米的廊道式峡谷，河面宽仅100m左右；V形谷和缓坡宽谷均出现在碎屑岩河段；缓坡宽谷见于顺向库段，两岸阶地发育，河谷坡角10°～30°，顺向岸坡较逆向岸坡缓，河谷不对称，河面宽度在300m左右。

碳酸盐岩分布区由于地表水和地下水的溶蚀作用强弱不一和非可溶岩、弱可溶岩地层间互存在，加之受区域地质构造的控制，形成了本区形态各异的岩溶地貌景观。依其形态可分为丘陵洼地、峰丛沟谷、峰丛洼地及峰丛峡谷等。

岩溶洼地内涝现象主要发生在库首碳酸盐岩库段较低高程的洼地内，其内涝方式主要表现为汛期持续暴雨时，由于洼地内消水点的排泄能力有限，导致地表水短时间内蓄积在洼地内的现象。内涝灾害发生后，将影响洼地内农作物的生长，严重时甚至影响到分布于洼地周围居民的建筑物安全。

水库蓄水后，由于岩溶管道出水口被库水淹没，库水顺岩溶管道倒灌顶托，导致岩溶管道内地下水流水力坡降减小，从而减缓地下岩溶管道内的水流流速，延长洼地内地表水的滞留时间，进而加剧岩溶洼地内原有的内涝灾害。因此，水库蓄水后将加剧近坝库岸段内岩溶洼地内涝灾害的问题。

沙沱水库蓄水后可能加剧内涝灾害的洼地包括：左岸（含德江县流渡滩小河沟洼地、海溪沟洼地、木郎岩溶冲沟、鱼塘岩溶冲沟、沿河县马蹄河廖家坝洼地、马蹄河竹根坝洼地、甘溪洼地、钟南洼地、斑竹园洼地）、右岸（含德江县西流水洼地、沿河县上坝洼地、洋南井洼地、狼溪洼地），其高程在383.00～540.00m（图10.1-8和表10.1-6），这些洼地天然状态下在汛期暴雨时均有不同程度和持续时段的内涝发生。

水库蓄水可能加剧内涝灾害的13个岩溶洼地中，德江县左岸海溪沟洼地、沿河县左岸甘溪洼地当地政府已开挖了排涝渠道，解决了内涝灾害问题；德江县左岸木郎岩溶冲沟、左岸鱼塘岩溶冲沟、右岸西流水洼地、沿河县马蹄河左岸廖家坝洼地、竹根坝洼地、右岸上坝洼地、右岸狼溪洼地等7个岩溶洼地（冲沟）居民分布地面高程高，地表明流多经过一段明流后，才集中在消水点处排泄，相应消水点高程与居民点分布高程高差多在10m以上，天然状态下调查此类洼地仅在消水处有短时内涝，对消水点附近耕种有短时影响，但当地居民房屋不会受到内涝影响；德江县左岸流渡滩小河沟洼地、沿河县右岸洋南井洼地高程在400.00～420.00m，经水文计算，水库蓄水将延缓洼地内涝时间2～3天，

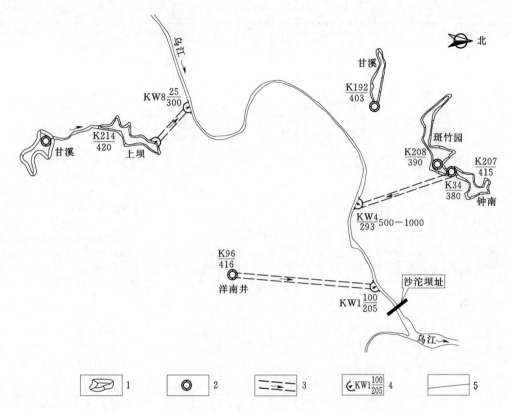

图 10.1－8　水库蓄水引起内涝和浸没灾害岩溶洼地位置示意图

1—岩溶洼地；2—落水洞；3—岩溶管道；4—岩溶管道水出口；5—坝址位置

表 10.1－6　　　　　　　　近坝库岸岩溶洼地天然状态下内涝灾害统计表

洼地名称	基本地质条件	管道出口离坝距离/km	离岸距离/km	岩溶管道长/km	洼地高程/m	洼地内消水点高程/m	乌江边出水点高程/m	推测地下岩溶管道水力比降/%	推测地下岩溶管道平均流速/(m·d⁻¹)	天然状态下洼地的内涝灾害
德江县左岸流渡滩小河沟洼地	位于德江县共和乡流渡滩，呈近 SN 向发育，地表水补给面积约 25km²	57	0.75	1.0	400～420	400	335	6.5		每年汛期暴雨时均有 1～2d 洼地内涝，淹没水位上升 5m（高程至 400.00m），内涝对农作物生长有一定影响，但未有民房损毁现象
德江县左岸海溪沟洼地	位于德江县稳坪乡境内，洼地发育方向近 SN 向，消水点高程 451.00m。地表水补给面积约 15km²	45.5	0.4	0.4	451～500	451	340	28		洼地至乌江岸边排泄口有人工开挖管道，排泄条件较为通畅

洼地名称	基本地质条件	管道出口离坝距离/km	离岸距离/km	岩溶管道长/km	洼地高程/m	洼地内消水点高程/m	乌江边出水点高程/m	推测地下岩溶管道水力比降/‰	推测地下岩溶管道平均流速/(m·d⁻¹)	天然状态下洼地的内涝灾害
德江县右岸西流水洼地	位于德江县桶井乡新滩上游右岸，呈近 SN 向发育，洼地内北侧有一消水洞，地表水补给面积约 10km²	44.5	1.0	1.25	420～480	420	325	7.6		汛期暴雨时有 2～3d 洼地内涝，内涝对农作物生长有一定影响，洼地内无居民
德江县左岸木郎岩溶冲沟	位于德江县文化乡木郎村，冲沟发育方向有近 EW 向折为近 SN 向。地表水补给面积约 20km²	41	0.35	0.35	390～470	390	315	21		每年汛期暴雨时均有 1～2d 洼地内涝，淹没水位最大上升约 5m（高程至 395.00m），内涝对农作物生长影响较大，冲沟内无居民房屋
德江县左岸鱼塘岩溶冲沟	位于德江县文化乡鱼塘村与毛岭村之间，主冲沟发育方向近 SN 向，支沟发育方向近 EW 向。地表水补给面积约 12km²	38	0.5	0.5	380～440	380	310	14		每年汛期暴雨时均有 1～2d 洼地内涝，淹没水位最大上升约 5m，冲沟内无居民房屋
沿河县马蹄河左岸廖家坝洼地	位于沿河县蒲溪乡境内，洼地发育方向由近 SN 向转为 N40°E，地表水补给面积约 12km²	43.5	2.2	0.7	540～560	540	340	7.4		洼地内有一地表明流，在洼地 SW 侧有一消水溶洞，洞口宽大，呈城门洞型，宽约 2m，高约 3m。洼地内农作物每年汛期均有 2～3d 淹没，但居民居住位置较高，未受内涝影响
沿河县马蹄河左岸竹根坝洼塘洼地	位于沿河县蒲溪乡境内，洼地发育方向近 SN 向。地表水补给面积约 8km²	43.5	0.4	0.7	443～450	443	340	15		洼地周边农作物每年汛期均有 1～2d 遭短时淹没（最高至 450.00m），居民房屋位置较高，未受内涝影响
沿河县左岸钟南洼地	洼地呈近 SN 向发育，地表水补给面积约 40km²，从钟南洼地 SW 侧消水点→斑竹园消水点之间地下岩溶管道长 1km，近水平发育，并最终汇入斑竹园洼地内的地下水排泄系统	3.75	3.5	4.2	395～400	390	293	钟南—斑竹园近水平，斑竹园—乌江边（大深沟），水力比降为 2.7		洼地内有一地表明流通过，最终在洼地 SW 侧通过注水溶洞消入地下，每年汛期暴雨时均有 2～3d 洼地内涝，淹没高程（最高至 402.00m）至洼地四周居民房脚，内涝对农作物生长有一定影响，但未有民房损毁现象
沿河县左岸斑竹园洼地	洼地呈近 EW 向发育，地下水补给面积约 55km²，加上了钟南洼地的地表水补给面积	3.75	2.3	3.2	383～400	380	293	2.7	547	洼地内从 SE 向有一地表明流流入。每年汛期暴雨时均有 2～3d 洼地内涝，淹没高程（最高至 385.50m）至洼地四周居民房脚，内涝对农作物生长有一定影响，但未有民房损毁现象

续表

洼地名称	基本地质条件	管道出口离坝距离/km	离岸距离/km	岩溶管道长/km	洼地高程/m	洼地内消水点高程/m	乌江边出水点高程/m	推测地下岩溶管道水力比降/%	推测地下岩溶管道平均流速/(m·d⁻¹)	天然状态下洼地的内涝灾害
沿河县左岸甘溪洼地	洼地呈近 EW 向发育，地表水补给面积约 16km²	5.87	1.2	1.2	403	390	295	7.9		每年汛期均有数次内涝灾害记录，频率较之钟南洼地更频繁，内涝持续时间 3～5d，仅影响农业生产，居民居住在内涝淹没高程（最高至 407.00m）以上，且已有排涝明渠
沿河县右岸洋南井洼地	洼地为岩溶湖，地表水补给面积约 9km²，加上沿线补给，从洋南井—水泥厂地下岩溶管道地下水补给面积约 17km²	0.63	3.85	4.79	412	410	295	2.4	313	连通试验证此管道水流速较慢，推测其管道不畅通。洼地周边农作物每年汛期均遭短时淹没（最高至 415.00m），但居民居住位置较高，未受内涝影响
沿河县右岸狼溪洼地	位于洋南井靠乌江侧，地表水通过消水洞汇入洋南井—水泥厂岩溶管道系统	0.63	3.0	3.7	404～425	404	295	2.4	313	汛期时内涝时间短（最长 1h），淹没水位上升最高 1.5m，对农作物生产影响小，居民居住未受内涝影响
沿河县右岸上坝洼地	右岸上坝洼地包括：甘溪洼地、角巷洼地和上坝洼地，此 3 个洼地的地表水均排向角巷洼地注水溶洞排入乌江。至角巷洼地消水点地表水补给面积约 50km²	12.56	1.5	1.6	412	412	300	7		角巷洼地处消水点高程 412.00m，上坝洼地底高程 429.00m，甘溪洼地底高程 455.00m。汛期暴雨时溪沟两岸耕地有短时淹没（最高淹没至 414.00m）

抬高内涝水位高程 1～2m，应在蓄水初期加强此两洼地的内涝灾害监测；沿河县钟南洼地、斑竹园洼地地面高程 383.00～400.00m，消水点高程 368.00～372.00m，基本与库水一致，岩溶管道排泄途径见图 10.1 - 9，且洼地内耕地和居民分布较多，水库蓄水后将加剧此两洼地的内涝地质灾害，采用排涝工程措施进行疏排。

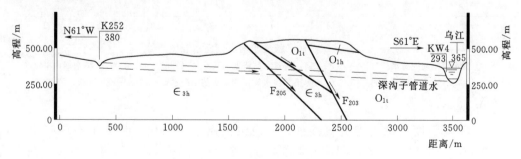

图 10.1 - 9　钟南洼地、斑竹园洼地岩溶管道水排泄途径示意图

10.1.2.6 岩滩水库岩溶内涝治理

岩滩水库 1992 年开始下闸蓄水，1993 年后，库区拉平—巴纳等地区连续发生内涝，尤其是 1994 年，库边内涝共计有 10 处，淹没耕地达 660.6hm²，直接经济损失 1000 多万元，致使当地群众生活发生了严重困难。

拉巴片区位于岩滩库区东兰县太平乡，是由拉平、巴纳两相邻的大型封闭的岩溶盆地（谷地）组成，距岩滩水库 12km。四周为 800～900m 的峰丛高山环绕，盆地底部高程为 290.00～300.00m，地面平坦，土地肥沃，人中稠密。发源于盆地西部的 6 条暗河支流汇集于此后，合成单一的岩溶管道——板文暗河，经过 14km 的峰丛洼地区至红水河岸边坡板文村流出，出口高程 177.00m。每年雨季，盆地周边的地表径流通过 3 条季节性溪流排泄至盆地东侧末端，从 100 多个落水洞潜入地下。而西部山区的降水渗入及过境暗河经过调节后又于从由、那亮、拉平附近的天窗、落水洞溢出地面，从而使谷地中的农田受淹。

如图 10.1-10 所示，1993 年 3 月，岩滩水库大坝下闸蓄水，库水迅速上升，至 7 月初坝前水位上升至 220.00m，接近水库正常蓄水位 223.00m，板文暗河出口淹没于库水位以下 43～46m，由自由出流变为淹没承压出流，库水循地下水发生倒灌顶托；与此同时，东兰县境内连降暴雨，山洪暴发，拉平、巴纳两个封闭的岩溶谷地因消水不畅使水位猛涨。从 7 月 8 日开始涨水内涝，平地水深 3～7m，最深 16m，最高水位 300.84m（拉平）和 306.87m（巴纳），内涝总容积 4580 万 m³。直到 10 月 3 日，洪水才退完，延时 85d，为当地罕见的特大涝灾。1994 年汛期提前于 5 月中旬开始，拉巴片区又重复 1993 年内涝过程，内涝过程延续 124d。

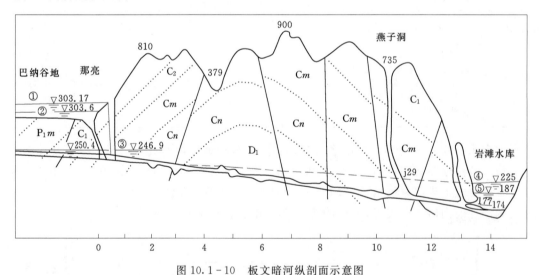

图 10.1-10 板文暗河纵剖面示意图

①蓄水后汛期内涝水位（1994-08-21）；②蓄水前汛期内涝水位（1983-06-25）；③枯水期地下水位（1994-03-13）；④水库正常蓄水位；⑤蓄水前汛期水位（1983-06-25）

1. 内涝成因

（1）降雨强度大是内涝的直接外因。内涝区属于多雨区，其多年平均降雨量达 1813.4mm，每年 5～9 月为汛期，汛期降雨量占全年的 75.3%，1994 年东兰太平站则达 83%。汛期多集中暴雨或连续大雨，最大日降雨量达 229mm，连续雨量在 100mm 左右的降雨出现次数频繁，如 1994 年 5—8 月间每月少则 1 次，多则 3 次。由于降雨强度大，坡面流、溶隙管道流通过落水洞迅速汇于地下河，使暗河水位猛涨，由于暗河排泄受库水顶托，排泄不及，又从落水洞、溶井反涌至地表，从而发生浸没性内涝。

（2）岩溶地下管道结构的制约是产生内涝的内因。岩溶地区地下水的补给、径流是以双层介质即溶隙、管道流为其特征，而排泄则主要依靠岩溶管道。管道的结构要素包括管道形状、断面大小、纵向比降、糙率等极大地制约着地下水的排泄能力。板文暗河管道断面复杂，有跌水、深潭、潜流、倒虹吸等，迂回曲折，时大时小，有时洞顶坍塌形成拦石坝，使过水断面收缩成为瓶颈；此外，谷地中的落水洞也经常被洪水冲来的泥沙、岩块、树根等淤塞，导致消水不畅。

板文暗河纵向坡比是上游陡、下游缓，为典型的快速输入、缓慢输出的边界条件，因而影响了暗河的排泄。板文暗河独特的平面形态即上游支流多、下游支流少，也影响地下水的排泄，上、中游内涝区有 234km² 的汇水面积，依靠深洼地的竖井式落水洞补给暗河，必将对暗河中上游的来水产生顶托，导致中游拉巴谷地滞洪。根据计算分析，板文暗河的最大排泄流量为 18.9m³/s，但巴纳谷地实际来水量可达 172.5m³/s，远大于暗河排泄量，这样，多余的水无法排泄就滞留于谷地中而酿成大面积内涝。

（3）水库蓄水使内涝程度加重。蓄水前，拉巴片区一般是小涝 7d，中涝 15d 左右。兴建水库以后抬高水位，叠加于河水位之上，淹没了暗河出口，改变了原有的水文条件，发生倒灌、阻流现象，因而使内涝时间延长。其主要原因有 4 个方面：

1）水力坡降减小，流速变缓。岩滩水库蓄水前，板文暗河汛期的水力比降为 0.801%；蓄水后，水力比降为 0.672%，因而减缓了地下水流速，削弱了暗河的排泄能力。

2）暗河出口泄流条件改变。暗河出口多为分散水流，由于红水河下切远大于暗河的发育速度，为了适应红水河排泄基准面，暗河出口不断向下扩展，形成不同高程上的多个出口。水库蓄水前，地下水从多个出口流出，排泄通畅；水库蓄水后，所有出口均被淹没于水库中，因此排泄不畅。

3）水库回水倒流占据部分地下水库容。根据地下水位观测资料和水力比降的推算，岩滩水库蓄水后，沿板文暗河干流倒灌的距离约 13km，它占据了季节变动带中的部分调节库容，因此暗河本身及其周围岩溶管道有一定的储水消洪能力。根据暗河水位上升幅度及岩溶储水系数估算，约有 700 万～900 万 m³ 的容积在枯水期已被占用，这一部分损失的消洪库容在汛期只能以增加地表库容来弥补，因而加重了谷地的内涝。

4）岩溶管道局部淤塞，减少过流断面。岩溶管道产生淤塞的水动力，来源于地下水流速流向的改变。水库蓄水后，库水向暗河倒灌，倒灌水流与原暗河水流方向相反，引起出口段淤积物的反冲刷，并导致迅速消能而发生淤塞。预测发生淤塞的位置是主要有倒灌回水尖灭点附近、倒虹吸段的根部、暗河出口附近、不稳定岩体段。

岩滩水库蓄水使拉巴谷地内涝程度加重，主要表现在两个方面：内涝范围有所扩大、内涝时间有所延长。而其根本原因是板文暗河排泄能力的降低。蓄水前 1983 年 6 月份降雨量为 278.3mm，而蓄水后的 1994 年 6 月份降雨量为 304.3mm；在相近的水位条件下，后者的流量比前者减少 31%。但由于暗河排泄量的减少导致内涝时间的延长，水库蓄水后较蓄水前内涝时间延长 47%，内涝的范围较蓄水前增大约 9%～14%。

2. 治理措施

岩滩库区拉巴片区内涝问题经随机补偿、移民搬迁、工程排涝等多方案比较，最终采用隧洞排涝方案，开挖直径 5.5m、长 11640m 的隧洞，将拉平、巴纳两个岩溶谷地的内涝积水排泄至岩滩水库，设计排涝排标准为 $P=20\%$ 的 3d 暴雨（219.4mm）在 5d 内排至耐淹水深，即巴纳不高于 303.02m，最大泄洪量 63.1m³/s；拉平不高于 295.70m，最大泄洪量 81.1m³/s（巴纳的水亦通过拉平排泄），以解决拉巴片区的内涝灾害。

10.1.3 隧洞岩溶环境地质问题

引水隧洞、导流洞及地下厂房系统等水工隧洞（群）大多横切河湾地块（如引水系统）或于沿河傍山地带修建。受特殊的地层岩性及其组合、构造切割、岩溶水文网的演化等因素影响，岩溶地区隧洞沿线的岩溶水文地质条件多较复杂，一般情况下，水利水电工程中隧洞区岩溶发育规律和主要特征如下：

（1）对岩性的选择性，厚层灰岩岩溶最为发育，往往出现较大溶洞和地下岩溶管道。

（2）受构造控制的方向性，断层带及构造结构面岩溶发育的追踪现象显著，如断层线上，发育的条形洼地；两组构造线交汇处发育的溶洞、竖井等。

（3）地表和地下岩溶发育的对应性，地下岩溶发育处，恰在地表多呈现为岩溶负地形（条形洼地或沟谷），也是地表水和地下水交替、循环强烈地带；由于岩性和构造的影响，岩溶含水层明显具不均一性。

（4）岩溶发育强度，随地下深度的增加和向河谷岸坡的深入而减弱。

（5）隧洞建设高程一般处于垂直渗流带至水平渗流带范围内，地下岩溶形态既有铅直发育的竖井状岩溶管道、溶缝等，也有水平发育的水平溶洞。

地下洞室开挖后，相当于在地下形成地下水人工排泄区（点），这种对原始地下径流的袭夺将改变地下水的流向，除施工开挖期发生的坍塌、突水涌泥外，也将极大地改变隧洞区的地下水渗流场，使部分地表出露的岩溶泉和靠地下水补给的地表径流失去水源补给，导致地表井水干涸、泉水断流、河水下渗，以及地表塌陷等环境地质问题。

10.1.3.1 岩溶隧洞环境地质勘察要点

岩溶隧洞环境地质勘察主要针对可能造成的地表井泉干涸、隧洞塌方冒顶等进行，一般与隧洞常规勘察结合进行。主要勘察内容如下：

（1）调查区域岩溶发育特征和水文地质条件。

（2）调查洞室区的地形地貌特征，剥夷面和阶地的发育情况及分布高程，研究不同地形地貌条件对岩溶发育的影响。

（3）查明地下洞室区碳酸盐岩的类别、分布、产状、厚度及其与非碳酸盐岩层的组合情况。

（4）查明地下洞室区的构造形态、性质、特征等，研究不同构造部位对岩溶发育和形态的影响。

（5）查明地下洞室区主要断层的结构面的产状、性质、规模、延伸情况及其位置与洞室的关系，研究断层对岩溶岩层切割错位情况，断层与岩溶发育关系。

（6）调查地下洞室区的重要岩溶现象，特别是溶洞、溶隙、落水洞、管道、地下暗河等的分布、位置、形态、规模、填充情况，以及它们与洞室的关系。

（7）查明洞室区各岩溶含水层的地下水位、动态规律及最高、最低水位，划分岩溶含水和相对隔水层，查明岩溶泉的出露位置、泉水动态，构造、岩溶管道水与地表井、泉的关系，查明含水层和相对隔水层遭受断层切割的情况，收集历史暴雨强度资料。

（8）根据地下水与河水的补排关系，确定洞室区水动力条件；按地下循环条件，划分岩溶水动力带，并判断隧洞所处的地下水循环带位置。

主要勘察方法以地质测绘、岩溶调查、物探及验证性勘察、水文地质试验为主。

1. 工程地质测绘及岩溶调查

引水线路区的测绘和调查范围应包括各比较线路及其两侧各 500～1000m 的地带；当岩溶管道水系统的规模较大，对隧洞影响较大时，地质测绘及调查的范围应不限于要求，而应适当扩大至补给区，对该岩溶管道系统的补给、径流、排泄条件进行宏观分析判断，有利于评价岩溶及地下水对地下洞室的影响。为了对隧洞区的岩溶水文地质条件有全面的了解，为隧洞选线及可能存在的岩溶水文地质问题分析提供翔实的地质资料，天生桥二级水电站前期地质调查的范围除隧洞沿线，向北一直调查至南盘江河谷，向南调查至南相区的安然背斜区，调查的范围近 600km^2。

岩溶地区隧洞线路的测绘比例尺一般选用 1:10000，当岩溶水文地质条件极为复杂时，测绘比例尺可选用 1:5000。

2. 物探

岩溶地区，引水隧洞通过地段，多山高坡陡、沟谷纵横，除局部浅埋过沟段外，不宜采用重型勘探工作，而多采用综合物探手段，控制岩溶发育强度、大洞穴位置及地下水位。

天生桥二级水电站早期隧洞区物探调查一般采用地震勘探或电法勘探。前者调查深度较浅，对深部岩溶调查基本无能为力。后者主要用于调查岩溶管道的位置即地下水集中渗流带的位置；但由于其多解性，且隧洞区不可能采用大规模的钻探进行验证，故电法勘探的精度与较低。随着物探技术的发育，至后期一般采用四通道电导率连续成像系统（EH4）、可控源音频大地电磁测深法（GDP32、V6、V8）等方法，探测洞室附近的洞穴和岩溶发育带位置和规模。

对过沟浅埋段或地下厂房区，当地质测绘或 EH4 等调查可能存在影响工程建设的岩溶洞穴时，应结合勘探钻孔，采用钻孔层析成像方法，探测钻孔及孔间的岩溶发育情况。

3. 勘探

隧洞线路的钻孔宜布置在地形低洼、岩溶发育、水文地质条件复杂的地段，可能存在大洞穴、大断层、低水位带部位应布置专门性钻孔。

4. 水文地质试验与测试

根据隧洞区岩溶水文地质条件，可采用连通试验，对隧洞区岩溶管道水系统的补给、径流、排泄条件进行分析论证。隧洞区钻孔受供水条件、钻孔深度等影响，可不进行压水试验，但所有钻孔均应进行地下水位观测。对可能影响并导致隧洞发生岩溶涌水等问题的大泉水，应进行泉水长期观测。隧洞区应取钻孔水样（必要时分层取水样）、泉水水样进行水质分析，依据其水化学成分分析其渗流条件。

5. 施工期地质工作

前期勘察工作中，受交通条件、作业环境等影响，隧洞区主要勘察工作以地质测绘、岩溶水文地质分析及少量物探为主，控制范围也较为有限，开展大规模的重型勘探工作不现实。但隧洞沿线的环境地质问题往往在施工开挖时或开挖后才能反映出来。因此，应特别重视施工期的地质工作，通过施工地质工作，结合前期资料，充分分析形成环境地质问题的主要原因。

10.1.3.2 隧洞岩溶环境地质问题

1. 隧洞岩溶涌水与地表井泉干涸

隧洞开挖后，由于其集水和汇水作用，岩溶地下水不断排入隧洞中，并以其为中心构成新的势汇。由于局部水力梯度的显著提高，地下水的运动速度必然较天然渗流状态明显增大。隧洞排水使工程所在山体地下水资源流失，将造成隧洞工程区泉水消失或流量减小，在隧洞排水、降位漏斗的逐渐扩展过程中，不仅在丰水期地下水系统可接受大量的降水或沟水补给增量的补充，造成天然补给量增大，而且在平枯水期于漏斗影响范围内还将引起泉水的流量减小甚至消失等一系列天然排泄量减小的现象。随着隧洞施工及排水过程的延续，需要不断动用储存量，隧洞工程区地下水的降位漏斗将不断扩展，直至隧洞排水量完全靠来自边界的补给为止。工程区地下水系统和外界进行水量交换是不断进行的，尤其是丰水期，与外界的水量交换是剧烈的，因此，在施工后数年甚至更长时间范围内，工程区降落漏斗在平、枯期将继续扩展，但扩展速率将逐渐降低。疏干漏斗的形成和由此引起的其他水量交换，为接受外界的补给，尤其是降水的补给创造了条件，打破了原有的水文动态平衡，促进了水循环交替，这些过程将加剧地表水土的流失，影响植被和农作物的生长等。

因隧洞施工造成的地下水大量排泄、岩溶管道径流加快、地下水位降低等造成的地表井、泉干涸问题，由于岩溶地下水渗流场的变化在某种程度上的不可逆性，在短时间内期望通过封堵等工程措施进行恢复的可能性较小，目前也没有完全恢复成功的案例，因此，水电工程隧洞选线阶段，除可能存在的工程地质问题外，对隧洞施工可能带来的与地下水有关的环境影响问题应予以充分重视。某水电站位于四川省凉山彝族自治州境内，利用雅砻江锦屏山150km大河湾约300m的天然落差，截弯取直引水发电。关键工程为4条平行布置的引水隧洞，长约17km，单洞开挖直径约12m，最大埋深2500m左右，洞线90%以上穿过三叠系浅变质大理岩，是一组大直径、超埋深的岩溶越岭长隧洞（图10.1-11）。工程区所处的锦屏山属裸露型深切河间高山岩溶区，为一相对独立的岩溶水文地质系统。在水文地质环境上为一与主构造线一致NNE走向的独立的"河间地块"，近南北长71km，近东西宽12~23km，面积1126.7km²。"河间地块"内岩溶区的地表水发育较差，多数为干谷和季节性干谷。"河间地块"内地下水有岩溶水、裂隙水和孔隙水，均由大气降水补给，排向雅砻江。其中岩溶水分布面积为840.9km²，占河湾内总面积的74.6%。岩溶水分布于各层组类型的岩溶含水层中，其中：厚层连续状纯岩溶层组（T_2b、T_2、P_1q+m、C_2h+3m部分）面积546.5km²，占48.5%；纯—不纯间层型（T_2y）含水层面积205.8km²，占18.3%；不纯型（T_1、P_2），面积88.6km²，占7.9%；非岩溶类型面积285.8km²，占25.3%。工程区所在大河弯与外界无水力联系，岩溶地下水的补给来源为大气降雨和降雪。主要一级支沟自西到东有：落水洞沟、棉纱沟、牛圈坪沟、普斯罗沟、解放沟；漫桥沟、磨房沟、楠木沟、大水沟和模萨沟等 10 条，均近垂直于雅砻江发育。西部 5 条沟谷大多切割于 T_3 砂岩、板岩和西部大理岩中；东部较大的沟谷主要为磨房沟、模萨沟，磨房沟泉和老庄子泉分别是磨房沟和模萨沟径流的主要水源。

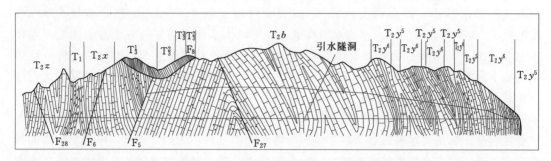

图 10.1-11　某水电站引水隧洞工程地质剖面图

三股泉水是位于工程区东侧雅砻江右岸坡，出露于 $T_2 b$ 大理岩带的东侧边界处，主要受 $T_2 y$ 条带状大理岩、粉砂岩、泥灰岩、$P_2 \beta$ 峨眉山玄武岩组的阻水作用而涌出地表，形成区内悬挂式大泉，高出雅砻江水面 150～170m；在丰水季泉水流量达 20m³/s，枯水季泉水流量 1～2m³/s，年平均泉水流量为 5～6m³/s；具有暴涨暴落的特性。与模萨沟和梅子坪沟口水的径流特征相一致。磨房沟发源于锦屏山东坡的二级支沟毛家沟和建槽沟，自西向东流至麻哈渡汇入雅砻江；其中水量主要来自于磨房沟泉，泉域面积为 192.55km²；根据观测资料统计，多年平均流量为 6.19m³/s（统计至 2000 年），7—10 月为丰水期，2—5 月为枯水期，以 5 月为最枯。模萨沟发源于锦屏山东坡的二级支沟老庄子沟、鸡纳店沟和甘家沟，后两者为干沟，其水量主要来自于老庄子泉，泉域面积为 97km²；根据观测资料统计，多年平均流量为 2.37m³/s（统计至 2000 年），7—10 月为丰水期，2—5 月为枯水期，以 5 月为最枯。大水沟位于大水沟厂址下游 0.7km，全长 4.5km，流域面积 20km²；根据观测资料统计，径流量为 0.015～0.7m³/s。楠木沟位于磨房沟下游约 1km 处，沟谷全长 9.5km，流域面积 27.1km²；高程 1950.00m 以上为干沟或部分季节性干沟，高程 1950.00m 以下为常年性径流沟谷；其年平均径流量为 1.4×10^6m³，最大值为 0.28m³/s（1993 年 9 月 10 日），最小值为 0.004m³/s（1994 年 5 月 19 日），属不稳定径流水。

引水隧洞区超长勘探平洞施工始于 1991 年 10 月 20 日，止于 1995 年 5 月 20 日，最大掘进深度 4168m，两条主洞开挖工程量为 10850.6 延米。长探洞各出水带相继揭露以后引起了如下环境水文地质问题：

（1）位于雅砻江沿江正常排泄带（大气降水和沟水消失入渗补给带）的中部涌水带。数个出水构造中的单点出水流量在 50～700L/s 左右，其流量衰减快，并在深部出水点揭露以后，外部出水点流量迅速减小，直至干枯。现存 1447、1722 出水点小于 50L/s，水量稳定溢流，其余均干枯。地下水温低，仅 11～12℃。该带岩溶水应有一定的埋深并排向雅砻江（探洞高于江水面约 15m 左右，江水深 20m 左右，河床覆盖层厚 30～40m 左右），应是谷坡地带正常排泄基准面附近的地下水排泄面。长探洞内揭露并发生涌水后，

地表大水沟流量从 $0.7\mathrm{m^3/s}$ 降至 $0.015\mathrm{m^3/s}$，沟口瀑布消失；水文地质环境影响范围在 1km 左右。

（2）以雅砻江为排泄基准的深循环带为集中涌水带，其与前述正常排泄带之间的 T_2y^4 层（陡立背斜的核部）阻水作用更强（与埋深大有关），在两带之间相接部位形成区内最大的涌水构造（最强的富水带），最大瞬时流量达 $4.91\mathrm{m^3/s}$，稳定流量为 $1.7\sim 2.0\mathrm{m^3/s}$。该带揭露以后，大水沟水再次消失，形成大水沟水每年有 6 个月的断流，年径流量仅 $0.171\times 10^6\mathrm{m^3}$。由于该涌水带接受分水岭地带的岩溶地下水下泄补给，且较长时期的地下水排泄改变了该单元地下水的水动力条件，使出水构造疏通，水力坡降加大，分水岭地带的地下水位下降了 $50\sim 100\mathrm{m}$，致使磨房沟和老庄子泉的流量减少，衰减加快。示踪试验反映出该带和浅层循环带为统一的含水体系，具从浅层单元越界补入的岩溶地下水径流特征。从主出水构造有长达半年多的浑水涌出分析，天然状态下，该出水构造的排泄能力不强，带内充填大量的黏性土，应是以雅砻江排泄基准的深循环带上部水流。水文地质环境影响范围约 3km 左右。

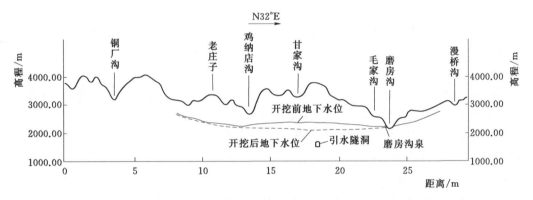

图 10.1-12 某水电站引水隧洞开挖前后地下水位变化示意图

（3）深层涌水带，为雅砻江谷坡地带的地下水深循环的代表。除接受浅层地下水越界补入以外，主要是磨房沟泉域的岩溶水被袭夺入探洞内。该带的富水性远较深循环带弱，也由数个出水构造组成，单点出水量一般为 $60\sim 80\mathrm{L/s}$，喷距 $6\sim 12\mathrm{m}$。其中 PD_1 3948 出水点初始涌水量为 $230\mathrm{L/s}$，间隔 17d 后涌水量增至 $690\mathrm{L/s}$，涌水后长达一个月以后才变清，显示地下水的运移条件已十分缓慢。从埋藏条件和水力条件来看，应属深循环带水流的典型代表。长探洞揭露以后，经过长时间的地下水排泄，磨房沟水流量发生衰竭，流量衰减过程由两个亚动态过程改变为单一亚动态直线型，致使磨房沟泉口附近地带的岩溶地下水位下降了 $10\sim 20\mathrm{m}$ 左右，水文地质环境影响范围达 5km 左右。

（4）大水沟长探洞集中涌水后，在 1993 年 10 月份调查发现，干海子高程 3780.00m 存在新鲜塌陷坑，其长轴 3.5m，深约 5m，1994 年 5 月该塌陷坑增大到直径 4m，从形迹和时间上分析，该塌陷坑与探洞内的大量排水应有关联。

根据长探洞揭露资料，勘测设计单位在前期勘察报告中对引水隧洞开挖施工对地表水及泉水可能带来的影响进行了预测分析。

（1）对地表水的影响评价。

1) 对楠木沟水量的影响。楠木沟流量最大值为 $0.28m^3/s$（1993 - 9 - 10），最小值为 $0.004m^3/s$（1994 - 5 - 19），属于不稳定溪流水。长探洞涌水前后，楠木沟流量动态稳定，衰减特征不变，水量无明显变化，其枯水期流量为 $0.01\sim0.017m^3/s$，较为稳定。长探洞封堵前后，流量动态曲线衰减正常，表明探洞发生的特大涌水对楠木沟水量无明显影响。可以预测引水隧洞的施工对楠木沟水量不会产生较大影响。

2) 对大水沟水量的影响。大水沟水量 1991 年降水高峰期为 $0.7m^3/s$，1992 年 1 月 27 日 PD_2 洞（1002.4m）发生集中涌水后，同期流量降至 $0.015m^3/s$。枯水期流量仅 $0.003m^3/s$。1993 年 7 月 1 日 PD_2 洞再次发生集中涌水后，大水沟出现季节性干枯，反映了长探洞涌水与大水沟流域的水量有着密切的关系。预测不采取工程措施时引水隧洞施工将使大水沟干枯。

3) 对铜厂沟、鸡纳店沟、甘家沟和漫桥沟的影响。铜厂沟、鸡纳店沟、甘家沟在天然状态下为干沟，引水隧洞的开挖不会对其产生影响。

漫桥沟沟水的补给，大部分来自锦屏山以东的区域，沟内无泉水出露，引水隧洞开挖后的可能影响范围仅为该沟的最上游段，对沟内水量的影响甚微。

4) 对西部落水洞沟、棉纱沟、牛圈坪沟的影响。根据初步分析，不采取工程措施时，引水隧洞的开挖可能对西部落水洞沟、棉纱沟、牛圈坪沟流域范围内的环境水文地质有一定改变，使附近居民的生活、生产用水发生一定的困难，但该范围内仅分布木落脚、手爬等局部地带，影响范围小。

(2) 对磨房沟泉水和老庄子泉水的影响评价。根据对磨房沟泉水和老庄子泉水的动态衰减规律、长探洞的涌水特征、示踪试验的回收率、三维渗流场计算等资料分析，引水隧洞的开挖，在不设防渗措施情况下，将对磨房沟泉水和老庄子泉水产生影响。分析表明，磨房沟泉水自 1993 年 7 月至 1996 年 10 月径流量比正常情况减少了 $157.61\times10^6m^3$，相当于平均流量减少 $1.498m^3/s$，比正常情况减少了 27.33%；老庄子泉水则减少了 $27.02\times10^6m^3$，比正常情况减少了 12.21%。长探洞集中涌水段在该时段内的涌水总量为 $269.66\times10^6m^3$，磨房沟泉水径流损失补给占 58.45%，老庄子泉水径流损失补给占 10.02%。

根据分析预测，在不设防渗条件下，采用单位面积稳定流量方法预测单条引水隧洞的稳定涌水量为 $6.91\sim8.48m^3/s$（枯季—雨季），年平均为 $7.52m^3/s$。类比推测，隧洞开挖后，磨房沟泉水流量应减少 $5.24m^3/s$；老庄子泉水流量应减少 $0.9m^3/s$。

参照磨房沟泉水、老庄子泉水不受长探洞涌水影响的流量，预测引水隧洞的施工在不设防渗的条件下，可能造成磨房沟泉水、老庄子泉水的季节性断流。

根据对工程区内岩溶水文地质条件的分析和评价，引水隧洞在不设防渗措施的条件下对周围环境的影响范围，依据引水隧洞施工预测的稳定涌水量和工程区三维渗流场分析确定。根据引水隧洞的涌水预测，在不设防渗条件下，单条引水隧洞的稳定涌水量预测为 $6.91\sim8.48m^3/s$（枯季—雨季），年平均为 $7.52m^3/s$。其中来自浅层地表单元的流量采用水均衡方法得到的 $4.99\sim6.14m^3/s$（枯季—雨季），年平均为 $5.48m^3/s$；来自深层循环带和涌水带的流量为 $1.88\sim2.3m^3/s$（枯季—雨季），年平均为 $2.05m^3/s$。故在不设防渗条件下，预测对磨房沟泉水和老庄子泉水将产生季节性影响；工程区内的地下水位均有不同程度的下降，其中在隧洞附近地下水位下降 385m 左右；在隧洞线以南 5km 范围内和隧洞线以北 4km 范围内地下水位下降在 100m 左右。

为避免出现隧洞施工引起的环境水文地质问题，应采取相应的工程措施避免对泉水的影响，采用"以堵为主、堵排结合"的原则。施工中要求对大于 20L/s 的涌水点进行了灌浆封堵。

2. 隧洞岩溶塌方冒顶

隧洞开挖引起隧洞区地表岩溶塌陷普遍分布在我国南方各省的浅埋岩溶地区，危害甚大。其产生的主要原因包括地下水位突然降低、隧洞塌方牵引地表塌陷等，其中，最主要的是由于地下水位急剧变化而引起沿着岩溶发育带的塌陷。

（1）天生桥二级水电站引水隧洞岩溶塌陷。天生桥二级水电站Ⅱ号引水隧洞桩号 8＋300～8＋340 洞段处于三叠系相变边阳组与青岩组相变接触带北侧灰岩地段。该段隧洞埋深约 80m 左右，地表为桠权沟岩溶槽谷地形，沿接触带发育有桠权沟岩溶暗河管道，岩溶发育、地下水活跃；因临南盘江较近，隧洞轴线一带岩溶发育以竖直状的落水洞、溶缝等为主。引水隧洞采用钻爆法开挖至该洞段后，于桩号 8＋300～8＋340 洞段发生塌方，竖直状的岩溶管道中的黏土夹碎石等溶洞充填物伴随地下水流产生大规模塌落，并引发冒顶，并导致地表覆盖层产生滑坡等现象（图 10.1－13）。

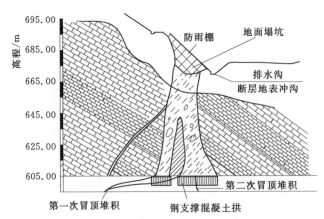

图 10.1－13　天生桥二级水电站Ⅱ号隧洞桩号
8＋197～8＋340 塌方示意图

该洞段发生塌方冒顶后，溶洞充填物成分复杂，稳定性差，受地下水影响严重。后采用管棚护顶法进行"短进尺、强支护"开挖，并及时浅注混凝土拱帽钢支撑，以保证施工期安全。

（2）深圳市东部供水隧洞岩溶塌陷。深圳市东部供水网络干线工程用于统筹解决深圳市的缺水问题，是深圳市城市供水系统的重要组成部分。输水建筑以隧洞为主，全线采用重力流输水方式。一号隧洞供水网络干线从碧岭谷地南缘汤坑村附近进洞，在深圳水库沙湾大望桥北侧出洞，全长 17958m，隧洞断面净宽 4.2m，净高 5.3m。隧洞穿越西坑村北侧，该段地面高程 82.00m，设计隧洞底板高程 40.20m，埋深 42.0m。

2000 年 5 月 3 日，一号隧洞由东向西掘进至西坑村北部 F_{38} 断裂破碎带时，洞内突然涌水，涌水量约 200m³/h，因大量地下水被排出地表，引起西坑老屋村水井水位大幅下降或干枯，距隧洞掘进面前方 200m 处一老民居倒塌，地面塌陷，陷坑直径 4m，深度不详，四周民居墙壁倾斜、开裂、地面沉降开裂，总变形区面积约 7.3 万 m²。沉降 2～5mm。该处地面塌陷时出现在晚上，轰隆一声巨响，人们以为发生大地震，纷纷离家到开阔地带。随后，深圳市勘察研究院与深圳市水务局研究隧洞轴线及塌陷范围的补充勘察，逐步查清了隧洞突水，地面塌陷原因。

西坑村位于深圳市最高峰—梧桐山北麓，四面环山，中部低洼，为一完整的低山—高丘陵盆地，西坑盆地四面环山有利于地表水、大气降水向盆地中下部（西坑老屋村）集中，盆地四周为上侏罗统凝灰岩、下石炭统测水组和泥盆系上统碎屑岩及燕山期花岗岩，组成良好的隔水边界，且隧洞北侧为背斜西北翼测水组绢云母片岩、泥质粉砂岩隔水层。盆地中部普遍分布一层砂卵石层、厚度 1.3～11.2m、埋深 0.0～4.1m，含丰富的孔隙潜水，其下有一层第四系上更新统冲洪积含砾粉质黏土（厚度 2.9～15.2m）及残积砂质粉质黏土（3.0～18.6m）隔水层，往下为溶槽堆积物或大理岩及大理岩化灰岩，灰岩中溶洞裂隙发育，地下水丰富，据隧洞轴线钻孔抽水试验单位涌水量 56.42m³/(d·m)，渗透系数 36.2m/d。

隧洞掘进至 F₃₈ 断裂带时，遇溶洞或溶蚀裂隙，地下水突然涌入隧洞，涌水量约 200m³/h，被迫停止掘进，加强排水措施。由于大量地下水被排出地表，引起西坑盆地大面积地下水位下降 10～20m，大部分民井干枯。丰富的砂卵石层孔隙潜水通过 F₃₈ 断裂破碎带及溶槽堆积物（如塌陷点处该层直接与砂卵石层接触）与岩溶水沟通，涌入隧洞，在水头高 43.0m 的压力下，地下水流带走砂卵石层及溶槽堆积物中的细颗粒，同时溶槽堆积物处于饱和、松散状态，极易被水流带走，形成空洞，引发砂卵石层往下坍塌，出现地面塌陷，房屋倒塌。因地下水位大幅降低，失去地下水充填，浮托作用，引起土层压缩固结，产生大面积地面沉降变形、开裂。

西坑隧洞 11～14 号孔段为 F₃₈ 断裂破碎带及岩溶强发育带，为西坑岩溶盆地地下水总排泄带，其上部东侧为西坑河，此处亦为地表水总排泄口，西坑岩溶盆地地表水，地下水与该处关系极为密切，要想解决隧洞能顺利通过此段及西坑老屋村地面变形、塌陷等问题，必须解决隧洞掘进过程中的地下水治理，使其涌水量减少到不超过地下水正常排泄量，保持西坑村正常井水位。隧洞掘进前必须先堵水，再掘进，边堵水边掘进。据上述补勘资料分析，设计采用分段全断面超前钻孔高压注浆的治理方法进行治理，对涌水量较大地段采用前进式注浆法施工，顺利通过了西坑村 F₃₈ 断裂破碎带及复杂岩溶区，尚未再出现西坑老屋村地面沉降变形。

10.1.4　岩溶边坡稳定及治理

10.1.4.1　岩溶边坡主要稳定问题

岩溶水库边坡地层结构一般包括纯可溶岩、可溶岩与非可溶岩互层、非溶岩库、覆盖层岸坡等 4 类。后两者边坡稳定问题与一般水库相同。对岩溶地区库坝区边坡来说，主要影响者为与岩溶溶蚀、卸荷等有关的危岩体边坡稳定问题和层状岩溶顺向边坡的稳定问题。

1. 危岩体边坡稳定问题

此类岩溶水库岸坡失稳破坏模式主要为沿卸荷裂隙溶蚀、拉裂后的崩塌，如格里桥电站 DR2 危岩体等高陡水库区卸荷危岩体即如此。该类危岩体主要是在河流下切成谷的过程中，沿构造裂隙或卸荷裂隙拉张形成，尤其是卸荷裂隙的溶蚀影响最为显著。构成危岩体的后缘拉张裂隙长期溶蚀的过程，亦是拉应力与溶蚀的联合作用过程，并最后导致危岩体后缘面逐渐贯通、塌落。此类危岩体边坡，沿后缘卸荷隙溶蚀强烈，地下水循环快；当下部分布有岩性软、风化快、阻水的软岩时，多形成上硬下软的二元结构，在上部卸荷拉裂、裂隙溶蚀加快并形成导水通道、下部软岩逐渐软化变形等综合因素影响下，多会形成浑厚的大型危岩体，如乌江渡大黄崖边坡、索风营水电站 DR2 危岩体、马马崖一级水电站 DR2 危岩体等。

（a）马马崖水电站 Dr2 危岩体　　　　　（b）层状岩溶顺向边坡失稳

图 10.1 - 14　典型岩溶边坡

2. 层状岩溶顺向边坡稳定问题

该类边坡多由可溶岩与非可溶岩呈互状结构构成，如洪家渡新山滑坡等。该类顺向边坡地表风化带内，多沿裂隙发育较密且有一定深度的岩溶沟槽、溶缝，该类溶槽或溶缝、溶蚀一方面破坏的岩体的完整性，使边坡岩体风化破碎，夹泥严重，泥化夹层发育；另外，浅部溶蚀风化裂隙、溶缝在雨季尚形成地表下水渗的通道，地表降水沿溶缝或溶隙下渗后，至具一定厚度的泥化夹层带上部滞集，软化、恶化泥夹层性状，并最终诱发边坡顺层塌滑。

10.1.4.2　岩溶边坡勘察要点

岩溶边坡勘察的重点主要是边坡的边界条件、参数及岩溶水文地质条件。与一般边坡勘察方法相同者，此处不再赘述。对岩溶边坡，重点是边坡岩溶发育程度、地下水的影响、下部软岩的变形特征与物性参数，以及后缘拉裂面溶蚀特征与贯通程度。

（1）采用地表调查、测绘的方式，详细调查构成危岩体边坡的地层结构、构造发育特征，以及后缘拉裂面的分布范围、延伸长度、溶蚀风化特征。

（2）采用洞探方式了解后缘拉裂面的贯通特征、发育下限，了解底边界软岩的分布及性状，尤其是溶蚀程度、风化规律及不同风化带的物理力学特性，在条件允许情况下，尽量采用原位试验获取下部软岩的抗剪度参数和变形模量。

（3）详细了解边坡区地表水、地下水活动特征，分析地下水对边坡稳定的影响。

10.1.4.3　索风营水电站 Dr2 危岩体稳定性分析及治理

　　1. 基本地质条件

　　索风营水电站 Dr2 危岩体位于坝址右坝肩上方的灰岩陡崖上（图 10.1-15），距右坝肩最近水平距离 140m。危岩体平面长轴呈南北向，并向西侧凸出，东侧由约呈弧形状的拉裂缝 L1 构成后缘边界，底部终止于 T_1y^3 泥岩。最长 120～180m，上窄下宽，垂直陡壁方向最大宽 29～37m，分布高程 900.00～1070.00m，体积为 54.6 万 m^3。该危岩体在电站施工及运行期任一阶段失稳都将给工程带来不可估量的损失。

图 10.1-15　索风营水电站 Dr2 危岩体地形地貌

　　该危岩体区地层为典型的缓倾坡外的上硬下软的二元结构，上部地层主要为 T_1m 灰色中厚层灰岩、白云质灰岩，底部基座为九级滩（T_1y^3）灰绿色、紫红色泥岩夹泥灰岩及灰岩；T_1y^3 泥岩因受上部荷载作用，岩体已有一定的压缩变形。

　　地层单斜，产状 N75°～85°E/SE∠12°～25°，缓倾上游偏河床。T_1y^3 泥页岩地层中夹层发育，夹层厚度一般 1～15cm，最大厚度可达 30cm，充填岩屑夹少量黏泥，大部软化，局部泥化。裂隙以顺河向及垂直河向两组最为发育。顺河向裂隙延伸长，连通率大，主要形成危岩体后缘边界，沿裂隙面多见溶蚀现象，局部形成溶缝最大宽 1.5m。T_1y^3 泥页岩地层中有少量 N10°～20°W/SW∠30°～50°（缓倾河床）的裂隙发育，该组裂统计频率小，延伸短，间距大，连通率低，但可能形成沿基座剪切破坏的不连续结构面。

　　2. 稳定性评价

　　根据边坡地质条件、成因及稳定现状，分析认为该危岩体可能出现的破坏模式主要有倾倒破坏、座滑（剪切）、顺层滑移 3 种。

　　（1）倾倒。Dr2 危岩体坐落于九级滩软岩（泥页岩）之上，岩体呈上硬下软分布，上

部 T_1m^1 灰岩被陡倾节理切割形成近直立岩柱块体，岩体荷载基本全部作用于下部软岩上，存在一定压缩变形。受开挖、爆破及后缘外水压力影响，以及泥岩进一步风化，变形模量降低等影响，可能导致危岩体发生倾倒变形破坏。

（2）座滑（剪切）。上百米高的陡立岩柱重荷直接作用在下部软岩基座上，在重力或其他外荷载作用下，基座软岩已遭到不同程度的破坏，并形成断续的压碎剪切面，当基座岩体或结构面抗剪强度不够时，则可能发生剪切破坏。

（3）滑移。由于危岩体岩层产状倾向上游（S），在近直立结构面（L_1 或 L_2）为侧向面切割上游分离形成的块体，将有沿层间夹层向坡外滑移的可能。其中最大可能的滑动方向为顺岩层真倾向方向（即正南方向）；主要的滑移破坏模式有：沿危岩体下部 T_1m^1 地层内夹层（J_4）滑移、沿 T_1y^3 泥岩顶部夹层（J_3）的滑移、沿 T_1y^3 泥岩底部夹层（J_1）的滑移（顺层滑移破坏）（图 10.1 – 16）。

根据前述 3 种破坏模式，并综合考虑危岩体所处地理位置分析认为，危岩体的破坏应以剪切（座滑）破坏模式为主，其次为倾倒、滑移破坏模式。

除采用常规的赤平面投影及刚体极限平衡法进行了该危岩体的稳定性分析外，还采用了非线性有限元混合解法对索风营水电站危岩体的稳定性进行分析，该法将有限元强度折减法和有限元迭代解法联合运用于边坡稳定分析，充分利用这两种方法的优点，用有限元强度折减法搜索边坡可能的滑动面，将滑动面在模型中画出，最后用有限元迭代解法分析边坡沿可能滑动面的安全系数，从而达到边坡稳定分析的目的。

根据有限元强度折减法搜索得到的可能滑动面位置，构建新模型重新进行稳定计算工。计算得到第一

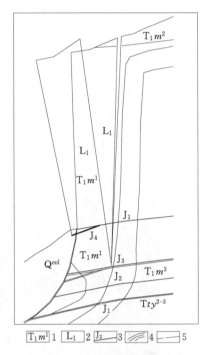

图 10.1 – 16 危岩体工程地质
示意剖面图

1—地层代号；2—危岩体后缘拉裂缝；3—夹层；4—风化线；5—地层分界线

种可能滑动面的安全系数为 1.1709，第二种可能滑动面的安全系数为 1.0519，则后者为危岩体的最危险滑动面，同时可以得出危岩体的破坏方式为座滑，最危险滑动面从危岩体的 L_1 缝和 J_3 结构面的交界处开始，穿过 J_2 结构面和危岩体底部 T_1y^3 地层，和 J_1 软弱结构面相交，最后沿着Ⅲ号堆积体界面滑出，此与根据地质条件分析得到的结论一致。

3. 工程治理

设计时对采用开挖或锚固两种方案争论的时间较长。

对开挖方案，由于 Dr2 危岩体位于右坝肩，考虑对大坝及发电洞进口的严重影响，拟将其全部或将高程 960.00m 以上（开挖方量约 36 万 m^3）挖除，并对后缘周边和高程 960.00m 以下根据开挖后的剩余下滑力大小，作适当的加固处理。该方案安全可靠，但开挖方量大，若在前期下部所有项目未施工前实施该方案，工作量最省，治理最可靠，时间也较好控制。但当下部已开始施工后，其对下部施工的影响非常大。

锚固处理的思路为：对于倾倒破坏，应设法减小倾覆力矩，提供足够的抗倾覆力矩，可采用减载、预应力锚索等措施。对于剪切、滑移破坏，应着重对基座 T_1y^3 岩体进行加固和提高后缘面的抗剪强度，降低危岩体下滑力，防止危岩体沿基座产生剪切、滑移破坏或基座的进一步变形或溃屈造成上部岩体滑落。

经多次比较，最终采用的治理方案为上拉下固。具体措施如下：

（1）上部。在危岩体坡顶部进行地梁和锚杆锚索的锚固处理以及混凝土封闭处理；加强坡面及坡体排水；在高程 1060.00m 和 1040.00m 施工支洞向坡面方向布置 176 根 2000kN 无黏结预应力锚；对整个危岩体外表面宜进行挂网喷锚；对 L_1 裂缝灌注 C15 混凝土或 MIO 水泥砂浆。

（2）下部。由于危岩体底部 T_1y^3 地层内发育多条夹层，T_1y^3 泥岩强度低，变形模量较小。为保证危岩体的抗滑和抗倾要求，要增大危岩体底部 T_1y^3 地层的刚度，下部采取以下加固措施：在高程 930.00m 处往 T_1y^3 九级滩泥页岩内布设 6 根直径 7m 的圆形抗滑桩；在高程 930.00m 沿 J4 夹层布设 8 条 4m×5m 锚固洞，在高程 940.00m 布设 4 条 4m×5m 锚固洞。

该项目现已治理完成，目前运行良好。

10.1.4.4　洪家渡水电站引水洞进口岩溶顺向边坡稳定分析及治理

乌江洪家渡水电站左岸永久地下洞室群由泄洪洞、洞式溢洪道及 3 条引水发电洞组成，进口均位于底纳河出口对岸上游河大遍斜坡地带（图 10.1-17）。由于坡向与岩层倾向相近，斜坡为顺向坡。根据前期勘察成果，斜坡岩体层间软弱夹层发育，且自然坡面临空出露，对边坡整体稳定不利。各水工建筑物进水口边坡开挖后，岩层层面、层间软弱夹层都将临空出露，形成各过水建筑物进水口边坡的顺向坡不良地质结构。

图 10.1-17　洪家渡水电站进水口顺向坡原始地貌

针对进水口边坡的不良地质条件，对进水口边坡的稳定问题列为科技攻关项目进行了专题研究，重点对控制性夹层的物理、力学指标进行了现场与室内试验，对边坡进行了二维、三维稳定性分析，并提出处理措施建议，采用了以大型抗滑桩与锚索联合加固的处理方案；施工阶段据实际地质情况进行了设计处理优化调整。

进水口加固处理工程于 2003 年 4 月开工，2004 年 11 月结束，历时约 1 年半。

1. 边坡基本地质条件

底纳河伏流出口对岸以上至张家湾，河段长约 1.0km，河流流向 S45°E，岩层产状为 N60°～70°E/NW∠28°～36°。左岸为高差 390m 左右、自然坡角 25°～30°的顺向斜坡，右岸为高差 10～190m、自然坡角 70°～80°的逆向坡。地下洞室群进口位于底纳河伏流出口至张家湾河段左岸顺向坡的下游段，即底纳河伏流出口至 K_{91} 溶洞之间，宽约 540m 的左岸顺向坡地带。坡脚高程 975.00m，坡高 355m，自然坡角 25°～30°（图 10.1 - 18）。

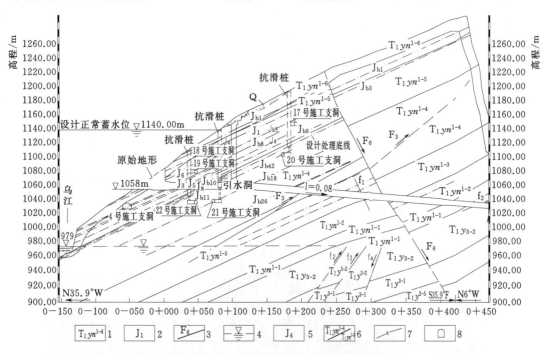

图 10.1 - 18　进水口边坡典型地质剖面图

1—地层代号；2—不连续层间夹层及编号；3—断层及编号；4—推测枯季地下水位；
5—较连续层间夹层及编号；6—地层分界线；7—微风化界线；8—施工支洞

洞室群进口边坡分布地层为三叠系下统永宁镇组灰岩、白云岩，由新到老分述如下：

（1）T_1yn^3：深灰色中厚层灰岩，底部夹薄层、中厚层泥质灰岩，厚 20m。

（2）T_1yn^2：灰、黄灰色、肉红色薄层、中厚层泥质灰岩，砂质白云岩，泥质白云岩夹 2 层厚约 1m 之紫红色钙质黏土岩及 4～5 层厚 0.2～0.4m 之灰兰、灰绿色极薄层泥页岩，厚 45～50m。

（3）T_1yn^{1-6}：为灰白色厚层、中厚层含砂砾屑白云岩，灰质白云岩夹少量灰岩，粗晶结构，厚 20～25m。

（4）$T_1 yn^{1-5}$：灰白、深灰色厚层，中厚层灰岩，灰质白云岩，蠕虫状灰岩，岩石致密坚硬，厚 45～50m。

（5）$T_1 yn^{1-4}$：浅灰、灰白、深灰色微带红色中厚层灰岩，白云质灰岩夹少量蠕虫状灰岩，底部为厚 5～6m 的浅灰、灰白色中厚层白云质藻鲕灰岩，顶部为深灰色中厚层鲕粒灰岩，厚 70～75m。

（6）$T_1 yn^{1-3}$：灰、深灰色中厚层灰岩夹少量白云岩及藻鲕、蠕虫状灰岩，厚 36～40m。

根据地表测绘、勘探平洞及施工开挖揭露资料，边坡发育夹层较多，经分析，较连续的夹层有 8 条，各夹层的性状见表 10.1-7，各夹层在地表的分布见图 10.1-18。

表 10.1-7　　　　　　　　　　　进水口边坡夹层性状表

编号	层位	类型	厚度/cm	界面粗糙程度	起伏差/cm	连续性	物质成分	泥化程度
J_1	$T_1 yn^{1-6}$	泥夹碎屑	0.3～0.5	较平直	0.5～1.0	较好	黏土及少量方解石、碎屑铁质浸染	可塑
J_2	$T_1 yn^{1-5}$	碎屑夹泥	0.2～1.2	较平直	1.0	较好	黏土、方解石、碎屑见铁质浸染	硬塑
J_3	$T_1 yn^{1-5}$	碎屑夹泥	0.2～0.8	较粗糙	0.4～5.0	一般	黏土、局部夹少量方解石	软塑
J_4	$T_1 yn^{1-5}$	泥夹碎屑	0.3～1.2	平直	0.5～5.0	较好	黏土及少量方解石，见铁质浸染	可塑
J_5	$T_1 yn^{1-4}$	泥夹碎屑	0.3～2.1	较平直	1.2	较好	黏土、方解石（软化）	软塑
J_6	$T_1 yn^{1-4}$	碎屑夹泥	1.5～2.1	平直	1.0	较好	方解石、黏土、面上见溶蚀	软塑
J_7	$T_1 yn^{1-4}$	泥夹碎屑	1.0～4.0	较平直	1.0～3.0	较好	泥质、方解石及薄片，面见溶蚀	软塑
J_8	$T_1 yn^{1-4}$	碎屑夹泥	1.0～3.0	较平直	0.8	较好	方解石、黏土，见擦痕	软塑

从表 10.1-7 中可以看出，夹层面较平直，连续性较好，多充填黏土、方解石，一般厚度为 0.2～3.0cm，最大厚度为 4.0cm。其中 J_1、J_4、J_7 夹层为泥夹岩屑型，泥化程度为软塑—可塑状，其余夹层为岩屑夹泥型，泥多已泥化呈软塑状。

J_1～J_4 软弱夹层主要充填黏土，其力学性能差、强度指标较低，天然状态下在河床以上出露（见图 10.1-18），构成了进水口边坡滑动边界的底滑面，对进水口顺向坡的稳定性具有控制作用。因此，在不同的引发条件下，进水口顺向坡存在以 J_1～J_4 软弱夹层为底滑面向上游偏河床滑动的可能性，特别是以后水库运行期间，水库库水骤降，夹层力学指标降低，对边坡整体稳定极为不利。

洞室进口边坡所在位置为单斜岩层，岩层产状 N60°～70°E/NW∠26°～34°。主要发育断层有：

F_{13} 逆断层：出露于边坡顶部，高程 1280.00～1300.00m，斜切左岸所有洞室群，产状 N50°～60°E/SE∠56°，破碎带宽 0.5～2.5m。充填方解石、铁质胶结之灰岩角砾。

F_6 正断层：位于边坡中部，形成后缘切割面，出露高程 1170.00～1225.00m，斜切左岸所有洞室群，断层产状 N20°～30°E/SE∠65°～70°，地层断距 20m 左右，破碎带宽 1.0～2.5m，充填方解石胶结之断层角砾，沿断层面可见擦痕错动方向。

F_{45} 逆断层：为派生小断层，位于 K_{104} 溶洞附近，出露高程 1060.00～1130.00m，断层产状 N30°E/SE∠60°～70°，延伸长度 180m。断层破碎带宽 0.5～1.0m，充填方解石胶结之断层角砾。

根据各勘察阶段的平洞编录及施工开挖资料揭露，进水口边坡裂隙按其发育程度可分为以下 4 组裂隙：

裂隙产状 N20°～40°E/SE∠60°～80°，裂面平直光滑，为剪性裂隙，裂隙延伸长度 1.1～6.4m，宽 0.2～2.6cm。充填方解石及少量泥质，裂隙密度 2～3 条/m，连通率 59.2%～72%。

裂隙产状 N60°～80°E/SE∠50°～80°，裂面平直稍有起伏，为剪性裂隙，延伸长度 0.8～6.7m，宽 0.1～5.6cm，充填方解石薄片及少量黏土，裂隙密度为 2～2.5 条/m，连通率为 15.8%～59.1%。

裂隙产状 N10°～20°W/SW∠60°～70°，裂隙面粗糙，波状起伏，起伏差 1～2cm，为压扭性，延伸长度 0.95～4.25m，宽 0.2～4.0cm，充填方解石，裂面见溶蚀夹泥现象。

裂隙产状 N60°～86°W/SW(NE)∠70°～85°，裂隙面粗糙起伏，长 0.5～2.0m，宽 0.1～0.4cm，充填方解石、泥质，连通率为 21.5%。

洞室进口边坡所处地层为永宁镇组 T_1yn^1 厚层、中厚层灰岩，白云质灰岩夹少量灰质白云岩。

根据钻孔，平洞及施工开挖的所揭露的地质资料，岩溶发育分布高程存在以下特点：

钻孔岩溶。据钻孔统计资料表明，岩溶发育形态有溶蚀晶孔，溶蚀裂隙及溶洞，受 F_6、F_{13} 断层影响，ZK_{34}、ZK_{133} 发育 2～3 层大型溶洞，每层溶洞高 2～11m，发育高程 1088.00～1228.60m，其他钻孔所揭露的溶洞规模小，一般为 0.5～1.06m。溶洞大都充填黏土、砂质黏土。

平洞岩溶。根据洞室进口边坡 9 个勘探平洞所揭露情况，未发现大规模的岩溶洞穴，其岩溶发育主要受 NE 向构造裂隙控制，沿裂隙面溶蚀、扩展而成，其空间分布形态呈漏斗形状、窄缝状延伸，洞宽 0.5～1.5m，长 3～5m，洞内充填软塑红黏土，多数溶洞有滴水现象，雨季水量较大。

地表岩溶。洞室进口自然地理条件为顺向坡，其坡向与岩层倾向一致，地形坡度为 25°～35°，与岩层倾角相近。

从整体条件分析，边坡排水条件较好，地表水停留时间短，岩溶发育条件差。根据测绘资料，进水口边坡地表发育溶洞有 K_{105}、K_{104}、K_{91}。根据前期和施工期地质勘察所掌握的地质资料分析，洞室进口边坡岩溶发育主要受 F_6、F_{13} 断层及 NE、NW 向构造裂隙影响，一般情况下沿断层面溶洞发育规模大，沿构造裂隙发育规模小，呈漏斗状，窄缝状竖向延伸。

洞室进口边坡主要为永宁镇组 T_1yn^{1-6}、T_1yn^{1-5}、T_1yn^{1-4} 厚层、中厚层灰岩、白云质灰岩，厚 150m，为岩溶裂隙含水地层，其地下水主要表现为岩溶裂隙流及岩溶管道流。边坡岩体受风化影响，且构造切割强烈，岩溶发育，岩体透水性较好。据坝址区等水位线图，ZK_{101} 靠岸一带（距河边 230～240m）地下水位低平，与河水位相近，水力坡降为 1.33%～2.0%，ZK_{102} 至 ZK_{33} 钻孔一带，地下水位由 980.80m 抬升到 1020.00m 以上，水力坡度增加为 14.8%～18.5%。左岸上游河边沿 K_{91} 岩溶管道系统出露 W_{15} 岩溶泉，泉水流量 5～20L/s，高程 978.47m，在等水位线图上表现为集水凹槽，说明地下水的运动以管道流为主。

物理地质现象：①塌滑体：分布于 PD₄₁ 平洞附近，高程 1015.00～1140.00m，长 220m，宽 50～60m，铅直厚度 6.8～13.4m，水平深 28.7m，约 9.0 万 m³，为块石、碎石夹黏土，块石粒径 0.4～2.0m，钙质胶结，与基岩接触面附近黏泥含量增加（约占 50％），呈可塑状，据平洞揭露，覆盖层与基岩接触面有沿 N40°W 方向滑动痕迹。②风化：岩体的风化程度受岩性、构造、地形、地貌等条件的影响，以灰岩为主的顺向边坡，可溶性岩体的风化程度主要受 N30°～80°E 裂隙及断层影响，使其溶蚀、扩大、加深、充填黏土等，其次为沿夹层的泥化，破坏了岩体的完整性，致使岸坡岩体风化不均一。经边坡勘探平洞、钻孔资料统计及施工开挖表明，微风化铅直深位于基岩面以下 10～20m，水平深 15～25m，局部受断层影响，微风化深度增加 5～8m。

2. 边坡稳定分析

洞室进口边坡建筑物开挖范围宽 220m，长 330m，高程 980.00～1200.00m，自然坡倾向 NW，坡角 25°～30°，与岩层倾向相近，构成顺向坡，洞脸开挖后其岩层层面、层间软弱结构面临空出露，对边坡稳定不利。

经地表地质测绘、平洞勘探等所揭露的地质资料统计分析，洞室进口边坡边界组合条件由底滑面、裂隙面、断层切割面及开挖临空面组成，其空间分布位置及性质特征如下：

（1）底滑面。从平洞揭露的地质资料来看，在永宁镇灰岩（$T_1 yn^{1-6}$～$T_1 yn^{1-2}$）地层中，软弱夹层发育，连续性较好的夹层有 8 条（表 10.1-7），其构成边坡滑动的底滑面。

（2）后缘切割面。边坡的后缘切割面为 NE 向高倾角断层面，NE 向陡倾裂隙面。

1）断层切割面。主要由 F₆、F₁₃ 两条断层横穿后缘边坡所形成的切割面。F₆ 正断层，产状 N20°～30°E/SE∠65°～70°，破碎带宽 1～2.5m，充填方解石胶结之断层角砾；F₁₃ 逆断层，产状 N50°～60°E/SE∠56°，破碎带宽 1.0～2.5m，充填灰岩角砾及方解石团块。

2）裂隙切割面。主要由 N20°～40°E，SE∠60°～80° 及 N60°～80°E/SE∠50°～80°，两组剪性裂隙切割面组成，裂面平直稍有起伏，延伸长 0.8～6.7m，宽 0.1～5.6cm，充填方解石及黏土。两组裂隙的连通率分别为 59.2％～72％、15.8％～59.1％。

（3）侧向切割面。边坡侧向切割面由 N10°～20°W/SW∠60°～70° 及 N60°～86°W/SW∠70°～85° 两组裂隙切割面组成，裂隙面粗糙起伏，延伸长 0.95～4.25m，宽 0.1～4.0cm，充填方解石，局部有溶蚀夹泥现象，连通率 21.5％～30％。

（4）临空面。根据边坡所在位置的地形条件，按临空面的出露及分布情况可分为侧向临空面和前缘临空面。

1）侧向临空面。位于洞室进水口边坡上的 V 号冲沟及下游侧近河向延伸高 150～280m，坡角 70°～85°的灰岩陡壁，构成边坡侧向临空面。

2）前缘临空面。位于边坡前缘河谷及坡面，由于岩层倾角缓于地形坡角，导致前缘临空，只是坡角小，当洞室进口开挖后在边坡前缘形成多个陡倾角临空面，对边坡稳定极为不利。

根据结构面产状及性状特征综合分析，洞室进口边坡存在不稳定块体，且有顺层滑动趋势，但目前边坡处于稳定状态，究其原因分析，进口边坡裂隙主要发育方向为走向 NE，倾向 SE，而 NW 向裂隙发育较少，规模不大，连通率低，没有形成大的贯通性结构面，这是目前边坡仍处于稳定状态的主要原因。施工阶段，大规模的洞脸开挖及爆破震动影响，结构面产生松动、变形、力学强度指标降低，对边坡稳定影响较大。

根据试验成果综合分析，边坡岩体结构面物理力学指标建议值见表 10.1-8。

表 10.1-8　　　　　　　　　进水口边坡岩体、结构面物理力学指标建议表

地层岩性		风化程度	容重/(kN·m⁻³)	湿抗压/MPa	允许承载力/MPa	抗剪强度		抗剪断强度		性状特征
						f	c/MPa	f'	c'/MPa	
$T_1 yn^{1-6}$、$T_1 yn^{1-5}$、$T_1 yn^{1-4}$		微新	26.6	80	6	0.7		1.3	1.5	厚层、中厚层灰岩、白云质灰岩
$T_1 yn^{1-3}$		微新	26.6	60	5	0.65		1.2	1.3	中厚层夹厚层灰岩
夹层	施工期	微风化						0.35	0.03	泥夹岩屑型
		新鲜						0.37	0.04	
	运行期	微风化						0.30	0.02	
		新鲜						0.34	0.03	
NW、NE组裂隙	施工期	微风化						0.65	0.2	充填方解石、泥质
		新鲜						0.7	0.25	
	运行期	微风化						0.60	0.15	
		新鲜						0.65	0.20	
F_6、F_{13}断层						0.35		0.40	0.05	参照初设断层力学建议指标

边坡破坏边界按 F_6 断层作后缘边界面、以开挖临空面作前缘边界面，以侧向裂隙面作上游、下游侧边界进行计算。计算参数设计考虑到计算中应预留必需的安全裕度，对地质提供的参数进行了适当的折减，最终采用的软弱夹层抗剪强度参数 $C=30$ kPa，$\varphi=20°$ 进行二维及三维稳定计算。计算工况为施工期、运行期水位骤降两种工况。

处理前三维计算结果表明，$J_1 \sim J_3$ 夹层在施工期安全系数大于 1.3，满足规范要求；库水位骤降工况下的安全系数在 1.134～1.21 之间，安全余度不大。

处理前二维计算结果，$J_1 \sim J_3$ 夹层在施工期安全系数在 0.226～1.021 之间，不满足规范要求，需要进行工程处理。

3. 边坡施工处理及评价

根据进水口顺向坡对泄洪建筑物的影响程度，边坡等级为Ⅰ级。经过对洪家渡水电站左岸顺向坡稳定问题的系统分析研究，采用了以大型抗滑桩与锚索联合加固并辅以排水的处理方案，通过对抗滑桩、锚索及施工支洞的合理布置与设计，解决了左岸顺向坡处理技术难大、施工干扰大和工期紧的难题。图 10.1-19 为洪家渡水电站进水口开挖施工图。

边坡加固主要以正常蓄水位 1140.00m 至死水位 1076.00m 之间的库水位变动带为主。处理范围主要于各引水、泄洪建筑物进水口附近。处理深度主要以临空出露的 J_4 软弱夹层埋藏深度作为控制依据。

(1) 抗滑桩。由于该左岸顺向坡的处理直接影响到工程蓄水发电工期，而大型抗滑桩的施工较普通型抗滑桩的施工速度快。普通型抗滑桩布置后，抗滑桩之间的净距仅为5m，

图 10.1 - 19　洪家渡水电站进水口开挖施工

净距较小，只能采取跳桩施工方案，受工期及进度限制，同时为了减少施工干扰，最后将 4～5 根抗滑桩合成一根体积较大的抗滑桩。大型抗滑桩宽 16.5～24m，厚 5m，高度 45.05～81.29m，共 10 根，分别布置在溢洪道、泄洪洞及 3 条引水洞轴线之间。抗滑桩分布在高程 1194.00m 附近共 4 根、在高程 1135.00m 附近共 3 根、在高程 1105.00m 附近共 3 根。

（2）锚索。300t 级锚索共 227 根。锚索分 Ⅰ 区、Ⅱ 区、Ⅲ 区施工。Ⅰ 区分布在高程 1147.50m 以上区域，共有 23 根；Ⅱ 区分布在高程 1147.50～1056.00m 区域，共有 51 根；Ⅲ 区分布在高程 1056.00m 以下区域，共有 153 根。锚索主要分布在引水洞进水口底板高程 1056.00m 以下区域，可对顺向坡起到较好的锁脚作用。顺向坡锚索轴线倾向 N20°W，倾角 25°。锚索高差排距为 5m，间距为 5m，长短间隔布设。锚索长度为 30～95m 不等。同时，为保证进水口开挖边坡的局部稳定，进行了局部稳定处理。引水洞进口开挖边坡高 20～30m，在引水洞进水口局部边坡设置 300t 级锚索共 15 根；泄洪洞进口开挖边坡高 20～25m，对该边坡进行了锚杆支护处理；溢洪道进口开挖边坡高 60m 左右，在溢洪道进口边坡部位设置有 4 排 300t 级锚索共 24 根。

从锚索造孔看，揭露地层主要为 $T_1 yn^{1-5}$、$T_1 yn^{1-4}$ 中厚层夹少量薄层灰岩，其中部分钻孔遇溶洞或断层破碎带，均做混凝土回填或下管隔离处理，内锚段在设计孔深内若遇溶洞或断层破碎带等不良地质情况，则采用加深处理，确保内锚段在较完整岩体内。

（3）排水措施。针对进水口顺向坡，设置了 3 种排水设施：①在地表设截水沟，对地表水进行拦截。②利用 17 号、18 号、19 号施工支洞作为排水洞，对地表下渗水流进行引排。③对原勘探平洞进行清理，作为地表排水洞对下渗地表水进行引排。

洪家渡进水口顺向坡采用了以大型抗滑桩与锚索联合加固并辅以排水的处理方式进行处理后，边坡从不稳定状态或临界稳定状态提高到安全系数在 1.259 以上，满足稳定要求。

在泄洪洞、引水系统及高程 1147.50m 平台开挖过程中，为了掌握边坡的安全状况，在引水系统及泄洪洞进口边坡上，选取 4 个观测断面，共布设 4 个测斜孔、8 套多点位移计，10 个表面变形观测墩。在溢洪道进口边坡，选 2 个观测断面，设 5 套多点位移计、2 个测斜孔。

对顺向坡进行抗滑处理时，选 18-3，19-3 两根抗滑桩作为观测对象，每根抗滑桩上布置 3 个观测断面。在桩体外部布置渗压计及土压力计，对桩体的外部环境及受力进行监测，在桩体内部布置钢筋计、应变计、无应力计、温度计及测缝计对桩体的应力应变进行监测。

在顺向坡稳定处理的 227 根 3000kN 级预应力锚索中，选了 22 根锚索布置了测力计，仪器布置时考虑监测结果的代表性，并能相互验证。

溢洪道进口边坡：目前多点位移计 M_{YB-2}^5 测第 4 个测点测值最大，最大位移为 3.70mm；层间相对位移最大时有 2.5mm 左右，但测值显示位移是向后坡发展，在溢洪洞洞口开挖结束后逐渐趋于平稳。结合测斜孔观测资料来看，目前处于稳定状态。

引水及泄洪系统进口边坡：在早期边坡开挖回弹变形后，逐渐趋于稳定；目前岩层最大位移量 4.35mm。锚索预应力、抗滑桩测值稳定，说明引水隧洞进口边坡变形小，处于稳定状态，从边坡整体水平位移的观测成果分析，引水系统进口边坡没有向临空面发展的趋势，处于稳定状态。

10.2 岩溶地区尾矿库与水环境问题

尾矿库是另一类意义上的库，只是其库盆装的是固体或固液混合体。尾矿库是指筑坝拦截谷口或围地构成的，用以堆存金属或非金属矿山进行矿石选别后排出尾矿或其他工业废渣的场所，包括冶炼废渣形成的赤泥库，发电废渣形成的废渣库，以及磷石膏渣库、锰渣尾矿库等。由于其库盆内堆积物的特殊性，尾矿库是一个具有高势能的人造泥石流危险源，存在溃坝危险，一旦失事，容易造成重特大事故。另外，许多伴生尾矿库产生的渗滤液若处理不当，亦将对库盆周围的地表水、地下水环境产生严重的影响。

2010 年，贵州省工业固体废物产生量为 8187.83 万 t，位居全国第 11 位，综合利用率不到 40%，大量工业固体废物只能储存于渣场或直接排放，主要为磷石膏、粉煤灰、脱硫石膏、冶炼渣、赤泥、锰渣等，贵州省工业固体废物历史堆存量已超过 3 亿 t。"十二五"末预测，随着贵州省工业化发展，"十二五"期间，将有大量工业固体废物产生，按照目前的速度递增，到"十二五"末，预计贵州省工业固体废物产生量将高达 1.2 亿 t/a。

贵州省某化肥有限公司磷石膏渣场渗漏造成乌江干流和沿河出境断面总磷长期超标，2011 年沿河出境断面总磷浓度 1.13mg/L，超标 4.65 倍，致使重庆市 2005 年以来陆续反映乌江总磷超标；某公司磷石膏渣场渗漏，造成重安江和清水江总磷长期严重超标，2011

年白市出境断面总磷浓度为 0.375mg/L，超标 0.87 倍，致使湖南省 2005 年以来陆续反映清水江总磷超标；某县境内的电解锰企业渣场渗漏，致流入湖南省的总锰超标，等等。目前，工业渣场、尾矿库渗漏已成为贵州省河流污染的主要环境问题，且对重点流域造成污染，甚至引发跨界污染纠纷。

在岩溶地区，尾矿库附近地区碎屑岩及火成岩多呈条带状分布，范围较窄，且受构造切割影响，隔水性较好的砂泥岩或火成岩（主要为玄武岩）多不连续。如贵州地区可溶岩地层约占全省面积的 65% 左右，除掉以变质岩为主的黔东南地区，其余地区可岩溶面积在 90% 左右；在可溶岩广泛分布的岩溶地区选择磷石膏等具一定污染的尾矿库堆场，拟完全将堆场放置于不透水地层区，难度较大，在很多情况下甚至不可能。因此，将尾矿库选择放在岩溶山谷或洼地中是不得不面对的现实。如 B 堆场、交椅山堆场、平坝堆场、摆纪堆场、独田堆场等，均位于岩溶沟谷或岩溶洼地中。

由于早期尾矿库选址时，在环保等问题方面的考虑不是很周全，选址于岩溶沟谷中的尾矿库主要考虑的问题为岩溶塌陷、边坡稳定等场地稳定性问题，对岩溶渗漏及地下水污染问题没有引起足够的重视。随着尾矿库的运行，尾矿渗滤浆液通过裂隙、溶隙、溶缝、溶洞等通道逐渐入渗补给到地下水渗流场中，极大地改变了地下水特征，一方面造成地下岩溶空间的岩溶化程度进一步加速，引发地表塌陷；另一方面，渗滤液中的污染物质溶于地下水中，改变了地下水的酸碱度，污染了地下水，并进一步污染地表水体，对当地自然环境及百姓生活产生较大影响。如瓮福摆纪堆场渗漏对下游羊昌河、重安江的污染，B 堆场对乌江渡水库库水的污染，平坝磷石膏堆场对红枫湖水体的污染等，均是岩溶沟谷中的磷石膏堆场发生渗漏后，对下游水体造成了较为严重的污染，环境影响问题突出。

10.2.1 岩溶山区尾矿库选址及勘察

岩溶山区受特殊的地形地貌所限，所能利用的尾矿库多属山谷型堆场。由于复杂的岩溶水文地质条件，导致堆场场址选择余地不大，岩溶问题不可避免。早期选择在岩溶槽谷或洼地中的尾矿库多由于防渗处理不当或防渗系统失效，发生了较多的岩溶渗漏，环境问题非常突出，如贵州的摆纪堆场、B 堆场、交椅山堆场等，均不同程度地发生渗漏，对地表水体、地下水系统造成了不同程度的影响。此类问题显露出的环境问题和潜在的环境影响，日益受到政府、企业和学术界的重视。

尾矿库工程包括渣体的形成、运输、初期坝构筑、渣体排放、库盆防渗与排渗、防洪与排洪、水循环、废水处理污染控制、闭库与植被恢复、监测与管理等子系统，其包括了堆场系统内部、堆场系统与环境间复杂的物理、化学、生物地球化学反应和溶质迁移的过程，涉及堆场设计、基建和运营、闭库和土地恢复，以及后期污染治理等工程问题。反映出岩溶水文地质、环境地质、岩土工程问题的相互交织、渗透、一体化和时空广大的特点。因此，孤立地解决初期坝坝体结构和安全问题，或者孤立地评价堆场区生态环境破坏问题，都不可能从总体上认识堆场工程的内在关联和实现堆场工程环境管理的最优化。应基于系统工程的思想，把堆场的岩土工程结构、环境影响、堆场管理与监测融合一体，完整、系统地提出岩溶地区尾矿库工程的选址与评价方法具有现实应用意义。

10.2.1.1 岩溶山区尾矿库选址原则

影响尾矿库选址及后期运行的主要因素包括原料厂选址、堆场周边环境（学校、居民、交通等)、地形条件、地质条件、岩溶水文地质条件、岩土特性、不良物理地质现象;除与原料来源的关系外,其中最为重要的是场址区的岩溶水文地质条件。因此,岩溶地区尾矿库的选址必须围绕上述因素进行。

(1) 所遵循的选址原则如下:

1) 距原料厂近,交通及运行管理方便。如国内大型磷化工企业在生产过程中,磷石膏的排放量非常巨大,如瓮福集团磷石膏年排放量在 350 万~400 万 m³,如此大的排放量及污水二次回收利用,所选堆址不宜过远,否则,运行管理极为不便,且成本较高。因此,磷石膏堆场的选址多是围绕肥厂一定半径范围内进行。当然,也有在总体规模选址阶段,即综合考虑肥厂、堆场的适宜性而兼顾综合选址的情况;因岩溶地区磷石膏堆场在运行过程中出现的难以处理的问题,目前,部分磷化工企业在前期肥厂规划选址时,将堆场选址作为其比较因素的一部分,纳入选址影响因素予以综合考虑。

2) 周围无集中的居民居住区,坝址下游地区无学校、大型集镇,无当地主要灌溉、生活用水水源。如磷石膏渣体的微粒子特征及其中所含的高含氟、强酸特性,注定其对周围环境将产生一定程度的影响。前者主要是颗粒较细(粉砂级或粉土级)的磷石膏颗粒随风扩散的问题;后者主要是强酸性含氟含磷污水一旦溃坝失事或渗漏,将对下游居民、集镇产生较大的危害,对下游水体产生难以估量及处理的影响。因此,尾矿库的选址不应处于城镇或居民区的上游方向,以及主要地表、地下水的上游补给区。

3) 地形适宜,上游无大的地表汇水面积,且不宜处于暴雨中心。不同于平地堆场,在岩溶地区的堆场多选址于易于堆存渣体的沟谷或洼地中,属沟谷型堆场。沟谷型堆场周围利于围限的山体是堆场的天然屏障,但同时亦是地表水汇集区,当汇水面积较大或处于暴雨中心时,不利于堆场的排水,处理工程量较大,不利于渣场的稳定。另外,目前全球气候变暖趋势加剧,特殊气象情况增多,堆场在设计与工程等环节要关注有关细节,在水平衡、调洪、控洪方面留有余地。

4) 地层条件简单,最好是相对隔水的碎屑岩地层区。岩溶地区堆场的选址能全部位于相对隔水的碎屑岩地区最为理想,可省却渗漏评价及处理等许多麻烦。但在贵州等可溶岩分布地区,大范围成片分布的隔水层并不多见,主要隔水的碎屑岩地层多厚度薄、分布不连续,且多被断层切错,不易构成有效的成片隔水区域,在断层通过地带或与可溶岩接触地带,反而存在岩溶相对发育的问题,利用隔水层选址其作为磷石膏堆场的难度较大。因此,在岩溶地区,多根据适宜的地形条件,选择岩溶弱发育或中等发育的场地作为堆场场址更为现实。

5) 无区域性大型断裂通过,区域构造稳定,地震活动不频繁,无活动性断层通过场址区。区域构造稳定性问题主要是影响堆场渣体的稳定性,当遇活动断层错位或地震活动时,可能导致溃坝等风险。因此,堆场区应避开活动断裂。当高震区无法避免时,亦应按相关规范,进行必要的抗震稳定分析与设防设计。

6) 不良物理地质现象不发育,无影响工程建设的地面塌陷、地裂缝、崩塌、滑坡、危岩体、泥石流等现象,或有上述现象时,可通过适当的工程措施予以处理。地面塌陷及地裂缝一般是新近产生的不良地质现象,且多不稳定,短期内也不一定会趋于稳定,当堆场区存在上述现象时,在后期堆积渣体进一步压载或扰动作用下,地面塌陷或地裂缝可能发生继承性扩展，对渣场的稳定不利。崩塌、滑坡、危岩体、泥石流主要对场址施工及运行安全产生影响，当规模较大时，不易处理，宜作必要的避让。

7）岩溶水文地质条件相对简单，无大型岩溶管道或地下暗河分布于库盆底部，无可能诱发场区塌陷的大型岩溶洞穴分布。当大型岩溶管道、暗河或洞穴处于库盆底部时，在地下水位升降及上部渣体荷载作用下，库盆易发生地下水顶托与吸蚀塌陷、压重塌陷等问题，除可能诱发堆场塌陷、滑坡、溃坝外，尚可能导致废弃物堆体直接与下伏地下水连通，渣体、有毒性的渗出液、早期膜下水等将污染地下水体，转而污染地表水体，造成难以估量的、长期的环境影响。岩溶水文地质问题是岩溶地区尾矿库选址中最为复杂的问题，在前期工作的基础上，可对场址区岩溶发育程度及岩溶地下水的补给、径流、排泄特征有一定了解，但多限于规律性的认识，在不应用综合手段的情况下，一般难以准确查明；尤其是需进行工程处理时，需开展的勘察工作量相对较大。而限于现有规范及认识，目前，很多岩溶堆场前期在库盆区投入的勘察工作量不足，导致对库盆区可能影响场地稳定的岩溶管道或洞穴的位置、埋深、规模、与地下水的关系等多是宏观预测，工程设计及处理多不具针对性，一旦运行期出现塌陷、渗漏等问题时，处理难度较大，对场址区的岩溶水文地质条件的认识需从新开始，勘察工作量将更多，勘察难度更大。但在岩溶发育地区能否选择进行堆场建设的争论较多，根据现场堆场的建设、运行情况，以及存在和发生的环境地质问题、生态环境问题，在堆场选择时，在避开大型溶洞、岩溶暗河及新近岩溶塌陷区后，于中等岩溶或弱岩溶发育地区选择磷石膏堆场是可行的，其关键是前期对拟选址区的岩溶水文地质条件的评价应客观、合理，存在的岩溶水文地质问题可通过工程措施予以处理。

8）场址区或周围一定范围内不应有煤矿等采空区。采空区的影响主要是对地表变形的影响，当地下存在采空区时，受巷道掘进及矿柱回采等影响，在地表多形成一定范围的变形及影响区，严重者可能导致地表产生塌陷破坏，且其变形在一定时间难于趋于稳定。当堆场位于采空区时，将严重影响堆场的稳定性及防渗系统的安全运行。

9）场址区或较近范围内有可供开采利用的土、石料场。

10）因岩溶地区尾矿库选址的复杂性，应开展必要的多个场址比较，根据上述各种影响因素，选择条件相对较好者作为推荐堆场使用。

（2）选址阶段主要工作内容如下：

1）收集并了解地区总体规划及原料厂选址资料。

2）收集并了解规划用地区域水文、地质背景资料。

3）采用地质调查、测绘等方法，了解工程区地形、地层、构造、区域岩溶水文地质条件、不良物理地质现象等地质条件，此过程中，可采用小比例尺地形图、遥感影像等方法进行大范围内的地形地质分析，采用排除法，初步选定可能利用作堆场的初拟场址。

4）采用大比例尺测绘、物探、专门水文地调查、测试手段，调查了解拟选场址区岩溶水文地质特征、可能影响工程建设的不良物理地质现象的分布、规模等。

在上述工作基础上，对拟比选的场址区的水文气象、地形地质、岩溶水文地质、物理地质象等进综合分析，客观评价，进行场址比选，推荐场址。

选址过程中采用的方法可多种多样，但考虑经费及工期等原因，选址阶段勘察工作宜以宏观控制为主,满足主要问题的评价即可,不宜过细。堆场选址过程中,除周围外围环境外,场址区重点应关注的问题是水文条件、岩溶发育特征及可能存在的大型不良物理地质现象。

选址阶段应重点解决的问题是成库的问题,尤其是场址的稳定性及建设的适宜性问题,即场址区可能存在的塌陷、滑坡、岩溶渗漏与污染等问题,应在选址过程中予以重点调查与解决或预测,不能在后期的工作中出现颠覆性问题。

10.2.1.2 岩溶山区尾矿库勘察要点

尾矿库勘察应对所选场址的区域地质、岩溶水文地质条件、场址区地形地质条件进行工程地质论证,为场址比较、推荐场址提供地质依据。

岩溶地区尾矿库主要勘察任务应包括下列内容:①了解厂、矿、堆场的总体规划情况。②了解初选场址周围人文、社会环境。③收集场址区区域地质和地震活动概况。④查明场址区水文条件及岩溶地下水的补给、径流、排泄特征。⑤查明库盆地质条件,以及初期坝坝址工程地质条件及岩溶水文地质条件。⑥查明了解场址区不良地质现象。⑦查明场址区附近可供利用的天然建筑材料的赋存情况。

上述勘察工作中,应重点对影响库盆稳定与渗漏的岩溶水文地质问题开展工作,必要时,可超深度开展相应的岩溶水文地质调查工作。

1. 地质工作

(1)资料收集。收集资料包括原料厂、矿山及拟选堆场的总体规划资料,水文、气象资料,拟选堆场周围学校、集镇、主要居民聚居区、重要厂矿及耕地、交通条件等。以上述非地质原因的环境资料为基础,进行拟选堆区的初步选址。

(2)地质测绘与调查。测绘的重点包括场址区地形地貌、地层岩性、构造、岩溶发育特征、水文地质条件、不良地质现象。其中重点是地层结构及岩溶水文地质条件的调查,需建立明确的地质结构特征,进行明确的隔水边界、透水地层的界定及地下水动力学特征,判断岩溶发育程度及对工程可能产生的影响;必要时,开展相应的连通试验以验证对场址区岩溶水文地质条件的判断。

2. 物探工作

物探工作主要布置于库盆地带及主要初期坝坝址区,重点调查大型构造的分布,以及岩溶发育规律、可能存在的岩溶管道水或地下暗河的分布、规模,岩溶发育程度和岩溶洞穴的规模、埋深等。该项工作需在地质调查、测绘的基础上进行。

3. 勘探工作

钻探用以调查岩溶发育规律,地下水埋深,覆盖层的厚度、结构及物质组成。对测绘和物探发现的异常地段,应选择有代表性的部位布置验证性钻孔,控制性钻孔的深度应穿过可能发育的岩溶管道或岩溶发育异常区,了解场址区岩溶发育特征及地下水埋深、动态。

4. 试验

试验工作主要对坝基及对场址有重大影响的不良地质作用地段取水样和土样、岩样进行试验,以了解场址区岩土物理力学性质及地下水的补、排条件、水质特征,以及不良地质体稳定特征。

444

10.2.2　尾矿库污染工程实例

10.2.2.1　A 堆场地质条件及渗漏污染情况

A 堆场位于贵州省某镇北东方向约 2km，设计年排放废渣 140 万 t，堆放以磷石膏为主的多种类、多成分的浆液状（30％水分，70％废渣）废渣。

磷石膏堆场运行期间，由于渣库、坝基渗漏，造成地下水排泄区的鱼梁河、阿里堡河（石板河）、浪坝河及后河水质逐年恶化，使其物理感观（如漂浮物、颜色、味、嗅、浊度、透明度等）、固体含量、矿化度、电导率和氧化还原电位超标，导致下游河段河水不适合饮用，鱼虾绝迹。众多的地下水排泄点，如位于渣库库尾 200°方向约 900m 的向家桥水井 S_{24}，位于渣库 320°方向约 4600m 的浪坝河河谷北岸的新桥泉 S_{28}，位于渣库之北约 4000m 的周家湾 S_{34} 泉群，以及位于堆场 48°方向约 3500m 的毛栗树发财洞泉的 pH 值显示强酸性，溶解氧（Do）、氨氮（NH_4）、总磷（P）和氟（F）含量严重超标。

1. 基本地质条件

场区属中低山区，主要由岩溶峰丛洼地、溶丘、侵蚀谷地等多种地貌组成，伴有溶沟、溶槽、落水洞、漏斗等，山势主要呈近南北向展布，与构造线基本一致，工程区最高点为堆场西北的金鸡山山顶，高程 1089.00m，最低点为东北浪坝河出口处，高程 763.00m，阿里堡河、鱼梁河、浪坝河依次从阿里堡及渣库场地的南侧、西侧、北（北东）侧流过，呈环状绕过场区外围。在上述河流的围限范围内，工程区总体呈一略西斜的菱形地块，除场址区南西侧的摆纪堆场一带为大型的岩溶槽谷地形外，由上摆郎至独田一线往北、北东方向地形总体向北、北东方向浪坝河倾斜下降。

工程区出露的地层有第四系覆盖层（Q）；三叠系中统法郎组（T_2f）、青岩组（T_2q）、关岭组（T_2g）地层，下统安顺组（T_1a）、大冶组（T_1d）地层；二叠系上统长兴组（P_2c）地层；寒武系中上统娄山关群（$\in_{2-3}ls$）地层。出露岩性主要为灰岩和白云岩，其次为砂岩，泥岩和页岩。其中，强岩溶化含水透水岩组为关岭组（T_2g）强岩溶含水岩组白云岩、灰岩、泥质灰岩，青岩组第二段（T_2q^2）厚层灰岩，法郎组第二段（T_2f^2）中厚层、厚层状灰岩。中等岩溶化含水透水岩组为娄山关群（$\in_{2-3}ls$）白云岩、角砾状白云岩，长兴组（P_2c）灰岩，大冶组（T_1d）极薄层、薄层状灰岩、白云质灰岩，安顺组（T_1a）白云岩，法郎组第一段第二层（T_2f^{1-2}）含泥质灰岩、瘤状泥灰岩。隔水岩组或相对隔水岩组为青岩组第一段（T_2q^1）泥页岩偶夹泥灰岩，青岩组第三段（T_2q^3）页岩、泥岩偶夹砂岩，法郎组第一段第一层（T_2f^{1-1}）中厚层细砂岩夹瘤状灰岩及泥页岩。

工程区地层总体上呈 SN 向展布，与山势方向一致，地质构造总体上比较简单，中部安甲坪一带为马场坪向斜核部，场区外围东侧大坪一带发育 F_1 断层（都匀断裂带）及 F_2 断层，西侧鱼梁河一带发育近 SN 向的 F_3 断层。

工程区属裸露型岩溶山区，碳酸盐岩出露面积占 70％以上，且气候温和湿润，雨量充沛，受大气降水的直接补给，为岩溶发育提供了良好条件，岩溶形态主要有岩溶洼地、落水洞、岩溶管道、溶洞、溶缝、溶槽、溶沟及石芽等。

工程区岩溶发育规律主要受地层岩性、地下水、地质构造及地形地貌等多种因素控制，其中地层岩性是岩溶发育的物质基础，地质结构或构造控制岩溶的空间展布，地形地貌影响促进岩溶演变发展。岩溶最为发育的灰岩、白云岩常构成强含水层，如关岭组（T_2g）、青岩组第二段（T_2q^2）、法郎组第二段（T_2f^2）；岩溶较为发育的白云岩夹泥质白云岩、含燧石团块灰岩、泥质灰岩、泥灰岩常构成中等含水层，如长兴组（P_2c）、大冶组（T_1d）、安顺组（T_1a）、法郎组（T_2f^{1-2}）等。

工程区大小泉水点共计 50 个，其中法郎组第一段第二层（T_2f^{1-2}）岩溶裂隙水中等含水岩组出露泉水最多，为 15 个，出露高程较高，一般高程 890.00～972.00m，除鸭草坝冲沟两较大岩溶泉（S28、S29）流量较大外，该层泉水总体流量不大，多在 0.1～1L/s 之间，该层泉水类型为裂隙泉及小型岩溶泉。其次是青岩组第一段（T_2q^1）、第三段（T_2q^3）隔水岩组，前者出露 9 个，后者 7 个，流量不大，大多小于 1L/s，该层泉水类型为裂隙泉；关岭组（T_2g）强岩溶含水岩组出露泉水 7 个，以岩溶泉水为主，豆腐桥河坎处的岩溶泉群（S33、S34）流量最大达 50L/s。其余各层泉水出露较少，在 1～3 个之间。

工程区泉水与各透水岩组、隔水岩组相间分布特征及展布高程相适应，在不同高程、不同岩性层组中均有分布。总体上，隔水岩组、中等岩溶含水岩组泉水出露最多，但流量较小，大多在 1L/s 以内，出露高程多在高程 800.00m 以上，且主要为季节泉。而流量较大的岩溶泉水出露点多位于浪坝河河谷 800m 高程以下，并受岩性、构造等的控制。

工程区含水岩组与隔水岩组相间分布，西侧深切的鱼梁河与北（北东）侧深切的浪坝河构成该区岩溶管道水、裂隙水排泄基准面，因此，工程区岩溶水文地质单元主要分为独田、豆腐桥、龙井 3 个单元。与工程有直接或较近联系的独田岩溶水文地质单元、摆纪豆腐桥岩溶水文地质单元内，主要发育有 4 个岩溶管道水系统和 1 个岩溶裂隙含水系统，除双眼井 S_4、S_5 岩溶裂隙含水系统外，4 条岩溶管道水系统的出口均分布在北侧、北东侧的浪坝河沿线。各岩溶管道水受构造、地层岩性等控制较为明显，岩溶管道均发育在灰岩（少量白云岩）透水岩组地层中，岩溶管道水的走向与透水岩组的走向及向斜轴向基本一致。

2. 堆场渗漏分析

A 堆场处于发财洞岩溶水文地质单元内，并构成发财洞岩溶管道水的补给区之一。目前，该堆场含磷石膏的污水主要由发财洞出口排向杨昌河，并污染下游重安江。

根据堆场区岩溶水文地质条件分析，堆场一带的渗漏主要由两部分组成。一部分为渣液通过堆场库底（Y_{12} 落水洞至狗崽洞一带）的落水洞排入地下，越过马场坪向斜核部后，排泄至发财洞岩溶管道的 S_{19} 号泉，为堆场渗漏的主要部分；另一部分为 S_{11} 号泉水一带，地下水排泄点出口高程 915.00m 左右，库盆堆渣至高程 942.00m 后，堆渣直接将 S_{11} 号泉出口堵塞，导致该岩溶管道水滞塞、上涨，并另外寻找出口（图 10.2－1）。汛枯季地下水反复涨落，并排水不畅，是导致该区库盆塌陷及防渗土工膜破裂的主要原因；而上涨的地下水（尚可能含部分堆场浆液）于安甲坪一带越过低矮的地下水分岭（前期分析约在高程 950.00～955.00m 左右），于小冲一带排向发财洞岩溶管道水系统；但该渗漏通道的渗漏一般集中在雨季地下水位较高时段内。因此，堆场一带的主要渗漏通道，应集中在 Y_{12} 落水洞至狗崽洞一线，尤其是 Y_{12} 落水洞一带，应为渗漏的主要通道，渗漏通道集中在库底的 T_2q^2 强岩溶化地层中，渣液随地下水越过向斜核部后，于发财洞 S_{19} 号泉排出。发财洞一带早期渣液由冲沟排出，后期由发财洞排出，原因为发财洞岩溶管道水有多个时期的出口所致。

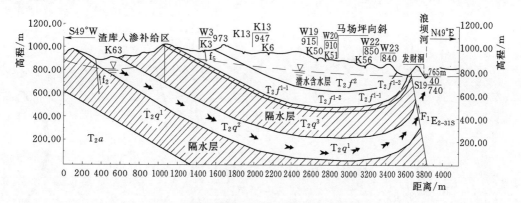

图 10.2 - 1 发财洞岩溶水文地质结构及渣库渗漏示意图

10.2.2.2 B 堆场地质条件及渗漏污染情况

B 堆场位于贵州省贵阳市某县，由于该磷石膏堆场位于岩溶地区，同时防渗处理不彻底，造成库中含磷、氟的废水通过岩溶管道、裂隙进入地下含水系统，使下游地区地下水和地表水遭受严重污染，并威胁到乌江渡水库水环境。

1. 基本地质条件

区内为峰丛洼地地貌类型，地面高程 825.00～985.00m，斜坡坡度 25°～45°，峰丛间洼地、落水洞发育，呈串珠状分布。洼地、落水洞均为地表水泄流点。

区内出露地层为三叠系狮子山组（T_2sh）灰岩夹泥灰岩、白云岩，松子坎组（T_2s）泥页岩与灰岩、白云岩互层，茅草铺组（T_1m）白云质灰岩、灰岩、白云岩，以及第四系。

区内构造主要由两条近南北走向、向东倾斜的逆断层（F_1 和 F_2）及其牵引褶皱组成，另外北西和北东向大型节理和小型平移断层也较发育。F_1 断层走向 355°～5°，东倾，倾角 45°，断距 100～400m，接触带时见角砾岩和糜棱岩，为压性枢纽断层。断层下盘见明显的向南倾伏的牵引向斜，断层上盘的牵引背斜出露良好，向南被 F_2 断层破坏。据区域水文地质普查报告（1:20 万），该断裂构造切穿了不同的含水层，且断裂带导水性较强，沟通了各含水层间水力联系。F_2 断层走向约 350°，东倾，倾角约 45°。沿 F_2 断层分布有 4 口南山煤矿和化肥厂的抽水井，距出现磷污染 W_1 岩溶季节泉 0.45km，高程 835.00～850.00m，孔深 160～200m，抽水量 2600m³/d，抽水井最大降深达 40m。据调查资料，抽水井地下水水质未出现磷、氟污染，说明 F_2 断层具有阻水性。

2. 岩溶水文地质

区内西南面为息烽河和大干沟。息烽河为当地排泄基面；大干沟为一条季节性溪沟，长约 3.5km，东西展布，汇入息烽河，一般呈干沟状态，仅在下游段受地下水的排泄补给，常年有水。大干沟具有典型的岩溶山区河流特征，流量变化上百倍。B 堆场环境水文地质图见图 10.2 - 2。

区内北西面出露松子坎组（T_2s）地层，出露位置较高，形成隔水边界，同时也是 T_2sh 岩溶含水层隔水底板；东边为南北向断裂构造（F_2 断层）形成的隔水边界；地下水

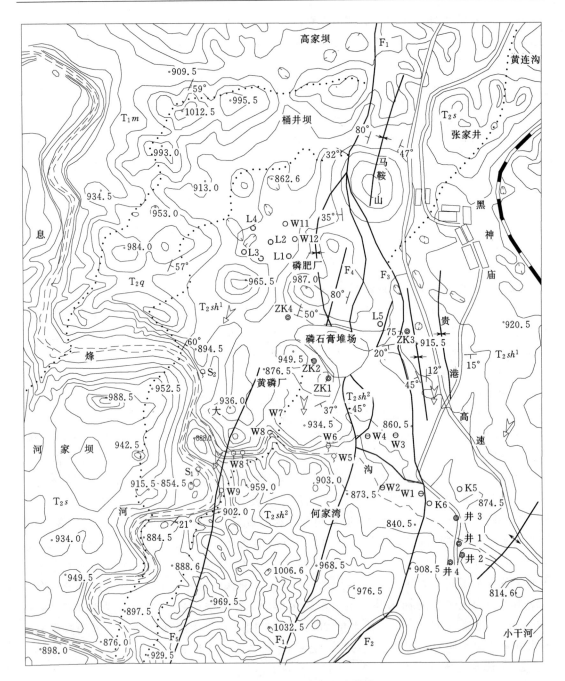

图 10.2-2　B 堆场环境水文地质图

由北、北东向南西径流，排泄于大干沟和息烽河。

堆场出露地层为狮子山组（T_2sh），该地层岩溶十分发育，地表岩溶为溶蚀洼地、落水洞。洼地呈北北东向串珠状分布，形态为椭圆形，长轴直径 7.0~195.0m，深度 4.0~45.0m，洼地中发育落水洞。地下岩溶主要为管道、溶缝、溶隙。该岩溶含水层（T_2sh）地表汇流面积约 2.8km²，多年平均降雨量为 1168.3mm，而大干沟东部出露的下降泉，多年平均排泄量达 2207.5 万 m^3，补给量远远小于排泄量，可见隔水层（T_2S）被 F_1 断层破坏，沟通了与茅草铺组（T_1m）的水力联系而越流补给的结果。

3. 岩溶渗漏污染情况

该磷石膏堆场以溶蚀洼地为堆放场所，建库时防渗处理不彻底，使库中废水通过落水洞、岩溶裂隙渗漏。堆场岩溶渗漏使得该地区岩溶地下水受到严重污染，总磷（TP）、氟（F^-）等严重超标。岩溶介质含水性极不均匀，堆场渗漏主要为岩溶管道、裂隙类型。

（1）直接管道渗漏污染。W_8、W_{8-1} 下降泉距堆场距离近，水力坡度大，渗漏污染方式为管道集中排泄。W_8、W_{8-1} 相距 18m，高差 4m，由于水动力弥散的差异性，使两者污染程度相差甚大。通过雨季调查发现，降雨后 W_8 流量猛增十几倍，相应污染物浓度降低十几倍，而 W_{8-1} 流量变化小，污染物浓度变化也小，由此可见 W_8 为多管道排泄，补给范围大，堆场渗漏补给仅为其补给来源的一部分；W_{8-1} 为单一管道流，受堆场岩溶渗漏的直接补给，补给范围较小，污染物浓度损失小。

（2）直接裂隙渗漏污染。W_6、W_7 下降泉出露于岩溶发育相对较弱的裂隙含水单元，受堆场岩溶渗漏的直接补给，表现为带状弥散，污染物质浓度损失小。

（3）间接管道渗漏污染。受 F_5 断层控制，大干沟在下游河段岩溶管道发育，W_8 下降泉处地表水流量与大干沟沟口流量相比，沟口流量将近减少了 1/3，表明该径流段存在岩溶渗漏；同时堆场 1995—2000 年期间排放硫铁矿废渣时，废水呈褐红色，不但 W_6、W_7、W_8、W_{8-1} 溢出水为褐红色，而且 W_9 溢出的水也呈浅红色。废水作为示踪剂证明了该地下水系的连通性。

W_9 下降泉污染物并非直接来源于堆场，而是在大干沟下游河段岩溶管道渗漏补给，表现为线状弥散特征。

以地表水和地下水Ⅲ类水质标准为参照，根据堆场周围监测点水质分析成果，可知堆场南、西南面地下水总磷（TP）含量为 17.2～1579mg/L，氟（F^-）含量为 6.13～232.8mg/L，超标几十至上万倍，表明地下水磷、氟污染严重；而堆场北面和东面地下水则未遭受污染。地下水磷、氟污染呈线状分布，岩溶渗漏污染方向为南西方向，与地下水径流方向一致。

堆场岩溶渗漏使大干沟地区地表水受到严重污染，河水呈乳白色。大干沟口地表水总磷（TP）含量为 240mg/L，氟（F^-）含量为 337mg/L；息烽河在距大干沟口 2.7km 下游处河水总磷（TP）含量为 3.12mg/L，氟（F^-）含量为 2.18mg/L。监测数据显示，该磷石膏堆场岩溶渗漏高浓度含磷废水是造成某水库库首区磷污染的主要原因，占污染来源比重的 9.18%，造成乌江水体富营养化，严重威胁到某水库水质及水生生态环境。

10.2.3　独田磷石膏尾矿库岩溶水文地质勘察及处理

瓮福集团独田磷石膏尾矿库堆场由堆场、防洪排水系统、防渗系统、导渗系统、观测系统、周边安保系统组成。渣库由 8 座初期成库挡渣坝和周边山体组成库盆，库盆南北向长约 1.2km，东西向宽约 0.7km，库盆底高程为 965.00m；库盆以上设堆积坝，堆积坝终了高程为 1030.00m，堆积最大厚度 80m。因与其相邻的老磷石膏渣场运行期间，由于渣库、坝基渗漏，造成地下水排泄区的鱼梁河、浪坝河等地表水体水质逐年恶化，使其物理感观、矿化度、电导率和氧化还原电位严重超标，导致下游河段河水污染，鱼虾绝迹。

为有效避免处于岩溶地区的库盆渗漏导致再次发生污染，业主要求对该新堆场进行选址及岩溶水文地质勘察，并提出合适的处理建议。

10.2.3.1 地质概况

工程区属中低山区，主要由岩溶峰丛洼地、溶丘地貌、侵蚀谷地等多种地貌组成，伴有溶沟、溶槽、落水洞、漏斗等，山势主要呈近南北向展布，与构造线基本一致，工程区最高点为渣场西北的金鸡山山顶，高程 1089.00m，最低点为东北浪坝河出口处，高程 768.00m，阿里堡河、鱼梁河、浪坝河依次从拟建场地的南、西、北（北东）侧流过，呈环状绕过场区外围。

在上述河流的围限范围内，工程区总体呈一略西斜的菱形台地，除场址区南西侧的摆纪渣场一带为大型的岩溶槽谷地形外，由拟建场地往北、北东，地形总体向北、北东方向浪坝河倾斜下降。

工程区出露的地层有第四系覆盖层（Q）；三叠系中统法郎组（T_2f）、青岩组（T_2q）、关岭组（T_2g）地层，下统安顺组（T_1a）、大冶组（T_1d）地层；二叠系上统长兴组（P_2c）地层；寒武系中上统娄山关群（$\in_{2-3}ls$）地层。除寒武系、二叠系及三叠系地层为断层接触外，其余三叠系中各组、段、层均为整合接触。

工程区地层总体上呈 SN 向展布，与山势方向一致，地质构造总体上比较简单，中部安甲坪一带为马场坪向斜核部，东侧大坪一带发育 F_1 断层（都匀断裂带）及 F_2 断层，西侧鱼梁河一带发育近 SN 向的 F_3 断层。工程区处在都匀向斜上，主要构造形迹为马场坪向斜，其为都匀向斜在工程区内的反映。上述规模较大的断裂均由堆场区外侧通过，未直接通过场址区。

10.2.3.2 区域岩溶水文地质条件

1. 强岩溶化含水透水岩组

（1）关岭组（T_2g）强岩溶含水岩组。为强透水层，出露于工程区北部上乐岗—金鸡山—关田营一带，由白云岩、灰岩、泥质灰岩等构成，储水空间主要为溶隙管道，地表形成峰丛洼地地貌，落水洞发育，接受补给条件好，具有集中渗入补给，集中运移排泄的特征（表 10.2-1），该含水岩组共调查到 8 个泉水点。

表 10.2-1　　　　　　　　　**工程区岩溶透水岩组划分表**

岩 溶 层 组		岩 溶 特 征	水文地质岩组	
类别	地层代号		地下水类型	透水性划分
强岩溶岩组	T_2g、T_2q^2、T_2f^2	溶洞、落水洞发育，岩溶管道亦较发育	岩溶水裂隙水	强透水层
中岩溶岩组	$\in_{2-3}ls$、P_2c、T_1d、T_1a、T_2f^{1-2}	以岩溶裂隙、构造裂隙为主。在裂隙密集带、交汇带内亦可见小型岩溶形态		中等透水层
隔水岩组	T_2q^1、T_2q^3、T_2f^{1-1}	地形、地貌以缓坡、冲沟、和丘陵为主要特征	裂隙水	相对隔水层

（2）青岩组第二段（T_2q^2）强岩溶含水岩组。为强透水层，出露于工程区中部大坡坪，下摆纪—向家桥—白岩一带，呈弧形条带状，由厚层，厚层灰岩构成，上覆青岩组三

段（T_2q^3）和下伏青岩组一段（T_2q^1）均为隔水层，储水空间主要为溶隙、管道，地貌形态为峰丛洼地，溶洞、落水洞等发育。该层接受补给条件好，出露泉水少，仅与下伏青岩组一段（T_2q^1）隔水层接触部位有少量风化裂隙泉，大部分地下水主要通过岩溶管道，穿过关岭组（T_2g）含水岩组，向浪坝河运移，排泄，表现为集中渗入补给，集中运移排泄的特征。

（3）法郎组第二段（T_2f^2）强岩溶含水岩组。为强透水层，分布于堆场东部狮子坡，雷公坡和南部吊岩一带，为中层厚层、厚层状灰岩，基岩裸露，石芽、溶沟、溶井发育，与下伏法郎组第一段（T_2f^1）接触部位，局部洼地、落水洞发育，据原物探资料，麻田、摆纪洼地法郎组第一段（T_2f^1）与法郎组第二段（T_2f^2）界线东侧附近，有裂隙—岩溶管道发育，推测岩溶管道埋深 9～18m，由北往南逐渐加深，地下水为溶隙—管道型水，该含水岩组在场地内没有地下水露头，在渣场东部外围大坪，山郎铺一带，有较少泉水出露，均为浅层溶蚀裂隙水小范围补给就近排泄所致，北部地下水直接补给关岭组（T_2g）含水岩组。

2. 中等岩溶化含水透水岩组

（1）娄山关群（$\in_{2-3}ls$）中等岩溶化含水透水岩组。分布于工程区东侧 F_1 断层以东，岩性为白云岩、角砾状白云岩，岩溶中等发育，测区内未见大型溶洞及落水洞，为岩溶裂隙水中等岩溶化含水岩组，岩溶弱发育。

（2）长兴组（P_2c）岩溶裂隙水中等含水岩组。岩性以灰岩为主，含燧石结核，储水空间以裂隙为主，工程区出露泉水点较少，流量也不大，地下水流向由南至北。

（3）大冶组（T_1d）岩溶裂隙水中等含水岩组。主要岩性为极薄层、薄层状灰岩、白云质灰岩裂隙发育，地下水主要沿层面及裂隙顺层补给，泉水点流量较小，主要为岩溶层面裂隙水，地下水流向由南至北。

（4）安顺组（T_1a）岩溶裂隙水中等含水岩组。岩性以白云岩为主，偶夹灰岩及页岩，表层风化严重，部分呈白云砂，储水空间以浅层裂隙水为主，工程区泉水点分布较少，流量不大，大多小于 1L/s。据初勘钻孔资料，在洋基堡一带，该含水层地下水水位为 0.75m，含水层渗透系数 0.07m/d。

（5）法郎组第一段第二层（T_2f^{1-2}）岩溶裂隙水中等含水岩组。岩性主要为含泥质灰岩，瘤状泥灰岩，链状及球状风化明显，该层多分布在陡坡和斜坡地带，地下水多储存在层面和裂隙中，风化带内顺层流动特征明显，总体流向由南至北，泉水点一般流量 0.5L/s 左右，最大流量达 4.7L/s。

3. 隔水岩组、相对隔水岩组

（1）青岩组第一段（T_2q^1）隔水岩组。岩性主要为泥页岩偶夹泥灰岩，风化强烈，其上部多为第四系（Q）沉积物覆盖，该层出露厚度较大，起着明显的隔水作用，构成天然地下水隔水边界，有时虽在泥灰岩中出露小泉水，但流量较小，多在 0.02L/s 以下，主要为季节性泉，汛期发育，枯季干涸。

（2）青岩组第三段（T_2q^3）隔水岩组。岩性主要为页岩、泥岩偶夹砂岩，多分布在陡坡和斜坡地带，呈条带状展布，起着明显的隔水作用，构成分隔地下水的边界。

（3）法郎组第一段第一层（T_2f^{1-1}）裂隙水相对隔水岩组。该层为相对隔水岩组，岩性主要为中厚层细砂岩，夹瘤状灰岩及泥页岩，呈条带状展布，多分布在陡坡地带，地下水多储存在砂岩裂隙中，泉水点稀少，流量小，大都在 0.01L/s 左右，为季节性泉水。

4. 岩溶发育规律

工程区属裸露型岩溶山区，碳酸盐岩出露面积占 70% 以上，且气候温和湿润，雨量充沛，受大气降水的直接补给，为岩溶发育提供了良好条件，岩溶发育形态主要有岩溶洼地、落水洞、岩溶管道、溶洞、溶缝、溶槽、溶沟及石芽等。

工程区岩溶发育规律主要受地层岩性、地下水、地质构造及地形地貌等多种因素控制，其中地层岩性是产生岩溶的主要因素，是岩溶发育的先决条件，地质构造是限制岩溶在空间上展布、定位的影响因素，地形地貌是促进岩溶在时间上演变发展的影响因素。

（1）岩溶发育受地层岩性的控制。工程区岩溶发育的强弱受岩性控制极为明显，从强至弱的依次顺序为：灰岩—白云岩—白云岩夹泥质白云岩—含燧石团块灰岩—泥质灰岩—泥灰岩。岩溶最为发育的灰岩、白云岩常构成强含水层，如关岭组（T_2g）、青岩组第二段（T_2q^2）、法郎组第二段（T_2f^2）；岩溶较为发育的白云岩夹泥质白云岩、含燧石团块灰岩、泥质灰岩、泥灰岩常构成中等含水层，如长兴组（P_2c）、大冶组（T_1d）、安顺组（T_1a）、法郎组第一段第二层（T_2f^{1-2}）等。

（2）岩溶发育受地质构造的控制。地质构造不仅控制岩溶发育程度，而且还控制岩溶发育的深度和方向，岩溶形态多沿构造线发育分布，主要岩溶洼地、落水洞、岩溶泉及其管道的展布与构造线的展布方向密切相关。如工程区东部为一宽缓向斜（马场坪向斜），轴向 NNE，使核部岩溶地下水具有向轴部汇流的特点，并沿纵张裂隙向 NNE 方向径流，补给 S21、S22 号泉水，这两个泉水点为该带岩溶地下水系统的主要出口。

（3）岩溶发育受地形地貌条件控制。工程区从地形地貌条件来看，其地表岩溶洼地、落水洞相对较为集中发育地带，大都位于地形平缓、冲沟发育较少、地表水排泄不畅的坡顶以上灰岩地层中，由于地形平缓，汛期地表水、泉水汇集到地形低洼处后无法排泄，只能通过地表断层、裂隙带渗透，在长期的溶蚀作用下，逐渐形成现今的洼地或落水洞，但因补给面积有限，规模较小。

（4）在构造运动的作用下，本区岩溶发育在垂向上呈明显的分带性，在测区内高程980.00m 以上，为山原期形成的早期溶洞，以水平岩溶形态为主；在高程 850.00～980.00m 范围内一般多以垂直的落水洞，竖井等岩溶形态为主；在高程 850.00m 以下多为水平溶洞、岩溶管道等岩溶形态为主。

5. 岩溶泉水

工程区大小泉水点共计 50 个，其中法郎组第一段第二层（T_2f^{1-2}）岩溶裂隙水中等含水岩组出露泉水最多，为 15 个，出露高程较高，一般高程 890.00～972.00m，除鸭草坝冲沟两较大岩溶泉（S28、S29）流量较大外，该层泉水总体流量不大，多在 0.1～1L/s 之间，该层泉水类型为裂隙泉及小型岩溶泉。其次是青岩组第一段（T_2q^1）、第三段（T_2q^3）隔水岩组，前者出露 9 个，后者 7 个，流量较不大，大多小于 1L/s，该层泉水类型为裂隙泉；关岭组（T_2g）强岩溶含水岩组出露泉水 7 个，以岩溶泉水为主，豆腐桥河坎处的岩溶泉群（S33、S34）流量最大达 50L/s。其余各层泉水出露较少，在 1～3 个之间。

工程区泉水与各透水岩组、隔水岩组相间分布特征及展布高程相适应，在不同高程、不同岩性层组中均有分布。总体上，隔水岩组、中等岩溶含水岩组泉水出露最多，但流量较小，大多在 1L/s 以内，出露高程多在高程 800.00m 以上，且主要为季节泉。而流量较大的岩溶泉水其出露点多位于浪坝河河谷高程 800.00m 以下。

6. 主要岩溶水文地质单元及岩管道水系统

工程区碳酸盐岩分布面积较广，占 70％以上，是主要的含水透水岩组，岩溶蓄水空间有 3 种，即管道洞穴、裂隙及孔隙。其中管道洞穴与裂隙间常常相互转化，岩溶水由小的储水空间，逐渐向大的储水空间汇集。

根据现场地质测绘及岩溶水文地质分析、连通试验论证、物探及钻探揭示资料综合分析，与工程有直接或较近联系的独田岩溶水文地质单元、摆纪豆腐桥岩溶水文地质单元内，主要发育有 4 个岩溶管道水系统和 1 个岩溶裂隙含水系统，除双眼井 S_4、S_5 岩溶裂隙含水系统外，4 条岩溶管道水系统的出口均分布在北侧、北东侧的浪坝河沿线。详见图 10.2-3。各岩溶管道水受构造、地层岩性等控制较为明显，工程区岩溶管道均发育在灰岩（少量白云岩）透水岩组地层中，岩溶管道水的走向与透水岩组的走向及向斜轴向基本一致。

（1）发财洞岩溶管道水系统。发财洞岩溶管道水系统属独田岩溶水文地质单元内的摆纪—发财洞次级岩溶水文地质单元，发源于上摆郎、摆纪一带，上游补给区为摆纪岩溶槽谷、安甲坪、小冲、摆郎一带。该岩溶管道水系统来源包括 3 部分：第一部分为摆纪渣场一带的青岩组第二段（T_2q^2）岩溶地下水，属下层地下水。第二部分地下水来源于法郎组第一段第二层（T_2f^{1-2}）灰岩地层，属浅层岩溶地下水，岩溶管道沿走向发育，至大坪槽谷于 S_{16}、S_{17} 号泉水点排出，再沿该槽谷至大坪 K31 号落水洞进入地下，沿都匀断裂带向北经大坪、艳山红至发财洞呈线状径流，至 S_{19} 号泉水点（发财洞）排泄于浪坝河内。第三部分为 F1 断层东盘的寒武系娄山关群（$\in_{2-3}ls$）白云岩地层中的岩溶地下水。该岩溶管道水全长约 4.5km（从摆纪渣场起算），汇水面积约 6km^2，南侧、东侧地下水埋深在 50～100m 之间，向斜核部地下水埋深较大，约 600m 左右；岩溶管道水平均坡降约为 6％，出口高程 740.00m，估测出口处（河水面以下）枯季地下水流量 40L/s。该管道上游补给区多为槽谷地貌，泉水较多，并发育少量洼地、落水洞，下游径流区地形相对平缓，洼地、落水洞较发育。

（2）老落凼岩溶管道水系统。老落凼岩溶管道水系统属独田岩溶水文地质单元，发源于独田东部老落凼及鸭子塘后坡 K$_9$ 落水洞一带。该岩溶管道水基本沿马场坪向斜轴部附近发育，径流方向 NNE，于浪坝河河坎 S_{21}、S_{22} 号泉水点排泄至浪坝河内。该管道水系统全部位于法郎组第二段（T_2f^2）灰岩地层中，全长约 2km，汇水面积约 2.7km^2，埋深在 20～80m 之间，平均坡降约为 10％，出口高程 765.00m，出口处雨季地下水总流量约 45L/s。

该岩溶管道水系统范围内洼地、落水洞密集发育，且自 SW 方向向 NE 方向多呈串珠状分布。岩溶地下水径流方向受控于马场坪向斜，该向斜核部岩溶地下水具有向轴部汇流的特点，并沿纵张裂隙向 NNE 方向径流，最终补给 S_{21}、S_{22} 号泉水，这两个泉水点为该

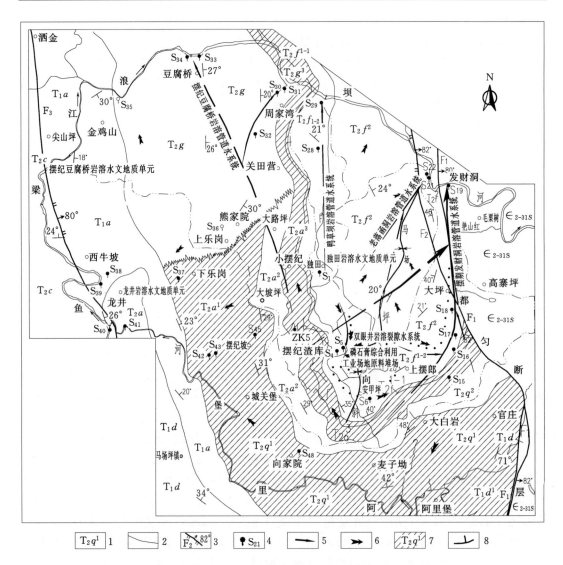

图 10.2-3　工程区岩溶水文地质单元及岩溶管道水分布示意图

1—地层代号；2—地层分界线；3—断层及编号；4—泉水及编号；5—岩溶管道水及流向；
6—地下水流向；7—隔水层；8—水文地质单元分区

带岩溶管道水系统的总出口。

（3）鸭草坝岩溶管道水系统。鸭草坝岩溶管道水系统属独田岩溶水文地质单元，早期连通试验证明，其发源于独田洼地一带，该岩溶管道水系统位于法郎组第一段第二层（T_2f^{1-2}）灰岩地层内，基本沿该地层走向发育，方向由南至北，至鸭草坝电站 S29 号泉水点处排泄至浪坝河内。全长约 2.4km，汇水面积约 1.3km²，由南至北呈狭长的条带状，埋深在 30～100m 之间，平均坡降约为 13％，出口高程 785.00m，出口处枯季地下水流量 4.75L/s。

管道沿线地表显示不甚明显，除发源地发育有独田洼地（W_4）及 K_4 落水洞外，沿线未见落水洞及洼地发育，近浪坝河岸坡后表现为一较深的槽谷，在槽谷中部高程 895.00m 处出露 S_{28} 号泉水点，流量 4.5L/s。该岩溶管道水系西侧受青岩组第三段（T_2q^3）隔水岩组及法郎组第一段第一层（T_2f^{1-1}）弱透水岩组阻隔，且隔水岩组岩层产状较缓（20°），地下水补给范围较小。

（4）豆腐桥岩溶管道水系统。豆腐桥岩溶管道水系统属豆腐桥岩溶水文地质单元，发源于大坡坪以北，流经小摆纪、大路坪 K_{70} 号落水洞，在关田营东部 K_{83} 号落水洞一带分为两支，主管道经 K_{88} 号落水洞、豆腐桥 K_{89} 号落水洞至 S_{33}、S_{34} 泉群，支管道经小山至 S_{30}、S_{31} 泉群。该岩溶管道水系在大路坪以上位于青岩组第二段（T_2q^2）灰岩地层中，过大路坪以后穿过相变线进入关岭组（T_2g）灰岩地层中，总汇水面积约 5km²。

主管道长约 5.4km，发育方向 N27°W，埋深在 50~120m 之间，平均坡降约为 3‰~5‰，出口为 S_{33}、S_{34} 泉群，出口高程 780.00m，出口处枯季地下水流量 75L/s；支管道长约 0.9km，发育方向 N30°W。埋深约 80m，平均坡降约 12‰，出口高程 793.00m，出口处枯季地下水流量 75L/s。

豆腐桥岩溶管道水系统两侧为青岩组第一段（T_2q^1）及青岩组第三段（T_2q^3）隔水岩组，系统发育于强透水岩组关岭组（T_2g）及青岩组第二段（T_2q^2）灰岩地层中，管道沿线多发育岩溶洼地及落水洞，由于隔水岩组岩层产状较缓（20°~30°），所以地下水循环深度不大，径流方向明显。

10.2.3.3　堆场区岩溶发育特征

根据地表调查，堆场区发育岩溶洼地 12 个，库盆范围内发育岩溶洼地 7 个，其中 W_1、W_2、W_3、W_7 号岩溶洼地主要沿 f_5 断层分布，其余 3 个洼地（W_5、W_{13}、W_{32}）分散分布于综合利用装置区、7 号及 10 号初期坝一带。根据地表调查工程区内发育落水洞 22 个，拟建场地范围内发育落水洞 18 个。在占地 95 万 m² 的拟建场地范围内，面遇落水洞率为 1 个/5.3 万 m²，除部分沿地下水流向及断层呈串珠状分布外，大多零星分散分布。

经地表调查堆场区地表仅见溶洞 1 个。发育于法郎组第二段第三层（T_2f^{2-3}）灰岩、泥质灰岩中，呈竖井状，长约 15m，宽约 10m，可见深度 30~40m，顺层发育。该溶洞位于综合利用装置区南东侧，位于拟建场地范围以外。

在岩溶水文地质测绘的基础上，经综合分析，针对划定的可能发育有溶洞的异常区，对地表以下 40m 深范围内，采用高密电法勘探进行大范围的勘探，堆场区发现存在 65 处视电阻率异常区。其中有 38 处推断解释为溶蚀破碎区，有 3 处解释为断层破碎带，有 7 处解释为溶槽，有 25 处解释为覆盖层及风化溶蚀区。溶蚀破碎区中有 13 处推测可能为隐伏溶洞，埋藏深度主要集中在 5~25m 深度范围内，其中埋藏深度大于 10m 的有 5 处，埋藏深度大于 5m 小于 10m 的有 8 处；发育高程 931.00~979.00m，主要发育在法郎组第二段第四层（T_2f^{2-4}）和法郎组第二段第二层（T_2f^{2-2}）灰岩、泥质灰岩地层中。通过分析及钻孔验证，部分推测规模较大的 R_8 隐伏溶洞实际上为一竖管状发育的落水洞，推测规模较大的 R_{14} 实际上为一溶蚀深槽。高密度电法测线 18 条，总长 4.304km，推测隐伏溶洞 13 个，测线遇洞率为 1 个/331m。溶洞埋深 0.8~20.6m、高度 1.9~12.6m、长度 2~18.1m。宽度虽然不详，但不会大于长度。

针对物探调查情况，为验证物探资料，查明异常区的实际地质情况，尤其是溶洞的规模，对原勘察大纲布置的钻孔进行了调整。调整后库盆范围及部分坝基钻孔均位于物探异常区。

据钻孔揭露，堆场区发育隐伏小溶洞 15 个，埋藏深度主要集中在 5～20m 深度范围内，其中埋藏深度大于 10m 的有 5 个，埋藏深度小于 10m 的有 10 个。隐伏溶洞零星分布，主要分布在初期坝址区（14 个），库盆范围内仅有 1 个；规模均不大，一般 0.2～0.8m，最大为 2.8m；多充填黏土及无充填，主要发育在法郎组第二段第四层（T_2f^{2-4}）和法郎组第二段第二层（T_2f^{2-2}）灰岩、泥质灰岩地层中。

库盆 26 个钻孔，遇溶洞 1 个，钻孔遇洞率为 3.85%；坝址 47 个钻孔，遇溶洞 14 个，遇洞率为 29.78%；坝址区基岩进尺约 1057m，累计溶洞高度 16.15m，线岩溶率为 1.53%，属岩溶弱发育场地。包括初期坝在内的全部 73 个钻孔所遇溶洞只有 1 个无充填物，其他充填黏土，黏土夹碎石或钙化体。溶洞埋深为 0.65～19.2m，高度为 0.15～2.8m。

10.2.3.4 堆场区水文地质条件

1. 场地地下水补、径、排特征

堆场区属独田岩溶水文地质单元，建设中的堆场区主要涉及双眼井岩溶裂隙含水系统。1 号、2 号、3 号初期坝处于双眼井岩溶裂隙含水系统与发财洞岩溶管道水系统的分水岭地带，4 号初期坝处于双眼井岩溶裂隙含水系统与老落凼岩溶管道水系统之间的分水岭地带。

库盆北区（以 f_6 断层为界）位于双眼井 S_4、S_5 号泉以西的麻田洼地一带，占地面积 0.600km²。该范围内发育有岩溶洼地 W_3、W_2、W_1 及 K_3、K_2、K_1、K_{21}、K_{22} 等落水洞，地下水流向由北向南排，并最终于双眼井的 S_4 号泉排出。该区地表无常年性流水，由于地表集水面积有限，且处于分水岭地带，雨季积水情况少见；经现场调查访问 W_3、W_2、W_1 洼地多年来在雨季也未见有明显的积水现象，总体上排泄条件较好。麻田等岩溶洼地低洼地带，钻孔揭露地下水埋深多在 3m 以上，两侧斜坡地带地下水埋深均在 20m 以上。

库盆南区（以 f_6 断层为界）位于双眼井 S_4、S_5 号泉以西的花孃田一带，占地面积 0.3km²。该范围内发育 K_{16} 落水洞及导水性断层 f_6，地下水流向总体由东向西流，最终于双眼井的 S_5 号泉排出。该区地表无常年性流水，由于地表集水有限，且处于分水岭地带，雨季积水情况少见，总体排泄条件较好。库盆南区所处的花孃田低洼地带，钻孔揭露地下水埋深多在 3m 以上，两侧斜坡地带地下水埋深均在 20m 以上。

双眼井岩溶裂隙含水系统处于独田岩溶水文地质单元中的鸭草坝、老落凼及发财洞等岩溶管道水的分水岭地带，在双眼井岩溶裂隙含水系统以外，地下水总体向北、北东、东排入上述岩溶管道水系统；而麻田及花孃田一带的地下水在一定范围内自成系统排向双眼井 S_4、S_5 号泉。由于地表汇水补给面积有限，且处于分水岭地区，地下水呈扇状汇集排现双眼井，除泉水出口一带外，该岩溶裂隙含水系统的地下水径流通道虽较通畅，但规模较小，钻孔及物探均未揭露有较大规模的溶洞或岩溶管道，堆场范围内钻孔揭露的岩溶洞穴的直径多在 2m 以下；双眼井出口带，勘探调查也未发现有较大直径的管道发育，岩溶洞穴的直径也在 2m 以内，出口处为直径小于 1m 的洞穴。因此，总体特征是：堆场范围内双眼井岩溶裂隙含水系统所属的岩溶洞穴规模较小，且分散分布，逐步向双眼井一带汇集，形成具一定排泄能力但规模不大的岩溶管道水系统。

2. 场地地下水埋深及动态变化特征

据场地内钻孔揭露，地下水埋藏深度在 1.3～37.5m，一般埋深在 3～20m。钻孔所观测到的地下水有上层滞水、裂隙岩溶管道水两种；上层滞水为稻田区表层覆盖层中的孔隙水，水量较小，变化较大；据现场地层条件，分析认为埋深在 5m 以内的地下水应属上层滞水的地下水位，埋深 5m 以下的地下水为双眼井裂隙岩溶管道水系统的地下水位。

据当地居民介绍，场地内的洼地从没被水淹没过，说明现有地表落水洞畅通性好，地下岩溶管道尽管规模不大，但排泄条件很好。

场地内岩溶洼地区地下水一般埋藏深度超过 3m，深者逾 10m，斜坡地带地下水位埋深多大于 20m，较多钻孔未测到终孔水位，现有洼地从未被水淹没过。场区西侧隔水层及弱岩溶化地层分布的斜坡地带，汛期坡面局部见有季节泉分布，但流量小，续流时间短，枯季干涸，无统一地下水位。

10.2.3.5　堆场区岩溶环境水文地质问题评价及处理建议

1. 堆场地基工程地质分区及评价

根据现场地质测绘所划分的土层全覆盖区、土层大部分覆盖区、基岩大部分出露区、基岩完全出露区分布特征，对各区覆盖层分布情况、地表溶沟和溶槽发育情况、表层强溶蚀带的厚度及溶蚀特征、物探及钻探揭露表层及浅层岩溶发育特征、地表洼地及落水洞分布位置、推测岩溶管道分布的位置、断层破碎带位置及规模等因素，将拟建场地地基划分为Ⅰ区、Ⅱ区、Ⅲ区、Ⅳ区四个区。

（1）Ⅰ区。位于磷石膏综合利用原料堆场四周的雷公坡、狮子坡、傲马山、双井坡一带，地形坡度相对较陡，高程 1000.00m 以下自然边坡角为 5°～20°，以上自然边坡角一般为 30°～40°，坡面除局部少量溶沟溶槽外，绝大部分地带均见基岩出露。该区占库盆区总面积的 35%。场地北侧、东侧、南侧岩性主要为三叠系中统法郎组第二段（T_2f^2）灰、浅灰色薄层至厚层状致密灰岩夹泥质灰岩、白云质灰岩及少量泥灰岩，以逆向坡及斜向坡为主；岩溶中等发育，地下水位埋藏较深，一般埋深在 20m 深以上。场地西侧主要为三叠系中统法郎组第一段（T_2f^1）灰、浅灰、深灰色薄层至中厚层灰岩、泥质灰岩、瘤状灰岩夹泥灰岩、泥岩，以顺向坡及斜向坡为主；岩溶弱发育，地下水主要在风化带内运移，地下水位埋深多在 10～20m 之间。该区地质条件较明朗，场地稳定，表层强溶蚀带（表层溶沟溶槽发育，或岩体溶蚀风化，较为破碎）厚 0.5～2m 左右，岩体强度较高，承载力高，可作为库区各种构筑物的地基持力层。

（2）Ⅱ区。位于雷公坡、狮子坡、背箕坡与麻田洼地、老落凼洼地接触的边缘地带，地形坡度较缓，自然坡角为 5°～20°，基岩出露约占 70%，覆盖层约占 30%。该区占库盆区总面积的 5%。该区岩性主要为三叠系中统法郎组第二段（T_2f^2）灰、浅灰色薄层至厚层状致密灰岩夹泥质灰岩、白云质灰岩及少量泥灰岩，以逆向坡及顺向坡为主；溶沟、溶槽、石芽发育，覆盖层大部分分布在斜坡下部及溶沟溶槽地段，除部分溶沟溶槽及落水洞外，场地总体仍稳定，岩体强度较高，总体上承载力较高，表层强溶蚀带厚 0.5～3m（一般溶沟溶槽深度，下同）。经过对零星分散分布的落水洞及相对较深的溶沟溶槽及尖锐的石笋进行适当处理后，可作为库区各种构筑物的地基持力层。

（3）Ⅲ区。位于花孃田洼地、麻田洼地、老落凼洼地边缘地带，地形坡度较缓，自然坡角为5°～20°；基岩出露约占30%，覆盖层约占70%，覆盖层总体较薄，厚度0.5～4m，不时仍见有基岩出露。该区占库盆区总面积的26%。场地北侧、东侧、南侧基岩主要为三叠系中统法郎组第二段（T_2f^2）灰、浅灰色薄层至厚层状致密灰岩夹泥质灰岩、白云质灰岩及少量泥灰岩，以逆向坡及斜向坡为主；场地西侧基岩主要为三叠系中统法郎组第一段（T_2f^1）灰、浅灰、深灰色薄层至中厚层灰岩、泥质灰岩、瘤状灰岩夹泥灰岩、泥岩，以顺向坡及斜向坡为主。溶沟、溶槽、石芽等发育，局部见有落水洞分布；表层强溶蚀带厚度0.5～2m，略深的溶沟溶槽及落水洞部位场地局部稳定性差，经过对局部稳定性差的地带进行处理后，可作为库区种构筑物地基的持力层。

（4）Ⅳ区。位于花孃田洼地、麻田洼地、老落凼洼地底部及部分桠口地带，地形坡度平缓；为第四系覆盖区，多为水稻田及耕地，土层厚度1～5.7m；该区占库盆区总面积的33%。下伏基岩为三叠系中统法郎组第二段（T_2f^2）灰、浅灰色薄层至厚层状致密灰岩夹泥质灰岩、白云质灰岩及少量泥灰岩，三叠系中统法郎组第一段（T_2f^1）灰、浅灰、深灰色薄层至中厚层灰岩、泥质灰岩、瘤状灰岩夹泥灰岩、泥岩。该区岩溶中等发育，于洼地底部及f_5等断层带附近发育有落水洞，局部有规模不大的浅埋小溶洞，表层强溶蚀带厚1～2m，局部落水洞及浅埋小溶洞可能存在小规模岩溶塌陷问题，覆盖层分布不均匀，强度较低，场地稳定性差，地下水位埋深多在5m以下，局部稻田区因覆盖层具一定阻水性，存在上层滞水。该区岩溶化地基经过专门处理后可以作为建筑场地使用。

2. 库盆渗漏分析及处理建议

库盆总体上地形封闭条件较差，但高程1030.00m附近仍存在较多地形桠口，拟堆渣高程以下地形缺口较多，自然条件下渣液将通过双眼井槽谷、六股井洼地及其余低桠口溢出。因此，需设初期坝进行蓄挡。

如前所述，堆场所在区处于独田岩溶水文地质单元的分水岭地区，除北侧、北东侧涉及鸭草坝岩溶管道水及老落凼岩溶管道水的补给区外，场区绝大部分属双眼井岩溶裂隙含水系统。由西至东，库盆地层岩性的岩溶化程度依次增强，库盆大部分基岩为碳酸盐岩，且于库盆北区、库盆南区等部位发育有麻田岩溶洼地、花孃田洼地等岩溶洼地，局部地段尚发育有落水洞，天然状态下，将沿落水洞、溶缝等发生渗漏。一般情况下，渗漏方向主要发生在西侧的双眼井、南侧的花孃田一带。

堆场的库盆北区覆盖了双眼井岩溶裂隙含水系统的大部分地区，当库盆发生渗漏时，库盆北区将通过麻田等处的落水洞入渗补给地下水，并通过双眼井一带的S_4、S_5号泉排出地表。

堆场的库盆南区覆盖了双眼井岩溶裂隙含水系统的部分地区，当库盆发生渗漏时，库盆南区花孃田洼地的K_{16}落水洞、K_1溶洞及f_6断层入渗补给地下水，并通过双眼井一带的S_4、S_5号泉排出地表。

建堆场外的老落凼一带为老落凼岩溶管道水的补给区，地表发表有老落凼岩溶洼地

（W_{13}）及 K_5、K_{10} 等落水洞；天然情况下，库区将通过上述落水洞及溶隙等入渗补给老落凼岩溶管道水系统，并由北侧浪坝河右岸的 S_{21}、S_{22}、S_{23} 泉水排出。

另外，若短时产生的渗漏量过大，将可能导致双眼井南侧、东侧一带的瞬时地下水位高于低矮地下分水岭，地下水将越过分水岭排向下摆郎以东的 S_{16}、S_{17} 号泉水，并最终排至发财洞一带的 S_{19} 号泉水。

因此，总体上，在天然不防渗条件下，库水将通过地表落水洞及溶缝、溶隙等入渗地下水，并最终主要排向 S_4、S_5、S_9、S_{16}、S_{17}、S_{19}、S_{20}、S_{21}、S_{22}、S_{28} 号泉，发生岩溶渗漏。另外，天然不防渗条件下，泉水可能将通过表层风化裂隙带或溶隙带，入渗补给杨花冲一带的 S_{23} 号泉、下摆郎一带的 S_{13}、S_{14} 号泉。其余泉水受隔水层的阻隔及地下水本身的补、排条件所限，不会受其污染。

因库盆中的渣体为磷石膏，其中含有少量有害物质，库盆发生岩溶渗漏后，首先污染地下水，进而污染地下水的排泄基准面浪坝河鸭草坝至毛粟坪河段。因此，必须对库区进行全库盆防渗，以防止渣液浆体通过落水洞及溶缝、溶隙发生岩溶渗漏，污染地下水及地表水体。

3. 岩溶塌陷分析及处理

库盆主要由麻田洼地和花孃田洼地组成，洼地底部发育落水洞；落水洞大小不一，多呈圆形，少部分呈椭圆形；直径 0.2～1.5m 不等，可见深度 0.5～5m，底部充填黏土和碎块石；弱风化岩体承载力 1.5～3.0MPa；库盆堆积终了高程 1030.00m，堆积最大厚度 80m，按磷石膏饱和容重 16.7kN/cm³ 计算，作用于库底的压应力 1.34MPa，对灰岩岩体是能承受的，当有浅埋溶洞时，可能难以承受此压应力，甚至产生塌陷，需进行处理。对其处理需视溶洞高度和顶板岩体厚度采取不同方式进行。经地质测绘、物探测试以及钻孔验证，除 K_1 溶洞外，堆场区直径大于 1m 的溶洞仅 7 处，且钻孔揭露最大直径为 2.8m，分布零散、不集中，原物探测试异常范围较大的麻田等岩溶洼地下部，经钻孔验证，主要为溶蚀破碎岩体，钻孔揭露的溶洞规模也多在 0.2～2.8m 之间；因此，根据勘察情况，堆场区发育的落水洞、小溶洞规模不大，且不集中，不形成群集分布的溶洞区；除 K_1 溶洞外，工程建设及运行过程中不会引发大规模的岩溶塌陷；局部沿落水洞及浅埋溶洞可能发生的岩溶塌陷的规模较小，可在建设过程中通过回填、置换、灌浆等方式进行加固处理。

对地表发育的溶洞和落水洞采取回填块碎石及黏土处理。分布于场地南侧的 K1 溶洞，应采用回填块碎石或毛石混凝土等进行处理，以有效避免地基岩溶塌陷问题。对埋藏深度小于 5m，直径大于 1m 的隐伏溶洞采取开挖回填块碎石及黏土处理；对埋藏深度 5～10m，直径大于（含等于）1m 的隐伏溶洞采取固结灌浆方式处理；对埋藏深度大于 10m 的隐伏溶洞其发育规模均较小，对地基承载力影响较小，可不进行处理。对库盆开挖过程中发现的隐伏溶洞，应针对其发育规模、埋藏深度采取相应的处理措施。针对库盆内岩溶发育，防渗的重要性，建议在库盆清库放坡后，根据开挖情况情况，进行系统的分析和处理。

另外，库盆北区覆盖了绝大部分双眼井岩溶含水系统的大部分地区，在堆场覆盖区以外地表未见落水洞等可产生集中入渗补给的通道，工程建成后雨季通过地表入渗补给双眼井岩溶裂隙含水系统的水量有限，且斜坡地带的地下水埋深多大于 20m，洼地一带的地下水位埋深一般也在 3m 以上，故地表入渗补给的地下水产生大规模溶蚀、冲蚀形成大量岩溶空洞的可能性非常小，也不会导致新的岩溶塌陷现象发生。

分布于库盆北区及库盆南区的 f_5、f_6、f_7 小断层的破碎带仅 0.2m 左右，影响带宽仅 1～2m；除前已述及的落水洞外，断层规模较小，破碎带窄，沿之也不会产生塌陷等现象，对地基承载力的影响极小，对之进行适当掏槽回填处理即可。

10.2.3.6　施工期岩溶环境问题处理

1. 洼地及落水洞、隐伏溶洞处理

根据地勘调查，堆库盆范围内发育岩溶洼地 5 个，即 W_1、W_2、W_6、W_7 和 W_8 洼地，洼地大小由直径 5～20m 不等，形状大致为椭圆形，深度约为 2～3m，分布高程主要为 966.00～990.00m。库盆范围内发育落水洞 9 个，落水洞直径约为 0.2～5m，深度约为 0.5～5m。

（1）洼地处理。采用挖除换填石渣，最后碾压密实。

（2）落水洞处理。K_1 落水洞已经外露，深度浅，处理措施为挖除。K_2 落水洞已经外露，深度浅，处理措施为挖除。K_{14} 落水洞处理措施为底部采用大块石及碎石回填，上部用钢筋混凝土盖板压载封闭。K_{15} 落水洞处理措施为底部采用大块石及碎石回填，上部用钢筋混凝土盖板压载封闭。K_{16} 落水洞处理措施为底部采用大块石及碎石回填，上部用钢筋混凝土盖板压载封闭。K_{19} 落水洞处理措施为底部采用大块石及碎石回填，上部用钢筋混凝土盖板压载封闭。K_{20} 落水洞处理措施为底部采用大块石及碎石回填，上部用钢筋混凝土盖板压载封闭。K_{21} 已经外露，深度浅，处理措施为挖除。K_{22} 落水洞已经外露，深度浅，处理措施为挖除。

（3）隐伏溶洞处理。该溶洞在开挖过程中并未显示出来，故未进行处理。

2. 新增溶洞处理

施工期间，发现了 3 个新增溶洞，分别为 Z_1、Z_2 及 ZC_4，Z_1、Z_2 位于 f_6 断层上，ZC_4 距离 5 号初期坝附近约 40m 处的高程 1030.00m 马道外侧。

Z_1 溶洞洞口长约 5m，宽 2～3m，深约 10m，洞口形状不规则，溶洞底部沿 F_6 断层向双眼井方向迅速收缩，收缩后水平方向直径约 0.5m。处理方案为：底部回填密实块石，块石之上为密实碎石，洞口采用钢筋混凝土盖板封住洞口。

Z_2 溶洞洞口长约 1.5m，宽 0.5m，深约 7m，洞口形状不规则。处理方案为：底部回填密实块石，块石之上为密实碎石，洞口采用钢筋混凝土盖板封住洞口。

ZC_4 溶洞底宽约 13m×7m，洞深 21.5m，洞口直径约 2.2m。根据业主、监理、地质及设计现场勘查结果及处理意见，考虑到新增溶洞 ZC_4 附近基本不承受磷石膏渣荷载，因此采用回填石渣方案，石渣粒径小于 50cm，级配均匀，回填密实。

3. 防渗土工膜及垫层受地下水破坏的可能性评价及处理建议

堆场区处于双眼井岩溶管道水汇流范围内。在前期勘察工作中，根据区域岩溶水文地质单元的划分、各岩溶管道水的补给、径流、排泄条件，双眼井岩溶管道水系统汇流范围南北向长约 1.5km，东西向宽约 0.6km，总的汇流补给面积约 $0.92km^2$；前补给区为北端的独田以南的麻田洼地一带，南端至花嬢田洼地一带；地下水分别由北、东、南向双眼井一带汇集，并由双眼井一带排出地表，形成 S_4、S_5 号泉水，两泉水枯季总流量约 0.9L/s，汛期最大约在 6～10L/s，一般为 2～3L/s，与其汇流面积基本吻合。

据前述资料，场地内地下水埋深一般在 3～20m，周边斜坡地带地下水位埋深多大于 20m，较多钻孔为干孔，地下水埋藏较深，槽谷底部及麻田等洼地处地下水位埋深多在 3m 以下，大多深于 5m，部分深在 15m 以上；经分析，埋深浅者均主要分布在洼地中的稻田区，黏土层较厚的地段，应为上层滞水，埋深大于 5m 的地下水为裂隙岩溶管道水；根据钻孔水位及施工期观测情况，堆场区地下水变幅较小，在 2012 年 6 月、7 月连续大雨情况下，沿各处洼地、落水洞等均未见地下水涌出地表的现象，各岩溶洼地亦出现积水、内涝等情况。

图 10.2-4 所示，磷石膏堆场覆盖后，其覆盖区域约 0.6km²，占双眼井全部汇流面积的 65%。磷石膏堆场建成后，双眼井岩溶管道系统的大部分地表水入渗补给区将被覆盖。覆盖层主要集中分布在北端的 A 区、东侧的 D 区，其他未覆盖部位面积较小且零散。

在覆盖区以外，除 W_3 洼地内的 K_3 落水洞外，地表未见其他落水洞等可产生集中入渗补给的通道，一般情况下，雨季通过地表入渗补给双眼井岩溶裂隙含水系统的水量有限，按其覆盖层区域计算，当磷石膏堆场建成后，补给双眼井岩溶管道水的地下水径流量将减少 65% 左右，保守估计减少量也在 50% 以上。未覆盖区入渗补给形成的地下水渗流量不会超过其原有的排泄能力；且斜坡地带的地下水埋深多大于 20m，洼地一带的地下水位埋深一般也在 5m 以上；根据前期勘察及观测资料，天然情况下堆场区地下水位未见反涌、内涝现象，因此，堆场建成后，入渗补给量大为减少的地下水位应不致高于原水位，一般情况下，汛、枯季地下水位的变化应不会导致防渗土工膜产生顶托破坏的情况。但麻田 W_1、W_2 洼地一带，钻孔地下水位埋深相对较浅，尽管此部分最终场平高程较地下水顶部仍在 6m 以上，但考虑汛期超标洪水或岩溶管道局部堵设的影响，仍存在局部地下水位短时涌高的可能性，可能会对该部分库盆底部的垫层及土工膜产生影响，故此部垫层仍应以稳定性较好且不污染的黏土、粉煤灰等为主。

库盆区双眼井一带 S_4、S_5 泉水为库盆区地下水的排泄基准面，自然状态下形成一水塘，据调查了解暴雨后短时（约 12h 左右）水塘的水会暴涨 3～5m，且该部分处于岩溶管道水的排泄区，地下水活跃且埋深浅，在排水不畅的情况下，可能会产生防渗土工膜受地下水顶托破坏、下部垫层冲刷破坏的现象，必须将眼井水塘的水排出，并作好垫层料的处理。目前，双眼井出水点采用设置集水井并通过连接排水隧洞的方式进行排水处理；方式为先由 2 条 1.8m×1.8m（宽×高）的排水暗涵将 S_4、S_5 泉眼水连接进入集水井，集水井尺寸为 23.5m×6m×6m（长×宽×高），最后由与集水井相连的排水隧洞将水排至场区外，集水井及排水暗涵周边均布设有 $\phi50$ 排水孔，孔距 1m。集水井上部依次采用大块石、碎石砂及黏土回填至高程 956.00m，并在该区域采用双层 HDPE 防渗膜进行防渗处理。排水洞施工完成后，S_4 及 S_5 泉眼点均未有地下水涌出，地下水改由排水隧洞靠近双眼井约 10m 处的洞壁涌出。目前，该排水洞已形成较为通畅的排泄通道，并对降低堆场区西侧地下水位具有一定作用。

另外，图 10.2-4 所示，堆场区东、西、南侧一带的 B、C、D 区，尚存在堆场未能覆盖的区域。尽管堆场四周设置了较为完善的地面排水系统——截水沟，但进入坡面的地

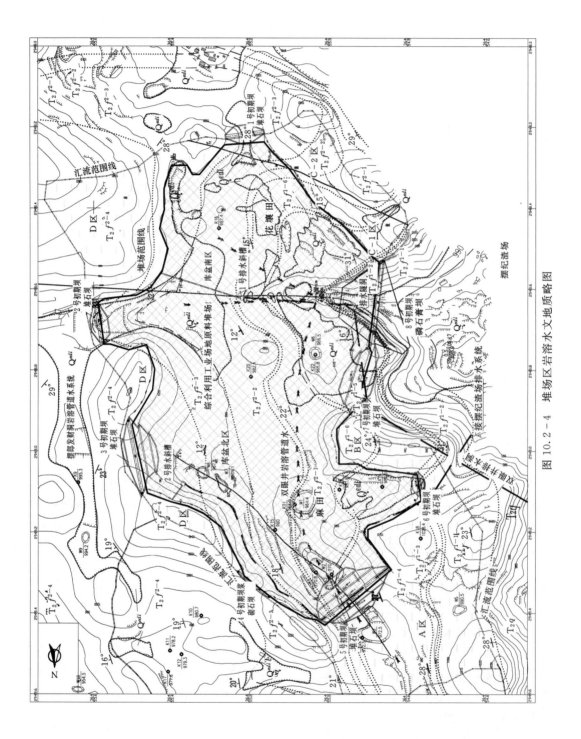

图 10.2-4 堆场区岩溶水文地质略图

表水仍可在一定程度上入渗补给地下水，部分尚可能对堆场膜下垫层产生影响。分别评价如下：

B 区：分布于场区西侧 6 号初期坝两侧，汇水面积约 $0.05km^2$，斜坡区地层为 T_2f^{1-4}、T_2f^{1-6} 浅灰色极薄层、薄层至中厚层状灰岩及泥质灰岩，岩溶弱发育，地下水主要集中在风化带内活动，垂直入渗的深度有限，且径流条件不好；汛期大雨及暴雨情况下，不能进入地表截水沟的坡面流将入渗地下水，在浅部形成坡面地下径流区，可能会对膜下垫层产生冲刷影响。因此，6 号初期坝两侧的斜坡区（B 区），除做好地表排水系统外，尚应控制膜下垫层的工程特性，避免产生冲刷破坏及污染地下水的情况。

C 区：分布于磷石膏坝（7 号初期坝）以南的斜坡地带，该带地表汇水面积约 $0.052km^2$。其中 C-1 区地层为 T_2f^{1-4}、T_2f^{1-6} 浅灰色极薄层、薄层至中厚层状灰岩及泥质灰岩，岩溶弱发育，地下水主要集中在风化带内活动，垂直入渗的深度有限，且径流条件不好；汛期大雨及暴雨情况下，不能进入地表截水沟的坡面流将入渗地下水，在浅部形成坡面地下径流区，可能会对膜下垫层产生冲刷影响；因此，C-1 区除做好地表排水系统外，尚应控制膜下垫层的工程特性，避免产生冲刷破坏及污染地下水的情况。C-2 区地层为 T_2f^{2-1} 浅灰色厚层状灰岩、T_2f^{2-2} 灰色黄灰色中厚层薄层状灰岩、白云质灰岩及少量的泥灰岩，岩溶发育或中等发育，地形稍缓，地表水入渗条件好，且地下水埋深相对较浅，小范围地表水入渗不致对膜下垫层产生接触冲刷影响。

D 区：分布于堆场东侧的斜坡地带，地表汇流面积约 $0.12km^2$，且主分布在南东侧的 K_1 落水洞一带。该带地层为 T_2f^{2-4} 灰、浅灰色厚层至薄层状灰岩、泥质灰岩，为逆向坡，岩溶发育，处于该区的 K_1 落水洞深约 30m。总体上，该边坡区地表水入渗条件较好，斜坡地带地下水位埋藏深，一般在 20m 以上，深约 30m 的 K_1 落水洞洞底未见地下水迹象，斜坡区地下水以垂直循环为主，不易形成地下水浅层渗流，故 D 区所在的斜坡区不会发生地下水冲刷膜下垫层情况；但需作好坡面排水，防止短时暴雨形成的坡面流对堆积渣体产生影响。

该堆场从前期选择勘察及岩溶环境地质评价，过程非常曲折，从选点规划开始，就受到很多专家的质疑，即岩溶地区能否建设规模如此巨大的、渣液渗滤渗具较强污染的磷石膏尾矿库堆场。经反复论证、勘察及评价，最终建成了该堆场，开了岩溶地区大型尾矿库堆场成功建设并投入使用的先河。堆场于 2012 年投入使用至今，监测数据显示，运行良好。

10.3　城市建设中的典型岩溶环境地质问题

城市是区域经济、文化、政治的中心，城市发展将带动区域经济的发展和人民生活水平的提高。现在发达国家的人口有 70%～80% 都居住在城市，我国约有 1/3 人口居住在各大小城市，虽然城市化水准偏低，但其城市和城市聚集带的数量居世界第一位。随着经济的稳步、快速发展，城市化建设的进程也必然加快。而城市的兴衰、发展与建设都和城市地质环境密切相关，地质环境对城市化进程具有重要控制意义。历史上一些城市在建设发展中出现的问题，大都与城市地质环境的变迁有关。许多城市因地质灾害和环境变迁而毁灭和衰败，如被火山灰埋没了1600多年的意大利庞贝城，古楼兰国都城、西夏都城因沙漠化而衰败，原泗州城因地壳沉降而沉没于洪泽湖底。密西西比河流域的富饶、优美风景，使北美大多数商业贸易城市都向着密西西比河迁移，1718年建立的新奥尔良市就成为这诸多城市的起点。密西西比河的存在保证了新奥尔良经济上光明的未来。但其独特的地理位置也给城市带来了洪水和飓风，最初建立在较高地势上的新奥尔良也没能背离自然规律。随着移民规模的不断扩大，人们不希望低地处常被洪水淹没，于是建起了复杂的大坝系统，城市才得以继续发展。同时，三角洲越来越少，城市地势越来越低，而周围的水位慢慢升高。最后，新奥尔良就变成一个平均海拔在海平面以下的碗状凹地，成为在密西西比河、庞恰特雷恩湖墨西哥湾窥伺下的一个城市。它只能依靠复杂的大坝系统维系城市的存在。能帮它对付暴风雨的天然缓冲带密西西比河三角洲湿地却被不计后果的发展破坏了。2005年"卡特尼娜"超级飓风袭击了美国密西西比州，新奥尔良全城被淹，这个曾经洋溢着浪漫法国风情的城市瞬间变成现代庞贝。而优越的地质环境使许多城市历经数千年而长盛不衰。因此，要保证城市建设可持续发展，必须依据城市的地质环境条件，科学地确定城市发展的性质和规模，充分发挥地质环境的效应和潜能，使之与城市经济结构和发展相协调。

岩溶地区地质环境的复杂性及其敏感性、脆弱性特点，决定了岩溶地区城市建设过程中除了一般地区存在的地表水环境恶化、地下水污染与污染源的迁移、地下水开采引起地面变形与沉降、地下结构工程施工安全性、建筑物基础稳定等问题外，尚存在岩溶地区特有的地面塌陷、地面开裂、水源的集中快速污染与迁移等诸多岩溶水文地质工程地质和环境地质问题。

1. 岩溶地表塌陷

岩溶地表塌陷大多发生在浅埋覆盖型岩溶地区。人为活动是引起岩溶地表塌陷的主要诱发因素，地下水开采或基坑、矿山施工抽排过程引起工程区域地下水位的非正常升降，破坏了原有岩溶地下水的储存和径流状态，改变了水、气的原始压力状态及上覆岩土体的重力平衡，加大了地下水的渗透比降，此过程中产生的机械冲刷、潜蚀和吸蚀作用，导致上部岩土体产生塌陷。近年来国内各地陆续见诸报道的各地的岩溶塌陷无不是上述作用导致。

岩溶塌陷给城市建筑、道路构成很大危害，不仅直接威胁居民生命及财产安全，而且影响生态景观，改变地下水径流条件，导致井泉干涸等。如俄罗斯捷尔任斯克市和乌法市几十年间多次发生岩溶塌陷事故，造成许多建筑物倾斜及倒塌。2008年广州白云区百夏茅村发生岩溶塌陷，塌陷坑面积达300m²，导致数十处房屋墙壁及地面开裂、变形，造成了巨大的经济损失。2012年5月10日上午10时，广西柳州市柳南区南环街道办事处帽合村发生一起岩溶地面塌陷的地质灾害，受灾面积约4万m²，灾害导致部分楼房倒塌或下沉；事发后，柳州市立即组织国土、公安、卫生等部门300多人赶到现场进行救援，转移安置1700多人；由于转移及时，未造成人员伤亡。2012年1月至2月24日，位于洞庭湖区的湖南省益阳市岳家桥镇岳家桥、黄板桥等村发生大面积的岩溶塌陷地质灾害，上千当地村民的生产生活受到影响。如此事件，近来的在全国各地屡见不鲜。

除岩溶塌陷外，围绕岩溶塌陷坑，常常发育一些环状裂缝，其是完整连续的地表岩土体在自然和人为作用下，形成具有一定长度和宽度裂缝的一种地质现象。地面开裂是地面沉降和塌陷的伴生物，它们随塌陷产生，有时成为塌陷的前兆，预示着塌陷即将产生。

2. 地面变形及对建筑物的影响

岩溶地区地面变形多与岩溶空腔的存在及地下水位的变化有关，主要是地下工程的开挖及地下水的导排使地层原始应力状态及渗流场发生改变，导致土体发生固结沉降或洞穴重力失稳而引起。地面变形沉降对地面建筑物的稳定性和道路、管线等结构工程造成严重影响，如房屋下沉、开裂、变形、管道破裂渗漏、道路下沉等。如 2010 年广州金沙洲地面变形现象加剧，导致源林花园、向南街等地房屋变形开裂，约 100 户居民被迫迁出；专家组诊断周边工程施工排水降低了地下水位，是造成地面变形的主要因素。

3. 岩溶对建筑物地基的影响

岩溶地区城市建设过程中，岩溶对建筑物地基的影响主要表现在地基持力层的选择、岩溶地基稳定、地下水位变化对地基的影响等几个方面。

对一般低层或临时建筑物，除了下伏有浅埋的大型岩溶空腔或土洞外，岩溶问题一般不予以单独考虑。但针对多层或高层建筑物，岩溶发育强度与特征是决定建筑物地基选择的控制因素；对上部荷载较大的建筑物，地基一般采用桩基进行处理，并要求桩基基础坐落于完整、稳定的基岩上。

岩溶地区对建筑物地基影响最大者为地下水位的变化及带来的附加效应对邻近建筑物的影响问题。目前，在我国城市化进程中，高层建筑基坑开挖深度越来越深，开挖形成的基坑在某一时段内多成为当地岩溶地下水的临时排泄点，人工形成的基坑降水及施工期间的振动，对相邻建筑物地基岩土体将带来渗透变形、固结沉降、临时附加荷载超载等影响，边坡失稳及相邻地面变形等环境地质问题较为突出。近年来，贵阳等岩溶地区的城市建设中，将面临城市轨道交通建设的地下工程施工所带来的环境地质问题，其问题的主要影响来源有二：①浅埋地下工程建设中的可能带来的洞室稳定——地面沉降变形问题；②地下工程开挖形成的地下洞室将成为岩溶地下水的临时排泄通道，其所带来的地下水位变化将可能导致邻近地面产生变形，相邻建筑物桩基因真空吸附而变形破坏，轨道工程施工完成后，其迎水面一侧可能因地下水位抬升而导致建筑物地基承载力降低，下游侧则可能因地下水位降低而导致地面产生固结沉降等等，需引起建设单位高度重视。

4. 地下水径流条件的改变

城市建设过程中，地基处理或地下工程的施工如措施不当，将改变地下水渗流场，破坏局部地下水均衡，造成地下水下降，引起井泉干涸，河溪渗漏甚至断流，这是我国许多地区井泉断流的主要原因。如云南昆明市翠湖公园九龙池是一处岩溶泉景，因地下工程施工过程中的排水，以及后来的周围机井抽水，使地下水位以每年 1.1~1.5m 的幅度下降，最终导致九龙池泉逐渐干涸。2010 年初，贵州省某县城某建筑工地桩基施工期间，施工工地范围内陆续发生地面岩溶塌陷现象，随之，城内著名泉水景点流量变小，而相邻泉水流量明显增大。

10.3.1　某县城岩溶大泉的变化及其对城市发展规划的影响

10.3.1.1　概况

某县城位于贵州中西部岩溶地区，城区地下水埋深较浅，岩溶管道、暗河纵横交织，岩溶极为发育，县城附近岩溶泉、岩溶潭分布较多，全城有 108 眼泉，因此有"百泉之城"的美称，其中廻龙潭为百泉之首，是一个"百年老潭"。据记载，1812 年廻龙潭突然枯竭，后来又流出，因此得名"廻龙潭"。廻龙潭为某县 10 万居民的饮用水源点，据调查其日涌水量在 2 万～3 万 m^3（230～350L/s），2008 年 10 月 6 日上午 10 点 10 分左右，当地有居民在廻龙潭及位于其南西侧150m处的百年老井——小水井洗衣和取水，突然发现水位猛烈下降，在不到一小时，廻龙潭及小水井的水位分别下降 4m 和 2m，很快便干涸见底无水漫出。2008 年 10 月 13 日中午 1 点 50 分，也就是廻龙潭干涸 7 天之后，廻龙潭泉水水位开始上涨，估测流量约 13L/s，后流量又逐渐变小，小水井水位也随之恢复并有泉水漫出。

四方井位于廻龙潭西南 300m 左右，据调查原流量约 50～60L/s，2010 年 4 月 9 日晚上 7 点 50 分左右四方井泉水开始变浑浊，4 月 10 日凌晨，四方井南侧约 200m 某建筑工地内，10min 内出现直径 14m 左右的塌陷坑，深 6m 左右，同时地面出现多条裂缝。随后四方井泉水流量变小，2010 年 8 月 12 日观测到的流量 8～10L/s，2011 年 4 月 10 日观测时基本无水流出。

10.3.1.2　基本地质条件

研究区处于乌江水系六冲河与三岔河两条一级支流的分水岭山原区，地貌形态以岩溶峰丛洼地、峰丛谷地为主。地势南西高、北东低，以南西面分水岭中新寨大山为最高，海拔 2165m，北东面六冲河河面为最低，高程 940.00m 左右。县城区为山盆二期溶蚀盆地，广泛分布第四系冲积与残坡积物等。外围多为岩溶中山，其间峰丛洼地遍布。县城东西两侧与北面均夹有碎屑岩构成的构造剥蚀侵蚀地形，沟谷发育。

区内涉及三叠系、二叠系、石炭系、寒武系、震旦系地层，所涉及的主要地层岩性为二叠系梁山组（P_1l）碎屑岩、栖霞组（P_1q）与茅口组（P_1m）碳酸盐岩及龙潭组（P_2l）碎屑岩。区内构造以新华夏系构造、北东向构造及黔西山字形构造带为主。

10.3.1.3　岩溶水文地质条件

研究区强岩溶含水层主要由 P_1m、P_1q 等灰岩地层组成，相对隔水层主要为 P_2l、P_1l 碎屑岩等。此外 P_1q 中下部含有一定厚度的泥质条带灰岩，以及 P_1m 中上部的连续的硅质灰岩也具有一定的隔水作用。

岩溶个体形态较多，主要有溶蚀洼地、落水洞。从钻孔揭露的地质资料来看，研究区溶洞、溶蚀裂隙发育，规模较大，多充填砂卵砾石或为空洞，发育高度一般为 0.3～13.6m 不等，钻孔遇洞隙率（遇溶蚀洞隙孔/总孔数）为 45% 左右，岩溶发育强烈。

区内主要岩溶管道发育方向与构造方向基本一致，主要地表水系也与构造方向大体一致，多呈 NE 及 NNE 向，主要是岩溶管道、暗河顺断层或岩层走向发育的结果。另外岩溶追踪横张与纵张优势裂隙、断层发育，形成呈近南北向的网状管道。区域构造控制岩溶发育的另一特点是主要暗河或岩溶管道几乎不跨越北东向断裂发育，说明区内压扭性断裂具有较好的阻水性。

分布于县城北的六冲河是本区最低排泄基准面，两岸地表、地下水流最终向六冲河河谷排泄，在分水岭地带，接受大气降水补给，以垂直运移形式补给地下水，在广阔的高原台面地区，为地下水的补给与径流区，地下水运动同时具有垂直和水平运动的特点。与勘察区各主要泉点关系较为密切的贯城河与下伏岩溶管道系统共同构成贯城河谷的排泄基准面，该河谷地下水地表水沿贯城河相互补给，具有双排泄基准面特征。

贯城河两岸为地下水集中排泄区域，地下水水力坡降一般较为平缓。

区内主要岩溶泉有 13 个，其中城内有冒沙井、四方井、廻龙潭、双龙潭、瓦窑龙潭、龙王庙潭等 6 个大泉，岩溶大泉实测流量见表 10.3-1。

表 10.3-1　　　　　　　　　研究区主要岩溶泉特征汇总表

泉点名称	编号	位　置	高程/m	发育层位	流量/(L·s⁻¹)	观测时间	备　注
冒沙井	S8	贯城河左岸	1306.56	P_1m	5	2011 年 4 月	
四方井	S4	贯城河左岸	1303.18	P_1m	10	2011 年 4 月	
廻龙潭	S5	贯城河左岸	1299.58	P_1m	13	2011 年 4 月	原流量 424L/s 左右
龙王庙潭	S1	贯城河右岸	1304.52	P_1m	90	2011 年 4 月	
瓦窑龙潭	S2	贯城河右岸	1305.97	P_1m	40	2011 年 4 月	
小四方井	S9	瓦窑龙潭旁	1305.30	P_1m	1～2	2011 年 4 月	
双堰塘井	S6	贯城河右岸	1301.28	P_1m	20	2011 年 4 月	
双龙潭	S3	贯城河右岸、双堰塘堰内	1301.11	P_1m	460	2011 年 4 月	原流量 200L/s 左右
龙洞	S7	绮陌河右岸	1303.90	P_1m	10	2011 年 4 月	
金龙潭	S25	贯城河左岸支流鱼井小河右岸	1310.00	P_1m	168.8	2011 年 4 月	
蓝龙潭	S33	贯城河左岸支流鱼井小河右岸	1310.50	P_1m	30.2	2011 年 4 月	
响龙潭	S18	化跨河左岸	1308.00	P_1m	440	2011 年 4 月	
应龙潭	S19	化跨河右岸	1309.00	P_1m	120	2011 年 4 月	
谢家桥	S209	纳弓河源头	1280.00	P_1m	132		来源于区域资料

根据地形地貌、地层岩性、地质构造及岩溶发育情况，将测区划分为两个地下水含水系统，与研究区密切相关的为珠藏向斜地下水含水系统，详见图 10.3-1。

珠藏向斜地下水含水系统由向斜核部的 P_1m 及 P_1q 灰岩构成。P_1q 底部灰岩夹炭质页岩及 P_1l 石英砂岩、炭质页岩及泥岩为底部隔水边界；北侧因鼠场断层切错，P_2l 泥页岩沿织金小河附近出露，P_2l 泥页岩出露高程低，切断了该含水层继续向北运移排泄的通道，P_2l 泥页岩为珠藏向斜含水系统的北部边界；含水系统西边界位于地贵向斜附近，因背斜隆起，P_1l 石英砂岩、炭质页岩及泥岩有阻隔作用，限制了地贵向斜西侧含水层与东侧含水层的联系；含水系统东边界为沿化落断层附近展布的 P_1l 地层；南部边界延伸出图。珠藏向斜岩溶含水系统在测区出露面积为 240km² 左右。

该系统主要岩溶含水层由 P_1m+q 构成，岩性为中厚至厚层灰岩、白云质灰岩，岩层倾角平缓，岩溶强烈发育，岩溶地貌以峰丛洼地、落水洞及地下暗河等岩溶形态分布较多。在大新桥、独店子、河坝、洛丫口一带，地表水由落水洞潜入地下 P_1m 含水层中，形成断头河，断头河长 1～7km 不等，其出口多在低高程的化垮河、贯城河及纳弓河及支

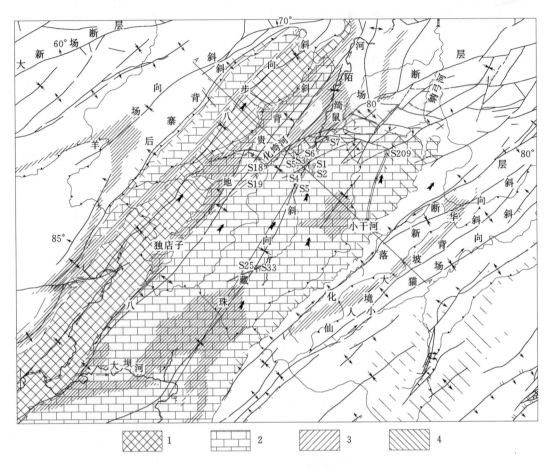

图 10.3 - 1　研究区岩溶含水系统分布图

1—八步向斜岩溶含水系统；2—珠藏向斜岩溶含水系统；3—P_2l 隔水层；4—P_1l 隔水层

流地势较低处流出。

珠藏向斜地下水含水系统岩溶发育受构造控制明显，地下暗河多为 SW～NE 向，地下水沿珠藏向斜核部流动，总体流向为由 SW 向 NE，但 NW、SE 向地下水亦排向县城槽谷。珠藏向斜地下水含水系统发育多个流动系统，包括县城、响龙潭、应龙潭、谢家桥、龙洞等地下水流动系统（图 10.3 - 2）。

1. 县城地下水流动系统

该系统下部以 P_1l 泥页岩隔水层作为边界，左岸边界至地形分水岭，右岸分别至地形分水岭及 P_1l 泥页岩边界附近，南部达贯城河与大坝河之间分水岭一带。

系统补给区总面积 86.9km²，根据区域水文地质资料提供的 P_1q+m 灰岩枯期地下径流模数一般为 3.91～12.63L/(s·km²)，平均值为 7.46L/(s·km²)，汇总泉水流量在 660L/s 左右，与系统内泉水总量基本一致。

系统位于县城附近、贯城河左、右岸，共有 9 个主要出口，其中左岸出口为金鱼池（含蓝龙潭及金龙潭）、冒沙井、四方井、小水井及廻龙潭，右岸出口有瓦窑龙潭、龙王庙潭及双龙潭（双堰塘），出口位置地层均为二叠系下统茅口组灰岩上部，出口高程

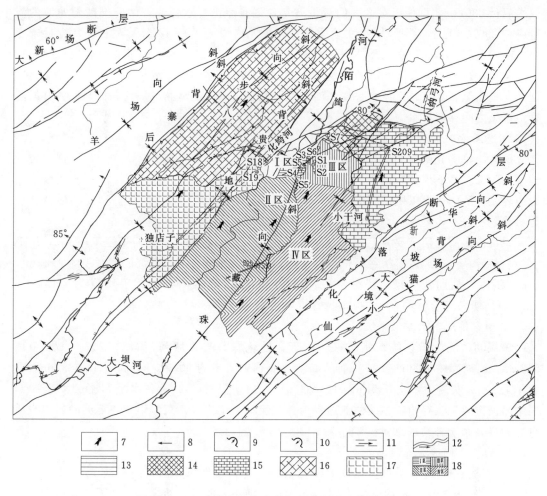

图 10.3-2　珠藏向斜岩溶含水系内统流动系统分布图

1—地层分界线；2—断层及编号；3—向斜与背斜轴线；4—泉点编号；5—地形分水岭；6—地下分水岭；
7—地下水主体流向；8—局部地下水流向；9—伏流进口；10—伏流出口；11—地下岩溶管道水及流向；
12—河流及流向；13—县城地下水流动系统；14—龙洞地下水流动系统；15—谢家桥地下水流动系统；
16—响龙潭地下水流动系统；17—应龙潭地下水流动系统；18—县城流动系统分区及分区编号

1300.00～1306.40m，泉水面自南向北、自东向西降低，泉水流量大小不一，总体上具有出口越低、流量越大的特征，枯期泉一般流量约 30～460L/s，汛期流量有所增大。

系统内出露地层主要为 P_1m 及 P_1q 灰岩地层，主要岩溶管道延伸长度大于 6km，基本沿珠藏向斜核部分布，地形上为岩溶峰丛洼地或岩溶槽谷区，左岸大型岩溶洼地呈串珠状分布，多处有集中补给的明显进口，以岩溶洼地的汇流补给为主。

受构造及早期岩溶水文网演化影响，冒沙井与双龙潭、瓦窑龙潭及龙王庙潭之间存在一定的水力联系，通过岩溶管道导通，从而将冒沙井系统与双堰塘系统连接成一个整体，当其中任何一个出口（双堰塘除外）发生地下水流动阻塞时，原通过该管道排泄的地下水将向另一个出口排出，但地下水的排泄总量基本无变化。

据自来水公司提供的取水资料数据，原自来水公司日取水量最大 2 万 m³ 左右，最大取水流量 230L/s，即便以这么大的流量取水，廻龙潭仍有水溢流，由此推断廻龙潭的流量应在 230L/s 以上。据区域水文地质资料，廻龙潭原流量在 424L/s 左右，其流量未变小之前，龙王庙潭、瓦窑龙潭枯期无水流出。自 2008 年廻龙潭水流量变小后，鱼山一带龙王庙潭、瓦窑龙潭及双龙潭的流量均变大，且枯期仍保持较大流量。金南地产桩基施工期间龙王庙潭、瓦窑龙潭潭水曾变浑浊，说明龙王庙潭、瓦窑龙潭、双龙潭与四方井岩溶管道系统之间存在着水力联系。

2. 龙洞地下水流动系统

该系统位于县城北部星秀田附近，贯城河右岸，该流动系统共有 1 个出口，出口位置地层均为二叠系下统茅口组灰岩，高程 1303.90m 左右。系统下部以 P_1l 泥页岩隔水层作为边界，NW 侧边界以鼠场断层为界，NE 侧边界为 P_1l 泥页岩，南部分别受断层及地表分水岭限制。

系统内出露地层主要为 P_1m 及 P_1q 灰岩地层，主要岩溶管道延伸长度 1~2km，地形上为岩溶峰丛洼地或岩溶槽谷区，以岩溶洼地的汇流补给为主。系统汇流面积约 5.6km²，P_1q+m 灰岩枯期地下径流模数一般为 3.91~12.63L/(s·km²)，平均值 7.46L/(s·km²)，枯期泉流量约 41L/s，与实测值相当。

3. 谢家桥地下水流动系统

该流动系统位于县城东侧谢家桥附近，处化垮河与贯城河汇合口正东，直线距离 5.3km，出高程约 1280.00m。暗河入口为小干河，流量约 80.7L/s，高程 1420.00m。发育于 P_1q+m 灰岩中，全长 5km，坡降 2.3%，枯期流量 132L/s，水平期流量 4725L/s，为纳弓河主要源头补给。系统西侧边界与县城流动系统相接，东侧以 P_1l 石英砂岩、炭质页岩为界，系统补给区总面积 27.9km²。

4. 响水潭地下水流动系统

该流动系统位于县城西文家坝上游约 1.0km 左岸陡壁脚，出口高程约 1308.10m，发育于 P_1q+m 灰岩中，枯期流量 440L/s，为化垮河主要源头补给之一。该系统在田坝寨一带接受八步向斜岩溶含水系统的明流补给，入口高程 1360.00m，地下河段长 1.2km，平均水力比降 4.3%。

系统 SE 以 P_2l 泥页岩为界，NW 以 P_1l 砂页岩为界，SW 侧多以地形分水岭与应龙潭地下水流动系统相接，系统边界较为清楚，系统补给区总面积 66.0km²。

5. 应龙潭地下水流动系统

该流动系统位于县城西文家坝上游约 1.9km 左岸陡壁脚，出口高程约 1309.40m，发育于 P_1q+m 灰岩中，主要管道呈 N50°E 方向发育，全长 8km，大黄坡一带有地表水补给，进口高程 1460.00m，平均坡降 1.9%，枯期流量 207L/s 左右，为化垮河主要源头补给之一。

系统补给区部分被八步向斜岩溶含水系统覆盖，覆盖面积 12.1km²，对系统地下水补给有一定影响。在地贵背斜西一带地层中发育大型的岩溶洼地，降水以坡面水流形式汇入洼地后，由下盘落水洞灌入地下。除洼地补给外，系统还在多处接受伏流补给，汛期地表水补给量较大，对系统流量影响也较大。

系统 SE 以地贵背斜轴附近为边界，NW、SW 侧多以地形分水岭为界，补给区总面积 30.7km²。

与研究区关系密切的是县城地下水流动系统。根据岩溶水文地质调查、水质分析、连通试验成果等综合分析，县城一带的各主要泉水点可归为两大地下水流动子系统，即鱼山—东山地下岩溶管道水系统与冒沙井—廻龙潭地下岩溶管道水系统。前者的地下水主要来源于东侧穿洞一带，后者主要来源于冒沙井以南，两系统排泄区在狗桥—东山—鱼山一线交汇，从而在县城一带、织金断层以南地区，形成走向北东、宽约 600m，长约 1500m 的地下水排泄带，构成统一的县城地下水流动系统，根据廻龙潭、龙王庙潭及瓦窑龙潭等泉水近期动态变化情况推断，两个岩溶管道系统于同辉花园—瓦窑龙潭—龙王庙潭—双龙潭一线应存在连通管道，与瓦窑龙潭岩溶管道的分叉点应位于同辉花园至狗桥一带。

县城地下水流动系统除接受近 S 向的地下水补给外，还接受了沿织金断层排泄的 NW 向及 SE 向地下水的补给。因岩溶管道的交汇，在县城形成了错综复杂的地下岩溶管道网络。

10.3.1.4　廻龙潭及四方井流量变化的原因分析

据已有资料，廻龙潭及四方井流量变化的影响因素较多，由于流量变化与附近工程建设施工时间重合，推测廻龙潭及四方井泉水流量变化可能与施工堵塞管道或局部坍陷堵塞岩溶管道有关。

1. 廻龙潭

廻龙潭号称县城百泉之首，为某县 10 万居民饮用水源，据调查原流量在 230～370L/s 左右，据区域资料其流量在 424L/s 左右。2008 年 10 月 6 日上午 10 点 10 分廻龙潭水位突然消落达 4m，廻龙潭底部露出水面，与此同时位于其南西侧 150m 的小水井水位也同步下降约 2m 左右。2008 年 10 月 13 日中午 1 点 50 分，也就是廻龙潭干涸 7 天之后，廻龙潭泉水水位开始上涨，估计流量约 13L/s，后流量又逐渐变小，小水井水位也随之恢复。

据了解，廻龙潭消落时某房地产项目正在进行桩基施工，因该楼盘 1 栋、2 栋楼转角处人工挖孔桩遇岩溶管道，涌水量极大，采用大流量水泵也无法疏干，人工挖孔桩无法施工。当时水泵强排流量超过了附近排水沟的容量，排出的水部分顺公路往低处流淌，估计排水流量至少在 30L/s 以上，说明该孔桩揭露的岩溶管道水规模较大。根据百姓反映，揭露岩溶管道水后，施工单位采用回填砂袋、混凝土、快干水泥等材料，最终使得桩基涌水量变小，随后廻龙潭干涸。

根据区域地质调查及分析研究，研究区受区域构造及水文网演化，县城地下水流动系统泉点原本是一个互相联系的系统，因后其为适应侵蚀基准面，廻龙潭支管道逐步形成，加上廻龙潭支管道是几个泉眼高程最低的，在地质历史时期逐步袭夺了瓦窑龙潭—龙王庙一带的地下水，因而导致上述泉眼流量变小，最终变成了研究区主要的岩溶排泄通道。

廻龙潭消落后，右岸瓦窑龙潭、龙王庙潭及双龙潭一带水量剧增，至今右岸瓦窑龙潭、龙王庙潭及双龙潭一带枯期流量仍较大，在廻龙潭未消落之前，上述几个泉点到枯期时水位一般要下降 2～5m 不等，无水流出，水质分析成果也显示廻龙潭、瓦窑龙潭、龙王庙潭及双龙潭化学成分较为接近，特别是总硬度指标最为相似，说明廻龙潭与右岸泉群之间存在较为密切的水力联系。

综上所述，廻龙潭流量变小可能是桩基施工堵塞了廻龙潭岩溶主管道，使原向廻龙潭排泄的地下水改往右岸瓦窑龙潭、龙王庙潭及双龙潭排泄。

2. 四方井

四方井位于廻龙潭西南 0.3km 左右，原流量 50～60L/s。据了解，四方井的消落与某地产桩基施工关系较密切。该地产钻孔灌注桩桩基施工期间，2010 年 4 月 9 日晚上 7 点 50 分左右四方井泉水开始变浑浊，4 月 10 日凌晨，四方井南侧约 200m 某建筑工地内，10 分钟内出现直径 14m 左右的塌陷坑，深 6m 左右，塌陷坑周边地面出现裂缝，塌陷坑出现不久四方井流量变小，狗桥下游沿河出现多个冒水点。2010 年 9 月 10 日，也就是在 1 号塌陷坑形成 5 个月后，某地产基坑内及围墙外民房内先后出现 2 号、3 号塌陷坑。因廻龙潭消落后右岸各泉水点流量比四方井大得多，四方井岩溶管道的地下水是否向右岸转移并不十分明显。2010 年 8 月 12 日观测到的流量 8～10L/s，2011 年 4 月 10 日观测时基本无水流出。

综合上述现象及已有勘探资料，分析认为因人类工程活动的影响，导致四方井岩溶管道的排泄条件发生改变，两支岩溶管道水断流或流量减小。而廻龙潭、四方井断流或流量的减小改变了该处地下水动力条件，使地下水流发生改道，造成原管道地下水被疏干或新管道地下水位的壅高，为塌陷提供空间和动力条件，一是管道遭堵塞后被疏干或迫使地下水流改道冲开新管道内充填的溶洞，为塌陷提供空间条件；二是地下水位的升降会引起地下水水力坡度的变化，导致地下水的冲刷、潜蚀能力发生相应的变化，产生渗透潜蚀作用，同时改变上覆土体的含水量、性状和强度，促进土体崩落。还可引起地下岩溶及土洞空腔内的正负压力的交替变化，使周围岩石土体失稳，并导致气爆致塌或真空吸蚀致塌作用。

廻龙潭、四方井复杂岩溶管道系统，正常情况下各自进行排泄地下水，其末段应相互独立。

分析认为四方井流量变化有两种可能：一是钻孔桩截断了四方井岩溶管道的部分支管道，使过流断面变窄，地下水位暂时壅高，在寻找新的排泄通道过程中，对原管道产生更大的冲刷力，使老管道内的土体带走，从而造成四方井水变浑浊，最终引起地面失稳。另外一种可能是本身 1 号塌陷坑就位于四方井岩溶管道附近，由于钻孔桩施工时频繁振动，使岩溶管道上的土体失稳，逐步塌落至岩溶管道内随水带走，使四方井水变浑浊，随下部空间不断扩大，上部土体失去有力支撑，最终导致规模较大的坍塌，并堵塞四方井岩溶管道，随后导致上游地下水位涌高，并于贯城河一带新增泉水点。该岩溶管道系统地下水位动态变化特征表明，四方井岩溶管道系统埋深可能较浅。

10.3.1.5 岩溶大泉的变化对城市发展规划的建议

根据研究区地质条件及城区各岩溶泉水的变化过程与相互关系，总体上，受北部鼠场逆冲断层的影响，上部龙潭组砂页岩下错，阻断了县城以南岩溶含水层内地下水向六冲河运移，迫使地下水从县城附近集中排泄，形成具有多个排泄出口的县城地下水流动系统；贯城河左岸冒沙井、四方井、小水井、廻龙潭及右岸瓦窑龙潭、龙王庙潭、双龙潭等均为该流动系统的分支排泄出口，各分支管道的分叉点在四方井与冒沙井之间的狗桥一带。因岩溶管道的分叉、汇入，从而在冒沙井至四方井一带形成了错综复杂的地下岩溶管道网络，各管道之间存在着较强的水力联系，从而将廻龙潭、瓦窑龙潭等连接成一个整体，当其中任何一个出口发生地下水流动阻塞时，原通过该管道排泄的地下水将向另一个或另几个出口排泄，但地下水的排泄总量基本无变化。

图 10.3-3 所示，该县城区的各岩溶大泉构成了一个具有同一补给来源、不同出口的错综复杂的地下水流动系统。由上游的冒沙井至下游的双堰塘、龙王庙潭、廻龙潭，形成 NNE 向的岩溶槽谷及岩溶地下水集中排泄带；该带岩溶发育、地下水活跃，且岩溶管道具多层结构、埋深相对较浅，地下岩溶环境脆弱，各分支管道之间关联性好，呈现一处受灾，处处响应的态势。因此，针对该县城区复杂的岩溶水文地质条件，在今后的城市规划中，应特别重视城市建设和岩溶管道与地下水之间的相互关系。总体来说，从冒沙井（包括其上游一定范围的补给源地带）起，左侧至四方井、廻龙潭，右侧至瓦窑龙潭、龙王庙潭、双堰塘的扇形地带（图 10.3-3 的红色虚线示意范围），不宜建高楼，以防破坏原有的岩溶管道系统，污染地下水水质，形成不可挽回的次生地质灾害。而该带 SE 侧及 NW 侧的非集中径流区，岩溶化程度相对略弱，可考虑为今后城市规划发展的主要方向。

图 10.3-3　县城区各岩溶泉水相互关系图

10.3.2　岩溶地下水对城市轨道隧洞工程的影响与治理

城市轨道交通具有运量大、速度快、安全、准点、保护环境、节约能源和用地等特点，解决城市的交通问题的出路之一在于优先发展以轨道交通为骨干的城市公共交通系统。近年来，随着国民经济的快速发展，城市轨道交通工程建设已遍布全国各地，作为西部省会城市，南宁、贵阳等处于岩溶地区的城市近年来也获批城市轨道交通建设项目。

"天无三日晴，地无三里平"是岩溶山区特有的地貌景观，受地形地质条件限制，有着近千年文明历史的贵阳、南宁等城市大多选择在地域宽广、临近河泽的盆地或"坝子"

地带。但该地带在岩溶地区多属地下水集中排泄区或浅埋区，地下水活跃，岩溶强烈发育，如贵阳市主城区（南明区、云岩区）即处于一较大的岩溶盆地内，区内岩溶水文地质条件极为复杂。受岩溶发育的不均一性及丰富的岩溶地下水影响，岩溶地区城市轨道交通工程地下线不适宜采用盾构法进行开挖；受城区交通组织、周边复杂的管网及建构筑物基础限制，明挖法也基本被排除；因此，岩溶地区城市轨道交通工程工法一般宜采用矿山法施工。因此，在岩溶发育，地下水丰富且埋深浅的城区进行城市地下工程建设，施工难度大，施工期间可能发生的岩溶塌陷、地面变形、沉降、洞室涌水涌泥、岩溶地基的稳定等岩溶环境地质问题及其处理，将是贵阳、南宁等处于岩溶地区的轨道交通等地下工程面临的主要环境工程问题和工程问题。在此，以某市城市轨道交通工程为例，对该项目地下工程施工对岩溶地下水的影响及相应可能产生的环境地质问题进行分析。

10.3.2.1 某市轻轨沿线岩溶水文地质条件及环境地质问题评价

1. 工程区基本地质条件

工程区地处低纬度高海拔的云贵高原山区，多年平均年降水量大部分地区在1095.6mm，最多值接近1600mm，最少值约为850mm。

场区水系均属乌江水系，地处猫跳河与南明河分水岭、南明河流域及其附近，西侧、北侧发育乌江猫跳河支流，西端比邻百花湖水库，北侧7.5km处为猫跳河；东侧、南侧均为南明河及其支流，行政中心站南侧为观山湖水库，桩号 K14＋100～K14＋300 跨越小关水库峡谷，K18＋200 至终点穿越建筑物密集的云岩、南明、小河城区（桩号 K22＋200～K22＋300 下穿南明河）。

沿线整体地势北西高、南东低。线路起点至火车北站段地貌类型主要为溶丘、洼地与槽谷地貌为主，地势整体宽缓，地面高程 1220.00～1300.00m，相对高差约80m，自然坡度 3°～20°。火车北站至扁井站段属低中山剥夷地貌类型，该段线路穿越小关水库与黔灵湖水库之间的小关沟谷，沿线地面高程 1105.00～1340.00m，相对高差达235m左右，自然坡度 20°～60°，尤其是小关沟谷东岸较陡，局部为直立陡壁，西岸岩层软硬相间，软质岩形成负地形，硬质岩形成陡坡、山脊，地貌上沟脊相连，地形起伏较大。扁井站至线路终点段穿越某市构造溶蚀盆地及中曹司向斜盆地，沿线地势整体平缓，仅在两盆地之间的过渡带下穿望城坡，沿线地面高程 1045.00～1140.00m，其中最低点位于南明河河谷，最高点位于望城坡山顶，相对高差95m左右，自然坡度 0°～25°，线路终点位于中曹司向斜（南北向）盆地核部发育的山丘地带。

工程区涉及地层主要有二叠系、三叠系、侏罗系及第四系地层，按由老至新分述如下：

二叠系茅口组（P_1m）浅灰色厚层至块状亮晶灰岩、细晶白云岩及白云质灰岩，上部为深灰色中厚层燧石灰岩、薄层硅质岩及泥页岩。龙潭组（P_2lt）燧石灰岩夹砂页岩及薄煤层。长兴组（P_2c）深灰色、灰色中厚层燧石灰岩。大隆组（P_2d）深灰色薄层硅质岩夹蒙脱石黏土岩。

三叠系沙堡湾组（T_1s）黄绿色页岩夹泥岩，上部夹浅灰色扁豆状至薄层状泥灰岩。大冶组（T_1d）浅灰色极薄至薄层灰岩夹少量页岩、砾屑灰岩及鲕状灰岩，上部为较纯的浅灰色中厚层亮晶灰岩夹少量薄层灰岩。安顺组（T_1a）灰色、浅灰色厚层至块状细—中晶白云岩，下部时夹溶塌角砾岩，上部为紫红、肉红、灰黄薄至中厚层泥晶灰白云岩夹膏盐岩。松子坎组（T_2sz）浅灰至深灰色中—粗晶白云岩、泥晶白云岩夹溶塌角砾岩，中部为浅灰、灰黄色泥晶灰岩、泥晶白云岩夹页岩，上部为浅灰、灰色厚层亮晶灰岩。杨柳井组（T_2yl）灰、灰黄、微红色中厚层中晶白云岩夹泥晶白云岩，中部为杂色泥晶白云岩及白云质页岩，上部为灰、浅灰色中～厚层细晶白云岩夹泥晶白云岩。垄头组（T_2lt）浅灰色厚层至块状亮晶富藻灰岩及白云岩。改茶组（T_2gc）杂色页岩夹薄层砂岩、砂屑白云岩及溶塌角砾岩。三桥组（T_3sq）：薄至中厚层钙质砂岩、粉砂岩、页岩夹少量炭质页岩及厚层泥晶灰岩。二桥组（T_3e）灰、灰黄色厚层至块状岩屑砂岩、石英砂岩夹泥页岩，底部夹炭质页岩。

侏罗系自流井群（J_1zl）炭质页岩、泥岩、页岩及石英砂岩，上部为紫红色钙质泥岩，中部为紫红色钙质泥岩，下部为灰色中厚层含燧石团块灰岩。下沙溪庙组（J_2x）紫红色夹灰黄、灰绿色中厚层至块状长石石英砂岩，夹多层杂色泥岩。

区域地质构造单元属扬子准地台（一级构造单元）、黔北台隆（二级构造单元）、遵义断拱（三级构造单元）、某市复杂构造变形区（四级构造单元），以南北向及北东向构造为主。工程区内自西向东发育仁和场逆断层（F_1）、水口寺逆断层（F_2）、下麦村逆断层（F_3）、观山湖正断层（F_4）、新桥街逆断层（F_5）、长坡岭逆断层（F_6）、偏坡寨断层（F_7）、六神关断层带（F_8、F_9、F_{10}、F_{11}）共 11 条大断层及数条小断层，断层以南北、北东走向为主。褶皱主要有二铺背斜、黔灵湖向斜、中曹司向斜。

2. 岩溶及水文地质条件

（1）岩溶。

1）工程区内灰岩、白云岩等可溶岩主要分布于二叠系、三叠系地层中，轨道交通 1 号线可溶岩主要出露于 K0＋000～K26＋400 桩号段，由于可溶岩地层广泛分布，为区内岩溶发育提供了必要的岩性条件。据轨道交通 1 号线两站两区间勘察资料及收集的沿线勘察资料显示，T_1d^2 浅灰色中厚层亮晶灰岩时夹鲕状灰岩及少量薄层灰岩，T_1a^1 及 T_1a^3 灰色、浅灰色厚层至块状细—中晶白云岩夹溶塌角砾岩，T_2sz^1 浅灰至深灰色中厚层白云岩、泥晶白云夹溶塌角砾岩地层岩溶发育强烈，前期两站两区间查明洞深大于 2m 的溶洞有 10 处。二叠系 P_1m 浅灰色中厚层至块状灰岩、白云岩、白云质灰岩及 P_2c 深灰色、灰色中厚层燧石灰岩地层亦属强岩溶发育地层，岩溶发育。

云岩、南明两城区沿线地层岩性以安顺组、松子坎组、杨柳井组白云岩、泥质白云岩、泥灰岩为主，岩溶发育程度中等，但地下水埋藏浅，易在建筑物基础附近形成岩溶涌水。

2）线路在金阳区段发育的区域性断裂构造有 F_1～F_8 共 8 条，各断层主要分布在可溶地层中，两侧多为可溶岩或与可溶岩非可溶岩接触，岩石含水、透水性差异大，易顺断层发育岩溶管道，沿之地表溶沟、溶槽、石牙、岩溶洼地较发育。受构造切割影响，表层强溶蚀带内岩体完整性差，为场地、地表、地下水活动提供了必要的运移、储存空间。

（2）水文地质。工程区位于乌江水系南明河及南明河与猫跳河之间分水岭地带或附近斜坡，最低侵蚀基准面为南明河，河床为地下水的最终排泄带，但由于分布有相对隔水层，在工程区形成若干相对独立的含水系统，部分地下水受隔水岩层的阻隔于低洼处排泄。地下水类型有基岩裂隙水、碳酸盐岩岩溶水、松散层孔隙水。综合地形地貌、地层岩性及构造特点，线路沿线可划分为 3 个大的水文地质单元：

1）金阳新区段：线路起点至某市北站，属分水岭高原台地，出露地层为二叠系至三叠系中统，且以三叠系大冶组、安顺组、松子坎组、杨柳井组为主，岩性为白云岩、泥质白云岩等中等岩溶含水组；构造基本为南北向体系，发育的地表水系基本呈南北向展布，西端起点至云潭路站之间为猫跳河水系，云潭路站向东至火车北站为南明河水系，其特点是地下水埋深浅，地表径流及地下伏流相间分布，局部形成高原湖泊。该段地下水埋深一般位于地表以下 5～30m，沟谷等低洼地带埋深相对较浅，山坡部位埋深较深。

2）火车北站至扁井站段：属黔灵湖向斜区，出露地层中部为侏罗系砂页岩，两侧为三叠系白云岩及灰岩，地下水基本由两侧的中等可溶岩向中部的非可溶岩汇集，其特点是地下水及岩溶埋深在两侧斜坡地带深，局部可能形成大型岩溶管道。该段地下水埋深一般位于地表以下 5～80m，低洼地带埋深相对较浅，山脊部位埋深较深。

3）扁井站至线路终点：为中曹司向斜水文地质单元，出露地层主要为三叠系下统安顺组至侏罗系下统自流井群弱到中等岩溶含水岩组，地下水向南明河排泄，其特点是地下水及岩溶埋深浅，以溶蚀沟槽及中小型溶洞形态为主，地下水主要在基础附近活动。该段线路可细分为以下 4 个水文地质单元。

（a）南明河左岸段：为扁井站至大十字站，出露地层岩性主要为安顺组及松子坎组薄层至中厚层白云岩、泥质白云岩为主，该段线路主要顺贯城河行进，该段线路属地下水汇集区，地下水位基本与河水位一致，为岩溶裂隙水，地下水丰富，受降雨影响大。该段地下水埋深一般位于地表以下 3～15m。

（b）跨南明河段：为大十字站至人民广场站段，出露地层岩性主要为松子坎组及杨柳井组薄层至中厚层白云岩、泥质白云岩为主，由于南明河为区内最低排泄基准面，是地下水汇集区域，地下水位与南明河水位基本一致，基岩地下水为岩溶裂隙水型，覆盖层为孔隙水，地下水埋深浅，受降雨影响大，地下水径流模数均值为 18.0 万 m^3/km^2。该段地下水埋深一般位于地表以下 3～5m。

（c）南明河右岸段：为人民广场站至望城坡，出露地层岩性主要为松子坎组及杨柳井组薄层至中厚层白云岩、泥质白云岩为主，线路穿行于某市岩溶盆地南端，南明河为区内最低排泄基准面，是地下水汇集区，地下水埋藏浅，受降雨入渗影响大，基岩地下水属岩溶裂隙水型，覆盖层含孔隙水。该段地下水埋深一般位于地表以下 3～15m，望城坡附近相对较深，达 20～50m。

（d）小河区段：为望城坡至线路终点，出露地层以侏罗系自流井群砂、泥、页岩为主，南明河为区内最低排泄基准面，地下水埋深浅，基岩地下水属碎屑岩之裂隙水，覆盖层含孔隙水。该段地下水埋深一般位于地表以下 3～25m，沟谷等低洼地带埋深相对较浅，山坡部位埋深较深。

3. 岩溶环境地质问题评价

轨道交通 1 号线沿线全长 31.7km（未含 749.822m 长链），其中地下线约占全线的 80%，高架线及地面线约占全线的 20%，全线共设车站 22 座，其中地下站 18 座，高架站 4 座。沿线岩溶水文地质条件复杂，存在的主要岩溶环境地质问题为岩溶涌水问题和岩溶稳定问题。

(1) 岩溶涌水问题。除末端小河段外，1号线大多数线路段地层岩性以中—强溶蚀性灰岩、白云岩、泥质白云岩等为主，岩溶发育，地下水位埋深一般位于地面以下 10～20m，老城区岩溶盆地区地下水位埋深更浅，一般多在 3～5m，扁井、喷水池一带尚存在岩溶地下水富水带。因此，轨道施工中的基坑及洞室开挖时，在上述可溶岩洞段，岩溶涌水问题将非常突出。主要岩溶涌水将集中在会展城浅埋隧洞段、扁井隧洞段及老城区岩溶盆地区的浅埋隧洞段、南明河跨河洞段，以及管站点基坑开挖段。其中，扁井深埋隧洞部分洞段将穿越断层破碎带，可能受涌水影响较大。老城区溶蚀盆地区地势整体平缓，地层岩性以中等—弱溶蚀性的白云岩、泥质白云岩、泥灰岩等为主，地下水位埋深浅，多位于地表以下 3～5m，浅埋洞室多位于覆盖层与基岩接触部位或强至中风化带内，地下水丰富，且岩体溶蚀破碎，透水性较好，隧洞开挖后，围岩稳定性差，岩溶涌水（突水）现象将非常突出；由于该线路段沿线建构筑物密布，轻轨施工过程中的岩溶涌水将造成两侧一定范围内地基土体固结沉降，对周边建构筑物可能构成较大影响。

另外，1号线跨南明河段采用洞挖方式通过。该洞段埋深浅，部分顶板岩土体厚度仅 3m 左右，主要地层为三叠系白云岩、泥质白云岩，岩溶中等发育，地表为常年性流水。该段初拟采用钻爆法进行开挖。受复杂的地质条件及浅埋影响，钻爆法开挖过程中，涌水问题可能较为突出，需及时行防水及支护处理。

对岩溶涌水，除前期加强地质工作，对沿线岩溶水文地质条件进行合理的分析、判断外，尚应加强施工期地质预报，必要时采取超前地质预报技术，预测前方可能存在的岩溶涌水洞段，提前做好处理，主要预报方法有 TSP、HSP、超前探孔、超前导坑、红外线探测等。

对施工期揭露的较大的涌水，宜采取注浆封堵和排水两大措施，注浆封堵根据岩层及充填物的不同采取的方法和材料也不同，注浆主要有渗透注浆、劈裂注浆、充填注浆、高压注浆等；排水主要有导坑排水、钻孔排水、泄水洞排水、水泵抽水等。对于大型溶洞和断层，一般两种方法结合使用。对开挖揭露的大型岩溶管道，一般宜采取疏导的方法，不能轻易一堵了之，以免抬高地下水位，憋而不排，后患无穷。

(2) 岩溶稳定问题。可溶洞段岩溶稳定问题主要集中在浅埋洞段、岩体溶蚀破碎洞段、溶洞充填物洞段及断层破碎带。溶蚀破碎带、溶洞充填物洞段、断层洞段一般洞长有限，一般可通过前期勘察或随开挖揭露的情况及时进行处理。但分布于老城区溶蚀盆地区的浅埋洞段，受限于复杂的岩溶水文地质条件及地表复杂的建筑物、管线、路网等影响，岩溶稳定问题非常复杂。

老城区溶蚀盆地区地势整体较平缓，为建设多年形成的繁华闹市区，地表高层建筑物、路网、管线等分布密集，地基处理形式不一，深浅难测。地层岩性以白云岩、灰岩、泥质白云岩、泥灰岩等为主，岩溶中等发育，局部较发育，地下水位埋深浅，多位于地表以下 3～5m。轨道隧洞及部分站点埋深一般分布在 20m 以内，过南明河段埋深仅 3m 左右，埋深较浅，隧洞多位于覆盖层与基岩接触部位或强至中风化带内，地下水丰富，且岩体溶蚀破碎，透水性较好，隧洞开挖后，围岩稳定性差，岩溶涌水（突水）现象将非常突出。由于该线路段沿线建构筑物密布，轻轨施工过程中的岩溶涌水将极大改变沿线及两侧一定范围内的地下水渗流场，施工期的地下水疏排将造成两侧一定范围内地基土体固结沉降，对周边建构筑物可能构成较大影响；施工完成后，迎水面地下水抬升、下游侧地下水位下降的结果，亦会导致两侧一定范围内地基土承载力的改变，可在一定程度上导致两侧建筑变形。

另外，浅埋深区岩体溶蚀风化、破碎，部分洞段围岩尚可能存在岩、土混合的现象，若不及时支护或支护不当，将导致洞室顶拱坍塌或变形，对两侧建筑物亦可能带来较大影响。因此，除加强一期、二期支护外，施工期尚加强地表变形监测工作。

10.3.2.2 城市轨道工程施工中的岩溶涌水问题及处理

某市轻轨 1 号线地下隧洞在施工开挖过程中，于 k6＋970～k7＋125m 桩号段岩溶发育，地下水丰富，隧洞衬砌完成后仍存在较严重的地下水渗漏，集中渗漏点主要集中在 k6＋970～k7＋025m、k7＋125m、k7＋250m 洞段，最大渗漏量达 20L/s。该洞段地下水位最大埋深 22.5m，洞底距地面高差达 20m 以上，抽排水较为困难，开挖和衬砌期间经常造成工作面被水淹没，严重影响施工工期。后经施工单位初期治理，取得了一些进展，但一直未达到理想效果。在土建工程完工后，隧道内 k7＋080m、k7＋100m、k7＋130m、k7＋220m、k7＋230m 等洞段仍然存在较大渗漏水，渗漏水主要集中出现在隧道仰拱混凝土施工中缝部位，且因渗水量大大超过原设计抽排容量，将给后期城市轨道交通正常运行带来较大隐患和较高的后期运行维护费用。

1. 岩溶水文地质条件

轻轨 1 号线 k6＋970～k7＋125m 桩号隧洞段位于某市西北侧新开发区的高原台面上，为采用钻爆法开挖的地下施工工程。地面高程 1260.00～1290.00m 左右，属高原台面上的缓丘地形地貌；隧洞西端为高程 1277.00m 的观山湖及湿地，东端、北端为朱家湾河及其西支流，南侧为新近开发的会展中心。隧洞沿线地形总体由西向东倾斜（图 10.3－4）。

沿线地层主要为三叠系下统松子坎组（T_1sz）中厚层泥质白云岩、白云岩，岩层总体倾向东，倾角 10°～15°。该组地层顶（T_1sz^3）、底（T_1sz^1）部为岩溶发育较弱的泥质白云岩，中部（T_1sz^2）为岩溶相对发育的中厚层白云岩地层。区内的大型断层发育。

隧洞段与西部的观山湖之间存在地表水、地下水分水岭。分水岭以西，地表水及地下水排向观山湖；分水岭以东，地表水及地下水分排向临近的马路河。隧洞沿线，地表岩溶洼地及槽谷发育，地下水以北东向岩溶管道水的形式排向马路河的支流。总体上，隧洞区地下水丰富，且埋深浅，一般埋深在 10～25m 之间。

隧洞开挖后，于 k7＋025m 桩号揭露了横穿隧洞的岩溶管道水（图 10.3－5），并于 k6＋970～k7＋025m、k7＋125m、k7＋250m 等洞段集中涌水，最大渗漏量达 20L/s。在土建工程完工后，隧道内 k7＋080m、k7＋100m、k7＋130m、k7＋220m、k7＋230m 等洞段仍然存在较大渗漏水、涌水情况（图 10.3－6）。

2. 隧洞岩溶涌水及治理

k6＋970～k7＋125m 桩号洞段集中渗漏点有 4～5 处，总渗漏量约 5～10L/s；由于洞底距地面高差达 20m 以上，抽排水较为困难，经常造成工作面被水淹没，严重制约着开挖进度，并影响后步工序的施工。因此，需对该段涌水进行根治。

478

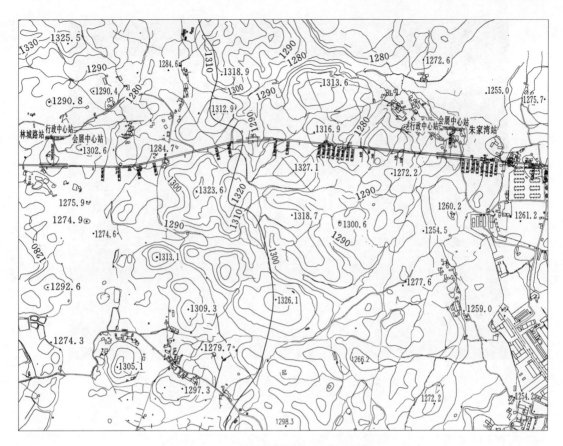

图 10.3 - 4　隧道沿线岩溶水文地质简易示意图

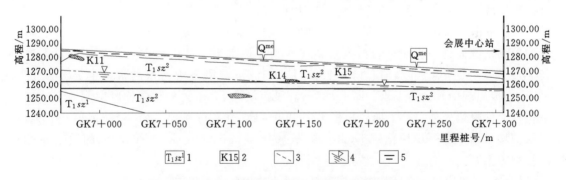

图 10.3 - 5　岩溶涌水洞段工程地质剖面示意图
1—地层代号；2—溶洞及编号；3—风化线；4—地下水位；5—地铁隧洞

　　该段隧洞开挖后，进行了一次防水、初衬、二次防水、二衬等精细设计及施工处理。该洞段衬砌混凝土中，仰拱、底拱混凝土浇筑为分块浇筑，且在施工过程中未对地下水进行引流，岩溶管道没有进行疏通处理，隧道衬砌后未进行回填、固结灌浆处理，隧道顶拱脱空较大；引排水管封闭后在混凝土与基岩接触面及开挖松动圈内极易形成新的渗水通道。从现场情况来看，渗漏水点主要集中在边顶拱混凝土施工缝和仰拱中缝及原岩溶管道

图 10.3-6 隧道开挖过程中初支后 7+100m 段底板涌水情况

通过段。

根据该洞段岩溶发育情况及涌水特点，对于 k7+000～k7+160m 桩号 160m 洞段，渗漏治理总的原则是：综合采取"引、排、截、堵"措施，严格按照"边施工、堵排结合、可控排放、择机封堵"的总原则进行处理。

（1）根据目前水文地质资料、施工期间开挖揭露的地下水分布情况，有针对性的布置物探测试剖面进一步印证岩溶发育情况，锁定堵水灌浆范围及重点。第一期：先进行 k7+000～k7+032m 洞段、k7+120～k7+158m 洞段集中堵水处理，主要对 k7+025m 洞段出现的较大地下水、k7+125m 洞段距拱顶下 8m 处的位置横跨南北地下暗河进行针对性封堵处理。第二期：根据 k7+000～k7+032m 洞段、k7+120～k7+158m 洞段的堵水结果进一步优化 k7+068～k7+104m、k7+000～k7+263.9m 的其余洞段的处理方案。

（2）针对集中出水点及物探测试揭露的重点岩溶区布置集中引排水孔。

（3）在该洞段梅花形布置防渗固结灌浆孔，灌浆孔环距 2.0m，孔间距 2.0m，北侧边墙及仰拱孔深为 3.5m，南侧边墙及仰拱（含拱顶）孔深为 5m，并在施工过程中根据钻孔及灌浆情况可对灌浆孔孔深进行适当调整，局部集中涌水、渗水段根据涌水、渗水分布情况进行随机布孔及加密加深钻孔或布置部分浅孔。

（4）对重点堵水处理洞段的灌浆，按照由外向里的灌浆顺序进行，即先初步查明主要渗水部位的渗水通道特征，框定堵水处理范围，明确预留引排孔部位，以引排孔为中心，由外侧向内进行灌浆，最后对引排孔进行灌浆封闭，将涌（渗）水推至防渗圈以外达到堵水防渗的效果。

（5）灌浆浆液采用 1 : 1、0.5 : 1 两个比级的浆液，并适时掺加纳米堵水材料进行灌浆。在进行较大涌水孔封堵灌浆时采用普通膏状浆液或速凝膏状浆液灌浆。

采用上述方案处理后，该洞段岩溶地下水涌水的处理效果较好，处理后的洞内无地下涌水或渗水。

岩溶地区城市轨道地下工程的施工过程中，岩溶涌水问题将不可避免。前期勘察过程中，应采用地质调查、物探、钻探、水文地质测试等综合手段，详细查明隧洞线地层结构及构造、岩溶发育特征、水文地质条件，以及相邻建筑物与管线等构筑物的分布特征，尤其是对地下水的埋深及补给、径流、排泄条件、岩溶管道等地下集中渗流带的位置，应详细查明，并制定相应的疏导或防渗措施，以有效控制岩溶地下水对轨道地下工程施工的影响。对隧洞开挖揭露了的岩溶管道，应以预留管道等疏导措施为主，不宜盲目封堵。另外，岩溶地区的轨道工程中的隧洞部分，其埋深浅，且多处于地下水丰富及水位变化较大的部位，在兼顾地表变形及沉降控制的情况下，防渗工作难度大，多是民工队伍在施工，隧洞的防渗及衬砌结构设计不宜过于复杂或精细，否则将适得其反。

参 考 文 献

［1］ 北京地质学院金属物探教研室．电法勘探［M］．北京：中国工业出版社，1961．

［2］ 北京地质学院．地震勘探［M］．北京：中国工业出版社，1962．

［3］ 成都地质学院物探教研室．地球物理勘探教程［M］．北京：中国工业出版社，1962．

［4］ 地球物理勘探词典编写组．地球物理勘探词典［M］．北京：科学出版社，1976．

［5］ 中国科学院地质研究所岩溶研究组．中国岩溶研究［M］．北京：科学出版社，1979．

［6］ 薛禹群，朱学愚．地下水动力学［M］．北京：地质出版社，1979．

［7］ 任美锷，刘振中．岩溶学概论［M］．北京：商务印书馆，1983．

［8］ 中国地震研究所．中国诱发地震［M］．北京：地震出版社，1984．

［9］ 陈雨森．地下水运动与资源评价［M］．北京：中国建筑工业出版社，1986．

［10］ 袁道先．岩溶学词典［M］．北京：地质出版社，1988．

［11］ 丁原章．水库诱发地震［M］．北京：地震出版社，1989．

［12］ ［美］R.E. 谢里夫．勘探地球物理百科词典［M］．黄绪德，吴晖，译．北京：地质出版社，1990．

［13］ 邓起东，等．地震地表破裂参数与震级关系的研究［M］．活动断裂研究（2）．北京：地震出版社，1992．

［14］ 牛之琏．时间域电磁法原理［M］．武汉：中南工业大学出版社，1992．

［15］ 工程地质手册编委会．工程地质手册［M］．4版．北京：中国建筑工业出版社，2007．

［16］ 雒文生．河流水文学［M］．北京：水利电力出版社，1992．

［17］ 典型峡谷区深岩溶及岩溶渗漏问题研究科研课题组，典型峡谷区深岩溶及岩溶渗漏问题研究［R］．1993．

［18］ 胡毓良．水库诱发地震研究的进展［M］//现今地球动力学研究及其应用．北京：地震出版社，1994．

［19］ 邹成杰．水利水电岩溶工程地质［M］．北京：中国：水利水电出版社，1994．

［20］ 曹玉清，胡宽瑢．岩溶化学环境水文地质［M］．长春：吉林大学出版社，1994．

［21］ 芮孝芳．产汇流理论［M］．北京：中国水利水电出版社，1995．

［22］ 范荣生，王大齐，等．水资源水文学［M］．北京：中国水利水电出版社，1996．

［23］ 王兴泰．工程与环境物探新方法新技术［M］．北京：地质出版社，1996．

［24］ 中南大学研究．堤坝管涌渗漏进水点（区域）探测仪器研制报告［R］．2001．

［25］ 毛昶熙．渗流计算分析与控制［M］．2版．北京：中国水利水电出版社，2003．

［26］ 岩土工程试验监测手册［M］．北京：中国建筑工业出版社，2005．

［27］ 汪易森，庞进武，刘世煌．水利水电工程若干问题的调研与探讨［M］．北京：中国水利水电出版社，2006．

［28］ 杨泽艳．洪家渡水电站工程设计创新技术与应用［M］．北京：中国水利水电出版社，2008．

［29］ 白学翠，余波，等．天生桥二级水电站强岩溶深埋长大隧洞勘察与设计［M］．北京：中国水利水电出版社，2011．

［30］ 彭土标，袁建新，王惠明．水力发电工程地质手册［M］．北京：中国水利水电出版社，2011．

［31］ 工程物探手册编委会．工程物探手册［M］．北京：中国水利水电出版社，2011．

［32］ 欧阳孝忠．岩溶地质［M］．北京：中国水利水电出版社，2013．

[33] 蒋忠信，陈国亮．地质灾害国际交流论文集［D］．重庆：西南交通大学出版社，1994．

[34] 张赛民．跨孔地索层析成像研究［D］．中南大学硕士论文，2003．

[35] 席光勇．深埋特长隧道（洞）施工涌水处理技术研究［D］．西南交通大学，2005．

[36] 柳景华．水布垭高面板堆石坝趾板基础处理研究［D］．河海大学，2006．

[37] 袁志亮．井间声波电磁波层析成像技术应用研究与软件研发［D］．中国地质大学（北京）博士论文，2007．

[38] 胡爱国．武都水库坝基大型溶洞处理方案及信息化施工研究［D］．成都理工大学，2008．

[39] 混凝土重力坝设计规范（DL 5108—1999）［S］．北京：中国电力出版社，2000．

[40] 混凝土拱坝设计规范（SL 282—2003）［S］．北京：中国水利水电出版社，2003．

[41] 水电水利工程物探规程（DL/T 5010—2005）［S］．北京：中国电力出版社，2005．

[42] 水力发电工程地质勘察规范（GB 50287—2006）［S］．北京：中国计划出版社，2008．

[43] 水电水利工程坝址工程地质勘察技术规程（DL/T 5414—2009）［S］．北京：中国电力出版社，2009．

[44] 电力部九局设计院．岩溶研究的水文网法［R］．1979．

[45] 胡毓良．我国水库地震及有关成因问题的讨论［J］．地震地质，1979（4）．

[46] 沈维元，黄启祚．岩溶区域环境的若干水文工程地质问题［J］．贵州地质，1984，2（12）．

[47] 项式均．湖北大冶县大广山铁矿岩溶塌陷的预测和探讨［J］．中国岩溶，1987（4）：297－314．

[48] 张江华，陈国亮．水均衡法预测岩溶区坑道涌水量的一些见解［J］．中国岩溶，1988．

[49] 姜朝松，等．乌江渡水库地震诱发条件及成因［J］．地震学报，1990，12（1）．

[50] 廖如松，周维新，岩溶塌陷实例研究及评价［J］．勘察科学技术，1990，（6）：1－6．

[51] 石登海，于晟．电阻率层析成像理论和方法［J］．地球物理学进展，1995，10（1）：56－75．

[52] 冯锐，姚似，等．扶余油田井间声波层析成像试验［J］．地震学报，1995．

[53] 杨清源，等．国内外水库诱发地震目录［J］．地震地质，1996，18（4）．

[54] 乔森，等．泰国三塔断裂活动性研究［R］．云南省地震局，1996（内部资料）．

[55] 光耀华．岩溶浸没—内涝灾害研究［J］．地理研究，1996（4）．

[56] 光耀华．关于岩溶内涝灾害初探［J］．中国地质灾害与防治学报，1996（12）．

[57] 何继善．电法勘探的发展和展望［J］．地球物理学报第40卷增刊，1997．

[58] 光耀华，项式均，李文兴，郭纯青．水库周边岩溶浸没—内涝灾害研究［J］．中国岩溶，1997（3）．

[59] 光耀华．岩滩水电站水库岩溶内涝的研究［J］．水力发电，1997（4）．

[60] 肖万春．猫跳河四级水电站坝肩及坝基渗漏稳定分析［J］．贵州水力发电，1999，13（2）．

[61] 杜茂群．百龙滩库区地苏暗河区域岩溶内涝成因分析［J］．红水河，2000（3）．

[62] 谢树庸．岩溶区四大工程地质问题综述［J］．贵州水力发电，2001，15（4）：85－87．

[63] 韩爱果，聂德新，王小群．高拱坝建基面选择主控指标的选取［J］．成都理工学院学报，2001，28（增）．

[64] 金瑞玲，李献民，周建普．岩溶地基处理方法［J］．湖南交通科技，2002，28（1）：10－12．

[65] 中国地震局地质研究所．金沙江金安桥水电站工程场地地震安全性评价和水库诱发地震评价［R］．2002．

[66] 周建普，李献民．岩溶地基稳定性分析评价方法［J］．矿冶工程，2003，23（1）：4－8．

[67] 袁腾方，曹文贵．岩溶区高速公路路基下岩溶顶板稳定性的模糊评价方法［J］．中南公路工程，2003，28（1）：8－11．

[68] 李炳行，肖尚惠，莫孙庆．岩溶地区嵌桩桩端岩体临空面稳定性初步探讨［J］．岩石力学与工程学报，2003，22（4）：633－635．

[69] 王志宏，江义兰，陈尚法，刘惠来．构皮滩水电站拱坝拱座地质缺陷深层处理设计［J］．贵州水

力发电，2003：4-6.

[70] 蒙彦，雷明堂. 岩溶区隧道涌水研究现状及建议 [J]. 中国岩溶，2003，22（4）：287-292.

[71] 孟庆山，陈勇，等. 岩溶洞穴工程地质条件与顶板稳定性评价 [J]. 土工基础，2004，18（5）：55-58.

[72] 韩行瑞. 岩溶隧道涌水及其专家评判系统 [J]. 中国岩溶，2004，23（3）：213-218.

[73] 袁景花. 索风营水电站岩溶及地下水物探勘察 [J]. 贵州水力发电，2004，18（2）：39-42.

[74] 欧阳孝忠. 水工隧洞岩溶涌水的水文法计算 [J]. 地球与环境，2005.

[75] 杨志雄. 引子渡水电站建设过程中出现的主要工程地质问题及处理对策 [J]. 地球与环境，2005.

[76] 邹林，罗海涛. 洪家渡水电站施工地质问题综述 [J]. 贵州水力发电，2005.

[77] 杨益才，等. 喀斯特伏流河段建库主要工程地质问题 [J]. 地球与环境，2005，33（3）.

[78] 张运标. 深埋复杂岩溶区地质灾害分析与治理 [J]. 深圳土木与建筑，2005（1）.

[79] 宁华晚，等. 铜仁天生桥水电站可行性研究阶段枢纽布置 [J]. 贵州水力发电，2006，20（6）.

[80] 黄文贺，杜德师. 来宾电厂主厂房区岩溶勘探及地基处理 [J]. 红水河，2007年增刊：117-120.

[81] 胡威东，杨家松，陈寿根. 锦屏水利枢纽辅助洞高压大流量涌水防治 [J]. 人民长江，2008，39（15）：83-86.

[82] 成体海，李长银. 沙湾水电站坝区岩溶承压水问题研究 [J]. 四川水利，2008.

[83] 刘坡拉. 岩溶隧道涌水量预测方法及适宜性分析 [J]. 安全与环境工程，2009.

[84] 职晓阳，吴治生. 岩溶地区修建南岭隧道对环境地质的影响 [J]. 石家庄铁路职业技术学院学报，2010（6）.

[85] 屈昌华，等. 中梁水库防渗工程现场全过程设计与施工技术咨询 [J]. 中国水利，2011，668（22）.

[86] 黄醒醒，许模，等. 岩溶地区城市地下工程的环境地质问题初探 [J]. 人民长江，2011（5）.

[87] 昆明勘测设计研究院. 澜沧江小湾水电站水库诱发地震专题研究报告 [R]. 1998.

[88] 国家电力公司中南勘测设计研究院. 重庆中梁水电站工程地质报告 [R]. 2002.

[89] 河海大学，国家电力公司中南勘测设计研究院. 重庆大宁河中梁水库岩溶水均衡研究 [R]. 2003.

[90] 中国水电顾问集团华东勘测设计研究院. 雅砻江锦屏二级水电站可行性研究报告·综合说明 [R]. 2005（12）.

[91] 钟以国、刘秀万，等. 贵州乌江洪家渡水电站进水口顺向坡处理竣工地质报告 [R]. 2005.

[92] 贵州宸龙水利水电工程咨询有限公司. 铜仁天生桥水电站水库蓄水安全鉴定设计自检报告 [R]. 2006.

[93] 国家电力公司贵阳勘测设计研究院. 铜仁天生桥水电站工程地质报告 [R]. 2007.

[94] 云南省地震工程研究院. 北盘江董菁水电站工程场地地震安全性评价及区域构造稳定性评价报告 [R]. 2008.

[95] 云南省地震工程研究院. 北盘江善泥坡水电站工程水库诱发地震危险性评价复核报告 [R]. 2009.

[96] 云南省地震工程研究院. 北盘江光照水电站工程场地地震安全性评价与水库诱发地震研究报告 [R]. 2009.

[97] 中国水电顾问集团贵阳勘测设计研究院. 重庆中梁水电站水库防渗处理工程现场技术咨询工作报告 [R]. 2011.

[98] 贵州省水利水电勘测设计研究院. 贵州省石阡县花山水利工程蓄水安全鉴定设计自检报告 [R]. 2012.